Biologie heute 2G

Ein Lehr- und Arbeitsbuch
für das Gymnasium

Hoff · Jaenicke · Miram

Schroedel

Biologie heute 2 G

Gymnasium

Herausgegeben von
Peter Hoff
Dr. Joachim Jaenicke
Wolfgang Miram

Bearbeitet von
Peter Hoff
Dr. Joachim Jaenicke
Heinrich Joußen
Dr. Harald Kähler
Renate Kempe
Hans-Peter Konopka
Wolfgang Miram

unter beratender Mitwirkung von
Renate Kempe, Dresden
Leonore Naunapper, Leipzig
Dr. Alfred Roth, Rottleberode
Kerstin Ziganki, Sömmerda

unter Mitarbeit der Verlagsredaktion

Illustrationen:
Birgitt Biermann-Schickling
Dieter Gröschke
Lieselotte Lüddecke
Andrea Mesdag
Karola Niehoff
Klaus Roß
Barbara Schneider-Rank
Marion Söffker
Guido Wandrey

Neue Rechtschreibung

ISBN 3-507-76190-4

Druck A 6 5 4 3 2 / Jahr 2001 2000 1999 98 97

Alle Drucke der Serie A sind im Unterricht parallel verwendbar, da bis auf die Behebung von Druckfehlern unverändert. Die letzte Zahl bezeichnet das Jahr dieses Druckes.

CHLORFREI

Gedruckt auf Papier, das nicht mit Chlor gebleicht wurde. Bei der Produktion entstehen keine chlorkohlenwasserstoffhaltigen Abwässer.

Gesamtherstellung:
Universitätsdruckerei H. Stürtz AG, Würzburg

Inhaltsübersicht

Lebewesen bestehen aus Zellen

Wirbellose Tiere in ihren Lebensräumen

Stoffwechsel und Energieumsatz des Menschen

Bau und Leistungen von Sinnesorganen und Nervensystemen

Gesundheit und Krankheit

Fortpflanzung und Entwicklung des Menschen

Bau und Leistungen von Pflanzen

Vererbungslehre

Abstammungslehre

* Übersichtstafeln

Lebewesen bestehen aus Zellen

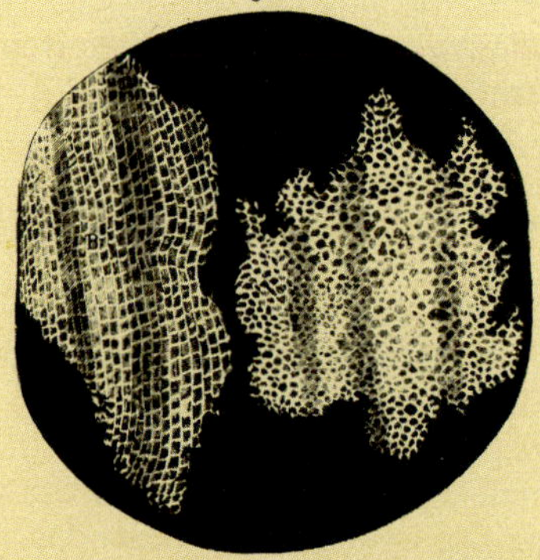

... Our Microskope informs us that the substance of Cork is altogether fill'd with Air, and that Air is perfectly enclosed in little Boxes or Cells distinct from one another... (aus HOOKE: Micrographia, 1667)

1 Korkzellen nach HOOKE (1667)

1. Pflanzen- und Tierzellen im Vergleich

1.1. Wir mikroskopieren pflanzliche Zellen

Vor etwa 300 Jahren baute der Holländer VAN LEEUWENHOEK ein einfaches Mikroskop. Es bestand aus einer Halterung, in die eine geschliffene Glaslinse eingelassen war. Mit diesem Einlinsenmikroskop konnte er bereits Kleinstlebewesen im Wasser beobachten. Aus mehreren Linsen war dagegen das Mikroskop seines Zeitgenossen, des Engländers HOOKE, zusammengesetzt. HOOKE untersuchte die Borke von Korkeichen und nannte die mikroskopisch sichtbaren „Kämmerchen", die er in der Borke fand, **Zellen**.

Auch unsere heutigen **Mikroskope** sind Mehrlinsenmikroskope. Bereits das **Objektiv** ist aus mehreren Linsen zusammengesetzt. Durch dieses Linsensystem wird ein Objekt vergrößert abgebildet. Das vergrößerte Bild wird durch ein zweites Linsensystem, das **Okular**, wie durch eine Lupe nochmals vergrößert. Die **Gesamtvergrößerung** eines Mikroskops ergibt sich also aus dem Produkt der Vergrößerungen von Objektiv und Okular. Mit einem Mikroskop sieht man mehr Einzelheiten eines Objektes als mit dem bloßen Auge. Man sagt, das Lichtmikroskop hat ein höheres **Auflösungsvermögen** als das Auge. Unter dem Auflösungsvermögen eines optischen Systems, wie dem des Mikroskops, versteht man die Fähigkeit, zwei dicht nebeneinander liegende Punkte eines Objektes als getrennte Punkte wiederzugeben. So beträgt das Auflösungsvermögen des Auges etwa 1/10 mm, das heißt, zwei Objektpunkte, die dichter als 1/10 mm zusammenliegen, werden nicht mehr als getrennte Punkte wahrgenommen. Das Auflösungsvermögen des Lichtmikroskops liegt in der höchsten Vergrößerungsstufe bei etwa 1/4000 mm.

„Lösen" wir ein Objekt mit dem Lichtmikroskop „auf"! Bei der Ampelpflanze Tradescantia werden die Staubblätter von Staubfadenhaaren umhüllt. Die mikroskopische Untersuchung zeigt, dass jedes Staubfadenhaar aus einer einzigen Reihe von *Zellen* besteht. Jede Staubfadenhaarzelle ist von einer **Zellwand** umgeben. Sie verleiht der Zelle Festigkeit und bestimmt ihre Gestalt. Das Zellinnere einer jeden Zelle wird von dem zähflüssigen **Zellplasma** ausgefüllt. Eine lichtmikroskopisch nicht erkennbare Haut, die **Zellmembran**, grenzt es gegen die Zellwand ab. Der meist kugelförmige **Zellkern** ist gut zu sehen. Er steuert alle Lebensvorgänge in der Zelle. Auch blasenähnliche Zellbestandteile liegen im Zellplasma. Man nennt sie **Vakuolen**. Sie sind jedoch nicht leer, sondern mit *Zellsaft* gefüllt. Der Zellsaft in Staubfadenhaarzellen ist eine farblose, wässrige Flüssigkeit. In roten oder blauen Pflanzenteilen mancher Blüten oder Früchte enthält der Zellsaft den Farbstoff *Anthocyan*. Grüne Blätter besitzen den grünen Farbstoff *Chlorophyll*. Er liegt in körnchenähnlichen Zellbestandteilen, die **Chloroplasten** heißen.

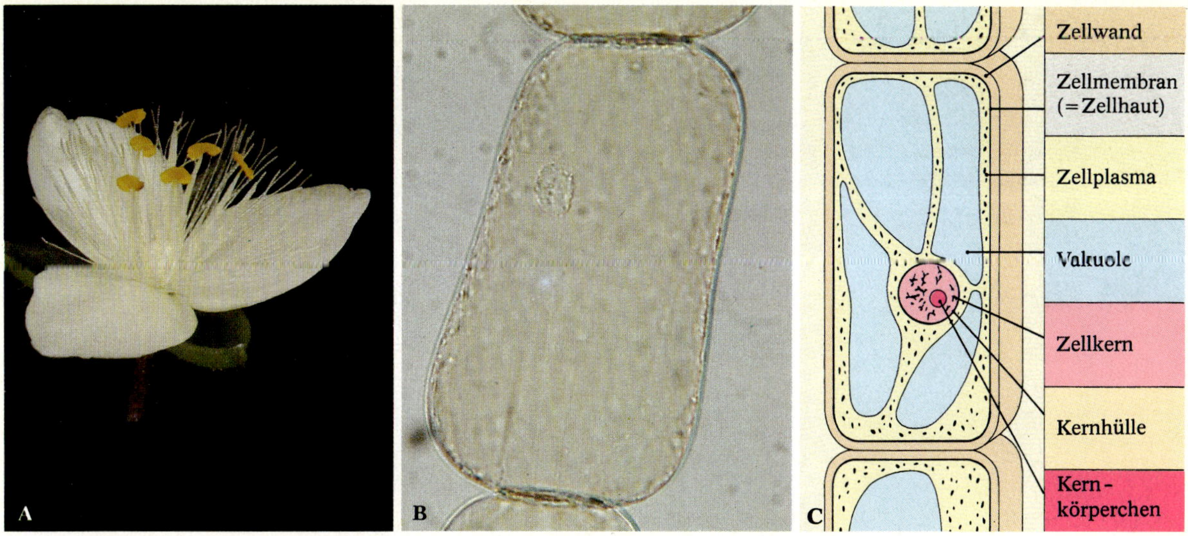

2 Ampelpflanze. A Blüte mit Staubfadenhaaren; B Staubfadenhaarzelle; C Schema von B, längs

Bau eines Lichtmikroskops

1 Okular. Das Okular ist das dem Auge zugewandte Linsensystem. Es vergrößert wie eine Lupe, z.B. 5×, 10×.
2 Tubus. Der Tubus ist eine Röhre aus Metall, die Okular und Objektiv in einem bestimmten Abstand voneinander hält.
3 Objektiv. Das Objektiv ist dem Untersuchungsgegenstand, dem Objekt, zugewandt. Es vergrößert z.B. 10×, 45×, 100×.
4 Objektivrevolver. Dies ist eine drehbare Scheibe, in die verschiedene Objektive eingeschraubt sind. Sie können durch Drehen der Scheibe ausgewechselt werden.
5 Objekttisch. Auf den Objekttisch wird das *Präparat* gelegt. Das Präparat ist der Objektträger mit dem Objekt, das durch ein Deckglas bedeckt ist.
6 Kondensor. Der Kondensor erhöht die Bildhelligkeit und dient der gleichmäßigen Ausleuchtung des Präparates. Er enthält eine **Blende**. Mit ihr können Helligkeit und Kontrast reguliert werden.
7 Triebräder. Mit dem Grobtrieb kann der Abstand zwischen Objektiv und Objekttisch so verändert werden, dass das Objekt scharf abgebildet wird. Mit dem Feintrieb können dann verschiedene Bildebenen des Objektes scharf eingestellt werden.

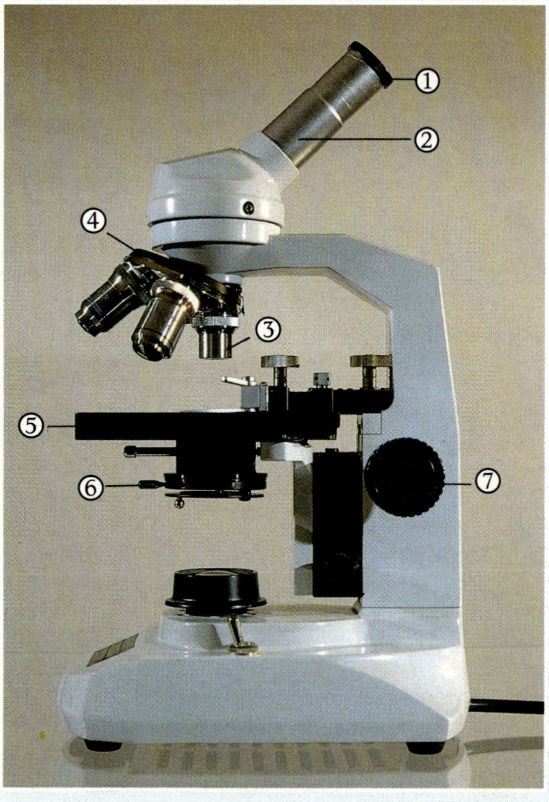

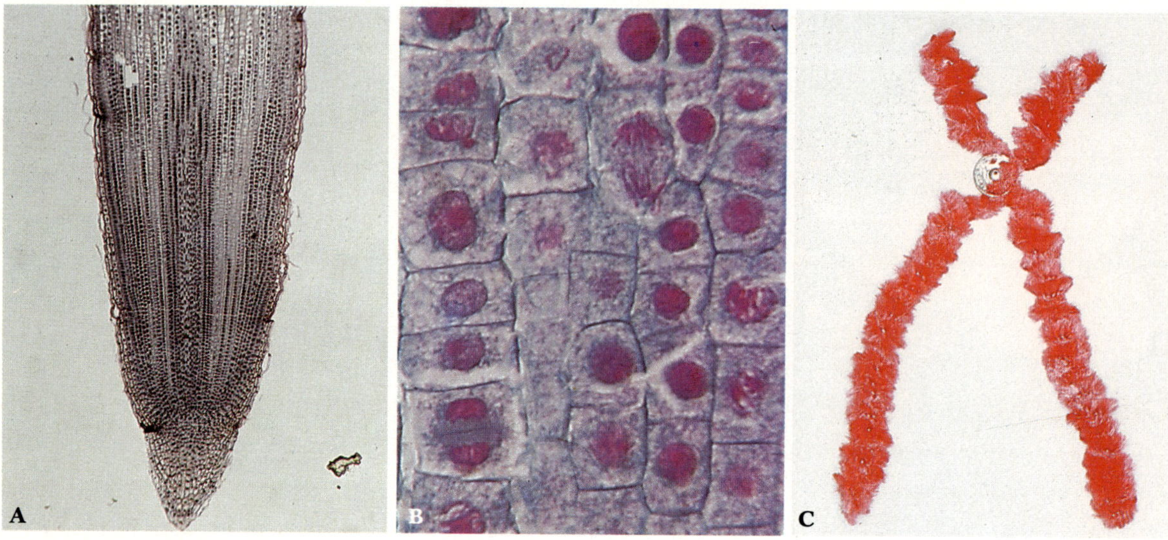

1 Wurzelspitze der Zwiebel. A Längsschnitt; B Ausschnitt aus A; C Zwei-Chromatiden-Chromosom (Modell)

1.2. Zellen vermehren sich durch Teilung

Pflanzen bestehen aus Zellen. Die zahlreichen Zellen der Ampelpflanze, einer Zwiebel oder eines Baumes sind jeweils aus einer einzigen Zelle hervorgegangen, aus der befruchteten Eizelle. Dabei entstehen immer aus einer Zelle, der *Mutterzelle*, zwei Zellen, die *Tochterzellen*. Untersuchen wir eine solche Zellteilung!

Für mikroskopische Untersuchungen von Zellteilungen eignen sich besonders gut die Wurzelspitzen von Pflanzen. Hier finden ständig Zellteilungen statt. Man nennt diesen Bereich **Vegetationspunkt**. Die Zellkerne sehen hier in verschiedenen Zellen unterschiedlich aus.

Bevor sich eine Zelle teilt, erfolgt zunächst eine Teilung des Zellkerns. Diese Kernteilung heißt **Mitose**. Anhand von Zeitraffer-Filmaufnahmen lassen sich die Mitose und die Zellteilung gut untersuchen. Dabei zeigt sich, dass der Ablauf der Mitose in einzelne Zeitabschnitte eingeteilt werden kann, die man Phasen nennt. Sie heißen **Prophase**, **Metaphase**, **Anaphase** und **Telophase**. In der Abbildung 2 sind Momentaufnahmen dieser Mitosephasen abgebildet.

Die gefärbten Kernstrukturen heißen **Chromosomen**. Sie werden durch Verkürzung und Verdichtung erst in der Metaphase gut sichtbar. Jedes Metaphasechromosom setzt sich aus zwei identischen Längshälften, den *Chromatiden*, zusammen. Sie werden an einer Einschnürungsstelle, dem **Centromer**, zusammengehalten. Man spricht daher auch von **Zwei-Chromatiden-Chromosomen**. In jeder Wurzelzelle der Zwiebel zählt man 16 Zwei-Chromatiden-Chromosomen.

Das Centromer ist der Ansatzort für die Spindelfasern, die sich in der Anaphase wie „Muskeln" zusammenziehen und dabei die Chromatiden trennen. In der Anaphase haben wir dann **Ein-Chromatid-Chromosomen**. Jede Tochterzelle erhält auf diese Weise 16 Ein-Chromatid-Chromosomen.

Nach der Mitose erfolgt die **Zellteilung**. Bei den pflanzlichen Zellen wird in der Zellmitte, der *Äquatorialebene*, eine Querwand gebildet. Dabei kommt es zu einer zufälligen Verteilung der übrigen Zellbestandteile auf die Tochterzellen, die sich anschließend vergrößern.

Vor erneuter Teilung der Tochterzellen müssen sich die Ein-Chromatid-Chromosomen verdoppeln. Dies geschieht in einem Zeitabschnitt zwischen der Zellteilung und der Mitose, den man als **Interphase** bezeichnet. Jede Tochterzelle besitzt jetzt wieder 16 Zwei-Chromatiden-Chromosomen.

1. Fertige eine Tabelle an, in der du die Phasen der Mitose notierst! Halte in Stichpunkten für jede Phase fest, in welchem Zustand sich die Chromosomen befinden! Verwende die Begriffe Ein-Chromatid-Chromosom und Zwei-Chromatiden-Chromosom!

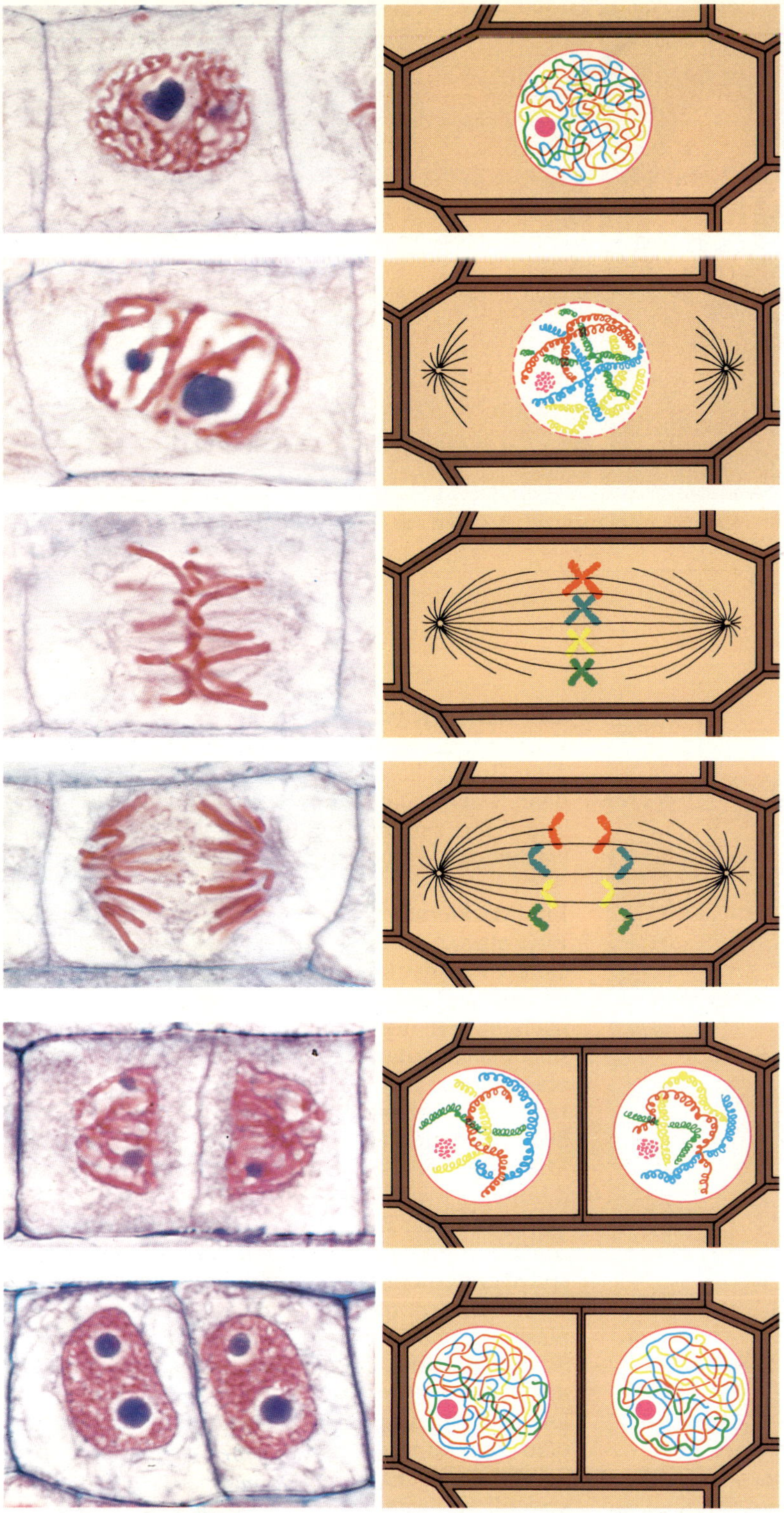

2 Kern- und Zellteilung bei Pflanzenzellen (LM-Bilder und Schemata)

Prophase. Die Zwei-Chromatiden-Chromosomen sind zunächst als feines, fädiges Knäuel zu erkennen. Sie verdichten und verkürzen sich dann. Dies geschieht durch Aufschraubung und Faltung. Kernhülle und Kernkörperchen sind nicht mehr zu sehen. Von zwei einander gegenüberliegenden Bereichen der Zelle, den Zellpolen, wandern *Spindelfasern* auf die Zellmitte zu.

Metaphase. Die Zwei-Chromatiden-Chromosomen haben sich stark verkürzt. Sie ordnen sich in der Zellmitte in einer Ebene an, die man *Äquatorialebene* nennt. Spindelfasern verbinden sich mit den Centromeren der Chromatiden.

Anaphase. Mit Hilfe der Spindelfasern wird jedes Chromatid eines Zwei-Chromatiden-Chromosoms zu einem anderen Pol transportiert. Da ein Chromatid bereits dem Ein-Chromatid-Chromosom entspricht, liegt an jedem Pol somit die gleiche Anzahl von Ein-Chromatid-Chromosomen vor.

Telophase. An jedem Pol entschrauben und entfalten sich die Ein-Chromatid-Chromosomen und bilden wieder ein Fadengeflecht. Gleichzeitig werden Kernhüllen und Kernkörperchen sichtbar. Die Spindelfasern sind nicht mehr zu erkennen. Nun erfolgt die *Zellteilung*.

Interphase. Bevor sich die Tochterzellen erneut teilen können, müssen die Ein-Chromatid-Chromosomen verdoppelt werden. Dies geschieht in der Interphase. Den gesamten Vorgang von einer Interphase bis zur nächsten bezeichnet man als *Zellzyklus*. Solange die Zellen eines Gewebes teilungsfähig sind, wiederholt sich der Vorgang ständig.

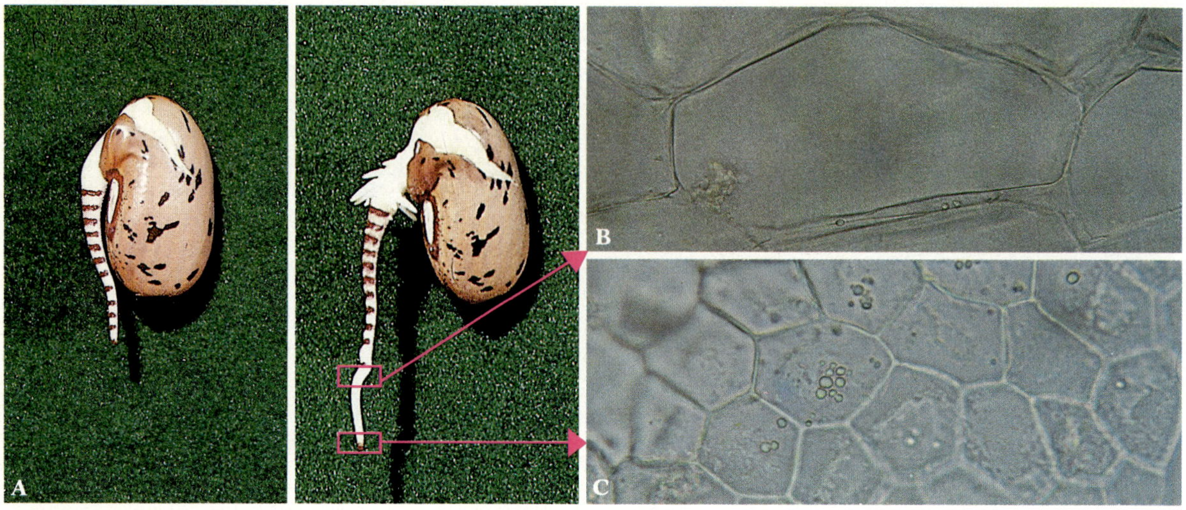

1 **Streckungswachstum.** A Feuerbohne mit markierter Keimwurzel; B Zellen aus der Streckungszone; C Vegetationspunkt der Keimwurzel

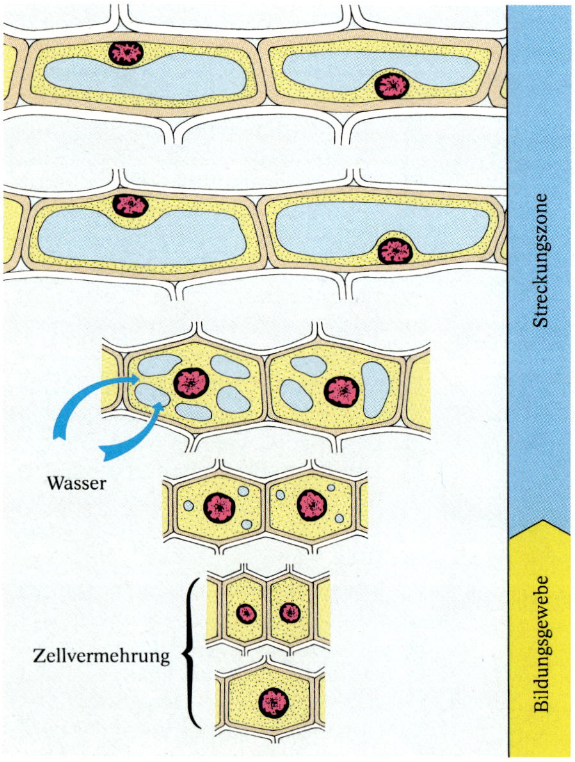

2 **Wachstum von pflanzlichen Zellen.** Beim Streckungswachstum verlängert sich die Zelle von etwa 10 µm auf das 10- bis 50fache.

1.3. Zellen wachsen

Eine Bohne keimt: Zuerst platzt die Samenschale, dann wächst die Keimwurzel durch die Keimpore und dringt senkrecht in die Erde. Wie erfolgt dieses Wachstum?

Ein Markierungsversuch gibt uns erste Hinweise. Eine etwa 2 cm lange Keimwurzel einer keimenden Bohne wird der Länge nach im Abstand von 1mm mit feinen, farbigen Querstrichen versehen. Misst man nach einigen Tagen die Abstände der Markierungen, stellt man fest, dass sie nur in einem schmalen Bereich oberhalb der Wurzelspitze größer geworden sind.
In der Wurzelspitze teilen sich die Zellen ständig. Dies ist an den Mitose- und Zellteilungsstadien im Mikroskop zu erkennen. Jede der Zellen ist von einer dünnen Zellwand begrenzt. Im Zellinnern fällt der im Verhältnis zum Zellplasma große Zellkern auf. Dieses Bild ändert sich, je weiter wir uns von der Wurzelspitze entfernen: Die Zellen werden länger, die Zellwände dicker, die Vakuolen größer und das Zellplasma vermehrt sich. Man nennt diesen Bereich die **Streckungszone**, in der das **Streckungswachstum** der Zellen stattfindet.
Die Verlängerung der Keimwurzel beruht also auf dem Streckungswachstum der Zellen. Es wird dadurch hervorgerufen, dass die Pflanze vermehrt Wasser in diese Zellen befördert. Dadurch werden sie größer und strecken sich.

Größe und Gestalt von Zellen

Lebewesen bestehen aus Zellen, die sich in Größe und Gestalt unterscheiden. Sehr kleine Zellen sind zum Beispiel die Bakterien mit einer durchschnittlichen Größe von 0,5 µm bis 3 µm. Bei Einzellern finden sich Größen von 0,1 µm bis 9 cm. Die Zellen pflanzlicher Vielzeller sind durchschnittlich 10 µm bis 100 µm, die Zellen tierischer Vielzeller etwa 10 µm bis 30 µm groß. Es gibt aber auch faserartige Pflanzenzellen von mehr als 25 cm Länge. Nervenzellen können mit ihren Fortsätzen sogar über einen Meter lang werden.

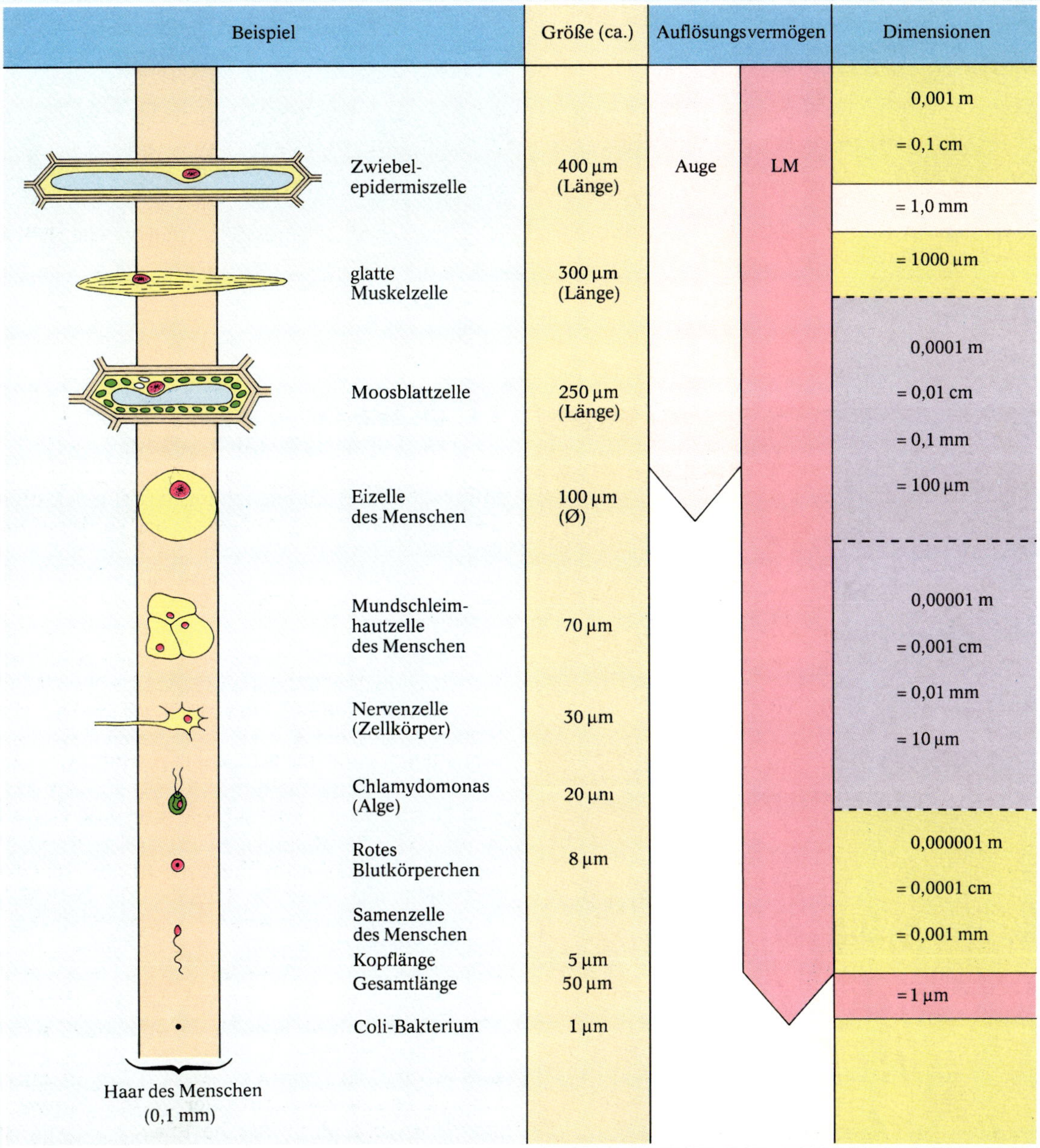

3 Größen und Formen von Zellen

1 **Rapspflanze.** A Blüte und Blätter; B Kronblattzellen; C Laubblattzellen; D Sprossachse und Wurzel; E Sprossachsenzellen; F Wurzelzellen

2 **Entwicklung beim Raps.** A Samen; B Keimlinge

1.4. Die Zellen einer Pflanze sind unterschiedlich gebaut

Mikroskopische Untersuchungen an einer blühenden Rapspflanze zeigen, dass sie aus verschiedenartigen Zellen besteht. Weshalb sind zum Beispiel die Laubblattzellen anders gebaut als die Kronblattzellen?

Verfolgen wir zur Klärung dieser Frage zunächst die Entwicklung der Rapspflanze. Aus der befruchteten Eizelle entwickelt sich ein vielzelliger Embryo, der im Samen eingeschlossen ist. Alle Zellen des Rapsembryos sehen zunächst fast gleich aus. Dies ändert sich aber mit der Samenkeimung. Zuerst entwickeln sich eine kleine Wurzel und der Sprossansatz. Dann entfalten sich die Keimblätter. Später entstehen die Laubblätter und zum Schluss die Blüten. Im Mikroskop sieht man, dass im Laufe dieser Entwicklung immer neue Zelltypen gebildet werden. Man sagt, die Zellen *differenzieren* sich.
Betrachten wir die Differenzierungen innerhalb der Rapspflanze genauer. Zunächst fällt auf, dass gleich gebaute Zellen meist in größeren Verbänden vorkommen. Einen solchen Verband von Zellen gleichen Typs mit gleichen Aufgaben nennt man **Gewebe.** Gewebe, in denen während des Wachstums noch Zellteilungen stattfinden, heißen **Bildungsgewebe.** Man findet sie unter anderem an den Wurzelspitzen und in den Knospen an der Sprossachse. Hat ein Gewebe

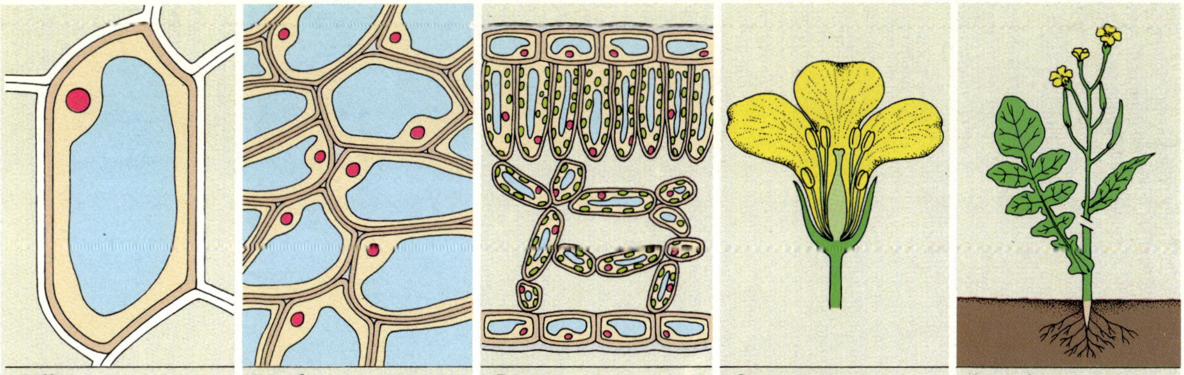

Zelle
Grundbaustein der Pflanze mit bestimmter Aufgabe
(Beispiel: Zelle des Blattstiels)

Gewebe
Verband eines Zelltyps mit bestimmter Aufgabe
(Beispiel: Grundgewebe des Blattstiels)

Organ
mehrere Gewebe ergänzen sich zur Erfüllung bestimmter Aufgaben
(Beispiel: Laubblatt)

Organsystem
mehrere Organe ergänzen sich zur Erfüllung bestimmter Aufgaben
(Beispiel: Blüte)

Organismus
Gesamtlebewesen aus vielen Organen und Organsystemen
(Beispiel: Rapspflanze)

3 Bausteine des Organismus Rapspflanze

seine endgültige Gestalt und Größe erreicht, hören die Zellteilungen auf. Ein **Dauergewebe** ist entstanden.
Mit dem Mikroskop erkennt man in einem Blattquerschnitt verschiedene Gewebe. Die äußeren Zellen dienen als **Abschlussgewebe** dem Schutz des Blattes. Andere Gewebe im Innern des Blattes sorgen für Ernährung und Gasaustausch. Diese Gewebe ergänzen sich in ihren Aufgaben. Sie bilden in ihrer Gesamtheit ein **Organ**, das Blatt. Ein Organ ist eine Funktionseinheit, die aus verschiedenen Geweben aufgebaut ist.
Die Rapsblüte besteht aus mehreren verschiedenartigen Blättern: vier grünen Kelchblättern, vier gelben Kronblättern, sechs Staubblättern und zwei Fruchtblättern, die den Fruchtknoten bilden. Außerdem finden wir am Blütenboden vier Nektardrüsen. In den Staubblättern entstehen die Pollenkörner. Die Eizellen bilden sich in den Samenanlagen des Fruchtknotens. Die Kronblätter locken Insekten an, zum Beispiel Bienen. Diese saugen Nektar aus den Nektardrüsen und sorgen „als Gegenleistung“ für die Verbreitung der Pollenkörner auf andere Rapsblüten. Dadurch wird die Bestäubung fremder Blüten gesichert. Die Blüte wird also aus mehreren Organen gebildet. Diese Blütenorgane dienen der gemeinsamen Aufgabe, der Fortpflanzung. Organe, die eine gemeinsame Aufgabe erfüllen, bilden ein **Organsystem**. Organsysteme mit ihren Zellen, Geweben und Organen bilden zusammen den **Organismus**.

1. Das Foto zeigt einen Querschnitt durch die Sprossachse des Pfeifenstrauchs (LM-Bild). Suche verschiedene Gewebe und zeichne jeweils eine Zelle! Woran erkennst du die verschiedenen Gewebe?

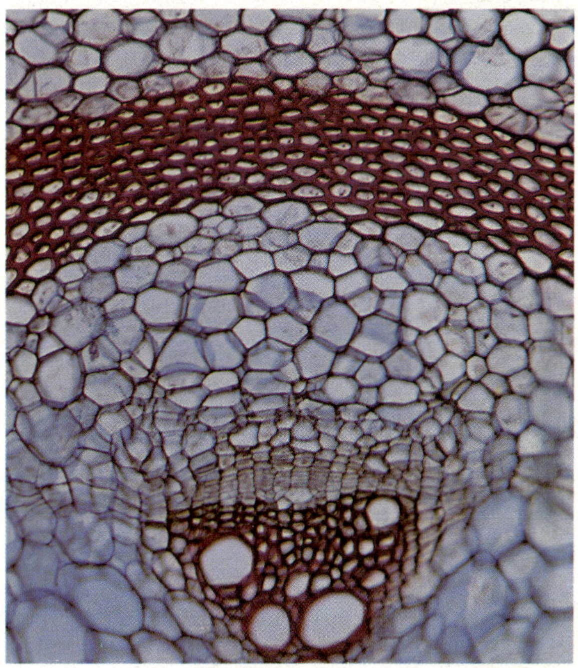

2. Ist die Küchenzwiebel ein Organ, ein Organsystem oder ein Organismus? Begründe deine Entscheidung!

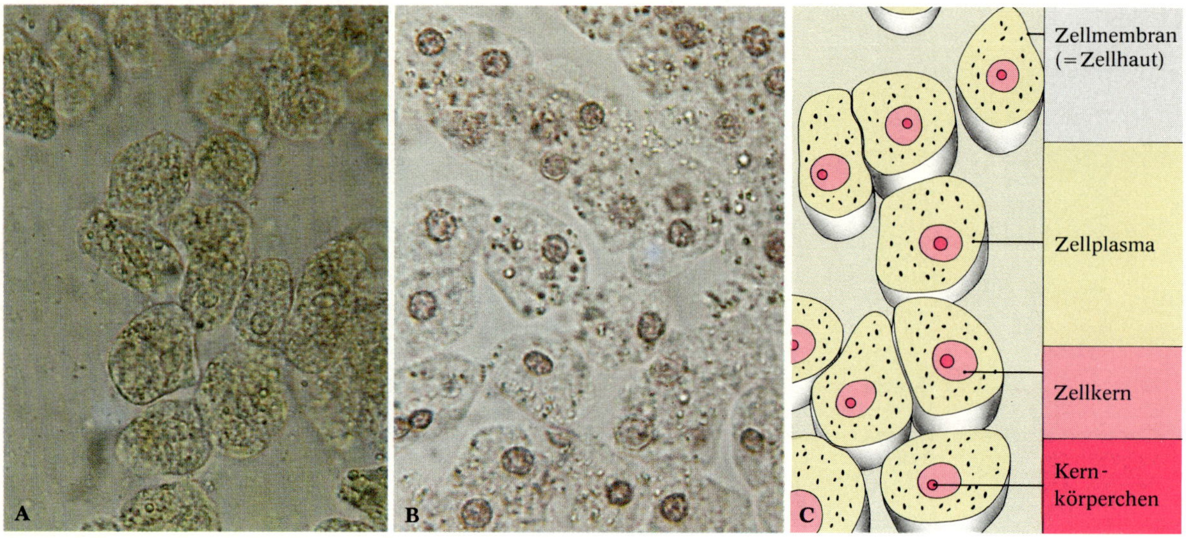

1 **Leberzellen.** A ungefärbt; B mit Orcein-Essigsäure gefärbt; C Schema

1.5. Tierzellen – mikroskopisch betrachtet

Menschen und Tiere bestehen ebenfalls aus Zellen. Um zum Beispiel Zellen einer Rinderleber zu mikroskopieren, kann man Präparate aus frischen, fein zerriebenen Leberstückchen herstellen. Leider werden dabei die Zellen voneinander getrennt. Um den Zellverband zu erhalten, wendet man ein anderes Verfahren an. Man stellt **Dauerpräparate** her. Hierbei werden Leberstückchen durch Einbetten in Paraffin gehärtet. Mit einem besonderen Schneidegerät, dem *Mikrotom,* lassen sich aus dem so behandelten Leberstück Dünnschnitte herstellen. Sie werden dann auf einen Objektträger übertragen.
In einem weiteren Präparationsschritt wird das Paraffin durch Lösungsmittel entfernt. Anschließend *färbt* man das Objekt. Durch bestimmte Farbstoffe werden einzelne Zellbestandteile unterschiedlich stark hervorgehoben.

Betrachtet man das mikroskopische Bild eines gefärbten Leberpräparates, so sind deutlich die einzelnen Zellen mit der begrenzenden *Zellmembran* zu erkennen. Vom *Zellplasma* hebt sich besonders der stark angefärbte *Zellkern* ab. Auch gefärbte Präparate von Muskel-, Haut-, Nerven- oder Eizellen zeigen grundsätzlich den gleichen Zellaufbau aus Zellmembran, Zellkern und Zellplasma. Sie unterscheiden sich jedoch in Größe, Gestalt und Aufgaben.
Die verschiedenen Zelltypen eines Tieres sind aus der befruchteten Eizelle hervorgegangen. Im Verlaufe der Entwicklung des Tieres haben sie sich *differenziert* und bilden **Gewebe, Organe** und **Organsysteme.**
Welche Gewebe kommen im tierischen beziehungsweise im menschlichen Körper vor? Zunächst muss der Körper nach außen abgeschlossen und geschützt sein. Dazu dienen die Zellen des **Deckgewebes.** Bei den Wirbeltieren bilden mehrere verschieden aufgebaute Schichten von Deckgeweben die Haut, also ein Organ. Die äußere Schicht der menschlichen Haut ist verhornt und trocken. Bei Amphibien wie den Fröschen dagegen sorgen **Drüsenzellen** im Deckgewebe für eine feuchte Haut. Überall im Körper, wo Flüssigkeiten ausgeschieden werden, wirken Drüsenzellen oder **Drüsengewebe.** Die Ausscheidungsprodukte von Drüsengeweben, zum Beispiel Schleim, Speichel oder Schweiß, nennt man *Sekrete.*

Viele Vorgänge im Körper werden durch *Hormone* gesteuert. Sie entstehen in besonderen *Hormondrüsen,* beispielsweise in der Schilddrüse. Die Hormondrüsen geben ihre Produkte zum Weitertransport ins *Blut* ab.

Der Hauptbestandteil des Blutes ist eine wässrige Flüssigkeit, das *Blutplasma.* Im Blutplasma kommen mehrere verschiedene Zelltypen vor, zum Beispiel *Rote* und *Weiße Blutkörperchen.* Nach unserer Erklärung bilden also alle Roten Blutkörperchen ein Gewebe. Dasselbe gilt für die Weißen Blutkörper-

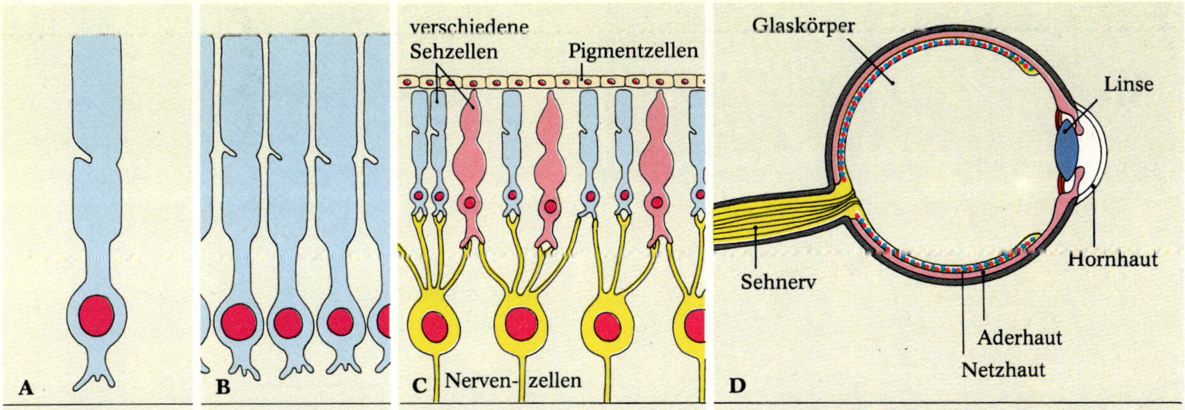

Zelle: Sehzelle aus der Netzhaut des Auges

Gewebe: Gruppe von Sehzellen aus der Netzhaut des Auges

Organ: Gewebe aus verschiedenen Sehzellen, Nervenzellen und Pigmentzellen bilden das Organ Netzhaut

Organsystem: mehrere Organe (z.B. Netzhaut und Aderhaut) bilden mit ihren verschiedenen Zellen und Geweben das Organsystem Auge

2 Organisationsstufen des Organsystems Auge

chen. Es klingt überraschend, aber wegen dieser verschiedenartigen Zelltypen kann das Blut als ein *flüssiges Organ* bezeichnet werden.

Das Blut fließt in Blutgefäßen. Diese liegen in einem lockeren **Bindegewebe.**
Beim Zerteilen von rohem Fleisch kannst du sehen, dass ein durchsichtiges und dehnbares Bindegewebe auch die Muskeln umgibt. Das **Muskelgewebe** besteht aus lang gestreckten Zellen, die sich verkürzen können.

Bei den Wirbeltieren erfolgt die Bewegung durch das Zusammenspiel von Muskeln, Knochen und Gelenken. Knochen und Knorpel sind aus **Stützgewebe** aufgebaut. Knorpel ist biegsam, weil er aus einer eiweißhaltigen, elastischen Grundsubstanz besteht. Beim Menschen wird das gesamte Skelett zunächst aus Knorpel angelegt. Während der Embryonalentwicklung beginnt die Verknöcherung. Durch Einbau von Kalk verhärtet der Knorpel und wird zum Knochen. Die Verknöcherung des Skeletts dauert bis zum Ende der Kindheit.

Auch die Zähne bestehen aus Knochensubstanz. Erkrankte Zähne schmerzen, weil sie von Nervenzellen durchzogen sind. Das **Nervengewebe** sorgt zusammen mit den **Sinnesorganen** dafür, dass wir unsere Umwelt wahrnehmen und krankhafte Veränderungen in unserem Körper spüren.

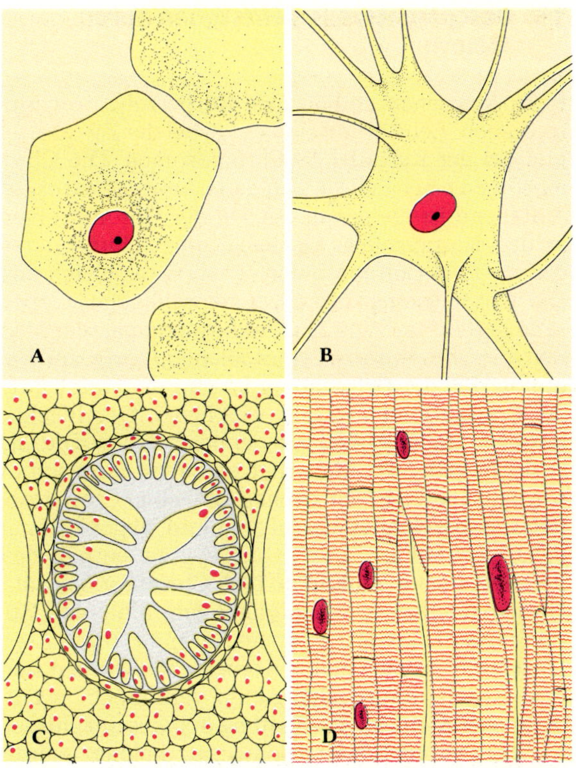

3 Zelltypen beim Menschen. A Deckzellen (Mundschleimhaut); B Nervenzelle; C Drüsenzellen (Dünndarm); D Muskelzellen (quer gestreifte)

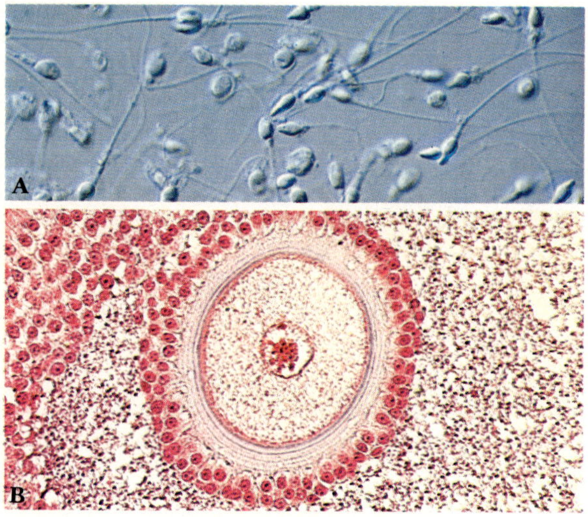

1 Geschlechtszellen des Menschen. A Samenzellen; B Eizelle

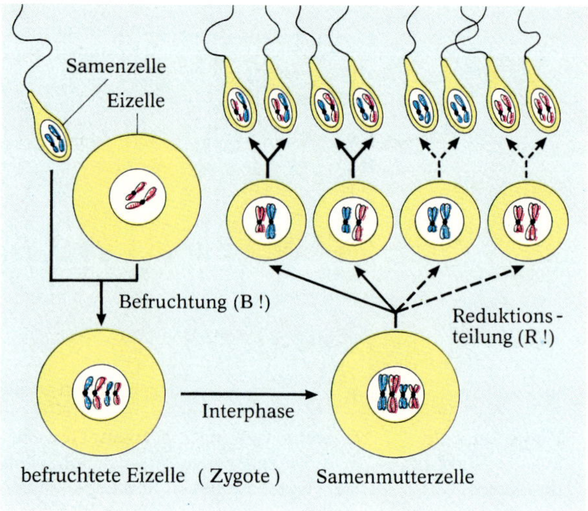

2 Kernphasenwechsel und Verteilung der Chromosomen (2n = 4)

1.6. Geschlechtszellen entstehen durch Meiose

Beim Menschen enthält jede Körperzelle 46 Chromosomen. Beim Hund sind es 78, bei der Zwiebel 16 und bei der Kartoffel 48 Chromosomen. Die Chromosomen einer Zelle bilden den *Chromosomensatz*. Auffallend ist die gerade Anzahl der Chromosomen in den Körperzellen. Genaue Untersuchungen zeigen: Je zwei Chromosomen sehen völlig gleich aus. Der Chromosomensatz einer menschlichen Körperzelle besteht also aus 23 Chromosomenpaaren. Man sagt, die Chromosomen eines solchen Paares sind **homolog**. Bei der Befruchtung kommt die eine Hälfte der Chromosomen von der weiblichen Geschlechtszelle, die andere Hälfte von der männlichen. Die Geschlechtszellen des Menschen enthalten demnach 23 Chromosomen. Einen solchen einfachen Chromosomensatz bezeichnet man als **haploid**, abgekürzt mit n. Die befruchtete Eizelle, die *Zygote*, enthält den doppelten oder **diploiden** (2n) Chromosomensatz. Diesen Wechsel vom haploiden zum diploiden Zustand des Zellkerns nennt man *Kernphasenwechsel*. Die Chromosomen in den Körperzellen würden sich von Generation zu Generation verdoppeln, wenn nicht spätestens bei der Reifung der Geschlechtszellen der diploide Chromosomensatz halbiert würde. Die hierbei ablaufenden Zellteilungen heißen *Reifeteilungen*. Zur Bildung von Geschlechtszellen aus einer Geschlechtsmutterzelle sind zwei Reifeteilungen erforderlich, die man zusammen als **Meiose** bezeichnet.

Die Halbierung des diploiden Chromosomensatzes einer Geschlechtsmutterzelle erfolgt in der *1. Reifeteilung*. Man spricht auch von der **Reduktionsteilung** (abgekürzt R!), da der diploide Chromosomensatz verringert, also reduziert wird. Im Verlaufe der *Prophase* verdichten sich die bis dahin fädigen Zwei-Chromatiden-Chromosomen. In der *Metaphase* ordnen sie sich in der Äquatorialebene an. In der folgenden *Anaphase* werden die homologen Zwei-Chromatiden-Chromosomen nicht wie in der Mitose „zerrissen“, sondern jeweils vollständig zu jeweils einem Zellpol gezogen. Auf diese Weise gelangt der einfache Chromosomensatz zu den Zellpolen.

An die 1. Reifeteilung schließt sich sofort die *2. Reifeteilung* an. Sie verläuft in jeder der beiden Zellen wie eine Mitose ab. So entstehen aus einer Samenmutterzelle vier haploide Samenzellen. Auch aus einer Eimutterzelle gehen vier Zellen hervor. Allerdings verkümmern drei Zellen zugunsten einer haploiden, plasmareichen Eizelle.

1. Beschreibe den Kernphasenwechsel bei der Samenzellen-Bildung in Abbildung 2! Welche Möglichkeiten der Chromosomenverteilung wären bei der Bildung der Eizelle zu erwarten? Zeichne!

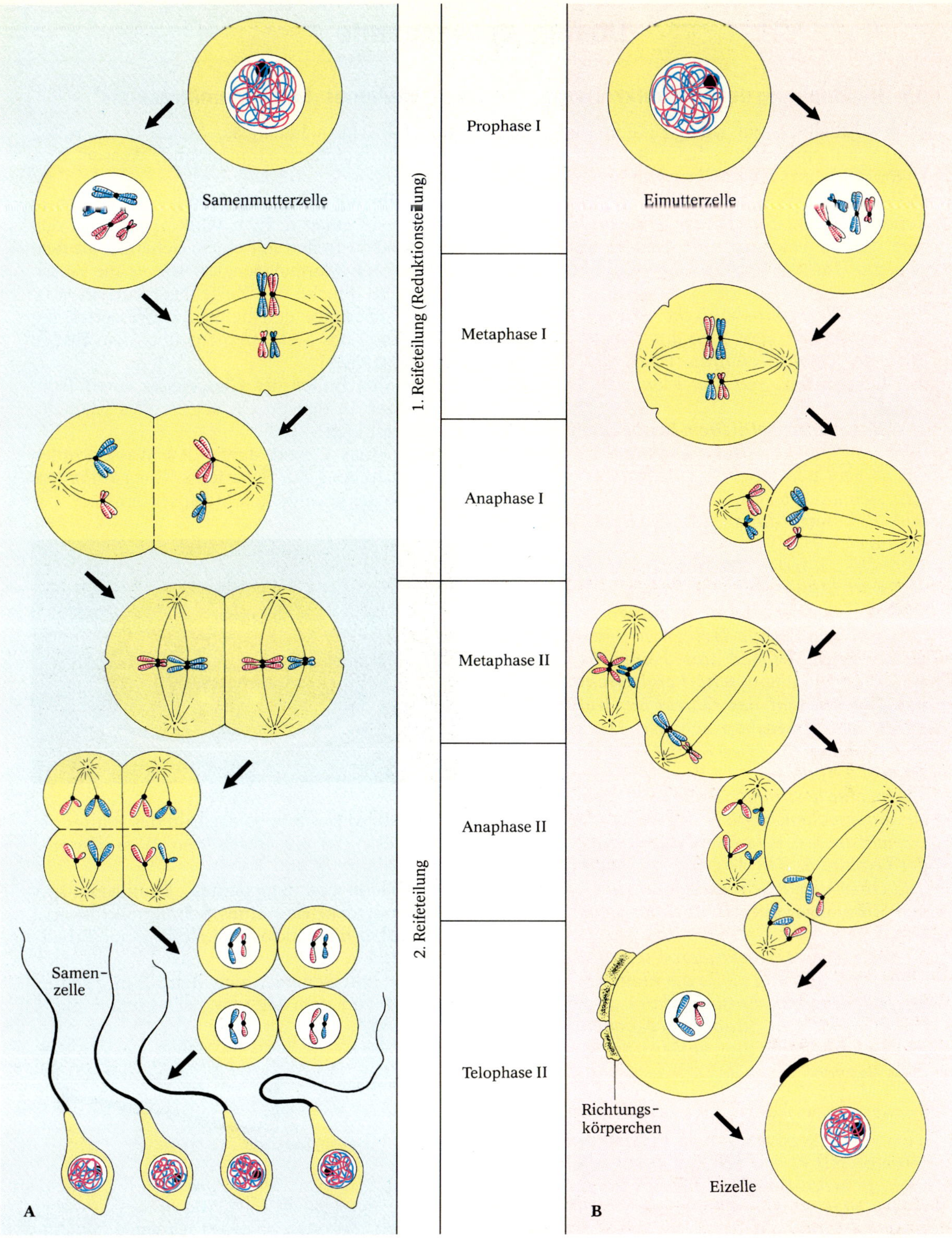

3 Reifung von Geschlechtszellen beim Menschen (Schema). A Samenzellen; B Eizelle

Übung: Zellverbände

A 1. Handhabung des Lichtmikroskops

In der Anleitung zur sachgemäßen Bedienung eines Schülermikroskops heißt es:

1. Bevor du mit dem Mikroskopieren beginnst, stelle an deinem Mikroskop die kleinste Objektivvergrößerung ein, schiebe den Kondensor bis zum oberen Anschlag und schließe die Blende etwa zur Hälfte. Schalte die Mikroskopierlampe ein!

2. Lege das mikroskopische Präparat so auf den Objekttisch, dass sich das Objekt über der Mitte der Objekttischöffnung befindet! Klemme den Objektträger mit den Klemmen vorsichtig fest!

3. Bewege unter ***seitlichem*** *Beobachten Objekttisch und Objektiv durch Drehen des Grobtriebes so weit wie möglich aufeinander zu, ohne dass sich das Objektiv und das Deckglas berühren! Erst jetzt darfst du durch das Okular schauen!*

4. Drehe dann den Grobtrieb in die entgegengesetzte Richtung vom Objekttisch weg, bis das Objekt scharf erscheint! Reguliere gegebenenfalls mit der Blende Helligkeit und Kontrast! Stelle durch Drehen des Feintriebs die gewünschte Bildebene scharf ein! ***Drehe niemals das Objektiv auf das Objekt zu, während du durch das Mikroskop schaust!*** *Die Objektivlinse könnte sonst beschädigt oder das Objekt zerstört werden.*

5. Um eine bestimmte Stelle des Objektes näher zu untersuchen, schiebe sie in die Mitte des Gesichtsfeldes! Vergrößere dann durch Drehen des Grobtriebs den Abstand zwischen Objektiv und Objekttisch! Schwenke nun ein Objektiv in den Strahlengang! Verfahre dann weiter nach 3. und 4.!

6. Nach dem Mikroskopieren schalte zunächst die Lampe aus und stelle die kleinste Objektivvergrößerung ein! Entferne dann das Präparat vom Objekttisch! Säubere gegebenenfalls Objekttisch und Objektivfrontlinse mit einem weichen Lappen!

Nimm ein Stück durchsichtige Folie (etwa 5 cm × 5 cm, z.B. von einem Plastikbeutel) und schreibe mit einem Filzstift einen Buchstaben darauf! Mikroskopiere dieses „Präparat“ bei verschiedenen Vergrößerungen! Gehe dabei nach der Anleitung vor!

V 2. Bau eines „Einlinsenmikroskops“

Material: Marmeladenglas; Metall-Lochstreifen (z.B. Schnellhefter); Gummiband; Wasser; Wasserpest

Durchführung: Biege den Metall-Lochstreifen in der Mitte in einen rechten Winkel! Befestige den gewinkelten Streifen mit einem Schenkel an dem umgedrehten Marmeladenglas, wie es die Abbildung zeigt! Tauche den Zeigefinger kurz in Wasser und übertrage den haftenden Wassertropfen in das Loch des Metallstreifens über dem Boden des Glasgefäßes!

Gib auf den Boden des Glasgefäßes einen Tropfen Wasser, in den du ein abgezupftes Blatt der Wasserpest legst!

Betrachte das Objekt durch den Wassertropfen im Lochstreifen! Zur Scharfeinstellung verändere die Höhe des gewinkelten Metallstreifens!

Aufgaben: a) Beschreibe das Bild des Blattes der Wasserpest, das du durch den Wassertropfen siehst! Erläutere!

b) Vergleiche den Bau deines „Einlinsenmikroskops“ mit dem Bau eines Schülermikroskops! Stelle dabei die Mikroskopteile in einer Tabelle gegenüber!

c) Worin unterscheidet sich dein „Einlinsenmikroskop“ von dem LEEUWENHOEKschen Lichtmikroskop?

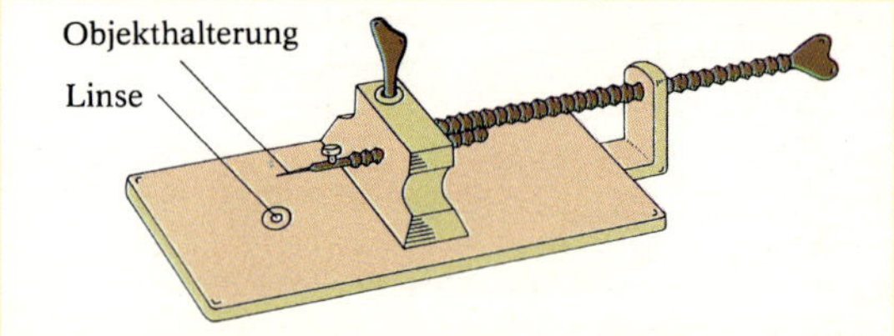

Übung: Zellverbände

V 3. Wir untersuchen Staubfadenhaare

Material: Mikroskop und Zubehör; Zeichenpapier; Zeichenmaterial; Methylenblau-Lösung (verdünnt); Filtrierpapierstreifen (etwa 5 cm × 1 cm); Pipette; Blüte einer Ampelpflanze (Tradescantia)

Durchführung: Bringe mit einer Pipette einen Tropfen Wasser auf einen Objektträger! Entferne mit der Pinzette einige Staubfadenhaare kurz oberhalb ihrer Ansatzstelle am Blütenboden und übertrage sie in den Wassertropfen! Lege ein Deckglas auf!

Aufgaben: a) Mikroskopiere das Frischpräparat! Wähle dann eine Vergrößerung, bei der du eine Zelle gut erkennen kannst! Zeichne eine Staubfadenhaarzelle!
Beschrifte deine Zeichnung!

b) In lebenden Zellen bewegt sich das Zellplasma. Diese *Plasmaströmung* erkennt man gut an den mitgeführten Zellbestandteilen.
Beobachte die Plasmaströmung der unter a) gezeichneten Haarzelle! Trage die Bewegungsrichtung – auch in den angrenzenden Zellen – durch Pfeile ein!

c) Gib mit einer Pipette einen Tropfen Methylenblau-Lösung an den Rand des Deckgläschens! Halte den Filtrierpapierstreifen an den anderen Rand! Sauge auf diese Weise den Farbstoff so lange durch das Präparat, bis es sichtbar angefärbt ist!
Mikroskopiere das angefärbte Präparat! Welche Zellbestandteile lassen sich jetzt besser erkennen als unter a)?

V 4. Das Zwiebelhäutchen ist eine Epidermis

Material: Mikroskop und Zubehör; Messer; Rasierklinge; Zeichenpapier; Zeichenmaterial; Wasser; Methylenblau-Lösung; Filtrierpapierstreifen (etwa 5 cm × 1 cm); Küchenzwiebel

Durchführung: Schneide die Küchenzwiebel längs durch! Löse eine Zwiebelschuppe (= Zwiebelschuppenblatt) mit einer Pinzette vorsichtig heraus! Das Schuppenblatt ist auf der nach innen gewölbten Seite von einer matten, durchscheinenden Haut begrenzt. In dieses Zwiebelhäutchen schneide mit einer scharfen Rasierklinge ein Muster kleiner Quadrate (Kantenlänge etwa 3 mm)!
Gib einen Tropfen Wasser in die Mitte eines Objektträgers! Löse dann mit einer Pinzette ein quadratisches Stück des Zwiebelhäutchens ab und übertrage es in den Wassertropfen! Setze ein Deckglas seitlich an den Wassertropfen und lege es vorsichtig auf!

Aufgaben: a) Mikroskopiere das Frischpräparat bei kleinster Vergrößerung! Zeichne!

b) Färbe das Objekt mit Methylenblau-Lösung wie in V 3. b) beschrieben! Mikroskopiere und zeichne eine Zelle! Beschrifte deine Zeichnung!

c) Das Zwiebelhäutchen ist ein Abschlussgewebe, eine Epidermis, des Zwiebelschuppenblattes. Das Schuppenblatt ist ein Organ der Zwiebelpflanze. Untersuche, aus welchen verschiedenen Geweben das Schuppenblatt aufgebaut ist!

d) Bei der Roten Küchenzwiebel ist eine Epidermis durch einen Farbstoff in den Zellvakuolen rot gefärbt. Die andere Epidermis ist ungefärbt und lässt sich wie bei der (weißen) Küchenzwiebel als „Zwiebelhäutchen" leicht ablösen.
Ordne diese beiden Epidermisschichten des Zwiebelschuppenblattes einer Roten Küchenzwiebel der unteren und der oberen Blattepidermis zu! Erläutere deine Entscheidung!

V 5. Blattzellen der Wasserpest

Material: Mikroskop und Zubehör; Zeichenpapier; Zeichenmaterial; Wasserpest

Durchführung: Gib einen Tropfen Wasser auf einen Objektträger! Zupfe dann mit einer Pinzette ein Blatt vom Spross der Wasserpest ab und übertrage es in den Wassertropfen! Lege vorsichtig ein Deckglas auf!

Aufgaben: a) Mikroskopiere das Präparat! Wähle dann eine Vergrößerung, bei der du eine Zelle gut erkennen kannst! Zeichne eine Blattzelle aus dem Gewebe heraus und deute die angrenzenden Zellen an! Beschrifte deine Zeichnung!

b) Beobachte die Plasmaströmung der unter a) gezeichneten Blattzelle anhand der Chloroplastenbewegung!

Übung: Zellverbände

V 6. Präparation der Mundschleimhaut

Material: Mikroskop und Zubehör; Zeichenpapier; Zeichenmaterial; Holzspatel oder Teelöffel; Pipette; Glasstab; Methylenblau-Lösung (verdünnt); Filtrierpapierstreifen (etwa 5 cm × 1 cm)
Durchführung: Gib einen Tropfen Wasser auf einen Objektträger! Schabe mit dem Stiel eines sauberen Teelöffels von der Innenseite deiner Wange etwas Schleimhaut ab! Übertrage sie in den Wassertropfen auf dem Objektträger! Nimm einen Glasstab und vermische die Schleimhautstückchen vorsichtig mit dem Wasser! Setze ein Deckglas seitlich an den Wassertropfen und lege es vorsichtig auf!
Aufgaben: a) Mikroskopiere das Präparat bei starker Vergrößerung und zeichne!
b) Färbe das Objekt mit Methylenblau wie in V 3. b) beschrieben! Mikroskopiere bei starker Vergrößerung! Beschreibe den Unterschied zwischen dem gefärbten und dem ungefärbten Präparat!

V 7. Wir mikroskopieren Leberzellen

Material: Mikroskop und Zubehör; Pipette; Glasstab; Becherglas (50 ml); Zeichenpapier; Zeichenmaterial; Orcein-Essigsäure; kleines Stück frische Rinderleber
Durchführung: Das Leberstückchen wird mit etwas Wasser in das Becherglas gegeben. Mit einer spitzen Schere wird das Leberstückchen im schräg gestellten Glasgefäß so lange zerschnitten, bis eine braunrote Flüssigkeit entstanden ist. Mit einer Pipette überträgst du nun vorsichtig einen Tropfen dieser Flüssigkeit an ein Ende eines Objektträgers. Dann stellst du ein *Ausstrichpräparat* her: Dazu setzt du einen zweiten Objektträger mit der schmalen Kante im schrägen Winkel an den Tropfen auf dem ersten Objektträger auf, sodass sich der Tropfen bei Berührung an der Kante ausbreiten kann. Dann schiebst du den schräg gestellten Objektträger zum anderen Ende des liegenden Objektträgers. Dabei wird die braunrote Flüssigkeit verteilt, man sagt, sie wird ausgestrichen. Gib hierauf mit einem Glasstab einen Tropfen Orcein-Essigsäure und lege ein Deckglas auf! Mikroskopiere dieses Ausstrichpräparat bei mittlerer Vergrößerung! Du siehst sowohl Leberzellen im Verband als auch isolierte Leberzellen und Zellreste, die durch das Präparieren entstanden sind. Suche eine Stelle mit vollständig erhaltenen Leberzellen!
Aufgaben: Mikroskopiere das Ausstrichpräparat bei starker Vergrößerung! Welche Zellbestandteile werden durch Orcein-Essigsäure besonders stark gefärbt? Zeichne mehrere Zellen und beschrifte deine Zeichnung!

A 8. Zellen verschiedener Lebewesen

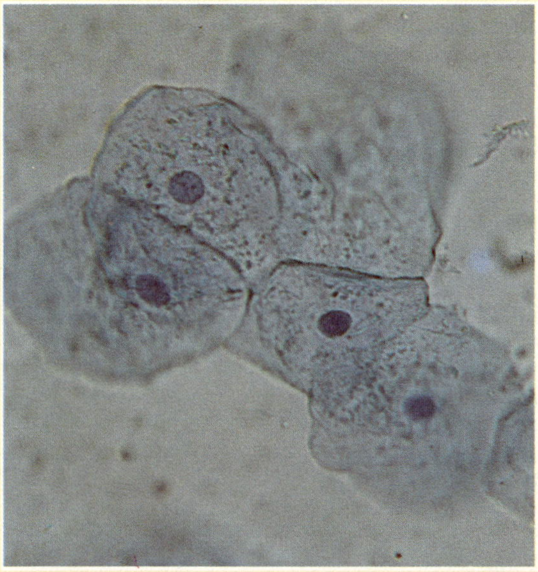

Übung: Zellverbände

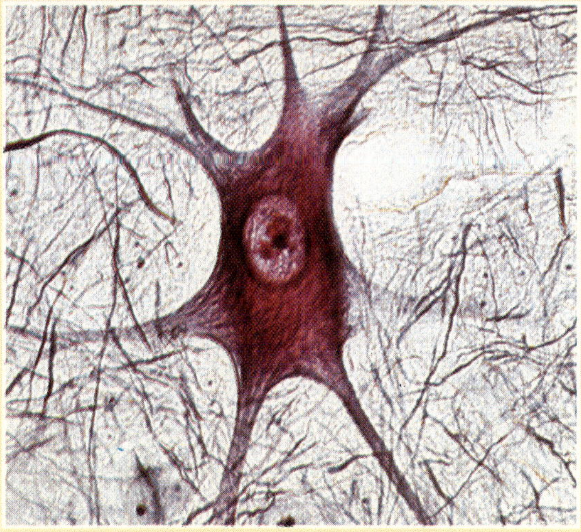

Ordne die abgebildeten Zellen pflanzlichen oder tierischen Lebewesen zu! Begründe deine Entscheidung!

A 9. Kennzeichen pflanzlicher und tierischer Zellen

Jede pflanzliche Zelle ist von einer festen Zellwand aus Cellulose begrenzt. Tierische Zellen haben dagegen nur eine elastische Zellmembran. Leber-, Haut-, Muskel- oder Nervenzellen sind also verformbar. Das Zellplasma wird sowohl bei tierischen als auch bei pflanzlichen Zellen von einer Zellmembran begrenzt. Außerdem finden wir bei allen Zellen einen Zellkern im Zellplasma. Allerdings ist er im Mikroskop nicht immer sofort zu erkennen. Das liegt am räumlichen Bau der Zelle. So kann der Zellkern zum Beispiel zufällig nicht in der scharf eingestellten Bildebene liegen. Häufig wird der Zellkern in pflanzlichen Zellen auch durch Vakuolen oder Chloroplasten verdeckt.
a) Weshalb lassen sich von tierischen Organen mikroskopisch geeignete Präparate schwieriger herstellen als von pflanzlichen Organen?
b) Stelle in einer Tabelle Kennzeichen pflanzlicher und tierischer Zellen gegenüber! Nimm den obigen Text und dein Lehrbuch zu Hilfe!

V 10. Vegetationspunkt der Wurzel

Material: Mikroskop und Zubehör; Zeichenpapier; Zeichenmaterial; Dauerpräparat einer Wurzelspitze der Küchenzwiebel (Allium) aus der Biologiesammlung
Durchführung: Mikroskopiere das Bildungsgewebe im Vegetationspunkt der Wurzel einer Küchenzwiebel bei mittlerer Vergrößerung!
Aufgaben: Suche vier Zellen in verschiedenen Kernteilungsphasen! Zeichne diese Zellen bei starker Vergrößerung! Ordne die Zellen nach dem zeitlichen Verlauf der Kernteilung durch Ziffern!

V 11. Wir bauen ein Chromosomen-Modell

Material: 4 Druckknöpfe (∅ 11 mm); Klingeldraht (z.B. vier 40 cm lange, weiße und vier 20 cm lange, rote Drahtstücke); Kugelschreibermine
Durchführung: Aus zwei gleich langen Klingeldrahtstücken und einem Druckknopf lässt sich ein Modell eines Chromosoms bauen.

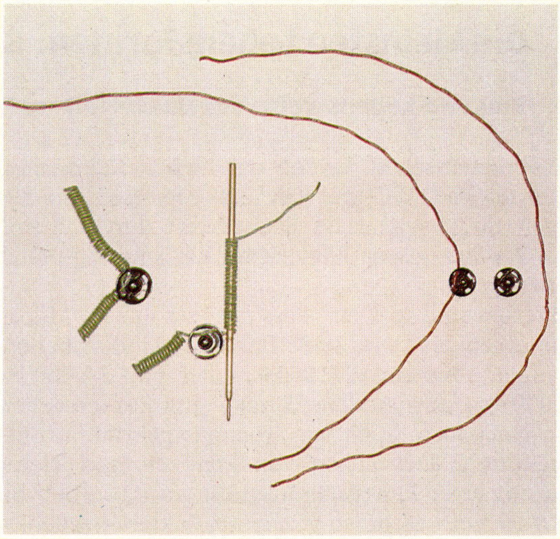

Jedes Drahtstück wird so durch zwei benachbarte Löcher einer Druckknopfhälfte gezogen, dass ungleich lange Abschnitte entstehen. Die Drahtstücke werden dann über den Druckknopf miteinander verbunden. Zur Darstellung von verdichteten Chromosomenstrukturen (z.B. in der Metaphase) werden die Drahtenden mit Hilfe der Kugelschreibermine aufgeschraubt.
Aufgaben: a) Welche Teile des Chromosomenmodells entsprechen Teilen des Chromosoms?
b) Stelle mit den vier Chromosomenmodellen die in Abbildung 2 auf Seite 11 wiedergegebenen Phasen der Mitose dar!

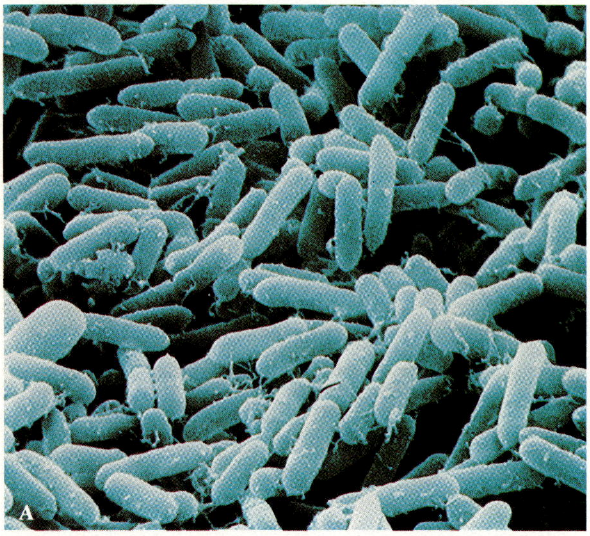

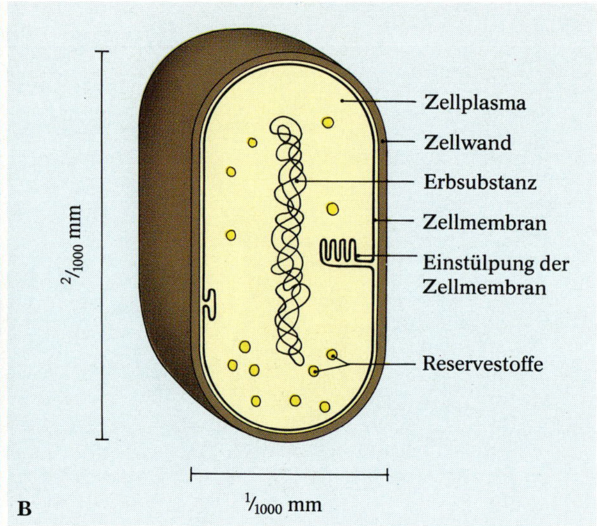

1 Darmbakterien (Colibakterien). A elektronenmikroskopisches Bild; B Schema

2. Die kleinsten Lebensformen: Bakterien

2.1. Bau und Lebensweise der Bakterien

Im Werbefernsehen werden uns täglich Reinigungsmittel für Bad, WC und Küche angepriesen. Sie alle sorgen für „hygienische Sauberkeit" durch chemische Zusätze gegen Bakterien. Was sind eigentlich Bakterien?

Bakterien sind so klein, dass man sie nur im Mikroskop erkennen kann. Viele Bakterien sind stäbchenförmig und nur etwa 1/1000 mm dick und 2/1000 bis 5/1000 mm lang. Andere Formen sind korkenzieherartig gewunden, auch wie Kommas gekrümmt oder kugelförmig. Die Zellen von Pflanzen und Tieren sind mit einer Durchschnittsgröße von 10/1000 bis 50/1000 mm wesentlich größer als Bakterienzellen.

Bakterien sind einzellige Lebewesen. Ihre Zellen sind aber anders aufgebaut als die der Einzeller und die der höheren Organismen. Eine Bakterienzelle wird ähnlich wie die Pflanzenzellen von einer festen *Zellwand* begrenzt. Diese Zellwand ist jedoch nicht wie bei den Pflanzen aus Cellulose, sondern aus anderen Stoffen aufgebaut. Nach außen können noch zwei Schichten aus fettartigen Stoffen aufgelagert sein. Darüber liegt oft noch eine *Schleimhülle*. Diese kann auch zu einer festen Kapsel verhärtet sein.

Unterhalb der Zellwand liegt eine *Zellmembran*, die das Zellplasma umschließt. Im Zellplasma eingebettet sind unter anderem Reservestoffe und die *Erbsubstanz*. Die Erbsubstanz liegt frei im Zellplasma, sie ist nicht wie bei Pflanzen- und Tierzellen von einer Kernhülle umschlossen. Bakterien haben also keinen gegen das Zellplasma abgegrenzten Zellkern. Zur Fortbewegung besitzen viele Bakterien eine oder mehrere Geißeln.

Bei der Vermehrung teilt sich ein Bakterium in zwei *Tochterzellen*, die schnell heranwachsen. In feuchtwarmer Umgebung können sich die Tochterzellen oft schon nach 20–30 Minuten erneut teilen. Manche Bakterien erzeugen auch Dauerstadien, die man *Sporen* nennt. In dieser Form können Bakterien auch ungünstige Umweltbedingungen wie Hitze oder Trockenheit überstehen.

Bakterien kommen fast überall vor. Man findet sie beispielsweise in der Luft, im Boden, auf den Zähnen und sogar im menschlichen Darm. Die meisten Bakterien sind harmlos. Manche erweisen sich aber als gefährliche Krankheitserreger. Gegen diese Arten können wir uns vor allem durch Sauberkeit und Hygiene schützen. So verhindert etwa regelmäßiges Zähneputzen eine zu starke Vermehrung der Mundbakterien. Die Mundbakterien ernähren sich von Speiseresten und greifen duch Säuren, die sie ausscheiden, den Zahn an. Dadurch entsteht Karies.

Viele Bakterien ernähren sich von abgestorbenen Pflanzen und verendeten Tieren. Diese toten Organismen gehen dadurch in *Fäulnis* über. Dabei bauen die Bakterien die tierischen und pflanzlichen Reste zu Wasser, Kohlenstoffdioxid und Mineralsalzen ab. Sie sorgen dafür, dass aus den toten Lebewesen wieder die Ausgangsstoffe entstehen.

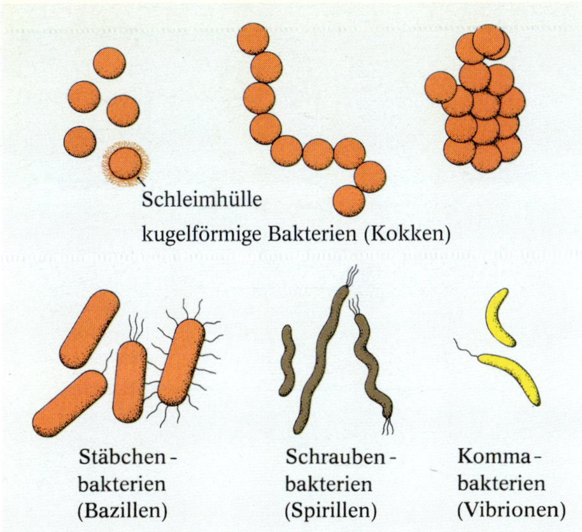

2 Bakterienformen (Schema)

Diese können nun wieder von den Pflanzen aufgenommen und zum Wachstum verwertet werden. Bakterien haben also eine große Bedeutung für den *Stoffkreislauf* in der Natur. Viele einzellige Tiere ernähren sich von Bakterien. Aber auch größere Tiere, zum Beispiel der Regenwurm, nehmen mit ihrer Nahrung reichlich Bakterien auf.
Nur wenige Bakterienarten, wie die grünen und roten Schwefelbakterien, besitzen Bakterienchlorophyll. Mit dessen Hilfe können sie das Licht nutzen, um wie die grünen Pflanzen Nährstoffe aufzubauen. Diesen Vorgang nennt man *Fotosynthese*.

1. Manche Bakterien teilen sich unter günstigen Bedingungen alle 20 Minuten. Trage in eine Tabelle ein, wie viel Nachkommen aus einem solchen Bakterium nach 20 Min., 40 Min., 1 Std. ... 12 Std. hervorgehen! Trage die Nachkommenzahl in Abhängigkeit zur Zeit in eine Kurve auf! Erläutere den Kurvenverlauf!

2. Erkläre, warum die Erde nicht von einer dicken Bakterienschicht bedeckt ist, die jedes andere Lebewesen erstickt! Wodurch wird die natürliche Vermehrung der Bakterien in Grenzen gehalten?

3. Der Zahnbelag besteht aus Bakterien. Er lässt sich mit Farbstofftabletten nachweisen. Besorge dir solche Tabletten in der Apotheke und benutze sie vor und nach dem Zähneputzen!

Wie Bakterien gezüchtet werden

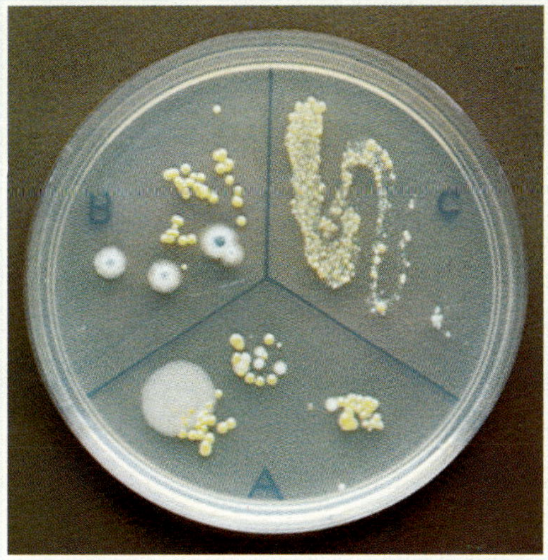

3 Bakterienkulturen auf Nährboden

In vielen Laboratorien wird heute mit Bakterien experimentiert. Bakterien eignen sich zur Erforschung vieler biologischer Probleme, weil ihre Zellen relativ einfach aufgebaut sind. Will man mit Bakterien experimentieren, so muss man zuerst eine bestimmte Art dieser Lebewesen in großen Mengen züchten. Dazu legt man **Bakterienkulturen** an. Um solche Kulturen zu erhalten, muss man den Bakterien einen geeigneten Nährboden und eine warme Umwelt bieten. Der Nährboden wird zuerst gekocht, um unerwünschte Bakterien abzutöten. Dies nennt man **Sterilisation.** Dann füllt man den noch flüssigen Nährboden in ein Glasschälchen. Nach dem Erkalten des Nährbodens kann man zum Beispiel einen Tropfen Abwasser darauf verteilen. Das Glasschälchen wird dann über Nacht bei 37 °C in einen Wärmeschrank gestellt. Nun können sich die Bakterien aus dem Abwasser vermehren. Am nächsten Tag erkennt man auf der Kulturplatte einige millimetergroße Pünktchen. Es sind Bakterienkulturen aus vielen Millionen Einzelzellen. Meist besteht eine Kultur aus Bakterien einer bestimmten Art, beispielsweise aus *Colibakterien.* Diese Art, die im Abwasser, aber auch im menschlichen Darm vorkommt, ist zum „Haustier" der Biologen geworden. Viele Vorgänge des Stoffwechsels, der Fortpflanzung und der Vererbung wurden zuerst an Colibakterien erforscht.

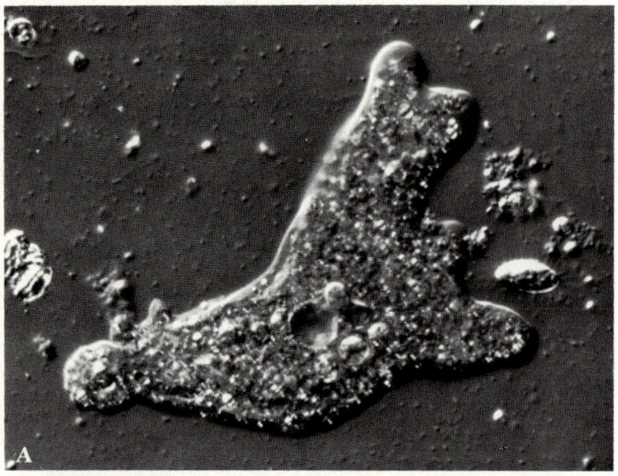

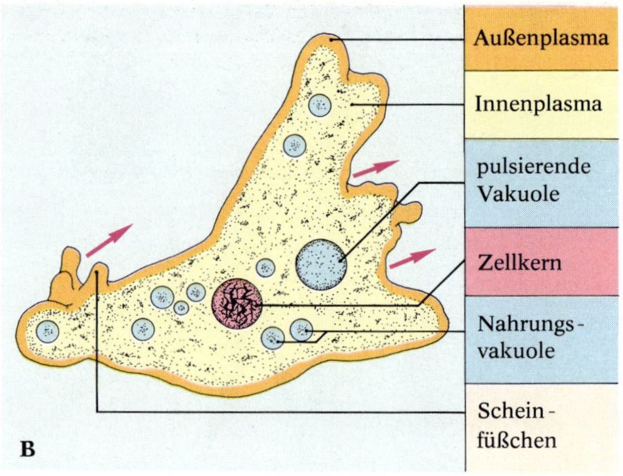

1 **Aufbau einer Amöbe.** A LM-Bild; B Schema

1. Benenne die Zellbestandteile, die in der Abbildung 1.A deutlich zu erkennen sind! Vergleiche dazu die Abbildung 1.A mit der Abbildung 1.B!

3. Vom Einzeller zum Vielzeller

3.1. Wechseltierchen – Einzeller ohne feste Gestalt

Schabst du den Bewuchs von der Unterseite eines Seerosenblattes ab und untersuchst ihn unter dem Lichtmikroskop, so kannst du Schleimklümpchen entdecken, die nach einiger Zeit zu kriechen beginnen. Es sind **Amöben.** Amöben sind Lebewesen, die nur aus einer Zelle bestehen. Diese **Einzeller** leben auch im Schlamm und auf Steinen in stehenden Gewässern sowie in feuchten Moospolstern.

Wenn Amöben sich fortbewegen, wechseln sie laufend ihre Gestalt. Man nennt sie daher auch *Wechseltierchen*. Die Bewegung wird durch den Aufbau der Zelle ermöglicht. Im **Zellplasma** können wir ein körnig erscheinendes, bewegliches *Innenplasma* von einem hellen, zäheren Randbereich, dem *Außenplasma,* unterscheiden. Das Außenplasma wird durch die Zellmembran begrenzt. Bei der Bewegung fließt Innenplasma in einen sich „verflüssigenden" Randbereich. Hierdurch entsteht eine Ausstülpung, ein **Scheinfüßchen.** Gleichzeitig zieht sich das Zellplasma im rückwärtigen Teil der Zelle zusammen. Stößt ein Scheinfüßchen auf ein Hindernis, zieht die Amöbe das Zellplasma auf diesen Reiz hin zurück. Ein neues Scheinfüßchen entsteht an einer anderen Stelle des Zellkörpers. Amöben sind also *reizbar.*

Trifft ein Scheinfüßchen jedoch auf Nahrungsteilchen wie Bakterien oder kleinere Einzeller, so erfolgt eine andere Reaktion: Die Nahrungsteilchen werden umflossen. Dadurch entsteht eine Blase, die das Nahrungsteilchen einschließt. Die Blase gelangt als **Nahrungsvakuole** in das Zellplasma. Mit Hilfe von Verdauungssäften wird die Nahrung in Nährstoffe zerlegt, die vom Plasma aufgenommen werden. Unverwertbare Bestandteile werden nach außen abgegeben.

Neben verschiedenen großen Nahrungsvakuolen fällt eine helle Vakuole auf, die in regelmäßigen Abständen ihre Größe verändert. Es ist eine **pulsierende Vakuole.** Sie schwillt an, indem sie überschüssiges Wasser und gelöste Abfallstoffe aus dem Zellplasma aufnimmt. Hat sie eine bestimmte Größe erreicht, wandert sie an die Zelloberfläche und gibt die Flüssigkeit nach außen ab. Sie kann nun erneut gefüllt werden.

Außer den verschiedenen Vakuolen im Zellplasma ist auch der **Zellkern** gut zu erkennen. Bei der Fortpflanzung der Amöbe teilt er sich in zwei Tochterkerne. Anschließend schnürt sich der Zellleib durch. Amöben vermehren sich ungeschlechtlich durch **Zweiteilung.** Die entstandenen Tochterzellen wachsen dann zur Größe der Mutterzelle auf etwa 0,5 Millimeter Durchmesser heran.

2. Beschreibe, wie die Amöbe auf unterschiedliche Reize reagiert!

3. Erkläre, weshalb Amöben Tiere sind!

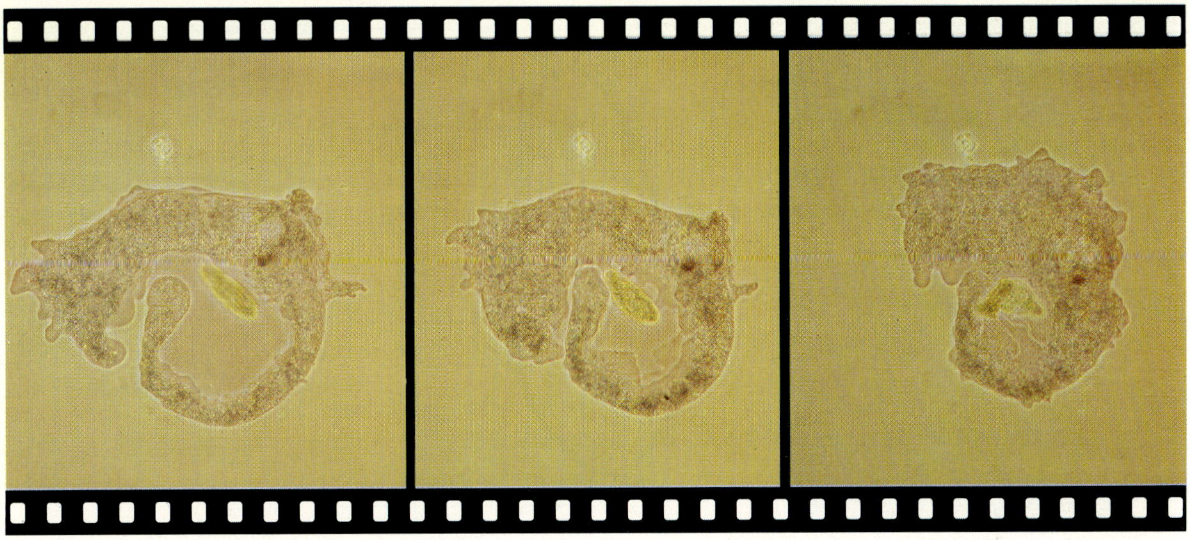

2 **Nahrungsaufnahme und Fortbewegung bei der Amöbe**

Wechseltierchen mit fester Gestalt?

Auf den ersten Blick sehen die abgebildeten Lebewesen nicht wie Amöben aus. Unterschiedlich ausgebildete Gehäuse geben ihnen eine feste Gestalt. Sie gehören jedoch wie die nackten Amöben auch zu den *Wurzelfüßern.* Das *Uhrgläschen Arcella* bildet uhrglasförmige Schalen aus chitinähnlichem Material mit einer feinen, wabenartigen Oberfläche aus. Die Schale des *Sandhäuschens Difflugia* hingegen besteht aus zusammengeklebten Sandkörnchen. Mit ihren wurzelähnlichen Scheinfüßchen kriechen die Tiere auf dem Grund von stehenden Gewässern oder auf Blättern und Stängeln von Wasserpflanzen. Ganz anders verhält sich das **Sonnentierchen.** Seine kugelige Zelle bildet verstärkte Zellplasmafäden aus, die strahlig nach allen Seiten abstehen. Diese Scheinfüßchen dienen dem Schweben im Wasser und dem Beutefang. Einen ähnlichen Aufbau zeigen die im Meer schwimmenden **Strahlentierchen.** Ihre Zelle enthält ein Skelett aus Kieselsäure. Sterben die Zellen ab, bilden die Skelette Ablagerungen auf dem Meeresboden. Die **Kammerlinge** sind ebenfalls Meeresbewohner. Sie bilden mehrkammerige Kalkgehäuse, aus denen durch Löcher fadenförmige Scheinfüßchen ausgestreckt werden. Die Schalenreste vorzeitlicher Kammerlinge bilden ausgedehnte Kreidelager.

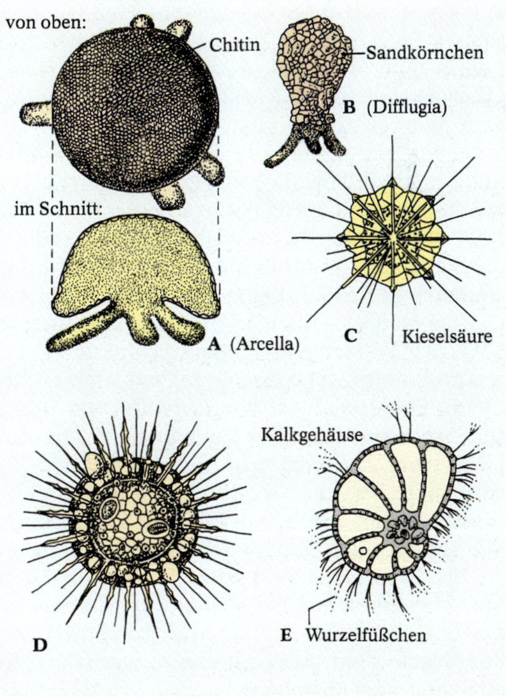

3 **Wurzelfüßer.** A, B beschalte Amöben; C Strahlentierchen; D Sonnentierchen; E Kammerling

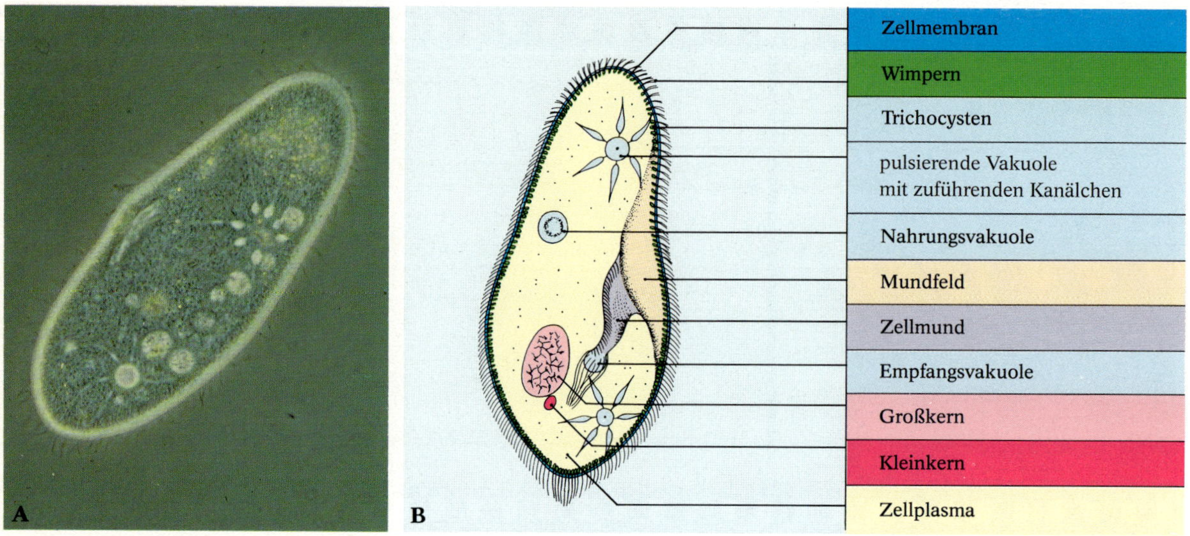

1 **Bau des Pantoffeltierchens.** A LM-Bild; B Schema

3.2. Das Pantoffeltierchen

Gießt man Wasser in ein Gefäß mit Heu, so erhält man einen *Heuaufguss.* Nach einigen Tagen findet man darin unter dem Mikroskop kleine Lebewesen, zum Beispiel auch das 0,3 Millimeter lange Pantoffeltierchen. Wie gelangt es in den Heuaufguss?

Viele Kleinstlebewesen, die in Gewässern leben, überdauern ungünstige Lebensbedingungen als Dauerformen, die man **Cysten** nennt. Läuft z.B. das Wasser einer überfluteten Wiese wieder ab, bilden die zurückgebliebenen Pantoffeltierchen kugelförmige, von einer festen Schale umgebene Cysten, die an Gräsern haften bleiben. Gibt man nun Heu von einer solchen Wiese in Wasser, entwickeln sich aus den Cysten schnell und wendig schwimmende Pantoffeltierchen.

Das Pantoffeltierchen ist ein *Einzeller,* da der gesamte Körper aus nur einer Zelle besteht. Die Zelle wird von einer *Zellmembran* und einer zähen Zellplasmaschicht begrenzt, wodurch eine feste, jedoch elastische Gestalt erreicht wird. Die Zellmembran enthält stabförmige Gebilde, die *Trichocysten,* aus denen bei Berührung blitzschnell mit Spitzen bewehrte Eiweißfäden ausgeschleudert werden. Sie dienen dem Pantoffeltierchen wahrscheinlich zum Schutz. Nach dem Ausschleudern werden sofort neue Trichocysten aufgebaut.

Deutlich erkennbar sind die kleinen, beweglichen **Wimpern** oder *Cilien.* An Zeitlupenaufnahmen lässt sich die Bewegung der Wimpern verfolgen: Rasch schlägt die Cilie nach unten, langsam streckt sie sich wieder. Der Schlag der Wimpern ist so abgestimmt, dass eine Welle über die Zelle läuft. Dadurch wird das Pantoffeltierchen vorwärts getrieben. Je nach Schlagrichtung kann es vorwärts oder rückwärts schwimmen. Dabei dreht es sich um seine Längsachse. Einzeller mit einem solchen Wimpernkleid gehören zu den **Wimpertierchen** oder *Ciliaten.*

Die Wimpern bedecken die gesamte Zelloberfläche. Besonders dicht stehen sie im Bereich des *Mundfeldes,* wo sie Nahrungsteilchen, z.B. andere Kleinstlebewesen wie Bakterien, heranstrudeln und dem **Zellmund** zuführen. Am Ende des Zellmundes bildet sich eine Blase, die **Nahrungsvakuole.** Sie nimmt die Nahrungsteilchen auf und löst sich vom Zellmund ab. Dann bewegt sie sich auf einer festgelegten Bahn durch das Plasma. Dabei wird die Nahrung verdaut. Schließlich erreicht die Blase als **Kotvakuole** an einer bestimmten Stelle, dem **Zellafter,** die Zellmembran. Hier platzt sie und entlässt den unverdaulichen Rest ins Freie.

An den beiden Enden der Zelle sieht man jeweils eine **pulsierende Vakuole.** Dies ist ein Bläschen, zu dem sternförmig angeordnete Kanälchen führen. Die Kanälchen sammeln Wasser und gelöste Abfallstoffe aus dem Zellplasma und geben sie in regelmäßigen Abständen an das Bläschen ab. Die rhythmische Bewegung der pulsierenden Vakuole beginnt: Das Bläschen wird gefüllt, zieht sich zusammen und entleert den Inhalt nach außen.

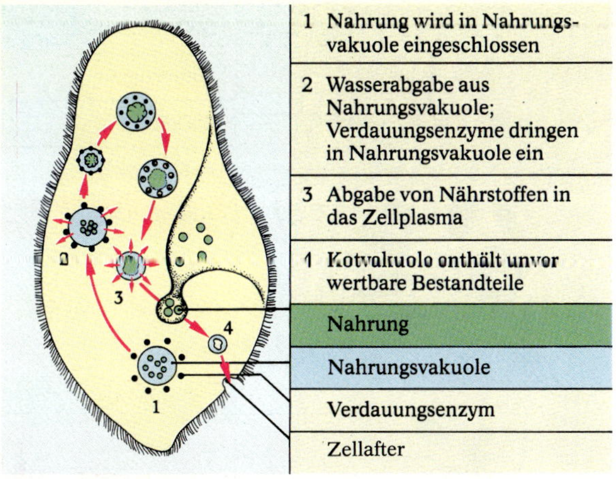

2 Pantoffeltierchen: Ernährung und Verdauung

1. Beschreibe Nahrungsaufnahme und Verdauung beim Pantoffeltierchen!

Das Pantoffeltierchen hat zwei **Zellkerne.** Der *Großkern* steuert den Stoffwechsel, der *Kleinkern* enthält die Erbsubstanz. Bei der Vermehrung teilen sich beide Zellkerne. Zu einem Austausch der Erbsubstanz zwischen zwei Pantoffeltierchen kommt es bei einem befruchtungsähnlichen Vorgang, der *Konjugation.* Dazu legen sich zwei Pantoffeltierchen mit ihren Längsseiten aneinander. Die Mundfelder verwachsen und bilden eine Plasmabrücke. Jeder Kleinkern teilt sich zweimal. Von den jeweils vier entstandenen Kleinkernen gehen drei zugrunde. Der Großkern zerfällt. Der übrig gebliebene Kleinkern teilt sich in jeder Zelle noch einmal. Jeweils nur ein Tochterkern wandert dann über die Plasmabrücke in die andere Zelle. Hier verschmilzt der Wanderkern mit dem zurückgebliebenen Tochterkern. Die Pantoffeltierchen trennen sich wieder und jeder Zellkern – nun mit durchmischter Erbsubstanz – teilt sich dann in einen Großkern und einen Kleinkern.

2. Erkläre, wofür Pantoffeltierchen pulsierende Vakuolen benötigen!

3. Pantoffeltierchen findet man häufig in Blumenvasen, deren Wasser lange nicht gewechselt wurde. Erkläre, wie sie da hineingelangt sind!

4. Stelle in einer Tabelle für Amöbe und Pantoffeltierchen Gemeinsamkeiten und Unterschiede einander gegenüber!

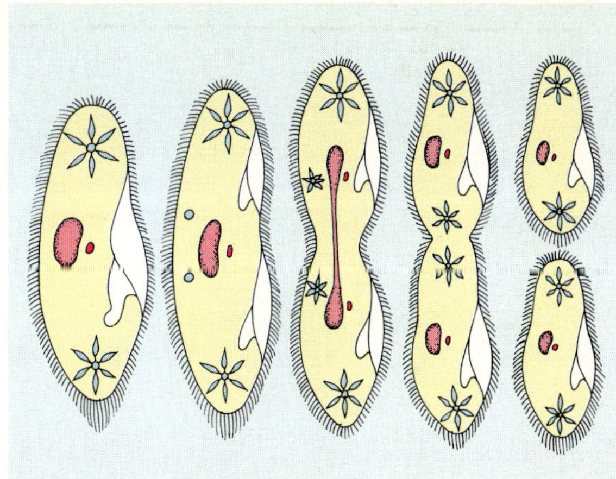

3 Querteilung beim Pantoffeltierchen

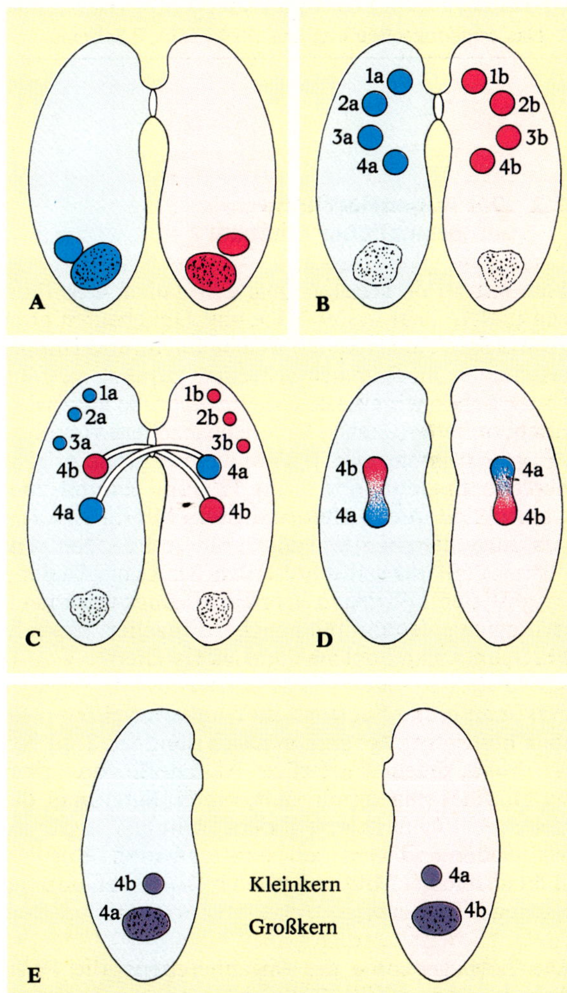

4 Konjugation beim Pantoffeltierchen

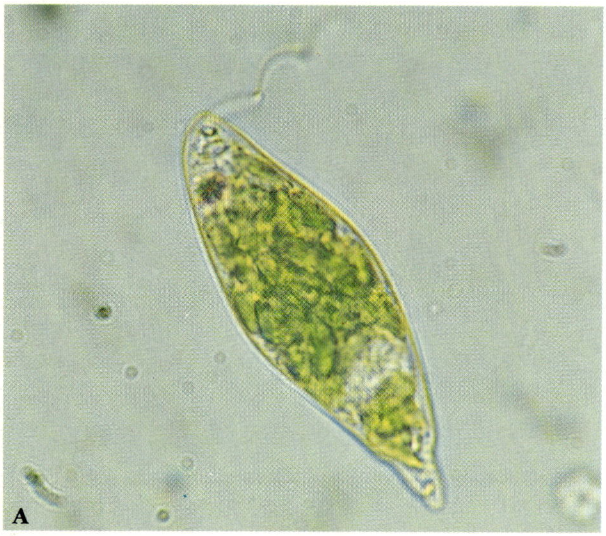

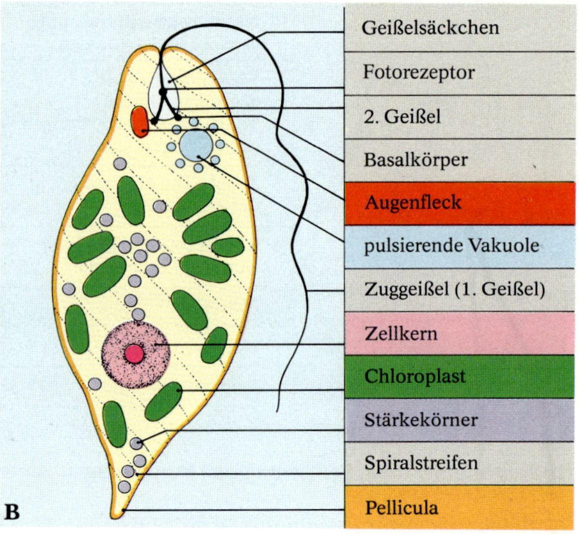

1 **Das Augentierchen Euglena.** A LM-Bild; B Schema

3.3. Das Augentierchen – ein pflanzlicher Einzeller?

Vielleicht ist dir schon einmal aufgefallen, dass Pfützen und Gräben in der Nähe von Dunghaufen grün gefärbt sind. Auch nährstoffreiche Teiche und Tümpel erscheinen im Sommer bisweilen grünlich getrübt. Untersuchen wir eine solche Wasserprobe mikroskopisch, finden wir neben anderen Einzellern vor allem das grün gefärbte, etwa 0,05 Millimeter große Augentierchen *Euglena.* Die grüne Färbung stammt vom Chlorophyll in den **Chloroplasten.** Mit ihnen kann das Augentierchen wie alle grünen Pflanzen den Nährstoff Stärke selbst herstellen. Man sagt, Euglena ernährt sich *autotroph.* Der Ernährungsweise nach ist Euglena also ein pflanzlicher Einzeller. Weshalb bezeichnet man Euglena dann als Tierchen?

Hält man grüne Euglenen im Dunkeln, verlieren sie ihr Chlorophyll. Sie ernähren sich dann wie Tiere *heterotroph,* indem sie „fertige“ Nährstoffe von außen durch die Zellmembran aufnehmen. Setzt man die farblosen Euglenen erneut dem Licht aus, ergrünen sie wieder und ernähren sich autotroph. Euglena steht also in der Mitte zwischen pflanzlichen und tierischen Einzellern.

Die Zellbegrenzung des Augentierchens, die *Pellicula,* besteht aus einer Zellmembran mit verfestigtem Zellplasma. Sie enthält schraubig um die Zelle verlaufende Streifen aus elastischen Eiweißfibrillen. Hiermit kann das Augentierchen seine Gestalt verändern.

Zur Fortbewegung hat Euglena eine **Geißel,** auch *Flagellum* genannt. Ähnlich einem Flugzeugpropeller zieht sie das Augentierchen fort. Dabei dreht es sich um die eigene Achse. Einzeller mit Geißeln gehören zu den **Geißelträgern** oder *Flagellaten.*

Auffallend ist der orangerote „Augenfleck“ am Vorderteil des spindelförmigen Körpers. Kann das Augentierchen hiermit sehen? Versuche haben ergeben, dass es hell und dunkel unterscheidet und sich gerichtet auf eine Lichtquelle zu bewegt. Um diese Bewegung und die Aufgabe des Augenflecks näher zu untersuchen, betrachten wir den Bau der Geißel und des Augenflecks: Die Geißel entspringt einer sackförmigen Vertiefung, dem *Geißelsäckchen.* Eine zweite kurze Geißel ist hier mit der langen Zuggeißel verschmolzen. An der Verschmelzungsstelle liegt ein lichtempfindlicher Zellbestandteil, der *Fotorezeptor.* Bei jeder Umdrehung wird er vom Augenfleck kurzfristig beschattet. Euglena ändert daraufhin jedes Mal ihre Richtung zum Augenfleck hin und schwimmt so auf die Lichtquelle zu. Der Augenfleck ist also kein Auge, wie man früher fälschlicherweise annahm. Allerdings ist der Name „Augentierchen“ beibehalten worden.

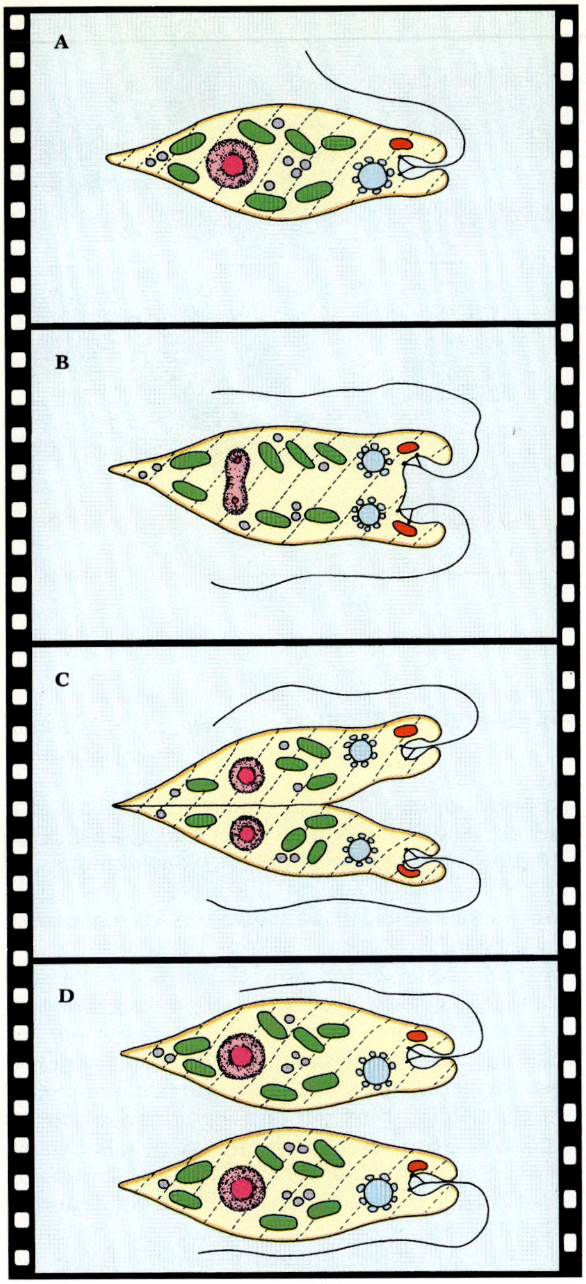

2 Längsteilung beim Augentierchen

1. Stelle in einer Tabelle pflanzliche und tierische Merkmale des Augentierchens zusammen!

2. Beschreibe die Fortbewegung und Lichtorientierung beim Augentierchen!

3. Beschreibe die ungeschlechtliche Vermehrung beim Augentierchen!

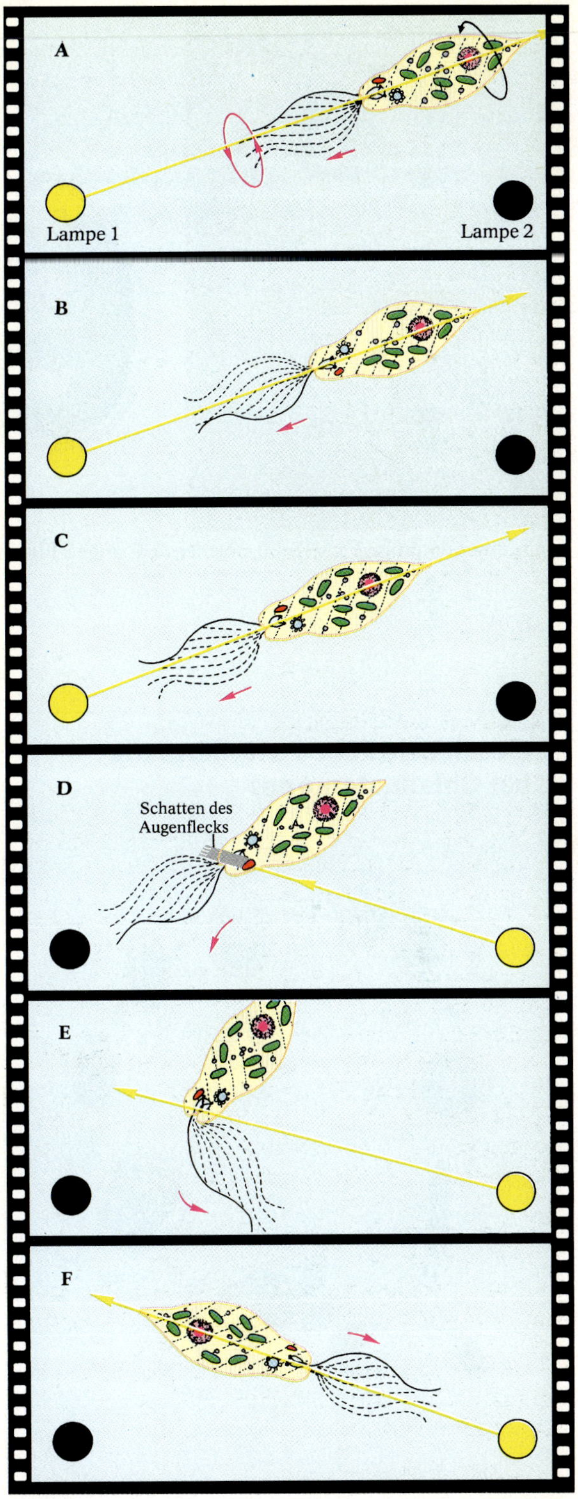

3 Fortbewegung und Lichtorientierung des Augentierchens

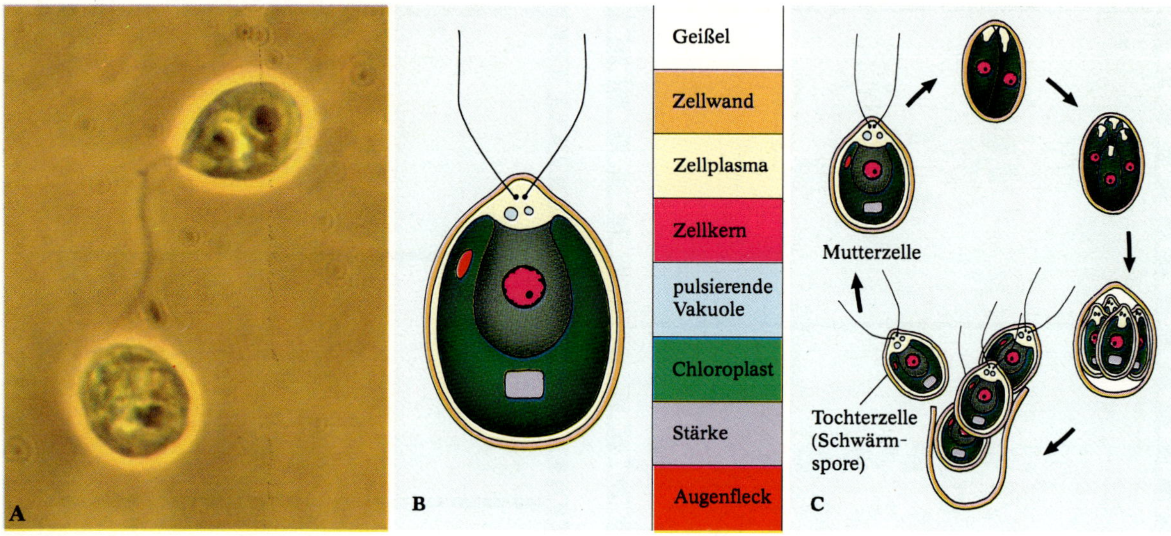

1 **Chlamydomonas.** A LM-Bild; B Schema; C ungeschlechtliche Vermehrung

Geschlechtliche Fortpflanzung bei Chlamydomonas

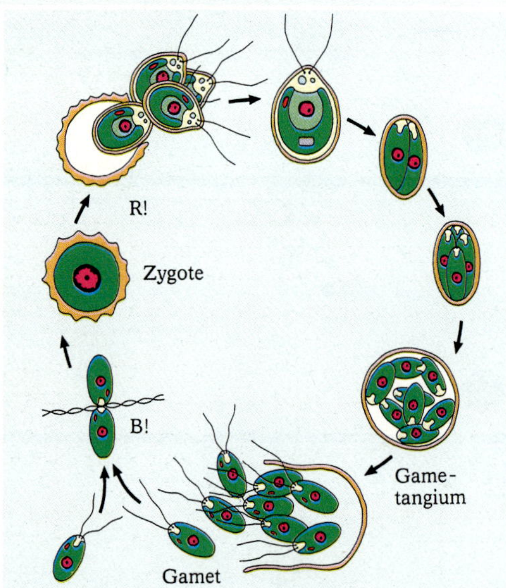

1. Beschreibe die geschlechtliche Fortpflanzung bei Chlamydomonas!

3.4. Einzellige Algen

Auf den ersten Blick sieht der abgebildete Einzeller **Chlamydomonas** dem Augentierchen Euglena sehr ähnlich. Auffallend sind die zwei gleich langen Geißeln und ein Augenfleck. Auch Chlamydomonas gehört zu den *Geißelträgern.* Bei näherer Betrachtung jedoch unterscheiden sich beide in verschiedenen Merkmalen.

Die eiförmigen Zellen von Chlamydomonas sind 14 bis 22 μm lang. Jede Zelle ist im Gegensatz zu Euglena von einer cellulosehaltigen **Zellwand** wie bei Pflanzenzellen begrenzt. Die Zellwand wird von einer Schleimschicht umhüllt. Chlamydomonas ist ein pflanzlicher Einzeller und wird den *Grünalgen* zugeordnet. Sie bewegt sich im Wasser von Teichen und Tümpeln mit Hilfe der **Geißeln** fort, die am vorderen Pol der Zelle aus je einer Öffnung der Zellwand herausragen.

Ein weiteres typisch pflanzliches Merkmal ist der wandständige **Chloroplast.** Er hat die Form eines Bechers mit dickem Boden. Der Chloroplast füllt nahezu das Innere der Zelle aus. Eine große Zentralvakuole wie bei Pflanzenzellen fehlt. Im Cytoplasma liegen in der Nähe des Geißelansatzes zwei kleine *pulsierende Vakuolen.* Sie scheiden überschüssiges Wasser und Abfallstoffe aus.

Neben den Geißelansatzstellen liegt innerhalb des Chloroplasten ein roter *Augenfleck.* Damit kann Chlamydomonas wie Euglena auf Licht reagieren.

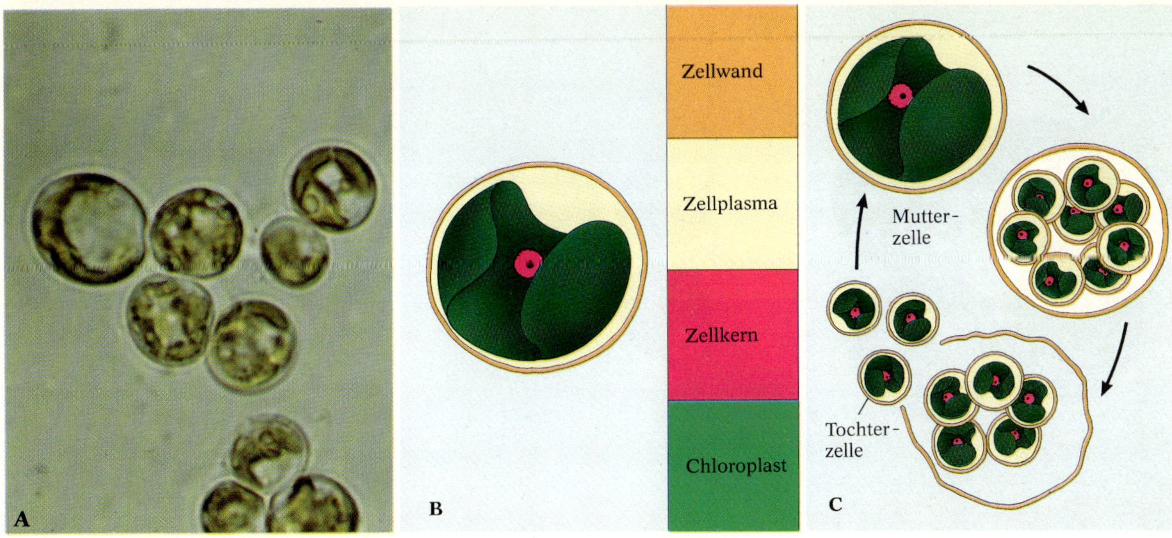

2 **Chlorella.** A LM-Bild; B Schema; C ungeschlechtliche Vermehrung

Chlamydomonas pflanzt sich ungeschlechtlich durch Längsteilungen fort. Dabei entstehen aus einer Mutterzelle vier Tochterzellen. Bei der **geschlechtlichen Fortpflanzung** entwickelt sich aus einer Chlamydomonaszelle ein *Gametangium:* Dazu wirft die Zelle ihre Geißeln ab und umgibt sich mit einer schützenden Hülle. Durch Längsteilungen entstehen begeißelte Fortpflanzungszellen, die *Gameten.* Treffen zwei Gameten verschiedener Herkunft aufeinander, werfen sie ihre Geißeln ab und verschmelzen zu einer Zygote, die eine feste Hülle ausbildet. Nach dieser Befruchtung entstehen durch Meiose vier Chlamydomonaszellen. Bei günstigen Lebensbedingungen platzt die Hülle und entlässt die Zellen.

Es gibt auch einzellige Grünalgen ohne Geißeln. Zu ihnen gehört die Kugelalge **Chlorella,** die in allen Süßgewässern und an Land z.B. an feuchten Baumstämmen verbreitet ist. Die dünnwandigen Zellen haben einen Durchmesser von etwa 10 µm. Chlorella vermehrt sich vorwiegend ungeschlechtlich. Innerhalb einer Mutterzelle, der *Spore,* bilden sich durch Teilung vier bis sechzehn Tochterzellen. Bei günstigen Lebensbedingungen werden sie durch Platzen der Hülle entlassen.

2. Stelle in einer Tabelle die Baumerkmale von Chlamydomonas und Chlorella einander gegenüber!

Blaualgen – Algen?

Das Wasser des Sees ist durch fädige Algen grünblau gefärbt. Man nennt sie **Blaualgen.** Die stäbchenförmigen Zellen eines solchen Fadens sehen wie Bakterienzellen aus: Jede Zelle ist von einer Zellwand begrenzt. Die Zellwand ist von einer Schleimhülle umgeben. Über diese Schleimhülle sind die einzelnen Zellen zu Fäden verbunden. Zellkerne gibt es nicht. Die Erbsubstanz liegt im Zellplasma. Auch findet man keine Chloroplasten. Jede Zelle kann jedoch mit Hilfe von blaugrünen Farbstoffen Fotosynthese betreiben. Da den Blaualgen wie den Bakterien Zellbestandteile wie Chloroplasten und Zellkern fehlen, bezeichnet man sie als **Blaugrüne Bakterien.** Sie gehören zu den kernlosen Einzellern.

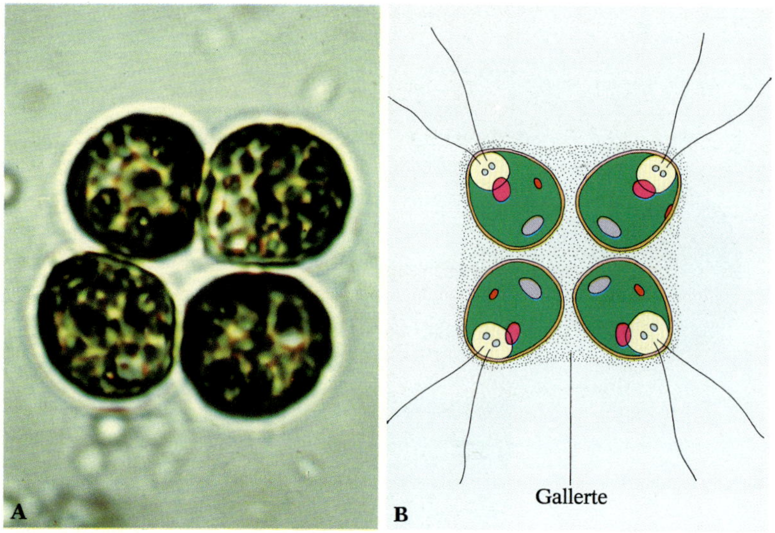

1 **Gonium.** A LM-Bild; B Schema

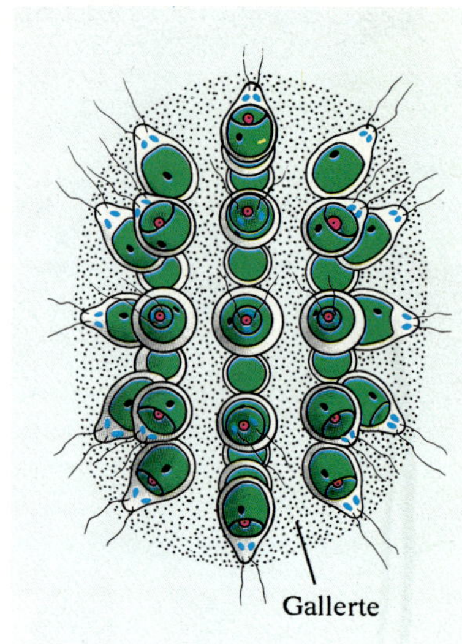

2 **Eudorina** (Schema)

Lockere Zellverbände

Beim Zackenrädchen *Pediastrum* sind 8 bis 32 einzellige Grünalgen in einem scheibenförmigen Zellverband, einem **Aggregat,** zusammen gelagert. Alle Zellen des Aggregates sind gleichartig und können sich mehrfach teilen. Die begeißelten Einzelzellen, die *Zoosporen,* verlassen in einer Gallertblase die aufgeplatzte Mutterzelle. Sie bilden einen neuen Verband.

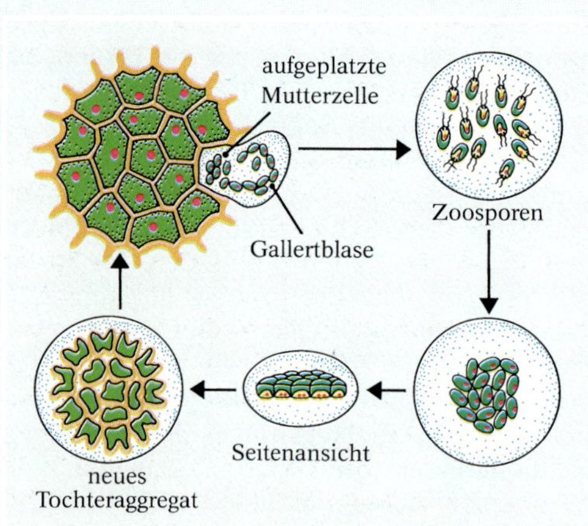

3 **Ungeschlechtliche Vermehrung bei Pediastrum**

3.5. Einfache Zellverbände

Untersucht man eine Teichwasserprobe unter dem Mikroskop, findet man neben der einzelligen Grünalge Chlamydomonas auch andere Grünalgen wie Gonium, Eudorina und Volvox.
Von Chlamydomonas, Gonium und Eudorina werden wir nie abgestorbene Zellen in der Probe finden. Nicht selten aber treibt eine aufgerissene, tote Volvoxkugel durch das Gesichtsfeld des Mikroskops. Bei Volvox gibt es also „Leichen“, bei Chlamydomonas, Gonium und Eudorina nicht. Warum ist das so?

Betrachten wir dazu Aufbau und Fortpflanzung dieser Grünalgen genauer. Bei Chlamydomonas erfolgt die Fortpflanzung meist ungeschlechtlich. Dabei teilt sich die Zelle in vier gleich große Tochterzellen. Diese Schwärmsporen werden durch Aufplatzen der Zellwand freigesetzt. Von der Mutterzelle bleibt nur die Zellwand übrig.

Bei Gonium liegen 4, 8 oder 16 Zellen und bei Eudorina 16 bis 32 Zellen dicht nebeneinander. Die Zellen sind wie bei Chlamydomonas aufgebaut. Schaut man genauer hin, so sieht man, dass die Zellen von einer gemeinsamen, durchsichtigen Gallerthülle umgeben sind. Plasmabrücken verbinden sie miteinander. Die Geißeln aller Zellen weisen in dieselbe Richtung. Dadurch wird eine geordnete Fortbewegung dieser **Zellkolonie** möglich.

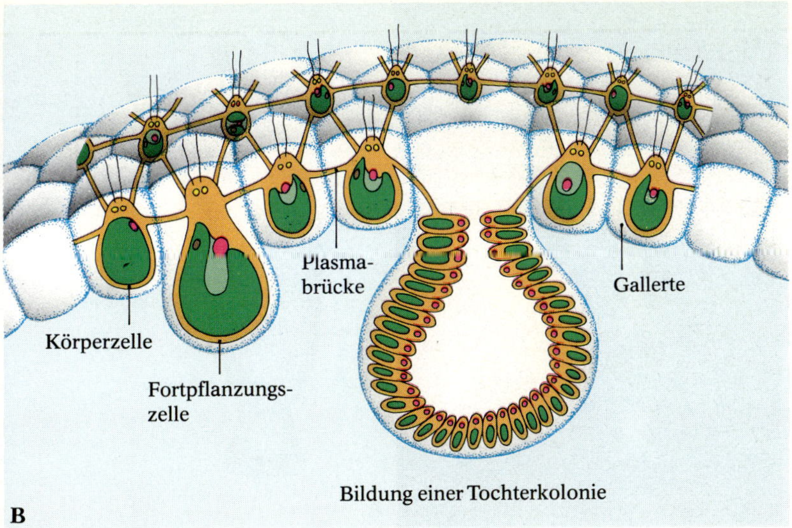

4 Volvox. A mit Tochterkugeln; B Ausschnitt quer (Schema)

Bei Gonium bildet jede Einzelzelle bei der Fortpflanzung 4, 8 und 16 Tochterzellen aus, die nach dem Aufplatzen der Wand der Mutterzelle in einer Art Scheibe miteinander verbunden bleiben. Ist Gonium mit seinen 4 bis 16 Zellen schon ein Vielzeller?

Um diese Frage zu beantworten, beschäftigen wir uns zunächst mit Volvox. Volvox besteht aus bis zu 20 000 Zellen, die zusammen eine Hohlkugel bilden. Die Zellen sind untereinander durch Plasmabrücken verbunden. Nur noch einzelne Zellen sind fortpflanzungsfähig. Jede von ihnen kann sich mehrfach zu kleinen Tochterkugeln teilen. Diese Tochterkugeln bleiben einige Zeit im Innern der Volvox-Alge. Werden sie freigesetzt, stirbt die Mutterpflanze mit ihren vielen fortpflanzungsunfähigen Zellen ab. Eine vielzellige „Leiche“ entsteht.

Bei Gonium und Eudorina sind alle Zellen gleichartig. Dagegen gibt es bei Volvox Ansätze zu einer **Arbeitsteilung.** Die meisten Zellen sorgen für Ernährung und Fortbewegung, einige wenige für die Fortpflanzung. Das Vorkommen von Zellen mit verschiedenen Aufgaben ist für Vielzeller kennzeichnend. Die Differenzierung in zwei verschiedene Zelltypen und das Auftreten von „Leichen“ bei Volvox weisen diese Alge als einen einfachen Vielzeller aus. Gonium und Eudorina dagegen sind Zwischenformen zwischen Einzeller und Vielzeller.

Nahrung der Zukunft – Grünalgen?

Kann man einzellige Algen essen? Versuche haben schon vor Jahren ergeben, dass man einzellige Grünalgen tatsächlich zur menschlichen Ernährung oder als Viehfutter nutzen könnte. Die Algen haben sogar einen besonders hohen Eiweißgehalt.
Einzellige Grünalgen kann man in großen Wasserbehältern züchten. Das Wasser muss dabei ständig umgerührt werden, damit die Algen das Sonnenlicht zum Wachstum optimal ausnützen können. Außerdem müssen dem Wasser Nährsalze zugesetzt werden.
Bei guter Beleuchtung und Temperaturen über 20 °C kann eine Algenzelle pro Tag etwa 20 Tochterzellen erzeugen. Die Wachstumsrate ist also sehr hoch. Schwierig ist aber die Ernte. Weil die Algen so klein sind, müssen sie aus dem Wasser gefiltert werden.
Die heutigen Verfahren zur Algenzucht sind noch sehr teuer und aufwendig. Hinzu kommt, dass die Algen von verschiedenen für den Menschen schädlichen Stoffen, die sie erzeugen, und auch von gelösten Schwermetallsalzteilchen gereinigt werden müssen.

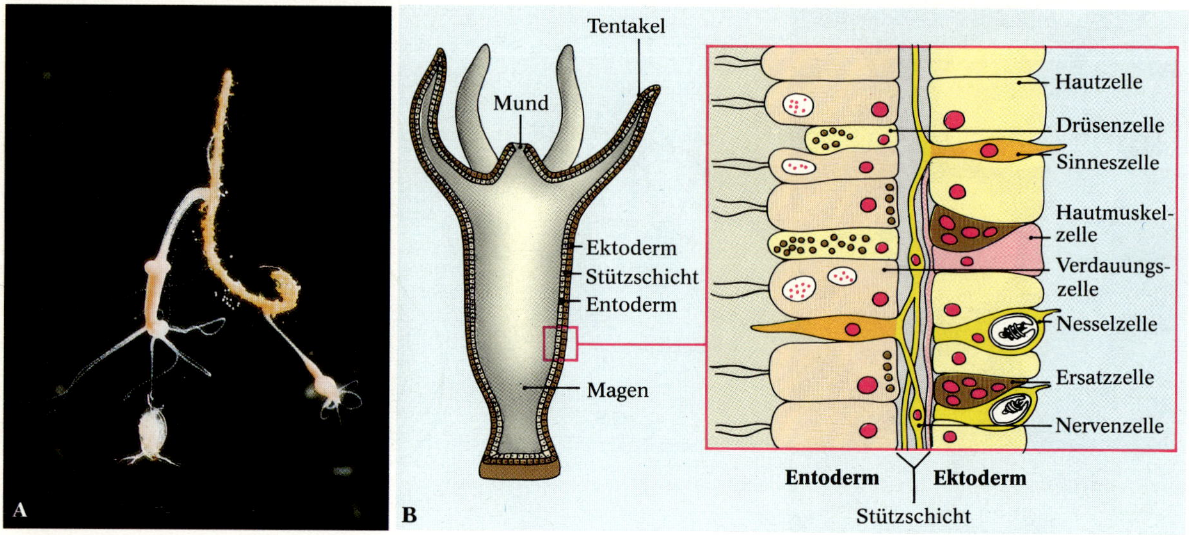

1 **Süßwasserpolyp.** A LM-Bild; B Schema

Quallen sind schwimmende Hohltiere

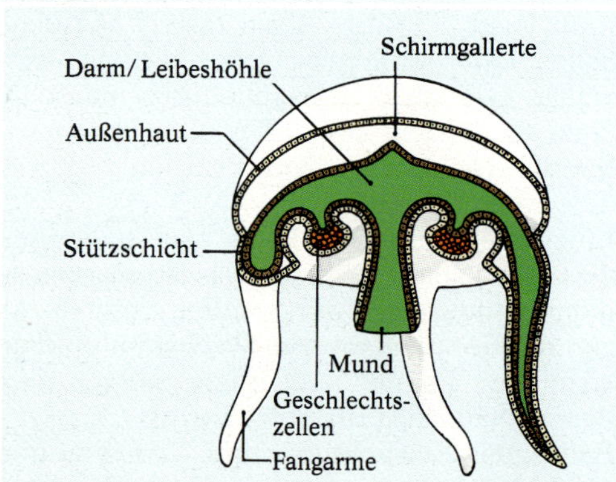

Drehst du die Schemazeichnung in Abbildung 1B um 180°, so wird der ähnliche Aufbau des Polypen mit einer Qualle deutlich. Während der Polyp auf dem Boden festsitzt, schwimmt die Qualle „kopfüber" mit dem Mund nach unten frei im Wasser. Sie bewegt sich, indem sie den glockenförmigen Körper rhythmisch zusammenzieht und so einen Rückstoß erzeugt. Aus dem Besitz von Nesselzellen und aus dem Bauplan können wir schließen, dass Quallen frei schwimmende Hohltiere sind.

3.6. Hohltiere – der Süßwasserpolyp

An Wasserpflanzen unserer Teiche kann man nicht selten die etwa 1 cm großen weißlichen Süßwasserpolypen finden. Was wie eine kleine Palme aussieht, ist ein schlauchförmiger Körper, an dessen oberen Ende um eine Mundöffnung herum bewegliche Fangarme sitzen. Diese können einen vorbeischwimmenden Wasserfloh ergreifen, lähmen und in den Mund befördern. Dieser mündet in das sackartige, hohle Innere. Wegen jenes Innenraums nennt man solche Tiere **Hohltiere.**

Körper und Fangarme bestehen aus zwei Hautschichten mit einer gallertigen Stützschicht dazwischen. Die Außenhaut, das *Ektoderm,* besitzt Sinneszellen, Nesselzellen sowie Muskel- und Nervenzellen. Die Nesselzellen enthalten ein Gift, das die Beutetiere lähmt. In der Innenhaut, dem *Entoderm,* findet man Sinneszellen sowie Drüsen- und Verdauungszellen. Beide Hautschichten besitzen auch Ersatzzellen. Trotz seines einfachen Körperbaus ist bei diesem Tier die Spezialisierung in verschiedene Zelltypen und damit ihre Arbeitsteilung schon weit entwickelt. Der Süßwasserpolyp ist deshalb ein echter **Vielzeller.**

Trotzdem kann er unbeschadet einen Fangarm oder gar den halben Körper verlieren. Er ergänzt die fehlenden Teile zu einem vollständigen Organismus. Man nennt diese Fähigkeit *Regenerationsvermögen.*

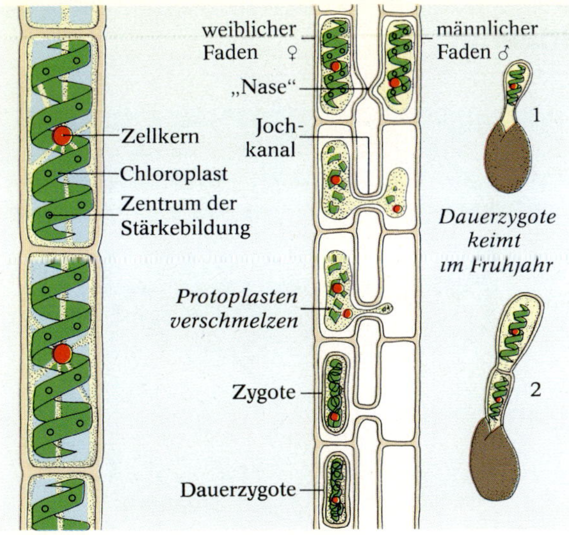

1 **Schraubenalge:** Konjugation

3.7. Vielzellige Grünalgen – die Schraubenalge

Im Sommerhalbjahr schwimmen häufig watteähnliche grüne Massen auf den Seen. Es handelt sich um fadenförmige, vielzellige **Grünalgen.** Unter ihnen findet sich die **Schraubenalge Spirogyra.** Holt man einen der langen, dünnen Fäden aus dem Wasser, so erkennt man, dass er sehr zart gebaut ist. Es fehlen ihm Wurzeln und Blätter sowie ein Spross, der ihm Halt gibt. Ein solch ungegliederter Pflanzenkörper wird als *Lager* oder *Thallus* bezeichnet. Unter dem Mikroskop erkennt man, dass jeder Faden aus einer Zellreihe besteht. Auffallend ist der bandartige, schraubig gewundene Chloroplast. Auf ihn weist der Name der Alge hin. Oft reißen die Algenfäden auseinander. Die Teilstücke wachsen dann durch Zellteilung in die Länge. Dies ist eine Art **ungeschlechtlicher Vermehrung.** Bei der **geschlechtlichen Fortpflanzung** liegen zwei Fäden unterschiedlichen Geschlechts parallel dicht nebeneinander. Die Zellwände gegenüberliegender Zellen wölben sich vor, lösen sich auf und bilden an der Berührungsstelle eine Plasmabrücke. Über diese wandert der Zellinhalt aus der männlichen in die weibliche Fadenzelle. Beide Inhalte verschmelzen. Das entspricht einer Befruchtung. Wegen der dabei gebildeten „jochartigen“ Struktur nennt man den Vorgang **Konjugation** und diese Algen **Jochalgen.** Das Verschmelzungsprodukt, die Zygote, keimt zu einem neuen Algenfaden aus.

Meersalat und Tange – Algen der Meere

2 **Meeresalgen.** A Meersalat; B Blasentang

An der Nordsee wächst in der steinigen wasserüberfluteten Gezeitenzone der **Meersalat,** eine **Grünalge.** Er ist verwandt mit den grünen Fadenalgen unserer Binnengewässer. Er hat sich aber durch Längs- und Querteilungen flächig und zweischichtig entwickelt. Sein Lager, der Algenkörper, ist ein hellgrüner, derbhäutiger Lappen mit gewelltem, unregelmäßig gebuchtetem Rand, ähnlich den Blättern des Kopfsalates. Das Licht, das noch in 10 m Meerestiefe eindringt, lässt dort nur **Braunalgen** und in noch größerer Tiefe **Rotalgen** gedeihen. Beide zählt man zu den **Tangen.** Auch sie leben von Fotosynthese und enthalten Chlorophyll. Dieses ist aber bei ihnen durch braune bzw. rote Farbstoffe überdeckt. Auffällig, weil oft Teile an den Strand gespült werden, ist der **Blasentang,** eine Braunalge. Seine bis zu 1 m langen, olivgrünen bis braunen Büschel bestehen aus gabelig verzweigten, blattartigen Lagern. Diese Gabelzweige tragen luftgefüllte Blasen, die den Tang im Wasser durch ihren Auftrieb aufrecht halten. Er sitzt mittels einer Haftscheibe auf Felsen und Steinen fest und kann sich dort selbst bei stürmischem Wellengang behaupten. An den Enden des Blasentangs entwickeln sich in gesonderten Behältern Eizellen und zweigeißelige Schwärmer. Beide werden ins Wasser entlassen. Nach der dort stattfindenden Befruchtung setzen sich die Zygoten fest und wachsen zu neuen Blasentang-Pflanzen heran.

Übung: Einzeller

V 1. Lebewesen im Heuaufguss (Schulversuch)

Material: Glasgefäß (1–2 Liter); Leitungswasser; Heu; Tümpelwasser

Durchführung: Gib eine Hand voll Heu in das Glasgefäß! Fülle einen Liter Leitungswasser und etwas Tümpelwasser hinzu, sodass ein etwa 5 cm hoher Luftraum über dem Wasser bis zum Glasrand bleibt. Decke die Gefäßöffnung ab! Stelle das Gefäß bei Zimmertemperatur am Fenster auf!

Anmerkung: Nach etwa zwei Tagen bildet sich auf dem Heuaufguss die schleimige **Kahmhaut** aus Bakterien und Pilzen. Das Heu dient als Nahrungsgrundlage für die Bakterien. Sie sind wiederum Nahrungsgrundlage für andere Lebewesen, z.B. tierische Einzeller. Diese werden mit dem Tümpelwasser hinzugefügt. Hier liegen sie als bewegliche Formen oder als Dauerformen wie Cysten und Eier vor. Die Säulen in den Abbildungen geben die Häufigkeit von verschiedenen Gruppen der Lebewesen im Heuaufguss an. Du findest zum Beispiel nach zwanzig Tagen weniger Wimpertiere als nach zehn Tagen. Im Heuaufguss findest du auch vielzellige Kleinstlebewesen. Solche Vielzeller sind z.B. die 0,04 bis 2 mm langen *Rädertiere,* die aus bis zu 1000 Zellen bestehen. Sie haben einen Kranz von Wimpern, deren schlagende Bewegung den Eindruck eines sich drehenden Speichenrädchens hervorruft. Mit diesem „Räderorgan" strudeln die Rädertiere ihre Nahrung zum Mund.

Aufgabe: Stelle in verschiedenen Zeitabständen Frischpräparate her und mikroskopiere bei 100- bis 200facher Vergrößerung! Bestimme die Lebewesen mit Hilfe der Abbildungen! Fertige ein Protokoll an, aus dem der Zeitpunkt der Untersuchung und die geschätzte Häufigkeit (selten, einige, sehr viele) zu ersehen sind!

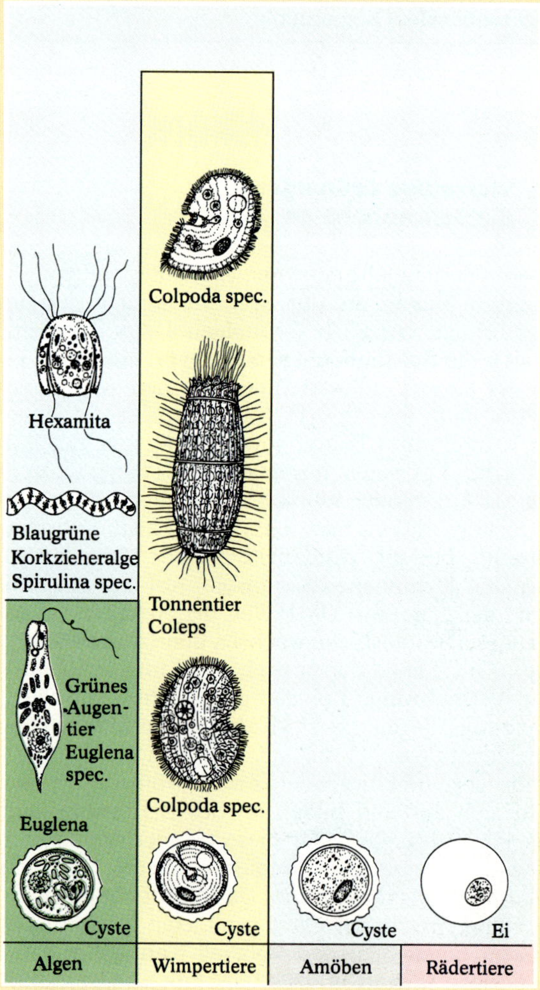

Übung: Einzeller

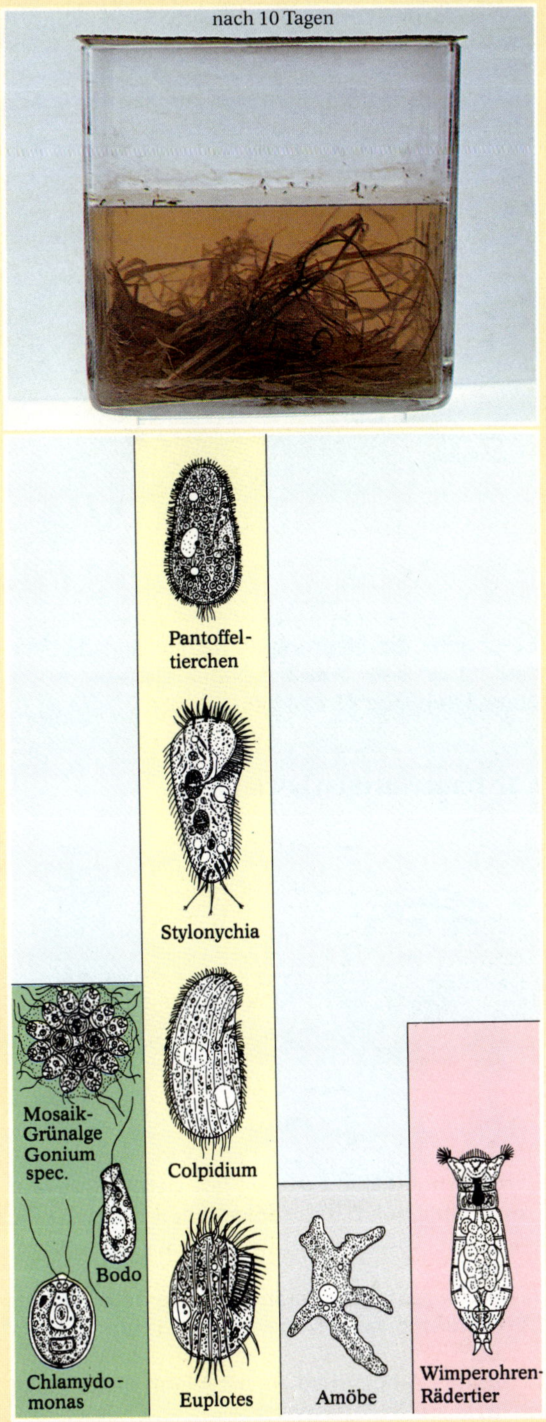

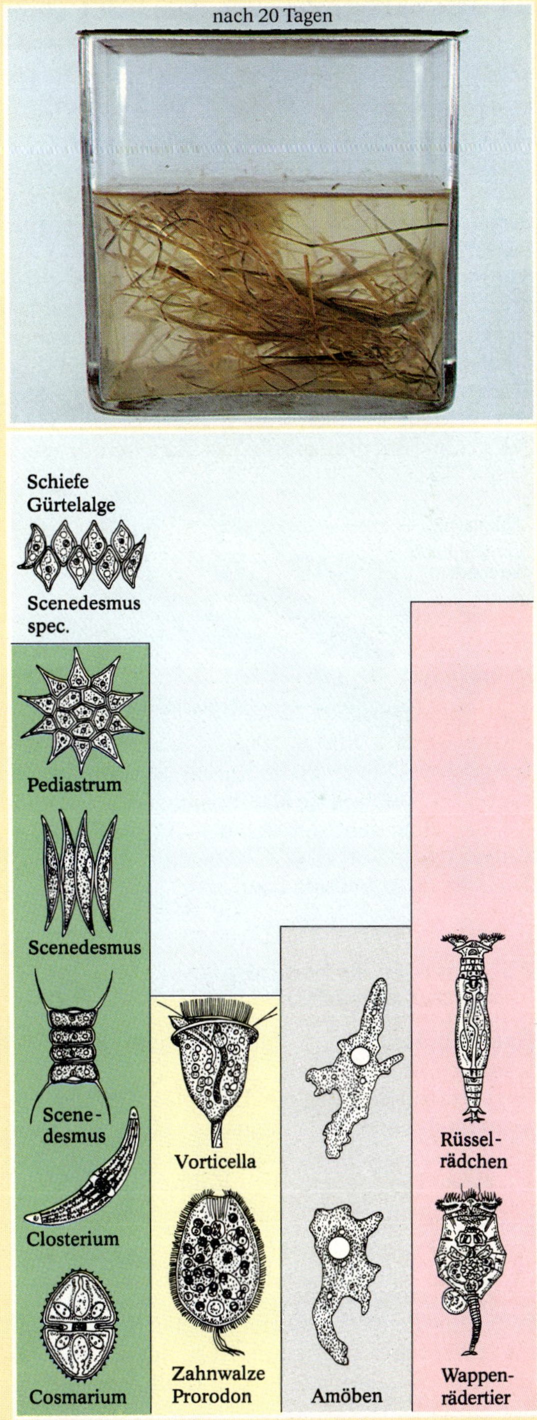

Übung: Einzeller

V 2. Wir untersuchen die Kahmhaut eines Heuaufgusses (Schulversuch!)

Material: Heuaufguss mit Kahmhaut (s. V1.!); Mikroskop mit Zubehör; Pipette
Durchführung: Gib einen Tropfen Wasser auf einen Objektträger! Sauge mit einer Pipette etwas Kahmhaut an und übertrage sie in den Wassertropfen! Lege ein Deckglas auf! Mikroskopiere bei stärkster Vergrößerung!
Anmerkung: In der Kahmhaut kommen überwiegend Bakterien vor. Bakterien sind einzellige Lebewesen, die einzeln oder durch ausgeschiedenen Schleim zu Ketten verbunden auftreten. Sie ernähren sich vom Heu, das sie zersetzen. Es gibt verschiedene Formen von Bakterien. Das Heubakterium (Bacillus subtilis) ist stäbchenförmig:

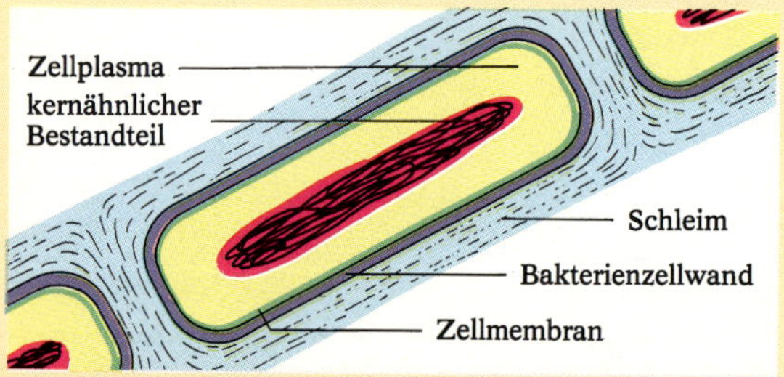

Aufgaben: a) Suche in der Kahmhaut-Probe nach Bakterien! Zeichne sie als Umrisse!
b) Worin unterscheidet sich der Aufbau der Heubakterienzelle von dem der einzelligen Grünalge Chlorella (s. Abbildung 2 auf Seite 33)?

V 3. Amöben im Heuaufguss (Schulversuch!)

Material: Heuaufguss mit Kahmhaut (s. V1.!); Mikroskop mit Zubehör
Durchführung: Lege ein Deckgläschen auf die Kahmhaut eines Heuaufgusses! Hebe es nach etwa 15 Minuten vorsichtig mit einer Pinzette wieder ab und gib es mit der „Kahmhaut"-Seite in einen Tropfen Wasser auf einem Objektträger! Mikroskopiere bei kleiner Blende!
Aufgaben: a) Beobachte und beschreibe die Fortbewegung einer Amöbe!
b) Zeichne den Umriss einer kriechenden Amöbe! Wiederhole dies dreimal im Abstand von je zwei Minuten! Was kannst du der Bildfolge entnehmen?
c) Klopfe mit einem Bleistift leicht auf den Objektträger! Beobachte und beschreibe die Reaktion der Amöbe!
d) Weshalb gehören Amöben zu den tierischen und nicht zu den pflanzlichen Einzellern?

A 4. Ernährung der Amöbe

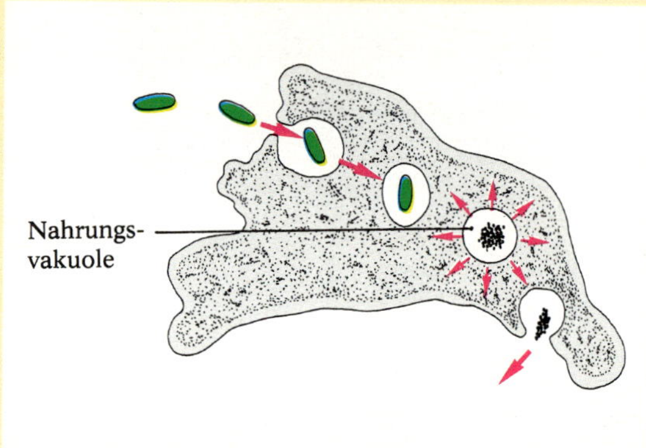

Beschreibe die Nahrungsaufnahme und die Verdauung bei einer Amöbe! Nimm auch die Abbildung 2 auf Seite 27 zu Hilfe!

A 5. Dauerformen bei Amöben

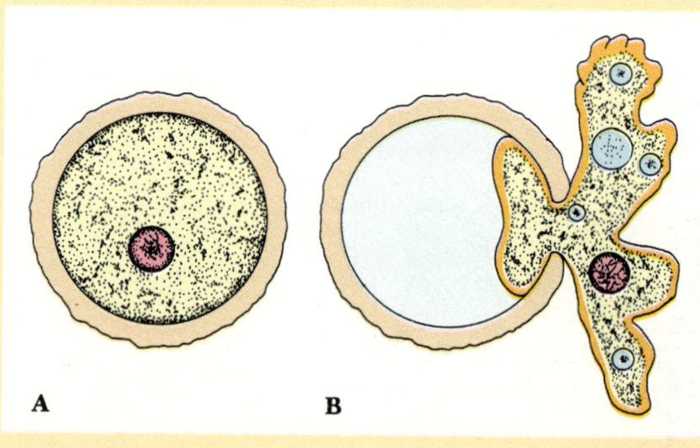

Cysten sind Dauerformen, mit denen Amöben Trockenheit oder Kälte überstehen können. Sie sind leicht und können durch den Wind verbreitet werden.
a) Welche zellulären Veränderungen treten bei der Umwandlung in die Dauerform und beim Schlüpfen auf?
b) Sterben Amöben im Alter? Nimm hierzu auch den Text auf Seite 26 zu Hilfe!

Übung: Einzeller

A 6. Wimpernschlag

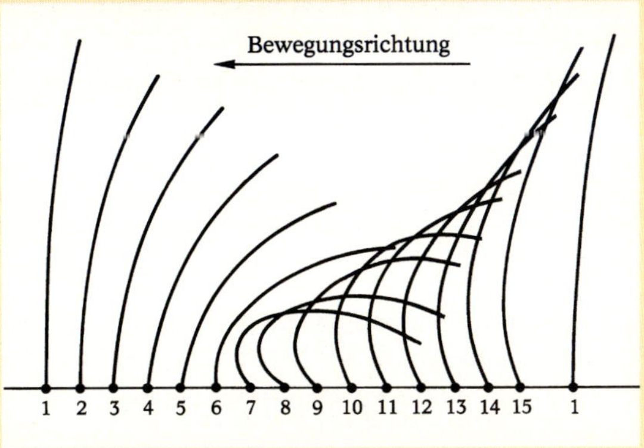

In der Schemazeichnung ist die Bewegung einer Cilie in fünfzehn Phasen dargestellt. Man unterscheidet bei der Cilienbewegung einen kräftigen Vorschlag, den *Wirkungsschlag*, und eine Rückholbewegung, die *Rückschwingung*.
Beschreibe die Bewegung einer Cilie! Unterteile die Bewegungsphasen in den Wirkungsschlag und in die Rückschwingung!

A 7. Pulsierende Vakuole beim Pantoffeltierchen

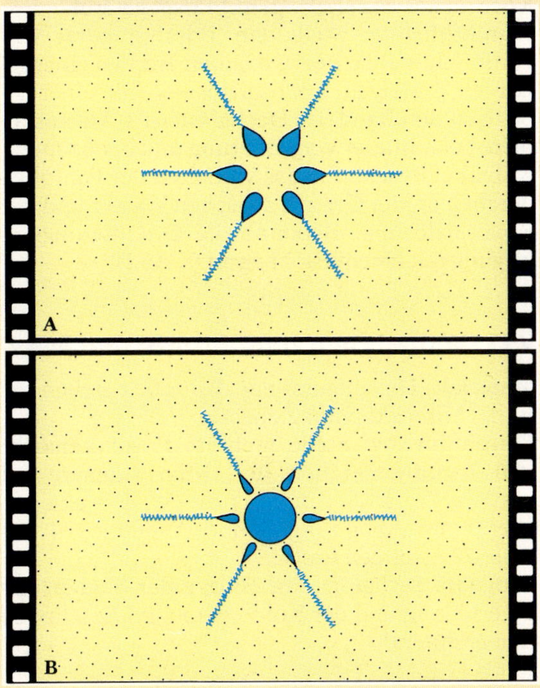

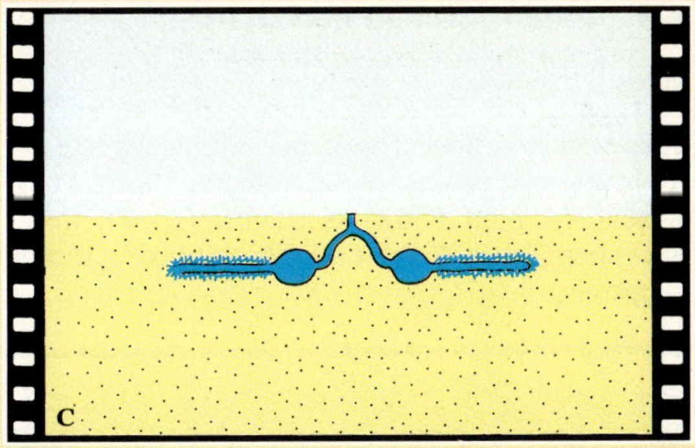

Pulsierende Vakuole beim Pantoffeltierchen (A, B Aufsicht). A Systole (= Entleerung) der pulsierenden Vakuole, Diastole (= Füllung) der Ampullen; B Diastole der pulsierenden Vakuole, Systole der Ampullen; C pulsierende Vakuole von A im Querschnitt

a) Beschreibe den Aufbau der pulsierenden Vakuole mit den zuführenden Kanälchen anhand der Abbildungen A und C! Erläutere das Aussehen der pulsierenden Vakuole in Abbildung A!
b) Zeichne zur Aufsicht-Darstellung in Abbildung B einen Querschnitt wie in Abbildung C!

A 8. Festsitzende Wimpertierchen

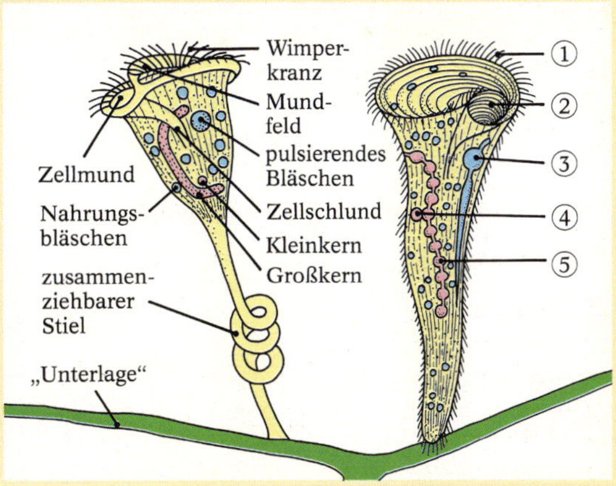

In einem Heuaufguss kann man auch festsitzende Wimpertierchen finden wie zum Beispiel das Glockentierchen (A) und das Trompetentierchen (B).
a) Ordne den Ziffern in der Zeichnung des Trompetentierchens entsprechende Begriffe zu!
b) Worin unterscheiden sich Glockentierchen, Trompetentierchen und Pantoffeltierchen?

Übung: Einzeller

A 9. Augentierchen und Licht

Orientierungsbewegungen heißen **Taxien.** Ist die Bewegung zur Reizquelle hin gerichtet, spricht man von *positiver Taxis,* bei entgegengesetzter Richtung von *negativer Taxis.* Je nach Reizart unterscheidet man Fototaxis (Lichtreiz), Chemotaxis (chemischer Reiz) und Thigmotaxis (Berührungsreiz).

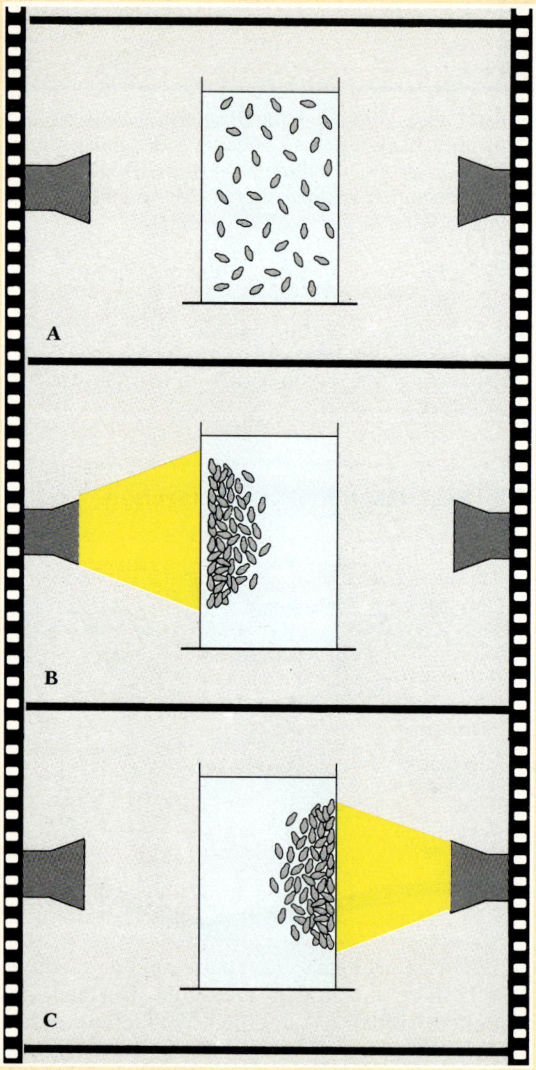

Beschreibe das Verhalten von Augentierchen in der oben dargestellten Bildleiste! Benenne die Orientierungsbewegung mit einem Fachbegriff!

V 10. Pantoffeltierchen reagieren auf Berührung (Schulversuch!)

Material: Heuaufguss mit Pantoffeltierchen (s. V1.!); Mikroskop mit Zubehör; Glassplitter eines Deckgläschens; Watte
Durchführung: Gib ein kleines Stück zerzupfter Watte auf einen Objektträger! Füge einen Tropfen Wasser aus dem Heuaufguss hinzu und bedecke mit einem Deckglas! Mikroskopiere bei mittlerer Vergrößerung!
Aufgaben: a) Beobachte das Verhalten von Pantoffeltierchen an den Wattefäden! Um welche Orientierungsbewegung handelt es sich? Nimm die Angaben zu A 9. zu Hilfe!
b) Welche Orientierungsbewegung zeigen Pantoffeltierchen bei harten Hindernissen wie Glassplitter? Führe einen entsprechenden Versuch durch! Beschreibe das Verhalten von Pantoffeltierchen beim Berühren der Glassplitter!

V 11. Pantoffeltierchen reagieren auf chemische Reize (Schulversuch!)

Material: Heuaufguss mit Pantoffeltierchen (s. V1.!); Mikroskop mit Zubehör; Pipette; Kochsalzlösung (1,5%ig) mit Eosin gefärbt
Durchführung: Stelle ein Frischpräparat von Pantoffeltierchen her! Gib einen Tropfen einer gefärbten 1,5%igen Kochsalzlösung mit einer Pipette an den Rand des Deckgläschens! Mikroskopiere bei mittlerer Vergrößerung und beobachte!
Aufgabe: Beschreibe das Verhalten der Pantoffeltierchen an der Grenze zwischen Wasser und der Kochsalzlösung! Benenne die Orientierungsbewegung mit einem Fachbegriff (s. A9.!)!

V 12. Vermehrung von Pantoffeltierchen

Material: Heuaufguss mit Pantoffeltierchen (s. V1.!); Mikroskop mit Zubehör
Durchführung: Stelle mehrere Frischpräparate von Pantoffeltierchen her! Mikroskopiere bei mittlerer Vergrößerung, bis du Stadien entsprechend der Abbildung 3 und Abbildung 4 auf Seite 29 gefunden hast!
Aufgabe: Fertige je eine Skizze der Stadien der Querteilung und der Konjugation an! Beschreibe und erläutere!

Übung: Einzeller

A 13. Nahrungsbeziehungen in einem Heuaufguss

In einem Heuaufguss lassen sich zwischen Bakterien, Pantoffeltierchen und Amöben folgende Nahrungsbeziehungen aufstellen:

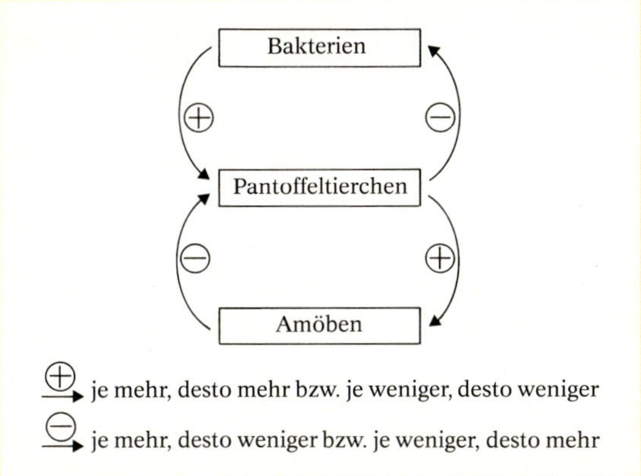

a) Beschreibe die dargestellten Nahrungsbeziehungen in einem Heuaufguss!
b) Zeige eine einfache Nahrungsbeziehung zwischen den Lebewesen! Verwende dabei das Pfeilsymbol → für „wird gefressen von“!
c) Erkläre, weshalb die angegebenen Lebewesen im Heuaufguss zu verschiedenen Zeiten besonders zahlreich sind!

A 14. Augentierchen bilden Dauerformen

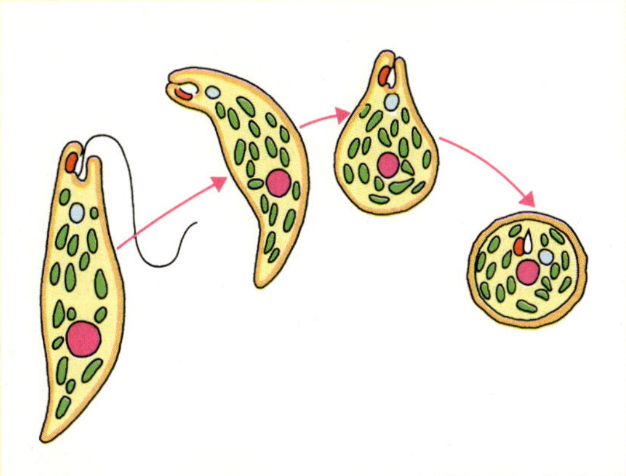

Die Dauerform beim Augentierchen nennt man *Palmella-Stadium*. Beschreibe seine Bildung!

V 15. Wir kultivieren Augentierchen (Schulversuch!)

Material: Standzylinder (200 ml); Glasrohr (etwa 10 cm lang); Korkstopfen (passend für Standzylinder) mit Bohrung für Glasrohr; Aluminiumfolie; Rasierklinge; Tischlampe; Gartenerde; Rinderdung; Sand; Graben- oder Tümpelwasser mit Augentierchen

Durchführung: Fülle einen Standzylinder mit einer etwa 2 cm hohen Schicht Gartenerde, der etwas Rinderdung zugesetzt wird! Decke eine dünne Sandschicht darüber! Gieße vorsichtig Graben- oder Tümpelwasser auf, das Augentierchen enthält!

Beobachtung: Die Augentierchen vermehren sich schnell und können das Wasser bereits nach einer Woche grün färben.

Aufgabe: Umhülle das Kulturgefäß mit Aluminiumfolie! Schneide mit einer Rasierklinge einen Spalt von 5 mm × 10 mm in die Umhüllung! Belichte aus etwa 50 cm Entfernung mit einer Lampe! Entferne nach ungefähr einer halben Stunde die Folie!

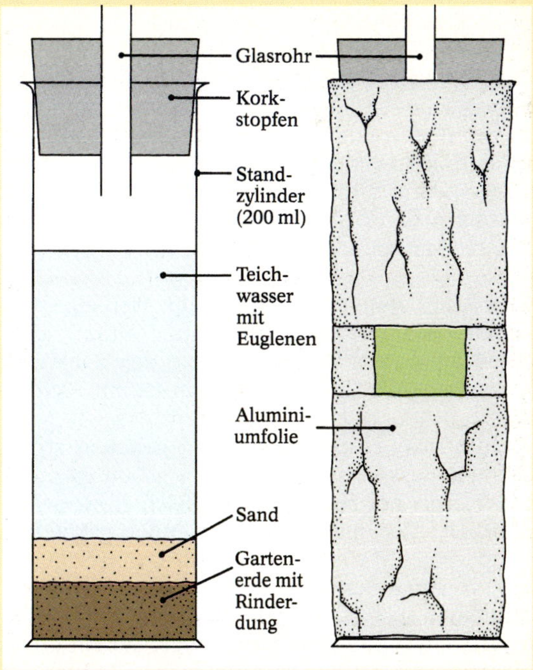

Erläutere deine Beobachtung! Welche Orientierungsbewegung zeigen Augentierchen (s. A 9.!)?

Wirbellose Tiere in ihren Lebensräumen

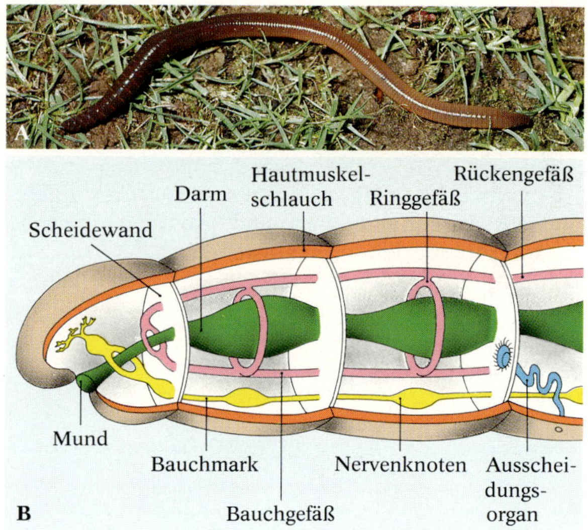

1 **Regenwurm.** A kriechend; B Längsschnitt

1. Bau und Lebensweise wirbelloser Tiere

1.1. Der Regenwurm ist außen und innen gegliedert

Beim Umgraben im Garten fördert fast jeder Spatenstich *Regenwürmer* ans Tageslicht. Diese Tiere sind Bodenbewohner. Tagsüber kommen sie nur selten an die Oberfläche. Lediglich nach starken Regenfällen, wenn der Boden vom Wasser völlig durchtränkt ist, findet man sie zuweilen auch tagsüber am Erdboden.
Der Regenwurm fühlt sich weich und feucht an. Im Gegensatz zu den Wirbeltieren hat er kein festes inneres Skelett. Man zählt ihn deshalb zu den *wirbellosen Tieren*.
Regenwürmer atmen durch die Haut. Weil eine ausreichende Sauerstoffversorgung nur durch eine feuchte Körperoberfläche möglich ist, darf der Wurm nicht austrocknen. Der Regenwurm ist ein *Feuchtlufttier*.
Betrachtet man einen Regenwurm genauer, so erkennt man, dass seine Oberfläche vielfach geringelt ist. Der Körper besteht aus vielen gleich großen **Segmenten**. Der Regenwurm ist auch innen gegliedert. Im Körperinneren sind die Segmente durch Scheidewände voneinander abgetrennt. Der Regenwurm wird dadurch in viele einzelne Kammern untergliedert, die weitgehend gleichartig aufgebaut sind. Die Segmente sind prall mit einer wässrigen Flüssigkeit gefüllt, wodurch der Regenwurm seine äußere Form erhält. Würmer mit vielen gleichartigen Segmenten heißen **Ringelwürmer.**

Der Hauptstrang des Nervensystems liegt bei ihnen auf der Bauchseite. Der Regenwurm hat also kein Rückenmark wie die Wirbeltiere, sondern ein **Bauchmark**. In jedem Segment liegen eng nebeneinander zwei Nervenknoten oder **Ganglien**, die miteinander verbunden sind. Zwei längs verlaufende Nervenstränge stellen den Kontakt zu den übrigen Ganglien her. Ein solches Nervensystem heißt wegen seiner Form **Strickleiternervensystem**.
Das Blut fließt in einem *geschlossenen Gefäßsystem*. Dieses besteht aus einem Rückengefäß, einem Bauchgefäß und Ringgefäßen in jedem Segment. Das Rückengefäß und einige Ringgefäße in den vorderen Segmenten können sich wie Herzen zusammenziehen.
Für die Fortbewegung des Regenwurms sorgt ein **Hautmuskelschlauch**. Dieser wird von der dünnen Haut und den darunter liegenden Schichten von Ringmuskeln und Längsmuskeln gebildet. Ziehen sich die Ringmuskeln zusammen, so wird der Wurm lang und dünn. Verkürzen sich dagegen die Längsmuskeln, wird er kurz und dick. An jedem Segment sitzen vier Borstenpaare, mit denen sich der Regenwurm in seinen Röhren im Erdreich festhalten kann.

Regenwürmer haben in einigen Segmenten des Vorderkörpers sowohl männliche als auch weibliche Geschlechtsorgane. Sie sind Zwitter. Die Paarung erfolgt nachts an der Erdoberfläche. Eine drüsenreiche Schwellung im vorderen Körperdrittel, die

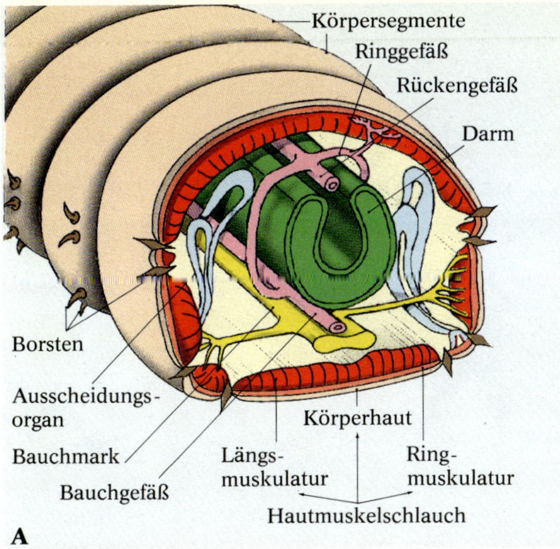

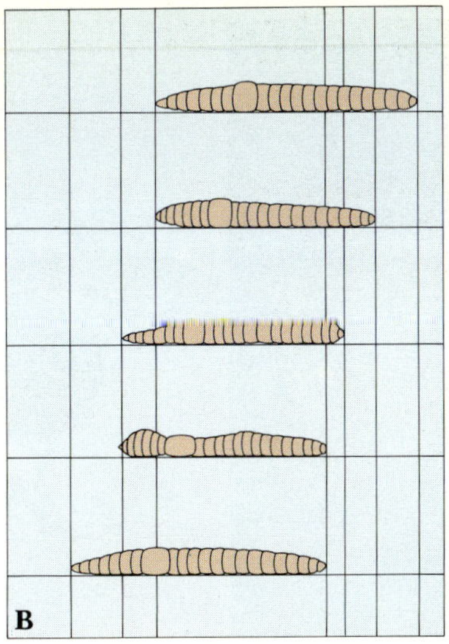

2 Regenwurm. A Querschnitt (Schema); B Bewegung; C Paarung

man *Gürtel* nennt, bildet eine beide Würmer verbindende Schleimhülle. Dann erfolgt die gegenseitige Besamung. Anschließend trennen sich die Würmer wieder. Die Samenzellen des Partners werden zunächst in einem Samenbläschen gespeichert. Bei der Eiablage im Boden entsteht um den Gürtel erneut ein Schleimring, aus dem sich der Regenwurm rückwärts herauszieht. Dabei wird ein Ei abgegeben und befruchtet. Die Schleimhülle verfestigt sich zu einem schützenden Kokon, in dem sich ein junger Wurm entwickelt.
Längere Trockenzeiten im Sommer und winterliche Kälteperioden verbringt der Regenwurm zusammengerollt in einer höhlenartigen Erweiterung seiner Wohnröhre im Boden.

1. Vergleiche den Aufbau des Regenwurms mit dem eines Wirbeltiers! Erstelle dazu eine Tabelle!

2. An einem lebenden Regenwurm kannst du das Rückengefäß erkennen. Beobachte, in welcher Richtung das Blut durch den Körper gepumpt wird!

3. Lege einen Regenwurm auf Filtrierpapier. Was hörst du? Beschreibe die Bewegung! Betrachte dazu Abbildung 2 B! Erläutere die Aufgaben der Ring- und Längsmuskulatur sowie der Segmentflüssigkeit bei der Bewegung! Eine halb gefüllte, geschlossene Zahnpastatube aus Metall kann dir als Modell dienen.

Ein wichtiger Bodenverbesserer

Bis zu 400 Regenwürmer können unter 1 m^2 Boden leben. Ihre Wohnröhren gehen 1,5 bis 2 m tief in den Untergrund hinein. Welche Bedeutung haben Regenwürmer für den Boden? In der Nacht ziehen die Regenwürmer abgefallene Blätter in ihre Röhren. Wenn die Pflanzenteile vermodert sind, werden sie mit Erde gefressen. Der Wurmkot erhöht die Bodenfruchtbarkeit. Unter 1 m^2 Gartenerde erzeugen Regenwürmer etwa 2,5 kg Humus im Jahr. Durch die Würmer wird der Boden aufgelockert und durchlüftet.

Ernteertrag	ohne Regenwürmer	mit Regenwürmern
Weizen:		
Halmgewicht	7,1 g	10,5 g
Körner pro Ähre	60 Stück	110 Stück
Bohnen:		
Hülsengewicht	5,8 g	16,9 g
Bohnengewicht	3,9 g	11,5 g

4. Erläutere anhand der Tabelle die Bedeutung des Regenwurms für die Bodenfruchtbarkeit!

1 Mehlkäfer. A Mehlwurm; B Puppe; C Vollinsekt

1.2. Der Mehlwurm – ein Wurm?

Gabi und Holger stehen im Zoo vor einem Terrarium und beobachten Eidechsen. Dabei sehen sie, dass die Reptilien mit Mehlwürmern gefüttert werden. Gabi und Holger halten die Mehlwürmer für Würmer. Haben sie Recht?
Betrachten wir einen *Mehlwurm* genauer. Er ist wie der Regenwurm in Segmente gegliedert. Allerdings können wir drei verschiedene Körperteile erkennen. Vorn sitzt ein kleiner Kopf. Daran schließt sich ein *Brustabschnitt* mit sechs Beinen an. Am längsten ist der *Hinterleib*. Die Haut des Mehlwurms ist trocken und fest, nicht feucht und weich wie beim Regenwurm.

Hält man Mehlwürmer über einige Wochen, so sieht man, dass sie langsam größer werden. Ihre harte Haut wächst aber nicht mit. Deshalb müssen sich die Tiere von Zeit zu Zeit häuten. Bei einer solchen **Häutung** platzt die alte Körperhaut auf. Eine neue, schon vorgebildete Körperhülle kann sich dann strecken und verhärten.
Nach der letzten Häutung verändert der Mehlwurm sein Aussehen: Er wird zu einer unbeweglichen **Puppe**. In der Puppenhülle erfolgt die Verwandlung zum *Mehlkäfer*. Der fertige Käfer schlüpft nach einer Ruhezeit von zwei bis drei Wochen aus der Puppenhülle. Der Mehlwurm ist also kein Wurm, sondern in Wirklichkeit ein Entwicklungsstadium des Mehlkäfers. Solche Jugendformen, die oft ganz anders als die Eltern aussehen, nennt man **Larven**.
Der Mehlkäfer gehört wie beispielsweise Fliegen und Schmetterlinge zu den **Insekten**. Seine Entwicklung führt über die Schritte Ei, Larve und Puppe zum geschlechtsreifen Käfer, dem *Vollinsekt*. Man spricht von einer **vollkommenen Verwandlung** oder **vollkommenen Metamorphose**.
Der Mehlkäfer ist wie der Mehlwurm von einer harten Hülle umgeben, die man mit dem Panzer einer Rüstung vergleichen kann. Der Stoff, aus dem dieser Panzer überwiegend besteht, heißt **Chitin**. Der Chitinpanzer gibt dem Käfer Form und Halt wie ein Skelett. Im Gegensatz zum Innenskelett der Wirbeltiere ist dies ein **Außenskelett**. Es besteht aus vielen Einzelplatten. Sie sind durch elastische Häute miteinander verbunden und können durch Muskeln gegeneinander bewegt werden. Der Körper des Mehlkäfers ist in **Kopf**, **Brust** und **Hinterleib** gegliedert. Diese Körperabschnitte sind jeweils aus mehreren Segmenten zusammengesetzt. Am Brustabschnitt sitzen sechs gegliederte Beine und vier Flügel. Solche Körpermerkmale sind kennzeichnend für Insekten.

1. Begründe, warum der Mehlwurm kein Ringelwurm ist!

2. Vergleiche den Körperbau von Mehlwurm und Mehlkäfer anhand der Abbildungen 1A und C! Stelle in einer Tabelle Gemeinsamkeiten und Unterschiede gegenüber!

Der Maikäfer lebt nicht nur im Mai

An milden Frühlingsabenden sieht man gelegentlich, wie große Käfer Eichen und andere Laubbäume umschwirren. Es sind *Maikäfer,* die sich nach einiger Zeit im Laub niederlassen und in der Dämmerung und nachts große Mengen Blätter fressen. Sie sind etwa 2 cm bis 2,5 cm groß. Das Männchen unterscheidet sich vom Weibchen durch die längeren und auch stärker aufgefächerten Fühler.

Nur wenige Wochen im Frühling kann man Maikäfer beobachten. Dann verschwinden sie wieder, um erst im darauf folgenden Jahr erneut zu erscheinen. Wo bleiben die Tiere in der Zwischenzeit? Kurz nach ihrem Auftreten im Frühjahr paaren sich die Maikäfer. Die Männchen sterben bald darauf. Die Weibchen graben sich nach der Paarung etwa 20 cm tief in den Boden ein und legen dann an verschiedenen Stellen ihre Eier in kleinen Gelegen ab. Nach vier bis sechs Wochen schlüpfen aus den Eiern die Larven des Maikäfers. Man nennt sie **Engerlinge**. Sie haben mit ihrem wurmförmigen Körper kaum Ähnlichkeit mit dem Käfer.

Die Engerlinge leben im Boden. Zunächst ernähren sie sich von Humus. Später beißen sie mit ihren starken Kiefern Wurzelstücke ab. Dabei bevorzugen sie die Wurzeln des Löwenzahns. Ältere Engerlinge zerbeißen Wurzeln von der Dicke eines Strohhalms. Langsam wachsen die Engerlinge heran. Ähnlich wie die Mehlwürmer müssen auch sie sich von Zeit zu Zeit häuten. Nach drei bis vier Jahren graben sich die Engerlinge in 70–90 cm Tiefe eine Höhle, die man auch Puppenwiege nennt. Hier werden sie zu unbeweglichen Puppen. In der Puppenhülle erfolgt die Verwandlung zum Maikäfer. Nach einer langen Winterruhe schlüpft der Maikäfer und kommt an die Oberfläche. Er ist nun ausgewachsen und häutet sich nicht mehr.
Der Maikäfer ist eine unserer größten Käferarten. Da sowohl das Vollinsekt als auch der Engerling Schäden in der Land- und Forstwirtschaft anrichteten, wurden die Tiere heftig bekämpft. Seit einigen Jahren nimmt die Zahl der Maikäfer im südlichen Deutschland wieder zu.

3. Beschreibe anhand der Abbildung 2 D die Entwicklung des Maikäfers! Vergleiche sie mit der Entwicklung des Mehlkäfers in Abbildung 1!

2 Maikäfer. A Engerling; B Puppe; C Vollinsekt; D Schema

1 **Honigbiene.** A Imker mit Wabe; B Königin mit Hofstaat; C die drei Bienenwesen

1.3. Bienen leben in einem Staat

Katja und Torsten besuchen mit ihren Eltern einen Imker, um Bienenhonig einzukaufen. „Wir würden uns gern einmal Ihre Bienenzucht ansehen“, bitten die Kinder den Imker. Diesen Wunsch erfüllt er ihnen gern. Im Garten stehen in mehreren Gruppen verschiedenfarbige Kästen, die *Bienenstöcke*. An den Eingängen zu den Stöcken herrscht ein ständiges Kommen und Gehen, begleitet vom ununterbrochenen Summen der Bienenflügel.

Der Imker erzählt Katja und Torsten, dass der Mensch schon seit Jahrtausenden Bienen hält, um Honig und Wachs zu gewinnen. Die Biene ist eines der ältesten Haustiere. Sie ist zugleich das kleinste. Deshalb muss der Imker schon eine große Zahl dieser Tiere halten, damit sich die Honigernte lohnt. Dies wird dadurch erleichtert, dass die Honigbienen von Natur aus in großen Völkern zusammenleben. Jeder Bienenstock beherbergt ein Volk von bis zu 80 000 Tieren.
„Wie sieht es in einem Bienenstock aus?“, möchten die Kinder wissen. Der Imker zeigt ihnen einen Stock, bei dem die äußere Verkleidung abgenommen werden kann. Sie blicken nun durch eine Scheibe in den Beobachtungsstock. Dicht nebeneinander hängen die *Waben*. Sie werden von den Bienen aus Wachs gebaut. Jede Wabe besteht aus einigen tausend sechseckigen *Zellen*. Als Hilfe für den Wabenbau setzt der Imker Holzrahmen in den Bienenstock ein. So lassen sich später die mit Honig gefüllten Waben mit dem Rahmen leicht herausnehmen und auswechseln. Auf den Waben herrscht ein dichtes Gedränge von Bienen. Der Imker macht Katja und Torsten auf eine Wabe aufmerksam, auf der die Betriebsamkeit besonders groß ist. Hier entdecken die Kinder eine einzelne Biene mit einem sehr langen, schlanken Hinterleib. Es ist die **Bienenkönigin**, umgeben von ihrem Hofstaat. Die Königin ist das einzige fortpflanzungsfähige Weibchen im Stock. Ihre Hauptaufgabe besteht darin Eier zu legen, im Sommer bis zu 2000 am Tag. Zusammengenommen wiegen diese Eier so viel wie die Königin selber. Daher muss sie von ihrem Hofstaat häufig gefüttert werden.

Im Frühjahr, so erzählt der Imker, kann man im Stock auch einige hundert plump wirkende Bienen beobachten. Es sind **Drohnen**, die männlichen Bienen. Sie entwickeln sich aus unbefruchteten Eiern.
Die meisten Tiere sind **Arbeitsbienen**. Es sind unfruchtbare Weibchen mit verkümmerten Eierstöcken. Im Laufe ihres Lebens verrichtet eine Arbeitsbiene verschiedene Arbeiten.

Zunächst kümmert sie sich als *Ammenbiene* um die Bienenbrut. Diese entwickelt sich in besonderen Brutwaben. Die Larven haben weder Augen noch Beine und werden **Maden** genannt. Sie müssen mit Honig und Pollen gefüttert werden, weil ihre Mundwerkzeuge noch nicht voll entwickelt sind.

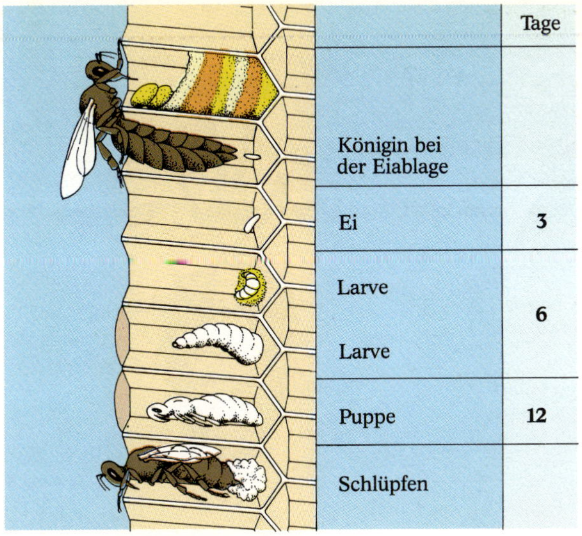

2 Entwicklung der Honigbiene

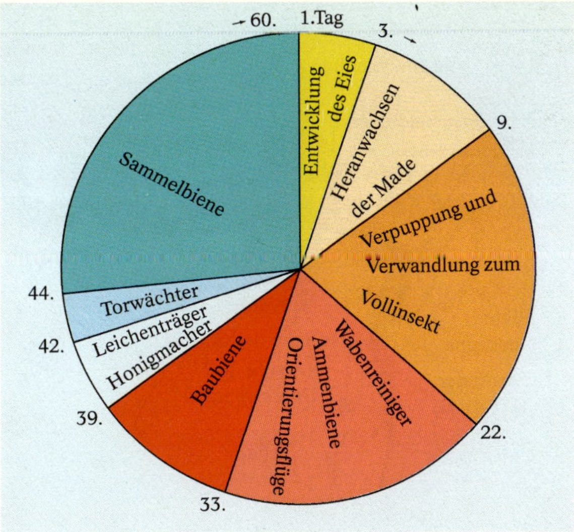

3 Lebensuhr einer Arbeitsbiene im Sommer

Gerade geschlüpfte Maden erhalten einen besonderen Futtersaft. Dieser bildet sich in den *Futtersaftdrüsen* im Kopf junger Arbeitsbienen. Bald versiegen die Futtersaftdrüsen der Ammenbiene. Jetzt reifen die *Wachsdrüsen* im Hinterleib. Die Biene baut nun als *Baubiene* Wachszellen oder sie verschließt Brutzellen mit verpuppungsreifen Maden mit Wachs.

Im nächsten Lebensabschnitt verarbeitet die Biene als *Honigmacher* Pollen und Nektar in ihrem Honigmagen zu Honig. Beide Stoffe erhält sie von anderen Bienen oder aus Waben. Der fertige Honig wird in Vorratswaben gespeichert. Weitere Tätigkeiten schließen sich an, zum Beispiel der Abtransport toter Bienen und der Wächterdienst am Einflugloch.

Den letzten und längsten Lebensabschnitt verbringt die Biene als *Sammelbiene* außerhalb des Stocks. Bei fast jedem Blütenbesuch bleibt Pollen im Pelz der Biene haften. Er wird mit einem Borstenkamm am 1. Fußglied der Hinterbeine abgestreift und in einer Vertiefung am Unterschenkel, dem *Körbchen*, gesammelt. Die Pollenballen an den Hinterbeinen nennt man „Höschen". Bei ihren Blütenbesuchen kommen die Sammelbienen immer wieder in Kontakt mit der Narbe, an der Pollen haften bleibt. Da die Bienen meist mehrere Tage hintereinander gleichartige Blüten aufsuchen – der Imker sagt, sie sind blütenstet – sorgen sie auf diese Weise auch für die Bestäubung vieler Nutzpflanzen, zum Beispiel der Obstbäume.

Zur Nahrungsaufnahme verwendet die Biene ihre **Mundwerkzeuge**. Sie bestehen wie bei allen Insekten aus *Ober-* und *Unterkiefer* sowie *Ober-* und *Unterlippe*. Der Oberkiefer wird aus zwei seitlichen Hälften gebildet, die wie die Backen einer Zange wirken. Unterkiefer und Unterlippe bestehen ebenfalls aus zwei Hälften, die zusammengelegt einen Saugrüssel bilden. Die Unterlippe läuft zudem in einen lippenartigen Tupfer aus, das „Löffelchen". Nektar wird zunächst mit dem Löffelchen aufgeleckt und dann über den Saugrüssel aufgesaugt.

„Wie vermehren sich denn die Bienenvölker?", möchte Torsten wissen. Der Imker erzählt, dass sich das wachsende Volk im Juni teilen kann. Etwa die Hälfte der Tiere fliegt mit der Königin aus und sammelt sich in einer Traube an einem Baumzweig. Die Bienen schwärmen. Kundschafterbienen gehen auf die Suche nach einem geeigneten Nistplatz. Jetzt muss der Imker die Traube in einem Behälter einfangen und in einen neuen Stock bringen.
Im alten Stock schlüpft eine neue Königin. Sie entwickelte sich in einer **Weiselzelle** durch Ernährung mit einem besonderen Königinnenfuttersaft. Auf ihrem Hochzeitsflug wird die Königin von mehreren Drohnen begattet. Sie empfängt dabei einen ausreichenden Spermavorrat für ihr vier- bis fünfjähriges Leben. Die Drohnen werden nach dem Hochzeitsflug in der *Drohnenschlacht* aus dem Stock gejagt. Sie sterben, weil sie sich nicht selbst ernähren können.

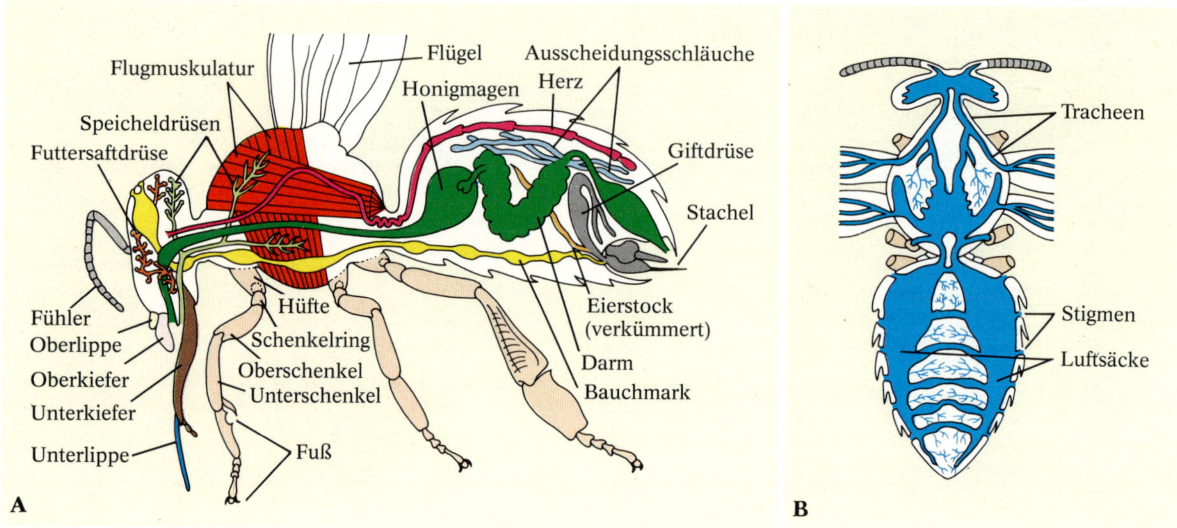

4 Bauplan einer Arbeitsbiene (Schema). A Längsschnitt; B Tracheensystem (Aufsicht)

Im Herbst nimmt der Imker die Honigwaben aus den Stöcken. Sie werden in eine Honigschleuder gebracht, in der der Honig vom Wachs getrennt wird. Als Ersatz für den entnommenen Honig erhalten die Bienen Zuckerwasser.
Den Winter verbringen die Bienen dicht zusammengedrängt im Stock. Während Arbeitsbienen im Sommer nur eine Lebensdauer von etwa 40 Tagen haben, werden überwinternde Tiere bis zu sechs Monate alt.

Katja und Torsten begleiten den Imker nun in sein Büro. Dort steht ein großes Modell einer Arbeitsbiene. Der Imker erklärt den Kindern die inneren Organe. An Brust und Hinterleib sind seitlich kleine schlitzartige Öffnungen zu erkennen, die **Stigmen**. Durch die Stigmen atmet die Biene. Sie stehen mit einem verzweigten System von Chitinröhren, den **Tracheen**, im Inneren des Körpers in Verbindung. Durch Dehnung vor allem des Hinterleibs wird frische Atemluft durch die Stigmen in die Tracheen gesaugt und durch Zusammendrücken verbrauchte Luft herausgepresst. Die Tracheen versorgen über feinste Verästelungen alle Organe direkt mit Sauerstoff und nehmen auch das Kohlenstoffdioxid auf und atmen es aus.
Das Blut der Biene ist farblos. Es ist am Sauerstofftransport nicht beteiligt. Seine Aufgabe besteht vor allem darin, die Organe mit Nährstoffen zu versorgen. Dazu werden die Organe direkt vom Blut umspült. Die Biene hat keine Blutgefäße. Ein schlauchförmiges Herz auf der Rückenseite hält das Blut in Bewegung. Einen solchen Kreislauf nennt man einen **offenen Blutkreislauf**. Nicht mehr verwertbare Abfälle werden dem Blut über *Ausscheidungsschläuche* entzogen und in den Enddarm abgegeben.
Das Nervensystem ist bei der Biene ähnlich wie beim Regenwurm als Strickleiternervensystem ausgebildet.

„Jetzt würden wir noch gern wissen, ob die Biene wie ein Vogel fliegen kann“, bittet Katja. Der Imker erklärt ihr, dass die Flügel bei der Biene ganz anders bewegt werden als bei Vögeln. Bei der Biene sind die Flügel durch Gelenke mit dem Außenskelett verbunden. In der Brust verlaufen starke Quermuskeln vom Rücken zur Bauchseite und Längsmuskeln von vorn nach hinten. Verkürzen sich die Quermuskeln, so verkleinert sich der Abstand zwischen Bauchplatte und Rückenplatte des Brustpanzers. Die Rückenplatte drückt dabei über die Gelenke die Flügel nach oben. Nun ziehen sich die Längsmuskeln zusammen. Dadurch erweitert sich der Brustraum wieder und die Flügel schlagen nach unten. Weil die Flugmuskulatur die Flügel über die Verformung des Außenskeletts bewegt, spricht man von einer *indirekten Flügelbewegung*.

1. Beschreibe den Aufbau einer Arbeitsbiene! Nimm Abbildung 4 zu Hilfe!

5 **Kopf der Honigbiene**

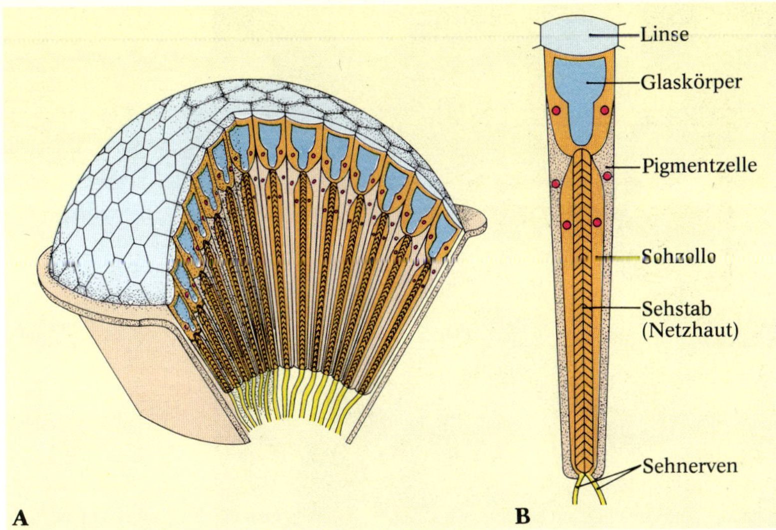

6 **Netzauge** (Schema). A Ausschnitt; B Einzelauge

Die Sinne der Biene. Betrachtet man das vergrößerte Foto eines Bienenkopfes, so glaubt man ein Wesen von einem anderen Stern zu erblicken. Riesige Augen, seltsam geformte Mundwerkzeuge und knieförmig gebogene Fühler ragen aus dem dichten Körperpelz heraus. Am auffälligsten sind die Augen. Wie ist ein solches Bienenauge aufgebaut?

Auf der Augenoberfläche ist mit der Lupe ein feines Muster von Sechsecken zu erkennen. Jedes Sechseck ist die Linse eines Einzelauges. Das Bienenauge ist aus etwa 5000 Einzelaugen zusammengesetzt. Solche zusammengesetzten Augen heißen **Facettenaugen** oder **Netzaugen**. In jedem Einzelauge entsteht ein winziger Bildpunkt. Das Gehirn kombiniert aus all diesen Lichtflecken ein einheitliches Gesamtbild. Neben den beiden Netzaugen trägt die Biene auf der Stirn noch drei einzelne **Punktaugen**, die jeweils nur eine Linse besitzen.

Professor Karl VON FRISCH, ein berühmter österreichischer Biologe und Bienenforscher, untersuchte, ob Bienen Farben sehen können. Dazu stellte er eine Schale mit Zuckerwasser auf eine blaue Unterlage und wartete, bis Bienen kamen. Dann stellte er mehrere leere Schalen auf eine blaue und einige unterschiedlich gefärbte Platten. Die Bienen suchten nur an der blauen Platte nach Zucker. Sie hatten sich die Farbe gemerkt.

In weiteren Versuchen untersuchte Professor VON FRISCH, ob Bienen dieselben Farben wie Menschen unterscheiden können. Das Ergebnis war überraschend. Bienen können alle Farben außer Rot erkennen. Hingegen sehen sie auch Ultraviolett, das unser menschliches Auge nicht wahrnimmt. Bienen haben daher ein anderes Farbempfinden als Menschen. Eine Mohnblume beispielsweise erscheint einer Biene nicht rot, sondern ultraviolett. Diese Blüte wirft außer dem roten Anteil des Lichtes, für den unser menschliches Auge empfindlich ist, auch ultraviolettes Licht zurück, das die Biene wahrnehmen kann. Auf den Blättern mancher Blüten erkennen die Bienen auf diese Weise Muster, die wir nicht wahrnehmen können.

Im dunklen Stock ist die Biene vorwiegend auf den Tast- und Geruchssinn angewiesen. Geruchssinnesorgane liegen auf den **Fühlern**. Die Fühler der Drohnen sind besonders groß. Sie spüren die begattungsbereite Königin auf ihrem Hochzeitsflug nicht mit den Augen, sondern mit dem Geruchssinn auf. Tasthaare sind an verschiedenen Körperteilen zu finden, in großer Zahl auch an den Fühlern. Im Bereich des Mundes liegen Geschmackssinneszellen.

2. Beschreibe den Kopf der Honigbiene anhand der Abbildung 5! Welche Organe kannst du unterscheiden?

3. Beschreibe den Aufbau eines Netzauges! Vergleiche ihn mit dem Aufbau des menschlichen Auges!

7 **Tanzende Biene im Stock**

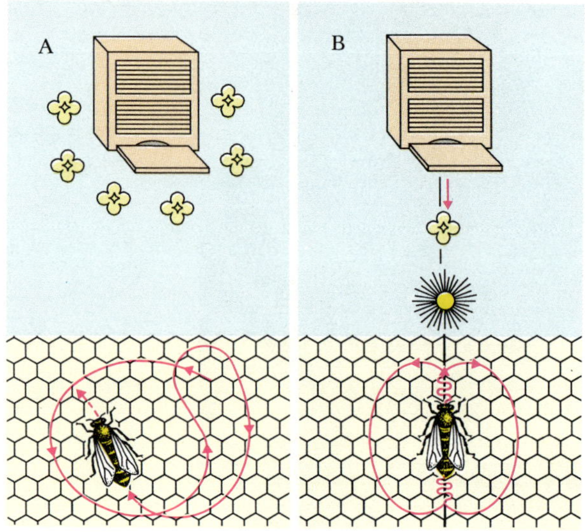

8 **Bienentänze.** A Rundtanz; B Schwänzeltanz

Bienen verständigen sich untereinander. Der Bienenforscher Karl VON FRISCH führte folgenden Versuch durch: Auf einen Tisch im Freien legte er einen mit Honig beträufelten Bogen Papier. Nach einigen Stunden hatte eine Sammelbiene den Honig entdeckt und begann ihn aufzulecken. Als sie satt war, flog sie davon. Kurze Zeit später beobachtete der Bienenforscher, dass plötzlich eine große Zahl von Bienen fast gleichzeitig an dem Versuchstisch eintraf. Er führte den Versuch mehrfach durch und konnte nachweisen, dass die zahlreichen Tiere, die der ersten Biene folgten, wie diese alle aus demselben Stock kamen. Karl VON FRISCH fragte sich nun: Sollte die Biene, die den Honig als Erste entdeckt hatte, ihrem Volk den Ort der Futterquelle irgendwie mitgeteilt haben?
Jahrelange Versuche brachten Karl VON FRISCH schließlich die Gewissheit: Sammelbienen können sich tatsächlich untereinander verständigen. Sie verwenden dazu eine Art Zeichensprache, die **Bienentänze**.

Hat eine Sammelbiene im Umkreis von weniger als 100 m um den Stock eine reiche Futterquelle gefunden, so teilt sie dies nach ihrer Rückkehr durch einen **Rundtanz** mit. Dabei läuft sie, einen Kreis beschreibend, schnell über eine Wabe, einmal links, einmal rechts herum. Durch den Blütenduft, der der Tanzbiene anhaftet, erfahren die Stockgenossinnen, nach welcher Blütenart sie suchen sollen. Der Rundtanz enthält keinen Hinweis darüber, in welcher Richtung die Futterquelle zu suchen ist.
Ist die Futterquelle weiter entfernt, müssen die Informationen für die „unwissenden" Stockbienen genauer sein: In welcher Richtung und wie weit vom Stock entfernt sollen sie suchen? Dies erfahren sie durch den **Schwänzeltanz**. Er heißt so, weil die Tanzbiene dabei mit dem Hinterleib hin und her „schwänzelt".
Als Orientierungshilfe für die Lage des Futterplatzes dient die Sonne. Liegt das Futter vom Stock aus gesehen genau in Richtung zur Sonne, so tanzt die Biene auf der senkrecht hängenden Wabe in einer Schlängellinie nach oben. Durch Bögen jeweils nach links oder rechts kehrt sie immer wieder an den Ausgangspunkt dieser Linie zurück. Sie beschreibt dabei die Form einer Acht. Die Tanzrichtung nach oben, also entgegen der Schwerkraft, bedeutet: Futter in Richtung zur Sonne. Liegt der Futterplatz vom Stock aus entgegengesetzt zur Sonne, schwänzelt die Biene mit dem Kopf nach unten, also hin zur Schwerkraft. Ist das Futter in einem Winkel von 60° links von der Sonne zu finden, ist die Tanzrichtung um diesen Winkel aus der Senkrechten nach links gedreht. Die Biene übersetzt also den Winkel zwischen Futterplatz und Sonne auf der Wabe in einen Winkel zur Schwerkraft.
Die Geschwindigkeit, mit der die Biene ihren Schwänzeltanz ausführt, gibt die Entfernung zum Futterplatz an. Bei nahe gelegenen Futterplätzen

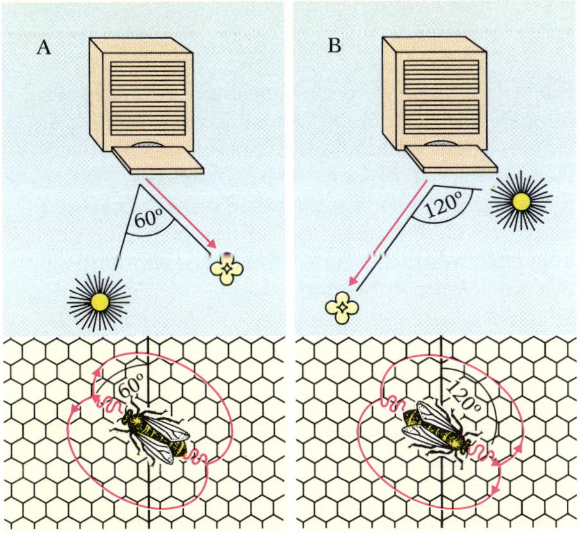

9 Bienentänze. A–B Schwänzeltänze

tanzt die Biene schneller als bei weiter entfernten. So läuft sie beispielsweise bei einer Entfernung von 100 m etwa 40 Runden pro Minute, bei 500 m Entfernung jedoch nur 24 Runden. Zusätzlich zur Richtung und zur Entfernung wird den Stockbienen durch kleine Kostproben aus dem Honigmagen der Tanzbiene Art und Qualität der Nektarquelle mitgeteilt.
Da die Bienen die Tänzerin im dunklen Stock nicht sehen können, tasten sie nach ihr und folgen den Bewegungen, um die Information des Tanzes zu verstehen. Wahrscheinlich kommt auch den schnarrenden Geräuschen, die die Tanzbiene mit ihren Flügeln erzeugt, für das Verständnis eine wesentliche Bedeutung zu.
Für seine Beiträge zur Erforschung der Bienentänze wurde Karl VON FRISCH der Nobelpreis zuerkannt.

4. Beschreibe anhand der Abbildungen 8 B und 9 A–B den Zusammenhang zwischen der Lage des Futterplatzes und der Art des Schwänzeltanzes!

5. Begründe, warum durch den Schwänzeltanz ein größeres Maß an Informationen vermittelt werden kann als durch den Rundtanz! Nimm die Abbildungen 8 und 9 zu Hilfe!

6. Eine Biene hat in 800 m Entfernung vom Stock und 30° rechts von der Richtung zur Sonne eine neue Futterquelle entdeckt. Zeichne die Tanzform!

Die Roboterbiene

10 Roboterbiene

An der Universität Würzburg steht ein ungewöhnlicher Bienenstock. Zwischen Tausenden von Bienen tanzt eine „Artgenossin“, deren Körper aus Messing und deren Flügel aus Rasierklingenstücken bestehen – eine *Roboterbiene.* Das Erstaunlichste: Manche Bienen folgen der Roboterbiene, wenn diese sich bewegt. Was geht hier vor?

Einer Gruppe von deutschen und dänischen Wissenschaftlern ist es kürzlich gelungen ein winziges Bienenmodell zu bauen, das elektronisch gesteuert den Bienentanz nachahmen kann. Das Modell hängt an einer Metallstange und kann über Elektromotoren bewegt werden. Diese steuern das Tanzen der Acht, das Schwänzeln und die Schnarrbewegungen der Flügel. Von Zeit zu Zeit wird die Roboterbiene mit Zuckerwasser beträufelt, dem ein bestimmter Blütenduft beigemischt ist.

Noch ist das Tanzprogramm der Roboterbiene nicht perfekt. Im Sommer kommt sie gegen die Konkurrenz der natürlichen Tanzbienen nicht an. Erst im Herbst, wenn natürliche Futterquellen selten werden, interessieren sich Sammelbienen für die „künstliche Artgenossin“ und verfolgen ihren Tanz. Tatsächlich finden sich anschließend auch einige Sammelbienen an Zuckerwasserproben ein, deren Lage sie durch den Tanz der Roboterbiene erfahren haben.

Die Wissenschaftler hoffen, mit Hilfe der Roboterbiene weitere Feinheiten der Bienentänze entschlüsseln zu können.

Hornissen, Wespen und Hummeln

11 Hornisse

12 Wespen in ihrem Papiernest

13 Hummeln in ihrem Erdnest

7. Vergleiche Körperbau und Lebensweise von Bienen, Hummeln und Wespen! Fertige dazu eine Tabelle an!

Jeden Sommer werden Menschen von Wespen oder Bienen gestochen. Der einfachste Schutz vor einem Stich besteht darin, in der Nähe dieser Tiere ruhig zu bleiben. Durch hastiges Umherschlagen mit den Händen lassen sich die Insekten meist nicht vertreiben. Sie fühlen sich vielmehr angegriffen und stechen dann auch, während sie uns sonst kaum beachten.
Die *Hornisse* ist unsere größte Wespenart. Brust und Hinterleib sind durch eine Einschnürung, die Wespentaille, deutlich voneinander abgesetzt. Die auffällige schwarzgelbe Zeichnung der Wespen ist eine *Warntracht*: „Achtung, bei Angriff steche ich schmerzhaft!"
Die Gefährlichkeit von Hornissenstichen wird meist übertrieben. So ist die weit verbreitete Meinung, dass drei Hornissenstiche einen Menschen, sieben Stiche sogar ein Pferd töten könnten, falsch. Todesfälle durch Hornissenstiche sind lediglich von einer kleinen Zahl von Menschen bekannt, die allergisch auf das Gift reagiert haben. Bei den meisten Gestochenen schwellen die Hautpartien im Umfeld des Stiches stark an. Der Stich ist sehr schmerzhaft, es kommt aber in der Regel nicht zu ernsten gesundheitlichen Schäden.
Wespen leben in Völkern. Ihre Nester bestehen aus einem papierartigen Stoff, der durch Zerkauen von Holz und Vermischen mit Speichel entsteht. Manche Arten legen ihre Nester in Erdhöhlen an, andere auf Bäumen oder Dachböden. Wespen leben räuberisch. Die Larven werden mit erbeuteten Insekten gefüttert, erwachsene Tiere ernähren sich auch von Nektar und dem Saft reifer Früchte. Aus diesem Grund finden sich Wespen auch an Marmeladentöpfen oder Honigbrötchen ein. Ein Wespenvolk besteht nur einen Sommer lang. Lediglich einige begattete Königinnen überwintern und gründen im Frühjahr neue Völker. Die anfänglichen Arbeiten müssen alle von der Königin selbst ausgeführt werden, bis die ersten Arbeiterinnen geschlüpft sind. Wespen haben weder einen Saugrüssel noch einen Körperpelz. Beides besitzen dagegen die *Hummeln,* die besonders an tiefgründigen Blüten Nektar saugen und Pollen sammeln. Auch sie leben in nur einjährigen Völkern. Ihre Nester bauen sie aus Wachs und Baumharz in Erdhöhlen oder verlassenen Vogelnestern.
Bienen, Hummeln und Wespen haben vier häutige Flügel. Sie gehören zur Insektenordnung der **Hautflügler.**

1 **Kohlweißling.** A Eigelege; B Raupe; C Vollinsekt

1.4. Schmetterlinge sind selten geworden

Nur noch selten sieht man heute *Schmetterlinge* in größerer Zahl über blumenreiche Wiesen fliegen. Viele Arten sind durch die Zerstörung ihrer Lebensräume und den großflächigen Einsatz von Insektenbekämpfungsmitteln selten geworden und vom Aussterben bedroht.

An einem Schmetterling fallen als Erstes die vier großen Flügel mit ihrer bunten Musterung auf. Wie kommt diese Flügelmusterung zustande?
Untersuchen wir die Flügel eines toten Schmetterlings. Die Musterung lässt sich mit den Fingern leicht abreiben. Unter dem Mikroskop ist zu erkennen, dass diese leicht ablösbare Schicht aus vielen einzelnen Schuppen besteht. Sie sind auf den Flügeln wie Dachziegel angeordnet. Ihre unterschiedliche Färbung bewirkt die Flügelmusterung.

Lässt sich zum Beispiel ein *Kohlweißling* auf einer Blüte nieder, so kann man beobachten, wie die Mundwerkzeuge arbeiten. Der aufgerollte Rüssel wird ausgestreckt und erreicht dadurch die Nektardrüsen am Blütenboden. Der von diesen Drüsen abgegebene Nektar wird mit dem Rüssel aufgesaugt. Viele Schmetterlinge tragen durch ihre Blütenbesuche zur Bestäubung der Blüten bei. Beim Nektarsaugen bleiben Pollenkörner im Haarpelz hängen und werden auf diese Weise auf andere Blüten übertragen.

Im August legen die Weibchen des Kohlweißlings etwa 200 Eier an der Unterseite von Kohlblättern ab. Etwa zwei Wochen nach der Eiablage platzen die Eihüllen auf. Aus ihnen schlüpfen Larven, die **Raupen** genannt werden. Diese können gut klettern, denn sie haben außer sechs gegliederten Brustbeinen noch acht Bauchfüße und ein Paar „Nachschieber" am Hinterleib. Bauchfüße und Nachschieber sind keine echten Gliedmaßen, sondern Hautausstülpungen.
Die Raupen ernähren sich vorwiegend von Kohlblättern. Bei massenhaftem Auftreten können sie große Schäden anrichten. Schnell wachsen die Raupen heran. Wie alle Insekten müssen sie sich während des Wachstums mehrfach häuten. An einer geschützten Stelle, zum Beispiel in einer Mauerritze, erfolgt die Verpuppung. Hierzu baut sich die Raupe eine Haltevorrichtung aus Spinnfäden, an der sie ihr Hinterende verankert. Anschließend legt sie sich um die Körpermitte einen Gürtel aus Spinnfäden. Die Puppe wird daher auch *Gürtelpuppe* genannt. Die Spinnfäden treten aus zwei Spinndrüsen aus, deren Öffnungen am Mund liegen.
Erst im April des nächsten Jahres schlüpfen die Kohlweißlinge. Aus den Eiern dieser Frühjahrsgeneration entwickelt sich die Sommergeneration. Jedes Jahr gibt es daher zwei Kohlweißlingsgenerationen. Die Frühjahrsgeneration legt ihre Eier meist auf dem Wiesenschaumkraut oder anderen früh im Jahr blühenden Kreuzblütlern ab.

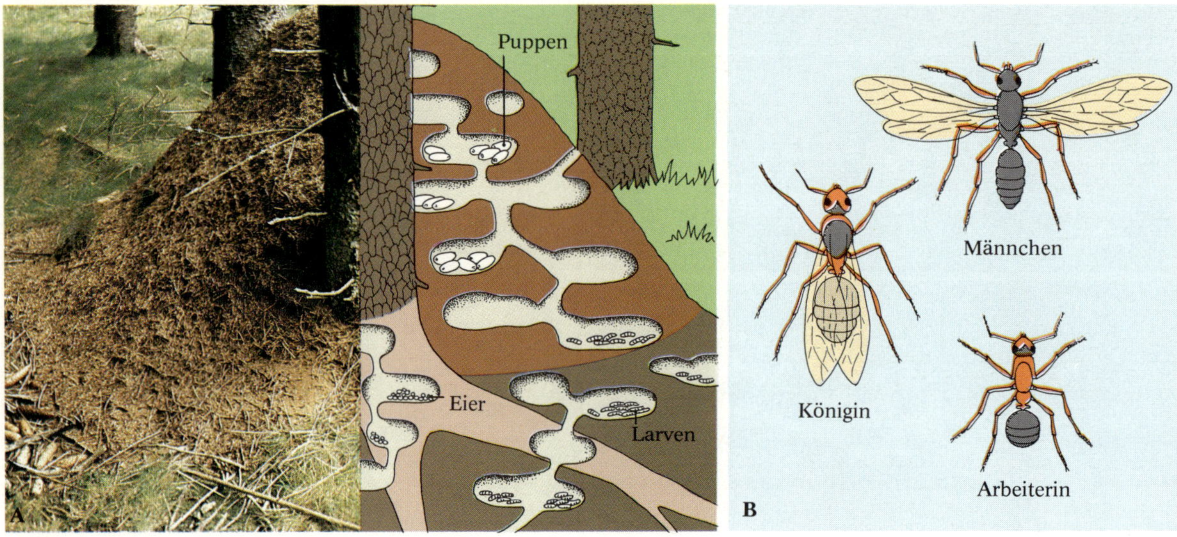

1 **Kleine Rote Waldameise.** A Ameisenhaufen (mit schematischem Längsschnitt); B Bewohner des Ameisenstaates

1.5. Auch Ameisen leben in Staaten

Im Wald trifft man gelegentlich auf große Haufen von Fichten- und Kiefernnadeln mit allerlei kleinen Aststücken. Im Winter scheinen diese Nadelhaufen völlig unbewohnt zu sein, im Sommer aber wimmelt es in ihrer Umgebung von Ameisen. Ein solcher **Ameisenhaufen** beherbergt ein Ameisenvolk von einigen hunderttausend Tieren.

Eine der häufigsten Arten in unseren Wäldern ist die *Kleine Rote Waldameise.* Ihr Nest besteht nicht nur aus dem oberirdischen Nadelhaufen, vielmehr setzt es sich weit ins Erdreich hinein fort. Im Zentrum des Baues liegt meist ein morscher Baumstumpf. Das Innere des Ameisenhaufens besteht aus einem umfangreichen System von Gängen und Kammern. Die Eingänge werden je nach der Witterung geöffnet oder geschlossen gehalten, sodass Luft geregelt ein- oder austreten kann. Die Ameisen können dadurch in ihrem Nest über einen längeren Zeitraum für eine gleichmäßige Temperatur und Luftfeuchtigkeit sorgen.

Die überwiegende Mehrzahl der Bewohner eines Ameisenstaates besteht aus unfruchtbaren Weibchen, den *Arbeiterinnen.* Jede Arbeiterin führt ihr Leben lang eine ganz bestimmte Tätigkeit aus. *Pflegerinnen* kümmern sich um Eier, Maden und Puppen. *Bauarbeiterinnen* bringen Nadeln und anderes Nistmaterial herbei und reparieren Schäden am Ameisenhaufen. Die Eingänge sind stets von *Wächterinnen* besetzt, die besonders starke Kiefer haben und das Volk gegen Eindringlinge zu verteidigen suchen. Außerhalb des Ameisenhaufens begegnet man außer Bauarbeiterinnen vor allem den *Sammlerinnen.* Sie versorgen das Ameisenvolk mit Nahrung.

Ameisen ernähren sich von pflanzlicher und tierischer Nahrung. Den größten Anteil haben Insektenlarven. Die Ameisen fügen ihrer Beute mit den kräftigen Beißzangen der Oberkiefer tiefe Wunden zu. In diese Wunden spritzen sie dann aus einer Drüse im Hinterleib Ameisensäure, die das Opfer tötet. Häufig beteiligen sich mehrere Ameisen an der Überwältigung und am Abtransport eines Beutetiers. Die Verständigung zwischen den Ameisen erfolgt dabei durch Betrillern mit den Fühlern sowie über verschiedene Duftstoffe. Im Nest werden die Sammlerinnen oft erfolgreich von anderen Ameisen über die Fühlersprache zur Übergabe von Nahrung angebettelt. Man sagt, die Sammlerinnen haben einen „sozialen Magen“.

Die Beute der Ameisen besteht zu einem beträchtlichen Teil aus Schadinsekten. Bis zu 100 000 Schädlinge vernichtet ein großes Volk pro Tag. Wegen dieses Nutzens, den der Mensch durch diese „natürliche biologische Schädlingsbekämpfung“ hat, stehen die Waldameisen unter Naturschutz.

Vom Nest aus ziehen kreuz und quer regelrechte *Ameisenstraßen* durch das Revier eines Volkes. Auf diesen Straßen, die mit einem besonderen Duft markiert werden, tragen die Arbeiterinnen in oft end-

2 Ameise mit Beute

losen Kolonnen Baumaterialien und Nahrung ins Nest.
Im Frühsommer entwickeln sich geflügelte Männchen und Weibchen. Nach der Begattung, die bei der Kleinen Roten Waldameise im oder am Nest erfolgt, sterben die Männchen bald. Die befruchteten Weibchen werfen ihre Flügel ab und kehren dann als *Königinnen* in ihr altes Nest zurück, wo sie Eier legen. So wächst die Zahl der Königinnen im Volk von Jahr zu Jahr. Bis zu 5000 Königinnen wurden schon in einem Ameisenhaufen gezählt. Wird die Bevölkerungsdichte zu hoch, kommt es zur Neugründung eines Volkes. Arbeiterinnen suchen in der Nähe des Mutterbaues einen geeigneten Platz zur Anlage einer *Tochterkolonie.* Anschließend bringen sie einen Teil der Königinnen und Larven aus dem alten Volk in das neue Nest. Im Winter ruht die Aktivität im Ameisenbau. Die Tiere verbringen die kalte Jahreszeit in einer Art Kältestarre in den unteren Stockwerken des Baues, ohne Nahrung aufzunehmen.

1. Beschreibe Aufbau und Funktion eines Ameisenhaufens anhand der Abbildung 1A!

2. Durch welche Merkmale unterscheiden sich Arbeiterinnen, Königinnen und Männchen im Ameisenvolk? Nimm die Abbildung 1B zu Hilfe!

3. Vergleiche die Staaten der Honigbiene mit denen der Kleinen Roten Waldameise! Erstelle dazu eine Tabelle!

Ameisen und Blattläuse nützen sich gegenseitig

3 Ameisen „melken" Blattläuse

An jungen Bäumen kann man im Sommer manchmal folgende Beobachtung machen: Knospen und junge Blätter sind dicht mit Blattläusen besetzt. Bald finden sich auch einige Ameisen ein, die zielstrebig auf die Blattläuse zulaufen. Doch sie greifen die Blattläuse nicht etwa an, wie man vielleicht erwarten könnte. Vielmehr betrillern die Ameisen mit den Fühlern den Hinterleib der Blattläuse so lange, bis diese einen glänzenden Tropfen abgeben, den die Ameisen sofort auflecken. Insektenlarven oder Vollinsekten, die die Blattläuse fressen wollen, werden von den Ameisen angegriffen und vertrieben. Wie ist dieses Verhalten der Ameisen zu erklären?

Blattläuse stechen mit ihren Mundwerkzeugen die Leitungsbahnen der Pflanzen an und saugen deren zuckerhaltigen Saft. Dabei nehmen sie so große Mengen davon auf, dass sie nur einen Teil des Zuckers verdauen können. Der Kot der Blattläuse, der *Honigtau,* besteht noch etwa zur Hälfte aus Zucker. Auf diesen Honigtau haben es die Ameisen abgesehen. Mit ihren Fühlern reizen sie die Blattläuse zur Abgabe von Honigtau. Als Gegenleistung verteidigen sie die Blattläuse gegen Feinde.
Manche Ameisenarten lassen Blattläuse sogar in ihren Bauten überwintern und setzen sie im Frühjahr, von „Hirtenameisen" bewacht, wieder auf jungen Trieben aus. Solche Lebensgemeinschaften zum gegenseitigen Nutzen nennt man **Symbiose.**

1 **Kleinlibelle.** A „Paarungsrad"; B Larve; C frisch geschlüpfte Libelle

1.6. Entwicklung ohne Puppenstadium – Libellen und Heuschrecken

An Teichen in Hausgärten sind sie gern gesehene Gäste: die **Libellen.** Ihre oft intensiv blau, rötlich oder grün gefärbten schlanken Körper glänzen auffällig in der Sonne. Libellen sind ausgezeichnete Flieger. Mal schweben sie sekundenlang wie ein Hubschrauber bewegungslos in der Luft, dann schießen sie wieder vorwärts, manchmal fliegen sie auch seit- oder rückwärts. In vollem Flug können manche Libellenarten kurzfristig Geschwindigkeiten bis zu 100 km/h erreichen.
Fast das gesamte Leben des Vollinsekts spielt sich in der Luft ab. Libellen sind Räuber und ernähren sich von kleinen Insekten, die sie im Flug erbeuten und meist auch gleich verzehren. Mit ihren riesigen Augen können Libellen ihre Beute auch im schnellen Flug erspähen.
Manchmal kann man die Paarung von Libellen beobachten. Sie erfolgt ebenfalls im Flug. Bei einigen Arten ist die Paarung sehr ungewöhnlich: Das Männchen fliegt dabei voran und hält mit Zangen am Hinterleib das Weibchen hinter dem Kopf fest. Das Weibchen biegt sein Hinterleibsende so weit nach vorn, dass es sich mit dem männlichen Begattungsorgan vereinigen kann. Das dabei entstehende „Paarungsrad" bleibt über längere Zeit erhalten.
Das Weibchen legt seine Eier meist unter Wasser an Pflanzen ab. Dazu setzt es sich auf die Pflanze und taucht den Hinterleib ins Wasser ein. Die Larven der Libellen leben räuberisch im Wasser. Ihre Unterlippe ist zu einer Art Greifzange umgebildet, die normalerweise zusammengeklappt ist. Beim Beutefang wird diese *Fangmaske* blitzschnell vorgestoßen. Die Larven mancher Libellenarten können auf diese Weise sogar kleine Fische und Kaulquappen erbeuten. Die Larven atmen durch den Enddarm. Durch Bewegungen des Hinterleibs strömt Atemwasser ein und aus. Erfolgt der Ausstoß des Atemwassers besonders heftig, schießt das Tier durch den Rückstoß wie eine Rakete vorwärts.
Bis zu fünfzehnmal häuten sich die Larven. Die älteren Stadien, die man auch *Nymphen* nennt, haben bereits kleine Flügelansätze. Bei den größeren Libellenarten dauert die Larvenentwicklung mehrere Jahre. Die ausgewachsene Larve verlässt schließlich das Gewässer und krallt sich anschließend an einer Pflanze fest. Bei der nun folgenden letzten Häutung schlüpft das Vollinsekt. Libellen haben also kein Puppenstadium. Man spricht von einer **unvollkommenen Verwandlung.**

An warmen Tagen und Abenden im Sommer kann man auf Wiesen häufig ein vielstimmiges Gezirpe hören. Es sind die Männchen von **Heuschrecken,** die diese Geräusche erzeugen. Sie locken damit Weibchen zur Begattung an. Bei der *Grünen Laubheuschrecke* wird das Zirpen durch das Aneinanderreiben der Vorderflügel hervorgerufen. Dabei streicht

2 **Grüne Laubheuschrecke.** A Larve; B Vollinsekt

das Männchen mit dem linken Vorderflügel, der einen gerillten Schrillkamm trägt, über ein Häutchen des rechten Flügels. Das Häutchen gerät dabei wie der Resonanzbogen eines Streichinstrumentes in Schwingungen und verstärkt die Zirplaute. *Feldheuschrecken* reiben mit einer Zahnleiste am Hinterbein an den Vorderflügel, um die Zirplaute zu erzeugen. Nach der Begattung legt das Weibchen der Grünen Laubheuschrecke mit einer Legeröhre am Hinterleib seine Eier in die Erde. Im folgenden Frühling schlüpfen die Larven und kommen an die Oberfläche. Sie sehen bereits wie kleine Heuschrecken aus, allerdings fehlen ihnen noch die Flügel. Nach einigen Häutungen sind jedoch bereits kurze Flügel vorhanden. Mit jeder Häutung nimmt nun die Länge der Flügel zu, bis sie nach der letzten Häutung zum Vollinsekt im Sommer ausgewachsen sind. Auch Heuschrecken haben eine unvollkommene Verwandlung.

1. *Beschreibe das „Paarungsrad" der Libellen anhand der Abbildung 1 A!*

2. *Vergleiche die Entwicklung der Libellen mit der des Mehlkäfers! Erläutere dabei die Begriffe vollkommene und unvollkommene Verwandlung!*

3. *Nenne Merkmale, an denen du Libellen bzw. Heuschrecken erkennen kannst! Nimm die Abbildungen 1 und 2 zu Hilfe!*

Wanderheuschrecken – eine Geißel der Tropen

3 **Wanderheuschrecken**

„In Nordafrika vernichten Wanderheuschrecken die Ernte", „Schwärme von Wüstenheuschrecken verdunkeln die Sonne". Solche Schlagzeilen findet man gelegentlich in der Zeitung.

In unregelmäßigen Abständen kommt es in den wechselfeuchten Tropen und Subtropen zu einer massenhaften Vermehrung von Heuschrecken. Am weitesten verbreitet ist die *Wüstenheuschrecke,* die von Westafrika bis zum Ganges vorkommt. Normalerweise leben die Tiere in geringer Zahl in kleinen Brutgebieten. Kommt es jedoch in manchen Jahren zu besonders günstigen Entwicklungsbedingungen, kann die Zahl der Heuschrecken in wenigen Monaten enorm anwachsen. Bald versammeln sich dann die Larven zu Schwärmen. Gemeinsam ziehen sie auf der Suche nach Nahrung weiter. Nach einigen Häutungen, wenn die Flügel entwickelt sind, legen die Wüstenheuschrecken 50 km pro Tag zurück. Halten die günstigen Entwicklungsbedingungen an, so können die Schwärme nach einigen Jahren Milliarden von Tieren umfassen. Diese fressen in kürzester Zeit ganze Landstriche kahl. Sobald die Tiere nicht mehr genügend Nahrung finden, werden die Schwärme rasch kleiner und gehen schließlich bis auf wenige Tiere zugrunde.

Auch heute noch ist die Bekämpfung der Wanderheuschrecken nur dann erfolgreich, wenn die Schwarmbildung rechtzeitig erkannt wird. Gegen voll entwickelte Schwärme ist der Mensch weitgehend machtlos.

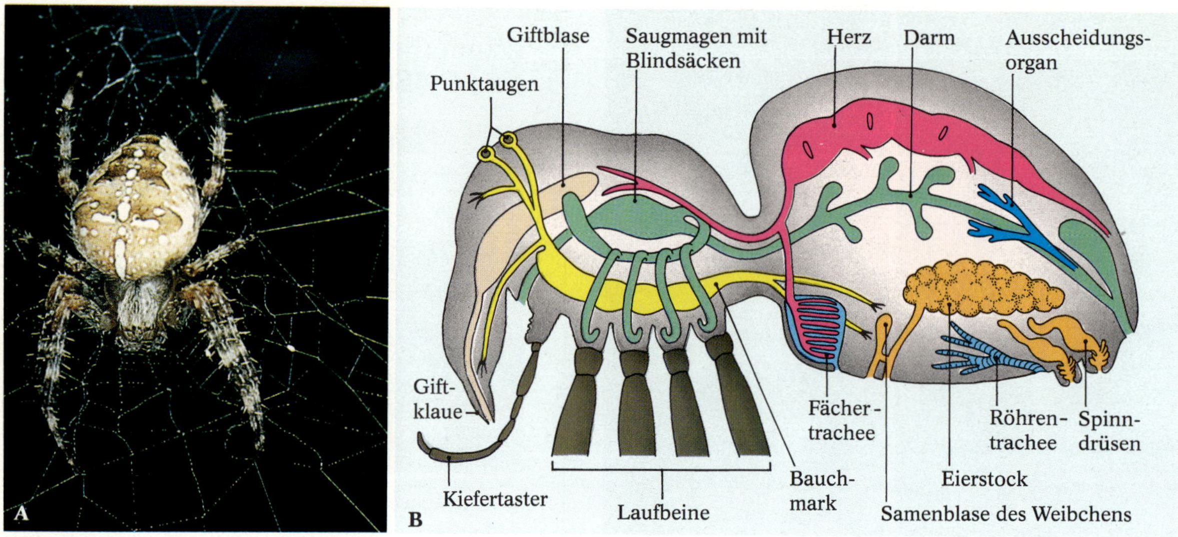

1 **Kreuzspinne.** A im Netz; B Schema

1.7. Spinnen sind keine Insekten

Höhepunkt eines spannenden Kriminalfilms: Die Mordwaffe ist eine schwarze behaarte *Vogelspinne.* Der Drehbuchautor macht sich Angst und Abscheu vieler Menschen vor **Spinnen** zunutze. Sind Spinnen wirklich so gefährlich und abstoßend?
Vogelspinnen werden über 10 cm groß. Sie leben in den Tropen. Menschen werden nur gebissen, wenn sich die Tiere angegriffen fühlen. Der Biss ist schmerzhaft, aber nicht tödlich. Nur wenige ausländische Spinnenarten können durch ihren Biss einen Menschen töten. Die meisten Spinnen sind dagegen harmlos und können nicht einmal unsere Haut durchbeißen.

Viele Menschen halten Spinnen für Insekten. Dies ist aber nicht richtig. Betrachten wir beispielsweise eine *Kreuzspinne,* so fallen sofort einige Unterschiede zu den Insekten auf. Der Spinnenkörper besteht aus einem einheitlichen **Kopfbruststück** und einem starren **Hinterleib.** An der Brust sitzen acht lange, gegliederte Laufbeine, nicht sechs wie bei den Insekten. Die Kreuzspinne hat keine Fühler, sondern nur Taster an den Mundwerkzeugen. Am Kopf sitzen punktförmige Augen, keine Netzaugen. Ebenso wie die Insekten haben Spinnen aber ein starres Außenskelett.

Die inneren Organe, z.B. Bauchmark, Herz und Ausscheidungsorgane, sind bei der Kreuzspinne in ähnlicher Weise aufgebaut und angeordnet wie bei einem Insekt. Unterschiede gibt es allerdings bei der Atmung. Bei der Kreuzspinne gibt es zwei verschiedene Atmungsorgane, die als Fächertracheen und Röhrentracheen bezeichnet werden. Von diesen Organen geht der Sauerstoff ins Blut über, das dann die übrigen Organe damit versorgt.
Die Kreuzspinne lebt räuberisch. Sie ist ein Fallensteller und fängt ihre Beute in einem Netz. Dieses baut sie aus feinen Fäden, die in Spinndrüsen im Hinterleib gebildet werden. Die aus *Spinnwarzen* austretende Spinnflüssigkeit erhärtet augenblicklich und wird von den Spinnenfüßen zu Fäden versponnen. Das fertige Netz besteht aus einem Gerüst aus Rahmen und Speichen sowie einer klebrigen Fangspirale. Bewegungslos wartet die Spinne im Zentrum des Netzes, der Warte, oder in einem Versteck, das sie mit dem Netz durch einen Signalfaden verbindet. Verfängt sich ein Insekt in der Fangspirale, so wird die Spinne durch die Erschütterungen alarmiert. Meist spinnt sie die Beute, zum Beispiel eine Fliege, zunächst mit einem Faden ein. Das nun bewegungslose Insekt wird dann durch einen Biss mit den Giftklauen getötet und anschließend in die Warte getragen. Mit ihren Mundwerkzeugen kann die Kreuzspinne ihre Beute nicht zerkleinern. Daher presst die Spinne einen Verdauungssaft in das Beutetier. Es erfolgt eine Außenverdauung. Nach einiger Zeit saugt die Spinne die vorverdauten inneren Organe der Beute auf. Der leere Chitinpanzer wird später aus dem Netz entfernt.

2 Vogelspinne

Warum verfängt sich die Spinne nicht im eigenen Netz? Da nur der Fangfaden klebrig ist, kann sie sich auf dem Rahmen und den Speichen des Netzes ungefährdet bewegen. Berührt sie dennoch die Fangspirale, so verhindert eine ölige Flüssigkeit an den Beinen das Festkleben.
Zur Paarung kommt das Männchen zum Netz des Weibchens. Durch vorsichtiges Zupfen am Netz signalisiert es, dass sich keine Beute, sondern ein werbendes Männchen nähert. Allerdings kommt es manchmal vor, dass das Männchen vom Weibchen gefressen wird.
Das Weibchen legt an einer geschützten Stelle etwa 60 Eier in einem Kokon ab. Die jungen Spinnen schlüpfen im nächsten Frühjahr. Während des Wachstums häuten sie sich wie Insekten mehrmals.

Außer der Kreuzspinne gibt es noch viele andere Spinnenarten. Manche von ihnen bauen kein Netz: Sie jagen ihre Beute. Zu den Beuteinsekten der Spinnen gehören auch Schädlinge auf Feldern und in Gärten. Spinnen sorgen für eine natürliche Schädlingsbekämpfung.

1. Vergleiche in einer Tabelle den Körperbau der Biene mit dem der Kreuzspinne! Nenne dabei die Unterschiede zwischen Insekten und Spinnen!

2. Beschreibe anhand der Abbildung 3 den Bau eines Spinnennetzes!

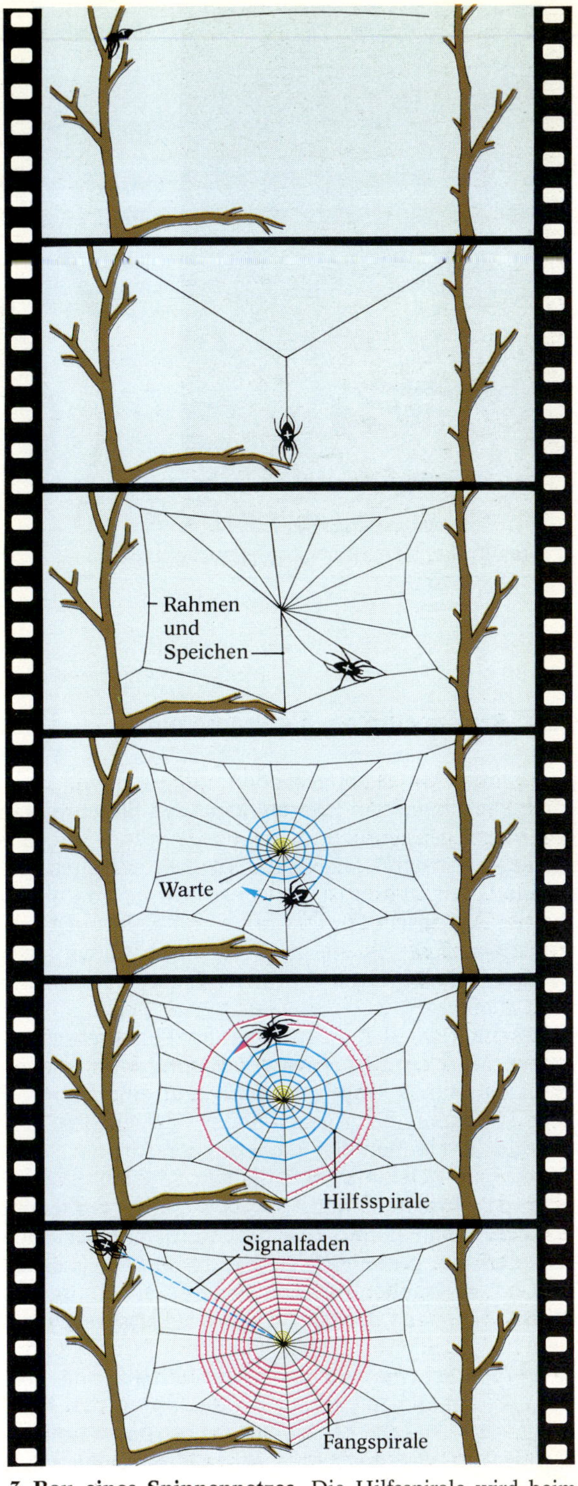

3 Bau eines Spinnennetzes. Die Hilfsspirale wird beim Bau der Fangspirale von der Spinne wieder aufgefressen.

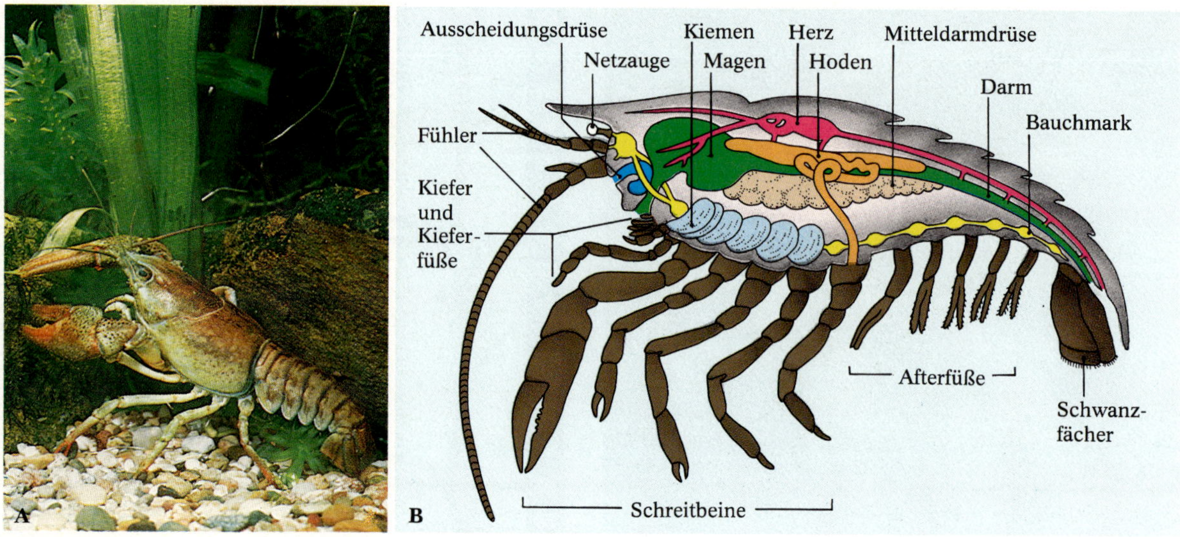

1 **Flusskrebs.** A bei der Nahrungssuche; B Schema

1.8. Krebse sind auch Gliederfüßer

In klaren Mittelgebirgsbächen und kleinen, noch nicht verschmutzten Flüssen oder Seen findet man in Ufernähe gelegentlich noch *Flusskrebse.* „Gepanzerte Ritter“ nennt man diese Tiere in manchen Gegenden. Tatsächlich ist der ganze Körper von einem harten Außenskelett aus Chitin und Kalk umgeben. Auch wehrhaft ist dieser Krebs. Mit seinen zwei großen Scheren kann er einen Menschen schmerzhaft kneifen.

Betrachten wir den Körperbau des Flusskrebses genauer. Man kann zwei Körperabschnitte unterscheiden: ein starres **Kopfbruststück** und einen **Hinterleib** aus mehreren gegeneinander beweglichen Segmenten. Dreht man den Krebs auf den Rücken, so erkennt man viele unterschiedlich große Füße. Sie sind wie bei Insekten und Spinnen stark gegliedert. Krebse, Spinnen und Insekten werden daher auch **Gliederfüßer** genannt. Die Füße des Flusskrebses haben unterschiedliche Aufgaben. Mit den acht großen *Schreitbeinen* an der Brust kann der Flusskrebs langsam umherlaufen. Die beiden vorderen Brustfüße tragen große Scheren. Sie dienen der Verteidigung, dem Ergreifen und der groben Zerkleinerung der Nahrung. Der Flusskrebs ernährt sich von Würmern, Schnecken, Wasserinsekten, kleineren Fischen sowie von Aas und Pflanzenteilen. Kleine *Kieferfüße* führen die zerkleinerte Nahrung den Kiefern zu. Der Flusskrebs riecht und ertastet seine Nahrung mit vier Fühlern am Kopf. Die vier Fühler sind ein gemeinsames Erkennungszeichen für alle Krebstiere. Die großen Netzaugen des Flusskrebses sitzen auf beweglichen Stielen.

Die *Kieferfüße* und die *Afterfüße* am Hinterleib strudeln laufend frisches Wasser in Hohlräume über den Brustbeinen. Dort liegen die Kiemen, mit denen der Flusskrebs atmet.

Flusskrebse schwimmen nur rückwärts. Dabei schlagen sie den Schwanzfächer kräftig gegen die Bauchseite. Tagsüber halten sich die Flusskrebse in einem Versteck auf. Auf Nahrungssuche gehen sie meist erst nach Einbruch der Dunkelheit.

Da das Außenskelett nicht mitwächst, muss sich der Krebs mindestens einmal im Jahr häuten. Dabei platzt der Panzer auf der Rückenseite auf. Mühsam wird der weiche Körper mit allen seinen Anhängen aus der alten Körperhülle gezogen. In einem Versteck muss der nun gegen Feinde ungeschützte „Butterkrebs“ etwa acht bis zehn Tage auf das Erhärten des neuen Panzers warten.

Flusskrebse pflanzen sich im Herbst fort. Die Weibchen betreiben *Brutpflege.* Sie tragen die befruchteten Eier den ganzen Winter und die ersten Frühlingsmonate an ihren Afterfüßen mit sich. Erst im Mai oder Juni schlüpfen die jungen Krebse.

Der etwa 15 cm große Flusskrebs lebt vorwiegend am Grunde von Gewässern. Der nur wenige Millimeter große *Wasserfloh* hingegen ist ein frei schwimmender

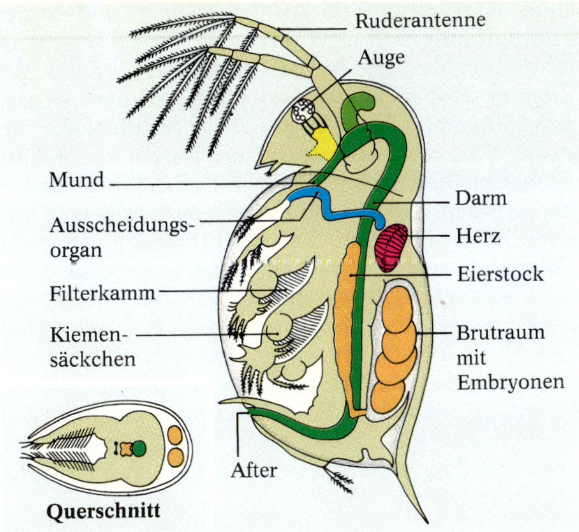

2 Wasserfloh (Schema)

Krebs. Er gehört zum **Plankton.** Als Plankton bezeichnet man alle im freien Wasser schwebenden Lebewesen, die von Strömungen fortgetragen werden können.
Der Wasserfloh ist von einer zweiklappigen durchsichtigen Chitinschale umgeben. Am Kopf sitzt ein einzelnes großes Netzauge. Zur Fortbewegung benutzt er ein Fühlerpaar, die *Ruderantennen.* Wasserflöhe schwimmen mit ruckartigen Bewegungen, an denen man sie leicht erkennen kann. Die Brustbeine tragen Borstenkämme, mit denen winzige Nahrungsteilchen aus dem Wasser gefiltert werden. Die Eier entwickeln sich in einer Brutkammer im Rücken des Weibchens. Wasserflöhe kommen in Seen und Teichen oft in großen Mengen vor. Sie bilden die Ernährungsgrundlage für viele Süßwasserfische.

1. Vergleiche den Aufbau der Biene mit dem des Flusskrebses anhand der Abbildung 1 B auf dieser Seite und der Abbildung 4 auf Seite 50! Stelle in einer Tabelle Gemeinsamkeiten und Unterschiede zwischen Insekten und Krebsen gegenüber!

2. Vergleiche Aufbau und Lebensweise von Flusskrebs und Wasserfloh miteinander! Nimm die Abbildungen 1B und 2 zu Hilfe!

3. Suche im Freien nach Kellerasseln! Beschreibe den Körperbau und beobachte die Lebensweise!

Die Kellerassel – ein Krebs auf dem Land

3 Kellerasseln

Unter Steinen, Holzstößen, in feuchten Kellern oder Lauben findet man häufig ein bis zwei Zentimeter lange Tierchen mit einem dunkelgrauen Panzer, der aus mehreren Platten zusammengesetzt ist. Es sind *Kellerasseln.* Diese Tiere haben zwei Paar Fühler und gehören daher zu den Krebstieren. Eines der Fühlerpaare ist allerdings sehr kurz und mit bloßem Auge kaum zu erkennen.

Kellerasseln sind sehr lichtscheu. Wenn man beispielsweise einen Stein anhebt, unter dem sie sitzen, versuchen sie sofort wieder ins Dunkle zu gelangen. Dabei können sie auch in schmale Ritzen kriechen, weil ihr Körper stark abgeflacht ist. Die Asseln scheuen das Licht, weil sie nicht austrocknen dürfen. Sie haben an den Laufbeinen auf der Körperunterseite empfindliche kiemenähnliche Atmungsorgane, die stets feucht bleiben müssen. Kellerasseln ernähren sich von abgefallenen Laubblättern. Sie tragen so, ähnlich wie Regenwürmer, zur Humusbildung bei. Wenn sich unter Ziegelsteinen, die längere Zeit draußen gelagert wurden, eine erdige Schicht gebildet hat, sind sicher Asseln daran beteiligt gewesen.

Auch Kellerasseln betreiben Brutpflege. Ihre Eier entwickeln sich in einem Brutraum am Bauch des Weibchens.

1.9. Bau und Lebensweise der Weichtiere

Schnecken. Manchmal kann man beobachten, dass sandige Wanderwege von schmalen, silbrig glänzenden Bahnen gekreuzt werden. Wenn man Glück hat, sieht man am Ende einer solchen Bahn eine Schnecke, die langsam dahinkriecht. Diese Spur stammt von dem Schleim, den sie aus Schleimdrüsen ihres Fußes ausgeschieden hat. Auf dieser Schleimschicht gleitet sie durch wellenförmige Bewegungen der Sohle dahin. Durch den Schleim bleibt sie auch dann von Verletzungen geschützt, wenn sie über scharfkantige Steine kriecht. Selbst über die scharfe Kante einer Rasierklinge kann die Schnecke hinwegkriechen, ohne sich zu verletzen.

Die meisten unserer Schnecken sind Pflanzenfresser. Manche fressen allerdings auch Aas oder Kot. Im Mund der Schnecke befindet sich eine Raspelzunge, die **Radula,** die mit feinen Chitinzähnchen besetzt ist. Damit kann das Tier die Nahrung abschaben und zerkleinern. Die breiige Nahrung gelangt in den Darm, an dem eine große Verdauungsdrüse, die **Mitteldarmdrüse,** sitzt. Sie speichert und verarbeitet aus der Nahrung gewonnene Nährstoffe. Der Darm mündet in die **Mantelhöhle.** Das ist eine Hauttasche, die dicht mit feinen Äderchen durchzogen ist. Die Schnecke atmet damit wie mit einer Lunge. Deshalb heißt die Öffnung der Mantelhöhle auch **Atemloch.** Am Kopf unserer Landschnecken sitzen zwei Fühlerpaare. Das obere Paar trägt die einfach gebauten Augen, die nur Hell und Dunkel und die Richtung des einfallenden Lichtes unterscheiden können.

Viele Schnecken schützen ihren Körper durch ein Kalkgehäuse. Es kann mit Schleim oder mit einem Kalkdeckel verschlossen werden. Schnecken sind Zwitter, d.h., sie haben männliche und weibliche Geschlechtsorgane. Bei der Begattung legen sie die Fußsohlen aneinander und tauschen die Samenflüssigkeit aus. Aus den befruchteten Eiern schlüpfen in Erdhöhlen fertige kleine Schnecken.

Muscheln. Die Muschelbänke im Wattenmeer werden von Tausenden von *Miesmuscheln* gebildet, die mit festen Fäden aneinander und am Untergrund verankert sind. Aber auch in Süßwasserteichen gibt es Muscheln. Die großen Schalen der *Teichmuschel* findet man gelegentlich am Ufer. Zwei dieser Schalen sind durch eine Art Scharnier, das **Schloss,** miteinander beweglich verbunden. Bei Gefahr können sie durch zwei sehr starke **Schließmuskeln** fest geschlossen werden. Normalerweise sind sie ein wenig geöffnet, sodass der fleischige Fuß sich im Untergrund festsetzen kann.

Zwischen Schale und Fuß liegt die Mantelhöhle, in die die Kiemen ragen. Flimmerhärchen erzeugen einen Wasserstrom, der an den Kiemen und an der Mundöffnung vorbeigeführt wird. Durch eine Ausfuhröffnung verlässt das Wasser die Muschel. Mit den Kiemen wird nicht nur Sauerstoff aus dem Wasser aufgenommen. Auch Algen, verwesende Pflanzen sowie Teile von abgestorbenen Tieren und kleine Krebse bleiben an ihnen wie in einem Filter hängen und werden zur Mundöffnung gestrudelt. Die Muschel ist ein **Filtrierer.** Zur Fortpflanzung geben die Männchen der Teichmuschel ihre Samenzellen ins freie Wasser ab. Die weiblichen Tiere filtrieren sie aus dem Wasser, sodass ihre Eier befruchtet werden können. Etwa 300 000 Muschellarven verlassen nach einiger Zeit das Muttertier. Die ¼ mm großen Jugendformen setzen sich an Fischen fest und leben von den Körpersäften ihres Wirts. Nach etwa 2 Monaten verlassen sie den Fisch und sinken als fertige kleine Muscheln zu Boden.

Tintenfische. Wenn Tintenfische langsam schwimmen, benutzen sie die seitlich am Körper sitzenden Flossen. Bei Gefahr jedoch saugen sie die Mantelhöhle prall voll Wasser und stoßen es dann mit aller Kraft durch den Trichter nach außen. Der Rückstoß des Wasserstrahls lässt sie wie eine Rakete rückwärts davonschießen. Dabei mischen sie dem Wasser einen dunklen Farbstoff aus der Tintendrüse bei, der dem Angreifer die Sicht nimmt. Die Tintenfische tragen am Kopf einen Kranz von Fangarmen. **Kraken** haben 8 Fangarme, bei den **Sepia-Tintenfischen** sind es zehn, nämlich zwei lange und acht kürzere. Sie sind mit Saugnäpfen besetzt, mit denen die Beutetiere ergriffen werden. Ein Hornschnabel am Mund zerbeißt die Beute. Zwei hoch entwickelte Kameraaugen ermöglichen es dem Tintenfisch, schnell bewegliche Tiere zu sehen und zu fangen. Die Informationen, die das Auge liefert, werden von einem Oberschlundganglion verarbeitet, das man wegen seiner Größe schon als „Gehirn" bezeichnen kann. Im Rücken des Körpers kann ein Stützorgan aus Kalk liegen, der **Schulp.**

Zur Begattung halten sich die meisten Tintenfische gegenseitig mit den Armen fest. Das Männchen hat an einem Armpaar spezielle Begattungsorgane, mit denen es Samenpakete in die Mantelhöhle des Weibchens schiebt. Hier werden die Eier befruchtet. Sie werden ins Wasser abgegeben, wo sich dann die Jungen entwickeln.

Gemeinsame Merkmale. Schnecken, Muscheln und Tintenfische haben keine Knochen. Man nennt sie deshalb **Weichtiere.** Sie haben alle eine Mantelhöhle. Ihr Herz liegt auf der Rückenseite. Hartteile wie Gehäuse, Schalen und Schulp bestehen aus Kalk.

1 **Schnecken bei der Begattung**

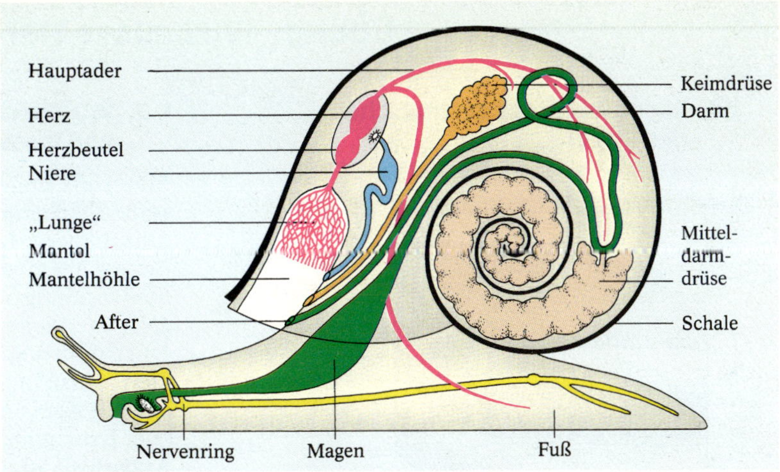

2 **Längsschnitt durch eine Schnecke** (Schema)

3 **Teichmuschel**

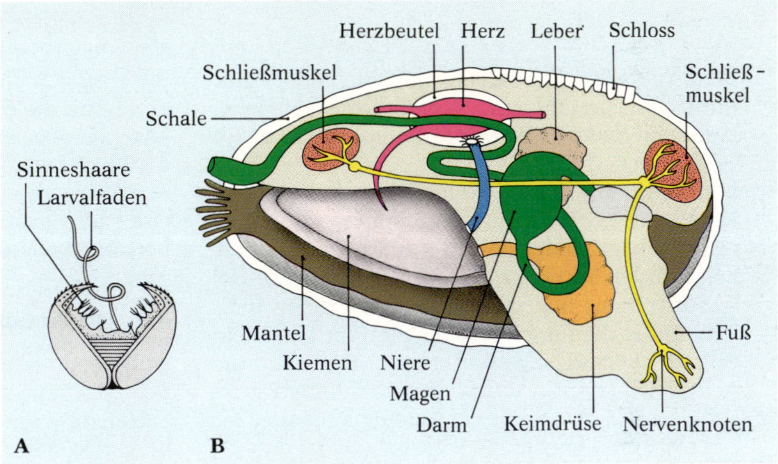

4 **Teichmuschel.** A Larve; B Bauplan

5 **Schwimmender Tintenfisch**

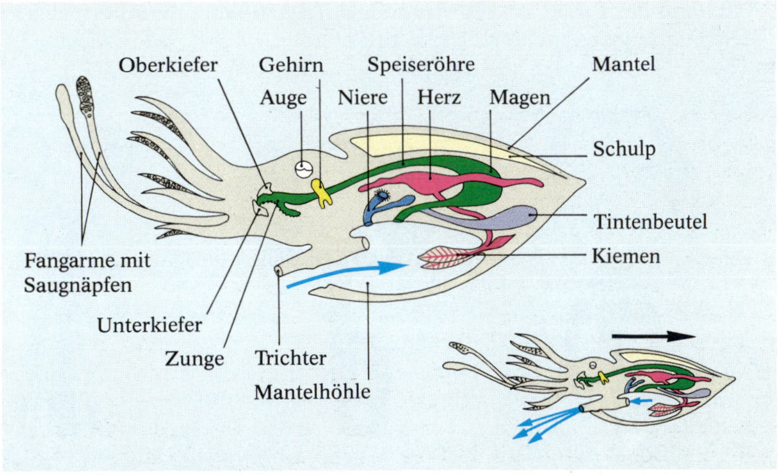

6 **Bauplan eines Tintenfischs**

Übung: Wirbellose Tiere

V1. Regenwürmer durchmischen den Boden

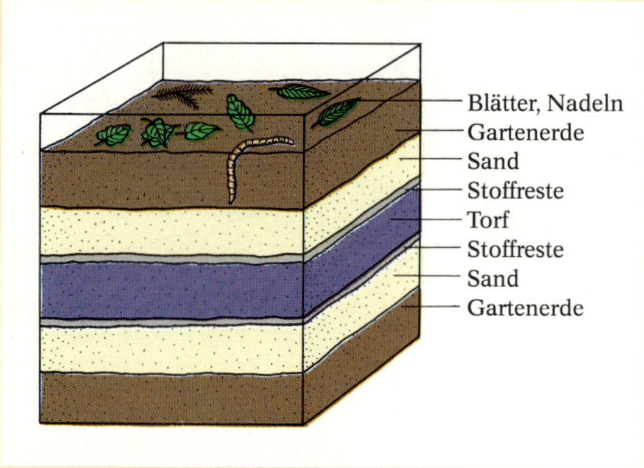

Material: großes Glasgefäß (ggf. kleineres Aquarium); Gartenerde; Sand; Torf; Stoffreste; frisches Laub und andere Pflanzenreste; Fotoapparat; Regenwürmer

Durchführung: Schichte im Glasgefäß mehrere Lagen Erde, Sand, Torf und Stücke von Stoffresten übereinander! Gib während der gesamten Versuchsdauer (einige Wochen) jeweils so viel Wasser hinzu, dass alle Schichten feucht sind! Achte aber darauf, dass sich unten im Glas kein Wasser aufstaut! Setze Regenwürmer ein und stelle das Gefäß in einer kühlen, dunklen Ecke auf! Nach Beendigung des Versuchs müssen die Regenwürmer wieder ins Freie gebracht werden!

Aufgabe: Fotografiere täglich über mehrere Wochen die gleiche Seite des Gefäßes! Untersuche anhand der Bilder, ob sich Veränderungen in der Schichtung beobachten lassen! Erläutere!

V2. Wir untersuchen den Körperbau von Insekten

Material: Lupe (bzw. Stereolupe); stumpfe Pinzette; Zeichenmaterial; tote Insekten (z.B. Fliegen und Bienen). Tote Fliegen (oder Mücken) findest du vor allem in der warmen Jahreszeit häufig in der Wohnung oder im Schulgebäude; Imker geben gern tote Bienen ab.

Durchführung: Zur Untersuchung werden die Tiere vorsichtig mit einer stumpfen Pinzette an einem Flügel angefasst und in eine geeignete Lage zum Beobachten gebracht.

Aufgaben: a) Untersuche die Insekten mit der Lupe! Fertige Zeichnungen der Tiere an! Beschrifte!

b) Untersuche die besonderen Kennzeichen verschiedener Insektenordnungen (vgl. dazu auch die Übersicht auf Seite 68/69)! Betrachte z. B. mit der Lupe die Schwingkölbchen der Fliegen und Mücken oder die Flügeladerung bei Bienen!

c) Beschreibe anhand der Abbildungen im Buch den Körperbau verschiedener Insekten! Erstelle eine tabellarische Übersicht der Merkmale, die bei allen Insekten gleich sind!

A3. Insektenmundwerkzeuge im Vergleich

Aufgaben: a) Beschreibe anhand der Abbildung den Aufbau der Mundwerkzeuge bei Biene, Schmetterling und Stechmücke!

b) Vergleiche den Bau der Mundwerkzeuge und fertige eine Tabelle an!

c) Erkläre aus dem Aufbau die unterschiedliche Funktionsweise der einzelnen Typen von Mundwerkzeugen!

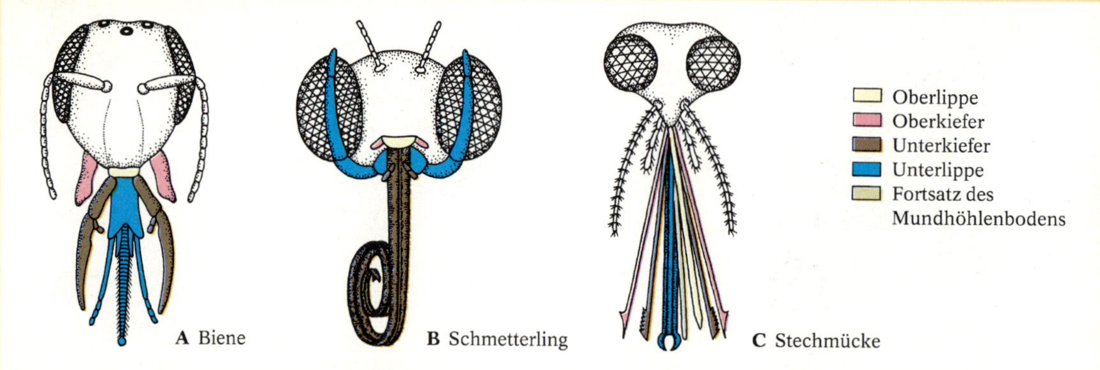

A Biene **B** Schmetterling **C** Stechmücke

Übung: Wirbellose Tiere

V 4. Modell zur Bewegung der Insektenflügel

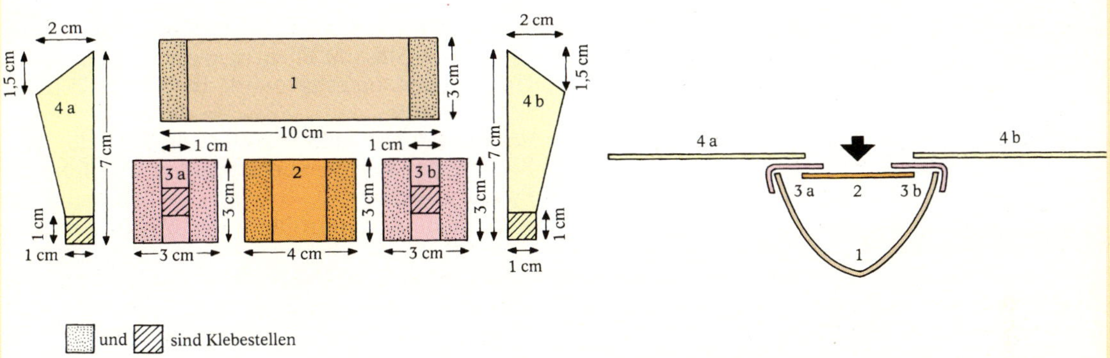

Material: Zeichenkarton; kariertes Heftpapier; Klebstoff; Bleistift; Lineal; Schere

Durchführung: Zeichne die Bauteile der Abbildung sorgfältig auf ein Blatt kariertes Heftpapier! Beachte dabei genau die Maße der Vorlage! Schneide zunächst die Teile 3 a und 3 b aus! Klebe die übrigen Bauteile (1, 2 und 4) auf Zeichenkarton und schneide sie dann aus! Klebe die Bauteile so zusammen, wie es die Abbildung zeigt!

Aufgaben: a) Drücke mit dem Zeigefinger leicht auf Bauteil 2 des Modells! Erkläre anhand des Modells die Bewegung der Insektenflügel!

b) Benenne die Bauteile des Modells nach den entsprechenden Körperteilen bei der Biene!

c) Welcher grundlegende Unterschied besteht in der Bewegungsweise der Flügel zwischen Modell und Wirklichkeit?

A 5. Die Bewegung der Gliedmaßen bei Wirbeltieren und bei Gliederfüßern

Aufgaben: a) Beschreibe anhand der Abbildung den Aufbau des Bewegungsapparates bei Mensch und Insekt!

b) Vergleiche das Zusammenspiel von Muskeln, Gelenken und Skelett bei der Bewegung des menschlichen Unterarmes und der eines Insektenbeines!

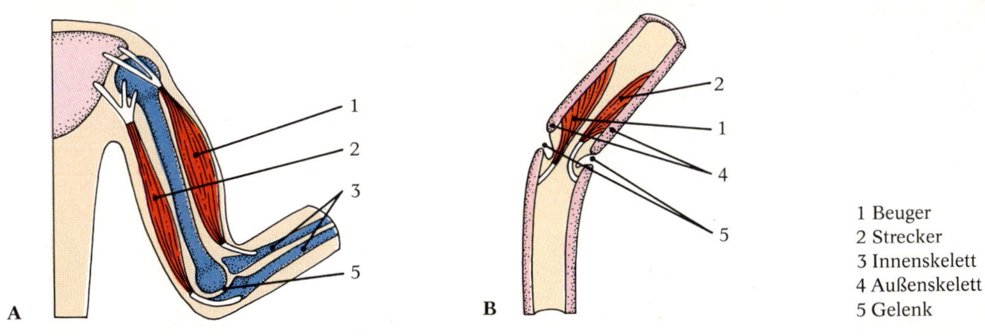

Übung: Wirbellose Tiere

A 6. Woran erkennt man verschiedene Insektenordnungen?

Finde heraus, welche der abgebildeten Tiere nicht zu den Insekten gehören! Erläutere deine Entscheidung! Nimm dazu die Tabellen auf Seite 68 und auf Seite 69 zu Hilfe!

V 7. Wir züchten Mehlkäfer

Material: großes Einmachglas; Fliegengaze; Gummiband; Pappkarton (z.B. Schuhkarton); Lupe; Taschenlampe; Zeichenmaterial; Mehl; 20 Mehlwürmer aus der Zoohandlung

Durchführung: Fülle das Einmachglas zu einem Viertel mit Mehl! Setze die Mehlwürmer ein! Decke das Glas mit Fliegengaze ab, die mit einem Gummiband befestigt wird! Stelle das Glas im Schatten auf!

Versuchsdauer: einige Wochen bis Monate; nach Beendigung des Versuchs werden die Tiere im Freien ausgesetzt

Aufgaben: a) Kontrolliere die Mehlwurmzucht alle drei Tage! Stülpe dazu das Zuchtgefäß über einem Pappkarton um! Dabei fällt das Mehl in den Karton, während die Mehlwürmer, später auch Puppen und Käfer, von der Gaze zurück-

Insektenordnung	Käfer	Schmetterlinge	Hautflügler
Beispiele	Maikäfer, Marienkäfer, Mehlkäfer, Gelbrandkäfer	Kohlweißling, Admiral, Kleiner Fuchs	Bienen (z.B. Honigbiene), Wespen, Hummeln, Ameisen (z.B. Kleine Rote Waldameise)
Kennzeichen (Vollinsekt)	die Vorderflügel sind als harte Deckflügel ausgebildet; sie liegen in Ruhe dem Hinterleib an und bedecken dabei die häutigen Hinterflügel	die vier häutigen Flügel sind mit meist farbigen Schuppen besetzt	vier dünne häutige Flügel, die in Ruhe an den Hinterleib angelegt werden; bei Ameisen sind nur die Geschlechtstiere zeitweise geflügelt
Mundwerkzeuge (Vollinsekt)	meist beißend	meist leckend-saugend	beißend, teilweise auch beißend-leckend-saugend (Bienen)
Entwicklung	mit vollkommener Verwandlung	mit vollkommener Verwandlung	mit vollkommener Verwandlung
Larven	meist mit sechs Beinen (z.B. Engerling)	Raupen mit sechs Beinen, häufig zusätzlich dazu Bauchfüße und Nachschieber	Maden ohne gegliederte Beine
Besonderheiten	artenreichste Insektenordnung (etwa 500 000 Arten); Vorkommen in den verschiedensten Lebensräumen am Land und im Süßwasser	vor allem tagaktive Arten (Tagfalter) haben häufig eine auffallende Flügelmusterung; viele Arten sind nachtaktiv	viele Arten sind staatenbildend und haben eine hoch entwickelte Brutpflege

Übung: Wirbellose Tiere

gehalten werden. Zähle aus und trage in einer Tabelle ein, wie viele Tiere aller Entwicklungsstadien du jeweils findest! Entferne nach dem Auszählen der Tiere Kotreste aus der Gaze und fülle neues Mehl nach!
b) Betrachte mit der Lupe den Körperbau des Mehlwurms, später den der Puppen und der Käfer! Zeichne!
c) Stelle das Zuchtgefäß in eine abgedunkelte Ecke! Beleuchte eine Seite des Glases mit einer Taschenlampe! Setze einige Mehlwürmer auf die beleuchtete Seite des Gefäßes! Beobachte das Verhalten der Tiere! Erläutere!
d) Ist die Bezeichnung „Mehlwurm“ für die Larve des Mehlkäfers korrekt? Begründe, warum der Mehlwurm ein Insekt und kein Wurm ist! Nimm dazu auch die Seite 46 deines Lehrbuches zu Hilfe!

A 8. Weichtiere

Erarbeite eine Tabelle nach folgendem Muster (verwende dazu Tierbücher, Zeitschriften und andere Quellen):

Gemeinsame Merkmale		
Schreibe hier die gemeinsamen Merkmale hin!		
Unterschiede		
Schnecken	Muscheln	Tintenfische
Schreibe hier die unterschiedlichen Merkmale hin!		
Vertreter		

Insektenordnung	Zweiflügler	Heuschrecken	Libellen
Beispiele	Fliegen (z.B. Stubenfliege, Taufliege) und Mücken (z.B. Stechmücke)	Laubheuschrecken (z.B. Grüne Laubheuschrecke) und Feldheuschrecken (z.B. Wanderheuschrecke)	Großlibellen (z.B. Blaue Libelle) und Kleinlibellen (z.B. Schlankjungfer)
Kennzeichen (Vollinsekt)	es sind nur die häutigen Vorderflügel ausgebildet; die Hinterflügel sind zu kleinen „Schwingkölbchen“ umgewandelt	die derben Vorderflügel und die häutigen Hinterflügel sind in Ruhe über dem Hinterleib zusammengelegt; die Hinterbeine sind als kräftige Sprungbeine ausgebildet	vier große, fein geaderte Flügel; Kopf mit sehr großen Augen; schlanker, lang gestreckter Hinterleib
Mundwerkzeuge (Vollinsekt)	leckend-saugend (Stubenfliege) oder stechend-saugend (Stechmücke)	beißend	beißend
Entwicklung	mit vollkommener Verwandlung	mit unvollkommener Verwandlung	mit unvollkommener Verwandlung
Larven	Maden ohne gegliederte Beine	die Larven sind dem Vollinsekt ähnlich, haben aber noch keine oder nur kurze Flügel	die Larven leben als Räuber im Wasser; ihre Mundwerkzeuge sind als „Fangmaske“ ausgebildet
Besonderheiten	manche Arten sind Blutsaugende Schmarotzer (viele Mücken); einige Arten können gefährliche Krankheitserreger übertragen (z.B. Malariamücke)	Laubheuschrecken: Fühler so lang wie der Körper oder länger; Feldheuschrecken: Fühler kürzer als der Körper	Großlibellen: Vorder- und Hinterflügel haben unterschiedliche Form, sehr schnelle Flieger; Kleinlibellen: Vorder- und Hinterflügel fast gleich geformt, langsamere Flieger

Stoffwechsel und Energieumsatz des Menschen

1 Lebensmittelgruppen

1. Ernährung

1.1. Nährstoffe in unserer Nahrung

Säuglinge können mehrere Monate lang ausschließlich mit Muttermilch ernährt werden. Muttermilch enthält offenbar alle für den Menschen lebenswichtigen Stoffe. Kuhmilch ist ähnlich zusammengesetzt wie Muttermilch. Die Inhaltsstoffe der Vollmilch sind häufig auf Milchtüten angegeben. Es sind: Fette, Eiweiße, Kohlenhydrate, Mineralstoffe und Vitamine. Dazu kommt Wasser als Hauptbestandteil der Flüssigkeit.
Untersucht man andere Lebensmittel, so findet man auch dort häufig die gleichen Inhaltsstoffe wie in der Milch. Mengenmäßig haben dabei **Kohlenhydrate**, z.B. Zucker und Stärke, **Fette** und **Eiweiße** den weitaus größten Anteil. Diese Stoffgruppen in der Nahrung nennt man **Nährstoffe**.
Die Nährstoffe kommen in den verschiedenen Lebensmitteln in unterschiedlichen Anteilen vor. In der Vollmilch ist der Anteil der einzelnen Nährstoffe ungefähr gleich groß. Andere Lebensmittel, z.B. Wurst und Käse, sind dagegen sehr reich an Fetten oder Eiweißen, während Kohlenhydrate gar nicht oder nur in geringen Mengen vorkommen. Obst und Gemüse sind fast fettfrei.

Außer den Angaben über die Inhaltsstoffe ist auf Milchtüten oft auch noch ein Zahlenwert mit der Einheit kJ/100 g angegeben. Damit ist der Energiegehalt gemeint. Milch ist, wie alle anderen Lebensmittel auch, ein Energielieferant für die vielfältigen Funktionen unseres Körpers. Die Energie wird durch den Abbau der Nährstoffe in den Zellen freigesetzt. Der Energiegehalt verschiedener Lebensmittel ist unterschiedlich hoch. Fett- und kohlenhydratreiche Nahrungsmittel haben den höchsten Energiegehalt.
Außer der Rolle als Energielieferanten haben die Nährstoffe noch eine andere wichtige Aufgabe. Aus ihnen baut der Körper körpereigene Stoffe auf.
In der Form, wie die Nährstoffe in den Lebensmitteln vorkommen, kann sie unser Körper meist nicht verwerten. Sie müssen zunächst aufbereitet, also verdaut werden. Um den Verdauungsvorgang verstehen zu können, müssen wir den Aufbau der Nährstoffe etwas näher kennenlernen.
Kohlenhydrate sind Nährstoffe, die aus Zuckerbausteinen bestehen. Sie können aus einem Baustein Zucker oder aus mehreren Bausteinen aufgebaut sein. *Traubenzucker* ist ein solcher Baustein. Kohlenhydrate, die nur aus einem Baustein aufgebaut sind, nennt man **Einfachzucker**. *Malzzucker* ist dagegen aus zwei Bausteinen Traubenzucker aufgebaut. Er gehört zur Gruppe der **Zweifachzucker**. Auch *Milchzucker* ist ein Zweifachzucker. Allerdings ist er aus zwei verschiedenen Zuckerbausteinen zusammengesetzt. Kohlenhydrate, die aus vielen miteinander verbundenen Zuckerbausteinen aufgebaut sind, heißen **Vielfachzucker**. Ein solcher Vielfachzucker ist die *Stärke*. Sie besteht aus vielen Traubenzuckerbausteinen.

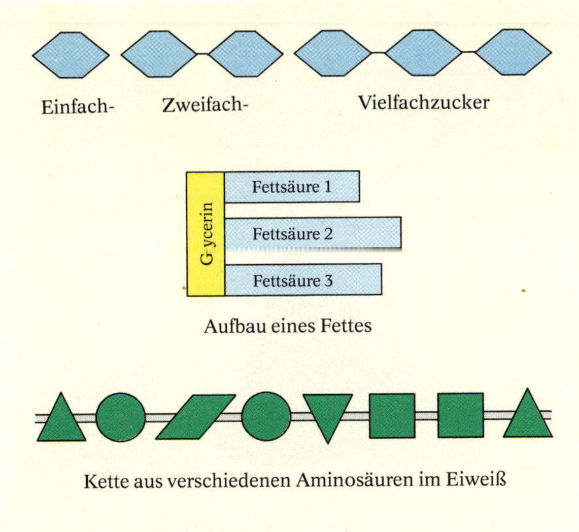

2 Aufbau der Nährstoffe (Schema)

Fette sind Nährstoffe, die aus den Bausteinen **Glycerin** und **Fettsäuren** zusammengesetzt sind. Ein Baustein Glycerin ist dabei mit drei gleichen oder unterschiedlich aufgebauten Fettsäurebausteinen verbunden. Manche Fettsäuren kann unser Körper nicht selbst aufbauen. Sie werden **essentielle Fettsäuren** genannt und müssen mit der Nahrung aufgenommen werden.

Eiweiße werden auch **Proteine** genannt. Es gibt 20 verschiedene Proteinbausteine, die **Aminosäuren** genannt werden. Verschiedene Eiweiße, zum Beispiel Muskeleiweiß oder Eiklar, unterscheiden sich durch die Reihenfolge ihrer Aminosäuren in diesen Ketten. Wenn 20 Bausteine zu Ketten von mindestens 100 Aminosäuren verknüpft werden können, ist die Vielfalt der Kombinationsmöglichkeiten unvorstellbar groß. Im menschlichen Körper kommen mehrere tausend verschiedene Eiweiße vor.

Einige Aminosäuren kann der Körper nicht selbst aufbauen. Sie heißen **essentielle Aminosäuren** und müssen wie die essentiellen Fettsäuren mit der Nahrung aufgenommen werden.

Lebensmittel (100 g)	**Wasser** g	**Eiweißstoffe** g	**Kohlenhydrate** g	**Fette** g	**Mineralstoffe und Vitamine** g
Äpfel	84,0	0,3	15,0	0,6	0,1
Bananen	75,7	1,1	22,2	0,2	0,8
Weintrauben	81,4	0,6	17,3	0,3	0,4
Erdbeeren	89,9	0,7	8,4	0,5	0,5
Blumenkohl	91,0	2,7	5,2	0,2	0,9
Karotten	88,6	1,1	9,1	0,2	1,0
Kopfsalat	95,1	1,3	2,5	0,2	0,9
Champignons	90,8	2,8	3,7	0,2	2,5
Haselnüsse	6,0	12,7	18,0	60,9	2,4
Butter	17,4	0,6	0,7	81,0	0,3
Margarine	19,7	0,5	0,4	78,4	1,0
Schweineschmalz	1,0	0,0	0,0	99,0	0,0
Kartoffeln	79,8	2,1	17,7	0,1	0,3
Roggenbrot	38,5	6,4	52,7	1,0	1,4
Brötchen	34,0	6,8	58,0	0,5	0,7
Haferflocken	10,3	13,8	67,6	6,6	1,7
Spaghetti	10,4	12,5	75,2	1,2	0,7
Vollmilch	88,1	3,2	4,6	3,7	0,4
Schlagsahne	64,1	2,2	2,9	30,4	0,4
Joghurt	86,1	4,8	4,5	3,8	0,8
Emmentaler	34,9	27,4	3,4	30,5	3,8
Brathuhn	72,7	20,6	0,0	5,6	1,1
Rinderfilet	75,1	19,2	0,0	4,4	1,3
Schweinekotelett	53,9	15,2	0,0	30,6	0,3
Forelle	77,6	19,2	0,0	2,1	1,1
Garnelen	78,2	18,7	0,0	2,2	0,9
Hühnerei	74,0	12,8	0,7	11,5	1,0
Honig	17,2	0,3	82,3	0,0	0,2
Milchschokolade	0,9	7,7	56,9	32,3	2,2
Marzipan	8,8	8,0	64,0	18,0	1,2
Kaffee	98,5	0,3	0,8	0,1	0,3
Tee	99,0	0,1	0,4	0,0	0,5

3 Zusammensetzung einiger Lebensmittel

1. Nenne Beispiele von Nahrungsmitteln aus den in Abbildung 1 gezeigten Lebensmittelgruppen!

2. Beschreibe den Aufbau der verschiedenen Nährstoffe anhand der Abbildung 2!

3. Ordne die Lebensmittel in der Tabelle verschiedenen Lebensmittelgruppen zu! Stelle Gruppen von Nahrungsmitteln zusammen, die besonders reich an Kohlenhydraten, Fetten oder Eiweißen sind! Zeichne die Anteile der Inhaltsstoffe für einige Lebensmittel als Balkendiagramme!

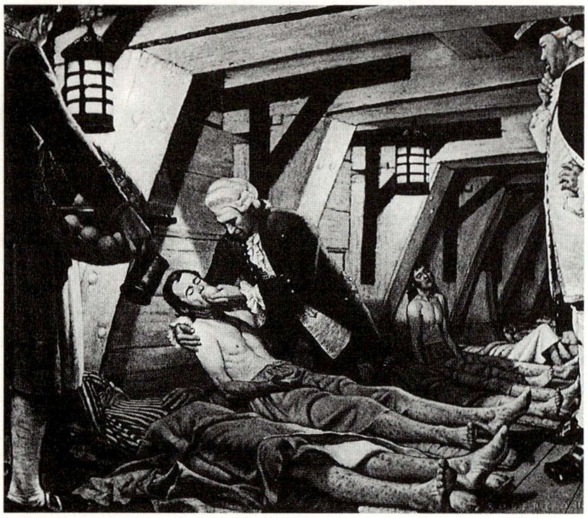

1 **Skorbut** (historische Darstellung)

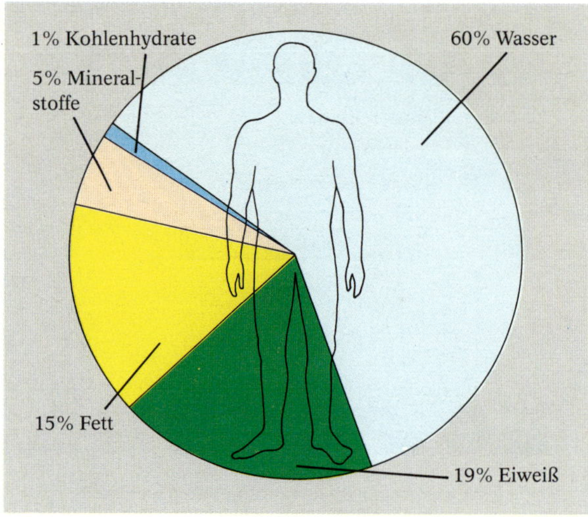

2 **Zusammensetzung des menschlichen Körpers** (Schema)

1.2. Von Nährstoffen allein können wir nicht leben

Jeder hat schon einmal von den Entdeckungsreisen der berühmten Seefahrer Christoph Kolumbus, Ferdinand Magellan, Vasco da Gama oder James Cook gehört. Diese Seefahrer hatten nicht nur mit Stürmen und Navigationsproblemen zu kämpfen. Auch die Gesundheit der Seeleute gab oft Anlass zur Sorge. Viele litten unter Mattigkeit, Zahnfleischfäule, Zahnausfall und einer erhöhten Anfälligkeit gegen Infektionen. *Skorbut*, die berüchtigte Seefahrerkrankheit, ging um. Der Portugiese Vasco da Gama, der 1497 den Seeweg um Afrika nach Indien fand, verlor auf dieser Reise 100 seiner 160 Leute durch Skorbut.

Lange Zeit waren die Seeleute dem Skorbut hilflos ausgeliefert. Doch bereits im 16. Jahrhundert vermutete man, dass zwischen der Ernährung auf den Schiffen und dem Auftreten von Skorbut ein Zusammenhang bestehen müsse. Die Schiffskost bestand damals vorwiegend aus Pökelfleisch und Zwieback. Wurden den Seeleuten zusätzlich Orangen, Zitronen oder anderes frisches Obst und Gemüse gereicht, trat kein Skorbut auf.

Heute wissen wir, dass Skorbut durch Mangel an *Vitamin C* hervorgerufen wird. Pökelfleisch und Zwieback, überhaupt fast alle Konserven, enthalten kaum Vitamin C. Frisches Obst und Gemüse sind dagegen reich an diesem Vitamin.

Vitamine sind Stoffe, die unser Körper nur in winzigen Mengen benötigt. Trotzdem sind sie lebenswichtig, da sie für eine Reihe von Vorgängen in den Zellen unentbehrlich sind. Die meisten Vitamine müssen wir mit der Nahrung aufnehmen. Viele von ihnen können nur von Pflanzen aufgebaut werden. Daher sind pflanzliche Nahrungsmittel oft vitaminreicher als tierische. In manchen Lebensmitteln tierischer Herkunft sind jedoch auch Vitamine gespeichert, zum Beispiel im Lebertran, in Leber oder in Milch. Die meisten Vitamine sind in Wasser löslich. Einige, unter anderem die Vitamine A, D und K, sind hingegen fettlöslich. Ihre Aufnahme in den menschlichen Körper wird durch die Anwesenheit von Fett in der Nahrung erleichtert.

Manche Vitamine nehmen wir über die Nahrung nur in Vorstufen auf. Sie werden erst im Körper vollständig aufgebaut. Zur Bildung von Vitamin D aus Vorstufen ist sogar Sonnenlicht notwendig.

Enthält die Nahrung nicht genügend Vitamine, kann es zu *Vitaminmangelkrankheiten* kommen. Einige davon, zum Beispiel Skorbut, können tödlich verlaufen.

Außer Vitaminen benötigt unser Körper auch noch andere Stoffe in kleinen Mengen. Sicher hast du schon einmal festgestellt, dass Schweißtropfen salzig schmecken. Der Körper verliert beim Schwitzen also nicht nur Wasser, sondern auch Salze. Welche Bedeutung haben Wasser und Salze?

Vitamin	Wirkungen	Mangelerscheinungen	Hauptvorkommen	Tagesbedarf
A	fördert das Wachstum, normale Hautbildung, Aufbau des Sehpurpurs	Wachstumsstillstand, Verhornung der Haut, Nachtblindheit	**Lebertran, Leber,** Milch, als Vorstufe (Provitamin A) in Möhren, Spinat, Petersilie	1,5 mg
B_1	fördert den Kohlenhydrat- und den Fettstoffwechsel sowie die Nerventätigkeit	Müdigkeit, Verdauungsstörungen, Muskelschwund und Lähmungen (Beri-Beri), Herzschwäche	**Hefe, Getreidekeime,** Leber, Nieren, Hülsenfrüchte, Milch, Eier	1 mg
B_2	Hautschutz, fördert das Wachstum und die Bildung von Blutfarbstoffen und Enzymen	Wachstumsstillstand, Haut- und Schleimhauterkrankungen	**Hefe, Schweinefleisch,** Getreidekeimlinge, Gemüse, Milch, Eier	2 mg
C	verhindert Entzündungen, Blutungen, Infektionen, aktiviert Enzyme	Anfälligkeit für Infektionen, Müdigkeit, Appetitlosigkeit, Skorbut	**Hagebutten, Schwarze Johannisbeeren,** Zitrusfrüchte, Kartoffeln, Gemüse	75 mg
D	fördert den Knochenaufbau, regelt den Calcium- und den Phosphathaushalt	Knochenerweichung und -verkrümmung (Rachitis), schlechte Zahnbildung	**Lebertran, Hering,** Leber, Nieren, in Pflanzen als Vorstufe (Provitamin D)	0,01 mg

3 **Bedeutung und Vorkommen wichtiger Vitamine.** blau unterlegt: wasserlöslich; gelb unterlegt: fettlöslich

12.5 Stoffw.
• Wasser
• Mineralst.

Wasser ist der Hauptbestandteil unseres Körpers. Alle chemischen Reaktionen in den Zellen laufen in wässriger Lösung ab. Auch für viele Transportvorgänge, beispielsweise im Blut oder bei der Ausscheidung, ist Wasser unentbehrlich. Sinkt der Wassergehalt der Zellen nur geringfügig, so tritt der Zelltod ein. Daher verdurstet ein Mensch in wenigen Tagen, wenn die Wasserverluste, die durch Schwitzen und andere Ausscheidungen auftreten, nicht ausgeglichen werden. Der tägliche Wasserbedarf beträgt etwa zwei bis drei Liter. Bei starkem Schwitzen in sehr heißen Gebieten können es sogar bis zu zehn Liter sein. Ein Teil des Wasserbedarfs wird durch feste Nahrungsmittel gedeckt, denn auch sie enthalten Wasser. Die übrige Flüssigkeit müssen wir durch Getränke zu uns nehmen.

Durst lässt sich besonders gut durch Mineralwasser löschen. Mit diesem Getränk führen wir unserem Körper nicht nur Wasser, sondern auch wichtige Salze zu. Nicht alle derartigen Stoffe schmecken salzig wie Kochsalz. Man nennt sie allgemein auch **Mineralsalze**. Diese kommen im Körper in gelöster Form vor. So liegt Kochsalz in gelösten Natrium- und in gelösten Chlorid-Teilchen vor. Außer Kochsalz gibt es auch Salze, in denen zum Beispiel Calcium-, Phosphat-, Kalium-, Magnesium-, Eisen- oder Iod-Teilchen in gelöster Form vorkommen.

Die Aufgaben der Mineralsalze in unserem Körper sind vielfältig. So ist beispielsweise Kochsalz für die Nervenfunktionen notwendig. Calciumsalze und Phosphate sind Bestandteile der Knochen und der Zähne. Eine Eisenverbindung ist im roten Blutfarbstoff Hämoglobin enthalten. Das Eisen ist am Sauerstofftransport im Blut beteiligt.

Der Bedarf des Menschen an den einzelnen Mineralsalzen ist unterschiedlich. Er liegt für Natrium-, Kalium- und Calciumchlorid im Bereich von wenigen Gramm pro Tag oder darunter. Von manchen anderen Stoffen, beispielsweise Eisen-, Kupfer-, Mangan-, Zink- und Iodsalzen benötigen wir täglich nur einige Milligramm oder noch weniger. Solche Stoffe werden auch als **Spurenelemente** bezeichnet.

So wie es Vitaminmangelkrankheiten gibt, kann auch ein Mangel an Mineralsalzen Krankheiten verursachen. Der Kropf, eine krankhafte Vergrößerung der Schilddrüse, ist beispielsweise auf den Mangel von Iod zurückzuführen. Besonders viele Mineralsalze braucht der Körper während des Wachstums, wenn beispielsweise die Verknöcherung des Skeletts noch nicht abgeschlossen ist.

1. Auf Vitamine kann der Körper nicht verzichten! Begründe diese Aussage anhand der Abbildung 3!

2. Informiere dich in einem Lexikon über Vitaminmangelkrankheiten, z.B. Beri-Beri und Rachitis!

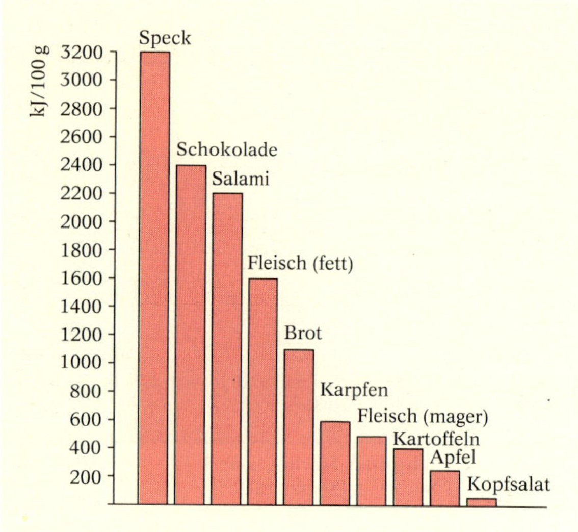

1 Energiegehalt einiger Nahrungsmittel (kJ/100 g)

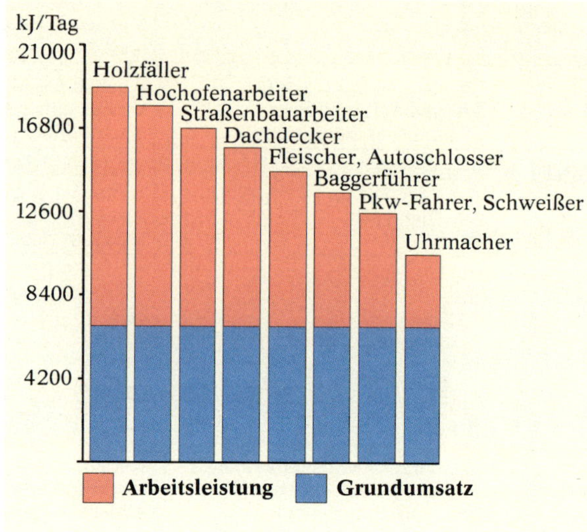

2 Täglicher Energiebedarf bei verschiedenen Tätigkeiten

Was ist eigentlich Energie?

Sicher hast du im Fernsehen, in der Zeitung oder im Physik- und Chemieunterricht schon etwas über **Energie** gehört.
Fragst du einen Physiker, so erklärt er folgendes: Energie ist die Fähigkeit Arbeit zu verrichten. Im Benzin ist beispielsweise chemische Energie gespeichert. Verbrennt das Benzin, so wird ein Teil dieser Energie frei. Sie kann dazu genutzt werden einen Motor in einer Maschine anzutreiben, der dann Arbeit verrichtet.
Energie kommt in unterschiedlichen Formen vor: *mechanische Energie, elektrische Energie, Wärmeenergie, Strahlungsenergie* (z.B. Licht), *Kernenergie*. Einige Energieformen lassen sich ineinander umwandeln. So wird etwa bei der Fotosynthese Strahlungsenergie der Sonne in chemische Energie umgewandelt, die in Form von Traubenzucker gespeichert wird. Bei allen Energieumwandlungen wird auch Wärme frei. Ein mehr oder weniger großer Teil der umgewandelten Energie kann also nicht für den gewünschten Zweck genutzt werden, sondern fließt als Wärme ungenutzt in die Umgebung. Man sagt deshalb, dass die Energie *entwertet* wird.

1.3. Der Mensch braucht Energie zum Leben

Vielleicht gehörst du auch zu den Menschen, die sich morgens immer mit gutem Appetit an den Frühstückstisch setzen. Obwohl du nach dem Abendbrot am vergangenen Tag sofort schlafen gegangen bist und die ganze Nacht „nichts getan“ hast, verlangt dein Körper am Morgen schon wieder nach Nahrung. Woran liegt das?
Viele Körperfunktionen laufen auch beim ruhenden Menschen ständig ab, beispielsweise die Herz- und die Atemtätigkeit, die Aufrechterhaltung der Körpertemperatur und verschiedene Vorgänge in den Zellen der Organe. Die meisten dieser Lebensfunktionen laufen nur ab, wenn ständig Energie zugeführt wird. Die Energie, die ein Mensch in absoluter Ruhestellung braucht, nennt man **Grundumsatz**. Bei Jugendlichen und Erwachsenen beträgt dieser Grundumsatz etwa 7500 kJ am Tag. Bei Kindern ist der Wert höher, bei älteren Menschen niedriger.
Körperliche und geistige Aktivitäten erhöhen den Energiebedarf beträchtlich. Er nimmt beim erwachsenen Menschen beispielsweise durch Stehen um 500 kJ und beim Gehen um 800–1200 kJ pro Stunde zu. Die Energie, die ein Mensch für seine Tätigkeit zusätzlich zum Grundumsatz braucht, nennt man **Arbeits-** oder **Leistungsumsatz.**
Die Energie für den Grund- und Leistungsumsatz stammt aus der Nahrung. In den Zellen wird die Energie aus den Nährstoffen durch Energieumwand-

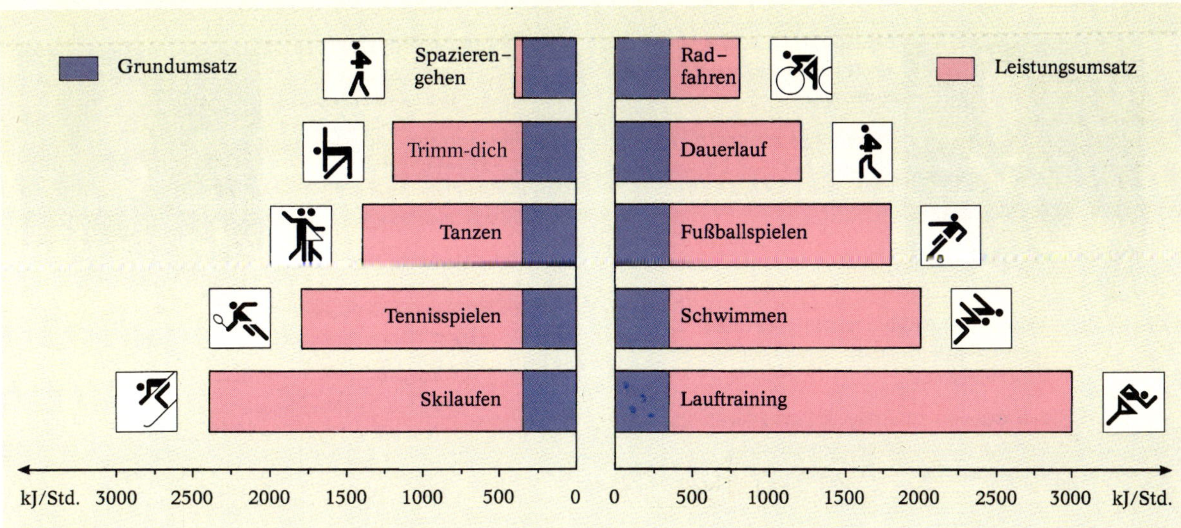

3 Energieaufwand für verschiedene Tätigkeiten in kJ pro Stunde (Durchschnittswerte)

lung für die verschiedenen Körperfunktionen verfügbar gemacht. Ein Teil der Energie wird dabei als Wärme frei, die teilweise zur Aufrechterhaltung der Körpertemperatur genutzt wird.

Der Energiegehalt der Nährstoffe wird durch den so genannten **Brennwert** angegeben. Darunter versteht man die Energiemenge, die der Körper bei der Verarbeitung eines Nährstoffes in den Zellen freisetzen kann. Der Brennwert von Kohlenhydraten und Eiweißen beträgt etwa 17 kJ/g, der von Fetten etwa 40 kJ/g.

Trotz des ständigen Energiebedarfs des Körpers kann ein Mensch mehrere Tage, im Extremfall sogar mehrere Wochen ohne Nahrung auskommen. Die Energie wird dann durch den Abbau körpereigener Stoffe gewonnen, zunächst von Kohlenhydraten und Fetten, später auch von Eiweißen.

1. Erkläre die unterschiedlichen Energiegehalte von Nahrungsmitteln anhand der Abbildung 1! Nutze zur Beantwortung auch Abbildung 3 auf S. 71!

2. Erläutere die Begriffe Grund- und Leistungsumsatz! Verwende dazu auch die Abbildungen 2 und 3!

3. Begründe, warum der Grundumsatz bei Kindern höher ist als bei älteren Menschen!

Was ist ein Joule?

Die Maßeinheit für die Energie ist das *Joule* (J), ähnlich wie beispielsweise das Meter (m) die Längeneinheit ist. 1 J entspricht 1 Nm (Newtonmeter). Ein Newton (N) ist die Kraft, die man braucht, um z.B. einen Stein mit der Masse 1 kg in einer Sekunde auf die Geschwindigkeit von 1 m/s zu beschleunigen. Eine Federwaage, die in Newton geeicht ist, wird von diesem Stein durch die Erdanziehung auf etwa 10 N ausgezogen. Ein Joule ist gleich der Arbeit, die verrichtet wird, wenn ein Gegenstand mit der Kraft 1 N um 1 m angehoben wird. Ein Mensch mit der Masse von 60 kg wird mit einer Gewichtskraft von etwa 600 N von der Erde angezogen. Steigt er auf einer Treppe 10 m hinauf, so hat er eine Arbeit von 6000 Nm geleistet. Anders gesagt: Er hat einen Energiebetrag von 6000 J aufbringen müssen. Um möglichst kleine Zahlenwerte verwenden zu können, gebraucht man im täglichen Leben meist die Einheit Kilojoule (kJ). 1 kJ entspricht 1000 J. Die für die Energie vielfach noch verwendete Maßeinheit Kalorie (cal) sollte nicht mehr benutzt werden. Findest du diese Einheit dennoch einmal, so kannst du folgendermaßen umrechnen: 1 cal = 4,18 J.

Bratwurst (150 g): 2290 kJ; 20 g Eiweiß; 49 g Fett; 0 g Kohlenhydrate; Vitamin B; Natriumsalze

Pommes frites, gesalzen (100 g): 920 kJ; 4 g Eiweiß; 8 g Fett; 34 g Kohlenhydrate; keine Vitamine, Natriumsalze

Mayonnaise (1 Eßlöffel 20 g): 635 kJ; 4 g Eiweiß; 16 g Fett; 0,4 g Kohlenhydrate; keine Vitamine, keine Mineralsalze

Cola-Getränk (1 Glas 200 g): 370 kJ; 0 g Eiweiß; 0 g Fett; 11 g Kohlenhydrate; keine Vitamine, wenig Mineralsalze

Rohkostsalat (Möhre 100 g): 150 kJ; 1 g Eiweiß; 0 g Fett; 7 g Kohlenhydrate; Vitamin A, C; Kalium- und Eisensalze

Roggenvollkornbrot (1 Scheibe 40 g): 400 kJ; 3 g Eiweiß; 0 g Fett; 19 g Kohlenhydrate; Vitamin B; Natriumsalze, Phosphate

Aufstrich (Magerquark 20 g): 75 kJ; 3,4 g Eiweiß; 0,2 g Fett; 0,5 g Kohlenhydrate; keine Vitamine; Natrium- und Calciumsalze, Phosphate

Vollmilch (1 Glas 200 g): 570 kJ; 7 g Eiweiß, 8 g Fett; 9 g Kohlenhydrate; Vitamin A; Natrium- und Calciumsalze, Phosphate

1 Apfel (125 g): 290 kJ; 0,5 g Eiweiß; 1 g Fett; 19 g Kohlenhydrate; Vitamin C; Kaliumsalze

1 Unausgewogene und ausgewogene Mahlzeit

1.4. Richtig ernähren, aber wie?

Renate nimmt sich jeden Tag „als Mahlzeit zwischendurch" einige Schokoriegel und ein Päckchen Erfrischungsgetränk mit zur Schule. Michael isst in den Pausen gar nichts, dafür geht er nach der Schule regelmäßig zu einem Schnellimbiss. Meist bestellt er sich eine Bratwurst mit Pommes frites und Mayonnaise. Dazu trinkt er ein Glas Cola-Getränk. Weil seine Eltern beide berufstätig sind und erst am Abend nach Hause kommen, ist dies gleichzeitig sein Mittagessen. Natürlich haben Renate und Michael schon einmal davon gehört, dass derartige Essgewohnheiten nicht ideal sind. Warum dies jedoch so ist und wie man sich richtig ernähren soll, ist ihnen nicht ganz klar.

Es ist tatsächlich gar nicht so einfach zu sagen, wie eine ideale Ernährung zusammengestellt sein muss. Ernährungswissenschaftler haben jedoch einige Regeln aufgestellt, die für eine gesunde Ernährung berücksichtigt werden sollten.
Die Nahrung soll den Körper mit Energie versorgen und gleichzeitig die nötigen Baustoffe, Vitamine, Mineralsalze und Spurenelemente enthalten. Werden dem Körper alle diese Stoffe in ausreichendem Umfang zugeführt, spricht man von einer **ausgewogenen Ernährung**. Dabei sollten die Nährstoffe in einem bestimmten Verhältnis in der Nahrung enthalten sein. So empfiehlt die „Bundeszentrale für gesundheitliche Aufklärung", dass der Energiebedarf mindestens zur Hälfte aus Kohlenhydraten gedeckt werden soll, und zwar überwiegend in Form von Vielfachzuckern. Der Eiweißanteil sollte bei höchstens 15%, der Fettanteil bei 30% bis 35% liegen. In der heutigen Ernährung ist der Eiweiß- und Fettanteil jedoch häufig viel größer. Besonders die Hauptmahlzeiten sind oft viel zu eiweißreich: Fleisch im Mittelpunkt, Gemüse, Salat und Kartoffeln lediglich als dekorative Beilagen. Fette sind in der Nahrung manchmal nicht direkt sichtbar. Man spricht deshalb auch von „verborgenen Fetten". Besonders Käse, Wurst, Mayonnaise, aber auch Knabbereien wie Chips, Nüsse und Schokolade enthalten einen Fettanteil von 30% bis 50%.
Wie stellt man eine ausgewogene Kost zusammen? Als wichtigste Faustregel gilt: Eine einseitige Ernährung, in welcher Form auch immer, ist nicht ausgewogen und kann für den Körper auf die Dauer schädlich sein. Statt dessen sollte die Nahrung abwechslungsreich sein und viel frischen Salat, Gemüse und Obst, aber wenig Fett und Zucker enthalten.
Der Geschmack von Speisen kann durch Küchenkräuter und Gewürze wie zum Beispiel Küchenzwiebel, Petersilie, Kümmel, Lauch, Dill oder Knoblauch verfeinert werden. Diese Küchenkräuter und Gewürze regen darüber hinaus den Appetit und die Verdauung an.
Aus verschiedenen religiösen und weltanschaulichen Richtungen haben sich Ernährungsformen entwickelt, bei denen bestimmte Nahrungsmittel bevor-

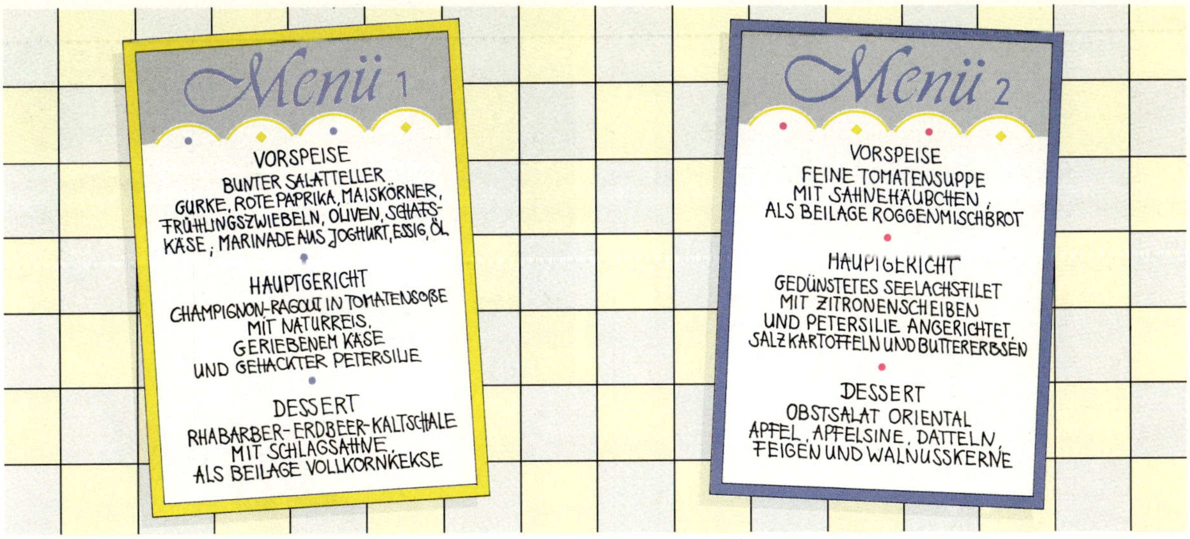

2 Beispiele ausgewogener Mahlzeiten

zugt, andere weitgehend oder ganz gemieden werden. So essen z.B. Moslems und Juden kein Schweinefleisch. Strenge **Vegetarier** ernähren sich ausschließlich von pflanzlicher Kost. Es gibt Wissenschaftler, die der Meinung sind, dass bei streng vegetarischer Kost bestimmte Formen der Fehlernährung auftreten können, weil der Körper zu geringe Mengen an Eiweißstoffen und bestimmten Mineralsalzen erhält. Eine Variante der vegetarischen Ernährung lässt neben pflanzlicher Kost auch Eier, Milch und Milchprodukte zu, sodass derartige Mangelerscheinungen nicht auftreten können.

Auch die **Vollwert-Ernährung** legt großen Wert auf pflanzliche Lebensmittel und schränkt den Fleischverzehr stark ein. Bevorzugt werden Vollkornprodukte sowie ein hoher Anteil an gering verarbeiteten Lebensmitteln, beispielsweise Rohkostsalate und nur kurz erhitztes Gemüse. Durch die Auswahl der Lebensmittel bei der Vollwert-Ernährung wird eine ausgewogene Kost gewährleistet. Die schonende Zubereitung der Nahrungsmittel stellt sicher, dass möglichst wenige Vitamine verloren gehen.

1. Begründe, warum die Menüvorschläge in Abbildung 2 ausgewogen sind!

2. Erkundige dich nach den Regeln der Vollwert-Ernährung und anderer alternativer Ernährungsformen! Versuche zu entscheiden, ob eine ausgewogene Ernährung jeweils gesichert ist!

Ballaststoffe sind ein notwendiger Bestandteil der Nahrung

Herr Schmitz hat immer wieder Probleme mit der Verdauung. Er hat schon mehrfach versucht, mit Abführmitteln und Tees die häufige Verstopfung loszuwerden, doch ohne Erfolg. Erst als ihn eine Bekannte dazu überredet, regelmäßig Vollkornbrot statt Weißbrot zu kaufen und reichlich Obst und Gemüse zu essen, sind die Verdauungsbeschwerden nach kurzer Zeit verschwunden. Vollkornprodukte, Kartoffeln, Obst und die meisten Gemüsesorten sind reich an **Ballaststoffen**. Fleisch, Weißbrot, Süßspeisen und die meisten Kuchen und Torten sind arm an Ballaststoffen. *Cellulose*, der Hauptbestandteil pflanzlicher Zellwände, ist unter den Ballaststoffen der wichtigste. Die Ballaststoffe können wir nur unvollständig verdauen. Sie quellen durch Wasseraufnahme und regen die Darmtätigkeit an. Schon etwa 30 g Ballaststoffe am Tag garantieren meist eine gute Verdauung und einen regelmäßigen Stuhlgang. Zudem sättigen ballastreiche Nahrungsmittel und helfen die Aufnahme überflüssiger energiereicher Nährstoffe zu begrenzen. Dadurch kann die Entstehung von Übergewicht vermieden werden.

Zusatzstoffe in unserer Nahrung

1 Zusatzstoffe in einem Fleischsalat

Vielleicht ist dir schon einmal aufgefallen, dass auf Verpackungen verarbeiteter Lebensmittel häufig eine ganze Liste von Zusatzstoffen angegeben ist: *Konservierungsstoffe, Säuerungsmittel, Antioxidantien, Verdickungsmittel, Geschmacksverstärker, Farbstoffe.*
Häufig werden diese Stoffe nicht namentlich aufgeführt, sondern es werden besondere Kennzeichnungen verwendet, die so genannten E-Nummern. So steht E 200 für den Konservierungsstoff Sorbinsäure. **Konservierungsstoffe** werden vielen Lebensmitteln zugesetzt, um Bakterien und Pilze abzutöten und die Produkte dadurch länger haltbar zu machen. E 300 steht für Ascorbinsäure, das Vitamin C. Durch Zusatz dieses **Antioxidationsmittels** sind Lebensmittel ebenfalls länger haltbar. Um manche Nahrungsmittel für den Kunden attraktiver zu machen, werden auch **Farbstoffe** zugesetzt, beispielsweise das gelbe Tartrazin (E 102) oder blauviolette und rote Anthocyane (E 163).
Vielfach wird behauptet, dass derartige Zusatzstoffe giftig sind. Das ist so allgemein nicht zutreffend. Viele Zusatzstoffe sind Naturstoffe, die auch in nicht behandelten Lebensmitteln vorkommen (z.B. der natürliche Farbstoff Anthocyan, Vitamine, Sorbinsäure). Von einigen Zusatzstoffen ist allerdings bekannt, dass sie in größeren Mengen gesundheitsschädlich sein können und z.B. Allergien, Kopfschmerzen oder Verdauungsstörungen auslösen können. Die Zulassung derartiger bedenklicher Stoffe durch die staatliche Lebensmittelaufsicht erfolgt unter der Voraussetzung, dass der Mensch jeweils nur kleine Mengen aufnimmt, die als unbedenklich gelten.

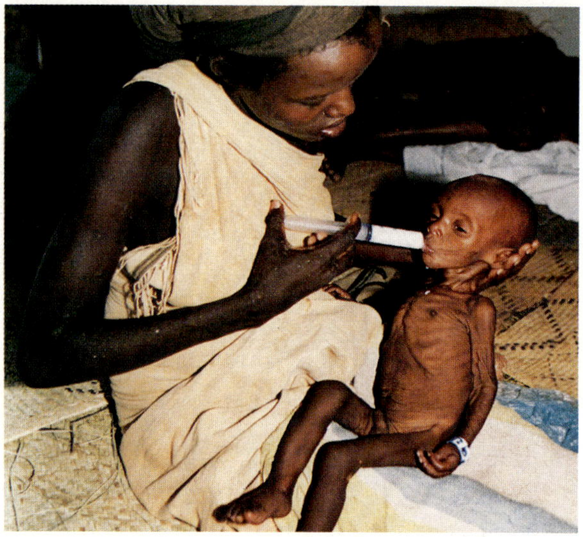

2 Unterernährtes Kind

1.5. Ernährung und Gesundheit

Regelmäßig berichten die Medien über hungernde Menschen in den Entwicklungsländern. Tausende sterben dort jährlich an **Unterernährung**, und Millionen leiden an Krankheiten, die durch **Mangelernährung**, z.B. Eiweißmangel, hervorgerufen werden. In den Industrieländern hingegen ist Nahrungsmangel so gut wie unbekannt. Im Gegenteil: Viele Menschen sind überernährt. Bei dieser **Überernährung** wird dem Körper mehr Energie zugeführt, als er verwerten kann. Die überschüssigen Nährstoffe, auch Kohlenhydrate und Eiweiße, werden in Depotfette umgewandelt und gespeichert. Durch Überernährung kann **Übergewicht** entstehen.
Übergewicht ist nicht nur eine Folge zu reichlichen Essens. Im Gegensatz zu früheren Zeiten leiden viele Menschen in den Industriestaaten heute unter Bewegungsmangel. Sitzende Tätigkeiten im Beruf gehen häufig einher mit fehlender Bewegung in der Freizeit.
Von Übergewicht spricht man, wenn das *Normalgewicht* um mehr als 20% überschritten wird. Als Faustregel für das Normalgewicht eines erwachsenen Menschen gilt nach Angaben der „Bundeszentrale für gesundheitliche Aufklärung“: Körpergröße in Zentimetern minus 100. Ein 1,75 m großer Mensch hätte demnach ein Normalgewicht von etwa 75 kg.
Viele Krankheiten, die zu den häufigsten Todesursachen gehören, werden durch Übergewicht begünstigt. Dazu gehören beispielsweise Herz- und Gefäßkrank-

Die Essgewohnheiten der Deutschen

Die Essgewohnheiten der Deutschen haben sich trotz aller Aufklärungsbemühungen keineswegs grundlegend geändert: Sie essen noch immer zu viel, zu fett und zu eiweißreich. Dies ist das Hauptergebnis einer Studie des Bundesforschungsministeriums. Trübe sieht es beim Thema Übergewicht aus: 47 Prozent der westdeutschen Frauen und 39 Prozent der Männer müssten abspecken. Zu den weiteren Ergebnissen der Studie gehört, dass zu wenig Kohlenhydrate aufgenommen werden, wie sie in Brot, Obst und Gemüse enthalten sind. Junge Leute essen und trinken am liebsten Süßes. Kinder bis zu zwölf Jahren sind „überdurchschnittliche Naschkatzen“, was etwa den Verzehr von Schokoladenerzeugnissen betrifft. Die tägliche Ration beträgt bis zu 30 Gramm. Die Befragungen erbrachten außerdem, dass noch immer viele Bürger über den Energiegehalt und die Inhaltsstoffe von Lebensmitteln keine genauen Aussagen machen konnten.

3 Aus einem Zeitungsbericht

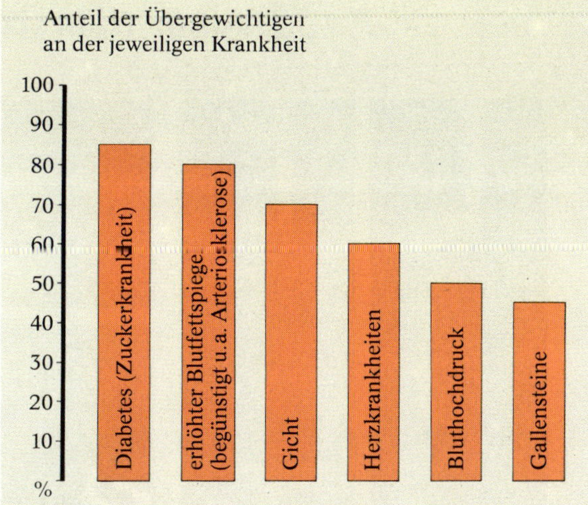

4 Zusammenhang zwischen Übergewicht und Krankheiten

heiten sowie Diabetes. Bei 50% Übergewicht sinkt die durchschnittliche Lebenserwartung um mehr als 10 Jahre. Ein erhöhtes Gesundheitsrisiko besteht auch schon bei Kindern und Jugendlichen mit Übergewicht.

Eine andere Form der **Fehlernährung** ist ein zu hoher Fettkonsum. Insbesondere tierisches Fett hat einen hohen Anteil an *Cholesterin.* Dieser fettähnliche Stoff ist ein Baustein vieler Hormone und daher lebensnotwendig. Werden dem Körper aber jahrelang zu große Mengen an Cholesterin zugeführt, so kann es zu Herz- und Kreislauferkrankungen kommen.

Auch ein Übermaß an Zucker ist schädlich. Zucker fördert die Entstehung von Karies und ist zudem an der Entstehung verschiedener Stoffwechselkrankheiten beteiligt, zum Beispiel Diabetes.

1. Erkläre den Begriff Fehlernährung!

2. Führe Gründe an, die für zunehmende Fehlernährung und Übergewicht verantwortlich sind! Berücksichtige dabei familiäre Gegebenheiten und das Verhalten beim Einkauf!

3. Erläutere anhand der Abbildung 4 den Zusammenhang zwischen Übergewicht und Krankheiten!

4. Nenne Möglichkeiten Übergewicht zu vermeiden!

Andrea wurde immer dünner ...

Allen war es aufgefallen: Andrea, die früher eher eine leichte Neigung zu Übergewicht gehabt hatte, nahm immer mehr ab. Sie wolle beweisen, dass sie ihren Körper beherrschen und den Appetit besiegen könne, erklärte Andrea auf die Frage, ob sie krank sei. Innerhalb von drei Monaten nahm sie 15 Kilogramm ab. Andrea ist kein Einzelfall. Viele Mädchen und junge Frauen hungern, um ein Schlankheitsideal zu erreichen, das keinerlei sichtbare Depotfette mehr zulässt. Diese Art zwanghaften Hungerns nennt man **Magersucht**. Herzkrankheiten, Knochenentkalkung, Ausbleiben der Regelblutung und sogar Unfruchtbarkeit können die Folge jahrelanger verminderter Nahrungsaufnahme sein. Eine andere Art von Essstörungen ist die **Bulimie.** Hierbei wechselt unkontrollierte Esssucht mit „gewichtsregulierendem“ Erbrechen ab. Magersucht und Bulimie sind keine organischen Krankheiten. Sie entstehen vielmehr vor dem Hintergrund eines Frauenbildes, das nur Schlankheit mit Schönheit, Gesundheit und Erfolg verbindet. Zur Überwindung der Essstörungen können neben psychologisch geschulten Ärzten auch Selbsthilfegruppen beitragen.

Übung: Nährstoffe und Ernährung

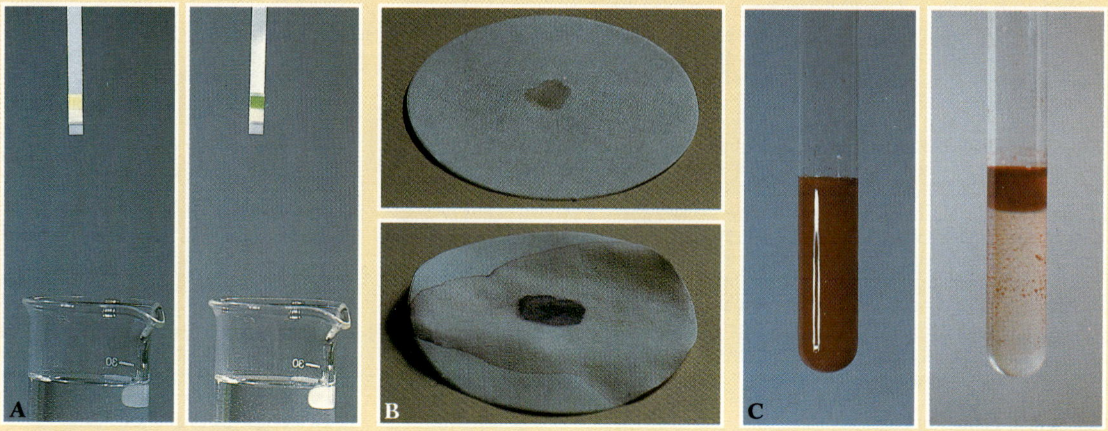

1 **Nachweis von Nährstoffen.** A Glucose-Teststreifen; B Ninhydrin-Probe für Eiweiße; C Sudan (III)-Probe für Fette

V1. Nachweis von Stärke

Material: Stärke (wasserlöslich); Vollmilch; Weizenmehl; Weißbrot; Vollkornbrot; Haferflocken; Kartoffelscheiben; Apfelscheiben; gekochter Reis; Wasser; Iod-Tinktur (oder Iod-Lösung, in Apotheken erhältlich); 2 Reagenzgläser; Reagenzglasständer; Spatel; Messer; 7 Petrischalen; Pipette

Durchführung: Gib eine Spatelspitze Stärke in ein Reagenzglas und fülle mit etwa 4 ml Wasser auf! Gib zu der Probe mit der Pipette einen Tropfen Iod-Tinktur (oder Iod-Lösung)! Fülle in das zweite Reagenzglas etwa 4 ml Milch und gib ebenfalls einen Tropfen Iod-Tinktur hinzu! Bringe in die Petrischalen Proben von je einem der oben genannten Lebensmittel! Füge jeweils einen Tropfen Iod-Tinktur hinzu!

Aufgabe: Notiere deine Beobachtungen! Vergleiche die Farbreaktionen der einzelnen Versuche miteinander! Worin besteht der Nachweis für Stärke durch Iod? Welche der untersuchten Lebensmittel enthalten Stärke?

V2. Nachweis von Traubenzucker mit Zuckerteststreifen

Material: Traubenzucker (Glucose); Traubensaft; Apfelsinensaft; Malzbier; Apfelscheiben; Kartoffelscheiben; Banane; 7 Reagenzgläser; Reagenzglasständer; Wasser; Spatel; Mörser; Glucose-Teststreifen aus der Apotheke; Papiertücher

Durchführung: Gib eine Spatelspitze Glucose in ein Reagenzglas und fülle zu einem Drittel mit Wasser auf! Tauche kurz einen Glucose-Teststreifen ein! Fülle drei weitere Reagenzgläser zu je einem Drittel mit Traubensaft, Apfelsinensaft bzw. Malzbier! Zerreibe im Mörser nacheinander Stücke von Apfel, Banane und Kartoffel! Reinige den Mörser nach jedem Arbeitsgang jeweils gründlich mit Wasser und trockne ihn dann mit einem Papiertuch! Gib Proben der zerkleinerten Lebensmittel in je ein Reagenzglas und fülle zu je einem Drittel mit Wasser auf! Tauche kurz je einen Glucose-Teststreifen in die Reagenzgläser!

Aufgabe: Notiere deine Beobachtungen! In welchen der Lebensmittel ist Traubenzucker enthalten?

V3. Nachweis von Fetten (Schulversuch!)

Material: Speiseöl; Vollmilch; Vollmilchschokolade; Erdnuss; gekochte Kartoffel; Wasser; Sudan (III)-Lösung; 6 Reagenzgläser; Reagenzglasständer; Stopfen; Mörser; Messbecher oder Pipette; Papiertücher

Durchführung: Stelle die Reagenzgläser im Reagenzglasständer bereit! Gib in jedes Reagenzglas etwa 4 ml Wasser und 2 ml Sudan (III)-Lösung! Füge nun in Reagenzglas Nr.2 2 ml Speiseöl und in Reagenzglas Nr.3 2 ml Vollmilch hinzu! Zerreibe im Mörser nacheinander je einige Stücke Schokolade, Kartoffel und Erdnuss! Reinige den Mörser nach jedem Arbeitsgang jeweils gründlich

Übung: Nährstoffe und Ernährung

mit Wasser und trockne ihn dann mit einem Papiertuch! Gib zu den Reagenzgläsern 4–6 je eine Probe eines der zerkleinerten Lebensmittel! Verschließe nun die Reagenzgläser mit einem Stopfen und schüttle kräftig!
Aufgabe: Notiere deine Beobachtungen! Vergleiche die Farben der Inhalte aller Reagenzgläser miteinander! Worin besteht der Fettnachweis durch Sudan (III)-Lösung? Welche der geprüften Lebensmittel enthalten Fett?

V 4. Nachweis von Eiweiß durch Ninhydrin (Schulversuch!)

Material: Glycin (oder andere Aminosäure); Vollmilch; Joghurt; Eiklar; Kartoffelscheibe; Banane; mageres Fleisch (z.B. Bratenaufschnitt); Käse; Wasser; Reagenzglas; Reagenzglasständer; Spatel; Messer; Mörser; Pipette; Filterpapier; Bleistift; Ninhydrin-Sprühreagenz; Papiertücher
Durchführung: Löse eine Spatelspitze Glycin in etwas Wasser und gib mit der Pipette einen Tropfen der Lösung auf Filterpapier! Sprühe nach dem Trocknen etwas Ninhydrin-Sprühreagenz darüber! Die Farbreaktion ist ein Nachweis für Eiweiß (bzw. Aminosäuren). Unterteile mit dem Bleistift ein anderes Filterpapier in sieben gleich große Felder! Gib in zwei der Felder je einen Tropfen Milch bzw. Eiklar und in ein weiteres Feld etwas Joghurt! Zerreibe im Mörser nacheinander einige Stücke der übrigen oben genannten Lebensmittel mit etwas Wasser! Reinige den Mörser nach jedem Arbeitsgang gründlich mit Wasser und trockne ihn dann mit einem Papiertuch! Gib auf die übrigen Felder des Filterpapiers je eine kleine Probe der zerkleinerten Lebensmittel! Lass die Proben antrocknen und führe anschließend die Eiweißprobe mit Ninhydrin durch!
Aufgabe: Protokolliere deine Beobachtungen! Worin besteht der Nachweis von Eiweißen bzw. Aminosäuren durch Ninhydrin? Welche der untersuchten Lebensmittel enthalten Eiweiß?

A 5. Aus Großmutters Kochbuch

In einem alten Kochbuch stehen zum Rezept „Bürgermeistereintopf" folgende Zutaten: pro Person 1 kleines Hammelkotelett, 50 g Leber, 3 kleine Kalbfleischstückchen (80 g), 1 kleines Steak (60–80 g), 1 Paar kleine Bratwürstchen, einige Speckscheiben, Salz, Pfeffer, Olivenöl, Fleischbrühe, 1 kleine Dose Erbsen, Bratkartoffeln
Untersuche, ob der „Bürgermeistereintopf" eine ausgewogene Mahlzeit ist! Begründe! Verwende zur Beantwortung auch die Tabelle auf Seite 71 und Abbildung 1 auf Seite 74!

A 6. Untersuchung des eigenen Ernährungsverhaltens

Erstelle eine tabellarische Übersicht, in die du eine Woche lang einträgst, welche Nahrungsmittel (einschließlich Süßigkeiten und Knabbereien) und Getränke du täglich zu dir nimmst! Gib auch die geschätzte Menge der jeweils verzehrten Nahrungsmittel bzw. Getränke an (z.B. 1 Scheibe …, 1 Glas …, 1 Riegel)!
Entscheide am Ende der Woche, ob dein Ernährungsplan ausgewogen war! Begründe!

A 7. Inhaltsstoffe in Mineralwasser

Auf Mineralwasserflaschen steht meist eine Liste der im Wasser gelösten Mineralstoffe und deren Konzentration. Stelle fest, welche Mineralstoffe in Mineralwasser enthalten sind! Vergleiche die Mengen einzelner Mineralstoffe in Mineralwasser verschiedener Herkunft!

A 8. Zusatzstoffe in Nahrungsmitteln

Besorge dir über eine Verbraucherberatungszentrale oder über die Bundeszentrale für gesundheitliche Aufklärung eine Liste der E-Nummern! Untersuche einige verarbeitete und verpackte Lebensmittel auf ihre Zusatzstoffe! Erstelle eine Liste, welche Zusatzstoffe z.B. in eingeschweißter Wurst, in Käse, in Brot und in Fertigsalaten verwendet werden!
Auch in Bäckereien und in Imbissstuben findest du Listen der verwendeten Zusatzstoffe. Untersuche, welche der dort angebotenen Lebensmittel mit welchen Zusatzstoffen behandelt werden!

1 „Stoffwechsel“

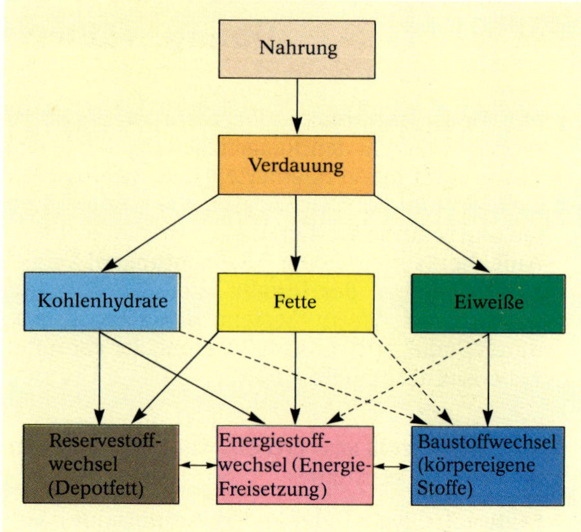

2 **Übersicht über den Stoffwechsel** (Schema)

2. Verdauung

2.1. Im Körper werden Stoffe ab- und aufgebaut

Was geschieht eigentlich im Körper mit den Stoffen, die wir bei einer Mahlzeit aufnehmen?
Bei der Verdauung werden die Nährstoffe in ihre Bausteine zerlegt. Diese Bausteine werden dann im Körper verteilt und dienen allen Zellen als Grundstoffe für ihre vielfältigen Aufgaben. Viele Vorgänge, beispielsweise Bewegungs-, Transport- und Wachstumsprozesse, können nur ablaufen, wenn Energie zur Verfügung steht. Diese Energie wird durch den Abbau von Nährstoffbausteinen aus unserer Nahrung gewonnen. Der Abbau von Stoffen zur Energiebereitstellung heißt *Dissimilation*.
Der wichtigste Energie liefernde Vorgang in den Zellen ist der Abbau von Traubenzucker. Der Traubenzucker wird unter Beteiligung von Sauerstoff zu Kohlenstoffdioxid und Wasser abgebaut. Dabei wird Energie freigesetzt. Den Sauerstoff für den Traubenzuckerabbau erhalten die Zellen aus der Atemluft. Das entstehende Kohlenstoffdioxid wird ausgeatmet und somit ausgeschieden. Weil beim Zuckerabbau Sauerstoff aus der Atemluft aufgenommen wird und Kohlenstoffdioxid zum Ausatmen abgegeben wird, nennt man diesen Vorgang auch *Zellatmung*. Außer durch den Traubenzuckerabbau können die Zellen auch beim Abbau von Fetten und Eiweißen Energie freisetzen. An der Zellatmung sind folgende Vorgänge beteiligt: die Aufnahme von Stoffen, die Umwandlung dieser Stoffe im Körper und die Ausscheidung von Stoffen, die für den Körper wertlos oder schädlich sind. Derartige Vorgänge bezeichnet man allgemein als **Stoffwechsel**. Wird dabei Energie freigesetzt, spricht man vom *Energiestoffwechsel*. Ein Teil dieser Energie, die der Energiestoffwechsel liefert, wird zum Aufbau körpereigener Stoffe genutzt. Bei diesem *Baustoffwechsel* werden zum Beispiel körpereigene Eiweiße, Fette, Hormone oder Farbstoffe hergestellt. Der Aufbau körpereigener Stoffe heißt auch *Assimilation*. An vielen Stellen müssen verbrauchte Zellbestandteile oder ganze Zellen gegen neue ausgetauscht werden. Auch dafür sorgt der Baustoffwechsel. Stoffe, die der Körper im Energie- oder Baustoffwechsel nicht benötigt, werden meist abgebaut und ausgeschieden. Überschüssige Fette können jedoch als so genannte *Depotfette* gespeichert werden. Auch Kohlenhydrate können zu Speicherfett umgewandelt werden. Bei Bedarf werden diese Fette in den Energiestoffwechsel eingebracht. Die an der Speicherung von energiereichen Stoffen beteiligten Vorgänge gehören zum *Reservestoffwechsel*. Reservestoffwechsel, Energie-und Baustoffwechsel stehen miteinander in gegenseitigen Wechselbeziehungen.

1. Erläutere anhand der Abbildung 2 die am Stoffwechsel beteiligten Vorgänge!

2. Erkläre, welche Vorgänge zum Zellstoffwechsel gehören! Verwende dazu Abbildung 3!

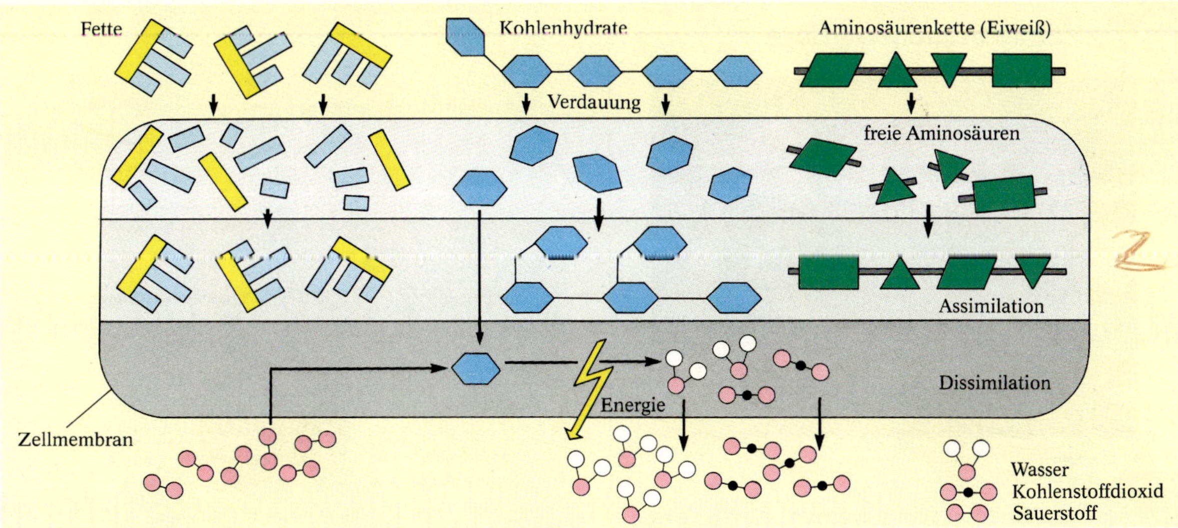

3 **Zellstoffwechsel** (Schema)

Ohne Enzyme kein Stoffwechsel

Stoffwechselvorgänge sind meist chemische Reaktionen. Unter den Bedingungen, die im Körper vorliegen, würden die meisten dieser Reaktionen normalerweise viel zu langsam ablaufen. Die Geschwindigkeit, mit der eine chemische Reaktion erfolgt, kann jedoch durch einen *Katalysator* stark erhöht werden. Katalysatoren, die in Lebewesen wirksam sind, heißen **Biokatalysatoren** oder **Enzyme**. Enzyme sind Eiweißstoffe. Sie sorgen dafür, dass der Auf- und Abbau von Stoffen im Körper beschleunigt wird.

Die Wirkungsweise eines Enzyms kann man mit der eines Werkzeugs vergleichen: Eine festsitzende Schraube kann nur mit einem passenden Werkzeug, z.B. einem Schraubenzieher, gelockert und herausgedreht werden. So wie nur ein bestimmter Kreuzschlitzschraubenzieher zu einer bestimmten Schraubensorte passt, passt beispielsweise bei der Verdauung nur ein bestimmtes Enzym zu einem ganz bestimmten Nährstoff. Man spricht hier vom **Schlüssel-Schloss-Prinzip.** Damit der Schraubenzieher die Schraube herausdrehen kann, muss der Schraubenzieherkopf in den Schraubenschlitz geschoben werden. Auch Enzym und Nährstoff binden sich vorübergehend aneinander, wobei der Nährstoff in kleinere Bausteine zerlegt wird. Das Enzym liegt nach der Zerlegung unverändert vor. Es steht anschließend für den Abbau weiterer Nährstoffe zur Verfügung, ebenso wie der Schraubenzieher für eine Vielzahl von gleichen Arbeitsvorgängen immer wieder verwendet werden kann.

Die Verdauungsenzyme sind Beispiele für Enzyme, die den *Abbau* von Stoffen beschleunigen. Andere Enzyme sorgen für den raschen *Aufbau* von körpereigenen Stoffen. Jedes Enzym kann immer nur als Katalysator für eine bestimmte chemische Reaktion wirken. Deshalb gibt es im Körper mehrere tausend verschiedene Enzyme .

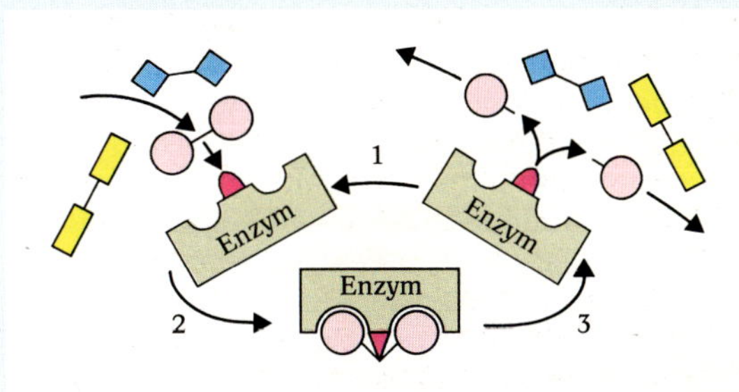

4 **Wirkungsweise eines Enzyms**

Die Zähne brauchen Pflege

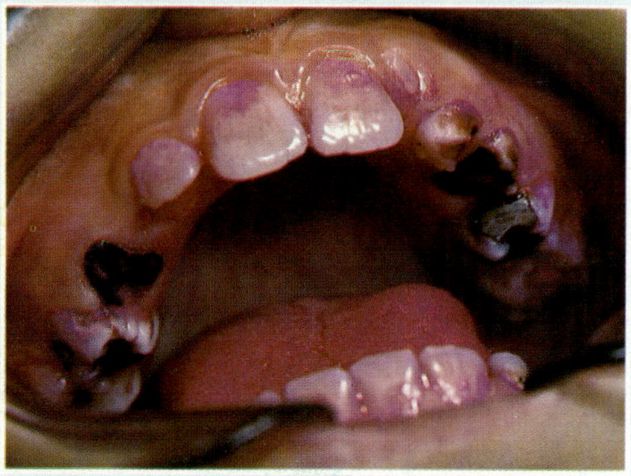

1 **Karies**

Nur wenige Menschen werden von **Karies** verschont. Diese Erkrankung, die auch *Zahnfäule* genannt wird, entsteht meist durch eine zu zuckerreiche Ernährung. Beim Kauen zuckerreicher Nahrungsmittel oder Süßigkeiten bleiben immer Zuckerreste auf den Zähnen zurück. Mundbakterien verwenden diesen Zucker für ihren Stoffwechsel. Dabei können sie sich binnen weniger Stunden, z.B. in der Nacht, stark vermehren. Als Endprodukte ihres Stoffwechsels scheiden sie Säuren aus, die den Zahnschmelz angreifen. Können diese Säuren über längere Zeit einwirken, entstehen schließlich Löcher im Zahnschmelz, durch die die Säuren auch in tiefere Schichten des Zahnes eindringen und diese zerstören können. Ebenfalls weit verbreitet ist die **Parodontitis**, häufig ungenau auch als *Parodontose* bezeichnet. Darunter versteht man Erkrankungen des *Halteapparates* der Zähne, zu dem zum Beispiel die *Wurzelhaut* und das *Zahnfleisch* gehören. Parodontitis beginnt häufig mit einer Entzündung des Zahnfleisches. Dieses geht im Laufe der Erkrankung immer weiter zurück. Die Zähne verlieren dadurch den Halt, werden locker und können schließlich ausfallen. Schutz vor Karies und Parodontitis bietet nur eine regelmäßige Zahnpflege. Dabei ist es besonders wichtig auch die Zahnzwischenräume zu reinigen. Mit einer Munddusche können Nahrungsreste am besten aus den Zahnzwischenräumen gespült werden. Zahnstein fördert die Entstehung der Parodontitis. Dieser harte Belag sollte in regelmäßigen Abständen vom Zahnarzt entfernt werden.

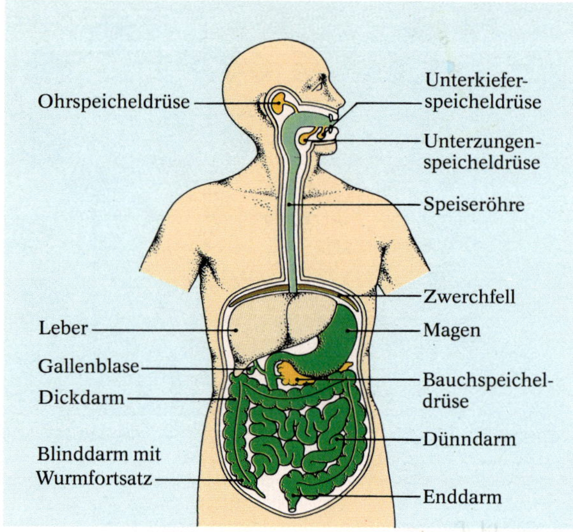

2 **Verdauungsorgane** (Schema)

2.2. Die Verdauung beginnt im Mund

Getränke, Suppen oder andere flüssige Speisen behalten wir beim Essen nur kurz im Mund. Solche Nahrungsmittel werden dort nur auf Temperatur und Geschmack geprüft und dann sofort verschluckt. Brot, Obst, Salate, Fleisch und die meisten übrigen Nahrungsmittel müssen dagegen zunächst im Mund zerkleinert werden, bevor sie verschluckt werden können.

Die mechanische Zerkleinerung der Nahrung durch die **Zähne** ist eine Voraussetzung für die chemische Verdauung. Beim Abbeißen überragen die *Schneidezähne* des Oberkiefers die Unterkieferschneidezähne vorn ein wenig. Dabei wirken die keilförmigen Schneidezähne wie eine Schere. Die *Eckzähne* durchbohren feste Nahrung und halten sie fest. Die *Backenzähne* sind mit Höckern versehen. Sie arbeiten wie Mühlsteine und zerreiben die Nahrung.

Der Oberkiefer ist fest mit dem Schädel verwachsen. Der Unterkiefer dagegen kann über das *Kiefergelenk* bewegt werden. Diese Bewegung ist kein einfaches Auf- und Zuklappen. Das Kiefergelenk kann vielmehr wie eine Art Schlitten auch nach vorn und zur Seite gleiten. Erst dadurch werden die vielfältigen Kaubewegungen möglich, die für eine gründliche Zerkleinerung der Nahrung notwendig sind.

Schon beim Anblick appetitlich zubereiteter Speisen läuft uns buchstäblich das Wasser im Munde zusammen. Diese Absonderung von *Speichel* ist ein unwill-

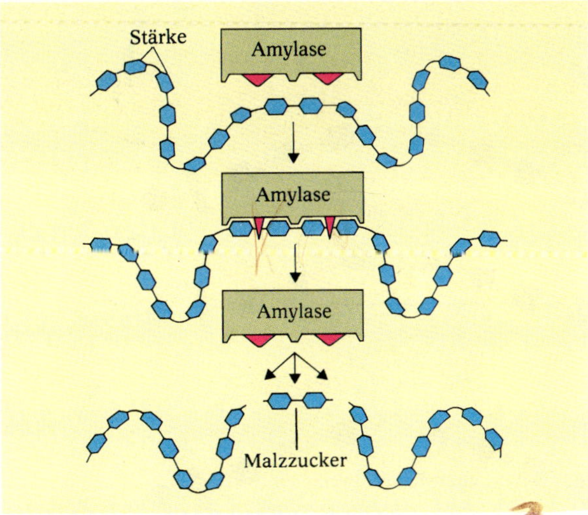

3 Verdauung von Stärke zu Malzzucker (Schema)

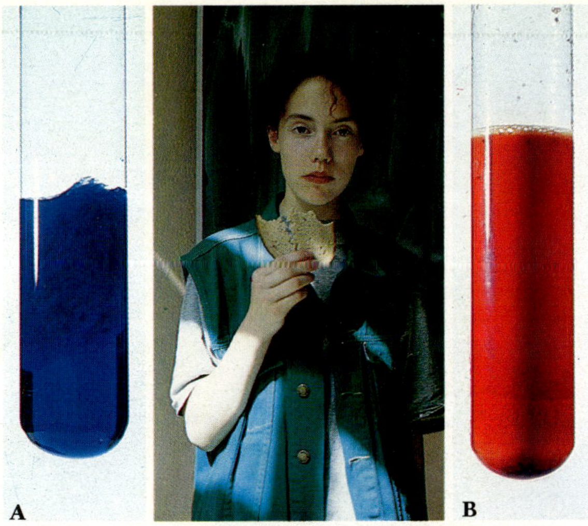

4 Ergebnis der Zuckerprobe mit Fehling'scher Lösung. A vor, B nach dem Kauen von Brot

kürlich ablaufender Vorgang. Mehrere Drüsen im Mundbereich liefern den Speichel. Die größten dieser Drüsen sind die *Ohrspeicheldrüse* und die *Unterkieferspeicheldrüse,* die jeweils paarig angelegt sind. Die *Unterzungenspeicheldrüse* setzt sich aus mehreren kleineren Drüsen zusammen. Durch die Kaubewegungen werden die Speicheldrüsen massiert und zur Abgabe ihrer Sekrete angeregt. Pro Tag erzeugen die Speicheldrüsen, abhängig von der Art der aufgenommenen Nahrung, etwa 0,5–1,5 Liter Speichel. Ein geringer Speichelfluss erfolgt allerdings immer, nicht nur während des Kauens von Speisen. Dieser Speichel reinigt die Mundhöhle, indem er die in den Mund eingedrungenen Keime fortschwemmt. Diese gelangen durch „leeres" Schlucken in den Magen, wo sie abgetötet werden.

Trockenes Brot schmeckt mehlig. Nach längerem Kauen verändert sich jedoch der Geschmack. Das Brot schmeckt jetzt süß. Während des Kauens wird der im Mehl enthaltene Vielfachzucker Stärke zu dem süß schmeckenden Zweifachzucker Malzzucker abgebaut. Der Stärkeabbau kann im Mund erfolgen, weil im Speichel das Enzym **Amylase** enthalten ist.
Im Mund beginnt also die chemische Verdauung der Kohlenhydrate. Fette und Eiweiße werden dagegen chemisch noch nicht verändert. Zur weiteren Verdauung gelangt die Speise in den Magen. Dazu muss sie in einen gleitfähigen Speisebrei verwandelt werden, der verschluckt werden kann. Die Flüssigkeit zur Bildung des Speisebreies liefert der Speichel.
Beim Schlucken verschließen bewegliche Klappen den Eingang zur Luftröhre am Kehlkopf und den Nasenraum. Während des Schluckvorgangs kann ein Erwachsener nicht gleichzeitig atmen. Dies ist bei Säuglingen anders. Bei ihnen sind die Atemwege und die am Schlucken beteiligten Organe noch so angelegt, dass gleichzeitiges Atmen und Schlucken möglich ist.
Vom Mund gelangt der Nahrungsbrei durch den Schluckvorgang in die **Speiseröhre.** Durch wellenförmige Muskelbewegungen der Speiseröhre wird der Speisebrei in den Magen befördert.

1. Beschreibe anhand der Abbildung 2 die Lage der Verdauungsorgane!

2. Erläutere die Wirkung des Enzyms Amylase beim Abbau der Stärke! Betrachte dazu Abbildung 3!

3. Gib eine zusammenfassende Übersicht über die Verdauungsvorgänge, die im Mund ablaufen! Erstelle dazu ein Verlaufsschema!

4. Stelle Regeln für eine sinnvolle Zahnpflege auf!

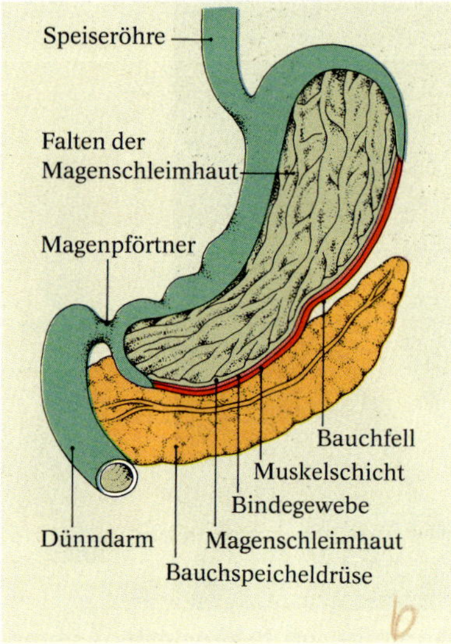

1 Aufbau des Magens (Schema)

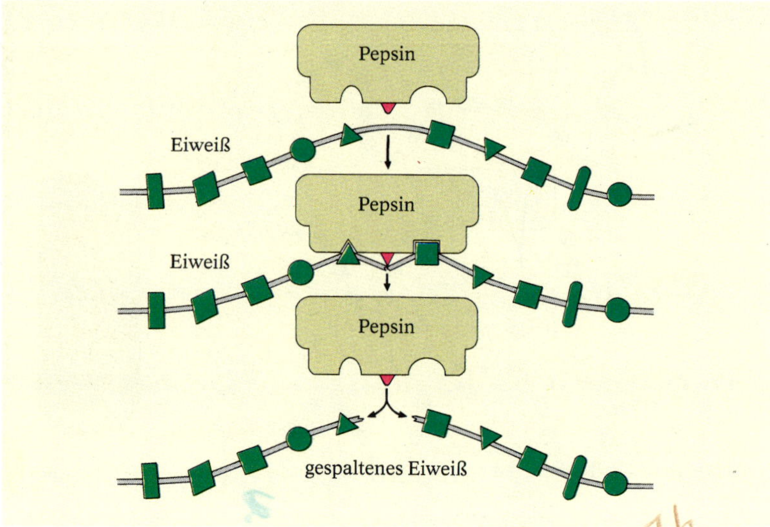

2 Funktion von Pepsin bei der Eiweißverdauung (Schema)

Wenn der Magen gereizt ist

Appetitlosigkeit, Brechreiz, eine belegte Zunge und ein „pappiger" Geschmack im Mund – solche Beschwerden einer Magenverstimmung hat fast jeder schon einmal gehabt. Ein Fastentag mit Tee und Zwieback reicht meist aus, diese leichte Form einer *Magenschleimhautentzündung* zu bessern. Verursacht wird eine solche *Gastritis* beispielsweise durch zu hastiges und zu reichliches Essen oder durch Alkohol- und Tabakmissbrauch. Der Magen reagiert bei vielen Menschen aber auch empfindlich auf seelische Belastungen, z.B. Angst, Ärger, Stress und Hektik. Solche Dinge „schlagen uns auf den Magen". Eine chronische Gastritis, die immer wiederkehrt, kann sich dabei entwickeln.
Oft erzeugt der Magen auch mehr Salzsäure, als die schützende Schleimhaut verkraften kann. Dann kann es stellenweise zu einer Selbstverdauung an der Magenwand kommen. Es bildet sich ein *Magengeschwür.* Auch die Entstehung von Magengeschwüren ist oft auf seelische Überlastung zurückzuführen. Die Behandlung erfolgt in der Regel mit Medikamenten. In schweren Fällen kann jedoch eine Operation erforderlich sein.

2.3. Der Magen reagiert sauer

Schon während des Kauens erzeugen Drüsen in der Magenschleimhaut Magensaft, zwei bis drei Liter am Tag. Dieser enthält Salzsäure. Die Salzsäure tötet Bakterien und andere Kleinstlebewesen ab. Sie desinfiziert dadurch die aufgenommene Nahrung. Gleichzeitig verändert die Säure die in der Speise enthaltenen Eiweiße derart, dass sie von Eiweiß verdauenden Enzymen leichter abgebaut werden können. Bewegungen des Magens sorgen dafür, dass der Nahrungsbrei vollständig mit Magensaft durchmischt wird.
Der Magensaft enthält auch das **Pepsin**. Dieses Enzym spaltet die Eiweiße in kürzere Aminosäureketten auf und leitet damit die Eiweißverdauung ein. Fette und Kohlenhydrate werden im Magen nicht verdaut. Auch die Magenwand besteht teilweise aus Eiweiß. Warum verdaut das Pepsin im Magensaft nicht auch dieses Eiweiß? Die Magenschleimhaut bildet außer Salzsäure und Pepsin auch Schleim. Dieser Schleim überzieht die Mageninnenwand normalerweise vollständig und schützt sie, sodass sie weder von der Salzsäure noch vom Pepsin angegriffen werden kann.

1. Beschreibe die Lage des Magens im Körper und seinen Aufbau! Verwende zur Beantwortung Abbildung 2 auf S. 84 und Abbildung 1 auf S. 86!

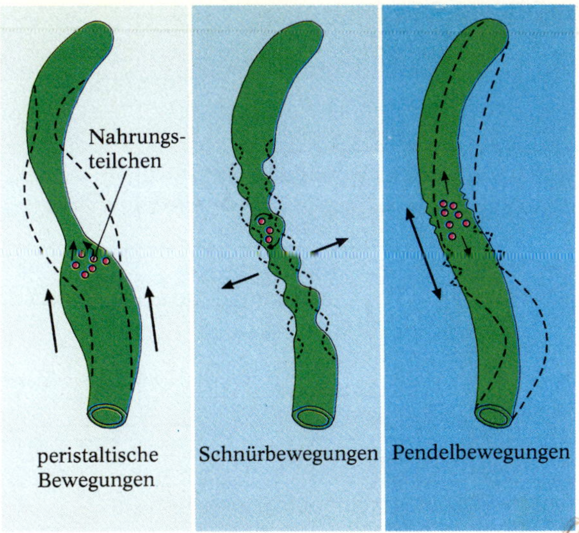

1 **Darmbewegungen** (Schema)

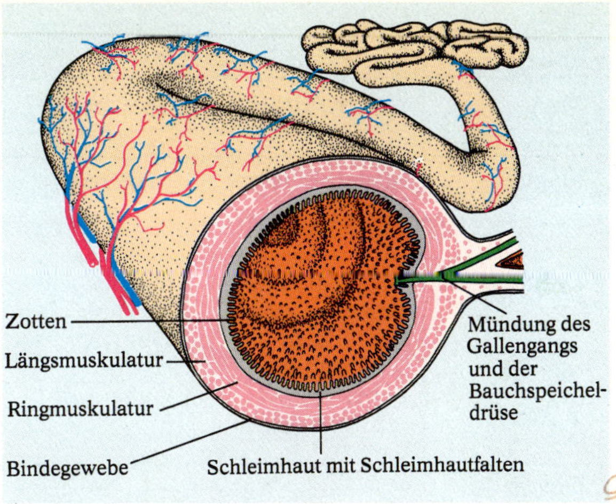

2 **Aufbau des Dünndarms** (Schema)

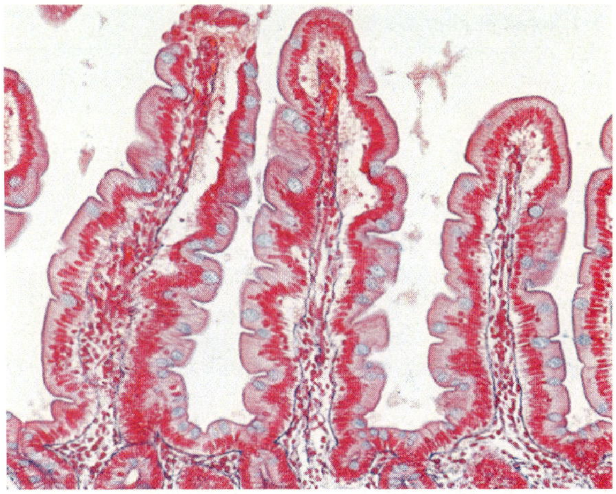

3 **Dünndarmzotten**

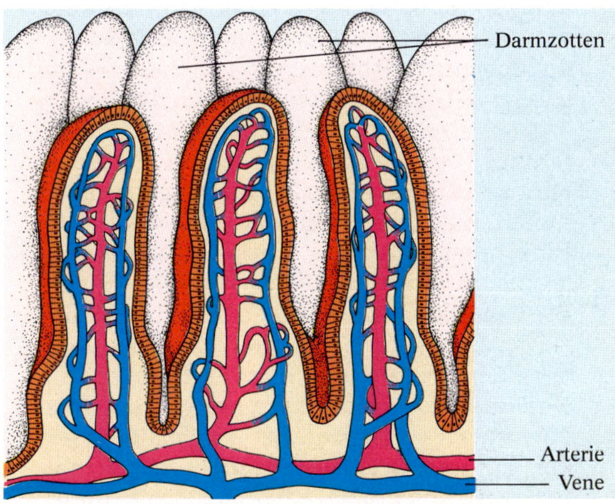

4 **Versorgung der Dünndarmzotten mit Blutgefäßen** (Schema)

2.4. Mehrere Drüsen unterstützen den Dünndarm

Am Ausgang des Magens liegt der *Magenpförtner.* Muskelbewegungen des Magens schieben den Speisebrei durch diese ventilartige Einschnürung zur weiteren Verdauung in den **Zwölffingerdarm**. Er heißt so, weil er etwa so lang ist wie zwölf nebeneinander gelegte Finger breit sind. Der Zwölffingerdarm ist der erste Abschnitt des **Dünndarms**.

Im Dünndarm vollzieht sich die endgültige Verdauung der Nährstoffe. Die dazu erforderlichen Enzyme werden von der **Bauchspeicheldrüse** und Drüsen in der Dünndarmschleimhaut gebildet. Die Dünndarmschleimhaut wird innerhalb von zwei bis drei Tagen vollständig abgestoßen und wieder erneuert. Auch dadurch werden Verdauungsenzyme freigesetzt. Die Verdauungssäfte der Bauchspeicheldrüse und der Dünndarmschleimhaut heben die saure Wirkung des Magensaftes auf. Täglich erzeugt die Bauchspeicheldrüse etwa ein bis zwei Liter, die Dünndarmschleimhaut ebenfalls einige Liter Verdauungssäfte.

Die Enzyme **Trypsin** und **Chymotrypsin** bauen die noch vorhandenen Proteine oder Proteinbruchstücke zu kürzeren Aminosäureketten ab. **Peptidasen** spalten dann von diesen Ketten die einzelnen Aminosäuren ab. **Amylase** zerlegt noch vorhandene

1. Beschreibe und erläutere anhand der Abbildung 1 die Darmbewegungen!

Verdauungsorgan	Drüsen	Verdauungssekret	Kohlenhydrate	Eiweiße	Fette
Mund	Speicheldrüsen	Speichel	Spalten von Stärke in Malzzucker	–	–
Magen	Magenschleimhaut	Magensaft	–	Spalten in kürzere Aminosäureketten	–
Dünndarm	Bauchspeicheldrüse Dünndarmschleimhaut Leber	Bauchspeichel Dünndarmsaft Gallensaft	Spalten von Stärke in Malzzucker; Abbau von Zweifachzuckern zu Einfachzuckern	Abbau zu einzelnen Aminosäuren	Abbau zu Glycerin und Fettsäuren
			Resorption der Endprodukte der Verdauung		
Dickdarm	–	–	Resorption von Wasser und Salzen		
Enddarm	–	–	Ausscheiden unverdaulicher Nahrungsreste		

5 Übersicht über die Verdauungsvorgänge

Erkrankungen der Verdauungsorgane

Seit einigen Tagen klagt Moritz über Schmerzen in der rechten Bauchseite. Dazu kommen leichtes Fieber, Übelkeit mit Erbrechen und Verstopfung. Der Arzt stellt eine *Wurmfortsatzentzündung* fest und überweist Moritz zur Operation in ein Krankenhaus.

Die Wurmfortsatzentzündung wird oft fälschlich als „Blinddarmentzündung" bezeichnet. Viel häufiger als der eigentliche *Blinddarm*, der dem ersten Abschnitt des Dickdarms vorgelagert ist, entzündet sich jedoch der *Wurmfortsatz*. Dies ist ein 7–10 cm langes schlauchförmiges Organ, das mit dem Blinddarm verbunden ist. Der gesunde Wurmfortsatz übernimmt Aufgaben in der Krankheitsabwehr. Eine Entzündung des Wurmfortsatzes kann lebensbedrohend werden, wenn sie in die Bauchhöhle durchbricht.

Zu den häufigsten Störungen der Verdauungsorgane gehören *Durchfallerkrankungen*. Sie werden meist durch Bakterien- oder Virusinfektionen verursacht. Bei Durchfall verliert der Körper vor allem Wasser und Mineralsalze. Besonders für Säuglinge kann dieser Wasserverlust eine tödliche Bedrohung sein.

Stärke in Malzzucker. Dieser Zweifachzucker wird dann durch das Enzym **Maltase** in einzelne Traubenzuckerteilchen gespalten. **Lipasen** sind Fett spaltende Enzyme. Sie zerlegen Fette in Glycerin und Fettsäuren. Die **Gallenflüssigkeit** wird von der Leber abgesondert. Sie sorgt dafür, dass die Fette in kleinste Tröpfchen verteilt werden. Diesen Vorgang nennt man *Emulgierung*. An den emulgierten Fetttröpfchen können die Lipasen besser angreifen. Durch Muskelbewegungen des Dünndarms wird der Speisebrei durchmischt und weitertransportiert. Die Dünndarmwand hat innen Millionen winziger Ausstülpungen, die **Darmzotten**. Sie vergrößern die Oberfläche des Dünndarms. Die Endprodukte der Verdauung gehen ebenso wie Vitamine und Mineralsalze, Medikamente und Alkohol in Blutgefäße in den Dünndarmzotten über. Diesen Vorgang nennt man **Resorption**.

In den **Dickdarm** gelangen nur noch die unverdaulichen Nahrungsreste. Der Dickdarm entzieht diesen Ballaststoffen vorwiegend Wasser und Salze. So gewinnt der Körper einen Großteil der Flüssigkeit aus den Verdauungssäften wieder zurück. Im Dickdarm leben verschiedene Bakterienarten. Sie ernähren sich von den Nahrungsresten. Manche dieser Bakterien erzeugen einige für den Menschen wichtige Vitamine. Ein Teil der Bakterien wird mit dem Kot über den **Enddarm** ausgeschieden.

2. Stelle die Verdauungsvorgänge zusammenfassend in einem Diagramm dar!

Die Leber – das Zentrallabor des Körpers

Die **Leber** ist die größte Drüse und eines der größten Organe des menschlichen Körpers. Äußerlich ist die Leber wenig gegliedert. Sie wird durch eine Furche in einen größeren rechten und einen kleineren linken Leberlappen unterteilt. Innen ist die Leber aus vielen etwa 1–2 mm großen **Leberläppchen** aufgebaut, die von einer Reihe von kleinen Blutgefäßen und Gallengängen durchzogen sind.

Fast alle Stoffwechselvorgänge hängen mit der Funktion der Leber zusammen. An der Verdauung ist die Leber durch die Erzeugung des Gallensaftes beteiligt. Die aus dem Darm resorbierten Stoffe gelangen zum größten Teil über die *Pfortader* zuerst in die Leber. Dort werden sie teilweise in körpereigene Stoffe umgewandelt. So wird beispielsweise ein Teil des Traubenzuckers zur Bildung von **Glycogen** verwandt. Glycogen ist ein stärkeähnlicher Stoff, der als Energiereserve gespeichert wird. Die Leber kann auch Fette und Eiweiße in Kohlenhydrate umwandeln. Aus Aminosäuren baut die Leber Bluteiweiße und den Blutgerinnungsstoff *Fibrinogen* auf. Aber auch der Abbau von Roten Blutkörperchen, von Aminosäuren, Alkohol und Medikamenten erfolgt in diesem Organ. Schädliches Ammoniak, ein Abbauprodukt des Eiweißstoffwechsels, wird in der Leber zu Harnstoff umgewandelt. Dieser wird anschließend über die Niere ausgeschieden. Die Leber dient darüber hinaus als Speicherorgan für viele Stoffe unseres Körpers.

Eine *Gelbsucht* ist meist ein Hinweis auf eine Leberentzündung. Dabei werden die Abflusswege des Gallensaftes teilweise verstopft, sodass die Galle ins Blut übertreten kann und eine gelbliche Hautfärbung hervorruft. Alkoholiker leiden häufig an *Leberzirrhose.* Jahrelanger Alkoholmissbrauch zerstört einen Teil der Leberzellen. Daraufhin kommt es zunächst zu einer Vergrößerung der Leber, der Fettleber. Im fortgeschrittenen Stadium schrumpft die Leber jedoch und kann ihren Aufgaben im Stoffwechsel nicht mehr nachkommen. Leberzirrhose kann zum Tode führen.

In der Gallenblase bilden sich manchmal durch Ausfällung von Salzen *Gallensteine,* die z.B. Entzündungen hervorrufen können. Nicht selten muss dann die Gallenblase operativ entfernt werden. Der Gallensaft kann dann nicht mehr gespeichert werden und fließt direkt in den Dünndarm ab.

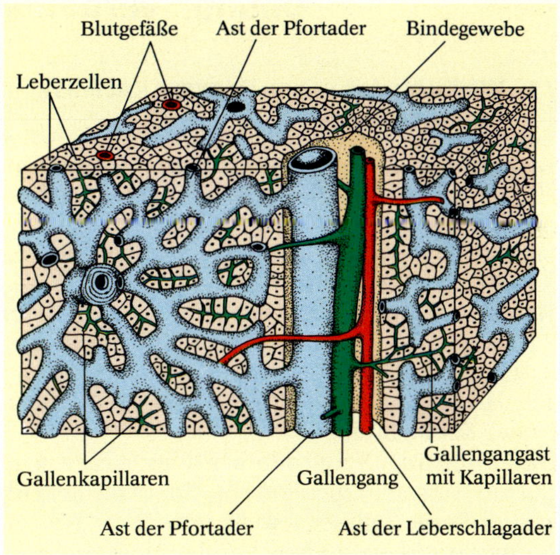

6 Ausschnitt aus einem Leberläppchen (Schema)

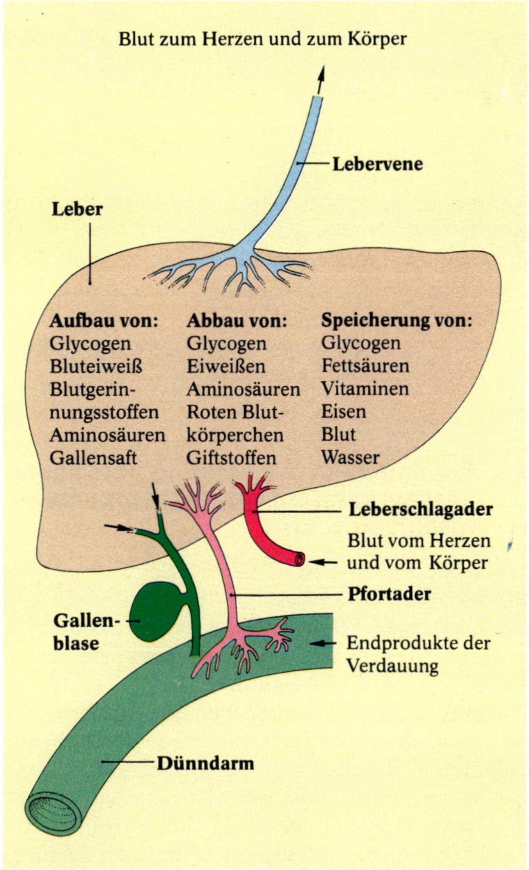

7 Aufgaben der Leber (Schema)

Übung: Verdauung und Stoffwechsel

V1. Wirkung des Leber-Enzyms Katalase (Schulversuch!)

Sachinformation: In Leberzellen entsteht im Stoffwechsel Wasserstoffperoxid. Dieser Stoff ist ein Gift, das abgebaut werden muss. Ebenfalls in Leberzellen kommt das Enzym Katalase vor. Es beschleunigt den Abbau von Wasserstoffperoxid.
Material: 1 Stück rohe Leber (Schweine- oder Rinderleber); 3% Wasserstoffperoxid-Lösung (H_2O_2); Sand; 3 Reagenzgläser; Reagenzglasständer; Holzspäne; Streichhölzer; Messer; Pinzette; Spatel; Schutzbrille
Durchführung: Verwende bei allen Arbeitsgängen mit Wasserstoffperoxid eine Schutzbrille! Gib in drei Reagenzgläser jeweils etwa 2 ml Wasserstoffperoxid! Füge zu Reagenzglas Nr. 2 eine Spatelspitze Sand hinzu! Schneide mit dem Messer ein etwa erbsengroßes Stück Leber ab und gib es mit der Pinzette in Reagenzglas Nr. 3! Zünde mit einem Streichholz einen Holzspan an und blase die Flamme aus, sobald das Holz richtig Feuer gefangen hat! Führe den glimmenden Span nacheinander vorsichtig in die drei Reagenzgläser ein! Entflammt der glimmende Holzspan, so hast du Sauerstoff nachgewiesen!
Aufgaben: a) Protokolliere deine Beobachtungen! In welchem der Reagenzgläser kannst du die Entwicklung von Sauerstoff nachweisen? Welche Schlussfolgerungen kannst du aus den Versuchsergebnissen ziehen?
b) Überlege, welche chemische Reaktion durch das Enzym Katalse katalysiert wird!

V2. Abhängigkeit der Wirkung des Leber-Enzyms Katalase von der Temperatur (Schulversuch!)

Material: 1 Stück rohe Leber (Schweine- oder Rinderleber); 3% Wasserstoffperoxid-Lösung; 4 Reagenzgläser; Reagenzglasständer; Becherglas; Pinzette; Messer; Wasserkocher; Eiswürfel; Holzspäne; Streichhölzer; Schutzbrille
Durchführung: Verwende bei allen Arbeitsgängen mit Wasserstoffperoxid eine Schutzbrille! Fülle das Becherglas halb mit Eisstücken! Gib so viel Wasser hinzu, dass die Eisstücke vollständig im Wasser liegen! Fülle in die Reagenzgläser Nr. 2–4 jeweils etwa 2 ml Wasserstoffperoxid-Lösung! Stelle Reagenzglas Nr. 2 ins Eiswasser! Bringe im Wasserkocher etwa 100 ml Wasser zum Kochen! Schneide in der Zwischenzeit drei etwa erbsengroße Stücke Leber ab! Gib eines der Leberstückchen in Reagenzglas Nr. 1! Gieße nun vorsichtig kochendes Wasser über dieses Leberstückchen! Erneuere das kochende Wasser nach etwa einer Minute! Gib zu Reagenzglas Nr. 2 (Eiswasser) sowie Reagenzglas Nr. 3 jeweils ein Stück der frischen Leber! Nimm das Stück Leber aus dem kochenden Wasser vorsichtig mit der Pinzette heraus und gib es in Reagenzglas Nr. 4! Führe in den Reagenzgläsern Nr. 2–4 die Glimmspanprobe durch (vgl. V1.)!
Aufgabe: Protokolliere deine Beobachtungen! Welche Auswirkungen haben unterschiedliche Temperaturen auf die Wirkung der Katalase? Erläutere!

V3. Abbau von Stärke durch Mundspeichel (Schulversuch!)

Material: Stärke (wasserlöslich); Iod-Lösung; Mundspeichel (oder Amylase-Pulver); verdünnte Salzsäure; Messbecher (250 ml); 4 Reagenzgläser; Reagenzglasständer; Reagenzglasstopfen; Pipetten; Spatel; Glasstab; Schutzbrille
Durchführung: Verwende bei der Arbeit mit Salzsäure eine Schutzbrille!
Stelle zunächst eine Stärkelösung her! Gib dazu eine Spatelspitze Stärkepulver in den Messbecher und fülle auf etwa 100 ml auf! Rühre mit einem Glasstab um! Gib einige Milliliter Mundspeichel in Reagenzglas Nr. 1 oder (bei Verwendung von Amylase-Pulver statt Speichel) löse in diesem Reagenzglas eine Spatelspitze Amylase-Pulver in Wasser auf! Gib in Reagenzglas Nr. 2 und Nr. 3 jeweils etwa 20 ml Stärkelösung, in Reagenzglas Nr. 4 etwa 15 ml Stärkelösung sowie etwa 5 ml verdünnte Salzsäure! Füge nun zu den Lösungen in den Reagenzgläsern Nr. 2–4 aus Reagenzglas Nr. 1 jeweils etwa 2 ml Mundspeichel bzw. Amylaselösung hinzu! Verschließe die Reagenzgläser Nr. 2–4 jeweils mit einem Stopfen und schüttle gut durch! Stelle die Reagenzgläser anschließend wieder ab! Gib nach etwa fünf Minuten zu allen Lösungen jeweils einen Tropfen Iod-Lösung!
Aufgabe: Protokolliere deine Beobachtungen! In welchen Reagenzgläsern fällt der Stärkenachweis mit Iod-Lösung positiv aus (vgl. dazu auch V1. auf S. 80). Erläutere!

Übung: Verdauung und Stoffwechsel

V 4. Eiweißverdauung durch Pepsin (Schulversuch!)

Material: ein kleines Stück gekochtes Fleisch (z.B. Hühnerfleisch); Pepsin; verdünnte Salzsäure; 3 Reagenzgläser; Reagenzglasständer; Pipette; Spatel; Messer; Pinzette; Schutzbrille
Durchführung: Verwende bei der Arbeit mit Salzsäure eine Schutzbrille!
Gib in die Reagenzgläser Nr. 1 und 2 jeweils 5 ml Wasser und in das 3. Reagenzglas 4 ml Wasser! Füge mit der Pipette zu Reagenzglas Nr. 3 vorsichtig 1 ml verdünnte Salzsäure hinzu (zuerst das Wasser, dann die Säure!)! Gib zu Reagenzglas Nr. 2 und Nr. 3 jeweils eine Spatelspitze Pepsin! Schneide drei etwa gleich große Stückchen Fleisch ab und gib je eins mit der Pinzette in die Reagenzgläser! Stelle den Reagenzglasständer an einem möglichst warmen Platz auf (bis ca. 37 °C, z.B. über einem Heizkörper)!
Aufgabe: Untersuche den Inhalt jedes Reagenzglases nach 24 Stunden! Protokolliere deine Beobachtungen! In welchem Reagenzglas ist die Eiweißverdauung eindeutig nachzuweisen? Vergleiche die Bedingungen in diesem Reagenzglas mit denen im Magen!

V 5. Wirkung von Gallensaft auf Speiseöl

Material: Speiseöl; Ochsengallensaft (Fellitin, in Apotheken erhältlich); 2 Reagenzgläser; Reagenzglasständer; Reagenzglasstopfen; Pipette
Durchführung: Fülle in beide Reagenzgläser jeweils etwa 10 ml Wasser und 5 ml Speiseöl! Füge in eines der beiden Reagenzgläser noch etwa 5 ml Ochsengallensaft hinzu! Verschließe beide Reagenzgläser mit Stopfen und schüttle kräftig! Stelle die Reagenzgläser dann wieder ab und lasse sie etwa fünf Minuten stehen!
Aufgabe: Protokolliere deine Beobachtungen! Welche Wirkung hat Gallensaft auf das Gemisch von Wasser und Speiseöl?

V 6. Beobachtung von Bakterien des Zahnbelages (Schulversuch!)

Material: Mikroskop; Objektträger; Deckglas; Methylenblau-Lösung; Pipette; Holzspatel; Bunsenbrenner; Streichhölzer; Reagenzglashalter; Becherglas; Papiertuch; Zeichenpapier; Bleistift
Durchführung: Gib einen Tropfen Wasser auf den Objektträger! Schabe dann mit dem Holzspatel vorsichtig etwas Zahnbelag ab und verteile den Belag in dem Wassertropfen! Lass diesen Ausstrich antrocknen! Greife dann ein Ende des Objektträgers mit einem Reagenzglashalter und ziehe den Objektträger dreimal ganz kurz durch eine Bunsenbrennerflamme! Lass den Objektträger anschließend abkühlen! Gib dann mit der Pipette einen Tropfen Methylenblau-Lösung auf den Ausstrich. Spüle die Farblösung nach einigen Minuten vorsichtig in einem mit Wasser gefüllten Becherglas ab! Lege ein Deckglas auf, trockne den Objektträger ab und mikroskopiere bei starker Vergrößerung!

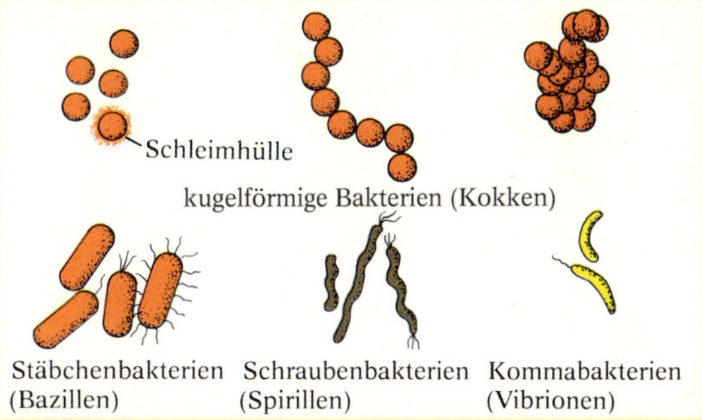

Bakterienformen

Aufgabe: Untersuche den Ausstrich des Zahnbelages nach Bakterien! Welche Bakterienformen kannst du erkennen? Zeichne!

V 7. Schlucken im Kopfstand (Schulversuch!)

Material: Tisch; Glas mit Milch; Trinkhalm
Achtung: Dieser Versuch kann nur durchgeführt werden, wenn zwei Klassenkameradinnen oder Klassenkameraden zur Hilfestellung bereitstehen!
Durchführung: Stelle das Glas mit der Milch und dem Trinkhalm auf der Erde bereit! Lege dich mit dem Bauch auf den Tisch! Rutsche mit dem Oberkörper so weit über die Tischkante, dass nur noch die Beine auf dem Tisch liegen! Die Beine werden nun bis zum Ende des Versuchs von zwei Klassenkameradinnen oder Klassenkameraden festgehalten! Stütze dich mit den Händen auf dem Boden ab! Du hängst nun kopfüber vom Tisch herab! Trinke mit dem Trinkhalm aus dem Glas!
Aufgabe: Berichte über das Trinken im Kopfstand! Erläutere den Schluckvorgang!

Übung: Verdauung und Stoffwechsel

A 8. Bewegung des Kiefergelenkes

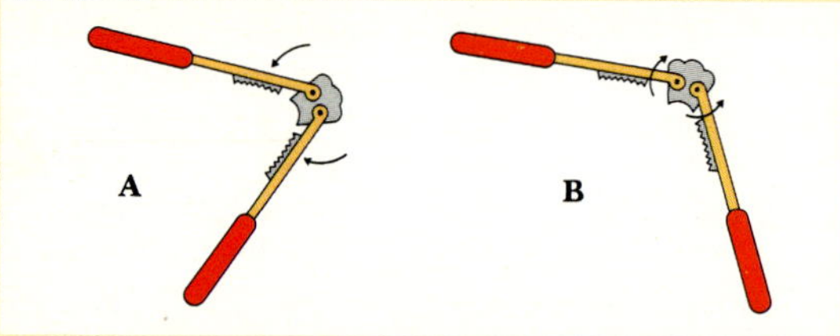

Bewegung eines zweigelenkigen Nussknackers

Untersuche an einem Kunststoffschädel aus der Schulsammlung die Beweglichkeit des menschlichen Unterkiefers! Vergleiche die Bewegungen, die das Unterkiefergelenk zulässt, mit denen eines zweigelenkigen Nussknackers (vgl. Abbildung)!

A 9. Verweildauer von Speisen im Magen

Verweildauer von Speisen im Magen

Beschreibe anhand der Abbildung, welche Arten von Nahrungsmitteln nur kurz, welche längere Zeit und welche sehr lange zur Verdauung im Magen bleiben! Versuche die unterschiedliche Verweildauer im Magen jeweils zu begründen! Verwende zur Beantwortung auch die Tabelle 3 auf Seite 71! Erläutere den Begriff „Verdaulichkeit" von Speisen!

A 10. Nahrungsaufnahme und Stoffwechsel bei „Maler Klecksel" von Wilhelm BUSCH

Hier thront der Mann auf seinem Sitze
Und ißt z. B. Hafergrütze.
Der Löffel führt sie in den Mund,
Sie rinnt und rieselt durch den Schlund,
Sie wird, indem sie weiterläuft,
Sichtbar im Bäuchlein angehäuft. –

So blickt man klar, wie selten nur,
Ins innre Walten der Natur. –

In seinem „Maler Klecksel" hat Wilhelm BUSCH scherzhaft Nahrungsaufnahme und Stoffwechsel in einer Art Karikatur dargestellt.
Überprüfe, welche der Aussagen aus Zeichnung und Vers biologisch korrekt sind! Welche Einzelheiten zu Verdauung und Stoffwechsel sind stark vereinfacht oder verfälscht?

A 11. Zusammenwirken einzelner Organe im Stoffwechsel

In der Abbildung auf Seite 93 sind einige wichtige am Stoffwechsel des Menschen beteiligte Organe zeichnerisch dargestellt. Erläutere das Zusammenwirken dieser Organe beim Stoffabbau, beim Stoffaufbau, beim Stofftransport und bei der Ausscheidung! Begründe, warum die Leber als die Zentrale des Stoffwechsels bezeichnet wird!

Übung: Verdauung und Stoffwechsel

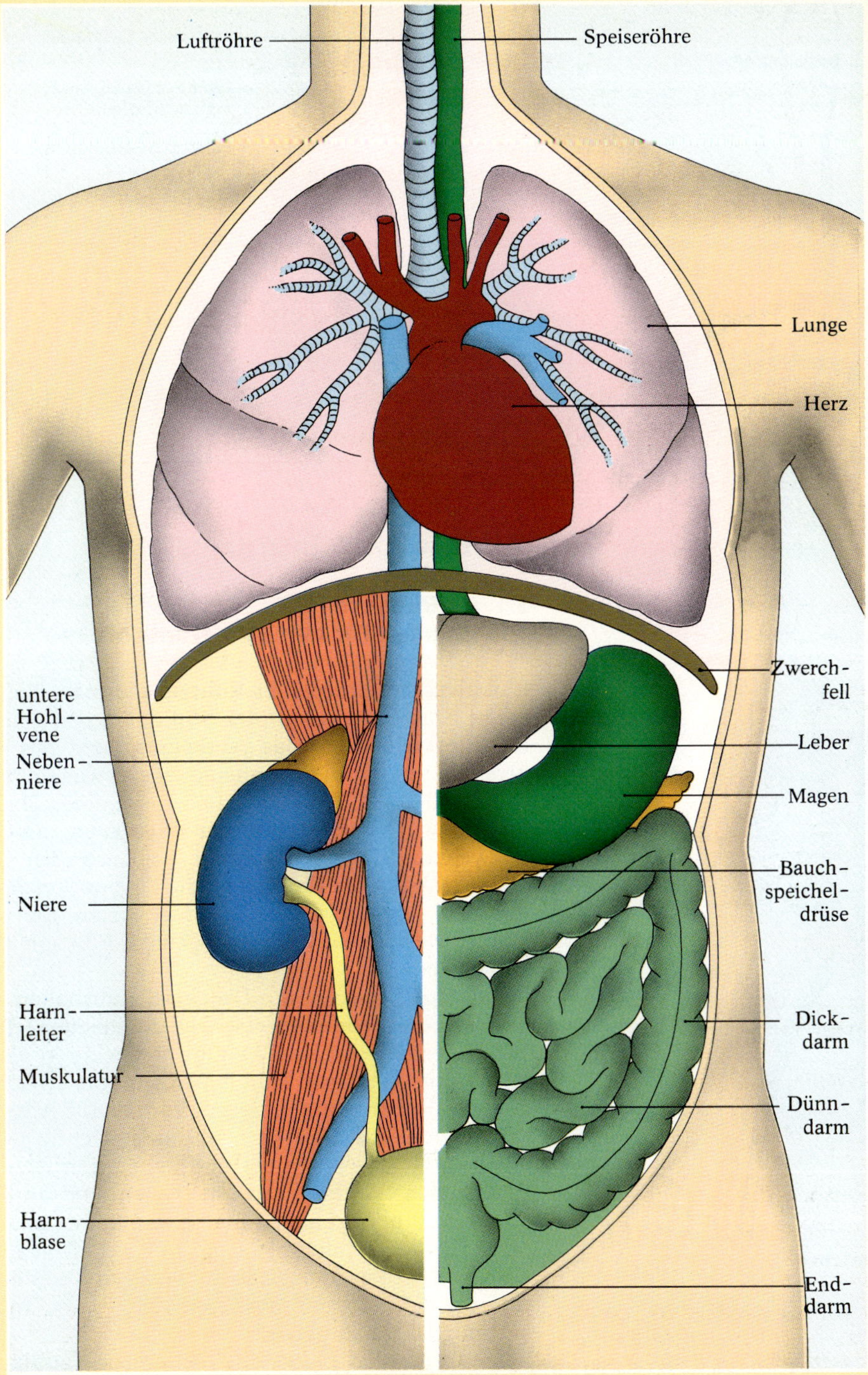

Verdauungssystem
Abbau der Nährstoffe aus der Nahrung in einfache Bausteine

Leber
Stoffwechselzentrale des Körpers; Aufbau wichtiger körpereigener Stoffe aus den Bausteinen der Nährstoffe

Lunge
Aufnahme von Sauerstoff aus der Atemluft und Abgabe von Kohlenstoffdioxid

Blutgefäßsystem
Versorgungssystem des Körpers; Transport von Nährstoffen zu Zellen und Abtransport von flüssigen Stoffwechselendprodukten zu den Ausscheidungsorganen

Nieren
Ausscheidungen von Stoffwechselschlacken

Muskulatur
Bewegung des Körpers; Organ mit sehr hohem Energieverbrauch

Innere Organe des Menschen und ihre Bedeutung im Stoffwechsel des Menschen

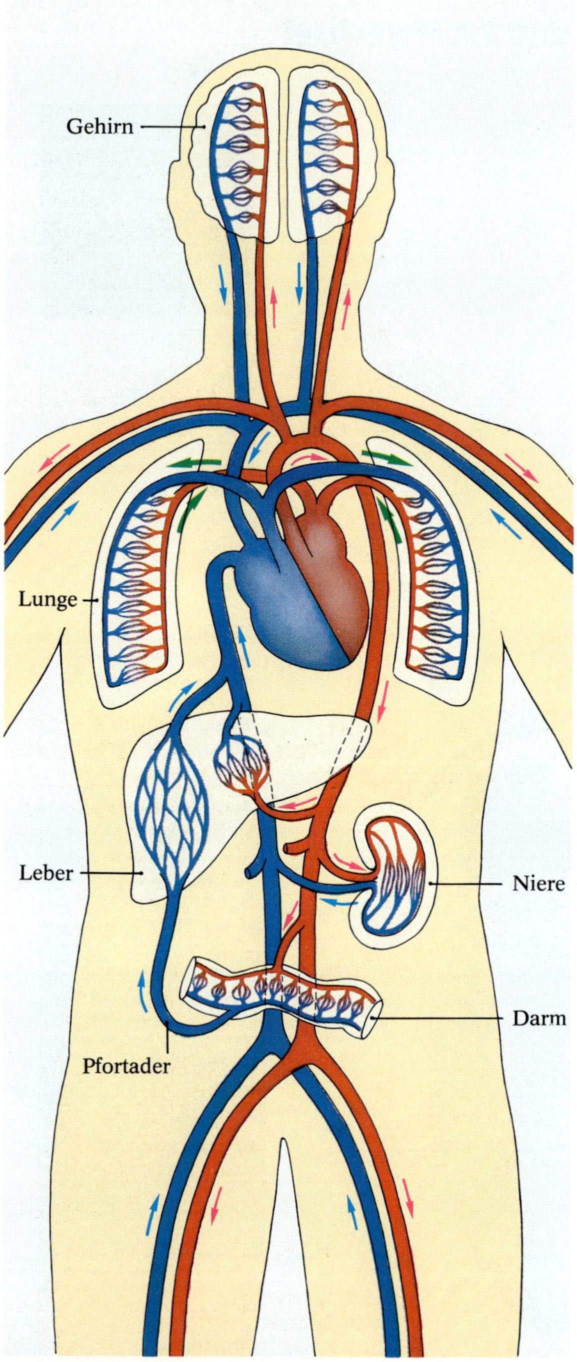

1 Der Blutkreislauf des Menschen

1. Verfolge ein Blutkörperchen auf seinem Wege durch den Menschen in der Abbildung 1! Schreibe die Stationen seines Weges auf und notiere, ob das Blutkörperchen an den verschiedenen Stellen mit Sauerstoff oder mit Kohlenstoffdioxid beladen wird!

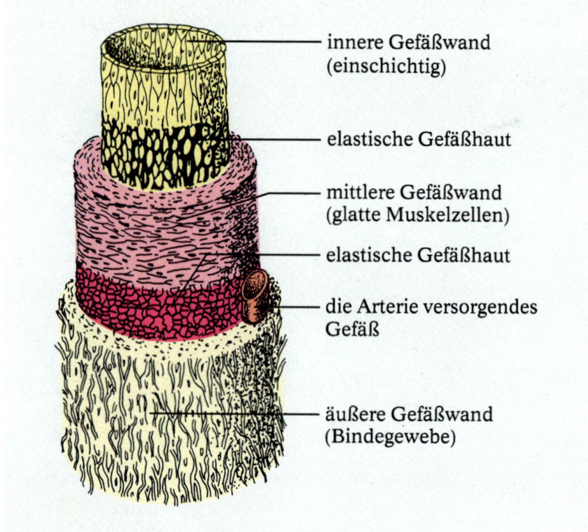

2 Aufbau einer Arterie

3. Blut und Blutkreislauf

3.1. Gefäßsysteme – Bahnen für den Stofftransport

Blut fließt im Körper in Röhren, die man **Gefäße** nennt. Das Herz pumpt das Blut durch den Körper. Der Blutkreislauf ist das „Verkehrssystem“ des Körpers. Er versorgt die Organe mit allem, was sie brauchen und schafft Abfallprodukte weg. Die „Hauptverkehrswege“ heißen Arterien und Venen, die über Abzweigungen der Gefäße über „Nebenstraßen“ und kleine „Wege“, die Kapillaren, die Organe versorgen. **Arterien** sind die Blutgefäße oder Adern, die vom Herzen wegführen, **Venen** bringen das Blut zum Herzen zurück.
Die Arterien müssen die Druckwelle aushalten, die das Blut bei jedem Herzschlag durch die Gefäße treibt. Deshalb sind ihre Wände durch mehrere elastische Häute verstärkt. Durch Muskeln, die zwischen den elastischen Häuten liegen, können die Arterien verengt oder erweitert werden. Das ist wichtig, wenn einzelne Organe mit mehr und andere mit weniger Blut versorgt werden müssen. Venen sind ähnlich aufgebaut, nur sind ihre Wände etwas dünner und die Muskelschicht ist nicht so stark. In den Organen verzweigen sich die Blutgefäße zu winzigen Verästelungen, die dafür sorgen, dass jede Zelle eines Organs bestmöglich versorgt wird.
Diese haarfeinen Blutgefäße nennt man **Kapillaren.** Auch die Arterien und Venen selbst müssen mit Blut versorgt werden. Die inneren Wandschichten ent-

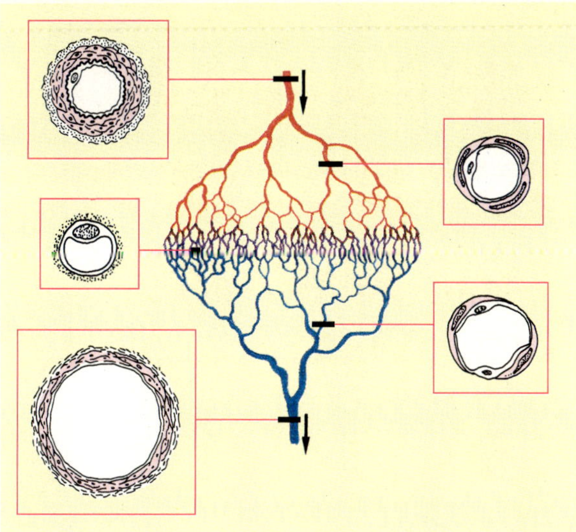
3 **Kapillarnetz**

nehmen die Stoffe, die sie brauchen, direkt dem Blut, das sie transportieren. Die äußeren Schichten, besonders die der Arterien, werden dagegen von eigenen Kapillaren versorgt, die von außen an sie herantreten.
Ein wichtiger Stoff, den das Blut transportiert, ist der Sauerstoff. Sauerstoffreiches Blut ist hellrot, es wird **arterielles Blut** genannt, weil man es vorzugsweise in den Arterien findet. Über die Kapillaren wird der Sauerstoff an die Zellen abgegeben und Kohlenstoffdioxid im Austausch aufgenommen. Das sauerstoffarme, kohlenstoffdioxidreiche dunkelrote Blut, das von den Organen kommt, heißt **venöses Blut**.
Für die Aufnahme des Sauerstoffs aus der Luft und die Abgabe des Kohlenstoffdioxids gibt es einen eigenen Teilkreislauf, den **Lungenkreislauf**. Er führt von der rechten Hälfte des Herzens in die Lunge und von dort zurück in die linke Herzhälfte. Die Lungenarterie enthält also venöses, die Lungenvene arterielles Blut.
Von der linken Herzhälfte aus wird das arterielle Blut in den **Körperkreislauf** gepresst. Die Hauptader, die den Körperkreislauf eröffnet, heißt **Aorta** oder Hauptkörperarterie. Sie ist etwa fingerdick. Von ihr gehen die Gefäße aus, die die Organe durchbluten. Von jedem Organ gehen dann Venen zur **Hauptkörpervene.** In den Organen werden Sauerstoff, Energie liefernde Stoffe wie Traubenzucker und Bausteine für den Aufbau der Zellen, die Aminosäuren, „abgeliefert". Von den Organen erhält das Blut Abfallstoffe,

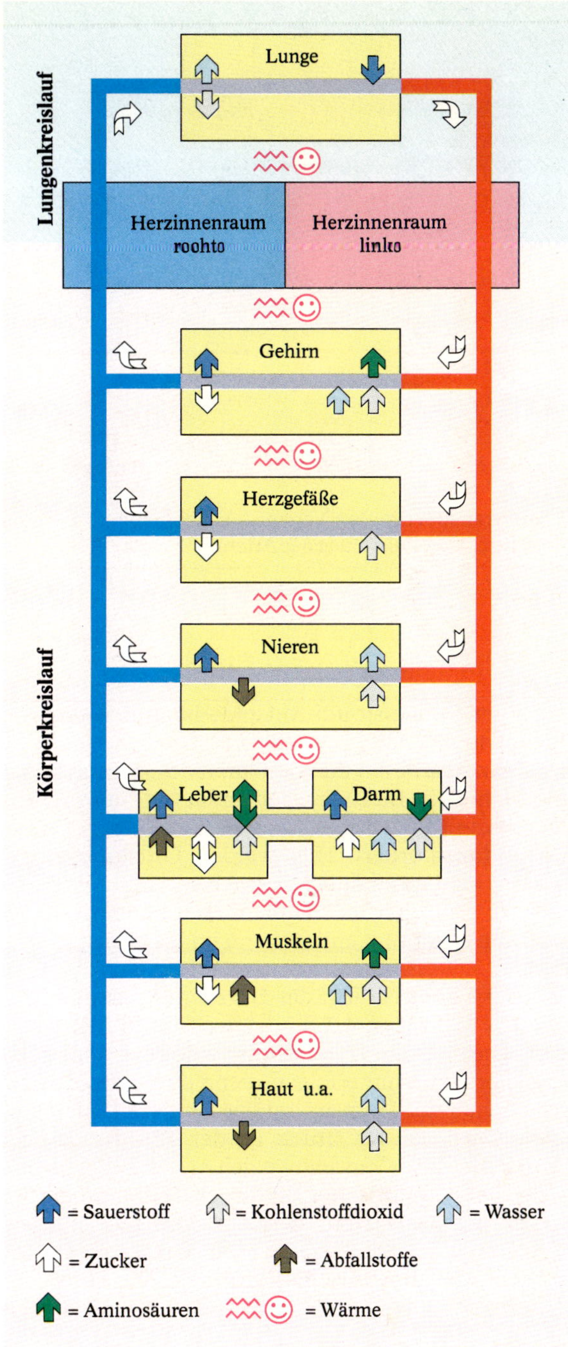

4 **Stofftransport durch den Kreislauf**

2. Vergleiche das Schema mit der Abbildung des Kreislaufs links! Warum liegen „Darm" und „Leber" im Schema in einer Reihe? Schreibe zu jedem Organ die Stoffe auf, die es aufnimmt bzw. abgibt! Erkläre, warum gerade diese Stoffe aufgenommen bzw. abgegeben werden!

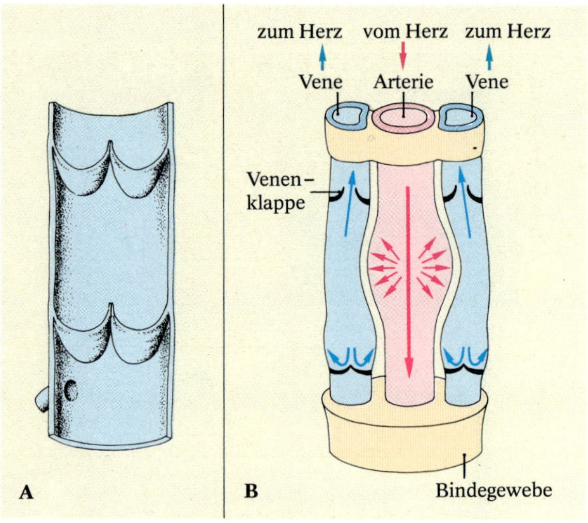

5 **Bluttransport in den Venen.** A Venenklappen; B Transport durch den Pulsschlag der Arterie

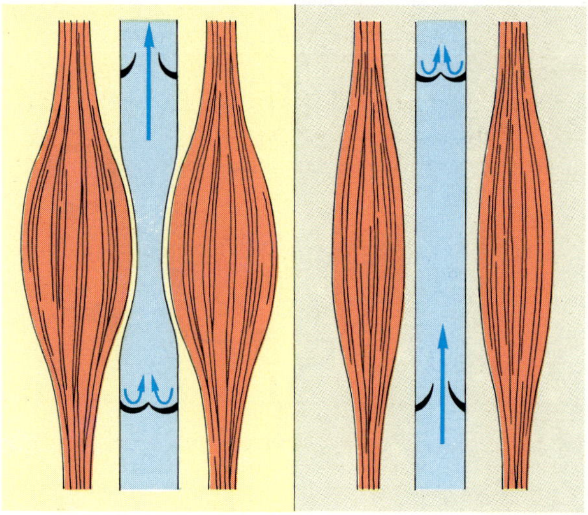

6 **Die „Muskelpumpe“**

vor allem Kohlenstoffdioxid und Abbauprodukte von Eiweißen.

Das Blut, das durch die Kapillaren des Darms strömt, nimmt hier die Bausteine der verdauten Nahrung auf. Durch die **Pfortader** werden die Stoffe sofort in die **Leber** transportiert. Hier werden Giftstoffe ausgesondert und unschädlich gemacht. In der Niere werden die „entschärften“ Giftstoffe und andere Abfallstoffe aus dem Blut entfernt und im Harn ausgeschieden.

In jeder Minute drückt das Herz eines gesunden, ruhenden Menschen 4,5 bis 5 Liter Blut in den Kreislauf. Dies ist das **Herzminutenvolumen.** Der Bluttransport kann nur erfolgen, wenn durch das Zusammenziehen des Herzens auf das Blut ein Druck ausgeübt wird. Dieser Druck ist der **Blutdruck.** Der Druck, der beim Zusammenziehen des Herzens entsteht, heißt **systolischer** Blutdruck. Während der Erschlaffung des Herzens zwischen den Herzschlägen, wenn also das Blut wieder in das Herz einströmt, herrscht der **diastolische** Blutdruck. Die Höhe des Blutdrucks ist vom Alter, von der jeweiligen Tätigkeit des Menschen und von seiner Gesundheit abhängig.

Der Weg durch alle Organe ist lang und das Blut muss an den Aderwänden eine beträchtliche Reibung überwinden. Für diese Leistung ist das Herz allein zu schwach. Deshalb gibt es Hilfseinrichtungen in den Venen, die den Strom des Blutes zurück zum Herzen fördern. In Abständen von einigen Zentimetern befinden sich in den Venen die **Venenklappen.** Das sind „Rückschlagventile“, die verhindern, dass das Blut in den Adern zurückfließt. Sie bestehen aus Bindegewebssäckchen, die zwischen den Pulsschlägen aufklappen und das Blut zurückhalten. Häufig liegen direkt neben den Venen Arterien, durch die die Druckwelle des Pulsschlags rollt. Dabei werden die Venen von der Arterie eingedellt. Da die Venenklappen das Zurückströmen des Blutes verhindern, muss es in Richtung auf das Herz ausweichen. Eine ähnliche Funktion üben die Muskeln des Körpers aus. Bewegen sie sich, pressen sie die Venen des Körpers zusammen. So gelangt das Blut zum Herzen zurück, auch wenn die Kraft des Herzschlags zu seinem Transport nicht mehr ausreicht. Neben dem Stofftransport hat der Blutkreislauf noch eine andere, sehr wichtige Aufgabe: Mit dem Blut wird Wärmeenergie in alle Teile des Körpers gebracht, sodass sie nicht auskühlen. Darüber hinaus wird überschüssige Wärme über die Kapillaren der Haut nach außen abgegeben. Wir spüren, dass die Haut besonders stark gerötet ist, wenn wir uns angestrengt und dabei sehr viel Wärmeenergie erzeugt haben. Der Kreislauf ist also zugleich „Zentralheizung“ und „Kühlsystem“ des Körpers.

3. Bei einem Unfall werden Blutgefäße verletzt. Aus Arterien strömt stoßweise hellrotes Blut, aus Venen fließt dunkelrotes Blut. Warum ist es wichtig zu wissen, welche Art Adern verletzt sind? Welche Eigenschaft des Blutes ist für die Farbe verantwortlich?

Die Messung des Blutdrucks

Wenn der Arzt einen Patienten untersucht, misst er häufig den Blutdruck. Er streift ihm eine Manschette über den Oberarm, die er mit einer kleinen Luftpumpe aufpumpt. Dann setzt er sein Hörrohr, das Stethoskop, auf eine Arterie in der Armbeuge und lässt langsam die Luft aus der Manschette. Dabei blickt er auf ein Manometer, einen Druckmesser, und notiert anschließend die gemessenen Werte. Was hat der Arzt dabei gehört?

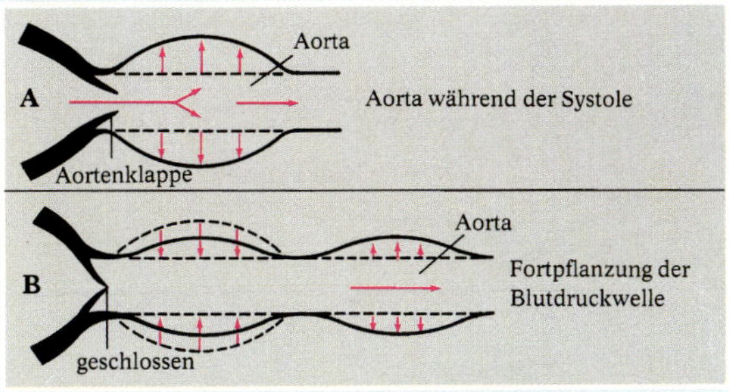

Wenn sich das Herz zusammenzieht, wird das Blut in die Aorta gepresst. Sie beult sich aus und zieht sich mit ihren Muskeln sofort wieder zusammen. So läuft die Druckwelle als Pulsschlag durch den Körper und schiebt das Blut vor sich her.

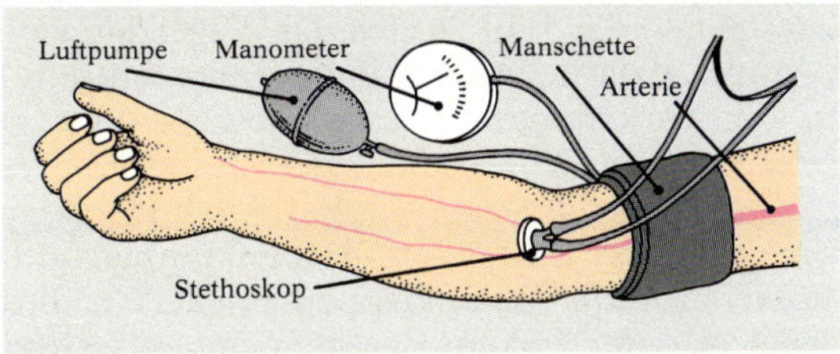

Wenn der Arzt nun die Manschette aufpumpt, drückt er die Arterien im Arm zu, sodass kein Blut mehr durch die Adern strömt. Mit dem Stethoskop kann er an der Arterie, an der er misst, kein Geräusch hören. Nun lässt er langsam die Luft aus der Manschette ausströmen. Der Druck in der Manschette sinkt und damit auch der Druck auf die Arterienwände. Irgendwann wird der Druck in der Manschette ein klein wenig niedriger sein als der in der Ader. Die Druckwelle, die vom Herzen kommt, kann wieder Blut durch die Ader drücken. Diese ist aber noch stark verengt, sodass die Strömung hinter der Verengung verwirbelt wird. Diese Verwirbelung erzeugt ein zischendes Geräusch, das der Arzt mit dem Stethoskop hören kann. In diesem Augenblick misst er den Druck, der durch die Systole an der Armarterie erzeugt

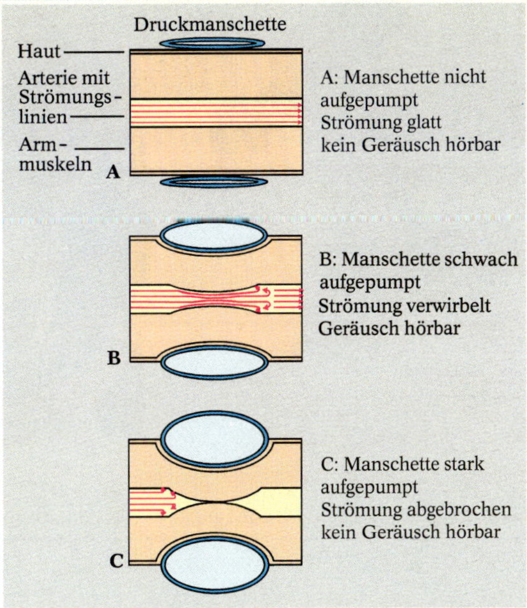

wird. Man nennt ihn den **systolischen Wert** des Blutdrucks. Nun wird der Druck in der Manschette weiter vermindert. Da die Ader aber noch immer verengt ist, hört man bei jedem Pulsschlag das zischende Geräusch. Wenn die Manschette aber nur noch wenig Luft enthält, hört man das Geräusch nicht mehr. Jetzt hat die Ader ihren normalen Durchmesser und das Blut strömt ungehindert und ohne Verwirbelung hindurch. Der Wert, der jetzt gemessen wird, heißt **diastolischer Druck**, der dem Druck entspricht, der bei entspanntem Herzmuskel in der Arterie herrscht.

Der systolische Blutdruck eines gesunden Menschen in Ruhe beträgt ca. 16 kPa (früher 120 mm Hg), der diastolische ca. 12 kPa (früher 90 mm Hg).

Heute wird der Blutdruck meist mit modernen elektronischen Geräten gemessen, die die Pulsgeräusche automatisch aufnehmen und die Werte als Zahlen anzeigen. Das Prinzip ist aber dasselbe wie bei der „altmodischen" Methode.

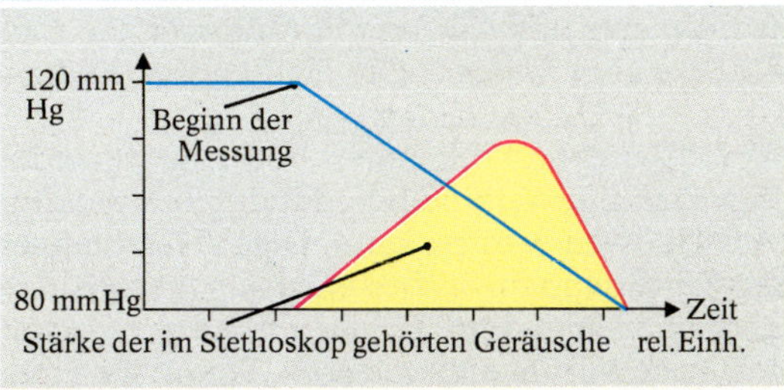

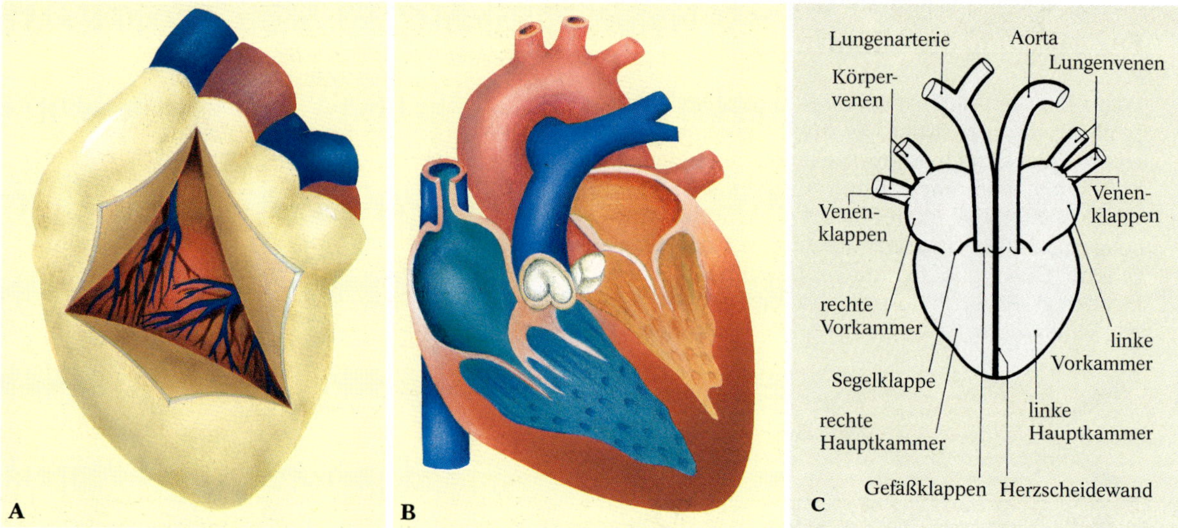

1 **Das Herz.** A Herzbeutel; B Innenansicht; C schematische Darstellung

3.2. Das Herz – ein Hohlmuskel

Bei schwerer körperlicher Anstrengung können wir auf der linken Brustseite die Herzschläge spüren. Das Herz liegt aber in der Körpermitte. Es ist etwas schräg gestellt und beim Schlagen trifft seine Spitze die Rippen des Brustkorbs auf der linken Seite. Warum aber schlägt das Herz so schnell bei Anstrengungen?
Das Herz treibt den Blutstrom an, der den Körper durchfließt. Wenn die Organe bei Anstrengungen Nährstoffe und Sauerstoff benötigen, muss mehr Blut an die Verbrauchsstellen gelangen. Das Herz muss schneller schlagen. Was geschieht nun beim Schlagen des Herzens?
Äußerlich betrachtet ist das Herz ein ovaler Muskel. Es ist umgeben von einem Bindegewebssack, dem **Herzbeutel**. Er ist mit Flüssigkeit gefüllt und vermindert beim Schlagen die Reibung an den umgebenden Organen. Im Inneren des Herzens finden wir vier Hohlräume: die rechte und die linke **Herzkammer** sowie die rechte und die linke **Vorkammer**, die auch *Vorhöfe* genannt werden. Die Hälften des Herzens sind durch die **Herzscheidewand** völlig voneinander getrennt. Zwischen Vorkammer und Hauptkammer besteht aber eine Verbindung, die durch *Herzklappen* verschlossen werden kann. Diese Herzklappen heißen **Segelklappen**. Sie bestehen aus zähen Bindegewebshäuten und sind an der Öffnung zwischen Kammer und Vorhof angewachsen. Durch die Herzkammer laufen Bindegewebsfäden, die die Klappe an der gegenüberliegenden Kammerwand befestigen. So kann Blut aus dem Vorhof in die Kammer fließen. Wenn sich die Kammer aber zusammenzieht, kann die Segelklappe nicht in den Vorhof zurückschlagen und hält so das Blut zurück. Die Segelklappen sind „Ventile“ zwischen Vorhof und Herzkammer.
In die Vorkammern münden jeweils zwei große Adern und aus jeder Hauptkammer entspringt je ein großes Blutgefäß. Auch sie sind durch Herzklappen abgeschlossen. Sie heißen **Taschenklappen** und sind ähnlich wie die Venenklappen in den Gefäßen gebaut. Aus der linken Herzkammer entspringt die **Aorta**, aus der rechten die **Lungenarterie**. In den rechten Vorhof münden die **Hauptkörpervenen**, in den linken die beiden **Lungenvenen**. Durch die Aorta wird das Blut durch den gesamten Körper gepumpt, durch die Lungenarterie nur in den Lungenkreislauf. Die Reibung, die das Blut im Körperkreislauf überwinden muss, ist viel größer als die im Lungenkreislauf. Deshalb ist die linke Kammer größer und mit stärkeren Muskeln ausgestattet. Das Herz bezieht die Stoffe, die es braucht, nicht aus dem Blut, das durch die Herzkammern strömt, sondern es hat eigene Adern, die den Herzmuskel mit Traubenzucker und Sauerstoff versorgen. Sie heißen **Herzkranzgefäße**.
Verdeutlichen wir uns an der Abbildung 1, wie das Herz arbeitet: Wir beginnen mit dem Augenblick, in dem das Herz erneut Blut aufnimmt. Die Muskeln der Hauptkammern haben sich vorher zusammengezogen, sie sind dick, die Hauptkammern sind klein.

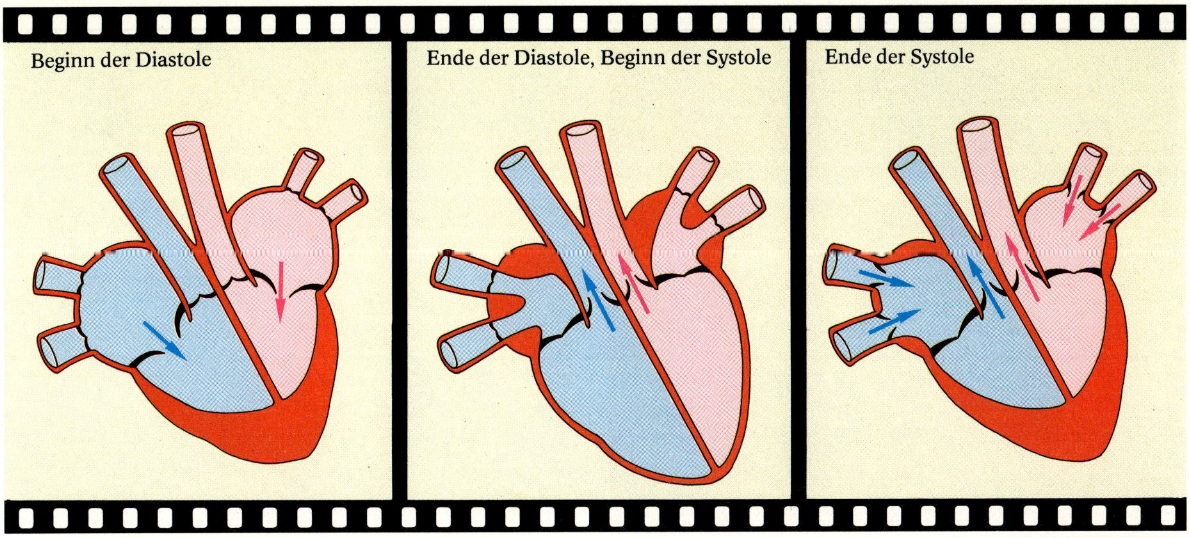

2 Arbeitsphasen des Herzens

Die Vorkammern dagegen sind prall mit Blut gefüllt, ihre Muskulatur ist entspannt. Jetzt beginnen sich die Vorkammermuskeln zusammenzuziehen. Die Taschenklappen in den zuführenden Adern verhindern, dass das Blut in die Blutgefäße zurückströmt. Es wird durch die Segelklappen hindurch in die Herzkammern gedrückt. Dabei wird die Herzkammermuskulatur entspannt, die Herzkammern werden erweitert. Der Vorgang der Füllung der Herzkammern wird **Diastole** genannt. Die mittlere Abbildung zeigt das Ende der Diastole. Die Vorkammern sind durch ihre Muskeln zusammengepresst. Das Blut befindet sich in den Herzkammern. Nun beginnt sich die Muskulatur der Herzkammern zusammenzuziehen. Die Segelklappen verhindern, dass das Blut in die Vorkammern zurückströmt, indem die Ventilklappen zurückschlagen. Dieses Zurückschlagen können wir als dumpfen Ton hören. Das Blut wird jetzt durch Aorta und Lungenarterie aus dem Herzen in den Körper gepresst. Dieser Vorgang heißt **Systole.** Am Ende der Systole sind die Herzkammern nahezu leer. Währenddessen hat sich die Muskulatur der Vorkammern entspannt und durch die zuführenden Gefäße ist Blut aus dem Körper in die Vorkammern geströmt. Muskeln können sich nicht von selbst dehnen, sondern sie müssen gedehnt werden. Die Vorhöfe werden also durch den Restdruck, der in den Venen herrscht, wieder mit Blut gefüllt. Wenn die Vorkammern gefüllt sind, wiederholt sich der gesamte Vorgang.

Das EKG

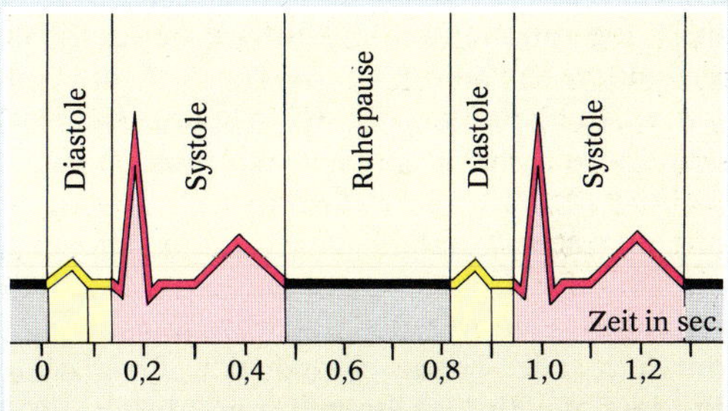

Zur genauen Herzuntersuchung macht der Arzt ein *Elektrokardiogramm*, abgekürzt EKG. Er setzt z.B. an den Hand- und Fußgelenken und auf dem Brustkorb Metallplatten, so genannte Elektroden, auf die Haut. Kabel verbinden sie mit einem Verstärker und mit einem Schreibgerät. Bei einem gesunden Menschen zeichnet der Schreiber eine Kurve wie in der Abbildung auf. Während des Herzschlags werden nämlich im Herzen elektrische Ströme erzeugt, die das Zusammenziehen der Herzmuskulatur bewirken. Die Geräte nehmen diese Ströme auf und machen sie sichtbar. Aus Abweichungen der Kurve vom Normalverlauf kann der Arzt Schäden des Herzens ablesen.

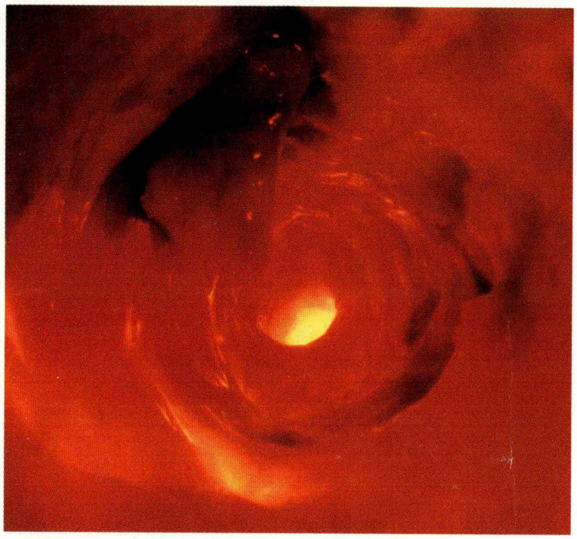

1 **Arteriosklerose** (Foto)

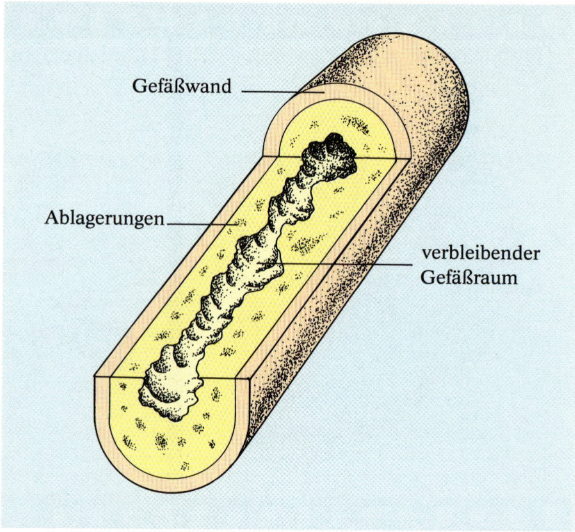

2 **Arteriosklerose** (Schema)

3.3. Herz- und Kreislauferkrankungen

Der eindrucksvolle Blick durch den Tunnel im Foto oben ist die Innenaufnahme einer Arterie, die durch **Arteriosklerose** verengt ist. Bei dieser Krankheit haben sich Ablagerungen an den Gefäßinnenwänden gebildet, weshalb man die Krankheit auch *Arterienverkalkung* nennt. Die Ablagerungen bestehen aus fettartigen und eiweißhaltigen Stoffen sowie abgelösten Zellen der Gefäßwände. Die Ader wird durch die Ablagerungen verengt und ihre Elastizität wird vermindert. Die Herabsetzung der Elastizität bewirkt, dass die Blutdruckregulierung durch die Arterienmuskulatur nicht mehr voll durchgeführt wird. Außerdem besteht die Gefahr, dass solche Adern bei besonders starken Belastungen platzen. Durch die Verengung des Gefäßinnenraums kann nicht mehr genug Blut fließen und die betroffenen Organe werden nicht mehr ausreichend versorgt. Im besonders schlimmen Fall kann sich die Ader völlig schließen. Auch kleine Teilchen geronnenen Blutes können in den verengten Arterien stecken bleiben und so den Blutstrom unterbrechen.

Besonders gefährlich ist die Arteriosklerose, wenn sie am Herzen oder im Gehirn auftritt. Die Verstopfung einer Arterie im Gehirn bewirkt einen **Gehirnschlag** oder *Schlaganfall.* Die Gewebe, die hinter der verstopften Gefäßstelle liegen, werden nicht mehr durchblutet. Da Nervenzellen besonders viel Sauerstoff brauchen, besteht die Gefahr, dass die Mangeldurchblutung zum Absterben der Nervenzellen führt. Dadurch fällt zum Beispiel die Steuerung bestimmter Muskelpartien aus, der Mensch ist dann teilweise gelähmt.

Arteriosklerotische Verengungen der *Herzkranzgefäße* führen zu einer Mangeldurchblutung der Herzmuskelbereiche, die sie versorgen sollen. Sie arbeiten dann nicht mehr exakt. Diese Störung der Herztätigkeit ist der **Herzinfarkt.** Die Betroffenen leiden plötzlich unter Druckgefühl und Schmerzen hinter dem Brustbein, Angstzuständen und Rhythmusstörungen des Herzschlags. Im **Elektrokardiogramm** (EKG) können Vorstufen des Herzinfarkts vom Arzt erkannt werden. Bei schweren Fällen von Arterienverengung am Herzen wird häufig die **Bypass-**Operation angewandt. Dabei wird eine Ader aus einer anderen Körpergegend, etwa aus dem Bein, so in die Herzwand eingefügt, dass sie das verstopfte Gefäß überbrückt.
Die genauen Mechanismen für die Entstehung der Arteriosklerose sind bis heute noch nicht bekannt. Man weiß aber aus Erfahrung, dass Arteriosklerose häufig in Verbindung mit anderen Krankheiten oder mit besonderen Lebensgewohnheiten auftritt. Diese Bedingungen werden **Risikofaktoren** genannt. Zu den Risikofaktoren der Arteriosklerose gehören: Bluthochdruck, Zuckerkrankheit, starkes Übergewicht, Nikotinmissbrauch und Bewegungsarmut. Durch Beachtung dieser Faktoren ist es möglich, die

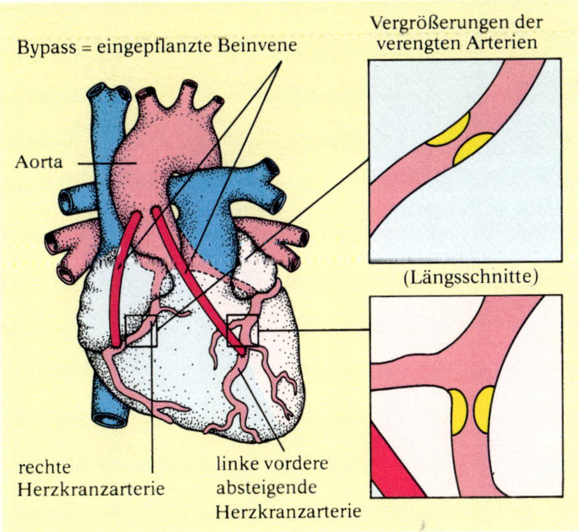

3 Bypass

Gefahr der Erkrankung an Arteriosklerose einzuschränken. Zu hoher Blutdruck kann durch regelmäßige Messungen festgestellt und anschließend behandelt werden. Überhöhter Zuckergehalt des Blutes, der ein Symptom der Zuckerkrankheit ist, kann mit Hilfe von Teststreifen, die man in der Apotheke bekommt, nachgewiesen werden. Die Risikofaktoren Übergewicht, Nikotinmissbauch und Bewegungsarmut allerdings stellen einige Anforderungen an die Willenskraft des Menschen. Hier muss man selbst Entscheidungen treffen, die der eigenen Gesundheit dienen.

Weitere Durchblutungsstörungen kommen durch die Verstopfung von Adern mit Teilchen geronnenen Blutes zustande. Die Gefahr besteht besonders bei längerer Bettruhe und tritt häufig in den Beinen auf. Haftet geronnenes Blut an der Wand eines Blutgefäßes, so nennt man die Verstopfung **Thrombose.** Werden Blutgerinnsel oder zum Beispiel Luftblasen oder Fetttröpfchen durch die Adern geschwemmt und verstopfen dabei Kapillaren, so ist das eine **Embolie.** Sie ist besonders gefährlich als *Lungenembolie.*
In Deutschland starben im Jahre 1989 etwa 1150 von 100 000 Menschen, davon 260 an Krebs und 585 an Herz- und Kreislauferkrankungen. Die Zahlen in anderen Jahren haben ähnliche Größenordnungen. Man kann also sagen, dass diese Krankheiten an erster Stelle in der Reihe der Todesursachen in Deutschland stehen.

Nachhilfe für das Herz

Es gibt Krankheiten, die als Nebenwirkungen eine Störung der Herzschlagregelung mit sich bringen. Man nennt sie **Herzrhythmusstörungen.** Das Herz schlägt dann zu langsam oder unregelmäßig. Um dies zu beheben, wird

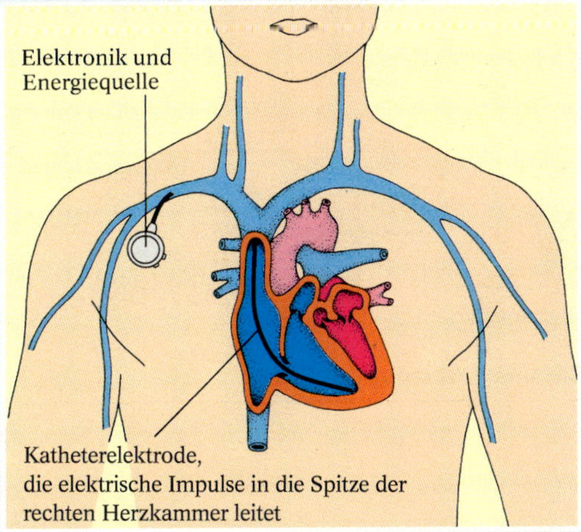

dem Herzen ein **Schrittmacher** als Hilfe gegeben. Das ist ein elektronisches Gerät, das unter die Haut des Brustkorbs eingepflanzt wird. In der Zeichnung und im Röntgenfoto ist es deutlich zu sehen. Von diesem Gerät gehen Kabel durch ein Blutgefäß ins Herz. Die Elektronik gibt nun, gespeist von einer Batterie, elektrische Impulse an die Herzmuskulatur, die das Herz zu regelmäßigem Schlagen zwingen. Es gibt auch Schrittmacher, die abwarten, ob das Herz von allein ordnungsgemäß schlägt, und nur dann „eingreifen“, wenn Unregelmäßigkeiten auftreten.

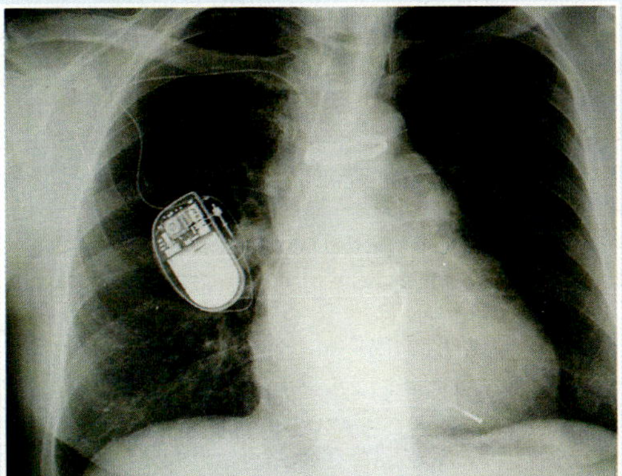

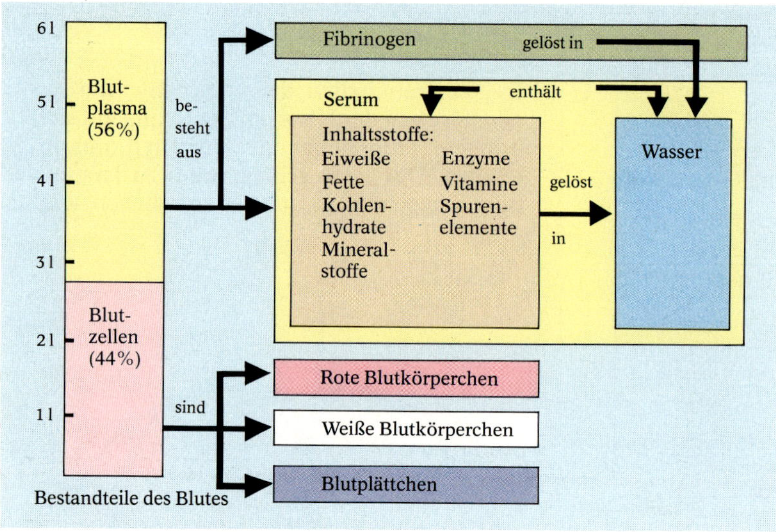

1 Zusammensetzung des Blutes

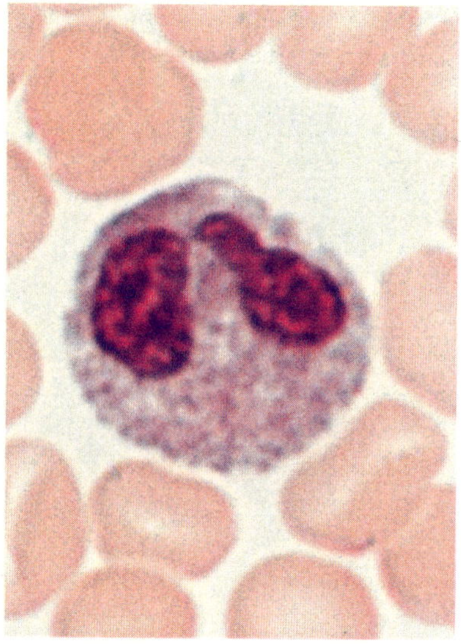

2 Blutkörperchen. LM-Aufnahme

3.4. Blut ist mehr als eine Flüssigkeit

Bei einer Verletzung tritt flüssiges Blut aus der Wunde, das bei kleineren Verletzungen bald gerinnt und schließlich fest wird. Wodurch wird das Blut fest?

Wenn man Blut mit dam Salz Natriumcitrat vermischt, gerinnt es nicht. Lässt man dieses Blut einige Zeit stehen, so setzt sich unten im Gefäß eine Schicht fester Stoffe ab. Darüber steht eine klare, gelbliche Flüssigkeit. Man hat festgestellt, dass der Anteil der Flüssigkeit 56% und der der festen Stoffe etwa 44% beträgt.

Mit dem Mikroskop können wir verschiedene Formen von Feststoffen unterscheiden: die **Roten Blutkörperchen,** die **Weißen Blutkörperchen** und die **Blutplättchen.** Die Roten Blutkörperchen sind runde, scheibenförmige Zellen ohne Zellkern. Ihre Farbe kommt von dem roten, eisenhaltigen Farbstoff **Hämoglobin.** Hämoglobin kann mit Hilfe der in ihm enthaltenen Eisenteilchen Luftsauerstoff binden und leicht wieder abgeben. So transportiert das Blut dieses wichtige Gas in den Roten Blutkörperchen durch den Körper. Auch Kohlenstoffdioxid wird von den Roten Blutkörperchen entfernt. Die Roten Blutkörperchen erfüllen also alle eine gemeinsame Aufgabe. Gleichartige Zellen, die eine gemeinsame Aufgabe erfüllen, nennt man *Gewebe.* Die Roten Blutkörperchen bilden also, obgleich sie nicht aneinander haften, ein Gewebe.

Die Weißen Blutkörperchen haben keine feste Gestalt. Sie sind ähnlich wie Amöben frei beweglich und können die Blutgefäße verlassen. Diese Fähigkeit ist wichtig: Wenn Weiße Blutkörperchen nämlich in den Geweben auf körperfremde Stoffe stoßen, versuchen sie diese unschädlich zu machen. Dabei werden auch Krankheitskeime umflossen und aufgefressen. Manchmal gehen die Weißen Blutkörperchen bei ihrer „Säuberungsaktion" zugrunde. Sie werden dann mit den körperfremden Stoffen zusammen als Eiter aus dem Körper ausgeschieden. Da die Weißen Blutkörperchen auch Zellen mit einer gemeinsamen Aufgabe sind, bilden sie ebenfalls ein Gewebe. Mehrere verschiedene Gewebe, die einer gemeinsamen Aufgabe dienen, nennt man ein *Organ.* Das Blut mit den Roten und Weißen Blutkörperchen und seinen restlichen Bestandteilen ist also ein „flüssiges" Organ.

Die festen Bestandteile des Blutes schwimmen in einer Flüssigkeit, die **Blutplasma** genannt wird. Es enthält einen Eiweißstoff, der für die anschließend besprochene Blutgerinnung wichtig ist, das *Fibrinogen* (Betonung auf der letzten Silbe). Wenn man das Fibrinogen aus dem Plasma abtrennt, erhält man eine Restflüssigkeit, die **Serum** heißt. Das Serum ist eine wässrige Lösung vieler verschiedener Stoffe, die für den Ablauf der Stoffwechselprozesse im Körper wichtig sind. Bei diesen Stoffen handelt es sich um die bei der Verdauung freigesetzten Bestandteile der Nahrung, nicht mehr verwertbare Stoffe aus den

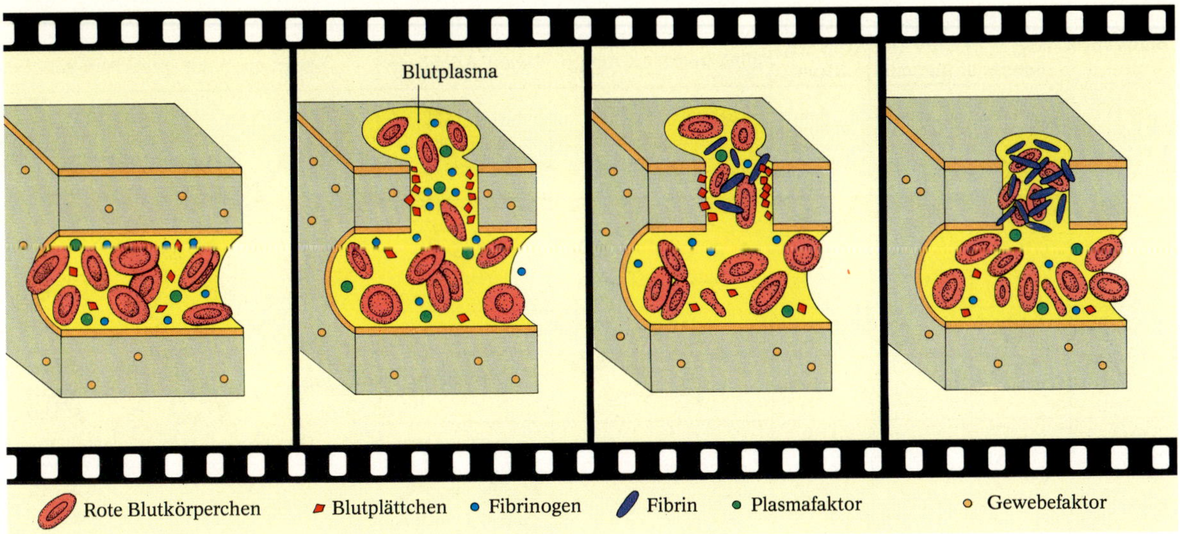

3 Verschluss einer Wunde durch Blutgerinnung

Organen, Salze, Enzyme und bestimmte Abwehrstoffe, die dem Schutz vor Krankheiten dienen.

Ein weiterer Bestandteil des Blutes sind die Blutplättchen. Sie sind wesentlich kleiner als die Roten oder die Weißen Blutkörperchen. Ihre Aufgabe besteht in der Einleitung der **Blutgerinnung**, wenn eine Ader verletzt ist und Blutverlust droht. Die Blutplättchen sammeln sich am Rande der Wunde und können kleine Öffnungen sofort verschließen. Ist die Wunde größer, zerfallen einige der Blutplättchen. Dabei setzen sie gerinnungsfördernde Stoffe frei, die in die Blutflüssigkeit gelangen. Außerdem sind noch andere gerinnungsfördernde Stoffe vorhanden. In der Blutflüssigkeit schwimmen Stoffe mit, die zusammen **Plasmafaktor** genannt werden. Aus dem verletzten Gewebe treten Stoffe aus, die man als **Gewebefaktor** bezeichnet. Schließlich spielt noch ein Eiweißstoff eine Rolle, das **Fibrinogen**, das auch in der Blutflüssigkeit gelöst ist. Bei der Blutgerinnung läuft nun folgender Prozess ab: Der Stoff aus den Blutplättchen, der Plasmafaktor und der Gewebefaktor wirken zusammen so auf das Fibrinogen ein, dass es wasserunlöslich wird und in Form von Eiweißfäden ausfällt. Dieses unlösliche Eiweiß heißt **Fibrin**. Es bildet in der Wunde eine Art Filz, in dem sich auch Blutkörperchen verfangen. Nach einiger Zeit ziehen sich die Fäden zusammen und bilden einen festen Blutkuchen, den **Schorf**, der die Wunde fest verschließt. Dabei wird die Blutflüssigkeit ohne Blutkörperchen und Fibrin, das *Serum*, aus dem Schorf abgepresst. Der Schorf schützt die Wunde nun so lange, bis von den Rändern neue Zellen in die Wunde eingewachsen sind. Dann fällt er von der verheilten Wunde ab.

Es gibt Menschen, denen die Fähigkeit der Blutgerinnung fehlt. Sie werden **Bluter** genannt. Die Bluterkrankheit ist eine Erbkrankheit, die meist nur bei Männern vorkommt. Früher hatten Bluter nur eine geringe Lebenserwartung, da schon eine kleine Verletzung zu erheblichen Blutverlusten führte. Heute kann man diesen Menschen durch die Verabreichung blutgerinnungsfördernder Stoffe ein normales Leben ermöglichen.

Die Blutkörperchen werden im roten Knochenmark der Rippen, des Brustbeins und der Oberschenkel gebildet. In einer Sekunde entstehen hier etwa 2 Millionen Rote Blutkörperchen. Nachdem sie ihre Aufgabe ungefähr 4 Monate lang erfüllt haben, werden sie in der Milz, in der Leber oder im Knochenmark wieder abgebaut. Ein Milliliter Blut enthält etwa 4,5 bis 5 Millionen Rote Blutkörperchen, 250 000 bis 300 000 Blutplättchen und 5000 bis 10 000 Weiße Blutkörperchen.

Bei Blutübertragungen ist es wichtig, dass die Ärzte die **Blutgruppen** des Spenders und des Empfängers genau kennen. Mischt man nämlich das Blut eines Menschen der Blutgruppe A im Reagenzglas mit Blut der Blutgruppe B, so verklumpt die Mischung sofort. Würde diese Mischung bei einer Blutübertragung im Kreislauf eines Menschen ablaufen, so würden die verklumpten Blutkörperchen sofort eine gefährliche

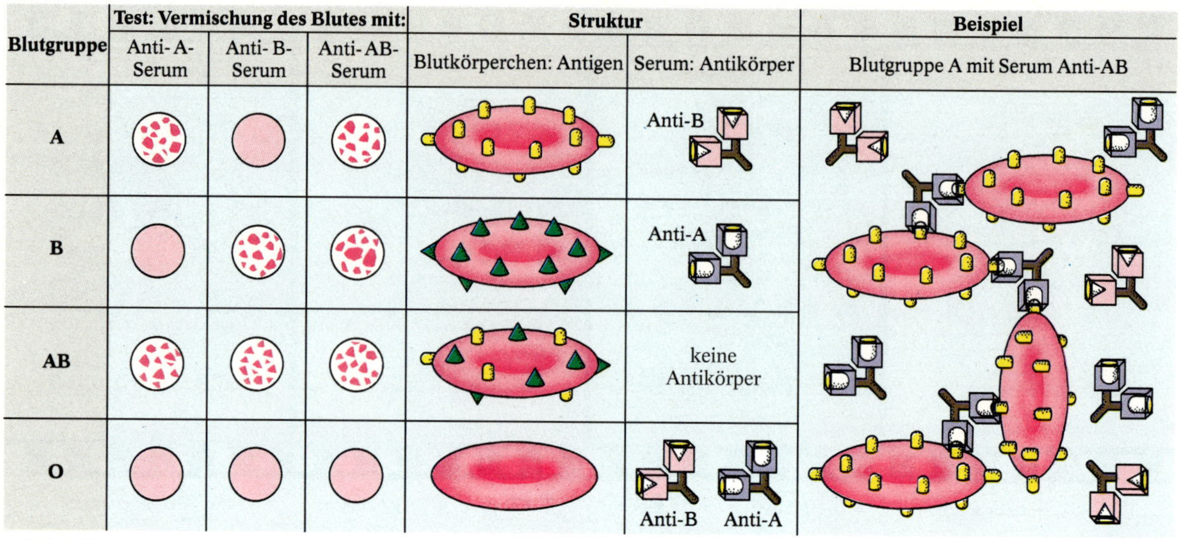

4 Die Blutgruppen und ihre Eigenschaften

Thrombose hervorrufen. Als man noch nichts über die Blutgruppen wusste, ist dies auch mehrfach vorgekommen.

Was ist also eine Blutgruppe? Die Roten Blutkörperchen der Blutgruppe A enthalten auf ihrer Oberfläche einen Stoff, der „Antigen A" genannt wird. Im Blutserum befindet sich ein Stoff, der als „Antikörper Anti-B" bezeichnet wird. Anti-B ist eine Art „Leim", der Blutkörperchen mit dem Antigen B miteinander verklebt. Die Roten Blutkörperchen der Blutgruppe B tragen das Antigen B, das Serum enthält Antikörper Anti-A. So verklumpen sich die Blutgruppen A und B wechselseitig. Blutgruppe AB enthält beide Antigene, also A und B. Im Serum sind aber keine Antikörper gegen A und B zu finden. Blutgruppe 0 trägt keine Antigene, im Serum sind aber beide Antikörpersorten enthalten. Bei Übertragungen werden jeweils nur Spender herangezogen, deren Blutgruppe genau der des Empfängers entspricht. Im Notfall kann man das Blut der Gruppe 0 aber allen anderen Empfängern geben. Da es keine Antigene enthält, wird es vom Empfängerblut nicht verklumpt. Seine Antikörper werden aber so stark durch das Empfängerblut verdünnt, dass sie keinen Schaden anrichten. Blutgruppe 0 ist also „Aushilfsspender".

Zur Bestimmung der Blutgruppen verwendet man zwei verschiedene Seren. Das eine enthält Antikörper Anti-A, das andere Antikörper Anti-B. Vermischt man mit diesen Seren jeweils einen Tropfen Testblut, so ergibt sich eines der Bilder in Abbildung 4. Außerdem gibt es noch eine weitere Blutgruppeneigenschaft, den **Rhesus-Faktor.** Er tritt bei etwa 85% der Menschen auf. Rhesus-positive Menschen haben ein bestimmtes Antigen auf den Blutkörperchen, das man auch bei den indischen Rhesus-Affen gefunden hat. Daher kommt der Name Rhesus-Faktor. Erhält ein Rhesus-negativer Mensch Rhesus-positives Blut übertragen, so können sich in seinem Blut Antikörper gegen den Rhesus-Faktor bilden. Erhält er dann bei der nächsten Übertragung wieder Rhesus-positives Blut, so tritt eine Verklumpung ein. Das spielt also einerseits eine Rolle bei Blutübertragungen. Andererseits ist es wichtig für das Schicksal von Kindern, deren Eltern unterschiedliche Rhesus-Eigenschaften haben. Es kann nämlich vorkommen, dass die Mutter Rhesus-negativ ist, während der Embryo Rhesus-positiv ist. Bei der Geburt kann dann Blut des Kindes mit dem Blut der Mutter in Berührung kommen. Jetzt bilden sich im Blut der Mutter Antikörper gegen den Rhesus-Faktor. Ist das Kind bei der nächsten Schwangerschaft auch wieder Rhesus-positiv, so kann es durch die Antikörper im mütterlichen Blut geschädigt werden. Eltern sollten sich also, ehe sie Kinder bekommen, auf ihre Rhesus-Eigenschaften hin untersuchen lassen.

1. Fertige ein Flussdiagramm der Blutgerinnung an! Zeichne die Blutgerinnungsfaktoren in Kästchen und ordne sie so an, wie sie in zeitlicher Reihenfolge nacheinander wirken!

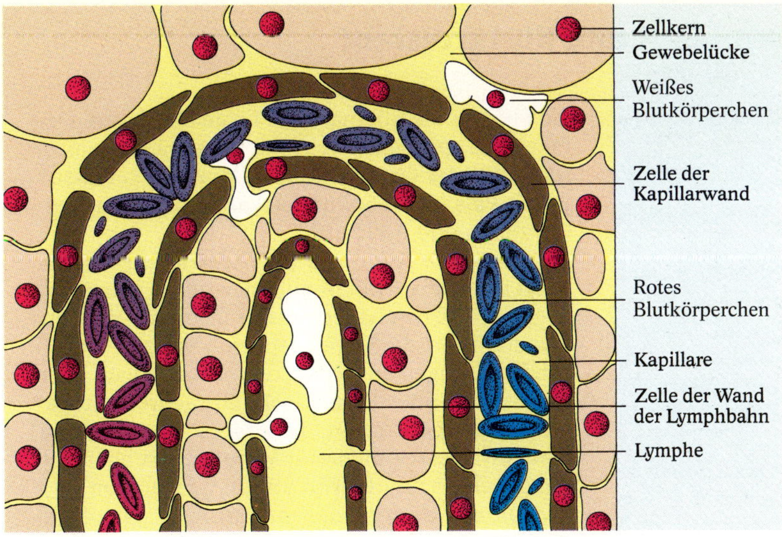

1 Bildung der Lymphe

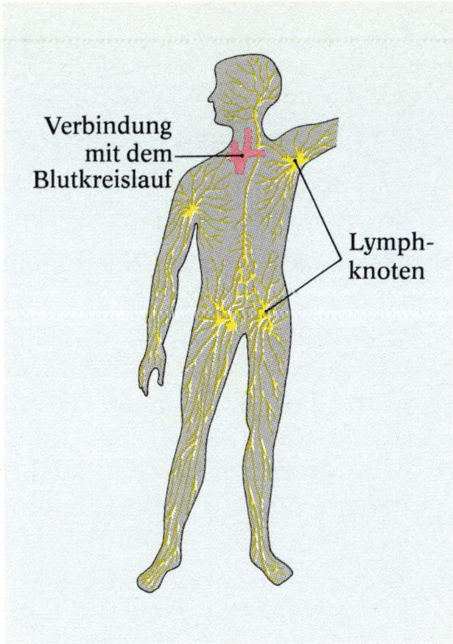

2 Lymphbahnen des Menschen

3.5. Blut ohne Farbe?

Du bist gestürzt und hast die Haut oberflächlich abgeschürft. Es tut zwar sehr weh, aber es blutet nicht. Trotzdem wird die Hautabschürfung nach einiger Zeit feucht. Wenn man sie nicht berührt, sieht man sogar die helle Flüssigkeit in kleinen Tropfen austreten. Auch in Blasen, die durch Druck oder Verbrennungen auf der Haut entstehen, befindet sich diese Flüssigkeit. Ist dies Blut ohne Farbe?

Es ist die Aufgabe des Blutes, die Gewebe des Körpers mit Nährstoffen und Sauerstoff zu versorgen. Dazu durchströmt es den Körper auf besonderen Verkehrswegen, den Blutgefäßen. Aber nicht alle Zellen haben einen „Gleisanschluss". Sie liegen möglicherweise einige Millimeterbruchteile von der nächsten Ader entfernt. Die Gehirnzellen sind besonders sauerstoffbedürftig und müssen sehr gut versorgt werden. Deshalb verlässt ein Teil des Blutplasmas durch Poren die Adern und tritt in die Zwischenräume zwischen den Zellen über. Es bildet jetzt die Gewebsflüssigkeit oder **Lymphe**. Diese Flüssigkeit trat aus der Schürfwunde aus, obgleich keine Ader durch die Verletzung getroffen war.

Die Lymphe übergibt den Gewebszellen Stoffe, die zu ihrer Versorgung nötig sind und übernimmt Abfallstoffe zum Abtransport. Ein Teil der Lymphe tritt wieder in die Adern ein. Etwa 10% der Lymphe werden aber von eigenen Lymphbahnen aufgenommen, die wie ein zweites Adersystem den Körper durchziehen.

Die **Lymphkapillaren** beginnen als Äderchen in den Geweben und vereinigen sich zu immer dicker werdenden Bahnen. Der Transport der Lymphe erfolgt wie in den Venen durch die Bewegung der Körpermuskeln. Klappen, ähnlich den Venenklappen, verhindern ein Zurückströmen der Flüssigkeit. An bestimmten Stellen des Körpers, etwa in den Achselhöhlen oder der Leistenbeuge, durchlaufen die Lymphgefäße die *Lymphknoten.* Das sind Organe, in denen sich besonders viele Weiße Blutkörperchen aufhalten, die zum Teil auch hier gebildet werden. Hier wird die Lymphe von Schadstoffen oder Krankheitserregern befreit. Lymphknoten wirken wie eine Art Filter. Sie bilden auch Abwehrstoffe gegen Krankheitserreger, die sie an das Blut abgeben.

Auch die **Mandeln** im Hals- und Rachenraum sind solche Lymphknoten. Die *Gaumenmandeln* liegen am Gaumenbogen, die *Rachenmandeln* am Dach des Rachenraumes und die *Zungenmandeln* unter dem Zungengrund.

Bei Infektionen mit Krankheitserregern müssen sie besonders intensiv arbeiten und schwellen deshalb an. Im Extremfall sprechen wir von einer *Mandelentzündung.*

Die Lymphbahnen vereinigen sich im Körper zu einem zentralen Gefäß, dem **Milchbrustgang**. Er beginnt etwa am zweiten Lendenwirbel und mündet in der Nähe des Herzens in die Hauptkörpervene, sodass die Lymphe nach einiger Zeit wieder Bestandteil des Blutes wird.

Übung: Blut und Blutkreislauf

V1. Wir messen Blutdruck und Puls

Material: handelsübliche mechanische oder elektronische Blutdruckmessgeräte; für mechanische Messgeräte Uhr mit Sekundenzeiger; Schreibmaterial

Durchführung: Zwei Personen arbeiten zusammen, eine ist Versuchsperson, die andere misst und führt Protokoll. Jede Messung wird dreimal durchgeführt.

Alle Messungen sollten auch an einer Versuchsperson, die aktiv Sport treibt, und an einigen Erwachsenen durchgeführt werden.

Vorbereitung der Messungen: Für jede Versuchsperson wird eine Tabelle in folgender Art angelegt:

Name:	▬			
	Ruhe		Belastung	
Blutdruck	systol.	diastol.	systol.	diastol.
1. Messung	▬	▬	▬	▬
2. Messung	▬	▬	▬	▬
3. Messung	▬	▬	▬	▬
Puls	Ruhe		Belastung	
1. Messung	▬		▬	
2. Messung	▬		▬	
3. Messung	▬		▬	

Messung des Blutdrucks mit mechanischem Gerät:
- Manschette am Oberarm der Versuchsperson anlegen;
- Stethoskop in der Armbeuge anlegen;
- Ventil am Pumpball schließen;
- Manschette aufpumpen, bis das Manometer etwa 150 mm Hg anzeigt (wenn im Stethoskop noch Geräusche zu hören sind, weiter bis etwa 170 mm Hg aufpumpen);
- Ventil langsam öffnen;
- Manometerdruck notieren, wenn im Stethoskop zischende Geräusche beginnen und enden;
- Druck ganz ablassen und Manschette abnehmen;
- Arm und Hand bewegen (Wiederbelebung der Zirkulation).

Messung des Pulses: Die Messperson legt Zeigefinger, Mittelfinger und Ringfinger auf die Innenseite des Unterarms der Versuchsperson, sodass die Finger kurz oberhalb des Daumens liegen. Der Puls wird spürbar. (Nicht mit dem Daumen messen, da sonst der Puls der Messperson gemessen wird!) Puls für 15 Sekunden zählen, mit vier multiplizieren und notieren.

Messungen in Ruhe und bei Belastung: Die Messungen in Ruhe sollten an einer ruhig, entspannt liegenden Versuchsperson durchgeführt werden. Danach führt die Versuchsperson einige anstrengende Übungen aus, etwa zehn Kniebeugen oder Liegestütze oder einmal schnell mehrere Stockwerke Treppensteigen. Die Messungen werden dann im Abstand mehrerer Minuten durchgeführt, um die einsetzende Erholung zu beobachten.

Zusammenfassung der Messungen: Die Messungen aller Versuchspersonen werden in einer Tabelle folgender Art zusammengefasst:

	Ruhe		Belastung	
Blutdruck	systol.	diastol.	systol.	diastol.
VP Nr. 1	▬	▬	▬	▬
	▬	▬	▬	▬
	▬	▬	▬	▬
VP Nr. 2	▬	▬	▬	▬
	▬	▬	▬	▬
	▬	▬	▬	▬
VP Nr. 3	▬	▬	▬	▬
	▬	▬	▬	▬
	▬	▬	▬	▬
Summe	▬	▬	▬	▬
Mittelwert = Summe : Zahl der Messungen	▬	▬	▬	▬

Eine entsprechende Tabelle wird für die Messungen der Pulsfrequenzen angelegt.

Aufgaben: a) Nenne die Ursachen für die unterschiedlichen Werte in Ruhe und bei Belastung!

b) Vergleiche die Werte der Versuchsperson, die aktiv Sport treibt, mit den Werten der anderen Versuchspersonen! Erläutere!

c) Vergleiche die Messergebnisse zwischen Erwachsenen sowie Schülerinnen und Schüler! Erläutere!

Übung: Blut und Blutkreislauf

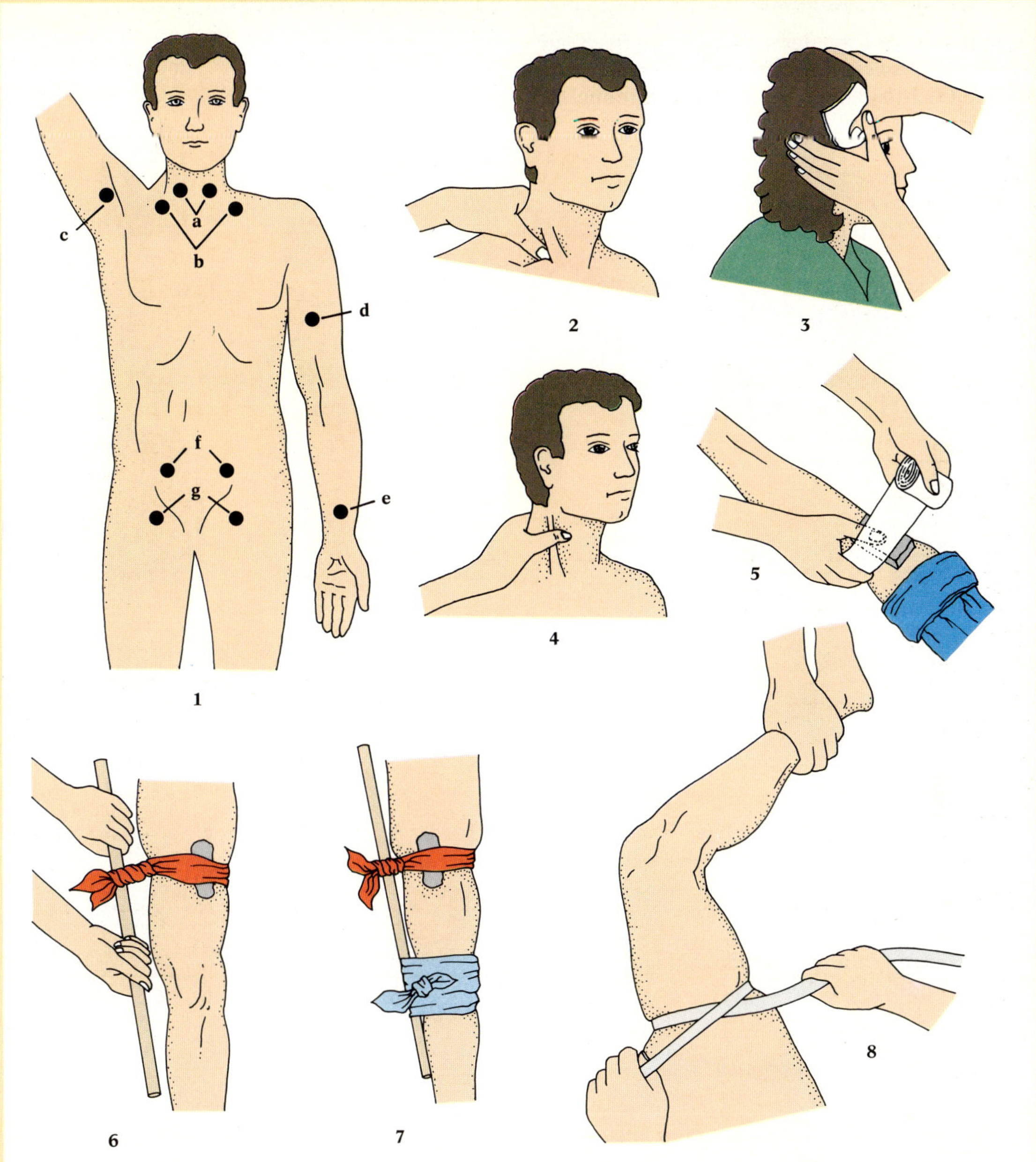

A 2. Blutstillung bei Arterienverletzungen

a) Erkläre die Maßnahmen, die in den Abbildungen 3 und 5 bis 8 dargestellt sind!

b) Nenne die Gefahren, die durch zu langes Abbinden der Gliedmaßen auftreten können!

Übung: Blut und Blutkreislauf

V 3. Wir suchen Venenklappen

Durchführung: Lege deine linke Hand flach auf den Tisch! Vergleiche den Verlauf der blau unter der Haut sichtbaren Venen mit der Zeichnung!

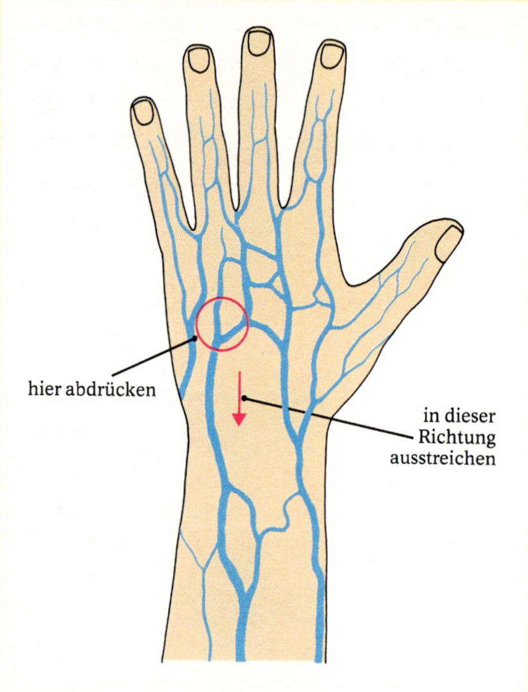

Drücke mit dem Mittelfinger der rechten Hand die Vene an der in der Abbildung bezeichneten Stelle ab und streiche mit dem Zeigefinger das Blut in dieser Vene in Richtung auf das Herz aus! Wiederhole den Versuch, ohne dass du die Vene abdrückst!

Aufgabe: Vergleiche die Beobachtungen beider Versuche und erkläre!

A 4. Was ist ein „Bluterguss"?

Jeder hat schon die Erfahrung gemacht, dass sich die Haut nach einem harten Stoß erst blau färbt, dann grünlich bis gelblich wird, bis der Fleck nach einigen Tagen wieder verschwindet.

a) Was ist der „blaue Fleck"?

b) Was geschieht, wenn er langsam wieder verschwindet?

c) Können blaue Flecken gefährlich sein? Denke dabei an die Bedeutung der Kapillaren im Körper!

A 5. Das „Sportlerherz"

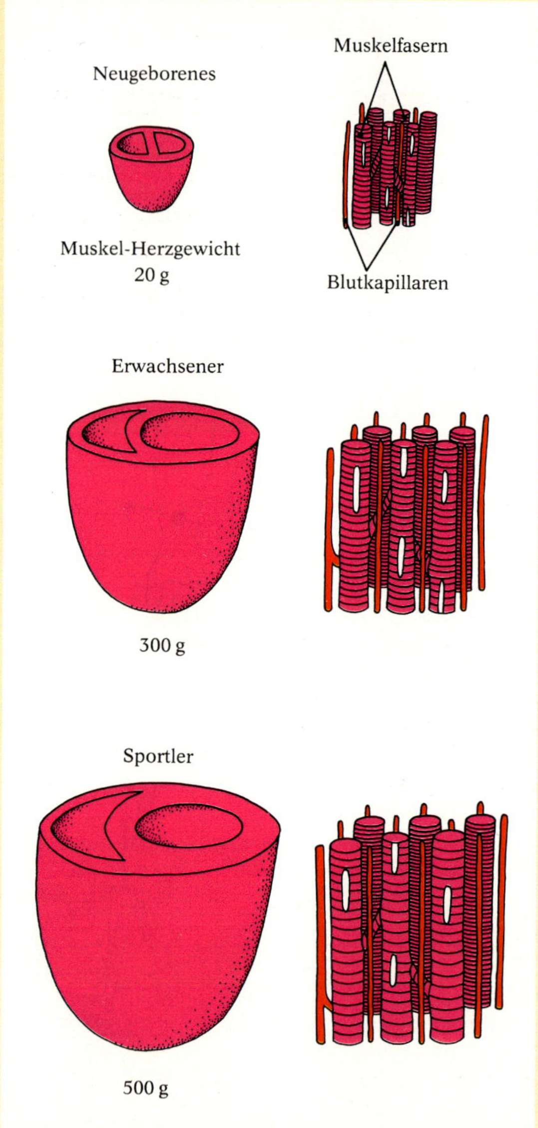

Die Abbildungen zeigen die Herzkammern von drei verschiedenen Herzen und die dazugehörigen Muskelfasern.

a) Erkläre für jedes Herz, welche die rechte und welche die linke Herzkammer ist!

b) Erkläre die unterschiedlichen Herzgewichte!

c) Erkläre die unterschiedliche Ausbildung der Muskelfasern!

d) Erkläre den Begriff „Trainingseffekt"!

Übung: Blut und Blutkreislauf

A 6. Die Arbeit des Herzens

	Beginn der Diastole	Ende der Diastole	Ende der Systole
Vorhöfe Muskeln	▬	▬	▬
Vorhöfe Innenraum	▬	▬	▬
Herzkammern Muskeln	▬	▬	▬
Herzkammern Innenraum	▬	▬	▬
Segelklappen	▬	▬	▬
Taschenklappen	▬	▬	▬

Lege eine Tabelle nach dem oben gezeigten Muster an! Trage ein, was an den betreffenden Stellen des Herzens geschieht! Verwende Begriffe wie „gefüllt, leer, durchlässig, geschlossen, zusammengezogen, entspannt" usw.!

V 7. Die Herzkammern sind verschieden

Material: Hühnerherzen oder ein ganzes Rinderherz; Messer, Zeitungspapier als Unterlage; Haushaltspapier zum Reinigen; Zeichenmaterial
Durchführung: Halte das Herz mit der Spitze nach unten, sodass die Gefäße nach oben weisen! Schneide das Herz in der Mitte quer durch! Betrachte die Schnittflächen!
Aufgaben: a) Welche Kammer ist die linke Herzkammer und welche ist die rechte?
b) Begründe deine Entscheidung!
c) Zeichne die untere Hälfte des Herzens, sodass man die Schnittfläche sieht!

A 8. „Ein Loch im Herzen"

Es gibt Menschen, die mit einem Herzen auf die Welt kommen, bei dem die Scheidewand zwischen den Herzkammern nicht völlig geschlossen ist. Sie haben „ein Loch im Herzen". Dieser Fehler kann durch eine Herzoperation beseitigt werden.
Aufgabe: Welche Schwierigkeiten haben die Menschen, die an dieser Krankheit leiden? Warum ist eine Herzoperation zweckmäßig? Welche Funktion hat bei einer Herzoperation eine „Herz-Lungen-Maschine"?

V 9. Feste Bestandteile des Blutes (Schulversuch!)

Material: Tierblut aus dem Schlachthof, 2 Bechergläser 250 ml; Natriumoxalatlösung; Spatel zum Umrühren; Klebeetiketten; Schreibmaterial; Mikroskopiermaterial; Zeichenmaterial
Durchführung: Verteile das Tierblut auf zwei Bechergläser, bezeichne das eine mit „ohne Na.ox.", das andere „mit Na.ox.", gib in das letztere 10 ml Natriumoxalatlösung, rühre um! Notiere, wann das Experiment angesetzt wurde! Lass die beiden Bechergläser an einem ruhigen Ort stehen! Gib auf einen Objektträger einen Tropfen des unbehandelten Blutes! Setze ein Deckglas schräg an den Tropfen und streiche das Blut dünn aus! Mikroskopiere und zeichne!
Aufgabe: Sieh am nächsten Tag die beiden Bechergläser an! Beschreibe und zeichne die Unterschiede! Miss und notiere die Gesamthöhe der Flüssigkeit und der abgesetzten Schicht!

A 10. Was ist ein „Tropf"?

Bei stationärer Behandlung in einem Krankenhaus wird dem Patienten häufig sofort nach der Aufnahme „ein Tropf gelegt". Dabei wird eine Hohlnadel in eine Vene eingeführt und mit einem Heftpflaster befestigt. Über eine Schlauchleitung können nun aus Vorratsgefäßen Lösungen aller Art direkt in den Blutkreislauf „infundiert" werden (Substantiv: Infusion).
a) Medikamente können direkt als Infusion verabreicht werden. Nenne die Vorteile!
b) Patienten ohne Bewusstsein können über den Tropf künstlich ernährt werden. Welche Stoffe muss die Infusionslösung enthalten?

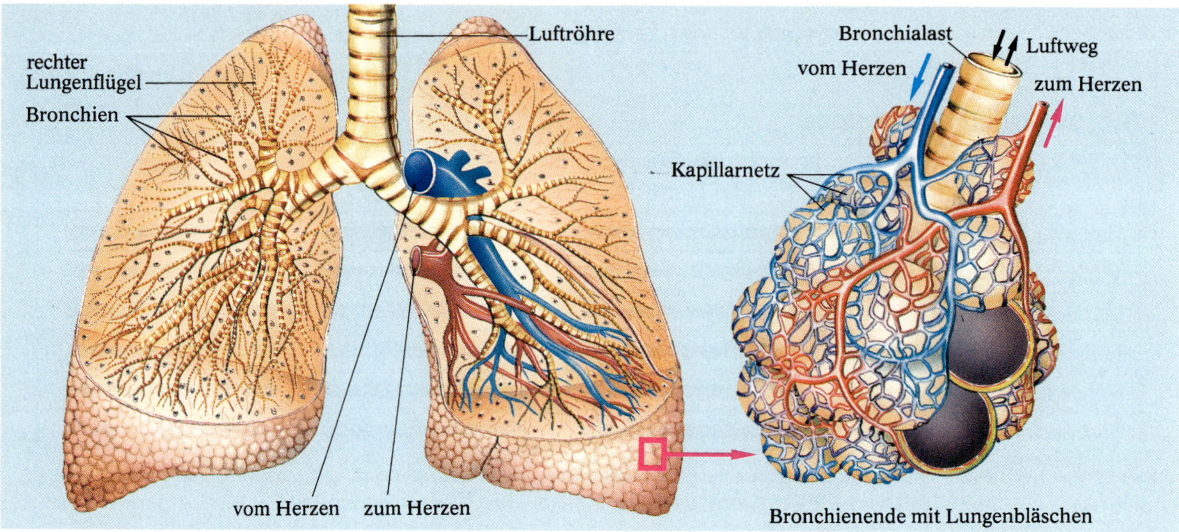

1 **Aufbau der Lunge** (Schema)

4. Atmung

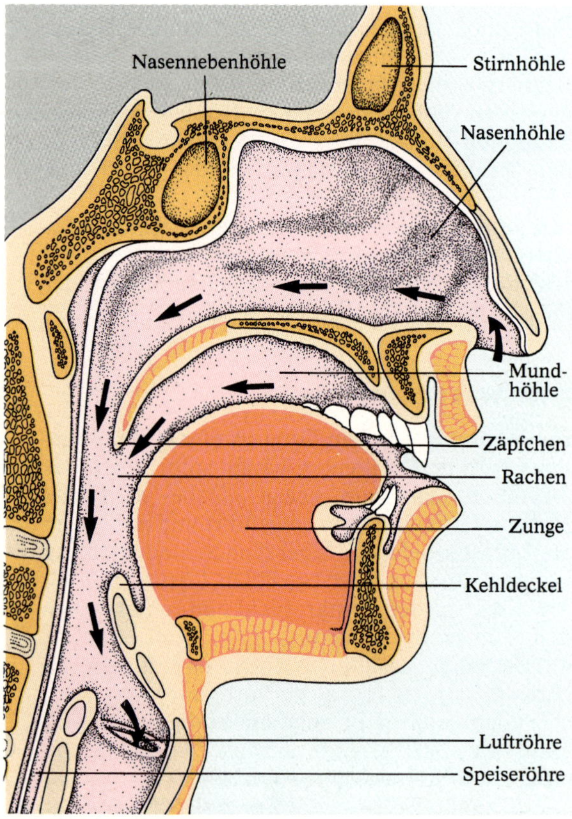

2 **Obere Atemwege** (Schema)

4.1. Wie wir atmen

An einem kühlen Herbsttag haben sich Yvonne und Michael zum Joggen verabredet. Yvonne bemüht sich während des Laufens, stets durch die Nase zu atmen. Michael atmet dagegen durch den offenen Mund. Am nächsten Tag spürt Michael beim Schlucken Schmerzen im Hals, erste Anzeichen einer Erkältung. Yvonne hat diese Beschwerden nicht. Sollte das mit ihren unterschiedlichen Atemtechniken beim Laufen zusammenhängen?

Bei der Atmung durch die Nase erwärmt sich die Atemluft an den stark durchbluteten Nasenschleimhäuten. Die Schleimhäute befeuchten die Luft und sorgen dafür, dass Staub und Krankheitserreger vom Schleim gebunden werden. Gröbere Verunreinigungen werden durch Haare im Nasenraum herausgefiltert. Atmen wir durch den Mund ein, so kommen Mandeln und Kehlkopf direkt mit der kalten, ungereinigten Luft in Berührung. Enthält die Luft Krankheitserreger, so können schnell *Erkältungskrankheiten* entstehen. Die Krankheitserreger verursachen dabei in den Atemwegen Entzündungen, die Husten und Schnupfen zur Folge haben. Erreichen die Krankheitserreger die Lunge, so kann eine lebensbedrohende *Lungenentzündung* die Folge sein.

Vom Nasenraum aus gelangt die Atemluft über den hinteren Rachenraum in die **Luftröhre**. Der obere Teil der Luftröhre wird vom **Kehlkopf** eingenommen. Hier trennen sich Atemwege und Speiseröhre. Beim

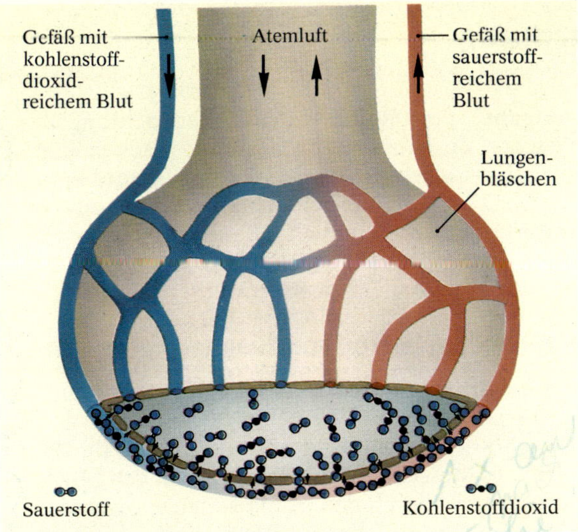

3 Gasaustausch in der Lunge (Schema)

stoffdioxidreichen Blut tritt Kohlenstoffdioxid durch Diffusion in die kohlenstoffdioxidarme Atemluft über. Gleichzeitig diffundiert Sauerstoff in die entgegengesetzte Richtung, nämlich aus der sauerstoffreichen Atemluft ins sauerstoffarme Blut.
Da die Diffusionsgeschwindigkeit nicht sehr hoch ist, muss der Gasaustausch an einer sehr großen Oberfläche erfolgen. Die Kontaktfläche zwischen Kapillarnetz und Atemluft in der Lunge beträgt etwa 120 m^2. Auf seinem Weg über die Lungenbläschen reichert sich das Blut allmählich mit Sauerstoff an, während es andererseits immer mehr Kohlenstoffdioxid abgibt. Das mit Sauerstoff angereicherte Blut gelangt von der Lunge zum Herzen. Das Herz pumpt dieses Blut dann zu den Körperzellen, wo der Sauerstoff zur Zellatmung benötigt wird. Gleichzeitig gelangt das bei der Zellatmung entstehende Kohlenstoffdioxid aus den Zellen ins Blut.
Kinder bis zum zehnten Lebensjahr atmen 20- bis 25-mal in der Minute, Erwachsene 16- bis 20-mal. Bei starker körperlicher Belastung, beispielsweise beim Sport, erhöht sich die Zahl der Atemzüge. In Ruhe atmen wir pro Minute etwa 8 l Luft ein und wieder aus. Dieser Wert steigt schon beim Spazierengehen auf etwa 14 l. Bei höchster Anstrengung können bei Erwachsenen bis zu 140 l Luft pro Minute in der Lunge ausgetauscht werden.

1. Erläutere anhand von Abbildung 3 den Gasaustausch in der Lunge!

Reine Luft für die Atemwege!

„Diagnose: Staublunge". Mit dieser Feststellung des Arztes endete früher für viele Bergleute vorzeitig die Arbeit unter Tage. Staublunge oder **Silikose** ist eine *Berufskrankheit*. In Bergwerken atmen die Bergleute häufig Gesteinsstaub ein. Dieser Staub ist so fein, dass er von den Flimmerhärchen der Atemwege nicht völlig beseitigt werden kann. Die Staubteilchen können sich im Laufe der Zeit in der Lunge ansammeln und die Atmung beeinträchtigen. Die Gefahr an Silikose zu erkranken, besteht für Bergleute auch heute noch. Die Zahl der Neuerkrankungen ging jedoch in den letzten Jahren deutlich zurück. Dies liegt z.B. daran, dass es gelungen ist, durch verbesserte Abbautechniken die Staubbelastung in den Bergwerken zu verringern.
In den Industriegebieten sind alle Bewohner von der Luftverschmutzung betroffen. Staub, Schwefeldioxid, Stickstoffoxide, Kohlenstoffmonoxid und Kohlenwasserstoffe belasten die Atemwege. Viele Menschen leiden an einer chronischen **Bronchitis** mit ständigem Hustenreiz und Atemnot. Besonders stark wird die Belastung der Atemwege bei **Smog** (von englisch smoke = Rauch und fog = Nebel). Smog tritt vorzugsweise im Winter bei bestimmten Wetterlagen auf. Dabei kommt es zu einer starken Konzentration von Schadstoffen in der Luft. In Deutschland gibt es für die meisten Großstädte Smog-Alarmpläne. Durch Einschränkung des Autoverkehrs in den Innenstädten und Drosselung der Schadstoffabgabe durch Industriebetriebe versucht man bei Smog-Alarm die Schadstoffbelastung der Luft zu verringern.
Die Entstehung einiger Atemwegserkrankungen wird durch Luftschadstoffe wahrscheinlich begünstigt. Dazu gehören beispielsweise **Asthma** und **Pseudo-Krupp**. Asthma äußert sich durch ständig wiederkehrende Beklemmungen in der Brust und Anfälle von Atemnot. Betroffen können Menschen in jedem Lebensalter sein. Pseudo-Krupp kommt vorwiegend bei Kleinkindern vor. Eine Virusinfektion führt bei dieser Erkrankung zu einer entzündlichen Schwellung der Schleimhäute im Kehlkopf und in der Luftröhre. Dadurch können die Atemwege stark verengt werden. Meist in der Nacht kommt es dann zu Atemnot und Erstickungsanfällen, die manchmal tödlich ausgehen können.

Übung: Atmung

V1. Bestimmung der Vitalkapazität der Lunge (Schulversuch!)

Sachinformation: Bei normaler Atmung atmest du pro Atemzug etwa 0,5 l Luft ein und wieder aus. Holst du besonders tief Luft und atmest so stark wie möglich aus, kann sich diese Luftmenge auf je etwa 2 l erhöhen. Dieses maximale Atemvolumen nennt man die **Vitalkapazität** der Lunge. Auch bei maximaler Ausatmung bleibt noch ein Rest Luft in der Lunge. Zählt man diesen Wert zur Vitalkapazität hinzu, erhält man die **Totalkapazität**.

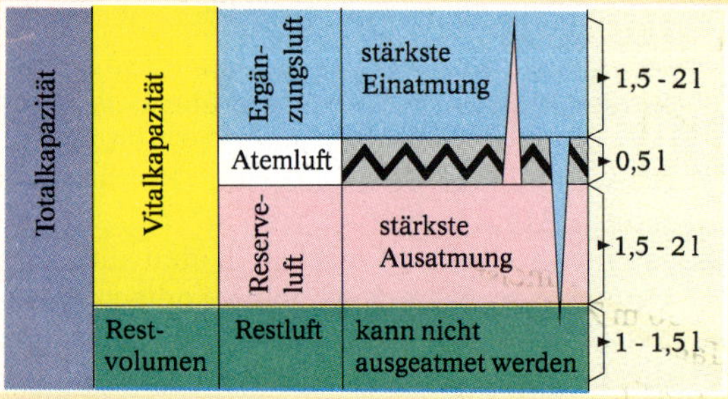

Lungenkapazität

Material: Spirometer (Atemmesser), Pappmundstücke zum Wechseln

Durchführung: Stelle den Atemmesser so ein, dass der Zeiger auf Null steht! Miss die Luftmenge bei normalem Ausatmen! Wiederhole die Messung, nachdem du so tief wie möglich eingeatmet hast und dann maximal ausatmest!

Achtung: Jeder Schüler verwendet für seine Messungen ein neues, sauberes Mundstück!

Aufgabe: Protokolliere deine Beobachtungen! Bestimme dein Atemvolumen bei normaler Atmung! Wie groß ist die Vitalkapazität deiner Lunge?

V2. Bedarf an Atemluft

Material: Uhr mit Sekundenzeiger (oder Stoppuhr)

Durchführung: Zähle deine Atemzüge pro Minute: a) im Sitzen oder Liegen; b) nach starker körperlicher Belastung (z.B. nach 20 Kniebeugen oder 20 Liegestützen)! Lass gleichzeitig vor und nach der Übung von einer Mitschülerin oder einem Mitschüler den Puls fühlen!

Aufgabe: Protokolliere deine Beobachtungen! Welcher Zusammenhang besteht zwischen körperlicher Belastung, Zahl der Atemzüge und Pulsfrequenz? Berechne den Bedarf an Atemluft in Ruhe und nach körperlicher Belastung! Nimm als Grundlage für die Berechnung an, dass pro Atemzug etwa 0,5 l Luft eingeatmet werden.

V3. Eigenschaften von ausgeatmeter Luft

Material: Thermometer (z.B. Fieberthermometer); Handspiegel

Durchführung: Führe das Thermometer im Bereich des Messfühlers möglichst nah an den Mund heran! Atme durch den Mund so lange gegen das Thermometer aus, bis die Temperatur sich nicht mehr verändert! Atme anschließend gegen das Spiegelglas aus!

Aufgaben: a) Ermittle die Temperatur der ausgeatmeten Luft! Vergleiche mit der Umgebungstemperatur (Temperatur der eingeatmeten Luft)!
b) Was beobachtest du auf der Spiegeloberfläche? Erläutere!

V4. Nachweis von Kohlenstoffdioxid in der Atemluft (Schulversuch!)

Material: 3 Waschflaschen; 4 kurze, passende Gummischläuche; T-Stück passend zu den Schläuchen; Kalkwasser

Durchführung: Baue die in der Abbildung dargestellte Versuchsanordnung auf! Atme durch den freien Schlauch der mittleren Waschflasche mehrmals tief ein und anschließend wieder aus!

Hinweis: Trübung von Kalkwasser ist ein Nachweis für die Anwesenheit von Kohlenstoffdioxid.

Aufgabe: Protokolliere deine Beobachtungen! Erkläre das Versuchsergebnis!

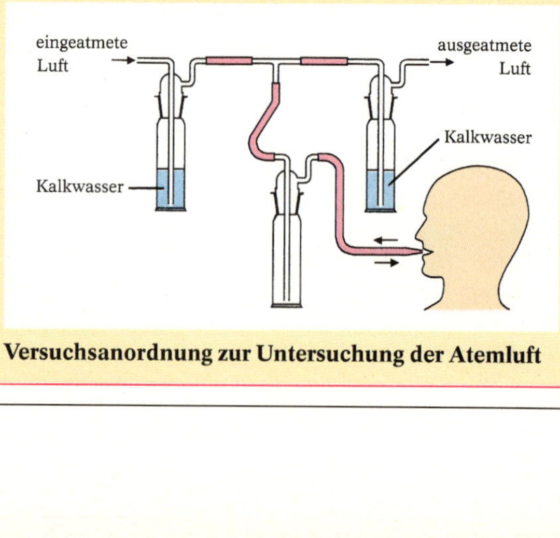

Versuchsanordnung zur Untersuchung der Atemluft

Übung: Atmung

V5. Brenndauer einer Kerze in Frischluft und in ausgeatmeter Luft

Material: 2 Standzylinder aus Glas (mindestens 200 ml); 2 feste Pappdeckel; Gummischlauch mit Mundstück; Schere; 2 Kerzenreste; Streichhölzer; Uhr mit Sekundenzeiger (oder Stoppuhr)
Durchführung: Stich mit der Schere vorsichtig ein Loch in einen der Pappdeckel und führe den Schlauch durch die Öffnung! Decke die Deckel auf je einen der Standzylinder! Zünde die Kerzenreste an! Atme durch den Schlauch mehrmals tief in den einen Standzylinder aus! Entferne anschließend nacheinander die Deckel von beiden Standzylindern! Stülpe die Standzylinder sofort nach dem Öffnen vorsichtig über je eine der Kerzen!
Aufgabe: Miss die Zeiten, die die Kerzen jeweils in normaler Luft und in ausgeatmeter Luft unter dem Zylinder brennen, bevor sie verlöschen! Begründe das Ergebnis!

V6. Verschmutzungen in der Atemluft (Schulversuch!)

Material: Mikroskop; mehrere Objektträger; sauberes, nicht fusselndes Tuch; Deckgläschen; Glycerin; Pipette; Petrischale
Durchführung: Säubere die Objektträger gründlich mit dem Tuch! Tropfe auf jeden Objektträger mit der Pipette je einen kleinen Tropfen Glycerin! Lege anschließend je einen der Objektträger bei trockenem Wetter an verschiedenen Orten aus, z.B. im Klassenraum, außen auf dem Fensterbrett zur Straße bzw. zum Schulhof, zu einem Garten oder Park! Decke einen der Objektträger mit einer sauberen Petrischale ab! Lege nach 24 Stunden jeweils ein Deckglas über die Glycerintropfen! Mikroskopiere bei stärkerer Vergrößerung!
Aufgabe: Protokolliere deine Beobachtungen! Zähle bei gleicher Vergrößerung die Zahl der Staubteilchen, die an den verschiedenen Einwirkorten auf dem Glycerin haften geblieben sind! Erläutere die Unterschiede! Begründe in diesem Zusammenhang die Bedeutung der Nasenschleimhäute und der Flimmerhärchen in den Atemwegen!

A7. Ursache der Höhenkrankheit

Wird ein Mensch, der ständig im Tiefland lebt, rasch in Höhen von über 4000–5000 m gebracht (z.B. mit der Eisenbahn in den Anden Südamerikas), kommt es zum Ausbruch der so genannten Höhenkrankheit. Sie äußert sich u.a. durch Zunahme der Atemzüge (Kurzatmigkeit), Pulsbeschleunigung, Herzklopfen, Übelkeit, Kopfschmerzen und eine deutlich verminderte Leistungsfähigkeit. In Höhen über 7000 m kann nach wenigen Minuten der Tod eintreten.
a) Erkläre die Entstehung von Beschwerden bei der Höhenkrankheit! Berücksichtige dabei, dass die Luft mit zunehmender Höhe immer dünner wird (Luftdruck in Meereshöhe etwa 1000 hPa, in 5500 m etwa 500 hPa)!
b) Bei Menschen, die ständig in großen Höhen leben, z.B. in den Anden Südamerikas, findet man eine bedeutend höhere Zahl an Roten Blutkörperchen als bei Tieflandbewohnern! Erkläre! Wie wird sich die Zahl der Roten Blutkörperchen verändern, wenn diese Menschen für längere Zeit ins Tiefland ziehen?
c) Bergsteiger, die sehr hohe Gipfel besteigen wollen, legen meist in Höhen zwischen 6000 und 7000 m Zwischenlager an, in denen sie sich einige Tage aufhalten, bevor sie zum Gipfel aufbrechen. Begründe!
d) Bergsteiger, die ohne Sauerstoffgeräte die höchsten Berge der Erde bestiegen, berichten darüber, dass sie in sehr großen Höhen manchmal schon nach wenigen Schritten bergauf rasten mussten. Erläutere!

A8. Stoffwechsel und Bewegung

Stelle in einem Pfeildiagramm zusammen, in welcher Weise Verdauung, Atmung, Blutkreislauf, Zellatmung und Muskelkontraktion in Beziehung zueinander stehen! Zeichne die Darstellung auf einen großen Bogen Papier (DIN A3)! Veranschauliche das Schema durch Zeichnungen der beteiligten Organe oder durch passende aufgeklebte Bilder (z.B. aus Illustrierten)!

A9. Auswirkung von Muskeltraining

Durch stetigen Gebrauch bestimmter Muskeln kann man deren Leistungsfähigkeit deutlich erhöhen. Länger andauerndes Muskeltraining bewirkt u.a.: Steigerung der Durchblutung der Muskulatur, Verdickung der Muskelfasern und erhöhte Energiefreisetzung durch die Zellatmung. Erläutere, welchen Einfluss diese Veränderungen auf die Leistungsfähigkeit der Muskulatur haben!

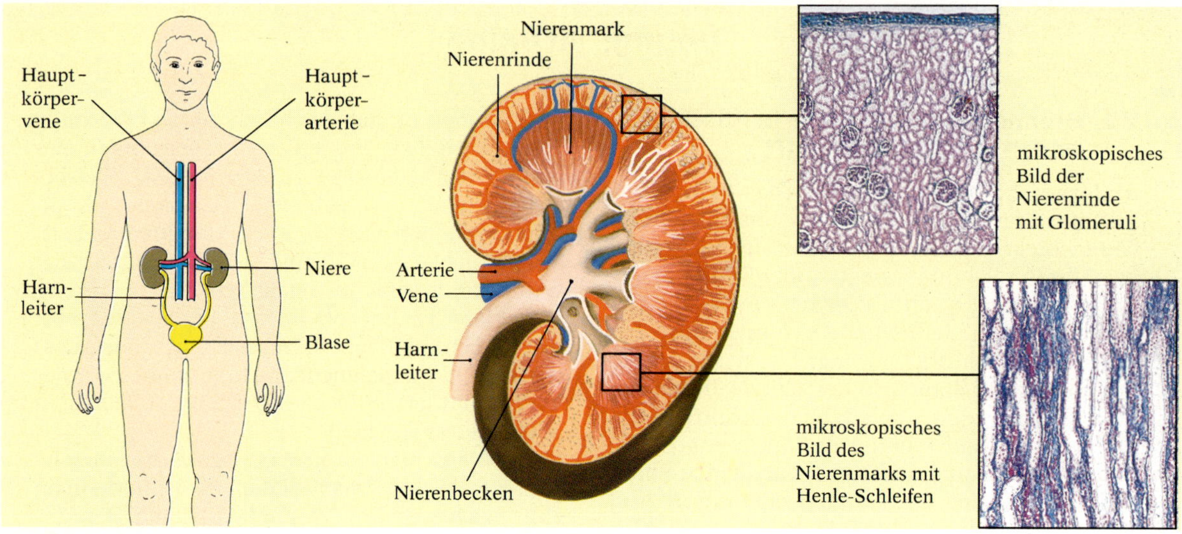

1 Lage und Bau der Nieren

5. Ausscheidung

Das Blut befördert Sauerstoff und Nährstoffe zu den Organen, die diese Stoffe verwerten. Dabei werden aber auch Abfallstoffe frei, die nicht im Körper bleiben dürfen. Besonders Abbauprodukte der Eiweiße, die durch Stoffwechselprozesse freigesetzt werden, müssen entfernt werden. So nimmt sie das Blut von den Zellen der Organe wieder auf. Es transportiert sie zur Niere und diese scheidet die überflüssigen Stoffe aus. Wenn das nicht geschieht, überschwemmen die Abfallstoffe den Körper und stören die Stoffwechselvorgänge in anderen Organen. Solche Vergiftungen können dann lebensgefährlich werden. Für Nierenkranke gibt es künstliche Nieren, die die Reinigung des Blutes übernehmen. Dieser Vorgang wird **Dialyse** genannt. Dialysegeräte befinden sich außerhalb des Körpers, die Kranken müssen in festen Zeitabständen für mehrere Stunden an die Geräte angeschlossen werden. Um den Blutreinigungsvorgang in der Niere zu verstehen, müssen wir den Aufbau dieses Organs kennen. Zwei Nieren sitzen in der Körpermitte unter dem Abschluss des Brustkorbs an der Rückenseite. Wenn man die Hände in der Taille auf den Rücken stemmt, hat man die Nieren „in der Hand“. Sie sind an die große Hauptkörperarterie, die Aorta, und an die Hauptkörpervene angeschlossen. Zwei Harnleiter verbinden sie mit der Blase, über die der Urin abgegeben wird.

An der aufgeschnittenen Niere erkennen wir außen die **Nierenrinde** und innen, dunkler, das **Nierenmark.** Das Nierenmark endet in kegelförmigen Fortsätzen im **Nierenbecken.** Das ist ein trichterartiger Bindegewebssack, der den Harn sammelt und über den Harnleiter abführt. Mikroskopische Untersuchungen zeigen, dass die Rinde reich an **Nierenkörperchen** ist. Das sind kleine Bindegewebsbläschen, die *Bowman'schen Kapseln,* in denen sich ein Knäuel feinster Blutgefäßkapillaren, der *Glomerulus,* befindet. Aus der Kugel entspringt ein dünner Schlauch, der nach vielen Windungen aus der Rinde in das Nierenmark läuft. Das ist das **Nierenkanälchen.** Es läuft zwischen Mark und Rinde hin und her. Der lange Abschnitt, der durch das Nierenmark läuft, ist die *Henle-Schleife.* Mehrere Henle-Schleifen vereinigen sich in einem Sammelrohr, das in das Nierenbecken mündet.

Das Blut, das in die Niere eintritt, fließt durch die Kapillaren der Nierenkörperchen. Die Adern, die in das Körperchen eintreten, haben einen etwas größeren Durchmesser als die, die das Körperchen verlassen. Dadurch entsteht hier ein Blutstau. Der höhere Blutdruck bewirkt, dass Blutflüssigkeit durch Poren in den Wänden der Kapillaren in die Bindegewebskapsel des Nierenkörperchens gedrückt wird. Die Blutflüssigkeit wird sozusagen von den festen Blutbestandteilen abfiltriert. Man nennt die Flüssigkeit, die auf diese Weise im Nierenkörperchen entsteht, **Primärharn.** Jeder Mensch bildet täglich etwa 170 Liter Primärharn!

Der Primärharn enthält alle Stoffe, die im Blut gelöst sind, sowohl die Abfallstoffe als auch die Stoffe, die

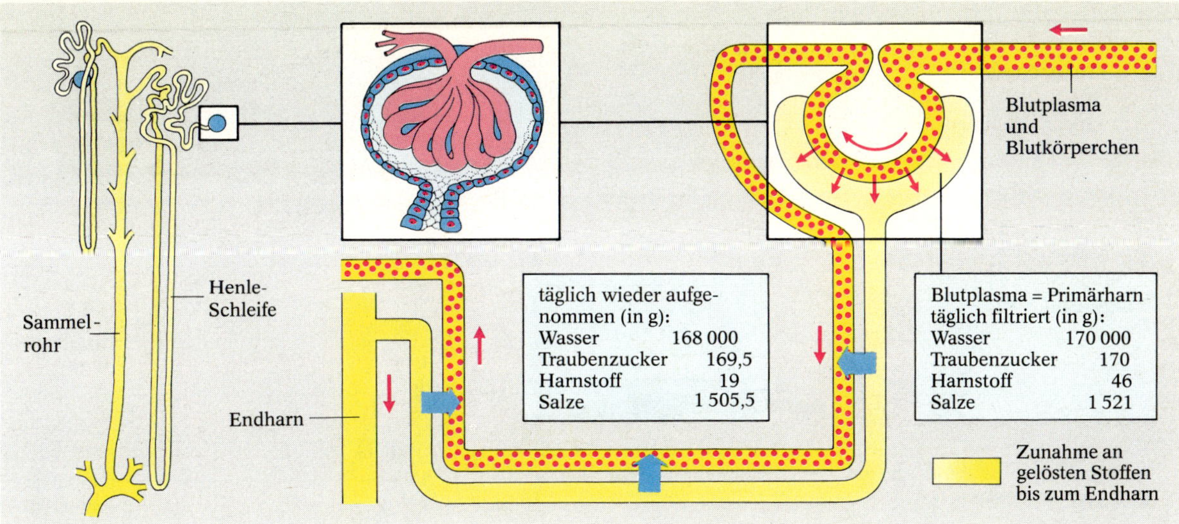

2 Funktion der Nieren

noch gebraucht werden. Auf dem Weg durch die Nierenkanälchen werden nun alle die Stoffe aus dem Primärharn zurückgewonnen, die der Körper noch verwerten kann. Man nennt das **Rückresorption** der verwertbaren Stoffe. Die Abbildung zeigt, in welchen Mengen die verschiedenen Stoffe umgesetzt werden. Zum Beispiel wird fast das gesamte Wasser bis auf wenige Liter wieder vom Körper aufgenommen. Auch Traubenzucker und wichtige Salze werden resorbiert. Am Ende des Weges durch die Kanälchen sind dann nur noch die Stoffe gelöst, die den Körper verlassen sollen. Zu einem großen Teil ist das der **Harnstoff,** der vor allem die stickstoffhaltigen Abbauprodukte des Eiweißes enthält. Aus dem Primärharn ist auf dem Weg durch die Nierenkanälchen der **Endharn** geworden. Er wird im Nierenbecken gesammelt und gelangt durch den Harnleiter zur Blase. Von hier aus wird er durch die Harnröhre nach außen abgegeben.

Bei manchen Menschen bilden die Bestandteile des Urins unlösliche Niederschläge. Man nennt sie **Nierensteine** oder **Blasensteine.** Sie können in den Harnleitern und in der Blase schmerzhafte Verstopfungen hervorrufen. Zu ihrer Entfernung gibt es ein besonderes Verfahren, bei dem die Steine durch Ultraschall, das sind besonders energiereiche Schallwellen, im Organ zerstört werden. Die dabei entstehenden kleinen Teilchen werden mit dem Harn herausgespült.

Ausscheidung durch die Haut

Möglicherweise hast du schon einmal die unangenehme Erfahrung gemacht, dass von ungewaschenen Kleidungsstücken ein übler Geruch ausgeht. Woher kommen die Stoffe, die diesen Geruch bewirken?
Unser Körper scheidet nicht die gesamte überschüssige Flüssigkeit als Urin aus. Ein Teil wird auch durch die Lunge als Wasserdampf abgegeben. Wir sehen das an den Dampfwolken, die wir bei kaltem Wetter ausatmen. Ein nicht geringer Teil tritt durch die Haut nach außen. Dafür gibt es in der Haut besondere Schweißdrüsen. Die Flüssigkeitsabgabe durch die Haut spielt für die Regulierung der Körpertemperatur eine große Rolle, denn der Schweiß, den wir ausscheiden, kühlt. Schweiß ist aber durchaus nicht reines Wasser, sondern er enthält auch gelöste Stoffe. Du kannst das daran merken, dass Schweiß salzig schmeckt. Es sind aber auch organische Stoffe, z.B. Eiweißbestandteile, im Schweiß gelöst. Normalerweise sind diese geruchlos. Befinden sie sich aber einige Zeit an der Luft, so werden sie von Bakterien zersetzt. Dabei wird z.B. der übel riechende Stoff „Buttersäure“ frei, der den schlechten Geruch durchgeschwitzter Kleidung bewirkt.

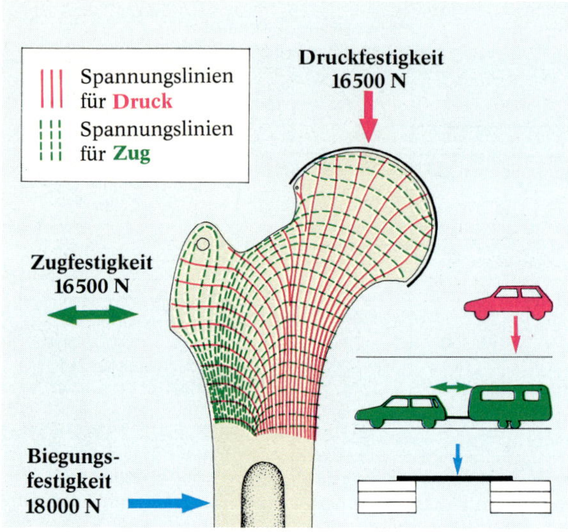

1 Leistungen eines Röhrenknochens

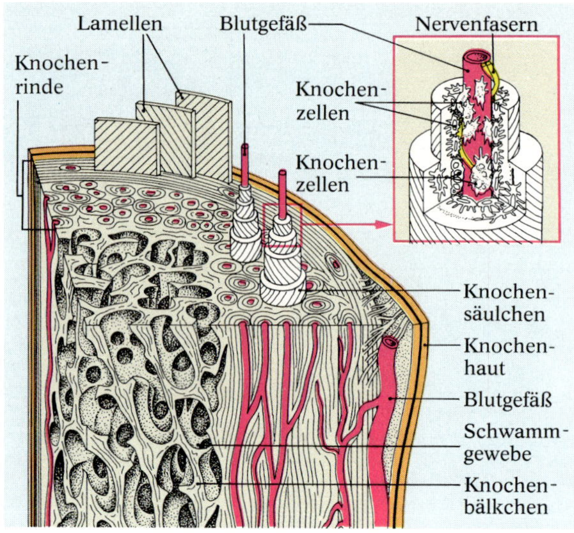

2 Feinbau eines Röhrenknochens

6. Knochen, Muskeln und Bewegung

6.1. Knochen sind lebende Organe unseres Körpers

Es ist kaum vorstellbar, dass der menschliche Oberschenkelknochen der Gewichtskraft von ca. 16 500 N widerstehen kann oder dass man ihn als „Abschleppstange" für einen voll beladenen Wohnwagen von 6 m Länge benutzen könnte. Von seiner Biegefestigkeit her würde er sich sogar als Baustahl eignen.
Die tragfähigsten Knochen sind die **Röhrenknochen** der Gliedmaßen. Sie erreichen ihre Eigenschaften durch ihren besonderen Bau. Die Wand des Knochenschaftes, die *Knochenrinde,* besteht aus zwei Lamellenschichten verknöcherter Bindegewebsfasern. Dazwischen und weiter einwärts liegen dicht gepackt die *Knochensäulchen.* Sie sind die Bauelemente eines Knochens und werden von den Knochenaufbauzellen gebildet. *Knochenzellen* stehen mit Fortsätzen untereinander in Kontakt. Sie produzieren die kreuzweise wie in einer Sperrholzplatte verlaufenden Bindegewebsfasern. Knochenzellen, Fasern und die eiweißartige Grundsubstanz des Knochens bezeichnet man als den *Knochenknorpel.*
Seine Härte erhält der Knochen erst durch die Einlagerung von Mineralsalzen in die Grundsubstanz. Diese *Knochenerde* besteht zu 86 % aus Calciumphosphat. Den Rest bilden andere Mineralsalze wie Calciumcarbonat, Calciumfluorid, Calciumchlorid und Magnesiumphosphat. Darüber hinaus enthält ein Knochen noch 20 % Wasser.

Betrachtet man die „Architektur" eines Röhrenknochens, so kann man sie mit der **Leichtbaukonstruktion** eines Kranes vergleichen. Durch den Hohlkörper des Knochenschaftes und die aufgelockerte Form der Knochensäulchen und Knochenbälkchen in den Knochenenden, der *„Schwammsubstanz",* wird mit einem Minimum an Gewicht ein Maximum an Stabilität erreicht.
Die *Knochenbälkchen* sind dabei entsprechend den am Knochen auftretenden Druck- und Zugkräften ausgerichtet. Auch beim gebrochenen Knochen entwickelt sich aus dem weichen knorpeligen *Wundkallus* an der Bruchstelle, dem noch undifferenzierten Knochengewebe, erneut diese belastungsfähige Struktur des Knochens heraus.
Betrachtet man Röntgenbilder eines Fetus, so ist bei den Röhrenknochen meist nur die Schaftmitte als Knochen erkennbar. Der restliche Knochen besteht noch aus *Knorpel.* Beim Menschen wird der Knorpel also im Laufe der Jugend durch Knochenmaterial ersetzt. Die Wachstumszone zwischen Knochenschaft und Knochenende, die *Epiphysenfuge,* verknöchert zuletzt. Im Alter wird der Knochen durch Abbau organischer Substanz, durch Wasserentzug und Entkalkung brüchiger.

1. Informiere dich über die Osteoporose! Wodurch kann diese Erkrankung entstehen und wie kann ihr entgegengewirkt werden?

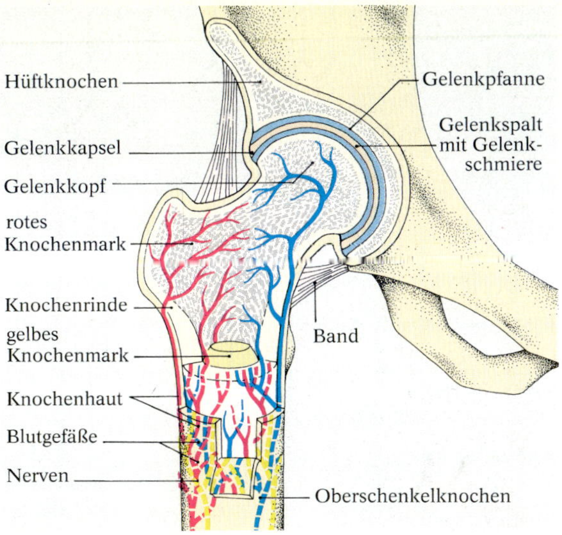

1 **Hüftgelenk**

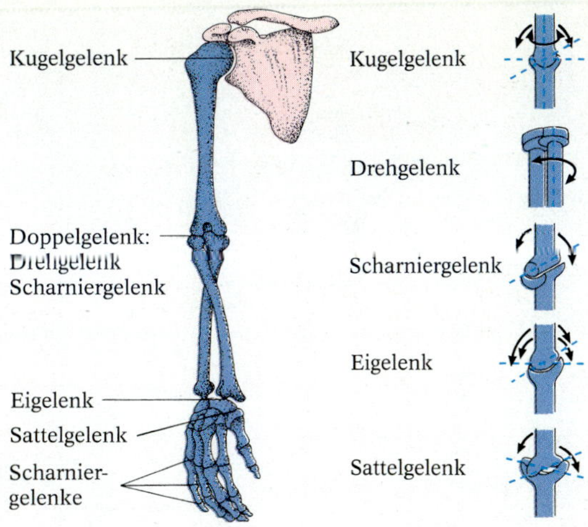

2 **Gelenktypen**

6.2. Wie Gelenke arbeiten

Schlangenmenschen im Zirkus bewundern wir als Bewegungskünstler. Dagegen sind Tanzen und einfaches Gehen für uns selbstverständliche Bewegungsformen. Alle derartigen Bewegungen werden durch Gelenke ermöglicht.

Die Gelenkenden der Knochen sind mit einer glatten, druckfesten, doch elastischen Knorpelschicht überzogen. *Gelenkknorpel* vermindern die Reibung und dienen als Stoßdämpfer. Die *Gelenkkapsel,* eine Fortsetzung der Knochenhaut, sondert die *Gelenkschmiere* als Gleitmittel und zur Ernährung des Gelenkknorpels in den Gelenkspalt ab. Außerdem schließt die Gelenkkapsel das Gelenk luftdicht ab und sorgt darin für einen Unterdruck, welcher den Zusammenhalt der Gelenkknochen begünstigt. Außen wird die Gelenkkapsel meist von zugfesten Bindegewebssträngen, den *Bändern,* verstärkt. Die Bewegungsmöglichkeit von Gliedmaßen wird von der Form des *Gelenkkopfes* und der *Gelenkpfanne* bestimmt. Danach gibt es am Skelett des Menschen verschiedene *Gelenkarten: Scharniergelenke,* wie die unserer Fingerglieder, lassen nur Bewegungen in einer Ebene zu. Das Daumengrundgelenk ermöglicht Bewegungen in zwei Ebenen. Es ist ein *Sattelgelenk,* das die menschliche Hand zu einem Greifwerkzeug macht. Atlas und Dreher, die beiden ersten Halswirbel, bilden zusammen ein *Drehgelenk.* So können wir den Kopf fast um 180° drehen. Rundumbewegungen lässt unser Schultergelenk zu. Als *Kugelgelenk* erlaubt es Bewegungen in allen Ebenen. Das Handgelenk besteht aus mehreren Knochen. Sie bilden ein *Eigelenk.* Die beweglichen Wirbel der Wirbelsäule sitzen mit *Flächengleitgelenken* aufeinander. Außerdem erhöhen die Zwischenwirbelscheiben die Beweglichkeit der Wirbelsäule.

Damit die Gelenke des Körpers gesund erhalten bleiben, sollten sie täglich aktiviert, d.h. mechanisch gereizt werden. Wird ein Gelenk durch einen Gipsverband wochenlang ruhig gestellt, ist es danach unbeweglicher oder sogar versteift. Der Gelenkknorpel hat sich verändert und das Bindegewebe der Gelenkkapsel ist geschrumpft. Das Gelenk ist *degeneriert.* Nur durch fortgesetztes Üben kann ein degeneriertes Gelenk seine ursprüngliche „Geläufigkeit" wiedererlangen. Eine Degeneration durch Abnutzung erfährt aber auch ein Gelenk, das dauernd überfordert wird, z.B. durch zu schweres Tragen. Hierbei wird der Gelenkknorpel abgenutzt. Eine sich dann anschließende ungleichmäßige Verknöcherung macht die Gelenkflächen höckerig und rau. Dieser Prozess vollzieht sich auch mit zunehmendem Alter. Jede Bewegung verursacht Schmerzen. Eine **Arthrose** ist entstanden. Ist ein Gelenk entzündet, so spricht man von einer **Arthritis.** Dies ist auch bei Gelenkrheumatismus der Fall. Lagern sich Harnsäurekristalle im Gelenk ab, entsteht die **Gicht.** Das Gelenk wird funktionsunfähig und oft deformiert.

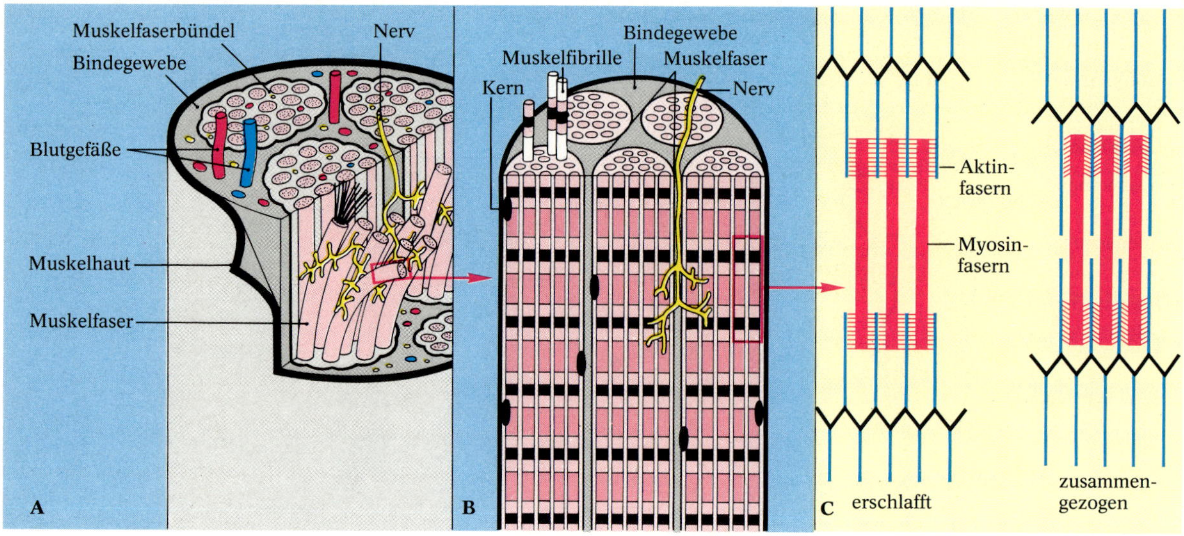

1 **Aufbau und Funktion eines Muskels** (Schema)

6.3. Muskeln rudern im Akkord

Die Fingerfertigkeit eines Klavierspielers, der Bewegungsablauf beim Stabhochspringen, aber auch das einfache Stehen kommen durch die Arbeit der **Skelettmuskeln** unseres Körpers zustande. Sie machen etwa 40 % der Körpermasse aus. Jeder Muskel ist von einer Haut umgeben. An den Muskelenden geht diese jeweils in die *Sehnen* des Muskels über. Die Achillessehne des Wadenmuskels ist das stärkste „Zugseil" eines Muskels. Sie ermöglicht der Balletteuse sogar das Tanzen auf den Zehenspitzen.

Da die Skelettmuskeln unserem Willen gehorchen, nennt man sie *willkürliche* Muskeln. Knurrt einem der Magen, so kann man dies nicht unterbinden. Die **Eingeweidemuskeln** sind *unwillkürliche* Muskeln. Sie gehorchen nur dem vegetativen Nervensystem. Im Gegensatz zu den Skelettmuskeln ziehen sich die Eingeweidemuskeln langsamer und nicht so kraftvoll zusammen. Bewegungen des Darmes oder Magens werden so normalerweise von uns nicht wahrgenommen.

Der Skelettmuskel setzt sich aus **Muskelfaserbündeln** zusammen, welche in Bindegewebe eingebettet sind. Die einzelne **Muskelfaser,** die mehrkernige Baueinheit des Muskels, kann bis 4 cm lang und 0,2 mm dick sein. Deren kontraktile Untereinheiten sind die **Muskelfibrillen.** Unter dem Mikroskop erscheinen sie quer gestreift. Beim Skelettmuskel spricht man deshalb von *quer gestreifter* Muskulatur.

Dieses typische Muster entsteht durch verschiedene Eiweißfäden, die **Filamente** der Muskelfibrillen. Bei einem Klimmzug kontrahiert sich der Bizepsmuskel des Oberarms, er wird kurz, dick und hart. Was ist hierbei im Muskel vorgegangen?

Die dünneren Filamente, die **Aktinfäden,** gleiten bei der Kontraktion wie Boote, von den „Ruderschlägen" der dickeren **Myosinfäden** getrieben, an letzteren ein Stück vorbei. Alle Aktinfäden sind mit ihrem einen Ende an Querlamellen angewachsen. Da alle parallel liegenden Abschnitte der Muskelfaser gleichzeitig arbeiten, verkürzt sie sich. Der Spannungszustand und die Leistung eines Muskels hängen von der Anzahl der gleichzeitig tätigen Muskelfasern ab. Die Eingeweidemuskulatur besitzt keine Querstreifung. Sie enthält weniger und nicht in dieser Form angeordnete Muskelfasern und Muskelfibrillen. Sie wird daher als *glatte* Muskulatur bezeichnet. Der **Herzmuskel** stellt eine Mischung aus beiden Muskeltypen dar.

Der Muskel braucht für seine Arbeit *Mineralstoffe* wie Calcium oder Magnesium. Außerdem gewinnt er aus *Traubenzucker* mit Hilfe des *Sauerstoffs* Energie, um sich kontrahieren zu können. Wird er überfordert, so muss er die Energie *ohne* Sauerstoff freisetzen. Dabei entsteht auch *Milchsäure,* die bei zu hoher Konzentration die Muskeltätigkeit beeinträchtigt. Anhaltender Sauerstoffmangel führt letztlich zum Verkrampfen der Muskulatur.

1 Volleyballerin beim Angriff

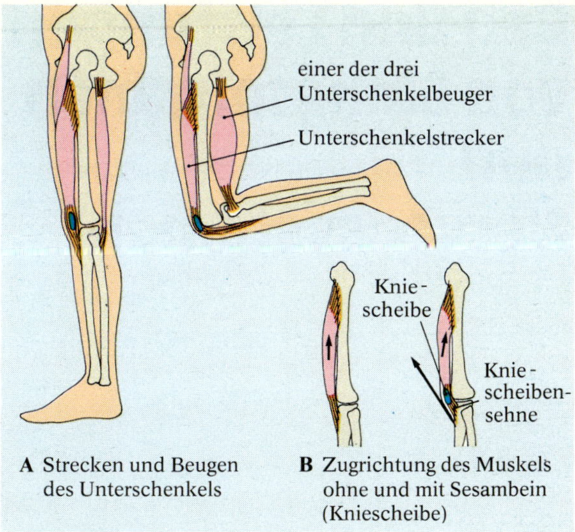

2 Bewegung des Unterschenkels

6.4. Wie Knochen und Muskeln zusammenwirken

„... behend läuft sie unter den Ball und spielt ihn kurz über den Kopf nach hinten auf die Position 2. Dort befindet sich die Angreiferin schon in der Luft und schmettert den noch aufsteigenden Ball blitzschnell ins gegnerische Feld."

Diese Kurzreportage eines Angriffs im Volleyball zeigt alle Konsequenzen, die bei Bewegungen des Körpers eine Rolle spielen. So ist die *nervöse Steuerung* für einen sinnvollen Bewegungsablauf Voraussetzung. Beim Anlauf, Sprung und Schmetterschlag werden die Gliedmaßen des Körpers abwechselnd gestreckt und gebeugt. Das muskuläre Zusammenspiel ist dabei durch die *wechselweise Kontraktion und Erschlaffung der Beuge- und Streckmuskeln* gekennzeichnet. Sie arbeiten nach dem *Gegenspielerprinzip.* Jeder Muskel braucht, um die von ihm bewirkte Bewegung rückgängig zu machen, einen Gegenspieler. Ein Muskel kann sich nur aktiv zusammenziehen, jedoch nicht aktiv dehnen. Beuge- und Streckmuskeln sind *Antagonisten,* d.h. Gegenspielermuskeln. Geschwindigkeit und Kraft einer Bewegung hängen entscheidend von den *Hebelverhältnissen* ab, die ein Muskel mit dem zu bewegenden Knochen bildet. Sinnvollerweise befindet sich der Sehnenansatz eines Gliedmaßenmuskels, z.B. der des Bizeps, sehr nahe am Drehpunkt des Hebelarmes. Daraus ergibt sich zwar ein hoher Kraftaufwand für die Bewegung, sie kann jedoch schneller ausgeführt werden.

Damit insbesondere bei gestreckten Gliedmaßen für die Zugkraft des Muskels ein besserer Angriffswinkel erreicht wird, verläuft die Muskelsehne manchmal über ein knorpeliges oder knöchernes *Sesambein,* z.B. die Kniescheibe.

Ob eine Bewegung jedoch schnell oder langsam durchgeführt werden soll und kann, hängt u.a. von der Aktivierung des Muskels durch Nerven ab. Werden nur kleinere motorische Einheiten von 5 oder 10 Muskelfasern von den Impulsen einer Nervenfaser zur Kontraktion veranlasst, so ergibt dies eine langsame und fein abgestimmte Bewegung. Bei raschen und kräftigen Kontraktionen, z.B. der Bauchmuskulatur, werden dagegen größere motorische Einheiten mit bis zu 200 Muskelfasern aktiviert.

Insgesamt werden so alle Bewegungen unseres Körpers durch ein nervlich gesteuertes Zusammenspiel vieler Muskeln, Muskelgruppen, Gelenke und Knochen ermöglicht.

1. Stelle die Hebelverhältnisse für Strecker und Beuger des Unterarmes zeichnerisch dar! Welche Veränderung ergäbe sich anatomisch und kräftemäßig, wenn die Sehnenansätze nahe dem Handgelenk wären? Benutze dein Physikbuch dazu!

Bau und Leistungen von Sinnesorganen und Nervensystemen

1 Was man am Flugplatz wahrnimmt

1. Lebenswichtige Informationen

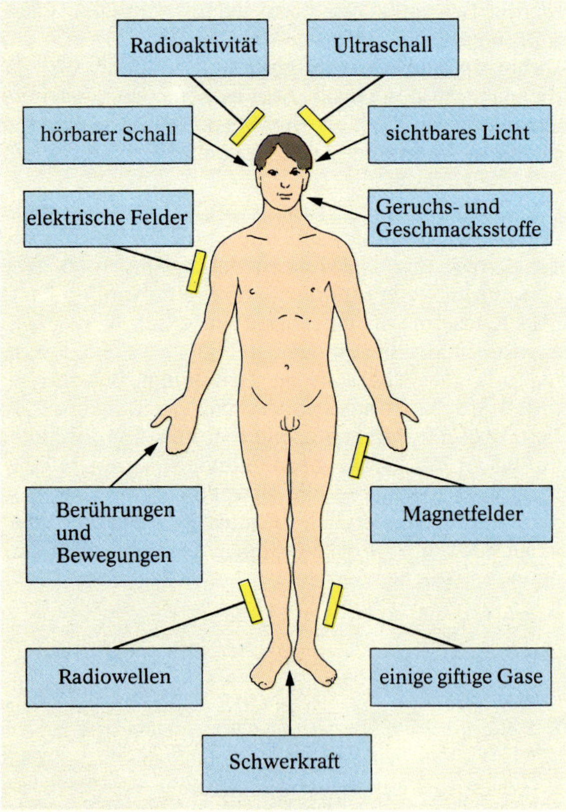

2 Wir nehmen nicht alles wahr ...

Nachmittags am Rande des Flughafens. Wir sehen Maschinen starten und landen. Ohrenbetäubender Lärm dringt auf uns ein. Wir riechen verbranntes Kerosin, wenn uns der Wind die Abgasfahne aus den Düsentriebwerken herüberweht. Der Flughafen zieht uns in seinen Bann und nimmt alle unsere Sinnesorgane in Anspruch. Dabei nehmen wir nicht einmal alles wahr, was außerdem noch geschieht: Der Lotse auf dem Tower gibt dem Piloten Anweisungen über Funk. Radarstrahlen durchdringen die Wolken, um dem Lotsen Informationen über anfliegende Maschinen zu geben. Das alles wissen wir, weil wir darüber gelesen haben. Warum aber spüren wir davon nichts?

Sinnesorgane geben dem Körper Auskunft über Umwelteinflüsse. Sie sind hoch spezialisiert. Das Auge zum Beispiel reagiert nur auf Licht, das Ohr nur auf Schall. Die Umwelteinflüsse, die auf ein bestimmtes Sinnesorgan einwirken, nennen wir **Reize**. Umwelteinflüsse, für die wir keine Sinnesorgane haben, sind keine Reize. So nehmen wir Magnetfelder, elektrische Felder, Funkwellen, Radarwellen, Ultraschall und radioaktive Strahlung nicht wahr, weil wir dafür keine Sinnesorgane haben. Trotzdem wissen wir viel über diese Erscheinungen. Wir haben uns künstliche Sinnesorgane geschaffen. So reagiert zum Beispiel der Kompass auf Magnetfelder und der Geigerzähler auf radioaktive Strahlung.

1 Ein Hund lebt vorwiegend in einer Geruchswelt, die wir uns nicht vorstellen können. Die Spuren der Menschen und der anderen Tiere sind Bestandteile dieser Geruchswelt.

2. Tiere haben verschiedene Umwelten

Verschiedene Tiere haben unterschiedlich leistungsfähige Sinnesorgane. So ist die Nase des Hundes viel empfindlicher als unsere Nase. Wegen der vielfältigeren Eindrücke, die ein Hund empfängt, ist die Umwelt für ihn ganz anders beschaffen als für uns.

Die „Geruchswelt" des Hundes. Von vielen Lebewesen und Gegenständen werden dauernd Teilchen in die Umgebung abgegeben. Blumen zum Beispiel geben Geruchsstoffe ab. Wir Menschen scheiden Schweiß aus, der nach einiger Zeit ebenfalls Geruchsstoffe in die Luft schickt. Diese Teilchen werden von der Nase registriert, wenn sie mit der Nasenschleimhaut in Berührung kommen. Dabei ist die Hundenase um ein Vielfaches empfindlicher als unsere Nase, da ihre Geruchsschleimhaut wesentlich größer ist. Wenn durch unsere Gummi- oder Lederschuhsohlen einzelne Buttersäure-Teilchen aus dem Schweiß hindurchdringen und am Boden hängen bleiben, dann kann eine Hundenase diese Spur wahrnehmen. Die Hundenase ist wesentlich leistungsfähiger als die besten zur Zeit entwickelten Gasspürgeräte.

Die empfindliche Hundenase vermittelt dem Tier ein differenziertes Bild seiner Umwelt. Alle Gegenstände sind neben Form und Farbe auch durch ihren Geruch charakterisiert. Daraus ergibt sich eine Geruchswelt des Hundes, die wir uns nicht vorstellen können.

Zecken lieben Schweißgeruch

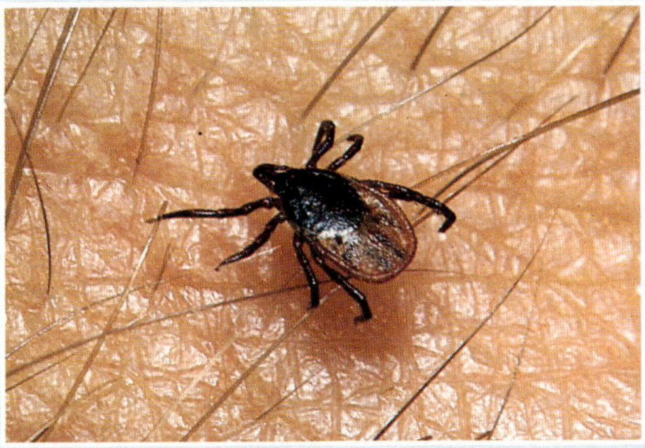

2 Zecke auf der Haut

Zecken gehören zu den Spinnentieren. Sie leben auf den Blättern von Bäumen, Büschen und Gräsern. Wenn sie den Geruch von Schweiß wahrnehmen, lassen sie sich fallen und landen meist im Fell eines Tieres oder auf der Haut eines Menschen. Auch wenn man die Blätter mit der Haut streift, klammern sie sich – ausgelöst durch den Schweißgeruch – an den Haaren fest. Sie bohren ihren Kopf in die Haut und saugen Blut. Dabei können sie gefährliche Krankheiten übertragen, wie zum Beispiel die Gehirnhautentzündung.

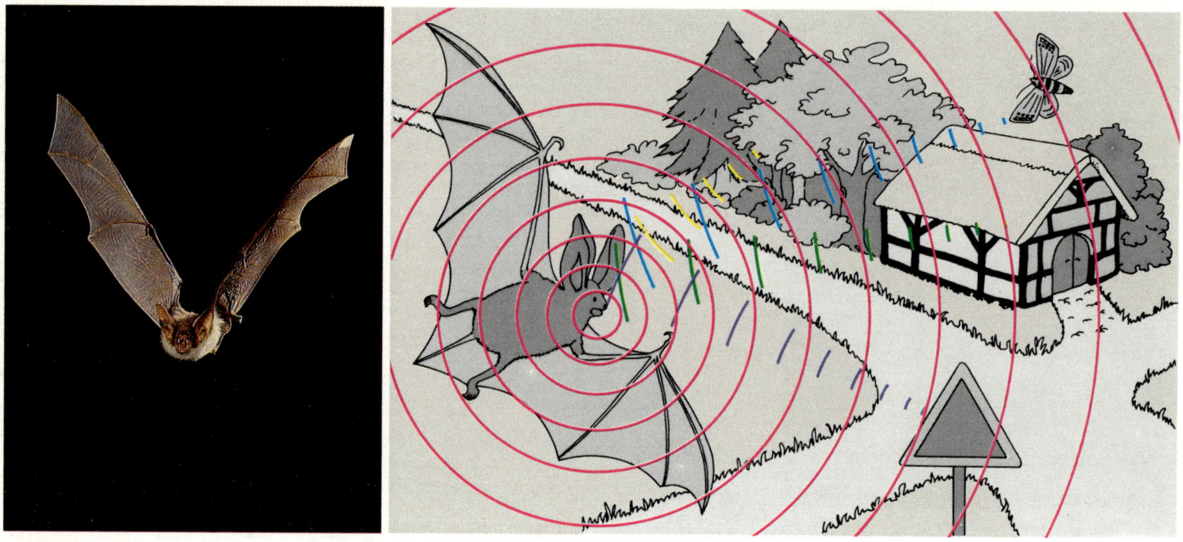

3 Die Fledermaus lebt in einer Schallwelt

Fledermäuse „hören“ Räume. Wissenschaftler führten folgende Experimente mit Fledermäusen durch: In einem leeren Raum wurden senkrecht dünne Drähte gespannt. Ihr Abstand war geringer als die Spannweite der Flügel von Fledermäusen. In diesen Raum brachte man Fledermäuse und ließ sie hier bei völliger Dunkelheit fliegen. Durch Messinstrumente an den Drähten und durch Blitzlichtaufnahmen konnte man feststellen, dass die Fledermäuse ungehindert in dem gesamten Raum umherflogen, ohne die Drähte zu berühren. Durch die eng gespannten Drähte flogen die Tiere ohne Schwierigkeiten, indem sie den Körper kurzzeitig schräg stellten, um mit „hoch gestellten“ Flügeln hindurchzufliegen. Mit Spezialmikrofonen für besonders hohe Töne konnte man dabei Schallsignale aufnehmen, die wir Menschen nicht hören können. Solche besonders hohen Töne nennt man **Ultraschall**. Fledermäuse können Ultraschall erzeugen und auch hören. Sie stoßen kurze Ultraschallschreie aus, die sich in der Umgebung ausbreiten. Gegenstände werfen die Schallwellen als Echo zurück. Das Gehirn der Fledermaus gewinnt aus der Zeitdifferenz zwischen Aussenden des Schallsignals und der Ankunft des Echos einen Eindruck über die Entfernung des reflektierenden Gegenstandes. So kann sich das Tier in einer dunklen Umgebung orientieren, ohne diese zu sehen. Das ist zweckmäßig, da Fledermäuse vorzugsweise in dunklen Höhlen leben und auch nur während der Dunkelheit auf Nahrungssuche sind.

Das erstaunliche Ortungssystem der Fledermäuse liefert aber neben der Position des Tieres im Raum noch mehr Informationen. Man schoss nämlich in den oben beschriebenen Raum mit einer kleinen Kanone Mehlwürmer. Die Fledermäuse fingen sie im Dunklen ohne Schwierigkeiten. Schoss man dagegen mit Plastikmehlwürmern, so kümmerten sich die Fledermäuse nicht darum. Sie hatten an der Natur des Ultraschallechos „gehört“, dass es sich bei dem Plastikfutter um ungenießbare Nachbildungen handelte. Nicht nur Fledermäuse hören und erzeugen Ultraschall. Auch einige Insekten – Beutetiere der Fledermäuse – hören die Schreie ihrer Jäger und lassen sich daraufhin fallen. Andere können selbst Ultraschall erzeugen und so das Ortungssystem der Fledermäuse stören.

Bienen haben mehr Durchblick. Als Wissenschaftler den Farbsinn der Bienen untersuchten, stellten sie fest, dass die Insekten den größten Teil des roten Lichtes, so, wie wir es sehen, nicht wahrnehmen. Das war verwunderlich, denn Bienen finden Blüten doch hauptsächlich mit den Augen. Eingehendere Forschungen ergaben jedoch, dass Bienen mehr sehen als wir. Sie nehmen Licht wahr, das wir mit unseren Augen nicht sehen können, das **Ultraviolettlicht.** Diese Sorte von Licht ist im Hochgebirge besonders stark im Sonnenlicht enthalten und bewirkt, dass unsere Haut bei Sonnenbestrahlung braun wird. Unsere Augen nehmen diese Strahlen im Gegensatz zum Bie-

4 Bienenauge

5 Blüte. A im „normalen" Licht; B im Ultraviolettlicht

nenauge nicht wahr. In einem Experiment können wir nachvollziehen, wie eine einfarbige, rote Blüte im Ultraviolettlicht aussieht: Wir fotografieren die Blüte im Licht einer Ultraviolett-Lampe. Das Bild zeigt die Strukturen, die im Ultraviolettlicht hell bzw. dunkel sind. Du siehst oben ein Beispiel von Blüten, die so fotografiert wurden. So kann man andeutungsweise sehen, was die Biene sieht. Die Biene hat dazu natürlich noch die Farbeindrücke von blau, grün, gelb, orange und einer leichten Rottönung. Diese werden in dem Film nicht wiedergegeben. Warum die Biene weniger Rot sieht als wir, aber dafür den Ultraviolett-Eindruck hat, wissen wir nicht.

Das Pantoffeltierchen kann riechen und schmecken. Das nebenstehende Experiment zeigt, dass Pantoffeltierchen offensichtlich die Fähigkeit haben Essigsäure wahrzunehmen. Der biologische Sinn dieser Fähigkeit ist klar: Essigsäure kann den Einzellern gefährlich werden. Es ist zweckmäßig vor diesem Stoff zu fliehen. Umgekehrt stellt man fest, dass sie dahin schwimmen, wo Bakterien tote Zellen zersetzen. Pantoffeltierchen fressen Bakterien. Offenbar werden bei der Zersetzung der toten Zellen durch die Bakterien Stoffe frei, die die Pantoffeltierchen anlocken. Pantoffeltierchen können also, obgleich sie nur aus einer Zelle bestehen, auch riechen und schmecken. Wie die Zellen allerdings die Information über den Geruchsreiz in Bewegung umsetzen, ist bisher unbekannt.

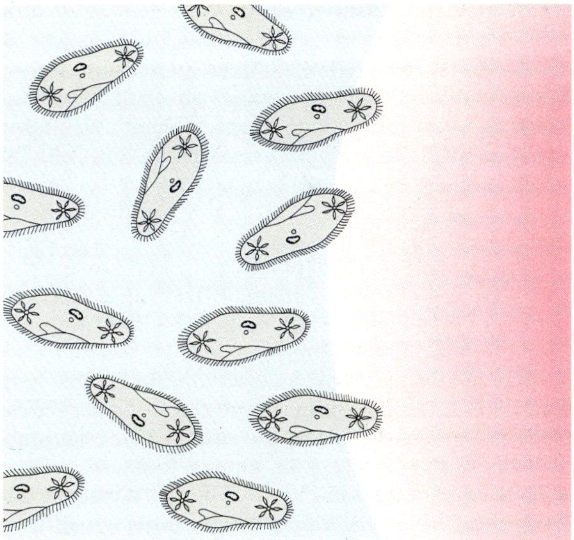

6 Pantoffeltierchen „meiden" Essigsäure. Man mikroskopiert Pantoffeltierchen in einer flachen Wasserschicht zwischen Objektträger und Deckglas, in der sie sich schwimmend bewegen können. Normalerweise schwimmen sie darin kreuz und quer umher, wobei sie die Richtung nur ändern, wenn sie an einen Gegenstand, etwa ein Haar oder ein kleines Blattstück, stoßen. Wenn man nun vorsichtig von einer Seite her verdünnte Essigsäure unter das Deckglas fließen lässt, meiden die Einzeller den Flüssigkeitsbereich, in dem die Säure gelöst ist. Sie schwimmen darauf zu, kehren aber sofort um, wenn sie die Säure wahrnehmen.

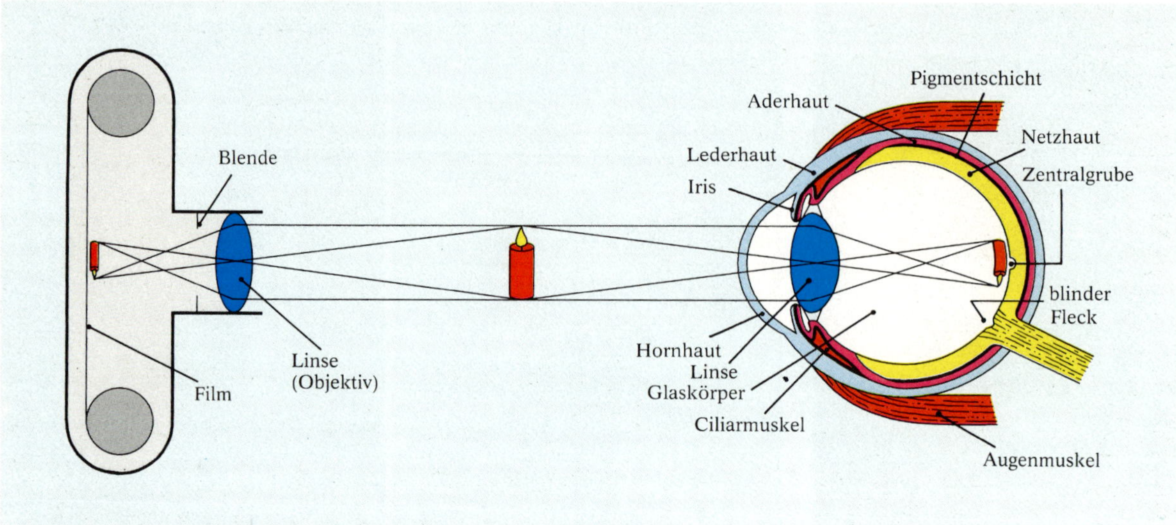

1 Vergleich zwischen einer Kamera und dem menschlichen Auge

3. Das Auge des Menschen

3.1. Das Auge – eine Kamera?

In einem abgedunkelten Zimmer brennt eine Kerze. Wir sehen sie mit unseren Augen, aber auch eine Kamera kann die brennende Kerze „sehen". Wenn wir die Kamera auslösen, liefert sie ebenfalls ein Bild. Ist unser Auge eine Kamera? Vergleichen wir die beiden Systeme genauer! Zuerst betrachten wir die Kamera: Sie besteht aus einem Metall- oder Plastikgehäuse. Vorn sieht man ein System aus optischen Linsen, das Objektiv. Dahinter liegen die Blende und der Verschluss. Im Inneren der „Kammer" befindet sich der Film, der das Bild aufnimmt.
Das Auge kann man im Spiegel von außen ansehen. Die Lider mit den Wimpern und darunter der weiße Augapfel mit **Iris** und **Pupille** sind gut zu erkennen. Die Iris ist der farbige Ring um das kleine schwarze Loch in der Mitte, die Pupille. Die Iris wird von der **Regenbogenhaut** gebildet, in die unterschiedliche Farbstoffe eingelagert sind.
Ein Querschnitt des Auges liefert mehr Einzelheiten. Vorn im Auge befindet sich eine **Linse**. Sie liegt hinter der vorderen **Augenkammer**, die von der durchsichtigen **Hornhaut** nach außen abgegrenzt ist. In der Augenkammer befindet sich Wasser. Hornhaut, Augenkammer mit Augenwasser und Linse bilden zusammen den **optischen Apparat** des Auges. Bei der Kamera heißt der optische Apparat Objektiv. Vor der Linse des Auges liegt die Iris. Sie wirkt wie die Blende der Kamera. Das Loch in der Iris ist die Pupille.
Hinter der Linse des Auges liegt der **Glaskörper**. Das ist eine durchsichtige, gallertige Masse, die dem Auge Stabilität verleiht. Gegenüber der Linse befindet sich die **Netzhaut**. Sie ist der lichtempfindliche Teil des Auges und nimmt das Bild auf. Ein **Sehnerv** leitet die Informationen über das Bild an das Gehirn. – In der Kamera befindet sich hinter den Linsen der Film.
Das Auge wird von der **Aderhaut** und der **Lederhaut** umhüllt, die es ernähren und stützen. An der Lederhaut setzen die **Augenmuskeln** an. Mit ihnen wird das Auge bewegt.
Damit das Auge nicht beschädigt wird, ist es in der Augenhöhle des Schädels von einem weichen, fettreichen Gewebe eingehüllt. Schräg oberhalb des Auges mündet jeweils eine **Tränendrüse**, die dauernd Tränenflüssigkeit abgibt. Diese fließt über die Hornhaut und wird durch den Lidschlag darauf verteilt. Staubteilchen und andere Fremdkörper werden so weggespült. Die Tränenflüssigkeit läuft normalerweise durch den **Tränennasengang** in die Nasenhöhle. Nur beim Weinen „läuft das Auge über" und die Tränen rollen über die Wangen.
Im Auge wird durch die Linse auf der Netzhaut, ähnlich wie bei der Kamera, ein Bild erzeugt. Aber an dem „Selbstreinigungsmechanismus" der Lider und der Tränendrüsen sieht man, dass das Auge mehr leistet als die Kamera.
Wir wollen anhand der Funktion des Auges untersuchen, ob es weitere Gemeinsamkeiten und Unterschiede gibt: An der Kamera wird am Objektiv die

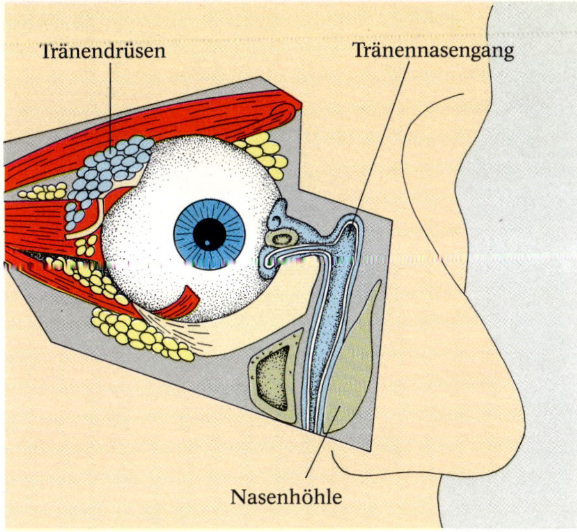

2 Das Auge wird dauernd gespült

Entfernung zum Objekt eingestellt. Dies geschieht durch Verschieben der Linsen des Objektivs. Beim Auge erfolgt die Scharfeinstellung durch eine Verformung der Linse. Sie hängt an Linsenbändern in einem ringförmigen Muskel. Wenn sich dieser zusammenzieht, wird der Ring kleiner. Dadurch werden die Linsenbänder gelockert und die Linse „entspannt" sich, indem sie eine stark gewölbte Form annimmt. Bei erschlafftem Muskel ist der Ring größer. Er spannt die Linse auseinander, sodass sie groß und flach wird. Das Licht wird weniger stark gebrochen und ferne Gegenstände werden auf der Netzhaut scharf abgebildet. Nahsehen heißt also: Der Muskel ist zusammengezogen und die Linse ist stark gewölbt. Sehen wir in die Ferne, ist der Muskel erschlafft und die Linse wird flach. Deshalb ist es z.B. anstrengender kleine Schrift zu lesen, als etwa eine weiträumige Landschaft zu betrachten. Der Linsenmuskel wird dann nicht so stark beansprucht. Wir nennen diese Einstellung des Auges auf die Nähe oder auf die Ferne **Akkommodation.** Sie erfolgt dadurch, dass das Gehirn dann, wenn das Bild auf der Netzhaut unscharf abgebildet wird, den Ringmuskel an der Linse so reguliert, dass das Bild scharf eingestellt ist. An den meisten Kameras erfolgt die Nah- und Ferneinstellung am Objektiv.

An der Kamera kann man außer der Entfernung auch noch die Blende einstellen. Bei heller Umgebung gilt eine hohe Blendenzahl, bei dunklerer eine niedrige.

Wie entsteht das Bild im Auge?

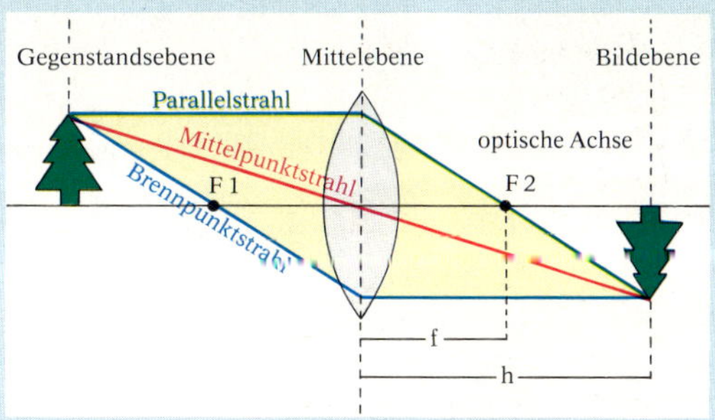

3 Strahlengang an einer Sammellinse

Mit einer Lupe kann man die Sonnenstrahlen so sammeln, dass sie in einem Punkt zusammenfallen. Daher heißt diese Linse auch Sammellinse. Die Strahlen werden so stark gebündelt, dass ein Stück Papier in diesem Punkt zu brennen beginnt. Dieser Punkt heißt Brennpunkt. Der Abstand zwischen Papier und Lupe ist die Brennweite (f). Je stärker die Linse gekrümmt ist, desto größer ist ihre Brechkraft und desto geringer ist die Brennweite. Das Maß für die Brechkraft ist die **Dioptrie** (dpt). Sie ist der Kehrwert der Brennweite, also 1/f und wird in 1/m angegeben.

Hält man vor eine Wand, auf die das Licht eines Fensters fällt, eine Lupe, so kann man an der Wand ein umgekehrtes Bild des Fensters sehen. Bewegt man die Lupe vor und zurück, wird das Bild unscharf. Es gibt nur einen bestimmten Abstand von der Wand, in dem das Bild scharf ist. Dieser Abstand heißt Bildweite (h). Man kann die Bildweite zeichnerisch bestimmen, wenn man die Brennweite einer Linse kennt. Es genügt, einen Strahl parallel zur Linsenachse vom Bild (A) zur Linse und von da über den Brennpunkt (F2) hinaus zu verlängern. Ein anderer Strahl läuft von A durch den Mittelpunkt der Linse (Mittelpunktsstrahl). Wo sich der verlängerte, gebrochene Parallelstrahl und der Mittelpunktsstrahl treffen, entsteht ein Bild des Punktes A. Hier ist die Bildebene. Bei unveränderter Brennweite ändert sich die Bildweite, wenn man die Gegenstandsweite, d.h. die Entfernung zwischen Linse und Gegenstand, ändert. Im Auge ist das anders: Hier muss die Bildweite bei veränderter Gegenstandsweite gleich bleiben. Deshalb muss sich die Brennweite ändern. Das geschieht im Auge dadurch, dass die Krümmung der Linse verändert wird.

4 Unterschiedliche Ferneinstellung des Auges

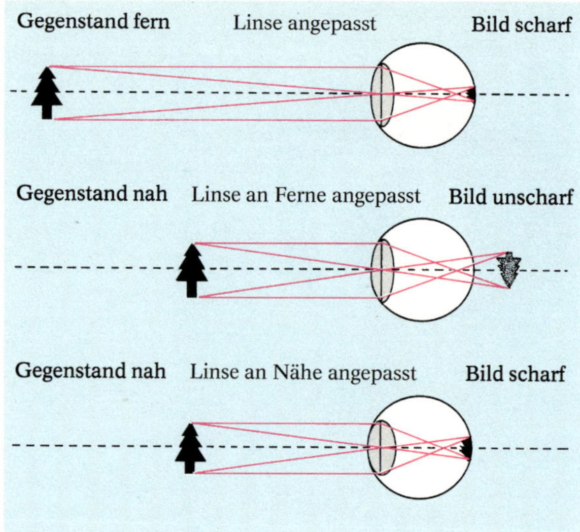

5 Strahlengang bei unterschiedlicher Ferneinstellung

Das bedeutet: Bei hoher Blendenzahl ist das Loch der Blende kleiner als bei niedriger Einstellung. In strahlend hellem Sonnenschein lässt man durch die kleine Blende nur einen kleinen Teil des Lichtes auf den Film fallen. Bei Aufnahmen im Schatten wird durch die weiter geöffnete Blende ein großer Teil des Außenlichts in die Kamera gelassen. Das Auge arbeitet genauso: In der Dunkelheit ist das Loch in der Iris, die Pupille, sehr groß. Das Auge „nutzt" das einfallende Licht voll aus. Bei grellem Sonnenlicht dagegen ist die Pupille klein. So wird das Auge vor Überlastung geschützt. Auch die Anpassung an die Helligkeit – wir nennen sie **Adaptation** – erfolgt beim Auge automatisch über die Nerven.

Man kann bei einer geöffneten Kamera an die Stelle des Films ein Stück Butterbrotpapier halten. Dann stellt man die Belichtung auf „B", sodass der Verschluss offen ist! Jetzt sieht man, dass das Bild auf dem Papier auf dem Kopf steht. Auch das Linsensystem des Auges bildet die Umgebung kopfüber auf der Netzhaut ab. Unser Gehirn verarbeitet aber das Bild so, dass wir den Eindruck haben, als stehe es aufrecht. Durch ein interessantes Experiment hat man nachgewiesen, dass das Gehirn tatsächlich diese Verarbeitung vornimmt: Versuchspersonen wurden Spezialbrillen aufgesetzt, die das gesehene Bild auf den Kopf stellten. Natürlich konnten sich diese Personen jetzt nicht mehr orientieren und waren bei jeder Handlung auf fremde Hilfe angewiesen. Nach einiger Zeit stellte sich bei ihnen die normale Sicht der Umgebung wieder ein. Sie sahen den Fußboden wieder unten und alle Gegenstände standen richtig. Das Gehirn hatte gelernt, dass das gesehene Bild falsch war und stellte es richtig. Als man ihnen aber die Brillen wieder abnahm, stand wiederum die Welt auf dem Kopf! Das Gehirn brauchte auch in diesem Fall wieder einige Zeit, um den neuen Zustand richtig zu deuten.

Die Netzhaut ist in der Mitte, direkt hinter der Linse, am empfindlichsten. Nach außen hin nimmt die Empfindlichkeit ab. Man nennt dieses Gebiet des schärfsten Sehens, in dessen Zentrum die Zentralgrube liegt, den **gelben Fleck.** Dort, wo der Sehnerv das Auge verlässt, liegen keine lichtempfindlichen Zellen. Deshalb wird der Teil des Bildes, der dort entsteht, nicht wahrgenommen. Wir nennen dieses Gebiet den **blinden Fleck.** Trotzdem merken wir davon nichts, denn wir haben zwei Augen. Die blinden Flecke beider Augen liegen an unterschiedlichen Stellen des gesehenen Bildes, sodass das Gehirn trotzdem die volle Information bekommt.

Einen wichtigen Unterschied wollen wir nicht vergessen: Das Auge kann kleine Schäden selbst reparieren. Ein geplatztes Äderchen zum Beispiel heilt wieder. Ein Schaden an einer Kamera kann dagegen nur durch eine Reparatur behoben werden.

1. Stelle die Unterschiede zwischen Kamera und Auge in einer Tabelle zusammen. Füge noch weitere, die dir einfallen, hinzu!

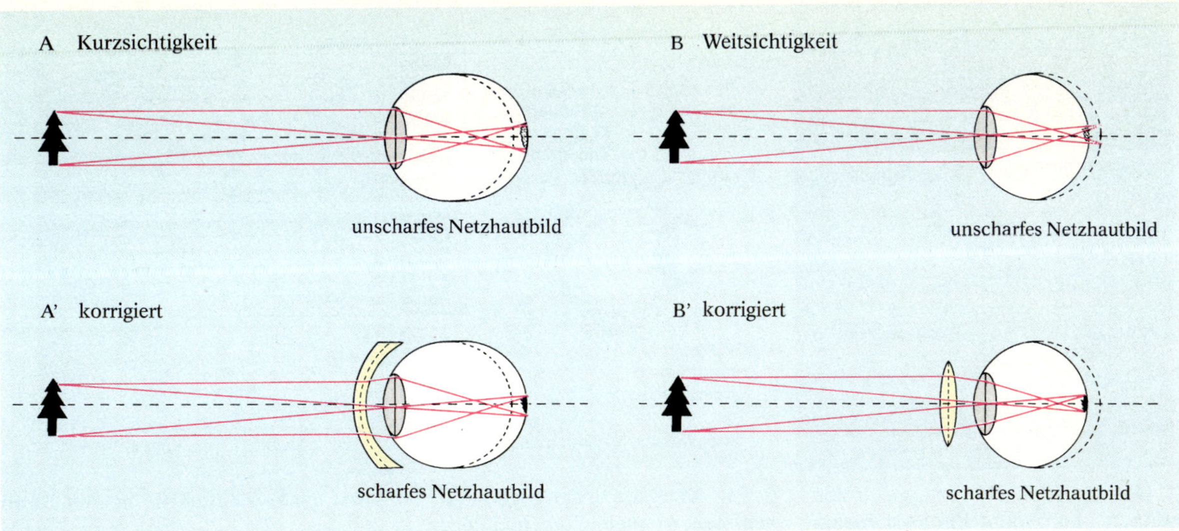

1 Korrektur von Sehfehlern

3.2. Sehfehler

Peter ist Brillenträger. Er ist kurzsichtig. Sein Vater brauchte bisher keine Brille. Aber seit einiger Zeit hielt er die Zeitung beim Lesen immer weiter von den Augen weg, um etwas erkennen zu können. Er ging zum Augenarzt und bekam eine Lesebrille verordnet. Peter kann mit dieser Brille fast nichts erkennen. Wie unterscheiden sich die beiden Brillen?

Peter hat seine Brille schon in der Jugend bekommen. Sein Auge hat angeborenermaßen nicht die richtige Form. Bei der **Kurzsichtigkeit** ist der Augapfel etwas zu lang. Die Bildebene liegt für ferne Gegenstände vor der Netzhaut. Deshalb ist das gesehene Bild unscharf. Zum Ausgleich verwendet man Zerstreuungslinsen. Eine Zerstreuungslinse ist im Gegensatz zur Sammellinse auf einer Seite nach innen gewölbt. Dadurch laufen die Strahlen auseinander, d.h., sie werden zerstreut. Im Auge bewirkt diese Linse, dass die Bildebene nach hinten verlegt wird, sodass der Kurzsichtige wieder scharf sieht.

Bei der **Weitsichtigkeit** ist der Augapfel etwas zu kurz, sodass die Bildebene hinter der Netzhaut liegt. Für weit entfernte Gegenstände spielt das nur eine geringe Rolle. Die Akkommodationsfähigkeit des Auges reicht aus, um diesen Fehler auszugleichen. Bei nahe gelegenen Gegenständen aber ist das Auge überfordert. Um ein scharfes Bild auf der Netzhaut zu erzeugen, setzt man deshalb eine Sammellinse vor das Auge. Eine Sammellinse ist auf beiden Seiten nach außen gewölbt. Wie das Beispiel des Brennglases zeigt, sammelt sie die Strahlen in einem Punkt. Im Auge wird daher die Bildebene nach vorn verlegt, sodass das Bild wieder exakt auf der Netzhaut liegt.

Im Alter kann die Elastizität der Linse nachlassen. Dadurch leidet die Akkommodationsfähigkeit besonders für den nahen Bereich. Die *Alterssichtigkeit* ist deshalb eine Art Weitsichtigkeit. Man gleicht sie demzufolge mit Sammellinsen aus. Wenn Kurzsichtige alterssichtig werden, brauchen sie entweder zwei Brillen (Fernbrille und Lesebrille) oder sie tragen geteilte Gläser, die oben für das Sehen in die Ferne und unten für das Nahsehen geschliffen sind.

Es kann sein, dass die Oberfläche der Hornhaut unregelmäßig geformt ist. Dadurch werden Punkte im gesehenen Bild zu kleinen Strichen auseinander gezogen. Man nennt diese Fehlsichtigkeit deshalb Stabsichtigkeit oder *Astigmatismus*. Die Korrektur erfolgt hier durch zylinderförmige Gläser.

1. Probiere verschiedene Brillen aus! Beschreibe den Eindruck, den du hast, wenn du durch eine fremde Brille schaust! Erkläre!

2. Was sind „Kontaktlinsen“? Informiere dich im Lexikon! Befrage Leute, warum sie Kontaktlinsen tragen!

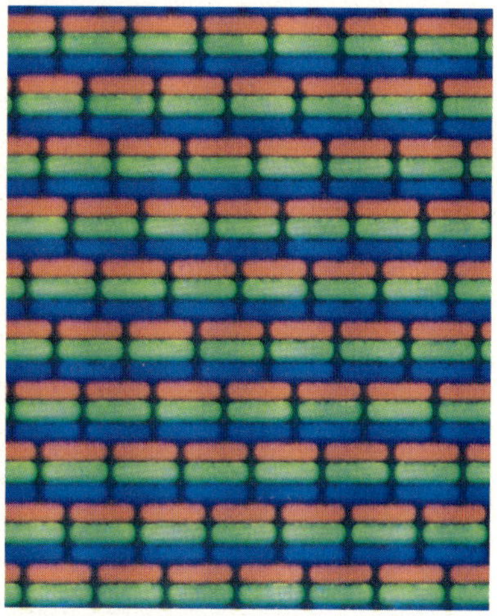

1 Das Fernsehbild ist aus roten, grünen und blauen Punkten zusammengesetzt

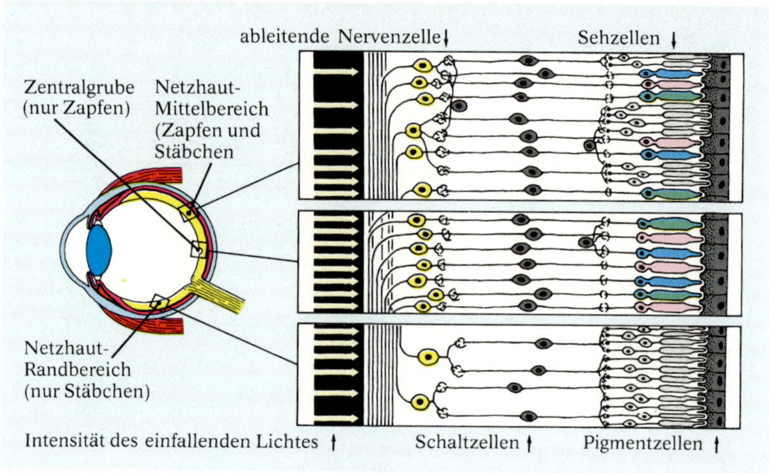

2 Die Netzhaut trägt gegenüber der Linse mehr Zapfen als in den Randgebieten, wo mehr Stäbchen liegen

3.3. Wir sehen farbig

Das Foto in der Abbildung oben zeigt den Bildschirm eines Farbfernsehers aus geringer Entfernung. Von dem gewohnten Bild ist nicht mehr sehr viel zu erkennen. Statt dessen sieht man viele sehr kleine Farbpunkte oder kurze Farbstriche. Es kommen nur drei Farben vor: Rot, Blau und Grün. Betrachtet man dagegen den Bildschirm aus größerer Entfernung, so sind auch alle anderen Farben zu erkennen und von den Einzelpunkten sieht man nichts. Nimmt unser Auge etwa auch nur drei Farben wahr?

Wir sehen uns dazu unsere Netzhaut näher an. Sie enthält neben verschiedenen Arten von Nervenzellen auch eine Schicht von **Sehzellen.** Sie enthalten einen Stoff, den *Sehpurpur* oder das Rhodopsin, das zerfällt, wenn es von Licht getroffen wird. Es ist ein lichtempfindlicher Stoff. Nach dem Zerfall wird er von der Sehzelle wieder zurückgebildet. Das nimmt immer etwas Zeit in Anspruch. Deshalb sind wir geblendet, wenn wir aus hellem Sonnenlicht kommend in einen dunklen Raum treten. Es muss erst wieder genügend Sehpurpur gebildet werden, der die geringe Lichtmenge im Dunklen ausnutzen kann.

Der Zerfall des Sehpurpurs bewirkt, dass die Sehzellen schwache elektrische Ströme erzeugen. Diese werden über den Sehnerv an das Gehirn gesendet und dort als Information ausgewertet. Das Gehirn kann unterscheiden, aus welcher Sehzelle die Impulse kommen und setzt so ein Bild des Gesehenen zusammen, das aus vielen Einzelpunkten besteht. Je stärker die Sehzelle durch das Licht gereizt ist, desto intensiver nimmt das Gehirn die Erregung für diesen Punkt wahr. Da die Linse aber auf der Netzhaut ein Bild des gesehenen Gegenstandes erzeugt hat, bildet sich im Gehirn auch ein Muster, das diesem gesehenen Bild entspricht. Die Einzelpunkte verfließen zu einem Gesamteindruck, sodass wir nicht die Empfindung eines Rasters haben.
Das Gehirn bekommt aber noch mehr Informationen: Es gibt nämlich vier verschiedene Sorten von Sehzellen: eine Sorte von **Stäbchen** und drei Sorten von **Zapfen.** Die Stäbchen registrieren nur die Helligkeit des Lichtes. Hätten wir nur Stäbchen, würden wir nur ein Schwarz-Weiß-Bild sehen. Die drei Zapfensorten sind jeweils auf eine Farbe spezialisiert: Es gibt rotempfindliche, blauempfindliche und grünempfindliche Zapfen. Das Gehirn vergleicht nun die Eindrücke eng benachbarter Zapfen und verrechnet sie zu einem Gesamteindruck: Werden ein rotempfindlicher Zapfen und ein direkt daneben liegender grünempfindlicher Zapfen gleich stark gereizt, während der ebenfalls in der Nähe liegende blauempfindliche Zapfen ungereizt bleibt, dann nennt das Gehirn diesen Eindruck Gelb. Werden alle drei unmittelbar nebeneinander liegenden Zapfen gleich stark gereizt, entsteht im Gehirn der Eindruck „Weiß“. Schwarz wird empfunden, wenn die Zellen

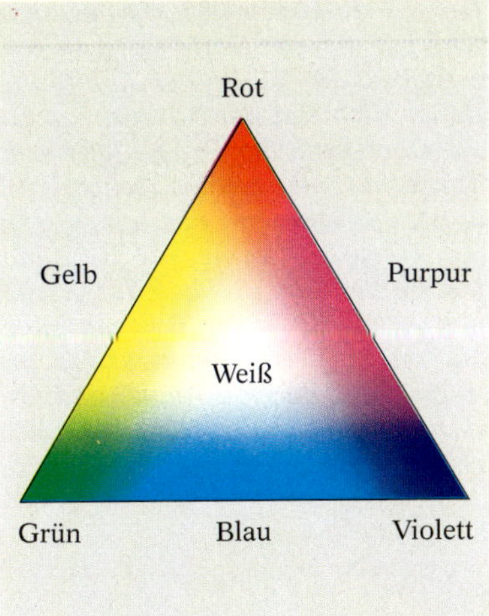

3 Die Farbempfindung wird aus den drei Grundfarben Rot, Grün und Blau kombiniert

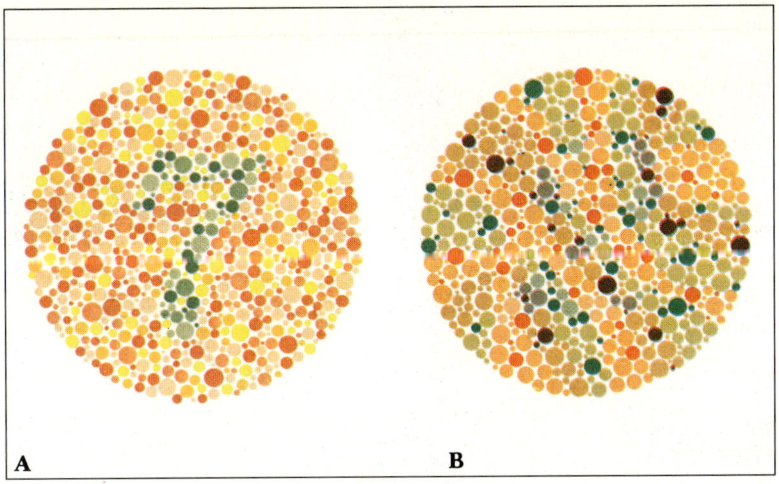

4 Testtafeln. A der Normalsichtige sieht hier ein grünes Zeichen; B der Normalsichtige sieht hier kein Zeichen

ungereizt bleiben. Die Erfinder der Farbfernsehröhre nutzten diese Erkenntnis aus, indem sie auf dem Bildschirm nur die Farben Rot, Grün und Blau erzeugten. Wir erleben deshalb täglich, wie unser Gehirn die Einzeleindrücke zu den richtigen Farben kombiniert.

Es kann vorkommen, dass nicht alle Zapfensorten richtig funktionieren. Bei der **Rotgrünschwäche** (auch Rotgrünblindheit genannt) zum Beispiel sind die Zapfen für die Farben Rot und Grün beeinträchtigt. Die Betroffenen sehen diese Farben gar nicht oder können sie nur sehr schwer unterscheiden. Deshalb sehen sie auf der Testtafel, die oben abgebildet ist, das dargestellte Zeichen nicht. Auf der daneben stehenden Abbildung kann ein Normalsichtiger nichts erkennen, denn die Farben sind so angeordnet, dass sie für ihn nur ein Durcheinander zeigen. Der Fehlsichtige dagegen sieht ein Zeichen, da er nicht die Farben, sondern die Helligkeitswerte der Punkte wahrnimmt. Die Zeichnung ist so beschaffen, dass das Zeichen sich nur in unterschiedlichen Helligkeitswerten ausdrückt.

Die Rotgrünschwäche wird vererbt. Sie tritt in unterschiedlichen Stärkegraden auf. Insgesamt sind etwa 8% aller Männer betroffen. Bei Frauen ist sie wesentlich seltener. Auch Farbschwächen für andere Farben kommen vor, sie sind aber nicht sehr weit verbreitet.

Bei verschiedenen Berufen, zum Beispiel bei Seeleuten, kommt es darauf an, dass sie die Farben Rot und Grün unterscheiden können. Sie dürfen deshalb nicht rotgrünblind sein. Menschen mit Farbfehlsichtigkeit können auch nicht Maler werden oder in Reproduktionsanstalten arbeiten. Hier kommt es auf die genaue Einstellung von Farben auf Bildern an.

Für die Erregung der Zapfen ist eine bestimmte Mindesthelligkeit erforderlich. Stäbchen dagegen werden auch von sehr schwachem Licht noch gereizt. Deshalb sagt das Sprichwort: „In der Nacht sind alle Katzen grau". Bei einer Schwäche der Stäbchenempfindlichkeit sprechen wir deshalb von *Nachtblindheit.*

1. In der Filmschicht eines Fotoapparates befinden sich lichtempfindliche Stoffe. Auch der Sehpurpur ist ein lichtempfindlicher Stoff. Worin besteht der Unterschied zwischen diesen beiden Stoffen?

2. Schließe nach längerem Fernsehen die Augen! Du siehst den Umriss des Fernsehschirms für einige Zeit mit geschlossenen Augen. Erkläre!

3. Auf Seeschiffen ist der Raum, in dem sich die Seekarten befinden, nachts mit einer Rotlichtlampe beleuchtet. Weißes Licht wäre gefährlich. Begründe diese Maßnahme!

1 Stereobild

Besorge dir eine weiße, etwa postkartengroße Pappe! Halte sie senkrecht zwischen die Bilder der Abbildung! Beuge dich mit der Nasenspitze auf die Oberkante der Pappe! Jetzt sieht das rechte Auge nur die rechte Abbildung, das linke nur den linken Bildteil. Warte ein wenig, bis die Bilder ineinander laufen! Wenn das geschehen ist, siehst du das Bild räumlich. Du musst allerdings etwas Geduld mitbringen, da sich Augen und Gehirn erst an die besondere Sehweise gewöhnen müssen.

3.4. Wir sehen räumlich

Die beiden Fotos sehen auf den ersten Blick völlig gleich aus. Wenn man aber das Experiment durchführt, so wie es neben den Fotos beschrieben ist, hat man nach einiger Zeit einen räumlichen Eindruck: Die beiden Möwen fliegen wirklich hoch über der Wasserfläche! Wie kommt es zu diesem Eindruck?

Wir sehen uns die Fotos mit der Lupe an und achten auf die Welle, die in der rechten Abbildung direkt unter dem Schnabel der rechten Möwe ist! Jetzt schauen wir auf die gleiche Welle auf dem linken Bild. Sie ist leicht nach links zum Bein der Möwe hin verschoben. Die beiden Bilder sind also nicht völlig gleich. Das liegt daran, dass sie mit einer Kamera aufgenommen sind, die mit zwei Objektiven dasselbe Objekt gleichzeitig auf zwei Filmstücken abgebildet hat. Die beiden Objektive der Kamera waren so weit voneinander entfernt, wie es unsere Augen sind. So zeigt das rechte Bild den Eindruck, den unser rechtes Auge in Wirklichkeit empfangen würde, wenn wir dort am Hafen stünden. Das linke Bild zeigt den Eindruck des linken Auges. Durch die unterschiedliche Position der Augen entstehen unterschiedliche Bilder auf den Netzhäuten. Daraus bildet das Gehirn einen einheitlichen Seheindruck, der räumlich ist.

Man kann auch direkt feststellen, dass die Netzhäute der beiden Augen unterschiedliche Bilder empfangen: Wenn man einen Bleistift mit ausgestrecktem Arm hält und ihn fixiert, sieht man den Hintergrund doppelt. Stellt man das Auge auf große Entfernung ein, d.h., fixiert man den Hintergrund, so erscheint der Bleistift doppelt. Das ist der Ausdruck der unterschiedlichen Netzhautbilder. Im Gehirn gibt es dafür einen Verarbeitungsmechanismus, der den räumlichen Eindruck errechnet. Mit einem Auge kann man also nur schwer räumlich sehen. Dass wir mit einem Auge trotzdem andeutungsweise räumlich Vorstellungen bekommen, liegt daran, dass das Gehirn auch Erfahrungen und Gelerntes mit berücksichtigt. So berücksichtigt es, dass entfernte Gegenstände kleiner erscheinen. Weit entfernte Gebiete in einer Landschaft liegen im Dunst und haben weniger klare Farben.

Räumliches Sehen kommt auch bei allen Tieren vor, deren Augen nach vorn schauen. Meist sind es Raubtiere, die die Entfernung zu ihrer Beute genau schätzen müssen, um sicher zugreifen zu können. Bei Pflanzenfressern kommt es mehr darauf an, dass sie ihre Umgebung zur Sicherheit dauernd überblicken können. Ihre Augen sitzen seitlich am Kopf, wobei sich ihre Sehfelder kaum überdecken. Eine Eule sieht deshalb sehr gut räumlich, ein Hase kaum.

1. Stelle die Methoden und Hilfsmittel zusammen, mit denen Maler in ihren Bildern den Eindruck räumlicher Tiefe erzeugen!

1 Täuschung durch die Perspektive

3.5. Lässt sich das Auge täuschen?

Der obere weiße Balken in der Abbildung erscheint länger als der untere. Wir messen die Länge der beiden Balken genau nach! Sie sind in Wirklichkeit gleich lang. Warum werden wir über die wahren Längen der Balken getäuscht?

Unser Gehirn nimmt nicht nur die Informationen auf, die ihm die Sinnesorgane liefern, sondern es verarbeitet sie auch. Dazu verwendet es die Kenntnisse, die über früher gemachte Erfahrungen im Gedächtnis gespeichert sind. Das Auge „meldet" zwar, dass auf dem Foto zwei Linien nach oben aufeinander zu laufen, die Umgebung der Linien zeigt aber eindeutig, dass es sich nicht um beliebige Linien, sondern um Eisenbahnschienen handelt. Das Gehirn hat die Erfahrung gespeichert, dass solche Schienen nicht nach oben aufeinander zu laufen, sondern sie liegen am Boden in gleichem Abstand. Der Abstand verringert sich scheinbar mit zunehmender Entfernung. Wir nennen das perspektivische Verkürzung. Da also der obere Balken scheinbar weiter entfernt liegt, muss er offenbar länger sein als der untere.

Das Beispiel der weißen Balken ist konstruiert. Aber auch im täglichen Leben machen wir die Erfahrung, dass uns der Seheindruck täuscht. So erscheint der auf- oder untergehende Mond viel größer, als wenn er hoch am Himmel steht. Du kannst das prüfen. Halte mit gestrecktem Arm ein Zentimetermaß vor den aufgehenden Mond und miss den Durchmesser! Wiederhole die Messung, wenn der Mond am höchsten steht! Du stellst fest, dass die beiden Durchmesser gleich sind. Der Eindruck unterschiedlicher Größen beruht auf einer Täuschung. Sie beruht auch auf der Tatsache, dass unser Gehirn den Mond mit der unmittelbaren Umgebung vergleicht. Es „weiß", wie groß die Bäume und Häuser am Horizont sind, und berechnet daraus eine angenommene Größe für den Mond. Hoch am Himmel fehlen diese Vergleichsobjekte. Deshalb kann das Gehirn die Größe nur anhand des Winkels zwischen Ober- und Unterkante des Mondes abschätzen.

Diese Verarbeitungsprozesse erfolgen unbewusst, deshalb sind wir über die optischen Täuschungen so erstaunt. Die unbewusste Verarbeitung ist zweckmäßig, denn Zeit- und Energieaufwand wären zu groß, wenn wir jede Information, die das Gehirn erhält, erst bewusst mit Sinn füllen müssten. Das Gehirn vereinfacht so seine Arbeit. Die optischen Täuschungen sind Sonderfälle, die uns die Tätigkeit des Gehirns deutlich machen.

1. Wenn du ein Schiff an der Küste zwischen Häusern und Bäumen siehst, erscheint es riesig groß. Siehst du es in gleicher Entfernung auf dem offenen Meer, so erscheint es viel kleiner. Erkläre!

Übung: Das Auge

V1. Präparation eines Rinderauges (Schulversuch!)

Material: Rinderauge aus dem Schlachthof; scharfes Küchenmesser; Rasierklinge (eine Schneide mit Heftpflaster oder Isolierband beklebt); Schere; Pinzette; Erlenmeyerkolben oder Vase mit etwa 2 cm breiter Öffnung; Kerze; Streichhölzer; Pergament- oder Butterbrotpapier; Schreibpapier; Bleistift; alte Zeitungen als Unterlage; Wischtuch zum Abwischen der Hände; Abfallkübel

Anmerkung: Das Rinderauge sollte sofort verarbeitet werden, da sich Linse und Hornhaut mit der Zeit trüben. Dann können keine Abbildungsversuche mehr durchgeführt werden.

Durchführung und **Aufgaben:** a) Säubere das Auge mit Messer und Schere von Fett, Muskeln und anhängendem Bindegewebe! Fertige eine Zeichnung an und beschrifte die Teile des Auges, die man von außen sehen kann!

b) Lege das Auge mit der Pupille nach unten auf die Öffnung des Erlenmeyerkolbens oder der Vase! Schneide mit der Rasierklinge vorsichtig ein Quadrat von etwa 1 cm Kantenlänge in die Hinterwand des Auges und hebe das ausgeschnittene Hautstück mit der Pinzette ab! Verletze dabei den Glaskörper nicht! Lege auf die ausgeschnittene Stelle ein gleich großes Stück Pergamentpapier!

c) Zünde die Kerze an! Halte das Auge so, dass es die Kerze „ansieht". Betrachte dabei das Pergamentpapier! Bewege dann das Auge hin und her, sodass es näher oder weiter von der Kerze entfernt ist! Protokolliere deine Beobachtungen!

d) Schneide das Auge quer durch, sodass eine vordere Hälfte mit der Hornhaut und eine hintere Hälfte mit dem ausgeschnittenen Loch entstehen! Löse den Glaskörper vorsichtig aus der vorderen Hälfte! Drücke vorsichtig die Linse nach innen heraus!

e) Überprüfe die Wirkung der Linse als Lupe! Protokolliere deine Beobachtungen!

f) Löse auch aus der hinteren Hälfte den Glaskörper heraus! Suche an der Innenseite der Hinterwand die Eintrittsstelle des Sehnervs!

g) Die Augen des Rindes sitzen seitlich am Kopf. Die Augen einer Katze blicken nach vorn. Erkläre den Unterschied!

V2. Der blinde Fleck

Material: zwei Münzen

Durchführung: 1. Lege die beiden Münzen vor dir in etwa 15 cm Entfernung voneinander auf den Tisch! Betrachte sie aus etwa 50 cm Entfernung! Schließe das linke Auge und blicke mit dem rechten Auge auf die linke Münze! Bewege den Kopf so lange geringfügig hin und her und vor und zurück, bis die rechte Münze verschwindet! Verfahre ebenso, indem du das rechte Auge schließt und mit dem linken die rechte Münze ansiehst, sodass die linke Münze verschwindet!

2. Lege die beiden Münzen vor dir wie in 1. auf den Tisch und bewege den Kopf so, dass die Experimente von 1. klappen!

Halte nun den Finger etwa in die Mitte zwischen den Kopf und die Münzen! Sieh den Finger an! Bewege den Finger so lange vor und zurück, bis beide Münzen verschwunden sind!

Aufgaben: a) Erkläre das Verschwinden der Münzen in 1.!

b) Erkläre das Verschwinden der Münzen in 2.!

V3. Bestimmung des Gesichtskreises

Material: ein Stück Pappe 80 × 40 cm; ein Stück Pappe 125 × 30 cm oder drei Stück Pappe DIN A3; mehrere kleine Pappkärtchen ca. 5 × 5 cm; Lineal 30 cm; Wäscheklammer oder Reagenzglashalter; Bleistift; Kugelschreiber; farbige Filzschreiber; Winkelmesser; Notizpapier

Durchführung: Schneide aus der Pappe 80 × 40 cm einen Halbkreis von 40 cm Radius aus! Markiere darauf mit dem Winkelmesser zweimal 90° nach rechts und links von der Mitte aus in Zehnerschritten! Klebe die drei Pappen DIN A 3 mit den Schmalseiten aneinander und beschneide sie auf eine Länge von 125 cm oder benutze die Pappe 125 × 30 cm! Stelle diese lange Pappe senkrecht um den Halbkreis herum auf! Übertrage die Gradmarkierungen auf die lange Pappe und beschrifte sie dann so, wie es die Abbildung zeigt! Bringe auf der Rückseite gegenüber der 0°-Markierung einen Punkt an (siehe Abbildung)! Bemale die Pappkärtchen jeweils mit gefüllten Kreisen, Quadraten und Dreiecken in unterschiedlichen Farben, auch in Schwarz!

Übung: Das Auge

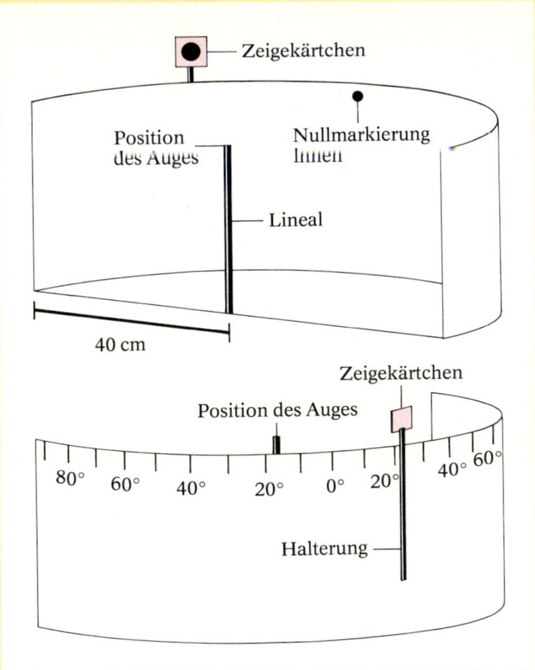

Aufgaben: Die Versuche werden von zwei Personen ausgeführt.

a) Lege die halbkreisförmige Pappe so auf den Tisch, dass sie mit der Tischkante abschließt! Stelle die lange Pappe senkrecht halbkreisförmig darum auf, sodass die Winkelzahlen nach außen weisen! Setze dich vor die Versuchsanordnung und halte in die Mitte des Halbkreises senkrecht das Lineal! Bringe ein Auge an die Oberkante des Lineals und schaue während des gesamten Versuchs auf die Nullmarkierung an der Innenseite der senkrechten Pappe! Schließe oder bedecke das andere Auge! Die zweite Person nimmt nun nacheinander die bemalten Kärtchen, hält sie mit der Wäscheklammer oder dem Reagenzglashalter und führt sie langsam von 90° her nach 0° hin außen an der senkrechten Pappe entlang. Die Versuchsperson meldet, wenn das Kärtchen vom Auge wahrgenommen wird. Die Hilfsperson notiert in einer Tabelle rechtes oder linkes Auge, Kartenart und den Winkel, in dem die Karte sichtbar wurde. Führe den Versuch mit mehreren Versuchspersonen für jedes Auge durch!

b) Beschreibe die Versuchsergebnisse anhand der Tabelle!

c) Erkläre die Versuchsergebnisse!

A 4. Der Pupillenreflex

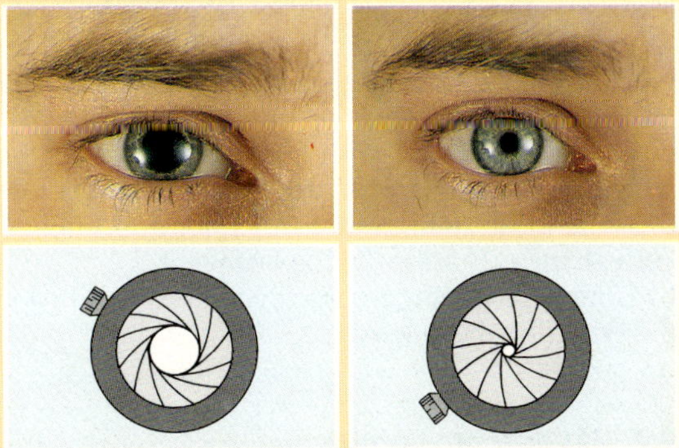

Wenn man das Auge einer anderen Person oder das eigene Auge im Spiegel in einem dunklen Raum betrachtet, so sieht man, dass die Pupille sehr weit geöffnet ist. In sehr hellem Licht ist die Pupille dagegen fast so klein wie ein Punkt. In einem Fotoapparat ist eine Blende, die man öffnen und schließen kann. Diese Funktion ist in der Abbildung dargestellt.

a) Wovon hängt es ab, welche Blende beim Fotografieren eingestellt werden muss? Was bewirkt die Einstellung der Blende?

b) Worin stimmen die Blende im Fotoapparat und die Iris im Auge überein?

c) Worin bestehen die Unterschiede zwischen der Blende im Fotoapparat und der Iris im Auge?

V 5. Messung des Nahpunktes

Material: Bleistift; Lineal mit Zentimetereinteilung

Durchführung: Halte das Lineal mit der Nullmarke an das Auge und schaue daran entlang! Führe den Bleistift langsam vom Ende des Lineals auf das Auge zu! Wenn der Stift zu verschwimmen beginnt, notiere die Entfernung vom Auge! Notiere die Entfernungen, die sich bei Messungen bei verschiedenen Personen ergeben! Führe den Versuch auch mit Personen durch, die Fernbrillen oder Lesebrillen tragen! Miss bei diesen mit und ohne Brille!

Aufgaben: a) Erkläre, warum der gesehene Gegenstand unterhalb einer bestimmten Entfernung verschwimmt!

b) Erkläre die Ergebnisse bei den Brillenträgern getrennt nach Kurzsichtigkeit und Weitsichtigkeit!

Übung: Das Auge

V 6. Die Bildentstehung

Material: eine Lupe; ein weißes Blatt Papier
Durchführung: Setze dich vor die Wand des Zimmers, die dem Fenster gegenüberliegt! Halte das Papier an die Wand! Halte eine Lupe vor das Papier! Bewege die Lupe so lange hin und her, bis auf dem Papier ein Bild des Fensters erscheint! Miss die Entfernung zwischen Papier und Lupe!
Aufgaben: a) Erkläre die Experimente!
b) Übertrage die Ergebnisse der Experimente auf die Funktion des Auges!

V 7. Räumliches Sehen

Material: Zeichenpapier; Bleistift; Lineal; Postkarte oder gleich große Pappe
Durchführung: Zeichne zwei Quadrate von je 3,5 cm Seitenlänge im Abstand von 1,5 cm nebeneinander! In das linke Quadrat zeichne ein Quadrat von 1 cm Seitenlänge! Seine linke Seite soll 1,4 cm Abstand von der linken Seite des großen Quadrats haben, die rechte Seite 1,1 cm Abstand von der rechten. Die Abstände von der oberen und der unteren Linie des großen Quadrats sollen gleich sein. Zeichne dann ein ebensolches Viereck in das rechte Quadrat, nur sollen hier der große Abstand rechts und der kleine links sein. Verbinde die Ecken der inneren Quadrate mit den entsprechenden Ecken der äußeren Quadrate! Du hast jetzt zwei Pyramidenstümpfe, deren obere Flächen leicht nach innen verschoben sind.
Halte nun das Pappkärtchen senkrecht zwischen die Quadrate! Beuge dich mit der Nasenspitze auf die Oberkante der Pappe, sodass das rechte Auge die rechte Zeichnung und das linke Auge die linke Zeichnung sieht! Warte so lange, bis die beiden Bilder in eines zusammengelaufen sind! Du siehst dann das Bild räumlich. Du musst allerdings etwas Geduld haben, da sich die Augen und das Gehirn erst an die neue Sehweise gewöhnen müssen.
Aufgaben: a) Wie kommt es, dass der Pyramidenstumpf räumlich erscheint?
b) Zeichne eine ähnliche Zeichnung, bei der aber die inneren Quadrate nach außen versetzt sind! Betrachte sie wie oben beschrieben! Vergleiche die beiden Seheindrücke und erkläre den Unterschied!

V 8. Der Farbkreisel

Material: eine ca. 5 cm lange Metallschraube; zwei dazu passende Muttern; zwei dazu passende Unterlegscheiben; weiße Pappe; Winkelmesser; Bleistift; Lineal; rote, blaue und grüne Filzschreiber oder Wasserfarben oder Buntpapier; Schere; Bohrständer; elektrische Handbohrmaschine; helle Lampe
Durchführung: Schneide aus der weißen Pappe eine kreisrunde Scheibe von etwa 15 cm Durchmesser! Teile sie durch Bleistiftstriche in drei Sektoren zu je 120°! Färbe die Sektoren mit Filzstift, Wasserfarben oder Buntpapier jeweils rot, grün und blau! Befestige die Scheibe fest zwischen den Unterlegscheiben und den beiden Muttern auf der Metallschraube! Spanne die Schraube mit der Scheibe fest in die Bohrmaschine ein! Schalte die Bohrmaschine ein! Halte die rotierende Scheibe in das Licht der Lampe!
Aufgabe: Beobachte die Farbänderung auf der Scheibe! Erkläre!

V 9. Farbmischung mit Licht

Material: rote, blaue und grüne Farbfolien für die Arbeitsprojektion; Arbeitsprojektor
Durchführung: Lege die Folien so auf den eingeschalteten Arbeitsprojektor, dass sie sich teilweise überlappen!
Aufgaben: a) Beschreibe das projizierte Bild! Vergleiche mit V8.! Erkläre den Unterschied!
b) Wenn man mit drei Diaprojektoren jeweils ein rotes, blaues und grünes Dia auf eine weiße Wand projiziert, ist das Feld, wo sich die projizierten Bereiche überschneiden, weiß. Erkläre den Unterschied zu dem Experiment mit den Folien!

V 10. Farbmischung mit Malfarben

Vorbemerkung: Ein roter Gegenstand verschluckt alle Farben des weißen Lichtes bis auf Rot. Rot wird reflektiert. Jeder farbige Gegenstand verschluckt alle Farben außer der Farbe, die er reflektiert. Diese Farbe sehen wir.
Material: rote, blaue und grüne Filzschreiber oder andere Farben; weißes Papier
Durchführung: Male einander überlappende Flächen in Rot, Blau und Grün auf das Papier!
Aufgabe: Beschreibe und erkläre das Ergebnis! Vergleiche mit Versuch V9.!

Übung: Das Auge

V 11. Negative Nachbilder auf der Netzhaut

Durchführung: Zeichne auf ein weißes Blatt Papier ein kleines Kreuz! Betrachte dann in sehr hellem Licht die Mitte der Briefmarke mindestens eine Minute lang! Schaue dabei immer auf einen Punkt! Blicke dann auf das Kreuz auf dem Papier und warte ein wenig! Führe dasselbe Experiment mit der folgenden Abbildung durch!

Aufgabe: Beschreibe deine Seh-Eindrücke bei der Durchführung der beiden Versuche! Erkläre diese Erscheinungen!

A 12. Ein unmögliches Bild

Aufgabe: Erkläre, warum dieses Bild keine optische Täuschung wie die Abbildung 1 auf Seite 133 ist! Erkläre, warum die Abbildung dem Gehirn so schwere Probleme aufgibt!

A 13. Das Gehirn „denkt mit"

Aufgabe: Du siehst in den Abbildungen ein weißes Dreieck und einen weißen Text. Beide sind in Wirklichkeit nicht da! Warum siehst du sie trotzdem?

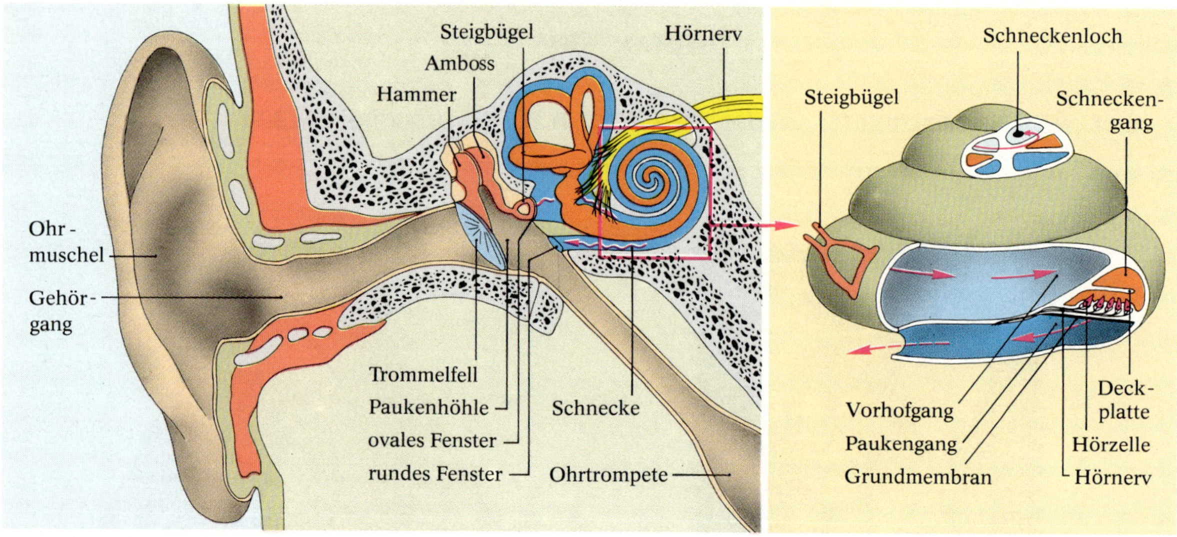

1 **Bau des Ohres**

4. Das Ohr des Menschen

4.1. Der Hörsinn

Hältst du die Hand vor einen tönenden Lautsprecher, so kannst du besonders bei tiefen Tönen die von dem Lautsprecher ausgehenden Schallwellen als Kribbeln auf der Haut spüren. Schallwellen entstehen durch das Vibrieren einer dünnen Haut im Lautsprecher, einer Membran. Die Schwingungen dieser Membran bewegen die umgebende Luft, die dadurch teilweise zusammengepresst wird. Schallwellen sind also Druckschwingungen der Luft. Diese Wellen gelangen in unser Ohr, wo sie in Nervensignale umgesetzt werden. Anhand der Abbildung 1 wollen wir ihren Weg verfolgen: Die Schallwelle gelangt durch den **Gehörgang** und trifft das **Trommelfell,** das die Schwingung auf die **Gehörknöchelchen** *Hammer, Amboss und Steigbügel* überträgt. Diese winzigen Knöchelchen liegen oben im Mittelohr und leiten den Schall durch das **ovale Fenster** in das Innenohr. Hier übernimmt die Flüssigkeit in der Schnecke die Schwingung. Die **Schnecke** ist in einen oberen und einen unteren Gang geteilt. Dazwischen liegt die **Grundmembran.** Die Schallwelle läuft im oberen Gang die Schnecke hinauf bis in die Spitze, kehrt dann um und läuft im unteren Teil wieder zum Mittelohr. Hier tritt sie durch das **runde Fenster** in das Mittelohr über. Das Mittelohr ist durch die **Ohrtrompete** mit der Mundhöhle verbunden und mit Luft gefüllt. Über diesen Weg kann ein Druckausgleich mit der Außenwelt erfolgen. Auf ihrem Weg durch die Schnecke regt die Schallwelle die Grundmembran zum Schwingen an. Für jede Tonhöhe ist ein bestimmter Bereich der Grundmembran zuständig. Die Bereiche für hohe Töne liegen in der Nähe des ovalen Fensters, die tiefen Töne werden in der Spitze der Schnecke registriert. Auf der Grundmembran liegt das **Cortische Organ.** Es enthält Sinneszellen, die die Schwingungen der Membran in Nervensignale übersetzen, die dann über den **Hörnerv** an das Gehirn geleitet werden. So, wie uns die Augen einen räumlichen Seheindruck vermitteln, verschaffen uns unsere zwei Ohren einen räumlichen Höreindruck. Wenn der Schall von links kommt, hört das rechte Ohr den Ton ein kleines bisschen später als das linke Ohr. Das Gehirn kann diesen Zeitunterschied messen und die Lage der Schallquelle bestimmen. Auf dieser Grundlage arbeiten auch die Stereoanlagen. Für die Aufnahme einer Schallplatte oder eines Tonbandes werden zwei Mikrophone verwendet, die links und rechts in einiger Entfernung im Aufnahmeraum stehen. So kommen dort die Töne der Instrumente des Orchesters zu verschiedenen Zeiten an. Dementsprechend senden die Lautsprecher der Stereoanlage verschiedene Schallsignale aus. Aus diesen Signalen „errechnet“ das Gehirn wieder den räumlichen Höreindruck.

Auch mit Kopfhörern kann man einen räumlichen Höreindruck gewinnen, wenn man damit eine Stereoaufnahme anhört. Das ist ein eindrucksvolles Erlebnis, aber es kann auch gefährlich werden. Mit

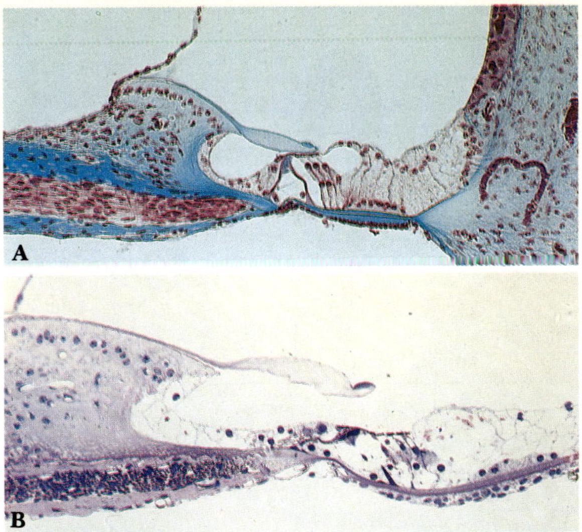

2 **Cortisches Organ.** A gesund; B geschädigt

Was ist Schall?

Lege ein Lineal so auf die Tischkante, dass es etwa 10 cm übersteht. Halte es mit der linken Hand fest. Biege das freie Ende mit dem Daumen etwas nach unten und lass es abschnappen. Du hörst einen Ton. Du kannst sehen, dass das Linealende schwingt. Diese Schwingungen werden auf die Luft übertragen, sodass die Luft wechselweise zusammengepresst und „verdünnt" wird. Die Schwingung nennt man Schall. Der Schall bewegt sich bei 20° C mit einer Geschwindigkeit von 340 m/sec durch die Luft. Wenn der Donner etwa drei Sekunden nach dem Blitz zu hören ist, dann war der Blitz etwa einen Kilometer entfernt. Die Schallwelle war drei Sekunden unterwegs. Jedes Mal, wenn das Lineal einmal auf- und abschwingt, sendet es eine Schallwelle aus. Lässt du das Lineal lang überragen, schwingt es langsam, der Ton ist tief. Ist die schwingende Länge gering, hörst du einen hohen Ton. Man nennt die Häufigkeit, mit der ein schallgebender Körper in der Sekunde schwingt, **Frequenz.** Eine Schwingung pro Sekunde ist ein **Hertz (Hz).** Der Ton a^1, den man auf einem Musikinstrument spielen kann, hat eine Frequenz von 440 Hz, der tiefste Ton, den wir hören können, hat 16 Hz. Fledermäuse hören Frequenzen von über 20 000 Hz.

Die Maßeinheit für die Lautstärke ist das **Dezibel,** abgekürzt **dB.** Sie wird nach einem komplizierten Verfahren aus dem so genannten Schalldruck berechnet. Die Erfahrung zeigt, dass eine Lautstärkezunahme von 10 dB als Lautstärkeverdoppelung empfunden wird.

dB	Geräusch	Wirkung
0	Hörschwelle	
20	Flüstern	ruhig
30	Wohngeräusche	leise
40	leise Umgangssprache	
50	Zimmerlautstärke	
60	Staubsauber	laut
70	Fernsprechklingel	
80	verkehrsreiche Straße	
90	Kreissäge	unerträglich
100	Maschinensaal	
110	Disco	
120	Presslufthammer	schmerzhaft
150	Düsenjägertriebwerk	

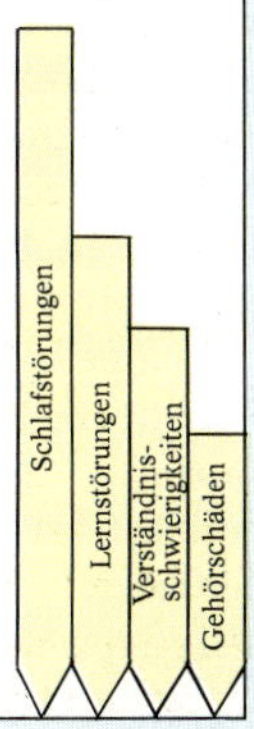

Kopfhörern kommt man schnell in die Versuchung die Lautstärke zu stark einzustellen. Dann werden die Schallwellen mit sehr großer Kraft in das Ohr geleitet, stärker, als das normalerweise in einem Raum der Fall ist. Die Grundmembran im Hörorgan ist dieser Belastung nicht gewachsen. Sie wird durch die extrem starken Schwingungen geschädigt. Das Ohr ist dann entweder ganz oder für bestimmte Tonhöhen taub. Untersuchungen an Menschen und Tieren, die längere Zeit sehr starkem Schall ausgesetzt waren, haben gezeigt, dass die Grundmembran ihrer Ohren Verletzungen und Zerstörungen aufwies. Sie konnte keinen Schall mehr verarbeiten. Da die Grundmembran nicht wieder nachwachsen kann, bleibt die so entstandene Taubheit für den Rest des Lebens bestehen. Da lohnt es sich schon zu überlegen, ob man nur ein paar Mal „schön laute" Musik hören will und anschließend einen Hörschaden hat oder ob man sich für den Rest des Lebens mit Musik normaler Lautstärke begnügt.

Auch im Alltag sind wir von vielfältigen Lärmquellen umgeben, die schädlich sein können. Maschinenlärm, Verkehrslärm und zu laut eingestellte Lautsprecheranlagen führen zu Hörschäden. Lärm belastet das allgemeine Wohlbefinden. Solche Belastungen nennt man Stress. Sie können zu Kreislauferkrankungen führen und andere organischen Beschwerden zur Folge haben. Wo es also möglich ist, sollte man Lärm vermeiden oder wenigstens einen Gehörschutz tragen.

1 Ungewöhnliche Lage im Raum

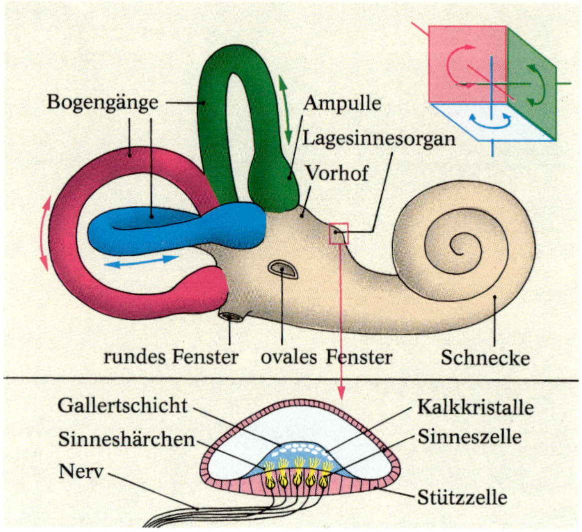

2 Bau des Innenohrs

4.2. Lage- und Bewegungssinn

Das Vergnügen der Leute in der Luftschaukel besteht offensichtlich darin, durch die ungewohnte Bewegung im Raum Erlebnisse zu bekommen, die im normalen Alltag nicht auftreten. Der Körper gelangt in Lagen, die er sonst nicht einnimmt, ungewohnte Beschleunigungen treten auf, man erlebt Gefühle, die eben nur mit einer Maschine erzeugt werden können.
Die Sinnesorgane für diese Gefühle liegen ebenso wie der Hörsinn im Ohr. Neben der Schnecke befindet sich im Innenohr ein System von kreisförmigen Gängen, die rechtwinklig aufeinander stehen. Diese **Bogengänge** bilden das **Labyrinth.** Sie sind mit Flüssigkeit gefüllt. Jeder Bogengang enthält eine blasenartige Aufwölbung, die **Ampulle.** In der Ampulle sitzt ein weicher Gallertkegel, in den Sinneshaare ragen. Wenn man nun den Kopf dreht, bleibt die Flüssigkeit im Bogengang hinter der Drehung zurück, denn sie unterliegt der Trägheit. Sie strömt dann in entgegengesetzter Richtung zur Drehung durch den Bogengang. Durch diese Bewegung wird der Gallertkegel etwas abgebogen. Über die Sinneshaare registrieren die Sinneszellen die Bewegung und melden sie an das Gehirn.
In einem Versuch kann man den Bewegungssinn „überlisten“: Eine Versuchsperson sitzt auf einem leichtgängigen Drehstuhl. Die Augen sind verbunden, um eine Orientierung auszuschließen. Die Versuchsperson soll sofort, wenn sie eine Bewegung spürt, in die Drehrichtung zeigen. Nun wird der Stuhl sehr langsam und vorsichtig in eine Richtung gedreht, wobei sich die Geschwindigkeit langsam erhöht. Die Versuchsperson zeigt die Drehung nicht an. Dann wird die Drehung abrupt gestoppt. Jetzt zeigt die Versuchsperson in die der Drehung entgegengesetzte Richtung. Die Täuschung erfolgte dadurch, dass die Flüssigkeit in den Bogengängen die langsame Drehung am Anfang ohne Bewegung mitmachte. Beim Abstoppen begann sie aufgrund der Trägheit in derselben Richtung weiterzuströmen, sodass der Eindruck einer beginnenden Bewegung entstand.

Im Ohr liegen drei Bogengänge. Einer von ihnen liegt waagerecht, die beiden anderen stehen senkrecht in einem Winkel von 90° zueinander. Mit dem waagerechten nehmen wir die Drehungen um unsere Längsachse wahr, d.h., wir merken, dass wir uns zum Beispiel von links nach rechts drehen. Mit den beiden anderen stellen wir fest, ob wir zur Seite oder nach vorn oder nach hinten kippen. Die drei Bogengänge unseres Bewegungssinnes entsprechen also den drei Dimensionen des Raumes.
Auch das Sinnesorgan für den **Lagesinn** befindet sich in dem flüssigkeitsgefüllten Hohlraum des Innenohrs. Es liegt dort zwischen den Bogengängen und der Schnecke. Es besteht aus einer Gallertkuppel, die auf ihrer Oberfläche viele kleine Kalksteine trägt. In den Gallertkörper ragen wie beim Drehsinnesorgan Haare, die mit Sinneszellen verbunden sind. Norma-

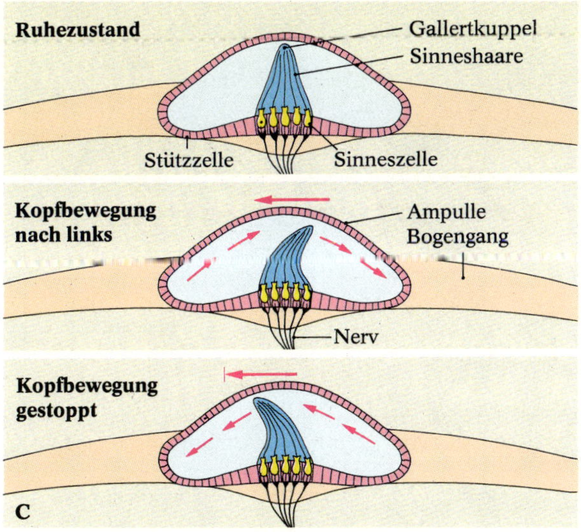

3 Bau der Drehsinnesorgane

lerweise werden die Kalksteinchen von der Schwerkraft der Erde auf die Mitte der Gallertkuppel gedrückt. Wir empfinden dies als senkrechte Lage unseres Körpers. Kippt der Körper aber seitlich weg, zieht die Schwerkraft die Kalksteinchen zur Seite, der Gallertkörper mit den Sinneshaaren wird dadurch ebenfalls weggebogen und die Sinneszellen melden an das Gehirn: „Lageveränderung“. Mit dem Lagesinn halten wir unser Gleichgewicht. Immer, wenn das Sinnesorgan meldet, dass der Körper aus der senkrechten Lage gebracht wird, wirkt das Gehirn dem über Muskelbewegungen entgegen. So halten wir die Balance, wenn wir auf einer waagerechten Stange balancieren oder wenn wir auf dem Deck eines schwankenden Schiffes stehen.
Der Lage- und Bewegungssinn ist sehr empfindlich und wird deshalb stark von Drogen, besonders von Alkohol, beeinträchtigt. Deshalb sind Betrunkene immer in der Gefahr zu stürzen und sich zu verletzen. Da auch beim Autofahren wichtige Informationen über den Lage- und Bewegungssinn aufgenommen werden, ist Alkohol am Steuer besonders gefährlich.

1. Beschreibe anhand der Abbildung 2 Bau und Wirkungsweise des Lagesinnesorgans!

2. Zeichne eine Skizzenreihe mit verschiedenen Stellungen des Lagesinnesorgans bei unterschiedlicher Kopfhaltung!

Der Mensch in der Schwerelosigkeit

Am 12. April 1961 begann mit dem Weltraumflug Jurij Gagarins das Zeitalter der bemannten Raumfahrt. Seit dieser Zeit gibt es in der Medizin einen neuen Begriff: die Raumkrankheit. Alle Astronauten nämlich, die seither in Raumschiffen die Erde verlassen haben, litten – wenn auch unterschiedlich stark – unter dieser Krankheit. Sie äußert sich in Unwohlsein, Übelkeit und Erbrechen und dauert etwa drei bis fünf Tage an. Die gleichen Krankheitserscheinungen treten allerdings auch auf, wenn man eine Schiffsreise bei sehr schlechtem Wetter unternimmt. Diese Seekrankheit hat also die gleichen Symptome wie die Raumkrankheit. Beide Krankheiten haben dieselbe Ursache: Im Gehirn sind alle Zustände gespeichert, die der Körper auf der Erde auf festem Boden erleben kann. Wenn die Lage- und Bewegungssinnesorgane Veränderungen melden, reagiert der Körper mit zweckmäßigen, an die Situation angepassten Bewegungen. Auf See aber oder in der Schwerelosigkeit kommen von den Sinnesorganen ungewohnte und zum Teil widersprüchliche Meldungen. Es gibt ja kein „oben“ und „unten“ in der Schwerelosigkeit eines Raumschiffes. Wie soll man sich da orientieren? Da der Körper auf diese Anforderungen nicht vorbereitet ist, treten „Fehlschaltungen“ auf. Das Nervensystem gerät „in Unordnung“ und die erwähnten Krankheitserscheinungen sind die Folge. Nach wenigen Tagen allerdings sind auch die neuen Reize im Gehirn gespeichert. Man hat sich an die neue Situation gewöhnt und reagiert wieder normal.

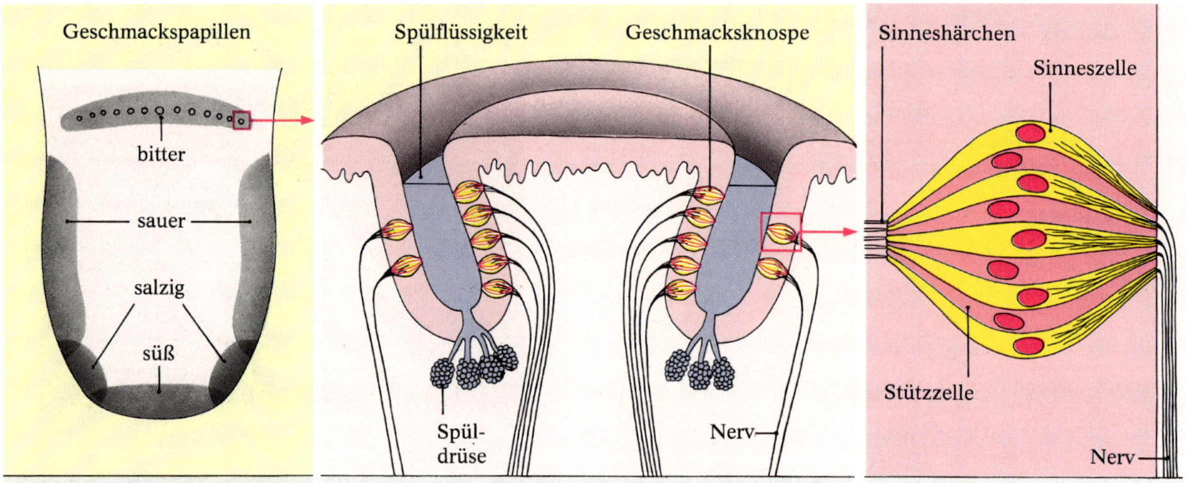

A Geschmacksfelder der Zunge **B umwallte Geschmackspapille** **C Geschmacksknospe**

1 Lage und Bau der Geschmackssinneszellen

5. Wie wir schmecken und riechen

Warum wir schmecken und riechen

Wir haben den Geschmackssinn und den Geruchssinn nicht nur, damit Feinschmecker ihre Freude daran haben. Für die anderen Sinne – Sehen, Hören, Tasten – ist es klar, warum Menschen und Tiere sie besitzen. Sie dienen der Orientierung im Raum. Warum aber schmecken und riechen wir eine solche Vielfalt von Qualitäten?

Schon einfache Einzeller meiden Wassergebiete, in denen sich giftige Stoffe befinden. Sie schwimmen weg. Wahrscheinlich registrieren sie den chemischen Aufbau dieser Stoffe, man könnte es vielleicht mit „Riechen und Schmecken" bezeichnen. Die Einzeller, die giftige Stoffe registrieren können, haben einen Vorteil gegenüber denen, die diese Fähigkeit nicht haben. So wird es in der Entwicklung zu den heute lebenden Tieren auch solche gegeben haben, die kohlenhydratreiche Früchte als „süß", also angenehm, empfanden.

Kohlenhydrate sind sehr energiereich. Die Tiere, die diese Stoffe fraßen, hatten also anderen gegenüber einen Vorteil. Ähnlich war es wohl mit der Empfindung für salzhaltige Lösungen, denn Salze sind in kleinen Mengen für den Körper lebensnotwendig.

Ein Feinschmecker ist ein Mensch, der besonders viel Freude an gutem Essen hat. Es gibt Menschen, die aus der Zubereitung von Mahlzeiten eine regelrechte Kunst machen. Rezepte werden zum Teil wie Geheimnisse behandelt. Da wirkt es fast wie ein Schock, wenn man erfährt, dass wir in Wirklichkeit nur vier **Geschmacksqualitäten** unterscheiden können: süß, salzig, sauer und bitter. Geben denn die Feinschmecker nur an? Kann man mit einem Sinnesorgan, das nur vier Qualitäten zu unterscheiden weiß, so viele Feinheiten herausspüren, wie es die Feinschmecker vorgeben?

Man kann die Lage dieser Sinneszellen für die vier Geschmacksqualitäten dadurch bestimmen, dass man verschiedene Zungenbereiche mit Lösungen betupft, die süße, saure, bittere oder salzige Geschmacksstoffe enthalten. Süß zum Beispiel empfindet man mit der Zungenspitze, die Empfindung für Bitteres entsteht im hinteren Zungenbereich. Beim Kauen werden durch den Speichel Bestandteile der Nahrung aufgelöst. Sinneszellen in der Zungenhaut werden durch diese Stoffe gereizt und melden die Information über den Geschmacksstoff an das Gehirn.

Ähnliche Sinneszellen finden sich auch in der Nasenschleimhaut. Sie reagieren allerdings auf Gase. Wenn mit der Atemluft z.B. einige Teilchen des Stoffes „Buttersäureethylester" in die Nase gelangen, empfinden wir den angenehmen Geruch nach frischer Ananas. Die unterschiedlichen Gerüche, die

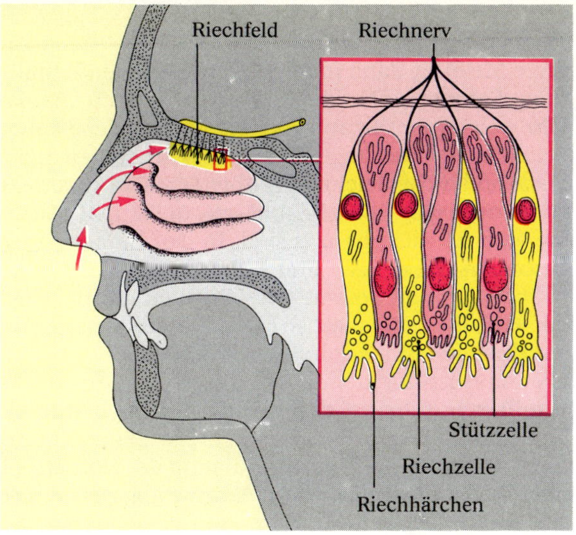

2 Bau der Geruchsorgane

von blühenden Blumen ausgehen, zeigen uns, dass die Nase wesentlich mehr Qualitäten unterscheiden kann als die Zunge. Man schätzt, dass der Mensch mehrere Tausend verschiedene Gerüche unterscheiden kann.

Ist die Nase durch einen starken Schnupfen verstopft, nimmt sie natürlich auch keine Gerüche wahr. Aber noch eine andere unangenehme Begleiterscheinung stellt sich ein: Wir werden in diesem Zustand auch „geschmacklos"! Es ist aus mit der Feinschmeckerei, nur noch süß, sauer, salzig und bitter können andeutungsweise unterschieden werden. Sollte der Geruchssinn etwa am Geschmack mit beteiligt sein?

In der Tat spielen die Sinneszellen der Nase für die Geschmacksqualitäten einer Speise eine bedeutende Rolle. Beim Kauen treten immer auch einige Teilchen der Nahrungsstoffe in die Atemluft über und gelangen an die Nasenschleimhaut. Die Kombination von Geschmacksreiz und Geruchsreiz wird dann vom Gehirn als Ganzes registriert und ergibt den Genuss, den der Feinschmecker rühmt.

1. Lies den Exkurs „Warum wir schmecken und riechen"! Erkläre, wie es in der Entwicklung der Tiere zu der Fähigkeit gekommen sein könnte die Qualitäten „sauer" und „bitter" zu empfinden!

2. Erkläre, weshalb wir bittere Pillen so herunterschlucken, dass sie die Zungenwurzel möglichst nicht berühren!

Unsere Nase ist nicht die beste

Gegen Spürnasen kommt keine Hightech an

dpa London. Labradorhunde können undichte Pipelines schneller entdecken als moderne technische Methoden. Selbst stecknadelkopfkleine Leckagen bleiben den sensiblen Hundenasen nicht verborgen. Wie das britische Wissenschaftsmagazin „New Scientist" berichtet, wurde kürzlich auf diese Weise ein Loch in einer Pipeline entdeckt, die 1,5 Meter tief im Schlamm der unzugänglichen Alligatorsümpfe Louisianas vergraben und zusätzlich von 1,5 Meter Wasser bedeckt war.

Entwickelt hat diese Methode der Umweltwissenschaftler Ron Quaife von der Erdölfirma Imperial Oil Recources im kanadischen Calgary. Die Verluste an Erdöl und -gas sowie die Reparaturkosten erreichen jährlich Millionenhöhe. Quaife testete mehr als 30 unterschiedliche Methoden, die von elektronischen Messgeräten bis zu automatischen Robotern reichten. Keine war so effizient wie die Hundenase.

Ausschnitt aus: Die Welt, 17. 6. 1992

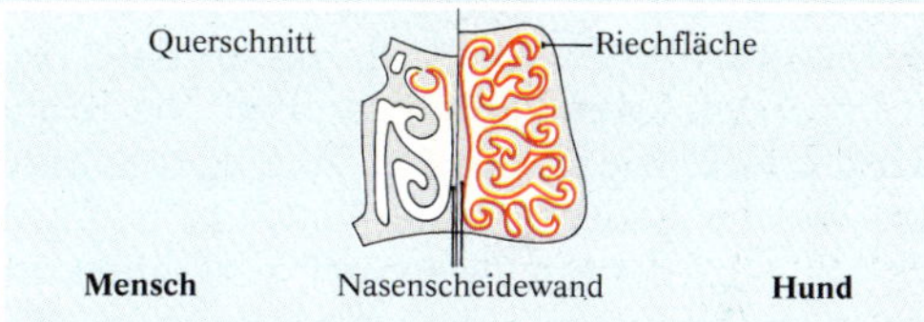

Die Abbildung zeigt den Querschnitt durch den Nasenraum des Hundes und des Menschen. Wir sehen, dass der Raum durch unzählige Knochenbälkchen aufgeteilt ist. Die Knochenwände sind mit Riechschleimhaut überzogen, in der die Sinneszellen sitzen. Aber vergleiche die „kümmerliche" Ausbildung der menschlichen Riechschleimhaut mit der des Hundes! Stelle dir nun vor, dass die Atemluft an diesen Schleimhäuten entlanggesogen wird! Wo wird eher ein Duftstoffteilchen eine Sinneszelle treffen – beim Menschen oder beim Hund? Durch die große Oberfläche der Schleimhaut hat der Hund einfach die größere Chance einzelne Duftstoffteilchen wahrzunehmen. Diese Fähigkeit wird bisher von keinem technischen Gerät übertroffen.

3. Welchen biologischen Sinn hat das überragende Geruchsvermögen des Hundes?

6. Die Haut – ein Sinnesorgan?

Eine Fliege läuft über den Arm – wir spüren es. Das Teeglas ist sehr heiß – wir merken es an der Hand. Wir sitzen in der kalten Zugluft – wir fühlen die Luftbewegung und bemerken die Änderung der Temperatur. Der Schuh ist zu eng – wir sagen: „Der Schuh drückt." Wenn wir ihn nicht wechseln, wird sich die Haut aufreiben – der Fuß tut weh.

Es sind sehr unterschiedliche Empfindungen, die hier zusammengestellt sind, aber sie haben eines gemeinsam: Sie werden alle von demselben Organ wahrgenommen, von der Haut. Sie schließt unseren Körper nach außen ab. Sie steht aber auch dauernd in Berührung mit unserer Umgebung und aus dieser Umwelt können Gefahren kommen, die sofort bemerkt werden müssen. Aus diesem Grund ist die Haut mit vielen verschiedenen Einrichtungen zur Reizaufnahme „gespickt".

Die Fliege auf dem Arm spürst du mit den **Tastkörperchen,** die direkt unter der Oberhaut liegen. Sie sind so empfindlich, dass sie das geringe Gewicht der Fliege registrieren können. Sie werden dabei von feinen Härchen unterstützt, die aus der Haut ragen und ganz schwache Berührungen durch Hebelwirkung verstärken. Sie sind es auch, die uns den Luftzug verspüren lassen, noch ehe wir die Temperaturveränderung in der Zugluft wahrnehmen.

Dem Tastsinn dienen auch die etwas tiefer in der Haut liegenden **Lamellenkörperchen.** Sie reagieren auf Druckreize, wie sie etwa im zu engen Schuh auftreten. Welche Bedeutung der Tastsinn in unserem Leben hat, wird deutlich, wenn wir versuchen uns im Dunklen zu orientieren. Es ist bemerkenswert, wie viele Informationen wir ohne die Augen, nur mit dem Tastsinn, noch aus unserer Umgebung gewinnen können. Für Blinde bekommt der Tastsinn eine ganz besondere Bedeutung. Die Blindenschrift ist ein Beispiel für die Rolle, die der Tastsinn im Leben dieser Menschen spielt.

Für die Temperaturempfindung enthält die Haut zwei verschiedene Einrichtungen. Es gibt **Kältekörperchen** und **Wärmekörperchen.** Sie registrieren aber nur Temperaturunterschiede, das heißt, wir spüren nur, ob ein Gegenstand wärmer oder kälter ist als die Umgebung oder ein anderer Gegenstand, nicht aber die genaue Temperatur.

In der Abbildung 3 der Haut finden wir auch **freie Nervenendigungen** ohne besondere Reizaufnahmeeinrichtungen wie bei den Tast- und Temperaturkörperchen. Sie spielen eine besonders wichtige Rolle in der Auseinandersetzung mit der Umwelt: Sie melden nämlich, ob die Haut irgendeinem gefährlichen oder schädlichen Einfluss ausgesetzt ist, zum Beispiel, ob eine Überhitzung stattfindet. Das Gehirn verarbeitet diese Meldung dann mit der unangenehmen Empfindung **Schmerz.** Die Haut ist also – ähnlich wie das Ohr – ein Sinnesorgan, das viele verschiedene Fähigkeiten in sich vereinigt. Die Sinneskörperchen in der Haut sind nicht gleichmäßig über den Körper verteilt, sondern es gibt Bereiche, die sehr dicht, und solche, die weniger dicht besetzt sind. In den Lippen liegen besonders viele Tast- und Wärmekörperchen. Dies trifft auch für die gesamte Gesichtshaut und die Haut der Handinnenflächen zu. Der Rücken dagegen ist nur dünn mit Sinneskörperchen besetzt.

Die Haut ist durch viele fein verzweigte Adern, die **Kapillaren,** sehr gut durchblutet. Dadurch wird sie immer mit Nährstoffen versorgt. Die Durchblutung dient aber auch der Wärmeregulation des Körpers, da über die Haut überschüssige Wärme abgegeben werden kann. Die Verdunstung von Schweiß sorgt für eine zusätzliche Kühlung. Innerhalb von 28 Tagen erneuert sich die Oberhaut von innen her. Dies geschieht in der **Keimschicht** oberhalb der Papillenzone. Von hier aus wandern Zellen in die Oberhaut, wo sie verhornen und als Hautschuppen abfallen.

In der Keimschicht befinden sich die **Melanozyten.** Sie produzieren den Farbstoff **Melanin.** Er verleiht zusammen mit dem Farbstoff **Carotin** der Haut ihre Färbung. Bei Farbigen produzieren diese Zellen mehr Farbstoff als bei hellhäutigen Menschen. Die Färbung der Haut dient dem Schutz der unteren Hautschichten gegen starke Sonnenstrahlung. Wenn wir uns ohne ausreichende Bräunung intensiver Sonnenstrahlung aussetzen, treffen die gefährlichen Ultraviolettstrahlen die unteren Hautschichten und können hier Schädigungen hervorrufen, die im Extremfall Hautkrebs zur Folge haben.

In die Haut sind verschiedene Drüsen eingelagert. **Schweißdrüsen** sondern eine wässrige Salzlösung ab, die der Kühlung des Körpers dient. Talgdrüsen sorgen mit fetthaltigen Absonderungen für die Geschmeidigkeit der Haut. Zusammen mit Schweiß und Hornzellmasse bilden sie den **Säureschutzmantel** der Haut, der der Abwehr von Bakterien dient.

1. Fülle drei Schalen mit eiskaltem, handwarmem und heißem Wasser! Tauche zuerst die linke Hand in die Schale mit kaltem Wasser und die rechte in die Schale mit heißem Wasser! Wenn sich die Hände an die Temperatur gewöhnt haben, tauche beide Hände in die Schale mit handwarmem Wasser! Beschreibe und erkläre deine Empfindungen!

2. Stelle einen Katalog an Schutzmaßnahmen zusammen, die eine Schädigung der Haut durch zu starke Sonneneinstrahlung verhindern!

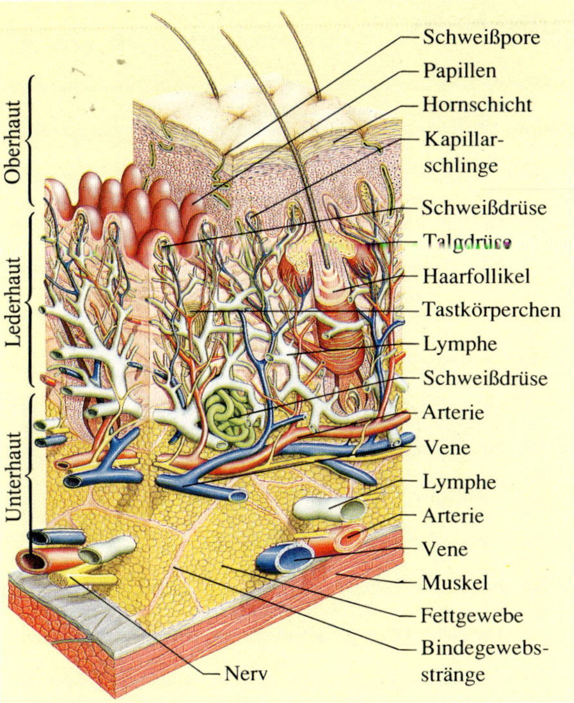

1 **Aufbau der Haut**

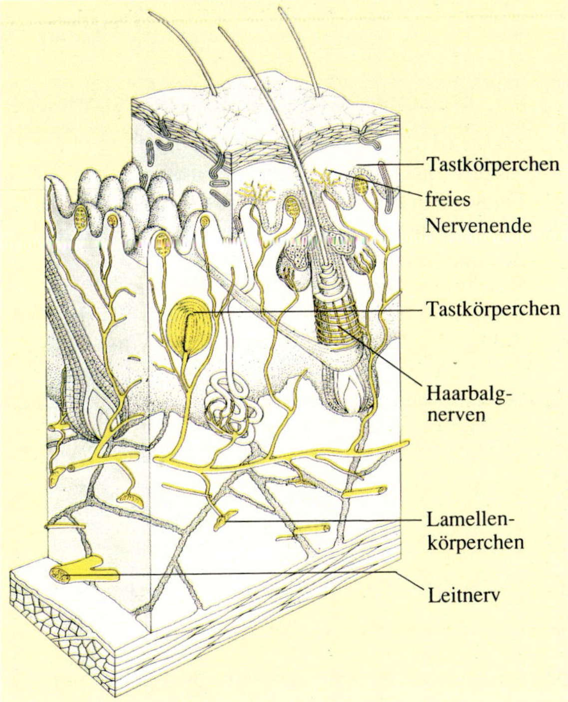

3 **Nerven und Sinneskörperchen der Haut**

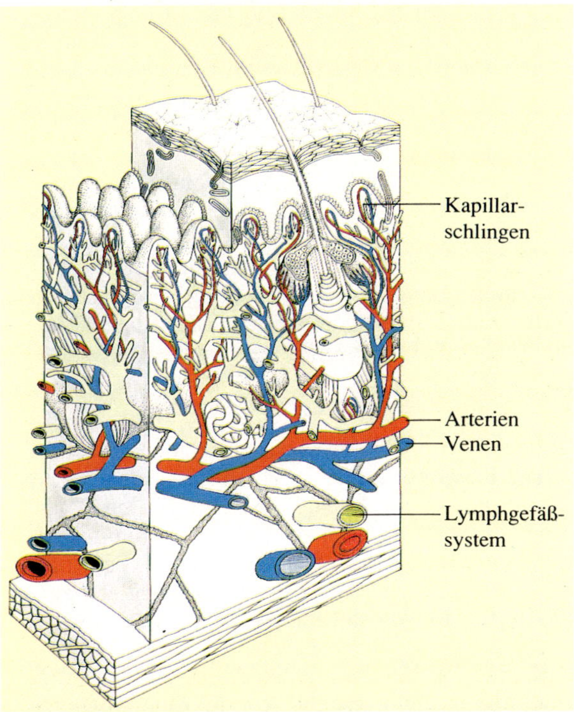

2 **Blutgefäße der Haut**

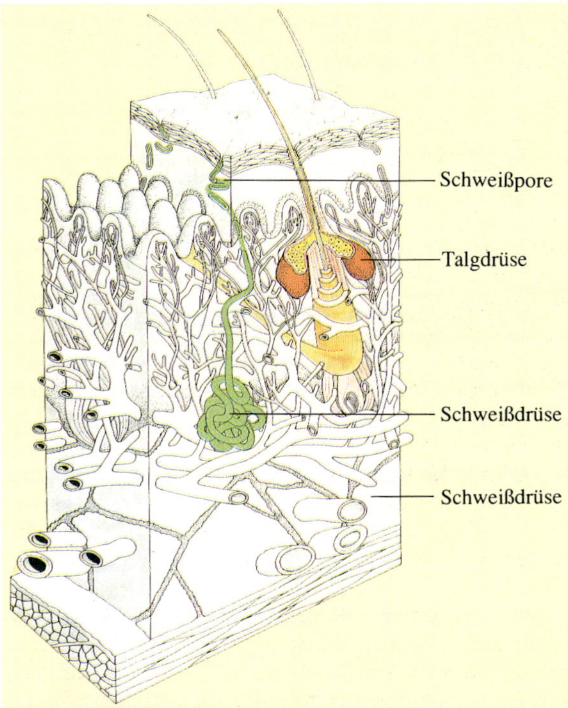

4 **Drüsen der Haut**

Übung: Ohr und Haut

V 1. Modellversuch zum Bau der Schnecke

Material: Gartenschlauch, 40 cm lang; Luftballon; Bindfaden oder Gummibänder
Durchführung: Schneide aus dem Luftballon zwei kleine Stücke, die den Querschnitt des Schlauches reichlich überdecken! Binde ein Stück des Gummis fest auf das eine Ende des Schlauches! Biege den Schlauch U-förmig (siehe Abbildung)! Fülle ihn randvoll mit Wasser! Binde das andere Gummistück fest so auf die andere Öffnung des Schlauches, dass keine Luftblasen bleiben!

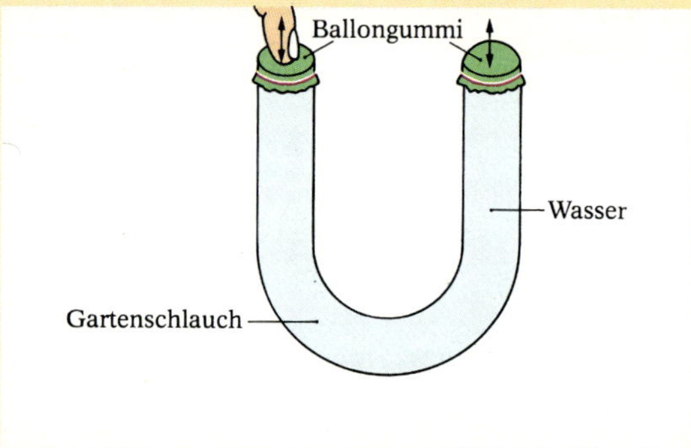

Drücke auf die eine Gummimembran und beobachte dabei die andere!
Aufgaben: a) Erkläre den Modellversuch! Benenne die Teile der Schnecke und des Modells, die einander entsprechen!
b) Welche Teile der Schnecke sind in dem Modell nicht berücksichtigt? Zeichne ein gerades Rohr, in dem die fehlenden Teile eingearbeitet sind! Erkläre daran Bau und Funktion der Schnecke!

V 2. Untersuchung des Richtungshörens

Material: zwei Trichter; zwei Stativhalterungen; zwei gleich lange Gummischläuche von etwa 1 m Länge; ein laut tickender Wecker oder ein Metronom; Augenbinde; Metermaß
Durchführung: Baue die Apparatur entsprechend der Abbildung auf! Die Versuchsperson sitzt mit dem Rücken zur Apparatur. Beginne den Versuch so, dass der Wecker genau zwischen den Trichtern steht! Protokolliere die Aussagen der Versuchsperson über den Standort des Weckers! Verschiebe den Wecker nach links und rechts und lasse die Versuchsperson über die Richtung des Verschiebens Auskunft geben! Protokolliere!

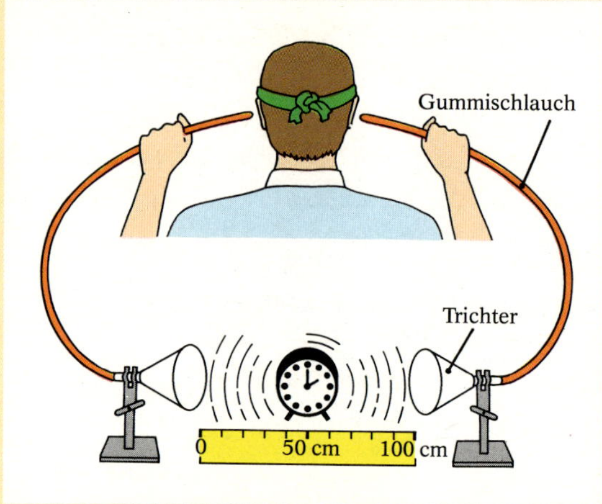

Verkleinere die Abstände der Verschiebung immer mehr bis zu der Differenz, die die Versuchsperson nicht mehr genau als Verschiebung identifizieren kann! Protokolliere dabei auch die Position des Weckers!
Aufgaben: a) Erkläre, was der Versuch mit dem Richtungshören zu tun hat! Wie bestimmt das Gehirn die Richtung, aus der ein Schall kommt?
b) Der Schall hat in der Luft bei 20 °C eine Geschwindigkeit von 340 m/sec. Bestimme aus den Ergebnissen der Messungen im Experiment, welches die kleinste Zeitdifferenz ist, die das Gehirn bezüglich der Ankunft der Schallwellen im Ohr noch berechnen kann!
c) Erkläre, warum für die Wiedergabe einer Stereo-Aufnahme mindestens zwei Lautsprecher oder Kopfhörer nötig sind! Erkläre auf der Grundlage dieses Experiments, wie eine Stereo-Aufnahme hergestellt werden muss! Probiere am Radio den Unterschied zwischen der Stereo-Einstellung und der Mono-Einstellung aus! Berichte!

V 3. Modellversuch zum Drehsinn

Material: runde Glasschale; Knetgummi; Wollfäden; Schere; Wasser
Durchführung: Schneide etwa 3 cm lange Wollfäden zurecht! Klebe sie mit dem Knetgummi auf den Boden der Glasschale! Fülle die Schale mit Wasser, sodass die Fäden etwa senkrecht stehen! Drehe die Schale mit verschiedenen Geschwindigkeiten nach links und rechts!
Aufgabe: Erkläre mit Hilfe dieses Modells die Funktion des Drehsinnesorgans im Innenohr!

Übung: Ohr und Haut

V 4. Versuch zur Verteilung der Sinneskörperchen auf dem Rücken

Durchführung: Lehne dich mit dem Rücken an einen Lamellenheizkörper und versuche die Lamellen, die dein Rücken berührt, zu zählen! Zähle dann, ohne hinzusehen, die Lamellen, die du mit einer Hand abdecken kannst!
Aufgabe: Erkläre den Unterschied!

V 5. Versuch zum Tastsinn mit Hilfe der Blindenschrift

Material: Schreibmaschine und Schreibmaschinenpapier; Fotokopierer; Kugelschreiber; schwarzer Filzschreiber; dünne Pappe oder dicker Zeichenkarton; fester Schaumstoff (Styropor) mit einer ebenen Fläche
Durchführung: Schreibe auf der Schreibmaschine ein Raster, das so wie die nebenstehende Abbildung aussieht: jeweils drei Zeilen zwei Punkte und zwei Zwischenräume, dann zwei Leerzeilen! Vervielfältige das Blatt mit dem Fotokopierer für mehrere Versuche!
Schreibe nun auf eines der Blätter unter Benutzung des Rasters mit dem Filzschreiber einen Text in Blindenschrift (kräftige schwarze Punkte, die man von hinten durch das Papier durchscheinen sieht)! Lege die Pappe auf die Styroporfläche und darauf das beschriebene Papier mit der Rückseite nach oben! Stanze mit dem Kugelschreiber an den mit Filzschreiber markierten, durch das Papier scheinenden Punkten Löcher in die Pappe! Drehe die Pappe danach um!
Aufgabe: Taste mit den Fingerkuppen die Erhebungen auf der Unterseite der Pappe ab und lies den Text! Lies auch die Texte deiner Klassenkameraden! Beurteile, wie schwer es ist, diese Art zu lesen zu erlernen!

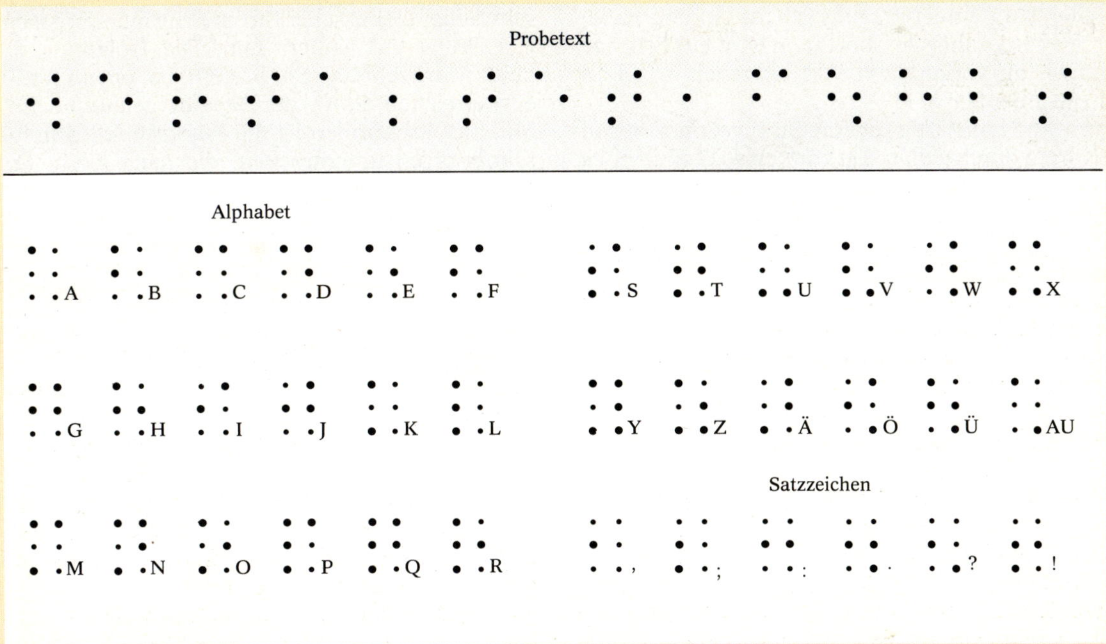

1 **Läuferin beim Start**

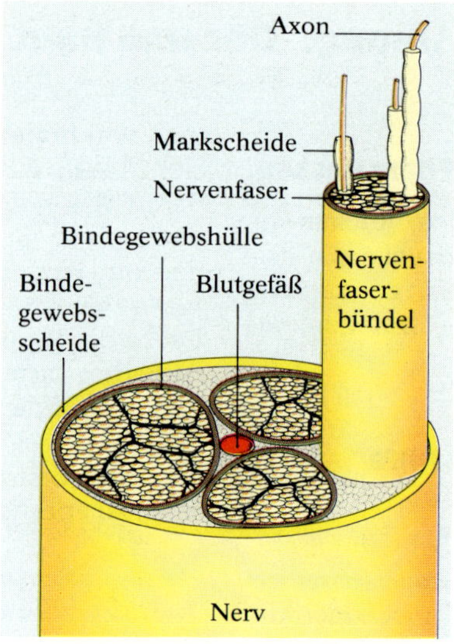

2 **Bau eines Nervs**

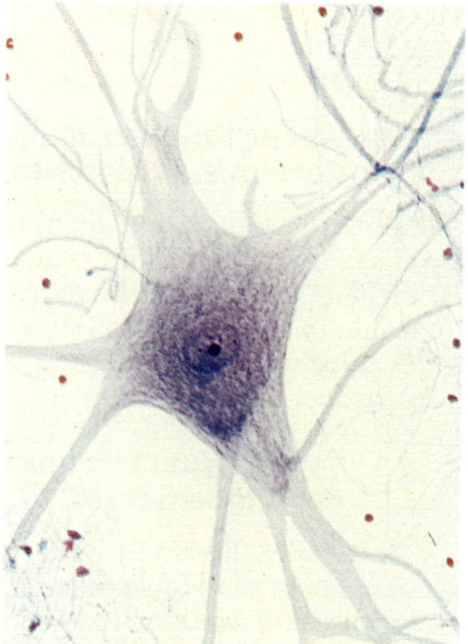

3 **Nervenzelle** (LM-Aufnahme)

7. Nervenzelle und Nervensystem

7.1. Nervenzellen

100 m-Lauf. Die Läuferin kniet vor den Startblöcken. Werden ihre „Nerven versagen"? Kommt es zum Fehlstart? Manche Situationen erfordern „starke Nerven". Nerven können anfangen zu „flattern" und mancher hat „entnervt" aufgegeben. Andere haben „Nerven wie Drahtseile", bei ihnen wird ein Fehlstart so gut wie nie vorkommen. Was verstehen wir in der Biologie unter Nerven?
Nerven sind kabelartig gebaute Stränge, die den ganzen Körper durchziehen. Sie können so dick sein wie der kleine Finger und eine Länge von etwa einem Meter erreichen. Nerven leiten Informationen von Organ zu Organ.
Betrachten wir den Bau eines Nervs: Ähnlich wie in einem Kabel sind einige **Faserbündel** von einer derben Bindegewebsscheide umgeben. Jedes Bündel setzt sich aus sehr vielen **Nervenfasern** zusammen. Die Nervenfasern sind Bestandteile von **Nervenzellen**, die im Gehirn, im Rückenmark und auch in anderen Teilen des Körpers liegen. Im lichtmikroskopischen Bild sieht eine Nervenzelle aus wie ein unregelmäßiger Stern. Viele dünne Ausläufer gehen von ihr aus und durchziehen das benachbarte Gewebe. Sie heißen **Dendriten**. Über die Dendriten nimmt die Nervenzelle die Informationen auf, die sie dann verarbeitet. Das können Informationen aus den Sinnesorganen oder aus anderen Nervenzellen sein. Ein Fortsatz, die *Nervenfaser*, ist besonders lang, man nennt ihn das **Axon** oder den **Neuriten**. Er dient der Weiterleitung der Informationen zu den Muskeln, zu anderen Nervenzellen und in einigen Fällen auch zu Drüsenzellen. In unserem Körper können die Axone bis zu 80 cm lang werden.
Die Axone leiten die Informationen in Form ganz schwacher elektrischer Ströme. Sie müssen gegen die Umgebung gut isoliert sein. Die Isolationsschicht heißt **Markscheide**. Sie besteht aus einem fett- und eiweißreichen Stoff, der **Myelin** genannt wird. In Millimeterabständen ist die Markscheide durch Einschnürungen unterbrochen, die nach ihrem Entdecker **RANVIERsche Schnürringe** heißen. Sie sind für die schnelle Weiterleitung von Informationen wichtig. So leiten beispielsweise bestimmte Nervernfasern Informationen mit einer Geschwindigkeit von etwa 100 m/sec an die Skelettmuskeln weiter.
Am Ende verzweigt sich das Axon in viele kleine Verästelungen. Am Ende jeder Verästelung befindet sich eine bläschenartige Verdickung, das **Synapsenendknöpfchen**. Damit lagert sich die Nervenzelle an eine Muskelzelle oder an die nächste Nervenzelle an. Diese Berührungsstelle nennt man **Synapse**. An den Synapsen werden Informationen von einer Nervenzelle an eine andere oder an Muskelzellen weitergegeben. Da sich die Zellen an der Synapse nicht direkt berühren, wird die Information mit Hilfe eines Überträgerstoffes, eines **Transmitters**, übertragen.
Neben *markhaltigen* Axonen gibt es auch *marklose* Axone. Diese werden zum Beispiel von Zellkör-

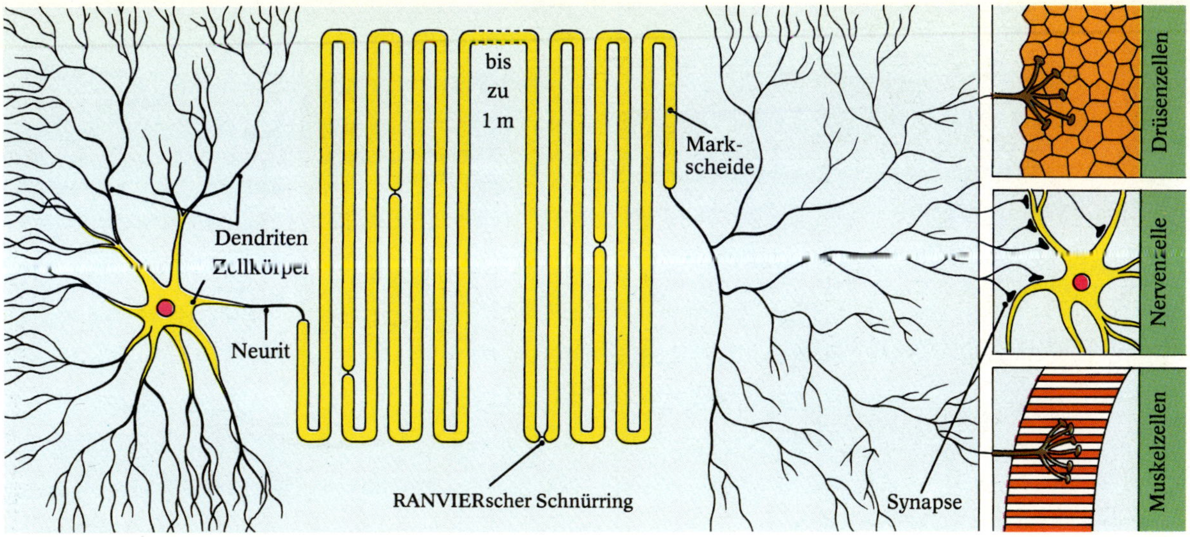

4 **Markhaltige Nervenzellen** (Schema)

pern gebildet, die den Schmerzreiz aufnehmen und als Schmerzerregung in Richtung Gehirn weiterleiten. In ihnen beträgt die Geschwindigkeit der Erregungsleitung nur etwa ein Hundertstel der Geschwindigkeit der Erregungsleitung in markhaltigen Axonen.
Nervenfasern leiten also Erregungen von den einzelnen Körperstellen zum Gehirn. Umgekehrt werden Informationen vom Gehirn an die verschiedenen Körperstellen geschickt. Diese Weiterleitung erfolgt über das Rückenmark. Rückenmark und Gehirn fasst man als **Zentralnervensystem** zusammen.

Unsere Nervenzellen entstehen alle schon vor der Geburt. Danach kommen keine mehr hinzu. Nervenzellen, die durch Verletzungen, Krankheiten oder auch durch Alterungsprozesse absterben, werden nicht ersetzt, denn fertig ausgebildete Nervenzellen können sich nicht mehr teilen.
Im Laufe der ersten Lebensmonate wachsen die Dendriten und stellen Verbindungen zu benachbarten Nervenzellen her. In dieser Zeit bilden sich auch die wichtigen Markscheiden. Da sie aus dem fett- und eiweißreichen Myelin bestehen, ist es wichtig, dass Kinder in den ersten Lebensmonaten und -jahren besonders gut und zweckmäßig ernährt werden. Mangelernährung in dieser Zeit hat häufig Schäden am Nervensystem zur Folge.

Steckbrief: Nervenzelle

Der Durchmesser beträgt etwa 30 µm. Ein Mikrometer (µm) ist ein Tausendstel Millimeter. Man kann eine Nervenzelle also im Lichtmikroskop sehen.

Die Dendriten werden etwa 200 bis 300 µm lang, das ist ein Fünftel bis ein Drittel eines Millimeters. Damit können sie aber einen Bereich von mehreren Zellen im Gewebe überbrücken und Informationen von dort aufnehmen.

Die Länge der Axone reicht von 50 µm bis zu einem Meter. Es gibt Axone, die im Gehirn entspringen und das gesamte Rückenmark hinunterlaufen. Bei einer Giraffe oder bei einem Wal sind sie noch länger.

Jede Nervenzelle, d.h. ihr Zellkörper, ist von sehr vielen Synapsen bedeckt. Ihre Zahl geht bis zu zehntausend. Man muss sich vorstellen, dass die Synapsen im Gehirn wie ein kleiner Pelz auf den Nervenzellen liegen.
Wenn man alle Nervenverbindungen im Körper aneinander reiht, ergibt das ein Kabel von 300 000 bis 400 000 km Länge!

1 **Rückenmark** (Querschnitt)

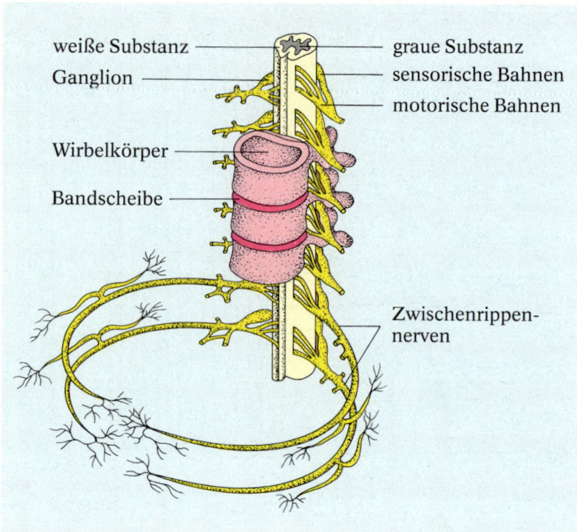

2 **Wirbelsäule und Nerven**

7.2. „Hauptkabel Rückenmark"

Das Gehirn eines Läufers sendet nach dem Startschuss blitzschnell Befehle zu den Beinmuskeln. Diese Befehle nehmen ihren Weg über Nervenfasern im Rückenmark. Das **Rückenmark** ist ein etwa 10 mm starkes „Kabel", das geschützt im Wirbelkanal liegt. Es reicht vom Gehirn bis zum zweiten Lendenwirbel.
Im Rückenmark unterscheidet man eine graue und eine weiße Substanz. Die **graue Substanz** sieht im Querschnitt aus wie ausgebreitete Schmetterlingsflügel. Sie besteht vorwiegend aus Nervenzellkörpern. Ihre wichtigste Aufgabe ist die Verarbeitung von Informationen.
Die **weiße Substanz** setzt sich aus markhaltigen Axonen zusammen. Sie leiten Erregungen von der Haut und den Muskeln zum Gehirn. Auch die vom Gehirn ausgehenden Befehle an die Muskeln werden über Nervenfasern der weißen Substanz geleitet.

Nervenfasern, die Befehle des Gehirns zu den Muskeln leiten, nennt man *motorische Bahnen*. Nervenfasern, die Erregungen von den Sinnesorganen zum Gehirn leiten, heißen *sensorische Bahnen*.
Jeweils zur linken und zur rechten Seite eines jeden Wirbels treten Nervenfasern aus. Die motorischen Nervenfasern verlassen die Wirbelsäule zur Bauchseite hin. Die sensorischen Nervenfasern laufen vom Rücken her in die Wirbelsäule ein.

Die Zellkörper der motorischen Bahnen liegen teils im Gehirn, teils im Rückenmark. Die Zellkörper der sensorischen Bahnen befinden sich neben den Wirbeln in deutlich verdickten Knoten, den **Ganglien** (Einzahl: Ganglion). Motorische und sensorische Bahnen sind jeweils zu Bündeln zusammengefasst und verlaufen als Nervenstränge durch den Körper.

Die Wirbelkörper sind durch elastische Gewebeschichten, die **Bandscheiben,** voneinander getrennt. Sie sorgen dafür, dass die Wirbelsäule beweglich ist. Durch unzweckmäßige Körperhaltung, zum Beispiel bei langem Sitzen auf nicht körpergerechten Stühlen oder durch andauernde Erschütterungen auf Treckern oder Baumaschinen, kann es dazu kommen, dass die Bandscheiben zwischen den Wirbelkörpern hervorgepresst werden. Sie drücken dann schmerzhaft auf das Rückenmark. Das ist ein **Bandscheibenschaden**. Ist das Rückenmark durch eine Verletzung oder eine Erkrankung geschädigt, treten erhebliche Störungen auf. Körperteile, die unterhalb der Schädigungsstelle liegen, können keine Befehle mehr vom Gehirn empfangen. Zusätzlich sind sie weitgehend gefühllos. Man spricht von **Querschnittslähmung**.

1. Die Axone, die in der weißen Substanz vom Gehirn zum Körper laufen, sind Bestandteile von Nervenzellen, deren Zellkörper im Gehirn liegen. Informiere dich über die Länge der Axone von Gehirnzellen bei Giraffen, Walen und Dinosauriern!

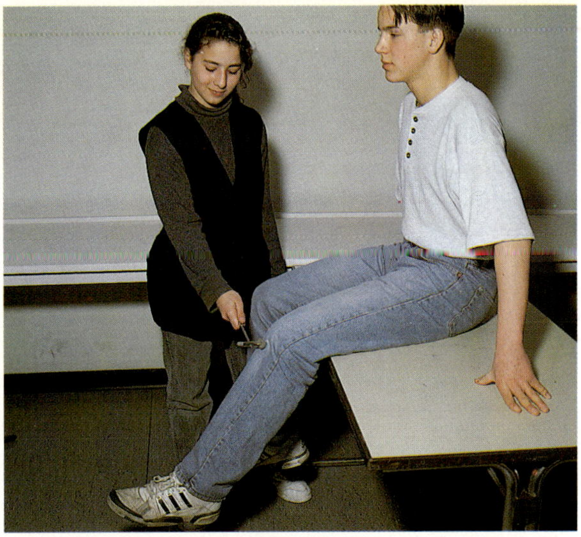

1 **Kniescheibensehnenreflex**

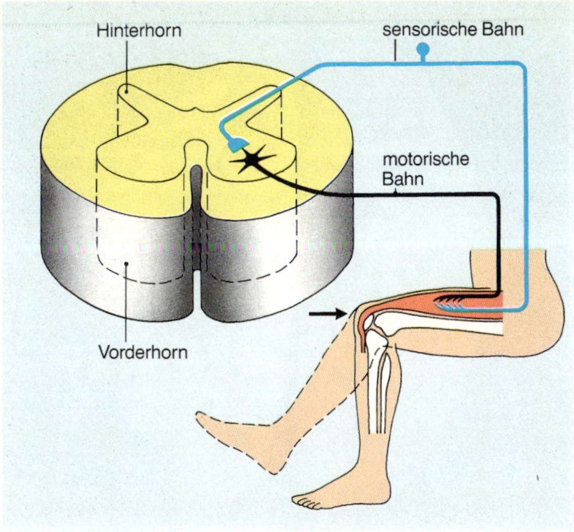

2 **Reflexbogen**

7.3. Reflexe

Der Junge erhält einen Schlag auf die Kniescheibensehne, wobei sein Bein hochschnellt. Diese Bewegung des Unterschenkels kann der Schüler nicht verhindern, auch wenn er es wollte. Warum tritt diese „unwillkürliche" Reaktion ein?

Forscher haben den Weg der Nervenbahnen verfolgen können. Dabei fanden sie heraus: Der Muskel, der den Unterschenkel streckt, der „Strecker" des Unterschenkels, liegt auf der Oberseite des Oberschenkels. Die Sehne, die den Zug des Muskels auf den Unterschenkel überträgt, läuft über die Kniescheibe an das Schienbein. Dabei überbrückt sie eine kleine Delle zwischen der Kniescheibe und dem Anfang des Schienbeins. Durch den Schlag wird die Sehne in diese Delle gedrückt. Dabei wird der Muskel ein wenig gedehnt. In dem Muskel befinden sich Sinnesorgane, die die Dehnung wahrnehmen, die **Muskelspindeln**. Sensorische Nervenfasern leiten die Information über die Dehnung an das Rückenmark. Sie laufen in die graue Substanz. Hier übertragen sie die Nachricht über eine Synapse an eine motorische Nervenzelle, deren Axon zu dem Streckmuskel zurückläuft. Der Muskel nimmt den Befehl über ein besonderes Organ, die **motorische Endplatte**, auf. Er zieht sich auf den Befehl hin zusammen. Der Weg der Information ist also: Schlag auf die Sehne → Reizaufnahme durch die Muskelspindeln → Meldung an das Rückenmark → Umschaltung auf die motorische Bahn → Befehlsannahme durch die motorische Endplatte → Zusammenziehen des Muskels. Der Reiz, d.h. die Dehnung des Muskels, wird durch die Reaktion, also durch das Zusammenziehen des Muskels, sozusagen widergespiegelt oder reflektiert. Man nennt sie deshalb einen **Reflex**. Die Nervenschaltung eines Reflexes ist der **Reflexbogen**. Der Reflex, der an der Sehne der Kniescheibe ausgelöst wird, ist der „Kniescheibensehnenreflex".

Welchen biologischen Sinn haben Reflexe? Wenn wir zum Beispiel stolpern, wird der Oberschenkelmuskel passiv gedehnt. Sofort sorgt der Reflex dafür, dass der Muskel sich zusammenzieht und das Bein stabilisiert. Außer dem Kniescheibensehnenreflex sind uns weitere Reflexe geläufig: Husten wird durch Fremdkörper in der Luftröhre verursacht. Schlucken wird durch Kontakt von Speisen mit der hinteren Rachenwand ausgelöst. Auch Niesen, Würgen und Erbrechen sind Reflexe.

1. Wenn man einen Säugling den Finger auf die Innenfläche der Hand legt, fasst er sofort fest zu. Dies ist auf den „Klammerreflex" zurückzuführen. Der Klammerreflex ist so stark, dass sich ein Säugling an einer Stange oder Leine hängend einige Zeit selbst halten kann, ohne dass ihn jemand unterstützt. Erkläre diese beachtliche Leistung! Berücksichtige dabei, dass unsere stammesgeschichtlichen Vorfahren affenähnliche Tiere waren!

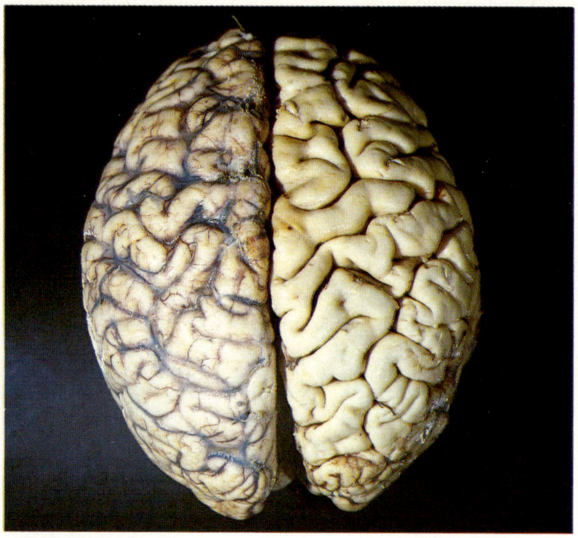

1 Gehirn von oben

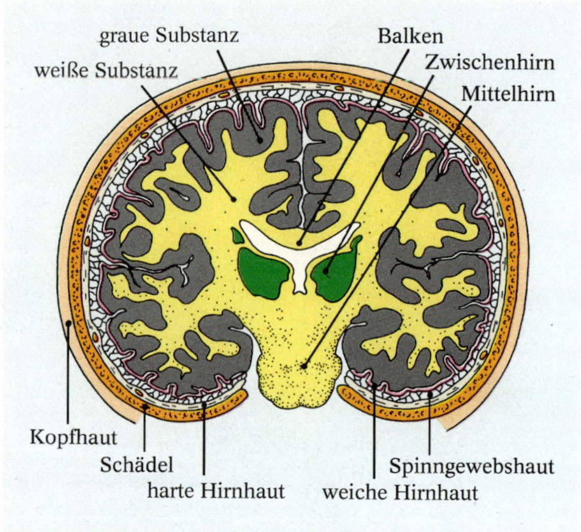

2 Frontalschnitt durch den Schädel

7.4. Das Gehirn – ein Steuerungszentrum

Arbeiter auf Baustellen und in Bergwerken oder Motorradfahrer und Fallschirmspringer müssen Schutzhelme tragen. Der Helm trägt dazu bei das Gehirn gegen Verletzungen zu schützen. Das Gehirn liegt durch mehrere Häute abgeschirmt in der *Schädelhöhle*. Außen liegt die *Kopfhaut* mit den Haaren, darunter die aus zusammengewachsenen Einzelknochen bestehende *Schädelkapsel*. Unter dem Schädelknochen liegt die *harte Hirnhaut*. Sie enthält wichtige *Blutgefäße*. Darunter finden wir eine Haut, die aus locker verflochtenen Bindegewebsfäden besteht. Sie heißt *Spinngewebshaut*. Sie enthält die Gehirnflüssigkeit, den **Liquor**. Diese Flüssigkeit dient der Stoßdämpfung für das Gehirn. Außerdem übernimmt sie Sauerstoff und Nährstoffe aus dem Blut und trägt sie direkt zu den Nervenzellen. Eine weitere Haut, die *weiche Hirnhaut*, liegt dem Gehirn unmittelbar auf.

Man kann fünf Hauptteile des Gehirns unterscheiden: das *Großhirn*, das *Zwischenhirn*, das *Mittelhirn*, das *Nachhirn* und das *Kleinhirn*. Das Nachhirn geht direkt in das *Rückenmark* über.

Der größte Teil des Gehirns ist das **Großhirn**. Es überdeckt die anderen Hirnteile fast vollständig. Es ist in zwei Hälften, die *Hemisphären*, geteilt, die über den **Balken** miteinander verbunden sind. Die Oberfläche der Hemisphären ist stark eingefaltet, sodass sie wie die Oberfläche eines Walnusssamens aussieht. Im Schnitt durch das Gehirn sieht man, dass die Rinde des Großhirns dunkler gefärbt ist. Deshalb heißt dieser Bereich **graue Substanz.** Sie besteht aus den Zellkörpern von Nervenzellen. Die **weiße Substanz**, die das Innere des Großhirns bildet, besteht aus den Axonen, die die Nervenzellen der Rinde untereinander und mit den anderen Hirnteilen verbinden. Auch der Balken besteht ausschließlich aus Axonen.

Krankheiten geben Aufschluss über die Struktur der Hemisphären. Ein Schlaganfall zum Beispiel ist eine Durchblutungsstörung in einem bestimmten Teil des Gehirns. Betrifft diese Störung Teile der linken Hemisphäre, dann treten möglicherweise Lähmungen auf, und zwar in der rechten Körperhälfte. Daher weiß man, dass jede Hemisphäre die jeweils gegenüberliegende Körperseite steuert. Aus ähnlichen Krankheitsbefunden kann man für einige Teile des Gehirns festlegen, welche Körperfunktionen sie beeinflussen. Es gibt zum Beispiel genau bekannte Zonen, die für die Bewegung der Finger, der Lippen oder der Füße zuständig sind. Solche Bereiche heißen **motorische Felder**. Andere Regionen nehmen die Meldungen der Sinnesorgane auf und verarbeiten sie. Man nennt sie **sensorische Felder**.

Weiterhin gibt es ein *Sprachzentrum*, ein *Sehzentrum* und ein *Hörzentrum*. Sind sie gestört, dann hat die betreffende Person Schwierigkeiten zu sprechen, zu sehen oder zu hören.

Obgleich man über die Aufgaben vieler Gehirnteile genau Bescheid weiß, ist es bis heute nicht gelungen,

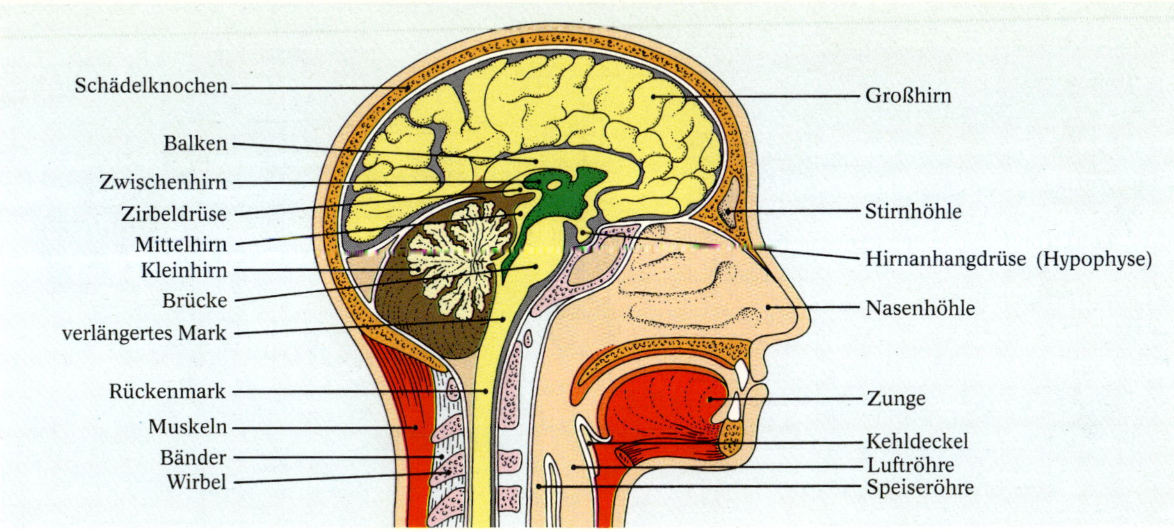

3 Längsschnitt durch den Kopf des Menschen

die Orte zu finden, an denen bestimmte Gedächtnisinhalte gespeichert sind. Wir wissen auch nicht, wie das Denken funktioniert und in welchem Teil des Gehirns es abläuft. Es wird vermutet, dass der vordere Teil des Großhirns, das *Stirnhirn,* hier eine Rolle spielt. Diese Gebiete werden deshalb **Assoziationsfelder** genannt.

Im Inneren des Gehirns unter dem Großhirn liegt das **Zwischenhirn.** Hier laufen alle Informationen der Sinnesorgane ein. Sie werden auf ihre Bedeutung hin überprüft und mit einer Bewertung an das Bewusstsein in der Großhirnrinde weitergegeben. Diese Bewertungen nennen wir **Gefühle**. Die Meldung eines Temperaturfühlers in der Haut zum Beispiel ist an sich völlig neutral. Das Zwischenhirn aber vergleicht die gemeldete Temperatur mit gespeicherten Normalwerten und meldet an das Bewusstsein: „ziemlich kalt". Ähnlich entstehen hier Gefühle wie *Durst, Hunger, Hitze*, aber auch *Angst*, *Wut* und *Freude*. Außerdem gehen vom Zwischenhirn Nervenbahnen aus, die die inneren Organe beeinflussen. Am unteren Rand des Zwischenhirns sitzt die **Hypophyse**, eine Drüse. Sie gibt Stoffe in die Blutbahn ab, die innere Organe in ihrer Funktion steuern können.

Im Hinterkopf unterhalb des Großhirns befindet sich das **Kleinhirn**. Hier sind die „Programme" für alle Bewegungen gespeichert, die wir mit den Muskeln ausführen können. Seine Arbeit erfolgt völlig unbewusst. Wenn wir uns entschließen zum Beispiel ein Wort zu schreiben oder eine Tasse hochzuheben, dann denken wir nicht über die Muskeln nach, die wir dabei bewegen müssen. Diese Steuerungsfunktion übernimmt das Kleinhirn. Das Bewusstsein im Großhirn gibt nur den Anstoß dazu. Aber auch die unbewussten Bewegungen werden hier koordiniert: Wenn der *Gleichgewichtssinn* meldet, dass wir umzukippen drohen, veranlasst das Kleinhirn eine entsprechende Gegenbewegung.

Zwischen den Gehirnteilen Großhirn, Zwischenhirn und Kleinhirn vermittelt das **Mittelhirn**. Es übergibt Meldungen aus Groß- und Zwischenhirn an das Kleinhirn und umgekehrt und schaltet die ausgehenden Befehle auf die richtigen Bahnen im Rückenmark.

Im **Nachhirn** liegt das Atemzentrum. Dies arbeitet normalerweise ohne unseren Willen. Wir sind aber in der Lage einzelne Atemzüge doch bewusst zu beeinflussen.

1. Beschreibe anhand der Abbildung 3 den Bau des Gehirns! Erläutere dessen geschützte Lage in der Schädeldecke!

2. Untersuche das Gehirnmodell eurer Schulsammlung! Welche der im Text angegebenen Teile kannst du unterscheiden? Berichte!

3. Begründe, weshalb Autofahrer angeschnallt sein müssen und Mofafahrer einen Helm tragen müssen!

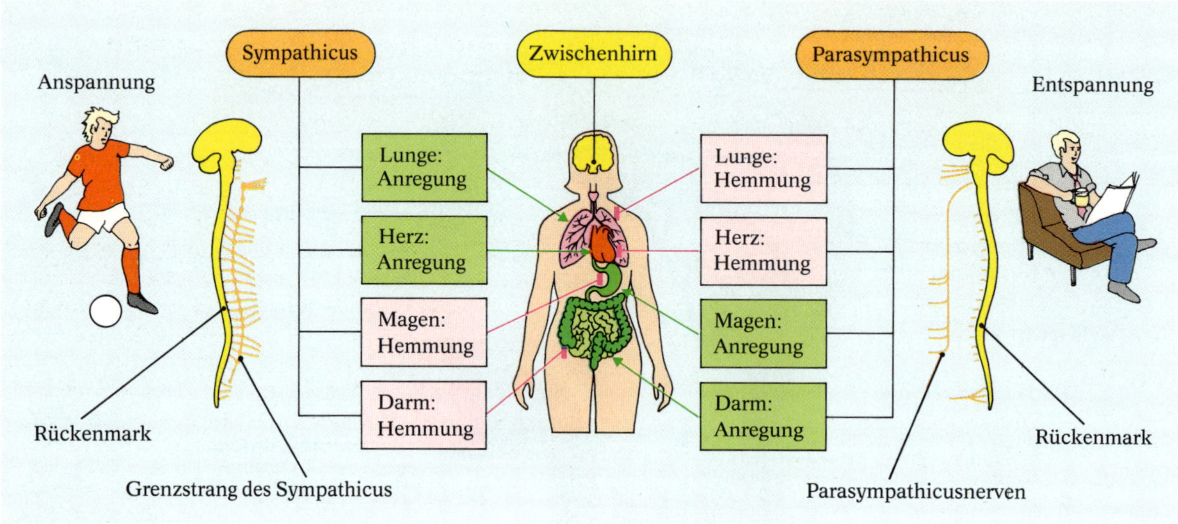

1 Wirkungen des vegetativen Nervensystems

7.5. Steuerung ohne den Willen

Sportler sind nach einer anstrengenden Übung außer Atem. Der Puls schlägt schnell und vielleicht schwitzen sie auch. Wenn man dagegen im Sessel sitzt und völlig entspannt an gar nichts denkt, geht der Atem flach und langsam, und von Herzklopfen kann keine Rede sein. Wenn man nun versucht dem Körper in diesem entspannten Zustand zu befehlen: „Herzschlag schnell!“ oder „Mir soll jetzt der Schweiß ausbrechen!“, so wird man erleben, dass das nicht geht.

Warum aber funktioniert die Beschleunigung des Herzschlags bei der Anstrengung und warum kann man dem Herzen die Schlagzahl nicht befehlen? Der Grund liegt darin, dass wir für die Steuerung der inneren Organe ein eigenes, selbständiges Nervensystem haben, das wir mit dem Bewusstsein nicht kontrollieren können. Man nennt es das **vegetative Nervensystem.** Seine Selbständigkeit hat eine besondere Bedeutung: Unser Gehirn wäre überfordert, wenn wir zu jeder Zeit darüber nachdenken müssten, wie stark jetzt gerade das Herz schlagen sollte oder wie der Blutdruck einreguliert werden soll. Außerdem müssen die inneren Organe auch während des Schlafens richtig arbeiten. Eine Bewusstlosigkeit – der Zustand, in dem wir nicht in der Lage sind Entscheidungen zu fällen – wäre tödlich.
Das vegetative Nervensystem geht vom Zwischenhirn und vom Rückenmark aus und durchzieht in Form einzelner Nervenstränge den Körper. Man hat herausgefunden, dass es die Organe so steuert, wie man ein Pferd mit zwei Zügeln lenkt: Ein Teil des vegetativen Nervensystems fördert bestimmte Organe, der andere hemmt sie. So wirken sie wie zwei Zügel gegeneinander. Man nennt solche gegeneinander wirkenden Organe **Antagonisten**. Der eine Teil heißt **Sympathicus**, der andere **Parasympathicus**. Der Sympathicus liegt neben der Wirbelsäule in Form zweier Nervenstränge, die mit Ganglienknoten besetzt sind. Man nennt diese Bahnen den *Grenzstrang des Sympathicus*. Der Parasympathicus dagegen besteht aus einem Geflecht von Nerven, die den Körper durchziehen. In der Abbildung und in der Tabelle sieht man, wie sie hemmend oder anregend auf einzelne Organe wirken. Es fällt auf, dass sie nicht einheitlich hemmend oder anregend wirken, sondern sie tun beide sowohl das eine wie das andere. Was hat das für einen Sinn?
Betrachten wir die Organe, die beeinflusst werden: Der Sympathicus fördert die Tätigkeit von Lunge und Herz, er hemmt dagegen Magen und Darm. Der Parasympathicus beruhigt Lunge und Herz, Magen und Darm dagegen sind unter seinem Einfluss sehr aktiv. Die Abbildung gibt einen Hinweis auf die Bedeutung dieser Funktionen: Wenn der Körper eine besondere Leistung vollbringen soll, ist es notwendig, dass die Organe gut mit Sauerstoff versorgt werden. Deshalb arbeiten Lunge und Herz auf „Hochtouren“. Es ist aber nicht sinnvoll, dass Magen und Darm jetzt inten-

Organ	Sympathicus	Parasympathicus
Pupille	Ferneinstellung	Naheinstellung
Herzschlag	Anregung	Hemmung
Blutdruck	Erhöhung	Senkung
Magensaft-produktion	Hemmung	Anregung
Bauchspeichel-drüse	Hemmung	Anregung
Blutzucker	Erhöhung	Senkung
Harnblase	keine Entleerung	Entleerung
Enddarm	Schließmuskel zusammengezogen	Schließmuskel locker
Schweißdrüse	Anregung	Hemmung

2 Wirkungen von Sympathicus und Parasympathicus

siv arbeiten, denn sie würden ebenfalls viel Blut und Sauerstoff benötigen. Deshalb werden sie gehemmt. In der Ruhe dagegen bedarf es keiner besonderen Anstrengung des Herzens und der Lunge. Jetzt kann die Verarbeitung der Nahrung stärker betrieben werden. Die Tabelle zeigt, wie Sympathicus und Parasympathicus antagonistisch auf andere innere Organe einwirken. Wir können feststellen: Alle Organe, die die körperliche Leistungsfähigkeit momentan behindern könnten, werden durch den Sympathicus gehemmt. Er fördert dagegen alles, was den Körper zu höchster Leistung befähigt. Diese ist zum Beispiel bei Gefahr nötig. Der Sympathicus ist sozusagen das *Alarmsystem* des Körpers. Er versetzt den Körper in höchste Bereitschaft. Droht dagegen keine Gefahr, ist der Parasympathicus aktiv und versetzt den Körper in angenehme Entspannung. Er dient der Wiederherstellung der Reserven. Deshalb wird der Schlaf auch vorwiegend vom Parasympathicus bestimmt.

1. Erkläre folgende Reaktionen auf der Grundlage der Funktionen des vegetativen Nervensystems:
- *Vor der Rückgabe einer Klassenarbeit hast du Herzklopfen.*
- *Wenn du wegen einer Dummheit, die du begangen hast, gescholten wirst, bekommst du einen roten Kopf.*
- *Wenn du während der Klassenarbeit merkst, dass du nicht fertig wirst, bricht dir der Schweiß aus.*

Kann man die inneren Organe beeinflussen?

Es ist dir noch in unangenehmer Erinnerung: Du hattest dich unsterblich blamiert! Mit einem hochroten Kopf standest du vor den anderen und wusstest nicht, wohin mit den Händen. Du konntest gar nichts dagegen tun, dass dir das Blut in den Kopf stieg. Es kam von ganz allein. Jetzt weißt du, dass diese besondere Durchblutung der Gesichtshaut durch das vegetative Nervensystem gesteuert wird.
Die Blamage findet in deinem Bewusstsein statt. Das vegetative Nervensystem arbeitet dagegen völlig selbständig. Ist das nicht ein Widerspruch?
Nicht ganz! Es bestehen Verbindungen zwischen dem Zentralnervensystem und dem vegetativen Nervensystem, denn das vegetative Nervensystem muss ja „erfahren", wenn eine Gefahr droht, und die Gefahr wird bewusst wahrgenommen. Die Verbindungen zwischen dem Gehirn und dem vegetativen Nervensystem liegen im Zwischenhirn und über diese Leitung hat das vegetative Nervensystem die Information bekommen, dass eine Gefahr – in Form der Blamage – droht.
Man kann Muskeln durch häufige Übung stärken. Das nennt man Training. Man kann auch Nervenverbindungen durch Training fördern. Die Methode, die Verbindung zwischen Zentralnervensystem und vegetativem Nervensystem zu fördern, heißt **autogenes Training.** Dabei versucht man sich vorzustellen, dass beispielsweise der rechte Arm ganz schwer wird. Nach einiger Zeit stellt sich tatsächlich ein Gefühl der Schwere im rechten Arm ein. Das kommt daher, dass sich unter dem Einfluss der Vorstellung die Muskeln des Armes völlig entspannen. Nach einiger Übung überträgt sich die Entspannung auf den ganzen Körper, der dadurch eine tiefgreifende Erholung erfährt.
Wenn du diese Methode lernen willst, melde dich zu einem Kurs über autogenes Training in der Volkshochschule an. Da lernst du das autogene Training gründlich und gefahrlos. Wenn du sie beherrscht, hast du ein gutes Mittel dich bewusst zu entspannen und den Körper zu erholen. Auch bestimmte Krankheiten können durch autogenes Training positiv beeinflusst werden. Dein Arzt wird dir darüber Auskunft geben.

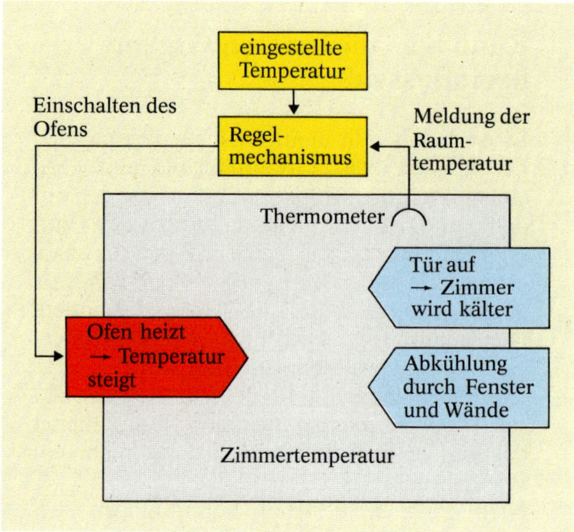

1 **Regelung der Raumtemperatur**

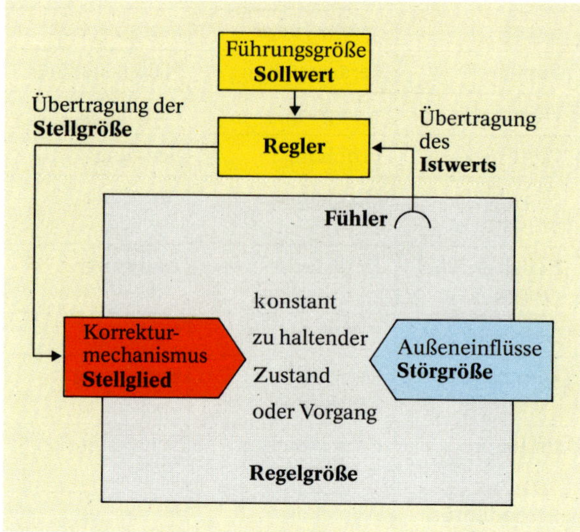

2 **Allgemeines Regelkreisschema**

8. Steuerung durch Hormone

In manchen Wohnungen muss man sich nicht um die Einstellung der Heizung kümmern. Das Zimmer ist im Winter immer angenehm warm, gleichgültig, ob draußen Frost herrscht oder der Frühling einzieht. Die Regelung der Zimmertemperatur besorgt der Thermostat. Man kann am Thermostaten eine bestimmte Zimmertemperatur, etwa 20 °C, einstellen, und die Apparatur wird dafür sorgen, dass es nie kälter wird. Wenn die Wärme durch die Wände entweicht oder wenn Fenster und Türen geöffnet werden, sinkt die Raumtemperatur, was ein Messgerät registriert. Ein Regelmechanismus vergleicht dauernd die gemessene Temperatur mit dem eingestellten Wert. Wenn die gemessene Temperatur niedriger ist als die eingestellte, wird der Ofen angestellt. Dieser heizt dann so lange, bis keine Differenz mehr zwischen eingestellter und gemessener Temperatur auftritt.

In der Technik kommen solche Systeme sehr häufig vor. In unserem Fall wirkt die Tätigkeit des Ofens, die eine Erwärmung des Zimmers hervorruft, auf den Ofen selbst zurück. Er wird irgendwann abgeschaltet. Diese Selbstbeeinflussung nennt man **Rückkopplung**. Systeme mit Rückkopplung sind **Regelkreise**, ihre Tätigkeit heißt **Regelung**.

Die Techniker haben für Regelsysteme allgemeine Begriffe und eine allgemeine Form der Darstellung eingeführt. Das Schema ist oben in Abbildung 2 dargestellt. Die Raumheizung wurde mit Hilfe dieses Schemas dargestellt, sodass wir nun vergleichen können: Die eingestellte Temperatur ist die **Führungsgröße** oder der **Sollwert.** Sie wirkt auf den Regelmechanismus, den **Regler,** ein, der dauernd den **Istwert,** das heißt die gemessene Temperatur, mit dem Sollwert vergleicht. Das Thermometer, das den Istwert liefert, ist allgemein der **Fühler**. Wenn eine Differenz zwischen Istwert und Sollwert besteht, leitet der Regler die **Stellgröße** an das **Stellglied**. Die Raumheizung erhält dann das Kommando zum Einschalten des Ofens. Das Stellglied verändert den Zustand der **Regelgröße**, in unserem Fall der Zimmertemperatur. Außeneinflüsse verändern die Regelgröße. In unserem Beispiel ist es der Wärmeverlust durch Wände, Fenster und Türen. Diese Außeneinflüsse sind die **Störgrößen**.

Man kann sich nun fragen, warum in einem Biologiebuch eine längere Abhandlung über die Technik der Raumheizung und die allgemeine Regelungstheorie steht. Die Antwort ist einfach: Wir können diese allgemeinen Prinzipien der Regelungstechnik ohne weiteres auf lebende Systeme übertragen, denn lange bevor Ingenieure die technische Regelung erfanden, gab es die Regelung schon bei den Lebewesen. Als man diese Mechanismen in der Natur fand, wendete man die Begriffe der Technik auf die biologischen Systeme an.

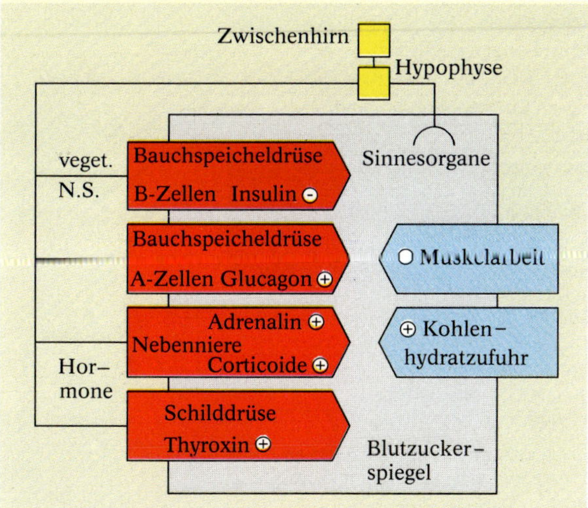

3 **Regelkreisschema zur Einstellung der Blutzuckerkonzentration**

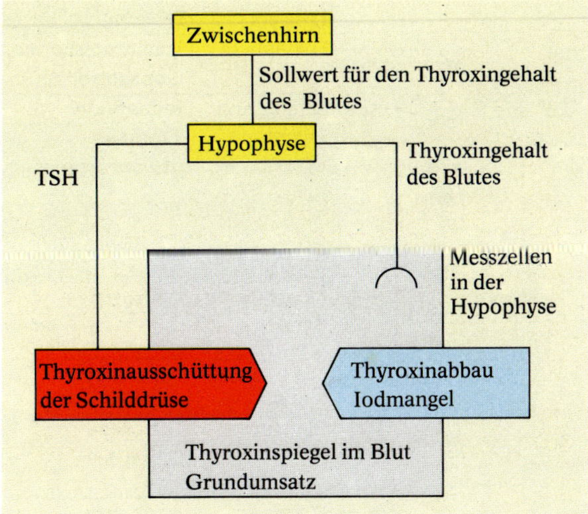

4 **Schema zur Schilddrüsenfunktion**

In der Abbildung oben ist die Einstellung der **Blutzuckerkonzentration** als Regelkreis wiedergegeben. Das *Zwischenhirn* und die *Hypophyse* wirken als Sollwertgeber und Regler. Sie senden über das vegetative Nervensystem und über das Hormonsystem Stellgrößen an die Stellglieder *Bauchspeicheldrüse*, *Nebenniere* und *Schilddrüse*. In der Bauchspeicheldrüse gibt es zwei Sorten von Zellen, die B-Zellen und die A-Zellen. Die B-Zellen stellen das Hormon **Insulin** her, das den Blutzuckerspiegel senkt. Das Hormon **Glucagon** der A-Zellen hebt ihn. Ebenso wirken die Hormone der Nebenniere, das **Adrenalin**, und das der Schilddrüse, das **Thyroxin**. Veränderungen an der Regelgröße „Blutzuckerspiegel“ treten auf, wenn man Zucker isst oder wenn Zucker durch irgendeine Tätigkeit verbraucht wird. Solche Vorgänge sind die Störgrößen des Regelkreises „Blutzuckerregelung“.

Eine sehr wichtige Rolle im Stoffwechsel des menschlichen Körpers spielt die **Schilddrüse.** Ein Schema für ihre Wirksamkeit wird in der Abbildung oben vorgestellt. Die Schilddrüse beeinflusst den Grundumsatz des Körpers, das heißt den Energieumsatz, den der Körper in völliger Ruhelage hat. Sie scheidet dazu das Hormon Thyroxin aus, das auf verschiedene Organe fördernd einwirken kann. Empfindliche Sinneszellen in der **Hypophyse**, einer Drüse in der Nähe des Zwischenhirns, messen den Thyroxingehalt des Blutes. Weicht er von dem Sollwert, den das Zwischenhirn vorgibt, nach unten ab, so gibt die Hypophyse das schilddrüsenfördernde Hormon **TSH** (Thyreoidea-stimulierendes Hormon) ab. Die Schilddrüse gibt daraufhin Thyroxin ab, sodass der Stoffwechsel gefördert wird. Der Thyroxinspiegel sinkt dann langsam wieder, weil das Hormon dauernd im Körper abgebaut wird. Da Thyroxin Iod enthält, ist es wichtig, dass dieses Element in der Nahrung in Spuren vorhanden ist.

So, wie die Hypophyse auf die Schilddrüse einwirkt, hat sie auch einen großen Einfluss auf andere Organe des Körpers. Sie bekommt Informationen vom Zwischenhirn über Umwelteinflüsse und Zustände des Körpers und sendet daraufhin spezialisierte Hormone aus. So werden zum Beispiel die Keimdrüsen durch die gonadotropen Hormone der Hypophyse gesteuert. Sie erzeugen neben den Keimzellen ebenfalls Hormone, die die sekundären Geschlechtsmerkmale des Körpers beeinflussen.

Wir können also feststellen: Die Körperfunktionen werden kurzfristig, das heißt in Abhängigkeit von der augenblicklichen Situation, durch das vegetative Nervensystem gesteuert. Dabei arbeiten Sympathicus und Parasympathicus antagonistisch. Dieses System wird langfristig durch das Hormonsystem überlagert, das bestimmte Zustände über größere Zeiträume hinweg sichert und aufrechterhält.

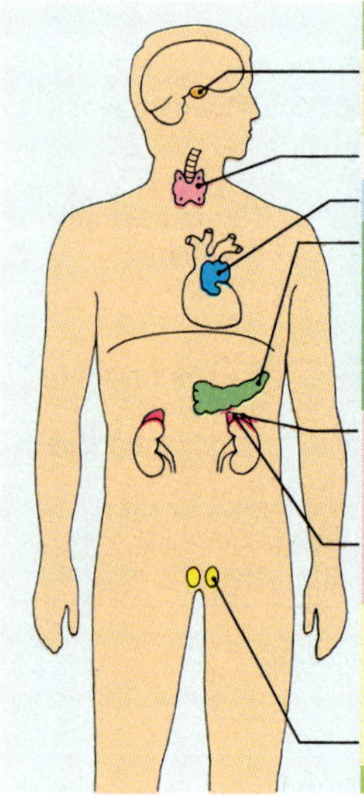

Drüsen:	Hormone:	Wirkungen:
Hypophyse	Wachstumshormon	fördert Längenwachstum
	Gonadotropine	steuern Keimdrüsentätigkeit
Schilddrüse	Iodhormone	steigern Stoffwechseltätigkeit
Thymusdrüse	Thymosin	fördert Abwehr gegen Infektionen
Bauchspeicheldrüse	Insulin	fördert Aufnahme von Zucker in die Muskelzellen, steigert Glycogenaufbau in der Leber
	Glucagon	fördert Abbau von Glycogen in der Leber, Erhöhung des Blutzuckerspiegels
Nebennierenrinde	Androgene	bewirken Vermännlichung, die bei Mädchen durch Östrogene verdeckt wird
Nebennierenmark	Adrenalin	erhöht Herzschlag, verengt Blutgefäße, aktiviert Glycogenabbau
Eierstock	Östrogene	bewirken Verweiblichung
	Gestagene	steuern zusammen mit Östrogenen die Vorgänge des weiblichen Zyklus
Hoden	Androgene	bewirken Vermännlichung

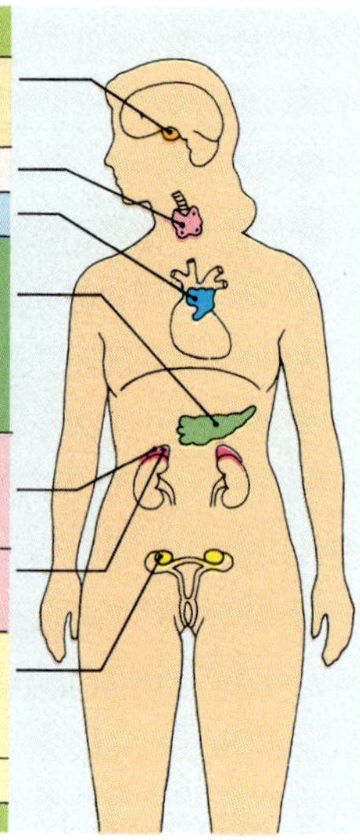

5 Hormondrüsen und ihre Wirkungen

Zuckerkrankheit – was kann man dagegen tun?

Alexander fühlt sich seit längerem matt und kraftlos. Er scheidet mehr Harn ab als früher und hat ständig Durst. Obwohl er guten Appetit hat, nimmt er ab.

Die Kinderärztin untersucht seinen Urin. Ein Teststreifen verfärbt sich nach kurzem Eintauchen von gelb nach grün. Diese und weitere Untersuchungen bestätigen den Verdacht der Ärztin: Alexander ist zuckerkrank. Er hat **Diabetes.** Was ist das für eine Krankheit? Bei einem gesunden Menschen sind in 100 ml Blut etwa 100 mg Traubenzucker enthalten. Dieser „normale Blutzuckerspiegel" sinkt kurzfristig, wenn wir schwer arbeiten oder hungern. Er steigt dagegen, wenn wir kohlenhydrathaltige Nahrung aufnehmen. In kurzer Zeit pendelt er sich wieder auf den Normalwert ein. Das kommt daher, dass die Bauchspeicheldrüse bei erhöhtem Blutzuckerspiegel das Hormon **Insulin** aus den *B-Zellen* ins Blut abgibt. Dieses Hormon fördert die Aufnahme von Traubenzucker in die Körperzellen. Dort wird er verarbeitet, um für die Zellen Energie zu gewinnen. In den Zellen der Leber wird Traubenzucker in **Glycogen** umgewandelt. Das ist eine Speicherform von Traubenzucker. Insulin wirkt also Blutzucker senkend. Der oben stehende Regelkreis zeigt die Gesamtzusammenhänge.

Bei Alexander arbeitet die Bauchspeicheldrüse wahrscheinlich nicht vollständig oder vielleicht gar nicht. Die Ärztin kann versuchen, etwa noch vorhandene B-Zellen durch Medikamente zu intensiverer Arbeit anzuregen. Wenn das nicht gelingt, muss Alexander Insulin bekommen, das entweder aus Bauchspeicheldrüsen von Tieren gewonnen wurde oder das nach modernen Verfahren von besonders gezüchteten Bakterien gebildet wurde. Dieses von Bakterien hergestellte Insulin, das *Humaninsulin*, ist dem menschlichen gleich. Dieses Insulin wird gespritzt. Da die Insulinzufuhr jetzt aber nicht mehr automatisch von der Bauchspeicheldrüse geregelt wird, muss für jeden Tag genau ausgerechnet werden, wie viele Kohlenhydrate Alexander pro Stunde essen darf.

Vielleicht hat Alexander den Diabetes von seinen Vorfahren geerbt. Bei Jugendlichen ist das wahrscheinlich. Man kann aber auch im Alter Diabetes bekommen, wenn die Bauchspeicheldrüse etwa durch Überlastung erkrankt. Hier helfen anfangs eine kohlenhydratarme Diät, später Medikamente und schließlich das Spritzen von Insulin. Der Diabetes ist heute von der Medizin so gut beherrschbar, dass man trotz dieser Krankheit ein hohes Alter erreichen kann.

Stress

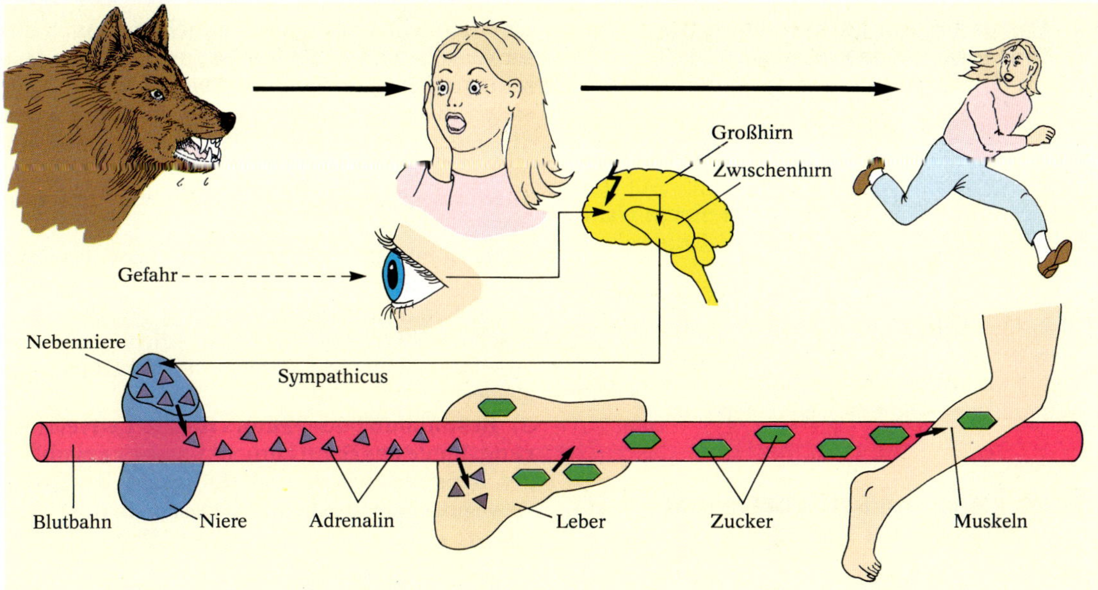

So ein wütender Hund wie in der Abbildung kann einem schon einen Schrecken einjagen! Es ist möglich, dass man noch lange nach der Begegnung Herzklopfen hat. Findet das Erlebnis spät am Abend statt, ist an Einschlafen nicht zu denken. Das ist eigenartig! Die Gefahr ist vorüber, aber der Körper hat noch die volle Alarmbereitschaft. Der Sympathicus hat im Falle der Gefahr die Alarmbereitschaft erhöht. Aber jetzt könnte der Parasympathicus die Aufregung ruhig wieder „abschalten"!

Gäbe es nur das vegetative Nervensystem, dann wäre es so, wie man vermutet. Unser Körper hat aber zur Erhöhung der Sicherheit noch ein zweites Informationssystem, das längerfristig aktiv ist und das auf ganz andere Weise arbeitet als das Nervensystem: Es ist das **Hormonsystem. Hormone** sind Botenstoffe, die eine Nachricht von einer Stelle des Körpers zu einer anderen bringen. Sie sind langfristig wirksam. Sie werden von bestimmten Drüsen im Körper hergestellt und zu besonderen Gelegenheiten in das Blut abgegeben. Mit diesem schwimmen sie durch den Körper und veranlassen andere, ganz bestimmte Organe dazu ihre Aufgabe auszuführen. Wie das genau abläuft, wollen wir uns am Beispiel des „Hundeschrecks" ansehen:

Der drohende Hund wird mit den Augen wahrgenommen und vom Großhirn registriert. Die hier im Gedächtnis gespeicherte Erfahrung über gefährliche Begegnungen mit Hunden wird mit dem von den Augen gemeldeten Bild verknüpft und als „Gefahr" an das Zwischenhirn gemeldet. Dieses aktiviert den Sympathicus des vegetativen Nervensystems, der der Alarmierer des Körpers ist. Ein Nerv des Sympathicus geht unter anderem auch an die Nebenniere. Sie sitzt wie eine kleine Zipfelmütze auf der Niere. Deshalb heißt sie **Nebenniere**.

Die Nebenniere stellt das Hormon **Adrenalin** her. Auf das Kommando des Sympathicus wird Adrenalin in die Blutbahn abgegeben. Es kreist nun mit dem Blut durch den ganzen Körper. Auf diesem Weg gelangt es auch in die Leber. Das Adrenalin verursacht, dass bestimmte Leberzellen Traubenzucker ins Blut abgeben. Die Leber ist ein Reservespeicher für überschüssige Kohlenhydrate. Jetzt, im Augenblick der Gefahr, wird diese Reserve mobilisiert. Der Blutzuckerspiegel steigt. Das ist günstig für die Muskeln, denn Traubenzucker ist der „Treibstoff" für die Muskelbewegungen. Jetzt ist der Körper in der Lage kraftvoll und schnell zu reagieren, in diesem Fall also, indem er wegläuft.

Vegetatives Nervensystem und Hormonsystem arbeiten also im Falle einer Gefährdung zum Schutz des Körpers sinnvoll zusammen.

Übung: Das Nervensystem

A 1. Vergleich von Reflexbewegung und bewusster Bewegung (1)

Aufgaben: a) Zeichne ein Schema für den Informationsfluss im folgenden Experiment: Eine Versuchsperson sitzt so, wie sie beim Versuch zum Kniescheibensehnenreflex sitzen soll. Auf ein akustisches Signal hin (Klopfen mit einem Hammer auf den Tisch) schnellt sie den Unterschenkel des einen Beines bewusst hoch.
b) Zeichne eine Schemazeichnung für den Informationsfluss beim Kniescheibensehnenreflex!
c) Vergleiche die bewusste Reaktion mit der Refelxreaktion! Welche Nervenbahnen sind gleich? Welche Bahnen sind unterschiedlich?

V 2. Vergleich von Reflexbewegung und bewusster Bewegung (2)

Mit diesem Versuch sollen die Reaktionsgeschwindigkeiten von Reflex und bewusster Bewegung gemessen und verglichen werden.
Material: Videokamera mit unbespieltem Videoband; dazu passender Videorecorder und Fernseher; Stativ für Kamera; kleines Holzbrett; Hammer; Stoppuhr; Schal als Augenbinde; Papier; Schreibzeug; große Uhr mit Sekundenzeiger; Tisch
Durchführung: Führe übungshalber noch einmal den Versuch zum Kniescheibensehnenreflex durch! Ziehe dazu den Text von Kapitel 7.3. und die Abbildung auf Seite 151 heran! Zeichne aus dem Kopf den Reflexbogen des Kniescheibensehnenreflexes!
Ausführen der Bewegungen: Schraube die Kamera auf das Stativ, lege das Band ein! Stelle die Kamera vor den Tisch, auf dem die Versuchsperson sitzt! Stelle das Bildfeld so ein, dass das Knie und der Unterschenkel im Bild sind. Stelle die große Uhr so, dass sie auch im Bild ist. Ebenfalls im Bild soll das kleine Holzbrett liegen, das im zweiten Teil des Versuchs gebraucht wird.
1) **Der Kniescheibensehnenreflex:** Führe bei laufender Kamera den Kniescheibensehnenreflex für jedes Bein mehrmals (mindestens zehnmal, besser noch mehr) durch!
2) **Bewusste Bewegung:** Verbinde der Versuchsperson die Augen! Sie soll jedes Mal, wenn mit dem Hammer auf das Brettchen geschlagen wird, den Unterschenkel hochschnellen lassen. Die Kamera muss den Schlag des Hammers und das Hochschnellen des Beines aufnehmen. Auch dieser Versuch wird so oft wie der zum Kniescheibensehnenreflex durchgeführt. Die Hammerschläge sollen in unregelmäßiger Folge kommen, damit die Versuchsperson sich nicht auf einen Rhythmus einstellen kann.
Messungen: Lege das Band in den Videorecorder ein!
1) **Messung der Reaktionszeiten:** Lasse das Band mit Zeitlupe ablaufen! Stoppe mit der Stoppuhr die Zeiten zwischen dem Schlag auf die Kniescheibensehne bzw. das Brettchen und dem Hochschnellen des Beines! Protokolliere alle Zeiten!
2) **Bestimmung des Faktors für die Zeitverzögerung:** Spule das Band zurück! Lasse es sowohl für den Reflexversuch als auch für den der bewussten Bewegung einmal mit Normalgeschwindigkeit ablaufen! Lies am Anfang und am Ende der Versuchsserie von der Uhr im Bild die Zeit ab, die für die beiden Versuchsserien gebraucht wurde! Wiederhole den Banddurchlauf für beide Serien in Zeitlupe und miss, wie lange die Zeitlupe läuft.
Aufgaben: a) Berechne die durchschnittliche gemessene Zeit für den Reflex und für die bewusste Bewegung!
b) Berechne den Umrechnungsfaktor, mit dem die gemessene Zeit in die echte Reaktionszeit umgerechnet werden muss, und bestimme so die mittlere Reaktionszeit für den Reflex und die bewusste Bewegung!
c) Erkläre das Ergebnis auf der Basis von Aufgabe A 1.!

A 3. Stress in unterschiedlichen Situationen

Streit mit anderen Menschen, Arbeitsüberlastung, eine bevorstehende Klassenarbeit, eine Prüfung, die Scheidung der Eltern, die Angst vor einem Lehrer oder einem Vorgesetzten, die Angst vor dem Verlust des Arbeitsplatzes der Eltern – alle diese Situationen bedeuten Stress für unseren Körper.
Aufgaben: a) Beschreibe, was die oben aufgeführten Situationen gemeinsam haben!
b) Stelle weitere Situationen des täglichen Lebens zusammen, die Stress bedeuten!
c) Erkläre, warum auch eine seelische Belastung Stress bedeutet!

Übung: Das Nervensystem

A 4. Stressabbau

In Büchern über gesunde Lebensführung findet man Ratschläge, die Schutz vor Stressbelastung versprechen. Man kann diese Ratschläge so zusammenfassen:

1) **Stressabbau durch Verhaltensänderung**
- Vermeidung von Überforderung,
- Ausüben von befriedigenden Tätigkeiten im Beruf oder in der Freizeit, die zu Erfolgserlebnissen führen,
- Einübung von nichtaggressiven Problemlösungsstrategien,
- Pflege eines verlässlichen Familien- oder Freundeskreises.

2) **Stressabbau durch körperliche Tätigkeiten**
Durch Stress werden Energiereserven des Körpers freigesetzt. Wenn diese nicht durch Flucht oder Verteidigung verbraucht werden können, müssen sie durch andere körperliche Tätigkeiten abgebaut werden. Dies erfolgt zum Beispiel durch Trimm-Dich-Programme, durch Laufen oder Schwimmen, allgemein also durch stärkere körperliche Belastung. Menschen, die keine Kreislaufschwierigkeiten haben, sollten dabei versuchen den Puls für etwa zehn Minuten auf 130 zu bringen. – Neben dem Stressabbau haben solche Übungen auch einen positiven Einfluss auf die allgemeine Gesundheit.

3) **Stressabbau durch Meditation oder Entspannungsübungen**
Nimm eine bequeme sitzende oder liegende Haltung ein und konzentriere dich auf ein Wort, ein Bild oder ein Geräusch! Versuche alle übrigen Gedanken auszuschließen! Führe diese Übung etwa zehn bis zwanzig Minuten lang aus und wiederhole sie täglich! Durch Übungen dieser Art können der Blutdruck gesenkt und der Herzschlag vermindert werden. – Informiere dich auch über autogenes Training oder Yoga!

Aufgaben: a) Vergleiche die oben beschriebenen Methoden des Stressabbaus miteinander! Welche dieser Methoden haben eine kurzfristige und welche eine langfristige Wirkung?
b) Erläutere, warum es schwierig ist die unter 1) genannten Möglichkeiten in die Tat umzusetzen!
c) Erkundige dich bei deinen Eltern, bei Freunden und Bekannten danach, wie sie mit Stress fertig werden und was sie dagegen tun!

A 5. Die innere Uhr

„Auf dem Kennedy Airport taumelte ich aus dem Düsenklipper", beschrieb der amerikanische Journalist Paul J.C. Friedlander seine Ankunft in New York nach einer dreiwöchigen Flugreise um die Welt. Ein Teil seines Körpers sei noch auf die Uhrzeit von Neu-Delhi eingestellt gewesen, ein anderer auf die von Moskau, während weitere Teile noch nach Big Ben in London funktionierten. „Die restlichen Körperorgane", erinnerte sich Friedlander, „waren dem Delirium nahe". Solche Anzeichen körperlichen und geistigen Unbehagens registrieren Staatsoberhäupter und Parlamentarier, weltläufige Manager und Ferntouristen, wenn sie mit dem Düsenflugzeug Ozeane, Längengrade, Zeit- und Datumsgrenzen überquert haben. So signalisiert beispielsweise das Gehirn des am Morgen um 8.20 Uhr aus Mexico City in Frankfurt eintreffenden Flugpassagiers Schlafbedürfnis, denn sein noch auf mexikanische Zeit eingestellter Körperrhythmus – seine biologische Uhr – zeigt erst 1 Uhr morgens. Und während für den Neuankömmling aus Frankfurt im Restaurant des Hongkong-Flughafens Kai Tak die abendliche Reistafel angerichtet wird, verspürt der Fluggast Lust auf ein weich gekochtes Frühstücksei – seine innere Uhr zeigt 8 Uhr morgens."

Die Anpassung an die jeweilige Ortszeit nach solchen Zeitsprüngen dauert meist einige Tage. „Um seine innere Uhr um jeweils zwei bis zweieinhalb Stunden zu verändern", so erläuterte der Hamburger Lufthansa-Betriebsarzt Dr. Helmut Baark, benötige der Mensch „etwa einen Tag".

Aufgaben: a) Erkläre die Schwierigkeiten, die Ost-West-Reisende bei Reisen mit dem Düsenflugzeug, z.B. nach Amerika, haben!
b) Warum treten diese Schwierigkeiten bei Schiffsreisen nicht auf?
c) Warum treten die Schwierigkeiten nicht bei Nord-Süd-Reisen, z.B. bei Flügen nach Afrika auf?
d) Nenne andere Beispiele aus dem täglichen Leben, an denen die Wirkung der „inneren Uhr" deutlich wird!
e) Erkläre, warum die hier zusammengestellten Schwierigkeiten ebenfalls Stress darstellen! Vergleiche die Belastungen mit denen, die bei den anderen auf diesen Seiten angeführten Stressformen auftreten!

Gesundheit und Krankheit

1 Gesundheit

1. Was ist eigentlich Gesundheit?

Ist ein Schnupfen eine Krankheit? Die Frage ist nicht so leicht zu beantworten. Während der eine seinen Schnupfen überhaupt nicht ernst nimmt und sich damit abfindet, dass diese Belästigung einige Tage anhält, leidet ein anderer so stark, dass er sich am liebsten ins Bett legen möchte. Er hat starke Kopfschmerzen und vielleicht sogar Fieber. Aber Fieber und Kopfschmerzen sind für sich allein eigentlich keine Krankheiten. Genau genommen sind sie sogar „gesunde Reaktionen" unseres Körpers. Sie sind einerseits „Alarmsignale", andererseits sind sie Anzeichen dafür, dass die ersten Abwehrreaktionen unseres Körpers gegen die Ursachen der Erkrankung eingesetzt haben. Die Ursachen eines Schnupfens sind Viren, die die Nasenschleimhäute angreifen. Vom medizinischen Standpunkt aus gesehen ist ein Schnupfen also eine Erkrankung. Allerdings ist er eine sehr viel harmlosere Viruserkrankung als etwa die Kinderlähmung.
Aus eigener Erfahrung weiß jeder von uns, wie man sich fühlt, wenn man krank ist. Erst dann wird uns nämlich der Zustand des Gesundseins, den wir normalerweise als selbstverständlich hinnehmen, bewusst. Das Gesundsein zu beschreiben fällt uns schwer. Eine einfache Definition lautet: Gesundheit ist die Abwesenheit von Krankheit. Doch diese negative Definition hilft uns nicht weiter. Sie setzt nämlich voraus, dass wir das Gegenteil von Gesundheit, die Krankheit, genau umschreiben können. Am Beispiel des Schnupfens zeigt sich aber, dass das Gefühl krank zu sein, von Mensch zu Mensch stark schwanken kann. Gesundheit und Krankheit sind wohl eher zwei entgegengesetzte Zustände des persönlichen, subjektiven Befindens. Zwischen ihnen gibt es gleitende Übergänge.
Auf dieses persönliche Befinden haben viele Faktoren einen Einfluss. So ist unser Gesundheitszustand nicht nur von körperlichen Zuständen wie Verletzungen, Missbildungen oder Infektionen abhängig. Auch seelische Zustände wie Angst und Unzufriedenheit sind von Bedeutung. Der Umgang mit Alkohol, Tabletten und Genussmitteln hat ebenso einen Einfluss auf unser Wohlbefinden wie z.B. die Umweltfaktoren Lärm und Abgase. Die Ernährungsweise, die körperliche Betätigung sowie die persönliche Lebensführung und Hygiene beeinflussen unser Wohlbefinden gleichermaßen. Dabei bedeutet gesunde Lebensführung ein ausgewogenes Verhältnis von Anstrengung und Entspannung, von Arbeit und Muße. Reizüberflutung ist ebenso schädlich wie zu wenig Schlaf. Sportliche Betätigung oder Beschäftigung mit einem Hobby sind wichtige Bestandteile sinnvoller Freizeitgestaltung.

An diesen wenigen Beispielen siehst du, wie vielschichtig das Problem ist. Hinzu kommt, dass die verschiedenen Faktoren sich in einem Netzwerk von Wechselbeziehungen gegenseitig beeinflussen. Besonders wichtig sind hierbei die Wechselwirkungen zwischen unseren seelisch-geistigen Zuständen und unserem körperlichen Befinden. Starker psychischer

2 Krankheit

Druck, z.B. Überforderung in der Schule, am Arbeitsplatz oder in der Familie, Angst vor einer ungewissen Zukunft, kann Magengeschwüre verursachen. Immer mehr Menschen flüchten vor solcher seelischer Belastung in Alkohol- oder Drogenabhängigkeit, Krankheiten, die nur schwer zu heilen sind.

Wie könnte nun eine Bestimmung des Begriffes „Gesundheit“ aussehen, die der Komplexität dieses Zustandes gerecht wird? Die Welt-Gesundheits-Organisation (WHO) liefert folgende Definition: *„Gesundheit ist ein Zustand vollkommenen körperlichen, sozialen und geistigen Wohlbefindens“.* Diese Umschreibung erscheint als eine im echten Sinne umfassend biologische Definition, da sie von einer ausgewogenen Beziehung zwischen Geist, Seele, Körper und sozialer Gemeinschaft ausgeht. Bei einem erweiterten Verständnis schließt sie sogar die Einbettung des Menschen in eine gesunde Umwelt mit ein.

1. Nenne Freizeitbeschäftigungen und überlege, wie gesundheitsfördernd sie für dich sind!

2. Zähle mögliche schädigende Einflüsse und Gefahren im Haushalt und beim Heimwerken auf! Erläutere, wie man diese vermeiden könnte!

Stress – nicht nur bei Managern!

Gewiss kannst du dir folgende Szene vorstellen: Du sitzt im Unterricht, aber deine Gedanken sind anderswo. Plötzlich hörst du deinen Namen. Die Lehrerin möchte, dass du die Lösung einer mathematischen Aufgabe erklärst. Dich befällt Panik. Das Herz schlägt dir bis zum Hals. Du spürst, wie dein Gesicht sich rötet, du fängst an zu schwitzen. Die Lehrerin wiederholt ihre Frage. Aber es ist zwecklos – dein Kopf ist wie leer gefegt. Du würdest am liebsten alles hinschmeißen und die Flucht ergreifen. Seitdem weißt du, was **Stress** ist.

Biologisch gesehen ist Stress ein **Alarmzustand** unseres Körpers, er versetzt diesen in erhöhte Flucht- und Angriffsbereitschaft. Innerhalb weniger Sekunden werden über das vegetative Nervensystem und das Hormonsystem Energiereserven freigesetzt. Der Blutdruck wird erhöht, der Herzschlag und die Atmung werden beschleunigt. Gleichzeitig wird das Gehirn teilweise blockiert – Nachdenken dauert zu lange, wenn akute Gefahr droht. Solche Stressreaktionen waren für unsere Vorfahren sehr sinnvoll, wenn sie zum Beispiel überraschend einem Höhlenbären gegenüberstanden. In einer Prüfungssituation sind sie alles andere als förderlich.

Nur wenn Zeiten der Ruhe und Erholung folgen, ist Stress biologisch sinnvoll. **Dauerstress** macht krank. Reizungen der Magenschleimhaut, Magen- und Darmgeschwüre können die Folge sein. Das Risiko eines Herzinfarkts ist erhöht. Früher nannte man dieses Krankheitsbild **„Managerkrankheit“.** Heute sind Stresskrankheiten bei uns jedoch weit verbreitet. Immer mehr Menschen leiden unter Lärm, Hektik, Termindruck oder sozialen Konflikten.

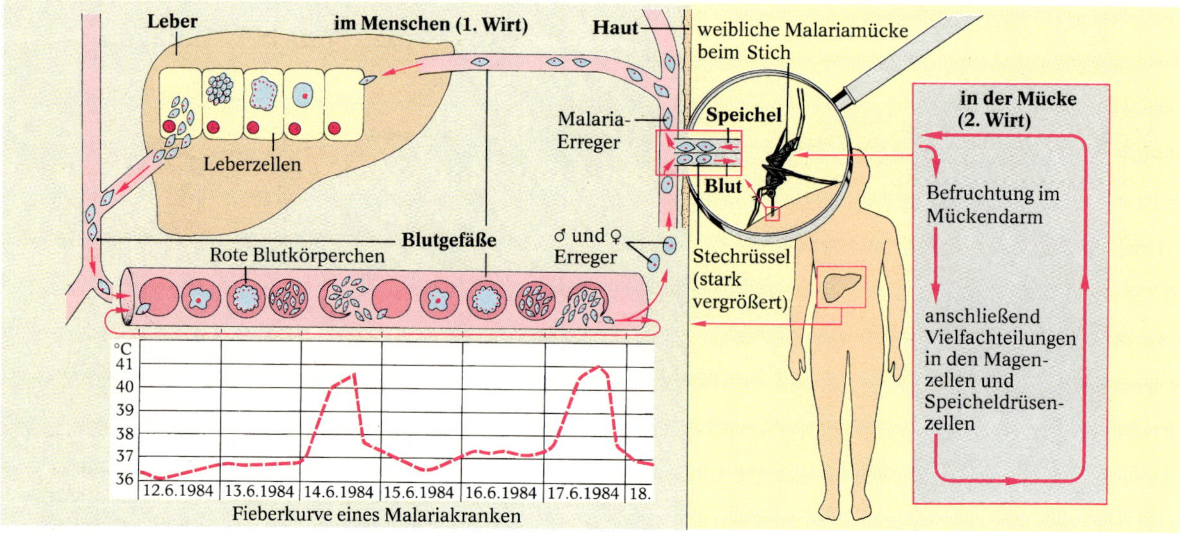

1 Entwicklungskreislauf des Malariaerregers

2. Einzeller und Würmer als Krankheitserreger

Herr Braun hatte lange gezögert, bevor er seine Hausärztin aufsuchte. Er litt in letzter Zeit unter Abgeschlagenheit und Gliederschmerzen. Alle paar Tage kamen Schweißausbrüche, Schüttelfrost und Fieberanfälle dazu. Die Ärztin vermutete zunächst eine Grippe. Erst als die Behandlung erfolglos blieb, erzählte Herr Braun, dass er vor einigen Monaten einen Kurzurlaub in Sri Lanka gemacht hatte. Nun war die Diagnose klar: Herr Braun litt unter der auch als „Wechselfieber" bekannten **Malaria.**

Überträger des Erregers der Malaria ist das Weibchen der **Anopheles-Mücke.** Da die Malariaerreger sich nur bei Temperaturen über 17° C entwickeln können, ist die Verbreitung dieser Krankheit auf wärmere Länder begrenzt. Das Anopheles-Weibchen saugt beim Menschen Blut. Dabei überträgt es mit seinem Speichel die Erreger. Sie sind Einzeller der Gattung **Plasmodium.** Diese dringen zunächst in Leberzellen, später in Rote Blutkörperchen ein. Dort teilen sie sich vielfach. Die befallenen Zellen gehen zugrunde und die frei werdenden Erreger befallen neue Zellen. Die massenhafte Zerstörung von Leber- und Blutzellen schädigt den menschlichen Organismus schwer. Der Zerfall der Roten Blutkörperchen ruft die Fieberschübe hervor, weil hierbei giftige Stoffe frei werden. Einige der frei werdenden Erreger entwickeln sich zu Geschlechtszellen. Wird der Kranke von einer zweiten Mücke gestochen, so gelangen die Geschlechtszellen in den Darm des Tieres. Hier verschmelzen nun männliche und weibliche Zellen. Die befruchteten Eizellen vermehren sich in den Darmzellen erneut durch Vielfachteilungen. Danach werden Speicheldrüsenzellen der Mücke befallen. Von hier aus gelangen die Erreger mit dem nächsten Mückenstich in den Menschen. Der Kreislauf ist geschlossen.

Wer plant in die Tropen zu reisen und nicht das Risiko eingehen will, wie Herr Braun ein so gefährliches „Souvenir" mit nach Hause zu bringen, muss rechtzeitig ärztlichen Rat suchen. Eine Impfung, die langfristigen Schutz gegen die Malariaerreger bieten könnte, steht nicht zur Verfügung. Man kann nur durch eine auf den Reisetermin genau abgestimmte Einnahme von Medikamenten eine zeitlich befristete Abwehr aufbauen. Dabei ist zu bedenken, dass die dabei verwendeten Arzneimittel häufig Nebenwirkungen haben. Außerdem muss man wissen, dass diese Art von *Prophylaxe* keinen absoluten Schutz gegen die Malaria bietet. Die äußerst wandlungsfähigen Erreger entwickeln rasch Widerstandsfähigkeit gegen Malariamittel, man spricht von *Resistenz.* Wichtig ist daher, dass man sich in Malariagebieten so verhält, dass Mückenstiche möglichst vermieden werden. So sollten ab Dämmerungsbeginn langärmelige Hemden und lange Hosen getragen und zusätzlich die unbedeckte Haut mit Mückenabwehrmitteln eingerieben werden.

Lebewesen wie *Plasmodium,* die im Innern des Menschen leben und ihn dadurch schädigen, nennt

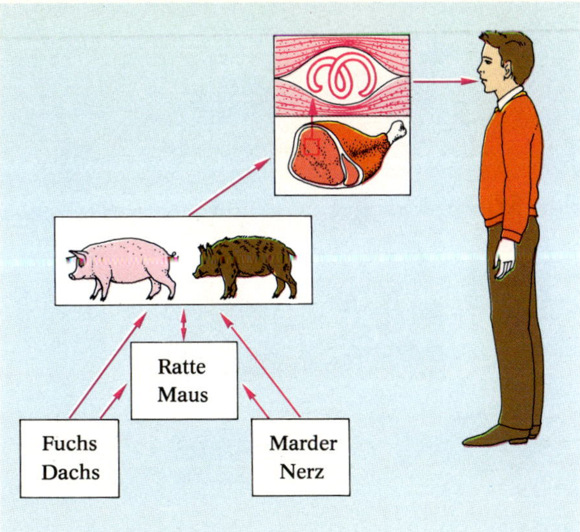

2 Infektionswege der Trichinose

man **Innenparasiten.** Dazu gehören auch *Fadenwürmer* wie die weltweit verbreiteten **Trichinen.** Die in den Muskeln eingekapselten Trichinen können nur übertragen werden, wenn rohes oder halbgares Fleisch verzehrt wird. Im Darm schlüpfen männliche und weibliche Tiere aus den Kapseln. Nach der Befruchtung legt das Weibchen keine Eier; die Trichine ist **lebend gebärend.** Die Larven gelangen durch die Darmwand ins Blut und mit dem Blut in die Muskulatur. Dort werden sie vom Wirtsgewebe eingekapselt. Symptome der **Trichinose** sind Leibschmerzen, Übelkeit, Durchfälle, Fieber, Muskel- und Gliederschmerzen. Die Krankheit kann unbehandelt tödlich verlaufen. Sie ist bei uns sehr selten geworden, da seit langem eine tierärztliche **Fleischbeschau** bei allen Schlachttieren gesetzlich vorgeschrieben ist.

Ein anderer Wurm, der **Pärchenegel,** ist Erreger der nach der Malaria häufigsten Tropenkrankheit, der **Bilharziose.** Infizierte Menschen leiden unter heftigen Durchfällen und haben Blut im Urin. Man infiziert sich beim Baden in verseuchtem Süßwasser durch winzige Larven, die in die Haut eindringen. Im Blut entwickeln sie sich zu männlichen und weiblichen Tieren. Das Männchen wölbt die Seitenränder seines platten Körpers zu einer Röhre, in die sich das kleinere Weibchen hineinlegt. Ein solches „Pärchen" verlässt dann seinen Wirt nie mehr.

Gefährliche Waldfrüchte

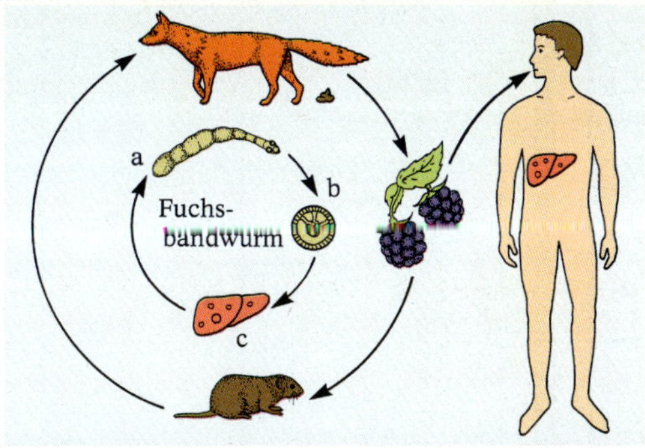

Nur wenige Millimeter lang ist der **Fuchsbandwurm.** Dennoch ist er der gefährlichste aller Bandwürmer. Tausende der winzigen Würmer können im Darm eines Fuchses leben. Mit dem Kot gelangen die staubkorngroßen Eier auf den Waldboden. Von dort werden sie durch den Wind oder auch durch Fliegen verbreitet und bleiben auch an Früchten haften. Sie entwickeln sich erst weiter, wenn sie von einem geeigneten „Zwischenwirt" aufgenommen werden, z.B. von einer Feldmaus. Im Darm der Maus schlüpfen dann aus den Eiern die so genannten **6-Haken-Larven,** die die Darmwand durchdringen und über die Blutbahn in die Leber gelangen. Hier entwickeln sie sich zu **Finnen.** Dies sind Blasen, die immer größer werden und dabei das Lebergewebe zerstören. In den Finnen bilden sich durch Knospung neue Bandwürmer. Wird die befallene Maus von einem Fuchs gefressen, so ist der Kreislauf geschlossen.
Nun ist auch der Mensch passender Zwischenwirt für den Fuchsbandwurm. Daher warnen in vielen Wäldern vor allem in Süddeutschland, seit einigen Jahren aber auch in der Eifel, Hinweisschilder der Forstverwaltungen vor dem Verzehr ungereinigter Waldfrüchte. Gelangen nämlich Eier des Fuchsbandwurms in den Darm eines Menschen, so wandern die Larven ebenfalls in die Leber. Dort entwickeln sie sich im Laufe von fünf bis acht Jahren zu Finnen, die Kindskopfgröße erreichen können. Oft werden die ersten Symptome der Krankheit nicht erkannt. Zu spät entdeckt kann die Finne auch vom Chirurgen nicht mehr entfernt werden. Ähnlich gefährlich für den Menschen ist der mit dem Fuchsbandwurm nahe verwandte **Hundebandwurm.**

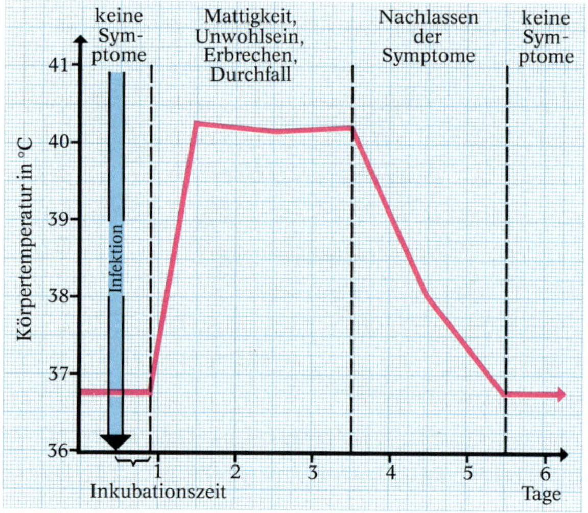

1 **Möglicher Verlauf der Fieberkurve bei einer unbehandelten Salmonellenerkrankung**

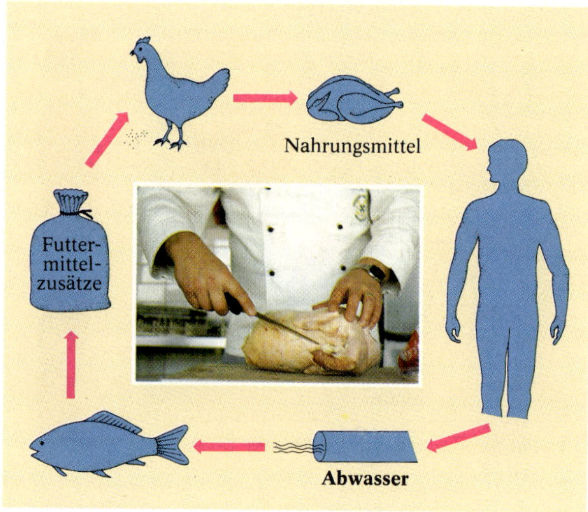

2 **Infektionskette einer Salmonellenerkrankung**

3. Bakterien als Krankheitserreger

Vormittags hatte Ilona in der Stadt ein Hackfleischbrötchen gegessen. Abends fühlte sie sich sehr schlapp. Nachts bekam sie dann hohes Fieber. Bald kamen Durchfall und Erbrechen hinzu. Am nächsten Morgen ging es ihr sehr schlecht. Der herbeigerufene Arzt stellte eine **Lebensmittelvergiftung** fest. Das Hackfleisch war mit **Bakterien** verunreinigt gewesen. Es handelte sich um **Salmonellen.** Ilona hat sich angesteckt oder infiziert.

Die *Salmonellose* ist also eine **Infektionskrankheit.** Sie wird aber nur selten direkt von Mensch zu Mensch übertragen; meist erfolgt die Infektion über die Nahrung: Sie ist die häufigste Form der Lebensmittelvergiftung. 1992 wurden in Deutschland fast 200 000 Fälle von Salmonellose den Gesundheitsbehörden bekannt. Fachleute vermuten, dass die tatsächliche Zahl der Erkrankungen weitaus höher ist (Schätzwert: 2 Millionen!). Jährlich sterben in Deutschland bis zu 200 Menschen – meist Kleinkinder oder ältere Menschen – nach dem Verzehr salmonellenverseuchter Nahrung. Häufig war es das Dessert, etwa eine mit rohen Eiern zubereitete Süßspeise, das den Tod brachte.
Salmonellen werden erst durch längeres Kochen oder Braten abgetötet. Daher besteht beim Verzehr von rohen oder nur kurz erhitzten Eiern und Fleischwaren die Gefahr einer Infektion. Besonders riskant wird es, wenn salmonellenhaltige Nahrungsmittel im warmen Raum stehen bleiben. Dann können aus zehn Bakterien in einigen Stunden zehn Millionen Bakterien werden, eine Menge, die tödlich wirken kann.
Aufnahme von Bakterien mit der Nahrung ist nur eine der Möglichkeiten sich zu infizieren. Erreger anderer Infektionskrankheiten gelangen mit der Atemluft oder durch offene Wunden in unseren Körper.
Nach einer Infektion steigt meist die Körpertemperatur. Dieses *Fieber* wird durch giftige Stoffe ausgelöst, die von Bakterien abgeschieden werden. Solche Giftstoffe heißen **Toxine.** Sie werden mit dem Blut- und dem Lymphstrom im ganzen Körper verteilt. So können zum Fieber noch andere Krankheitserscheinungen hinzukommen. Der Arzt nennt die verschiedenen Anzeichen einer Krankheit **Symptome;** aus ihrer Gesamtheit bestimmt er die Art der Erkrankung, d.h., er *diagnostiziert* sie.
Die Symptome einer Krankheit treten erst auf, wenn sich die Erreger genügend vermehrt haben. Die Zeit zwischen Ansteckung und Ausbruch der Krankheit heißt **Inkubationszeit.** Unser Körper steht dabei den sich vermehrenden Erregern nicht „tatenlos“ gegenüber. Er mobilisiert seine Abwehrkräfte. Meist gelingt das so schnell, dass die Krankheit gar nicht erst zum Ausbruch kommt. Ein Mensch aber, der durch seelische und körperliche Überlastung oder durch Fehlernährung geschwächt ist, ist gegenüber einer Infektion besonders anfällig. Auch Dauer und Verlauf einer ausgebrochenen Infektionskrankheit sind vom allgemeinen Gesundheitszustand des Patienten abhängig.

Krankheit	Übertragung	Hauptsymptome
Keuchhusten	Einatmen	Hals- und Schluckbeschwerden, krampfartiger Husten, Fieber, Erbrechen
Diphtherie	Einatmen	Gaumen- und Rachenbeläge, Schluck- und Atembeschwerden, Fieber
Tuberkulose	Einatmen, Haut- und Schleimhautwunden, infizierte Milch	Entzündungsherde in der Lunge, Fieber, Husten, Brustschmerzen, Gewichtsverlust
Tripper, Gonorrhöe	meist durch Geschlechtsverkehr, Neugeborene bei Geburt	eitriger Ausfluss aus Harnröhre oder Scheide, später Übergreifen auf Harnblase und innere Geschlechtsorgane, Sterilität, Fieber in Schüben

3 Steckbriefe einiger bakterieller Erkrankungen

Es gibt bakterielle Krankheiten, die erheblich gefährlicher sind als die Salmonellose. In früheren Jahrhunderten waren sie als **Seuchen** sehr gefürchtet. So raffte die **Pest** – im Mittelalter „schwarzer Tod" genannt – in mehreren Infektionswellen Millionen von Menschen in Europa dahin. Solche Infektionswellen mit massenhafter Ausbreitung heißen **Epidemien.**

In den Industriestaaten ist eine Reihe von Infektionskrankheiten in den letzten hundert Jahren weitgehend zurückgedrängt worden. So starben vor 100 Jahren in Deutschland jährlich bis zu 200 000 Menschen an der **Lungentuberkulose.** Ihre Erreger, *Tuberkel-Bakterien,* dringen über die Atemwege in den Körper ein und rufen in der Lunge Entzündungen hervor. In einem gesunden Menschen werden die Krankheitsherde rasch eingekapselt. Damit wird das Fortschreiten der Erkrankung unterbunden. Gelangen die Erreger jedoch in einen geschwächten Körper, so kann eine **offene Tuberkulose** entstehen: Entzündetes Lungengewebe löst sich auf. Die Kranken husten dann bakterienhaltigen Schleim aus, durch den andere Personen infiziert werden können. Heute sterben in Deutschland nur noch wenige Menschen an Tuberkulose; ein besserer Ernährungszustand der Bevölkerung, wirksame Behandlungsmethoden und gezielte Vorbeugemaßnahmen haben dies bewirkt.

Robert KOCH (1843–1910) – ein Pionier der Bakterienforschung

Jahrtausendelang gehörten Epidemien zu den Geißeln der Menschheit. Der Frage nach ihrer Entstehung beschäftigte die Gelehrten seit dem Altertum. Bis in das letzte Jahrhundert hinein stritt man sich, ob Seuchen auf eine Art „Gifthauch" oder auf „belebte Ansteckungsstoffe" zurückzuführen sind.
Erst gegen Ende des 19. Jahrhunderts gelang der endgültige Nachweis, dass Seuchen durch Kleinstlebewesen verursacht werden. Um 1873 nahm Robert KOCH als junger Landarzt die Erforschung des Milzbrandes, einer Tierseuche, auf. In mühsamer Kleinarbeit gelang ihm die Züchtung der Milzbranderreger. Er konnte ihr Wachstum und ihre Teilung im Mikroskop beobachten. Impfte er Mäuse mit den gezüchteten Bakterien, so wurden sie krank. Das Impfen mit abgetöteten Bakterien dagegen blieb wirkungslos. So gelang ihm der Nachweis, dass nur lebende Bakterien die Krankheit hervorrufen.
KOCHs zweite große Leistung war die Entdeckung des Erregers der Tuberkulose. Seine bahnbrechenden Arbeiten trugen entscheidend zur Beherrschung der großen Seuchen in der ganzen Welt bei. Nun, da Kleinstlebewesen als Verursacher ansteckender Krankheiten entlarvt waren, konnte man sich erfolgreich bemühen sie zu bekämpfen und sich vor ihnen zu schützen.

1. Erkläre, warum KOCHs Beobachtungen und Versuche zur Ablehnung der „Gifthauchtheorie" führten!

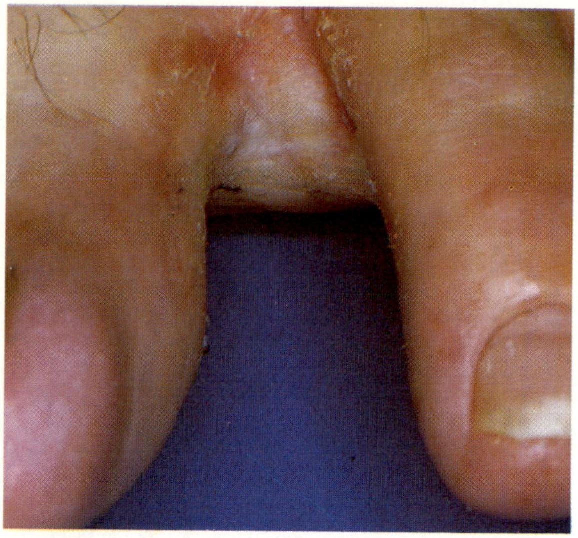

1 Fußpilz

2 Verschimmeltes Brot

4. Pilze machen krank – Pilze helfen heilen

Pilzkrankheiten. Marco hat seit einiger Zeit ein lästiges Jucken zwischen den Zehen. Als sich dort die Haut nun auch noch entzündet und rissig wird, geht er zum Arzt. Der bestätigt seinen Verdacht: Marco hat **Fußpilz.** Eine Infektion durch solche parasitischen **Hautpilze** ist zunächst nur lästig. Da es aber auf Dauer zu schweren Schäden kommen kann, sollte man sofort nach dem Auftreten des ersten Juckreizes mit einer Behandlung beginnen. Die erkrankten Hautstellen werden regelmäßig mit Medikamenten eingepinselt oder eingepudert. Nach dem Abklingen der Symptome muss die Behandlung längere Zeit fortgesetzt werden, da tiefer in der Haut sitzende Pilzfäden erst nach Erneuerung der gesamten Oberhaut abgetötet werden können.
Marco weiß auch schon, wo er sich mit dem Fußpilz infiziert hat, im Schwimmbad. Er hatte es nämlich in letzter Zeit immer ganz eilig, wenn er das Schwimmbecken verließ, und nahm sich nicht die Zeit, seine Füße mit der desinfizierenden Lösung aus dem Sprühautomaten am Ausgang des Schwimmraumes zu benetzen. Schwimmbäder sind häufig Infektionsquellen für Hautpilzerkrankungen. Der Arzt gab Marco auch einen Rat, wie man sich vor Fußpilz schützt: Die Haut muss immer gut abgetrocknet sein, bevor man Strümpfe und Schuhe anzieht, denn feuchte, warme Luft begünstigt das Auskeimen von Pilzsporen und fördert das Wachstum der Pilzfäden.
Manchmal beobachtet man auf der Mundschleimhaut von Säuglingen einen weißen Belag. Dabei handelt es sich ebenfalls um eine Pilzinfektion, die man **Soor** nennt. Sie wird durch einen hefeähnlichen Pilz hervorgerufen, der für einen gesunden Menschen relativ harmlos ist. Als Folge einer Lungenerkrankung wie der Tuberkulose kann allerdings ein sehr gefährlicher Befall der Lunge mit dem Soor-Pilz auftreten.
Lässt man Brot, Obst, Marmelade oder andere Nahrungsmittel längere Zeit an warmen Orten stehen, beginnen sie zu schimmeln. Recht unterschiedliche **Schimmelpilze** verderben die Nahrung und verbreiten einen eigenartigen Schimmelgeruch. Es sind **niedere Pilze,** die zur Bildung der Sporen keine Fruchtkörper ausbilden. Doch sie verderben nicht nur den Geschmack der Lebensmittel, manche vergiften sie sogar: Einige Arten des *Gießkannenschimmels* erzeugen Krebs erregende Stoffe, die **Aflatoxine.** Da diese Toxine tief in die Nahrungsmittel eindringen können, genügt es nicht, die meist oberflächlich wachsenden Schimmelpilze zu entfernen. Es ist daher ratsam angeschimmelte Nahrungsmittel nicht mehr zu verzehren.

Antibiotika. Alexander FLEMING traute seinen Augen nicht, als er im Jahre 1928 seine Bakterienkolonien überprüfte. In einer Petrischale hatte sich ein Schimmelpilz ausgebreitet. Das allein war nicht ungewöhnlich. Normalerweise wurde eine so verunreinigte Kultur einfach fortgeworfen. Diesmal schaute FLEMING allerdings genauer hin. Rund um den Schimmelpilz schienen sich die Bakterienkolonien aufgelöst zu ha-

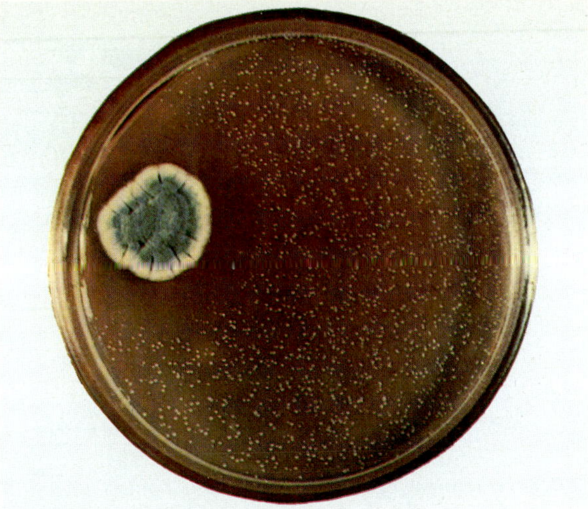

3 **Wirkung von Antibiotika auf Bakterien.** Hemmhof um einen Pilz

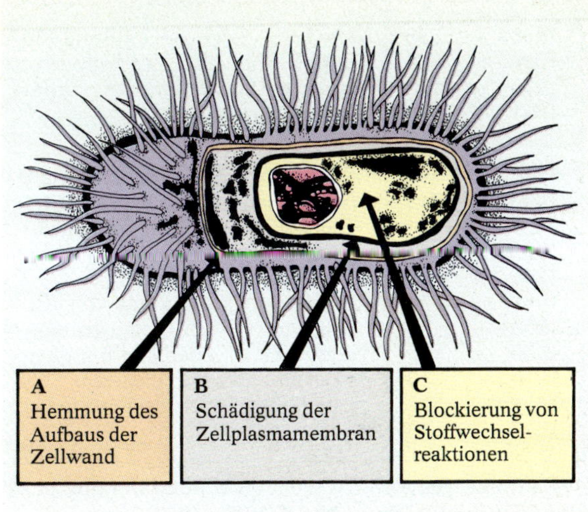

4 **Angriffspunkte von Antibiotika**

ben. Hatte der Pilz etwa einen Stoff abgesondert, der Bakterien tötete?
Zur Beantwortung dieser Frage vermehrte FLEMING den Pilz in einer Nährlösung. Diese erwies sich als wirksam gegen verschiedene Bakterienarten. Sie behielt ihre Wirksamkeit auch noch bei sehr starker Verdünnung. Der von FLEMING zufällig gefundene Pilz wurde bald als *Penicillium notatum* identifiziert. Der geheimnisvolle Stoff, den er ausgeschieden hatte, wurde nach ihm **Penicillin** genannt.
Erst zu Beginn der vierziger Jahre gelang es in Amerika, Penicillin in reiner und haltbarer Form in größeren Mengen herzustellen. Von nun an konnte es zunehmend auch in der medizinischen Alltagsarbeit eingesetzt werden. Im Jahre 1945 erhielten FLEMING und zwei andere Forscher schließlich den Nobelpreis für Medizin für ihre verdienstvolle Arbeit an der medizinischen „Wunderwaffe".

Heute kennt man viele ähnliche Stoffe, die Bakterien töten. Sie heißen **Antibiotika.** Durch ihre Verwendung ist der Krankheitsverlauf wesentlich kürzer und milder. Es gibt allerdings noch immer kein Antibiotikum, das nur gegen eine einzige Bakterienart wirksam ist. Antibiotika haben immer eine „Breitenwirkung" und schaden daher auch den nützlichen Mikroorganismen in unserem Körper.
„Gonokokken spalten jetzt Penicillin!", so lautete eine Meldung in einer medizinischen Fachzeitschrift aus dem Jahre 1976. Gonokokken sind die Erreger des Trippers (Gonorrhöe), einer verbreiteten Geschlechtskrankheit. Bisher konnte man sicher sein, den Tripper jederzeit mit einer Penicillin-Behandlung erfolgreich bekämpfen zu können. Das Beispiel zeigt aber, dass Bakterien dem Penicillin gelegentlich auch widerstehen können. Man sagt, sie sind **resistent** geworden. In einem solchen Fall muss man auf andere Antibiotika ausweichen. Wegen der Zunahme an Resistenzen ist die Forschung ständig zur Entwicklung neuer wirksamer Antibiotika gezwungen. Wie aber entstehen Resistenzen?
Die Anwesenheit eines Antibiotikums ist für Bakterien zunächst ein sehr ungünstiger Lebensumstand. Sie werden getötet. Befindet sich aber unter vielen Milliarden Bakterien durch Zufall ein einziges, das gegen dieses Antibiotikum resistent ist, so sieht die Sache anders aus: Der Resistenzträger überlebt. Er und seine ebenfalls resistenten Nachkommen können sich ungehindert entwickeln und vermehren, denn das Antibiotikum hat die Konkurrenz der nichtresistenten Artgenossen beseitigt.

1. Behandelt man eine Infektionskrankheit mit Antibiotika, so kommt es häufig zu Durchfällen. Erläutere die Entstehung der Nebenwirkung! Bedenke, dass viele Antibiotika geschluckt werden!

2. Erkläre, warum in Krankenhäusern häufig Bakterien vorkommen, die gegen mehrere Antibiotika resistent sind!

1958 – 1556 1959 – 2060 1960 – 4198 1961 – 4673	Die erste in der ganzen Bundesrepublik einheitlich empfohlene öffentliche Schluckimpfungsaktion lag im Jahr 1962.
1962 – 296 1963 – 241 1964 – 54 1965 – 48 1966 – 17 1967 – 54 1968 – 59 1969 – 25 1970 – 15 1971 – 17 1972 – 15	Seit 1962 dürften mindestens 56 000 Lähmungsfälle mit 12 000 Dauerschäden und über 5000 Todesfälle verhindert worden sein. Um den niedrigen Stand von jährlich rund 15–25 Neuerkrankungen zu halten oder gar zu senken, ist es nötig, dass mindestens 70% jedes Jahrgangs geimpft werden.

1 Zahl der Neuerkrankungen an Kinderlähmung in der Bundesrepublik Deutschland (1958–1972)

1. Zeichne nach den Werten eine Kurve und erläutere sie!

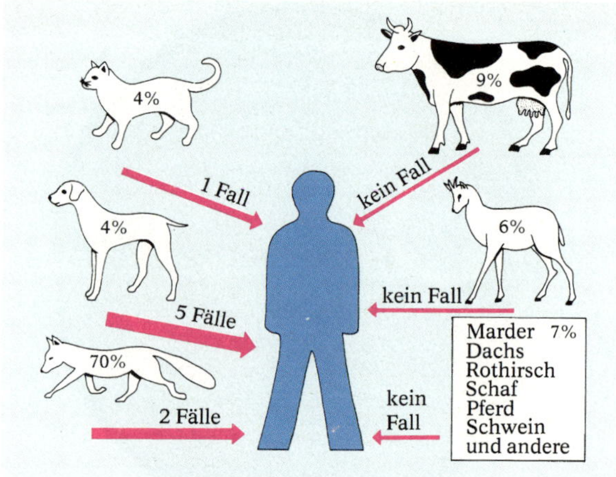

2 Übertragungswege der Tollwut. Die Zahlen zeigen die Beteiligung verschiedener Tiere an den 8 tödlichen Infektionen in der BRD (1951–1982). Die Prozentsätze nennen den Anteil der Tiere an der Gesamtzahl der Erkrankungen.

5. Viren als Krankheitserreger

Seitdem Robert KOCH nachgewiesen hatte, dass bestimmte Mikroorganismen den Milzbrand und die Tuberkulose verursachen, suchten Wissenschaftler nach den Erregern anderer Infektionskrankheiten. Bei einigen Krankheiten wurden sie rasch fündig, bei anderen blieb ihre Suche lange vergeblich. Schließlich stellte sich heraus, dass es neben den Bakterien eine weitere große Gruppe von Krankheitserregern gibt, die wegen ihrer geringen Größe erst im Elektronenmikroskop sichtbar werden.

Man nennt sie **Viren.** Viele dieser Viren sind weniger als ein Zehntausendstel Millimeter groß. Sie bestehen lediglich aus Erbsubstanz und einer Eiweißhülle. Alle übrigen Bauteile, die wir von Bakterien oder tierischen und pflanzlichen Zellen kennen, gibt es bei Viren nicht. Sie haben keinen eigenen Stoffwechsel und müssen daher lebende Zellen für ihre Vermehrung nutzen. Da die befallenen Zellen dabei zugrunde gehen, verursachen Viren bei ihren Wirten Krankheiten.

Kinderlähmung. So entsteht beim Menschen nach dem Befall durch **Polioviren** die **Kinderlähmung** (Poliomyelitis, kurz Polio). Die Erreger gelangen durch den Mund in den Darm des Menschen. Sie befallen die Zellen der Darmschleimhaut und werden in diesen vermehrt. Ein Teil von ihnen gelangt mit dem Kot nach außen. Bei schlechter Hygiene können so weitere Menschen infiziert werden. Andere Viren gelangen aus der Darmwand in das Blut und die Lymphe. Von hier aus können sie Rückenmark und Gehirn befallen. Durch die Zerstörung von Nervenzellen treten Lähmungen an verschiedenen Organen auf. Sie bilden sich aber meist von selbst wieder zurück. Besonders gefährlich ist die selten auftretende Form der Lähmung der Atemmuskulatur. Sie führt zum Tod durch Ersticken. Meist kommt die Polio aber gar nicht erst zum Ausbruch. Zurück bleibt eine lebenslange Immunität.

Gegen Polio gibt es heute kein wirksames Heilmittel. Antibiotika sind wirkungslos, da Viren keinen eigenen Stoffwechsel haben. Erfolgreich ist allein die **vorbeugende Schluckimpfung.** Durch groß angelegte öffentliche Impfprogramme konnte die Kinderlähmung in den Industriestaaten stark zurückgedrängt werden.

Tollwut. „Wildtollwut! Gefährdeter Bezirk!" Sicher hat jeder dieses Schild schon einmal gesehen. **Tollwut** kommt bei vielen Säugetierarten und beim Menschen vor. Die Krankheit verläuft äußerst qualvoll. Zum Glück erkranken in Europa nur wenige Menschen an ihr. Als Tierseuche breitet sie sich aber zunehmend aus.

Tollwut-Viren werden mit dem Speichel erkrankter Tiere übertragen. Sie gelangen durch Biss oder das Belecken von Wunden durch ein Tier in unseren Blutkreislauf. Hauptsymptome sind Fieber, starke Kopfschmerzen, Angstgefühle, Tobsuchtsanfälle, starker Speichelfluss aus offenem Mund, Krämpfe der Schlund-, Kehlkopf- und Atemmuskulatur. Zum Tod kommt es durch Atem- und Kreislauflähmung. Bei

Krankheit	Übertragung	Hauptsymptome
Grippe, Influenza	Einatmen	hohes Fieber, Frösteln, Kopf-, Kreuz- und Gliederschmerzen, Entzündung der Atemwege, Heiserkeit, Husten, Schnupfen
Windpocken	Einatmen	leichtes Fieber, juckender Hautausschlag (rötliche Flecken, kleine Bläschen mit klarer, gelblicher Flüssigkeit)
Röteln	Einatmen, Berührung	leichtes Fieber, blassroter Hautausschlag, vergrößerte Lymphknoten, Entzündung der Atemwege, starke Schleimabsonderung
Hepatitis, ansteckende Gelbsucht	Hinunterschlucken, bei Injektionen	Kopf- und Gliederschmerzen, Fieber, Magen-Darm-Störungen, Gelbfärbung der Haut und der weißen Haut im Auge

3 Steckbriefe einiger Viruserkrankungen

Tieren äußert sich die Krankheit nicht immer durch eine besondere Angriffs- und Beißlust. Häufig verlieren Wildtiere ihre natürliche Scheu vor dem Menschen. Sie nähern sich Spaziergängern und lassen sich streicheln. Leckt uns ein solches Tier, so kann die kleinste Kratzwunde zum Verhängnis werden. Heilungschancen bestehen nur, wenn schon während der Inkubationszeit Gegenmaßnahmen ergriffen werden. Es gibt aber bisher keinerlei Möglichkeit eine Tollwutinfektion während der Inkubationszeit festzustellen. Man impft daher bereits „auf Verdacht".

Röteln. Eigentlich sind die **Röteln,** ebenfalls eine Viruserkrankung, nicht der Rede wert. Diese Kinderkrankheit verläuft wie eine abgeschwächte Form von Masern. Fieber kann völlig fehlen und nach zwei bis drei Tagen ist der Hautausschlag abgeklungen. Gefährlich wird es nur, wenn eine schwangere Frau sich erstmals mit diesem Virus infiziert. Eine Rötelninfektion in den ersten fünf Schwangerschaftswochen führt zur Erblindung des Kindes. Tritt die Infektion zwischen der fünften und der zwölften Schwangerschaftswoche auf, so wird die Bildung der Ohren behindert. Schwerhörigkeit, Taubheit oder Missbildung der Ohrmuscheln sind die Folge. Bei einer Erkrankung an Röteln in der fünften bis siebten Woche kann das Herz des ungeborenen Kindes schwer geschädigt werden. Daher ist eine Rötelnimpfung aller Mädchen wichtig. Sie wird regelmäßig in den Schulen durchgeführt.

Zecken übertragen Krankheitserreger

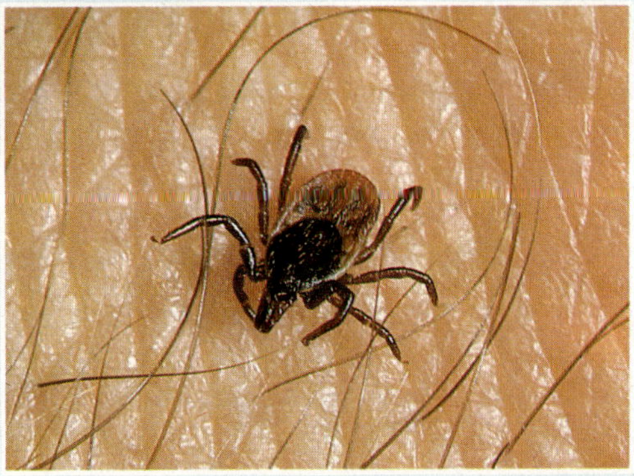

Wer im Frühsommer oder im Herbst durch Unterholz oder Gestrüpp streift, kommt leicht mit einem ungebetenen Gast nach Hause. Besonders zu dieser Zeit lauert dort nämlich der **Holzbock,** die bei uns häufigste Zecke, auf Beute. Wittert er ein Säugetier oder einen Menschen, so lässt er sich fallen. Trifft er dabei auf die warme Haut, so bohrt er seinen Rüssel hinein und beginnt Blut zu saugen. Dabei schwillt der Körper der Zecke innerhalb einiger Tage auf eine Größe von 5 mm an. Ist die Zecke vollgesogen, so lässt sie sich wieder von ihrem Wirt herunterfallen.

Im Gegensatz zu *Plasmodium* oder *Trichine* ist die Zecke also ein **Außenparasit.** Gefährlich kann ein Befall durch eine Zecke dann werden, wenn diese mit bestimmten Krankheitserregern infiziert ist, die sie beim Blutsaugen auf den Menschen überträgt. So sind in Österreich, in weiten Teilen Süddeutschlands, aber auch in einzelnen Gebieten Norddeutschlands viele Zecken Überträger der **Frühsommer-Meningoencephalitis,** kurz FSME, einer speziellen Form der **Hirnhautentzündung,** die durch Viren verursacht wird. Einige Tage nach der Infektion treten Fieber, Kopf- und Gliederschmerzen auf. Nach dem Abklingen dieser Symptome ist die Krankheit meist überstanden. In einzelnen Fällen treten aber 4 bis 8 Tage später erneut starke Schmerzen in Kopf und Nacken auf; es kommen Lähmungen hinzu, die häufig nicht mehr ausheilen. Will man eine solche Infektion vermeiden, so muss man eine Zecke möglichst rasch entfernen. Am einfachsten gelingt das Herausdrehen aus der Haut mit einer speziellen **Zeckenzange.**

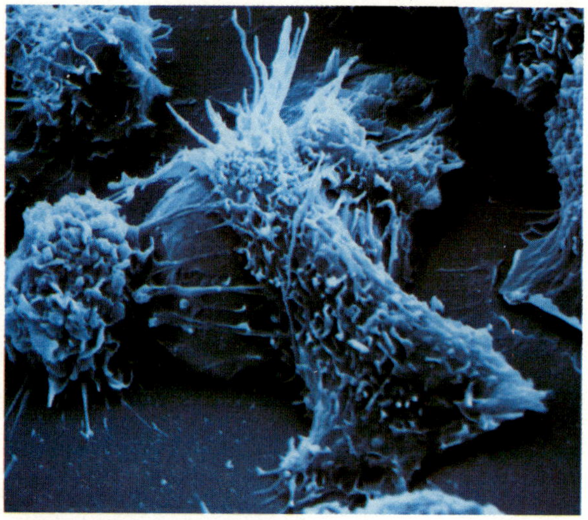

1 **Fresszelle bei der Phagozytose** (mikroskopische Aufnahme)

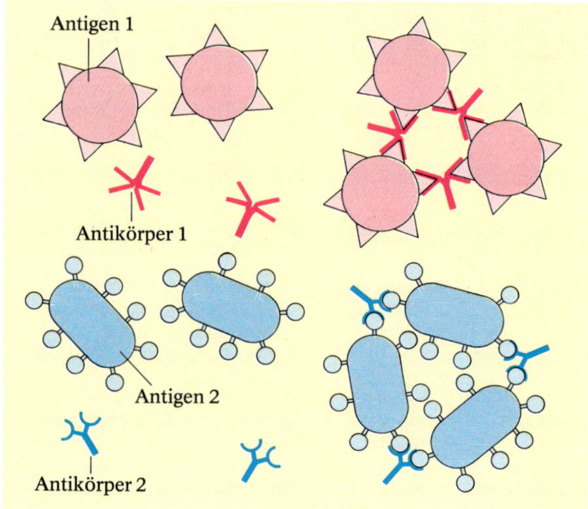

2 **Antigen-Antikörper-Reaktion** (Schema)

6. Der Körper wehrt sich

Sicher hast du schon einmal die typischen Anzeichen einer Infektion kennen gelernt: Kopf- und Gliederschmerzen, Abgeschlagenheit und Fieber, häufig auch noch andere Beschwerden. Oft klingen diese Symptome nach einigen Tagen wieder ab, auch wenn du keinen Arzt aufsuchen konntest und die Infektion deshalb nicht mit Medikamenten bekämpft wurde. Offenbar ist unser Körper selbst fähig sich gegen Infektionen zur Wehr zu setzen und Krankheitserreger zu bekämpfen. Wie geht diese Abwehr vor sich?

Krankheitserreger, meist Bakterien oder Viren, können beispielsweise über den Mund, über die Atemwege oder durch Wunden in unseren Körper gelangen. Dort werden sie aber bereits von einem gut organisierten Abwehrsystem erwartet, dem **Immunsystem.** Im Blut oder in der Lymphe treffen die Erreger zunächst auf so genannte **Fresszellen.** Dies sind Weiße Blutkörperchen, die sich ähnlich wie eine Amöbe fortbewegen können. Die Fresszellen können Bakterien oder Viren wahrnehmen, sie umschließen, in ihren Zellkörper aufnehmen und sie dann verdauen. Die Aufnahme der Krankheitserreger in die Fresszellen nennt man auch **Phagozytose.**

Die Fresszellen werden nicht immer mit allen Krankheitserregern fertig. Eine noch wirksamere Immunabwehr leistet eine andere Gruppe von Weißen Blutkörperchen, die **Lymphozyten.** Man unterscheidet zwei Gruppen, die B- und die T-Lymphozyten.

Die **T-Lymphozyten** reifen im Thymus, einer Drüse, die hinter dem Brustbein liegt. Kommen sie in Kontakt mit bestimmten Kohlenhydraten oder Eiweißstrukturen, die an der Oberfläche von Bakterien oder Viren sitzen, so erkennen sie diese als körperfremd. Derartige körperfremde Strukturen, die eine Abwehrreaktion auslösen, werden **Antigene** genannt. Fresszellen, die Krankheitserreger phagozytiert haben, „präsentieren" den T-Lymphozyten die Antigene zur Erkennung an ihrer Zellmembran. T-Lymphozyten sind vor allem für die Abwehr von Viren von Bedeutung. Viren können sich nur in fremden Zellen fortpflanzen, beispielsweise in menschlichen Körperzellen. Bei einer Virusinfektion entstehen bestimmte T-Lymphozyten, die **Killerzellen.** Sie können solche mit Viren infizierte Körperzellen erkennen und sie durch Enzyme zerstören. Die Bildung von Killerzellen wird durch eine andere Gruppe von T-Lymphozyten gefördert, die so genannten **T-Helferzellen.**

Die T-Helferzellen beeinflussen auch die Aktivität von **B-Lymphozyten.** Diese Art der Weißen Blutkörperchen entsteht im Knochenmark. Werden sie durch T-Helferzellen aktiviert, so teilen sie sich vielmals. Einige der Tochterzellen werden zu **Plasmazellen,** die **Antikörper** bilden. Dies sind körpereigene Eiweißstoffe, die sich mit den körperfremden Antigenen an der Oberfläche von Krankheitserregern verbinden können. Durch diese **Antigen-Antikörper-Reaktion** werden Krankheitserreger oder Giftstoffe miteinander verklumpt. Sie können nun von Fresszellen phagozytiert werden. Auch die Reste von Zellen,

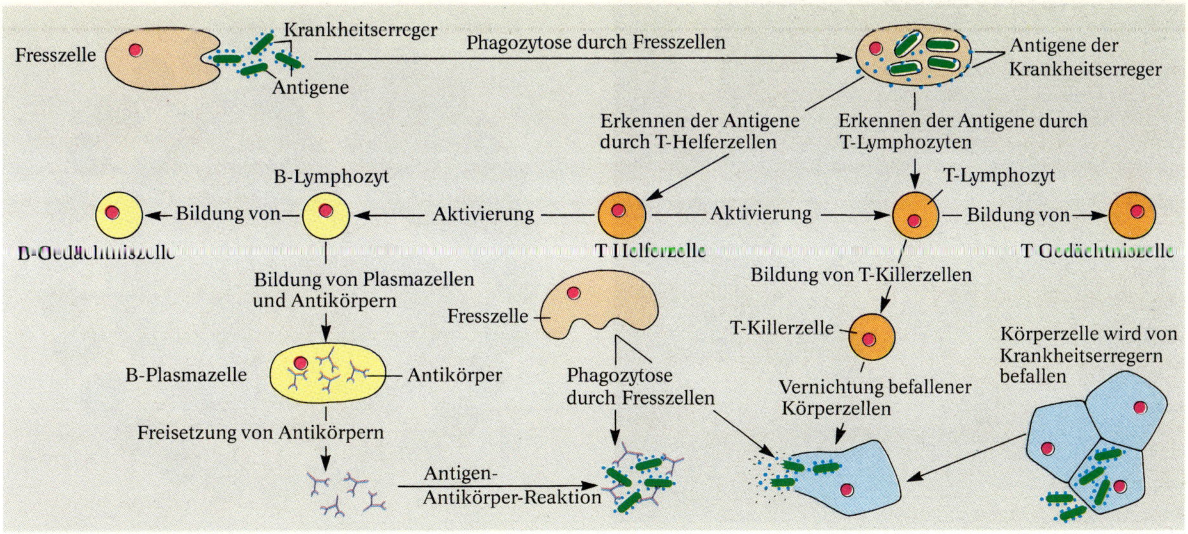

3 **Immunabwehr durch B- und T-Lymphozyten** (Schema)

die durch Killerzellen zerstört wurden, werden von Fresszellen beseitigt.

Viele Infektionskrankheiten macht der Mensch in seinem Leben nur einmal durch, z.B. die Masern. Wer diese Krankheit erst einmal überstanden hat, erkrankt nie wieder daran. Man sagt, dass man **immun** gegen Masern geworden ist. Woran liegt das?
Bestimmte Lymphozyten, die man **Gedächtniszellen** nennt, speichern die Struktur eines jeden Antigens, mit dem der Organismus bereits in Berührung gekommen ist. Masernviren können daher sofort erkannt werden, wenn die Krankheit bereits einmal durchgemacht wurde. Die Bildung von Antikörpern geht dann so schnell vor sich, dass die Masernviren keine Chance haben: Sie werden so schnell vernichtet, dass es erst gar nicht zu einem erneuten Krankheitsausbruch kommt.

1. Erkläre anhand der Abbildung 2 die Antigen-Antikörper-Reaktion!

2. Erläutere die Immunabwehr durch B- und T-Lymphozyten im Körper anhand der Abbildung 3!

3. Liste auf, welche Infektionskrankheiten du bereits durchgemacht hast!

Allergien

Wenn im Frühling die Wiesen blühen und heiteres, warmes Wetter herrscht, weiß Sebastian, dass es bald wieder losgeht: Juckreiz an den Augen, Tränenfluss, Niesreiz und geschwollene Nasenschleimhäute, Kopfschmerzen und Abgeschlagenheit. Sebastian leidet an *Heuschnupfen,* einer **Allergie.** Es gibt verschiedene Allergien, die sich unterschiedlich äußern können. Viele Menschen reagieren mit Hautausschlägen auf bestimmte Nahrung oder Arzneimittel, andere sind gegen Tierhaare, Hausstaub oder Insektenstiche allergisch. Allergien können manchmal sogar zu einem tödlichen Schock führen. Eins ist allen Allergien gemeinsam: Das Immunsystem reagiert beim Kontakt mit bestimmten körperfremden Stoffen, den **Allergenen,** überempfindlich, obwohl diese Stoffe eigentlich unschädlich sind. Beim Heuschnupfen sitzen die Allergene in den Pollenkörnern bestimmter Pflanzen. Gelangen die Pollenkörner auf die Nasenschleimhäute, so wird im Immunsystem eine Kettenreaktion ausgelöst, an deren Ende die Freisetzung bestimmter Hormone steht. Diese führen, da sie in sehr großen Mengen abgegeben werden, zu den allergischen Beschwerden.

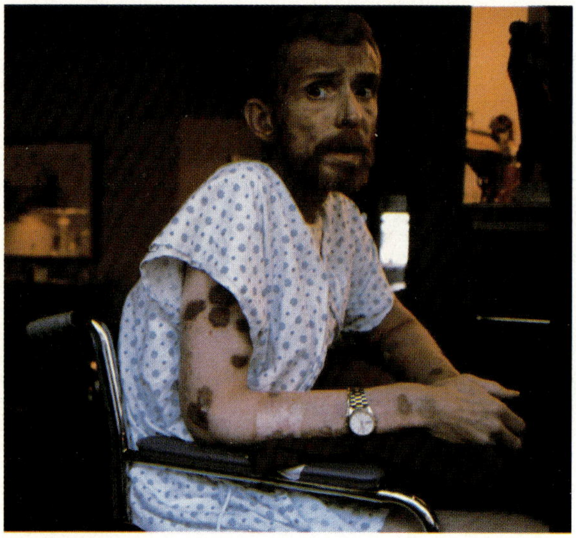

1 **AIDS-Kranker mit Hautkrebs**

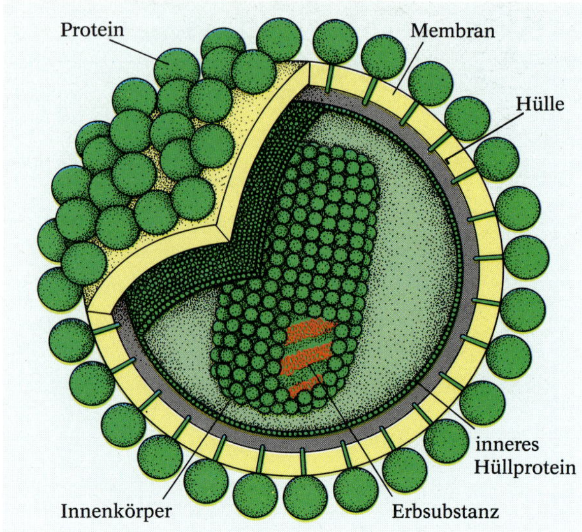

2 **HIV** (Schema)

7. HIV – ein Virus im Zentrum des Immunsystems

7.1. Eine neue Krankheit breitet sich aus

„Zahl der AIDS-Kranken steigt weiter", „AIDS in manchen Gebieten Schwarzafrikas häufigste Todesursache", „Suche nach Impfstoff gegen HIV-Infektion bislang erfolglos". Solche und ähnliche Schlagzeilen kann man in Zeitungen und Illustrierten regelmäßig lesen. Selten hat eine Krankheit in der Öffentlichkeit ein derartig großes Interesse gefunden wie AIDS. Welches sind die Besonderheiten dieser Erkrankung?

1981 berichteten amerikanische Ärzte, kurze Zeit später auch Mediziner aus Europa, erstmals über eine bislang unbekannte, tödlich verlaufende Krankheit. 1983 fand man den Erreger dieser Krankheit, ein Virus. Der Krankheitsverlauf kann im Einzelfall sehr unterschiedlich sein, einige gemeinsame Merkmale kommen aber fast immer vor. Kurz nach der Infektion treten vorübergehend Krankheitssymptome auf, die an eine Grippe erinnern. Erst Monate oder sogar Jahre später kommt es erneut zu Beschwerden: Lymphknotenschwellungen, Fieberanfälle und Pilzinfektionen in der Mundhöhle. Häufig bildet sich auch eine sonst nur selten vorkommende Art von Hautkrebs aus. Jahre nach der Infektion durch das Virus verschlechtert sich der Zustand der Patienten rapide. Mikroorganismen, die für gesunde Menschen meist völlig harmlos sind, lösen nun verschiedenartige Infektionen, aus die schließlich zum Tode führen. Das Auftreten darartiger so genannter *opportunistischer Infektionen* ließ schon bald vermuten, dass die Erreger der neuen Krankheit das Immunsystem des Menschen schwächen, weil die sonst harmlosen Mikroorganismen nicht mehr abgewehrt werden. Daraus entstand der Name der Krankheit: **AIDS.** Diese Abkürzung steht für die englische Bezeichnung **A**cquired **I**mmuno**d**eficiency **S**yndrome – erworbene Immunschwäche-Erkrankung.

Das Virus, das AIDS verursacht, wird **HIV** genannt: **H**umanes **I**mmunschwäche-**V**irus. Wie wirkt sich eine HIV-Infektion im Organismus aus? Wie jedes andere Virus auch kann sich HIV nur in lebenden Zellen fortpflanzen. Während andere Viren jedoch „normale" Körperzellen befallen, dringt HIV in das Zentrum der menschlichen Immunabwehr ein. HIV vermehrt sich nur in Immunzellen, vorwiegend in T-Helferzellen.

Nachdem HIV in den menschlichen Organismus gelangt ist, heftet sich das Virus an die Zellmembran einer T-Helferzelle. Dann schleust es seine Erbinformation in die Zelle ein, während die Virushülle an der Außenseite der Membran bleibt. Die Erbinformation des Virus wird nun in das Erbgut der T-Helferzelle eingebaut. Dort kann sie jahrelang ruhen. Doch plötzlich, meist während einer Aktivitätsphase der T-Helferzelle, wird auch das Erbgut von HIV wieder aktiv. Der Stoffwechsel der Immunzelle wird umfunktioniert. Er erzeugt nun neue Virusbestandteile, die sich an der Zellmembran zu neuen HIV zusammensetzen. Anschließend werden die neu gebildeten

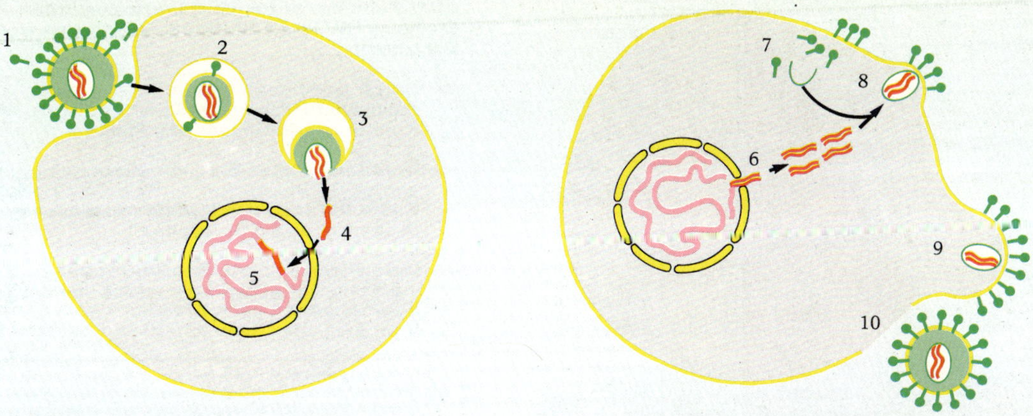

1 HIV heftet sich an die Zellmembran; 2 HIV in der Zelle; 3 Freisetzung der Erbsubstanz; 4 Übertragung der Erbinformation; 5 Einbau der Erbsubstanz in ein menschliches Chromosom

6 Freisetzung und Vervielfältigung der HIV-Erbsubstanz; 7 Aufbau von HIV-Bausteinen; 8-9 Zusammenbau der Viren; 10 Freisetzen neuer HIV

3 Entwicklung von HIV in T-Helferzellen (Schema)

Viren freigesetzt, die nun andere Zellen befallen können. Die T-Helferzelle wird durch die Virusvermehrung geschädigt und stirbt ab. Durch die massenhafte Vemehrung von HIV wird schließlich die Anzahl der T-Helferzellen so weit vermindert, dass das Immunsystem nicht mehr fähig ist Infektionen abzuwehren: Das volle Krankheitsbild von AIDS kommt zum Ausbruch.

AIDS ist nicht heilbar. Es gibt zwar einige Medikamente, die lebensverlängernd wirken, eine wirklich erfolgreiche Therapie fehlt jedoch bislang. Auch ist es bisher nicht gelungen einen vorbeugenden Impfstoff gegen HIV zu entwickeln, obwohl Forscher in vielen Staaten seit Jahren daran arbeiten.

1. Beschreibe den Aufbau von HIV anhand der Abbildung 2!

2. Erläutere den Entwicklungszyklus von HIV! Verwende dazu Abbildung 3!

3. Erkläre, warum sich unser Körper nicht gegen HIV wehren kann!

4. Sammle Presseberichte, die Auskunft über Fortschritte bei der Bekämpfung von AIDS geben!

Der HIV-Test

Menschen, die besorgt sind sich vielleicht mit HIV infiziert zu haben, möchten möglichst rasch Klarheit darüber haben, ob sie damit rechnen müssen an AIDS zu erkranken. Dabei kann der HIV-Test helfen.

Einige Wochen bis etwa vier Monate nach einer Ansteckung treten in der Regel im Blut des Infizierten spezifische Antikörper gegen HIV auf. Es wurden verschiedene Methoden entwickelt, mit denen diese Antikörper nachgewiesen werden können.

Fällt ein HIV-Test positiv aus, das heißt, wurden Antikörper nachgewiesen, hat eine Infektion mit HIV stattgefunden. Der Test gibt allerdings keine Auskunft darüber, ob und wann eine AIDS-Erkrankung zum Ausbruch kommt. Ein negatives Ergebnis beim HIV-Test bedeutet auf der anderen Seite nicht zwangsläufig, dass auch wirklich keine Infektion stattgefunden hat, da der Antikörper-Nachweis erst einige Zeit nach der Ansteckung möglich ist. In jedem Fall sollte nach einiger Zeit ein Kontrolltest gemacht werden.

Der HIV-Test kann beim Gesundheitsamt, in manchen AIDS-Beratungsstellen oder beim Hausarzt durchgeführt werden. Zum Test gehört auch ein Beratungsgespräch.

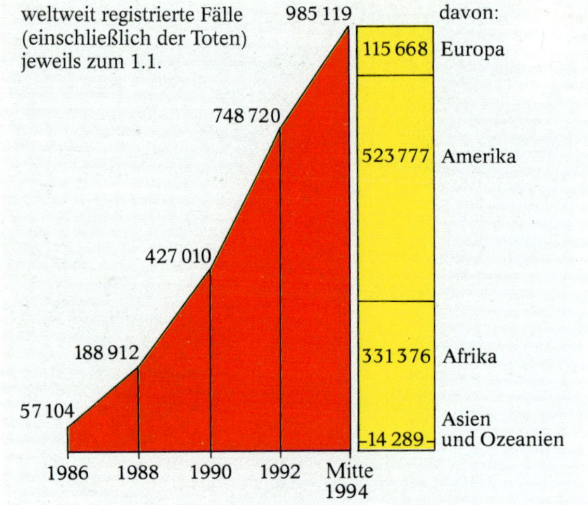

1 **Die Ausbreitung von AIDS**
(nach Angaben der Weltgesundheitsorganisation WHO)

2 **Hier droht AIDS!**

7.2. Gib AIDS keine Chance!

Als die ersten AIDS-Fälle bekannt wurden, waren die Erkrankten zunächst ausschließlich junge Männer aus der Drogenszene oder Homosexuelle. Später erkrankten auch Frauen, zunächst vorwiegend Prostituierte. Auch bei manchen Bluterkranken und Menschen, die eine Bluttransfusion erhalten hatten, trat AIDS auf. Heute sind AIDS-Erkrankungen aus allen gesellschaftlichen Gruppen bekannt. Wie erfolgt die Verbreitung von AIDS?
HIV kommt im Blut, im Sperma, im Scheidensekret, in geringerem Umfang auch im Urin, im Schweiß, in der Tränenflüssigkeit und sogar in der Muttermilch vor. Alle Körperflüssigkeiten eines Infizierten können also HIV enthalten.
Nach heutigem Kenntnisstand erfolgt die Übertragung normalerweise durch Geschlechtsverkehr oder direkt über das Blut. Letzteres ist beispielsweise bei Drogensüchtigen möglich, die die gleiche Injektionsnadel verwenden. Menschen, die auf Bluttransfusionen oder andere Blutpräparate angewiesen sind, wurden früher ebenfalls häufig mit HIV infiziert. Dies konnte geschehen, wenn unter den Blutspendern HIV-Infizierte waren, die von ihrer Ansteckung meist gar nichts wussten. Heute werden in Deutschland und in vielen anderen Staaten alle Blutkonserven auf HIV untersucht, bevor sie verwendet werden dürfen.
Die größte Ansteckungsgefahr für die meisten Menschen geht von sexuellen Kontakten aus. Da sowohl Sperma als auch das Scheidensekret HIV enthalten kann, ist eine Übertragung der Erreger vor allem durch Geschlechtsverkehr möglich. Wird eine Frau mit HIV-Infektion schwanger, so kann auch das ungeborene Kind über die Nabelschnur oder nach der Geburt über die Muttermilch angesteckt werden.

„Gib AIDS keine Chance!" So lautet das Motto der Bundeszentrale für gesundheitliche Aufklärung im Kampf gegen AIDS. Wie kann jeder Einzelne dazu beitragen, dass die weitere Verbreitung dieser Krankheit unterbunden wird?
Ein besonders hohes Risiko haben alle Menschen, die häufig ihren Sexualpartner wechseln. Die Wahrscheinlichkeit sich dabei mit HIV zu infizieren, kann drastisch herabgesetzt werden, wenn beim Geschlechtsverkehr immer ein Kondom verwendet wird. Ein Paar, das zusammenbleiben möchte, vorher aber bereits wechselnde Geschlechtspartner hatte, sollte sich auf jeden Fall durch einen HIV-Test vergewissern, dass keine Infektion vorliegt. Erst dann ist ein ungeschützter Geschlechtsverkehr ohne Risiko.
Nur wer die Übertragungswege von AIDS kennt, kann durch sein eigenes verantwortungsvolles Handeln dafür sorgen sich nicht mit HIV zu infizieren. Daher wird versucht, durch Fernsehsendungen, Plakate, Anzeigen in Zeitungen sowie vielfältige Informationsschriften über AIDS aufzuklären. Bislang sind allerdings allein in Deutschland mehrere tausend Menschen an AIDS erkrankt. Die Zahl der

3 Aufklärungsplakate der Aktion „Gib AIDS keine Chance"

bekannten HIV-Infizierten betrug 1992 für Deutschland bereits etwa 50 000. Obwohl aus vielen Staaten, vor allem aus Entwicklungsländern, nur unzuverlässige Zahlen verfügbar sind, wird die weltweite Zahl der Infizierten auf viele Millionen geschätzt.

Im alltäglichen Umgang mit HIV-Infizierten oder AIDS-Kranken besteht normalerweise keine Ansteckungsgefahr. Daher sollten diese Menschen nicht aus der Gesellschaft ausgegrenzt werden. Auch sie haben Anspruch auf Hilfe und Verständnis. Auf der anderen Seite kann erwartet werden, dass ein HIV-Infizierter verantwortungsbewusst handelt und alles tut, um die Weitergabe der Erreger zu vermeiden. In vielen Städten gibt es Beratungsstellen und Selbsthilfegruppen, die Hilfe für HIV-Infizierte anbieten.

1. Begründe aus dem Übertragungsweg von HIV, warum AIDS eine „besondere" Krankheit ist!

2. Erkundige dich, wo es in deinem Wohnort oder in der nächsten größeren Stadt eine Beratungsstelle für AIDS gibt! Informiere dich, in welcher Weise AIDS-Kranken und HIV-Infizierten dort geholfen wird!

3. Welche Verhaltensmaßregeln können dazu beitragen, eine HIV-Infektion zu verhindern? Begründe!

Kondome schützen ...

Kondome wurden ursprünglich nur als Verhütungsmittel verwendet. Vor dem Geschlechtsverkehr wird ein Kondom über das versteifte Glied gerollt. Dadurch wird verhindert, dass Sperma in die Scheide des weiblichen Partners gelangen kann. Gleichzeitig kommt auch der Penis nicht in direkten Kontakt mit dem Scheidensekret. Männliche und weibliche Geschlechtsorgane bleiben also durch die dünne Gummihaut des Kondoms voneinander getrennt.
Die Verwendung eines Kondoms verhindert nicht nur eine Befruchtung. Kondome sind auch für Viren und für andere Krankheitserreger undurchlässig. Sie schützen daher auch vor Geschlechtskrankheiten, beispielsweise Syphilis und Gonorrhöe, sowie vor AIDS.
Durch Aufklärungsprogramme wird weltweit versucht, Menschen mit wechselnden Geschlechtspartnern von den Schutzmöglichkeiten durch Kondome zu überzeugen. In manchen Ländern, z.B. in Uganda, werden Kondome sogar unentgeltlich verteilt, um die weitere Ausbreitung von AIDS aufzuhalten.

Rötelnimpfungen schützen ungeborenes Leben

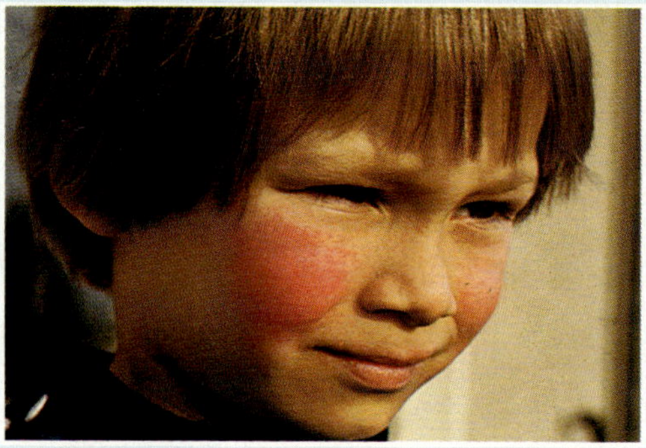

1 Röteln

Anschlag am schwarzen Brett einer Schule: „Am 15. September 1992, ab 9 Uhr, werden alle Schülerinnen des Jahrgangs 1978 gegen Röteln geimpft.“ In jedem Jahr kommen Beamte des städtischen Gesundheitsamtes in die Schulen, um die Mädchen eines bestimmten Jahrgangs gegen Röteln zu impfen.
Eine Rötelninfektion ist im Grunde harmlos. Sie verläuft ähnlich wie eine abgeschwächte Masernerkrankung: rötlicher Hautausschlag, meist nur geringes Fieber, und schon nach wenigen Tagen ist die Krankheit überstanden.
Es kommt jedoch vor, dass sich auch Erwachsene infizieren, die diese Krankheit als Kind nicht hatten. Gefährlich werden Röteln dann, wenn sie bei einer schwangeren Frau auftreten. Das ungeborene Kind kann durch die Rötelninfektion schwere Schäden erleiden. Dabei ist die Art der Missbildungen vom Entwicklungsstand des Kindes abhängig. Erfolgt die Infektion in den ersten fünf Schwangerschaftswochen, so kann es zur Erblindung des Kindes kommen. Zwischen der fünften und zwölften Schwangerschaftswoche können schwere Herzfehler und Missbildungen des Gehörs auftreten. Das Risiko ein missgebildetes Kind zu bekommen, ist bei einer Rötelninfektion im ersten Schwangerschaftsmonat mit 60% am höchsten. Nach dem fünften Schwangerschaftsmonat sinkt diese Gefahr auf unter 1% ab.
Die Schutzimpfung gegen Röteln bei Mädchen schützt also bei einer späteren Schwangerschaft das ungeborene Kind vor Missbildungen.

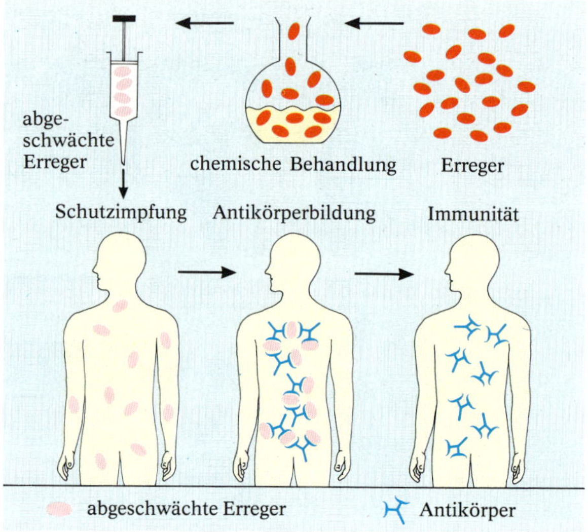

2 Aktive Immunisierung durch Schutzimpfung (Schema)

8. Impfungen unterstützen das Immunsystem

Gegen viele Infektionskrankheiten, z.B. Masern, bleiben wir lebenslang immun, wenn wir die Krankheit einmal überstanden haben. Dies liegt daran, dass die Information über die Antigene des Masernerregers in den Gedächtniszellen des Immunsystems gespeichert bleiben und die Ausbildung von Antikörpern gegen diesen Erreger sofort beginnen kann, wenn er im Körper wiedererkannt wird. Sollte es nicht möglich sein, das Immunsystem auf eine derartige Antikörperbildung vorzubereiten, ohne dass der Mensch vorher an Masern erkranken muss?
Eine solche Möglichkeit bietet tatsächlich eine **Schutzimpfung.** Zur Herstellung eines Impfstoffes müssen zunächst die Krankheitserreger, etwa Masernerreger, in großen Mengen isoliert werden. Dann werden die Erreger chemisch oder mit anderen Methoden so behandelt, dass sie nicht mehr infektiös sind, ihre spezifischen Antigene jedoch behalten. Diese abgeschwächten Erreger werden nun in der eigentlichen Impfung in den menschlichen Körper gebracht, z.B. durch Schluckimpfung, durch Ritzen der Haut oder durch Einspritzen.
Das Immunsystem lernt durch den Kontakt mit dem Impfstoff die Antigene des Erregers kennen. Innerhalb von einigen Tagen oder Wochen bildet es die Fähigkeit zur Antikörperbildung aus und legt auch entsprechende Gedächtniszellen an. Da der Organismus die Antikörper selbst bildet, spricht man von einer **aktiven Immunisierung** durch die Impfung.

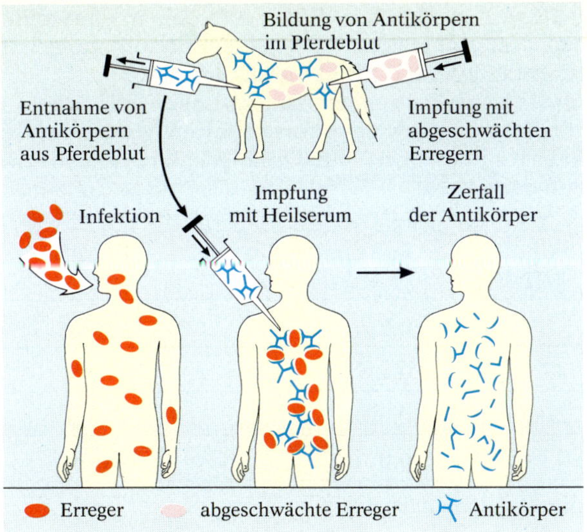

3 Passive Immunisierung (Schema)

Manche Impfungen verleihen eine lebenslange Immunität, andere müssen in bestimmten Zeitabständen wiederholt werden.
Impfungen beugen Infektionen vor. Ist jedoch eine Infektionskrankheit bereits ausgebrochen, hilft keine Schutzimpfung mehr. Der Krankheitsverlauf kann jedoch durch das Einspritzen von Antikörpern abgekürzt werden. Ein *Heilserum* für eine derartige **passive Immunisierung** stellt man folgendermaßen her: Abgeschwächte Erreger werden einem Säugetier eingespritzt. Das Immunsystem des Tieres bildet daraufhin Antikörper gegen diesen Erreger. Diese Antikörper können aus dem Blut des Tieres gewonnen werden und zur Herstellung des Serums dienen. Aktive Immunisierung durch Schutzimpfung ist nur gegen solche Erreger von Infektionskrankheiten möglich, deren Antigene über lange Zeit stabil bleiben. Leider gibt es aber einige Erreger, vor allem Viren, deren Antigene sich ständig verändern. Impfstoffe gegen derartige Erreger zu entwickeln, ist sehr schwierig. Zu den Erregern, die ihre Antigene schnell verändern, gehört auch HIV. Deshalb ist es bisher nicht gelungen einen Impfstoff gegen AIDS herzustellen.

1. Erkläre den Unterschied zwischen aktiver und passiver Immunisierung!

2. Überprüfe anhand deines Impfpasses, welche Impfungen du erhalten hast!

Lebensalter	Impfung gegen	Personenkreis
1. Woche	Tuberkulose	Neugeborene bei erhöhter Ansteckungsgefahr
ab 3. Lebensmonat	1. + 2. Diphtherie-Tetanus 2× im Abstand von mindestens 6 Wochen **oder** Diphtherie-Keuchhusten-Tetanus 3× im Abstand von 4 Wochen	alle Säuglinge und Kleinkinder Säuglinge in Gemeinschaftseinrichtungen
	1. + 2. Schluckimpfung gegen Kinderlähmung (Polio) 2× im Abstand von mindestens 6 Wochen	alle Säuglinge und Kleinkinder
2. Lebensjahr (ab 15. Lebensmonat)	Masern-Mumps-Röteln	alle Kleinkinder und Kinder
	3. Schluckimpfung gegen Kinderlähmung	alle Kleinkinder und Kinder
	3. Diphtherie-Tetanus **oder** 4. Diphtherie-Keuchhusten-Tetanus	alle Kleinkinder und Kinder (Abschluss der Grundimmunisierung)
6. + 7. Lebensjahr	Nachhol-Impfungen (außer Keuchhusten)	alle Kinder
	Diphtherie-Auffrisch-Impfung	alle Kinder
10. Lebensjahr	Kinderlähmung	alle Kinder
	Tetanus	alle Kinder
11.–15. Lebensjahr	Röteln	alle Mädchen, auch wenn vorher bereits geimpft

4 Impfkalender (Empfehlungen der Ständigen Impfkommission des Bundesgesundheitsamtes)

1 Eine feucht-fröhliche Party

Der Blutalkoholgehalt wird in *Promille*-Werten angegeben („pro mille" ist lateinisch und bedeutet „auf tausend"). Bei einem Blutalkoholgehalt von 1 Promille (1‰) enthalten 1000 g Blut 1 g Alkohol.
In der folgenden Tabelle ist der Zusammenhang zwischen dem Alkoholgehalt eines alkoholischen Getränks, der konsumierten Menge des Getränks und dem daraus resultierenden Blutalkoholgehalt bei einem etwa 60 kg schweren Mann dargestellt:

Getränk	Alkoholgehalt	konsumierte Menge (1 Glas)	Promillewert
Exportbier	5 Vol-%	0,25 l	0,23‰
Wein	12 Vol-%	0,12 l	0,27‰
Kirschlikör	30 Vol-%	0,02 l	0,11‰
Cognac	43 Vol-%	0,02 l	0,16‰

2 Alkoholkonsum und Blutalkoholgehalt

1. Berechne den Blutalkoholgehalt nach dem Konsum von 2 Gläsern Bier und 1 Glas Cognac!

9. Stoffe, die süchtig machen können

Auf den Promillewert kommt es an …

Die Einwirkung der Droge Alkohol auf den menschlichen Organismus hängt von ihrer Konzentration im Blut (Promillewert) ab:

Promillewert	Stimmung	beobachtbare Wirkungen
bis 0,5‰	fröhlich, von Sorgen befreit	redselig, weniger ängstlich, etwas schläfrig, entspannt
0,5‰ bis 1,5‰	mutig, zum „Bäume-Ausreißen" aufgelegt	wenig selbstkritisch, Auffassungsgabe geschwächt, leichte Gleichgewichtsstörungen, schwerfälliges Sprechen
1,5‰ bis 2,5‰	traurig, angriffslustig, weinerlich	unsichere Bewegungen, starkes Schwanken beim Gehen, stark verlängerte Reaktionszeit, leicht reizbar
über 2,5‰	innerlich unruhig, stark erregt	Umgebung wird nicht mehr realistisch wahrgenommen, körperlich hilflos, narkoseähnlicher Tiefschlaf, überängstlich oder aggressiv

9.1. Alkohol ist Volksdroge Nr. 1

Warum sind die jugendlichen Besucher der Party so ausgelassen? Viele trinken Bier oder andere alkoholische Getränke. Schon ein Glas Bier bewirkt bei vielen, dass sie sich froh und heiter fühlen. Ärger mit den Eltern, mit Freunden oder der Schule treten in den Hintergrund. Gleichzeitig fühlt man sich entspannt und recht selbstbewusst. Für viele Menschen sind diese Wirkungen ein häufiges Motiv Alkohol zu trinken. Warum wird trotz dieser auf den ersten Blick positiven Wirkungen immer wieder vor dem Genuss von Alkohol gewarnt?
Alkohol ist ein *Gift*. Es schädigt viele Organe, wenn es über viele Jahre hinweg dem Körper zugeführt wird. Die Leber verfettet zunächst und verkleinert sich später zur Schrumpfleber. Es kommt zu wiederholten Entzündungen im Verdauungstrakt, nicht selten entstehen Geschwüre. Herz und Kreislauf werden geschädigt.
Besonders schwerwiegend und unberechenbar sind die Wirkungen des Alkohols auf das Nervensystem. Schon nach wenigen Gläsern Bier kann man bei den Betroffenen nachhaltige Veränderungen feststellen. Sie reagieren langsamer und schätzen Situationen falsch ein. Als Autofahrer fahren sie z.B. zu dicht auf und treten zu spät auf das Bremspedal. Man vermutet, dass bei annähernd der Hälfte aller Unfälle mit tödlichem Ausgang Alkohol im Spiel war. Untersuchungen haben ergeben, dass Alkohol Nervenzel-

Gewohnheit oder Sucht?

„Meine Frau zog aus und überließ mir die Wohnung. Nun war ich allein. Es war grauenvoll. Ich hörte immer noch ihre Stimme, oft glaubte ich, gleich geht die Tür auf und sie kommt rein. Dann wieder dachte ich: „Jetzt kann ich wenigstens ungezwungen trinken." Und das tat ich denn auch. In jeden Raum – selbst auf die Toilette – stellte ich eine Flasche Korn und ein Glas. Glücklich hat es mich nicht gemacht. Während der vielen Stunden, die ich allein in meiner Wohnung saß, kamen mir die fürchterlichsten Gedanken. Ich bekam schrecklichste Angst, eine Angst, wie ich sie noch nie erlebt hatte und die ich auch schwer beschreiben kann. Ich habe dann so viel Alkohol getrunken, bis ich nicht mehr konnte. Wenn ich wieder zu mir kam, war es noch schrecklicher ..." (aus H. Nullmeyer: Betroffene und Angehörige erzählen)

Zur Charakterisierung der Abhängigkeit unterscheidet man zwischen *Gewohnheitsbildung* und *Sucht:*

Gewohnheit	Sucht
ein Verlangen ständig ein Mittel zu nehmen, um das Gefühl gesteigerten Wohlbefindens zu genießen	zwanghaftes Bedürfnis, das Mittel fortgesetzt zu nehmen und es darum auf jede Weise in die Hände zu bekommen
seelische Abhängigkeit, keine Entzugserscheinungen	seelische und körperliche Abhängigkeit, nach Absetzen des Mittels treten Entzugserscheinungen auf
keine Tendenz die Dosis zu steigern	Tendenz vorhanden die Dosis zu steigern
Schäden höchstens für den Einzelnen	Schäden für den Einzelnen und für die Gesellschaft

3. Überprüfe, ob in dem beschriebenen Fall Gewohnheitsbildung oder Sucht vorliegt!

len des Gehirns schädigt. So wird verständlich, dass Alkoholabhängige unter Gedächtnisstörungen leiden und sich in ihrem Wesen verändern. Warum trinken Menschen trotz dieser offensichtlichen Nachteile dennoch Alkohol?

Viele junge Menschen trinken Alkohol, um in ihrer Clique nicht abseits zu stehen. So ist zum Beispiel Amir, einer der jüngsten Besucher der Party, auch ohne Alkohol fröhlich. Zudem mag er kein Bier. Er hat sich nur ein Glas Bier genommen, um in seiner Runde anerkannt zu werden. Amir steht unter *Gruppenzwang.*
Anderen ist es eine lieb gewordene **Gewohnheit** regelmäßig ein oder mehrere Gläser zu trinken. Ohne Alkohol fühlen sie sich nicht wohl. Sehr viele Menschen – man schätzt ihre Zahl in Deutschland auf 1–2 Millionen – sind *alkoholabhängig.* Wenn sie keinen Alkohol trinken, bekommen sie Schweißausbrüche, Zittern oder Magenkrämpfe. Man nennt dies Entzugserscheinungen. Die Menschen leiden unter ihrer **Sucht.** Sie setzen alles daran an die Droge Alkohol zu kommen. Alkoholsüchtige sind krank und deshalb auf die Hilfe von Nahestehenden, Ärzten und solchen Organisationen angewiesen, die sich Alkoholkranker annehmen: Guttempler-Orden, Anonyme Alkoholiker, Blaukreuzler u.a.

2. „Alkoholabhängige haben als einzigen Freund oft nur die Flasche." Erkläre diese Aussage!

Nach 4 Stunden Schlaf wieder fahrtüchtig?

An die vier Gläser Bier während des Kegelabends konnte Herr Meyer sich noch erinnern. Wie viele Runden Korn zusätzlich bestellt worden waren, wusste er nicht mehr. Frühmorgens um 5.00 Uhr stand er auf, frühstückte und machte sich um 6.00 Uhr auf den Weg zur Arbeit. Unterwegs geriet er in eine Verkehrskontrolle. Den Polizisten fiel sein unsicheres Verhalten auf, sie ließen ihn in ein Teströhrchen blasen. Da dieser Test positiv ausfiel, ordneten sie eine Blutprobe an. Das Ergebnis: 1 Promille. Herr Meyer protestierte lautstark: „Das kann nicht sein, ich habe doch fast vier Stunden geschlafen." Es half nichts, sein Führerschein wurde einbehalten. Zudem muss er mit einer Strafanzeige wegen Trunkenheit am Steuer rechnen. Herr Meyer hatte offensichtlich die Abbaugeschwindigkeit für Alkohol im Körper überschätzt. Im Mittel sind es nur 0,15 Promille je Stunde.

4. Welchen Blutalkoholgehalt hatte Herr Meyer um 1.00 Uhr?

5. Wie lange hätte Herr Meyer schlafen müssen, um wieder 0 Promille zu haben?

1 Rauchen – Vor- und Nachteile auf der Waage

9.2. Rauchen – immer mehr Menschen hören damit auf

Frau Ö. hat schon mehrere Anläufe unternommen, um vom Rauchen wegzukommen. Es begann mit dem am Silvesterabend ausgesprochenen Vorsatz, im neuen Jahr nicht mehr zu rauchen. Zu Ostern versprach sie ihren Kindern jeweils fünf Mark für den Fall, dass sie sie beim Rauchen überraschten. Nun ist es ihr ernst: Sie nimmt an einem Trainingsprogramm der Volkshochschule „Eine Chance für Raucher – Nichtraucher in 10 Wochen“ teil. Warum wollen so viele Menschen mit dem Rauchen aufhören?

Im Alter von 14–16 Jahren entscheidet sich bei vielen, ob sie Raucher oder Nichtraucher werden. Einige rauchen, weil sie es nicht wagen, die von Erwachsenen oder Mitgliedern ihrer Clique angebotene Zigarette abzulehnen. Andere zünden sich eine Zigarette an, um ihr Geltungsbedürfnis zu befriedigen oder um Unsicherheit und Angst zu überspielen. Schnell haben sie sich daran gewöhnt, bei Schwierigkeiten nach einer Zigarette zu greifen. Vorübergehend fühlen sie sich der unangenehmen Situation besser gewachsen. Diese Wirkung ist auf das *Nikotin,* einen Bestandteil des Tabakrauches, zurückzuführen. In kleinen Mengen regt es die Gehirntätigkeit an. Müdigkeit und Unlustgefühle werden beseitigt. Allerdings gewöhnt sich der Körper an die regelmäßige Nikotinzufuhr. Beim Aussetzen des Rauchens können *Entzugserscheinungen* wie Schweißausbrüche, Panikzustände oder Kopfschmerzen auftreten. Dies sind Zeichen für eine *physische (körperliche) Abhängigkeit.*

Es gelingt vielen mit dem Rauchen aufzuhören, denn die schädlichen Wirkungen des Rauchens sind unbestritten. So wird auf jeder Zigarettenpackung gewarnt: „... Rauchen gefährdet Ihre Gesundheit ...“. Man müsste ergänzen: „und Ihr Leben“. In Deutschland sterben jährlich mehr als 130 000 Menschen an den Folgen des Rauchens. Rauchen verkürzt das Leben: Ein 30-jähriger Raucher, der täglich über 20 Zigaretten raucht, liegt mit seiner Lebenserwartung um durchschnittlich 6 Jahre niedriger als ein Nichtraucher. Bestimmte Inhaltsstoffe des Tabakrauches sind besonders gefährlich. Die gelbbraunen *Teerstoffe,* man spricht auch von *Kondensat,* werden zum größten Teil in den Atemwegen abgelagert. Sie sind verantwortlich für den gefürchteten **Lungenkrebs.** So sterben in Deutschland jährlich mehr als 25 000 Menschen an Lungenkrebs, etwa 85% dieser Menschen sind Raucher. Auch die anderen Stationen der „Rauchstraße“ – Mundhöhle, Luftröhre, Kehlkopf – sind stark krebsgefährdet. Das *Nikotin* und das *Kohlenstoffmonoxid* werden über die Lunge vom Blut aufgenommen. Sie führen zu **Herz- und Kreislauferkrankungen.** So muss jährlich bei mehr als 20 000 Rauchern ein Bein amputiert werden, weil es nicht mehr ausreichend durchblutet wird. Immer weniger Menschen beginnen mit dem Rauchen, immer mehr hören mit dem Rauchen auf.

Wirkungen des Tabakrauchs

Die Weltgesundheitsorganisation (WHO) äußert sich zum Tabakrauchen eindeutig: „Tabakrauchen ist die schlimmste, bei ausreichendem Willen vermeidbare Ursache von Krankheiten und vorzeitigem Tode.“ Diese Beurteilung wird verständlich, wenn man die Wirkungen einiger der mehr als 3500 Inhaltsstoffe des Tabakrauchs untersucht.

Teerstoffe (Kondensat): Raucher, die täglich 20 Zigaretten rauchen, führen ihrer Lunge im Verlaufe eines Jahres eine Tasse Teerstoffe zu. Teerstoffe legen die Flimmerhärchen in den Atemwegen lahm, damit wird auch die Selbstreinigung der Lunge eingeschränkt. Zunehmend sterben mehr Flimmerhärchen ab, die Teerstoffe bleiben auf den Schleimhäuten liegen. Der Körper versucht die Fremdkörper durch Husten zu entfernen, man spricht hier vom so genannten Raucherhusten. Es kommt zu dauerhaften Entzündungen. Sie können zu Krebsgeschwüren entarten. Die Heilungschancen für *Lungenkrebs* sind gering: Nach Entfernung der Geschwulst überleben nur 10 von 100 Patienten die nächsten 5 Jahre. **Nikotin** ist eines der stärksten pflanzlichen Gifte. Es wird zur Bekämpfung von Schadinsekten eingesetzt. Auch für den Menschen ist Nikotin sehr giftig. Bereits 50 mg (1 mg = $\frac{1}{1000}$ g) können das Atemzentrum im Gehirn lähmen und dadurch den Tod herbeiführen. Nikotin bewirkt eine Verengung der Blutgefäße. Haut, Muskeln und Herz werden schlechter durchblutet und somit unzureichend mit Sauerstoff versorgt. Dieser Effekt wird verstärkt durch das giftige Gas **Kohlenstoffmonoxid.** Es macht bei starken Rauchern bis zu 20% des Blutfarbstoffs für den Sauerstofftransport unbrauchbar. Beide Stoffe, Nikotin und Kohlenstoffmonoxid, tragen zudem langfristig zur *Gefäßverkalkung* bei, die ebenfalls eine schlechtere Durchblutung bzw. Sauerstoffversorgung zur Folge hat. Bereits das Rauchen einer Zigarette kann dann bei einem langjährigen Raucher einen Herzanfall auslösen oder gar zum *Herzinfarkt* führen. Verengungen der Beinarterien sind kennzeichnend für das so genannte *„Raucherbein“*. Haut, Muskeln und Knochen werden mangelhaft durchblutet und deshalb geschädigt. Bei sehr starker Schädigung müssen Zehen, der Fuß oder gar das ganze Bein amputiert werden.

Passivrauchen – ein unfreiwilliger „Genuss“

In einigen Regionen Japans wurden 40- bis 59-jährige nach ihren Rauchergewohnheiten befragt. Zu den Befragten gehörten auch Frauen, die selbst nicht rauchten, jedoch mit Rauchern verheiratet waren. In den nachfolgenden Jahren untersuchte man, wie viele dieser Frauen an Lungenkrebs starben. Zur gleichen Zeit stellte man fest, wie häufig Nichtraucherinnen, die mit einem Nichtraucher verheiratet waren, an Lungenkrebs starben. Das Ergebnis dieses Vergleichs war eindeutig: Passivrauchen ist gesundheitsgefährdend: Das Risiko an Lungenkrebs zu sterben ist bei Nichtraucherinnen, die mit einem Raucher verheiratet sind, größer als bei Nichtraucherinnen, deren Mann Nichtraucher ist. Der Passivraucher ist vor allem dem *Nebenstromrauch* ausgesetzt. Darunter versteht man den Rauch, der von der Glut des Tabaks direkt in den Raum entweicht. Etwa zwei Drittel des Gesamtrauches ist Nebenstromrauch. Den vom Raucher durch das Ziehen an der Zigarette oder Pfeife aufgenommenen Rauch bezeichnet man dagegen als *Hauptstromrauch.* Er wird zu fast 90% vom Raucher wieder ausgeatmet und trifft dann ebenfalls den Passivraucher. Die Situation ist paradox: Ein Mensch hat sich aus gesundheitlichen Gründen gegen das Rauchen entschieden. Durch die Emissionen rauchender Mitmenschen jedoch sieht er sich all den Schadstoffen ausgesetzt, deren Aufnahme er tunlichst vermeiden möchte. Es kommt hinzu, dass im Nebenstromrauch einige Stoffe stärker vertreten sind als im Hauptstromrauch, so zum Beispiel die Krebs erzeugenden Verbindungen 3,4-Benzpyren und Nitrosamine. Die Konzentration für das gefährliche Formaldehyd liegt in einem Raucherzimmer sogar über dem Wert, den der Gesetzgeber als Höchstwert am Arbeitsplatz vorschreibt.

Immer mehr Menschen fordern deshalb: In Räumen, in denen Nichtraucher arbeiten, essen, schlafen, ihre Freizeit verbringen oder sich aus anderen Gründen aufhalten, darf nicht geraucht werden. Nichtraucher haben ein Recht auf tabakrauchfreie Atemluft. Diese Forderung richtet sich nicht gegen das Rauchen an sich, sondern gegen das Rauchen in Räumen, in denen sich Nichtraucher aufhalten.

Rauchen und Werbung

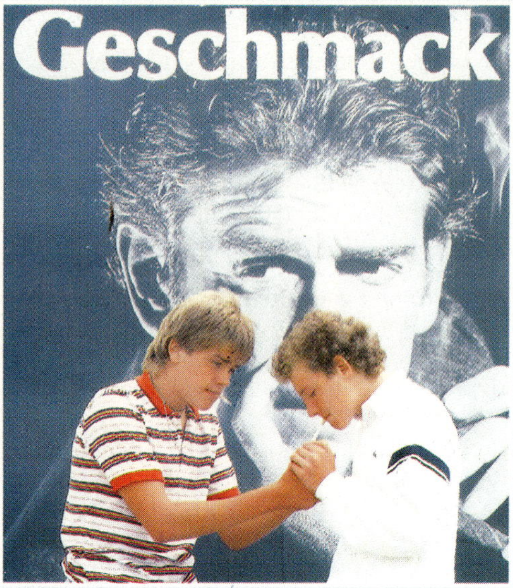

Werbung gibt vor zu informieren. Sie ist aber meist eine gezielte Beeinflussung und hat den Zweck den Umsatz zu vergrößern. Weil aber immer mehr Leute zu rauchen aufhören, ist man bemüht neue Raucher zu gewinnen. Deshalb warb man früher um Jugendliche als Neueinsteiger. Da wurde mit Weltoffenheit, mit Freiheit und Abenteuer geworben, mit sozialen Kontakten und immer wieder mit Genuss. Dann schränkte ein Bundesgesetz diese Werbung ein und verbot sie überhaupt im Zusammenhang mit Jugendlichen und Sport. Das änderte aber nichts am Ansehen der Zigarette bei jungen Leuten. Diese beginnen ja oft deshalb zu rauchen, weil sie es imponierenden Erwachsenen nachmachen wollen und für sie die Zigarette ein Ausdruck des Erwachsenseins ist. Deshalb wirbt man wohl heute mit sympathischen Typen um die dreißig: „Ich rauche gern". Die wirksamsten werbenden Vorbilder bleiben aber rauchende Eltern und Freunde, die großzügig Zigaretten anbieten. Damit wird oft eine „Raucherkarriere" begründet, die „Zug um Zug" in eine **Nikotinsucht** führt. Ist der angehende junge Raucher erst einmal abhängig geworden, hat die Zigarettenindustrie einen neuen verlässlichen Dauerabnehmer gewonnen. Das eben wollte die Werbung erreichen, obwohl jede Zigarette die durchschnittliche Lebensdauer um 5 ½ Minuten verkürzt.

1 Dealer und Drogenabhängiger

9.3. Illegale Drogen

Thomas ist einer der 1491 Drogentoten des Jahres 1990. Mit 12 Jahren hatte er seinen ersten Rausch, er hatte 3 Flaschen Bier getrunken. In seiner Familie wurde regelmäßig Alkohol getrunken. Sein Vater kam wiederholt am späten Abend betrunken nach Hause, seine Mutter tröstete sich mit 1 oder 2 Gläsern Likör. Thomas fühlte sich zu Hause nicht wohl. Hinzu kamen Schwierigkeiten in der Schule. Mit dem neuen Mathematiklehrer kam er nicht zurecht. Im Halbjahreszeugnis drohte eine 5. Zusammen mit Manuel, der sich ebenfalls mit häuslichen Problemen herumschlug, hatte er am Kiosk 5 Flaschen Bier gekauft und ausgetrunken.

Später wiederholten sich solche „Gelage". Seine Mutter bemerkte es zwar, sah jedoch darüber hinweg, sein Vater hatte die gemeinsame Wohnung verlassen. Mit den schulischen Leistungen ging es bei Thomas bergab. Zum zweiten Mal musste er eine Klasse wiederholen. Er fand neue „Freunde", die ihm *Heroin* besorgten. Nun, mit 15 Jahren, nahm er zum ersten Mal eine **illegale Droge.** Darunter versteht man einen Stoff, dessen Herstellung und Handel nach dem Betäubungsmittelgesetz verboten ist. Thomas empfand die Wirkung der Droge als angenehm. Am Tage darauf injizierte er sich erneut eine Heroin-Lösung in die Armvene. Später nahm er regelmäßig Heroin. Ein Drogenhändler, der zu bestimmten Zeiten vor der Turnhalle auftauchte, verkaufte ihm das

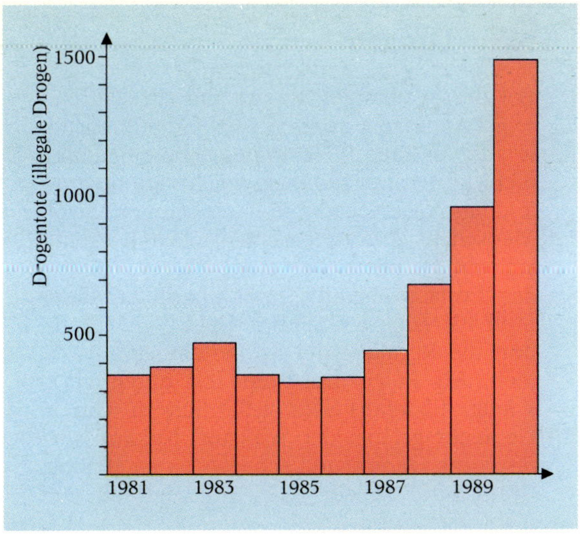

2 Drogentote in der Bundesrepublik Deutschland

Droge	Wirkung	Folgeschäden
Haschisch	sehr unterschiedlich; intensivere Sinneseindrücke, kontaktfördernd	Kreislaufstörungen, Schlafunruhe, seelische Abhängigkeit, verminderte Leistungsfähigkeit
Opiate: Opium, Morphium Heroin	schmerzstillend, betäubend, verlangsamte Reaktionen, beruhigend	körperliche und seelische Abhängigkeit, Magen- und Darmstörungen, Impotenz, Ausbleiben der Regelblutung, körperlicher Verfall, Selbstzerstörung
Kokain	Befreiung von Hemmungen, betäubend, Sinnestäuschungen	seelische Abhängigkeit, Appetitlosigkeit, Bedrücktsein und Angstzustände
LSD	Sinnestäuschungen, übersteigerte Empfindungen	seelische Abhängigkeit, starke Angstgefühle, Veränderung der Erbsubstanz, Realitätsverlust

3 Wirkung einiger Drogen

Heroin. Er merkte kaum, dass er **abhängig** geworden war. Er hatte ein heftiges Verlangen diese Droge ständig einzunehmen. Ärzte sprechen hier von **psychischer (seelischer) Abhängigkeit.** Eine solche Form der Abhängigkeit stellt sich auch nach der wiederholten Einnahme von *Kokain* oder *Haschisch* ein. Die besondere Gefährlichkeit des Heroins liegt darin, dass es zusätzlich zu einer **physischen (körperlichen) Abhängigkeit** führt. Diese zeigt sich dann, wenn ein Heroinabhängiger keinen „Stoff" hat. Einige Stunden nach der letzten Injektion stellen sich bei ihm **Entzugserscheinungen** ein. Er wird unruhig, schwitzt und erschauert zugleich. Wässrige Flüssigkeit rinnt ihm aus der Nase. Er ist niedergeschlagen oder gereizt. In den Folgestunden verschlimmert sich sein Zustand: Heftiger Durchfall, übersteigerter Brechreiz und schmerzhafte Krämpfe treten auf. In dieser Situation zählen Freunde, Familie oder Schule nicht, der Heroinabhängige hat nur ein Ziel vor Augen: Heroin.

Thomas musste täglich mehr als 200 DM für seinen Heroinbedarf aufbringen. Dazu brach er Zigarettenautomaten auf. Andere Drogenabhängige werden zu Dealern oder Einbrechern. Die Polizei spricht in diesem Zusammenhang von *Beschaffungskriminalität.* Viele jugendliche Abhängige verdienen sich durch Prostitution das nötige Geld.

Drogenabhängige sind auf Hilfe angewiesen, so zum Beispiel auf die eines Arztes, einer *Drogenberatungsstelle* oder einer Selbsthilfegruppe.

Legale und illegale Drogen

Nach dem *Betäubungsmittelgesetz* gibt es **legale** und **illegale Drogen.** Danach ist zum Beispiel das Trinken von Alkohol oder die Einnahme von Schlafmitteln erlaubt. Sie gelten als legale Drogen. Heroin und Kokain sind dagegen illegale Drogen. Ihre Herstellung, ihr Kauf oder Verkauf stehen unter Strafe. Man schätzt, dass es in Deutschland mehr als 70 000 Heroinabhängige, 40 000 Kokainabhängige, 1,5–2 Millionen Alkoholabhängige, 500 000 Medikamentabhängige und 25 Millionen Raucher gibt. Die Gefährlichkeit der einzelnen Drogen hängt nicht davon ab, ob sie legal oder illegal sind. An den Folgen der Einnahme illegaler Drogen starben in Deutschland 1991 mehr als 1400 zumeist junge Menschen. Während der gleichen Zeit starben an Alkoholmissbrauch ca. 400 000 Menschen, an den Folgen des Rauchens mehr als 150 000 Menschen. Viele Drogenabhängige berichten, dass Alkohol ihre erste Droge war; erst später seien sie auf illegale Drogen umgestiegen. Vor diesem Hintergrund wird folgende Aussage verständlich: „Solange der Missbrauch legaler Drogen anhält, ist auch der Kampf gegen die illegalen Drogen nicht zu gewinnen."

Aus Pflanzen gewonnene illegale Drogen

Haschisch wird aus dem Harz des *Indischen Hanfs* gewonnen. Diese Pflanze wird im Vorderen Orient, in Afrika und auch in Südamerika angebaut. Wenn man die Blüten und Blätter dieser Pflanze trocknet und zerkleinert, erhält man die Droge **Marihuana.**

Heroin: Ritzt man unreife Kapseln des *Schlafmohns* mit einem Messer an, tritt ein milchiger Saft aus. Den getrockneten Saft nennt man **Opium.** Es enthält verschiedene Stoffe wie zum Beispiel **Morphium** und Papaverin.
Durch eine spezielle chemische Behandlung erhält man aus Morphium Heroin.

Kokain ist ein weißes Pulver, das aus den Blättern des *Kokastrauches* gewonnen wird. Diese Pflanze wächst in Peru und Bolivien.

Neue Drogen

Bei *Ecstasy* handelt es sich um ein synthetisches Amphetamin. Es gilt als „Stimmungspille", die im Rausch Hemmungen beseitigt, aber nicht körperlich abhängig macht. Sie birgt allerdings eine Gefahr. Bei einem von zwölf Menschen fehlt wegen einer defekten Erbanlage ein bestimmter Eiweißkörper, ein Enzym, das Ecstasy abbaut. Dann überflutet dieser Stoff für längere Zeit das Gehirn und kann dort die Regelung der Körpertemperatur lähmen. Als Folge droht ein Tod durch Hitzschlag. Ebenfalls sehr gefährlich ist **Crack.** Geraucht gelangt der Wirkstoff Kokain ganz rasch ins Gehirn und schädigt es nachhaltig. Crack führt zu quälender Abhängigkeit und nicht selten zum Tod.

Abschiedsbrief des Karl-Heinz B. an seine Eltern

Mein Nachruf!
Mein letzter Wille ist, dass diese Zeilen an alle Ohren kommen. Ich bin am Ende und weiß einfach nicht mehr weiter.
Für mich ist dieser Ausweg wohl der beste. Ich hoffe, dass wenigstens einige durch meinen Tod aufgerüttelt werden. Wer einmal süchtig war und das Heroin kennen gelernt hat, der kommt nie mehr aus dem Labyrinth heraus. Ich habe gedacht, ich hätte es jetzt nach sieben Monaten geschafft; aber wenn du nicht drücken kannst, dann säufst du oder schluckst Tabletten. Die ganze Zeit habe ich wirklich gut gearbeitet, habe versucht wieder in die normale Gesellschaft zurückzukehren, aber man bekommt es so schwer gemacht, kaum steckt man in einer Krise, schon ist man ein Faulenzer und Versager. Das Misstrauen, das mir meine Umgebung entgegenbringt, kann ich nicht mehr ertragen.
Heute habe ich mir nun ein ganzes Gramm Heroin gedrückt, weil ich hoffe, diese Dosis wird mich töten.
Da ich keine Chance mehr für mich sehe, glaube ich, so ist es das Beste.
Es tut mir Leid.
Verzeiht eurem Sohn Heinz

Aus den Akten der Kripo Landau/Pfalz

1 Spätes Stadium des chronischen Gelenkrheumatismus

2 Kopfschmerzen – richtige Behandlung?

9.4. Medikamente können missbraucht werden

Bei Gelenkrheumatismus schwellen die Gelenke entzündlich an und werden warm, ihre Beweglichkeit ist eingeschränkt. Im Röntgenbild lässt sich häufig erkennen, dass der Gelenkknorpel und angrenzende Knochen „angefressen" sind. Im weiteren Verlauf dieser Krankheit nimmt die Beweglichkeit der Gelenke immer weiter ab, es kann zu Gelenkverformungen kommen. Die Betroffenen leiden unter starken Schmerzen. Diese zuweilen unerträglichen Schmerzen können durch Einnahme eines Schmerzmittels deutlich gemildert werden, zugleich wird die Entzündung gehemmt. Die Einnahme des Medikaments ist sinnvoll, ja notwendig. Wann spricht man dagegen von einem Missbrauch eines Medikaments?

Die 14-jährige Katharina greift wieder einmal zu einer der Schmerztabletten, die ihre Mutter wegen starker Schmerzen bei der Regelblutung verschrieben bekommen hat. Katharina hat wiederholt Kopfschmerzen. Seit Tagen fühlt sie sich stark belastet. Vormittags besucht sie die Schule. Am Mittwochnachmittag erteilt sie Nachhilfeunterricht, anschließend nimmt sie am Tischtennistraining teil. Weiter stehen auf ihrem Nachmittagsprogramm dieser Woche: Einwohnermeldeamt, Stadtbücherei, Tanzkursus, Konfirmandenunterricht und Besuch bei den Großeltern. An den letzten drei Abenden hat sie bis gegen 23 Uhr für die Mathematikarbeit gelernt. In den vorangegangenen Wochen hatte sie ein ähnlich „volles Programm" hinter sich gebracht. „Welch ein Stress! Also runter mit der Tablette!" Kritische Ärzte bewerten Katharinas Verhalten als Beispiel für *Medikamentenmissbrauch:* „Man missbraucht ein Medikament, wenn man es einnimmt, obwohl es für einen nicht unbedingt nötig ist ... Man sollte es sich daher zur Regel machen, bei kleinen Beschwerden oder Unpässlichkeiten erst einmal darüber nachzudenken, ob man nicht durch Änderung seiner Lebensweise, Gewohnheiten oder Ernährung eine Besserung seines Befindens erreichen kann."

Die Einnahme eines Medikaments kann mit **Risiken** und **Nebenwirkungen** verbunden sein. So heißt es zum Beispiel im Beipackzettel eines Schmerzmittels: „... **Nicht anwenden bei:** Magen-Darm-Beschwerden, Bluthochdruck ... **Mögliche Nebenwirkungen:** häufig Magen-/Darm-Beschwerden und geringfügige Magen-/Darm-Blutverluste; gelegentlich Magen-/Darm-Geschwüre ... Störungen des Blutbildes ...". Abschließend warnt der Hersteller: „Schmerzmittel sollen nicht längere Zeit oder in höheren Dosen ohne ärztlichen oder zahnärztlichen Rat angewendet werden." In Fachzeitschriften wird über gesundheitliche Langzeitfolgen berichtet: Nieren- und Leberschäden, Medikamenten-Abhängigkeit.

Neben Schmerzmitteln werden auch häufig Beruhigungs-, Schlaf- und Anregungsmittel missbraucht.

1 Jugend konsumiert

2 Das Elend der Drogenkonsumenten

9.5. Ohne Zwang den eigenen Weg suchen

Zeitungen berichten immer öfter von den neuen Vorlieben, aber auch von den Zwängen unter Kindern und Jugendlichen: „Jugend im Konsumrausch“ oder „Wer nicht mitzieht, ist out“. Gemeint ist das zwanghafte Bedürfnis zum Geldausgeben für alle verlockenden Dinge, die neu auf den Markt kommen. Teure Mountainbikes etwa müssen unbedingt gekauft werden oder „Luxusklamotten“, oft nur, um in der eigenen Clique anerkannt zu werden.

Mancher Jugendliche gibt offen zu, dass er über seine Verhältnisse lebt, dass er stärker von diesem Kaufenmüssen abhängig sei, als ihm das recht wäre. Weil dazu das Taschengeld oft nicht ausreicht, besteht nicht selten die Gefahr Schulden zu machen. Es droht eine weitere Zwangslage. Andere Jugendliche versuchen es mit Nebenjobs. Die Folge ist Zeitnot und zunehmender Stress. Oft werden sie dann den Anforderungen der Schule nicht mehr gerecht. Die Angst zu versagen verleitet manche, zu vermeintlichen Hilfen zu greifen: zu Zigaretten, Alkohol, fragwürdigen Medikamenten oder Drogen. Wer es gewohnt ist kritiklos zu konsumieren, wird selbst vor illegalen Drogen keine unüberwindlichen Hemmungen haben. Ohne an die Folgen zu denken, schlittert auf diese Weise so mancher in eine immer stärkere Abhängigkeit, in eine **Sucht.** Der Süchtige ist ein unfreier Mensch, der unter Zwängen lebt, aus denen er sich meist aus eigener Kraft nicht mehr befreien kann. Der Drogenkonsum kann auf Partys oder in bestimmten Kneipen beginnen, wo unvermittelt die verschiedensten „Stoffe“ angeboten werden. Wer es auch hier den anderen nachmachen will oder wem der Mut fehlt sich dem *Gruppenzwang* entgegenzustellen, der kann damit eine „Drogenlaufbahn“ begründen.

Nur derjenige ist wirklich frei, der schon die ersten Suchtmittel ablehnt. Jugendliche bewahren sich so die Chance, ohne Zwang ihren Weg in die Zukunft zu wählen, der ihnen als ihr bester erscheint. Das Leben war noch nie eine ungetrübte Folge von Genuss, Freude und Glück. Probleme und Enttäuschungen in der Schule, zwischen den Menschen, auch zu Hause wird es wohl immer geben. Jeder muss daher lernen mit Schwierigkeiten zu leben. Man kann diese nicht durch eine Flucht in den Rausch beseitigen. Ein Leben ohne Zwang erfordert eigene Phantasie, manchmal auch Vorbilder. Man kann sich etwa in sozial oder ökologisch ausgerichteten Einrichtungen engagieren. Hobby, Musik oder Sport in einem Verein können Begabungen zur Entfaltung bringen und unter ähnlich Interessierten beglückende Gemeinschaftserlebnisse vermitteln. Auch ein gelegentlicher „Ausrutscher“ muss nicht mutlos machen. Wer ernsthaft nach einem Halt, nach Hilfe sucht, wird sie bei nahe stehenden Menschen oder Beratungsstellen finden. Eigenes Versagen kann zu einem hoffnungsvollen Anstoß für einen Neuanfang werden.

Übung: Rauchen

A 1. Schadstoffe im Zigarettenrauch

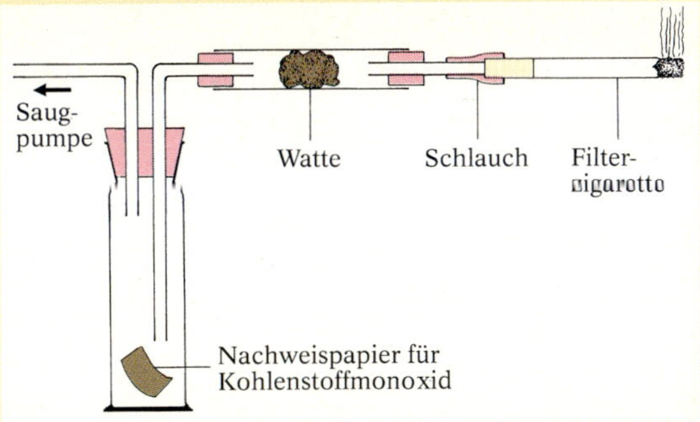

Lässt man eine Filterzigarette in der abgebildeten Versuchsanordnung abbrennen, scheidet sich in der Watte brauner Teer ab. Das Nachweispapier für Kohlenstoffmonoxid (mit Palladiumchlorid) wird braun und zeigt so dieses Gas an.

a) Vergleiche den Weg des Rauches in der Versuchsanordnung mit der Rauchstraße im menschlichen Körper!

b) Beschreibe die Wirkung der beiden Schadstoffe! Nimm dazu den Text auf den Seiten 182 und 183 zu Hilfe!

A 2. Aufgenommene Schadstoffmengen bei Rauchern und Nichtrauchern

Schadstoff	Raucher pro Zigarette	Passivraucher pro Stunde
Kohlenstoffmonoxid	18,4 mg	9,20 mg
Stickstoffoxid	0,3 mg	0,20 mg
Kondensat	25,3 mg	2,30 mg
Nikotin	2,1 mg	0,04 mg

a) Erkläre die unterschiedlichen Werte bei Rauchern und Passivrauchern!

b) Vielerorts wird gefordert, das Rauchen in der Öffentlichkeit zu verbieten. Diskutiere diese Forderung!

A 3. Die Kosten des Rauchens

Befrage verschiedene Raucher aus deinem Bekanntenkreis:

a) Wie viele Zigaretten werden durchschnittlich pro Tag geraucht?

b) Was kostet eine Zigarette, was der Jahresbedarf?

c) Was könnte man sich dafür leisten?

A 4. Das Nikotin zeigt Wirkungen

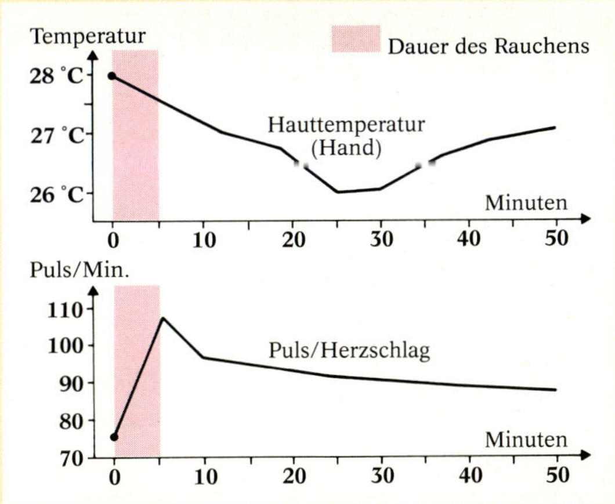

Das Nikotin verengt die Blutgefäße. Erkläre die Auswirkungen auf Hauttemperatur und Herzschlag! Beschreibe den Zusammenhang zwischen Nikotinwirkung und Raucherbein!

A 5. Passivrauchen im Mutterleib?

Zigaretten pro Tag während der Schwangerschaft	durchschn. Körperlänge bei Geburt	durchschn. Geburtsgewicht
0	50,71 cm	3422,8 g
5	49,61 cm	3230,0 g
10	48,76 cm	2943,5 g
15	47,76 cm	2648,4 g

Beschreibe die Auswirkungen des Rauchens während der Schwangerschaft!

A 6. Fragen aus der Zeitungsspalte „Wussten Sie eigentlich, ...?"

– dass sich in Ihren Lungen pro Jahr eine Tasse Zigarettenteer ablagert, wenn Sie täglich zwanzig Zigaretten rauchen, und dass Sie nach zwanzig Jahre langem Rauchen den Rauchstaub von zehn Briketts in Ihrer Lunge angesammelt haben?

– dass Raucher 10,8-mal häufiger an Lungenkrebs und 5,4-mal häufiger an Kehlkopfkrebs erkranken als Nichtraucher?

– dass statistisch gesehen sich Ihr Leben wegen des Rauchens um sechs bis acht Jahre verkürzt?

Stelle Rauchern diese Fragen und notiere dir ihre Antworten! Nimm Stellung!

Fortpflanzung und Entwicklung des Menschen

1 Beziehungsprobleme

2. Man kann lernen zärtlich zueinander zu sein. Was ist für dich wichtig dabei?

1. Mensch und Partnerschaft

Klaus

„Ich habe Jutta – so hieß sie – öfters in der Schule gesehen. Sie hat auch meine jüngere Schwester gekannt. Über sie habe ich nach einer Weile sagen lassen, dass ich sie gut finde. Ich war damals 16, vielleicht war das albern, so richtig kindisch. Aber sie hat das mitgemacht, sie ließ mir dann sagen, dass sie mich auch ganz gut findet. Das fand ich natürlich toll. Irgendwann kam sie meine Schwester besuchen, da habe ich ihr einfach einen Kuss gegeben und bin weggelaufen, hab gesagt, ich müsste schnell weg. Später haben wir uns dann verabredet. Auf dem Nachhauseweg habe ich einfach ihre Hand genommen und sie hat es zugelassen. Von da an sind wir „zusammen gegangen" – bis zum Klassenfest im letzten Jahr. Da habe ich mit Marion getanzt und habe mich Hals über Kopf verknallt. Ich habe das Jutta gesagt und sie war schon traurig ..."

1. Welche Erwartungen knüpfst du an die Beziehung zu einem Mädchen?

1.1. Beziehungen zwischen Jungen und Mädchen

Hand in Hand kommen Thomas und Karin vom Pausenhof. Ein flüchtiges Küsschen vor der nächsten Unterrichtsstunde und jeder geht in seinen Klassenraum. Thomas und Karin sind verliebt. Eigentlich kennen sie sich schon seit der 7. Klasse. Sie sind sich schon oft auf dem Schulweg begegnet. Aber persönliches Interesse füreinander haben sie erst jetzt in der 10. Klasse.

Früher stand Thomas mit gleichaltrigen Jungen auf dem Schulhof, Karin fühlte sich in Ihrer Mädchenclique wohl. Die Jungen versuchten durch scherzhaftes Reden, Sticheleien und Raufen den Mädchen zu imponieren. Die Mädchen dagegen verhielten sich meist so, als ob sie die Jungen gar nicht beachteten. Waren diese Verhaltensweisen nicht eigentlich Signale, dass sich Jungen und Mädchen füreinander interessierten? Es gehört schon Mut dazu dem anderen deutlich zu machen, dass man ihn näher kennen lernen möchte.
So merkte Thomas zum Beispiel, dass Birgit damals für den gleichen Popstar schwärmte. Er sprach sie darauf an, und so kam es, dass sie einige Wochen „miteinander gingen". Dann lernte Birgit jedoch einen anderen Jungen kennen, der ihr besser gefiel. Birgit und Thomas sprachen offen darüber. Sie lösten ihre Freundschaft, ohne einander böse zu sein, auch

2 Näheres Kennenlernen

3. Wie sollten sich deine Eltern verhalten, wenn du mit einer Freundin allein sein willst?

3 Jugendliche in einer „Disco"

4. Weshalb bereitet vielen Jugendlichen das Tanzen in einer Disco besondere Freude?

wenn Thomas lernen musste, mit seinem Kummer fertig zu werden. Ob die derzeitige Beziehung zu Karin dauerhaft sein wird, weiß er nicht. Jedenfalls verstehen sich beide gut: Sie unternehmen gemeinsam vieles, was ihnen Spaß macht. Sie diskutieren über alles Mögliche. Sie wollen sich verständigen können, auch wenn sie nicht immer einer Meinung sind. Sie freuen sich, wenn der andere ähnlich denkt und empfindet.

Jugendliche haben ein natürliches Verlangen zu einem Geschlechtspartner. Der Geschlechtstrieb oder Sexualtrieb ist jedem Menschen angeboren und begleitet ihn ein Leben lang. Er veranlasst die Jugendlichen Beziehungen aufzunehmen, obgleich ihre innere Einstellung für dauerhafte Partnerbeziehungen noch nicht ausreichend gefestigt ist. Deshalb ist das Jugendalter auch dadurch charakterisiert, dass viele Beziehungen aufeinander folgen, die sich oft sehr stark voneinander unterscheiden. Im Gegensatz zu den Tieren, die ihrem Sexualtrieb mit bestimmten Verhaltensweisen und zu bestimmten Zeiten folgen, kann der Mensch seine Sexualität vielfältig gestalten. Verliebtsein, Liebe, Sehnsucht, Neugier und Phantasien sind ebenso Ausdrucksformen der Sexualität wie körperliche Liebkosungen und Berührungen. Die ersten sexuellen Erlebnisse sind für die meisten Menschen mit starken Gefühlen verbunden. Diese können sehr angenehm, aber auch enttäuschend sein. Der Umgang mit der Sexualität muss ebenso erlernt werden wie auch andere Fähigkeiten.

Anke

„Als ich meinen ersten Freund hatte, da war ich 14. Das war aber mehr noch so ein Kumpelfreund. So mit 15 hatte ich einen Freund, da wurde ich auch als Mädchen anerkannt. Auch die in der Clique haben dann gemerkt: Na ja, die Anke hat jetzt einen Freund, jetzt ist sie auch ein Mädchen. Ich habe ja nicht viele Freunde gehabt. Ich hatte ein Dreivierteljahr zwischen dem einen und dem anderen keinen Freund. Da bin ich aber nicht hingegangen nach dem Motto: Alle anderen haben Freunde, jetzt muss ich auch einen haben. Das erste Mal so richtig verliebt war ich in Michael. Ich war damals 16. Er war älter, ich glaube 18 oder so. Wir sind oft ins „Dance in" gegangen; es war einfach Klasse, mit ihm so eng zu tanzen. Mit ihm konnte ich auch über alles quatschen. Aber irgendwie stand er dann nicht mehr auf mich. ..."

5. Welche Erwartungen knüpfst du an die Beziehung zu einem Jungen?

1 Zärtlichkeit

2 Familie

1. Sexualität ist wichtig in einer Partnerbeziehung. Wodurch zeichnet sich Partnerschaft noch aus?

2. „Liebe bedeutet, dass es keiner Worte bedarf sich zu verstehen." Wie denkst du darüber?

1.2. Partnerbeziehung zwischen Mann und Frau

„Sie sind nun kraft Gesetzes rechtmäßig verbundene Eheleute!" Diese Feststellung trifft der Standesbeamte, nachdem sich zuvor Mann und Frau „ohne Vorbehalt und ohne Bedingung" das Ja-Wort gegeben haben. Wie ist es zu dieser *Eheschließung* gekommen?

Als sie sich kennen lernten, fanden sie sich sympathisch. Es entwickelte sich eine **Freundschaft.** Je häufiger sie zusammen waren, desto stärker wurde das Gefühl ihrer Zuneigung, ihre Liebe. Bei Unternehmungen stellten sie fest, dass sie zwar viele Gemeinsamkeiten hatten, jedoch keiner die Idealvorstellung des anderen erreichte. Es traten Zweifel auf, ob sie sich nicht gegenseitig enttäuschen würden. Jeder bemühte sich jedoch, den anderen so kennen zu lernen, wie er wirklich ist. Auch im sexuellen Bereich verbesserte sich ihre Beziehung dadurch, das sie Wünsche und Gefühle des anderen beachteten. Sie erreichten dies vor allem durch offenes Miteinanderreden. So versuchten beide, Kompromisse auch bei Meinungsverschiedenheiten und anderen Konflikten zu schließen. Sie lernten, sich gegenseitig als Partner zu empfinden und wie gleichberechtigte Partner zu behandeln.

In dieser **Partnerschaft** intensivierten sie das Verständnis füreinander, prüften die eigenen Wünsche an der Wirklichkeit, stellten sie gegebenenfalls zurück oder gaben sie auf. Ihre Partnerschaft wurde zu einer dauerhaften Bindung, in der Zärtlichkeiten, Erfüllung sexueller Wünsche und Bedürfnisse, Achtung vor dem Partner, Treue und persönliche Freiheit weiterhin eine wesentliche Grundlage bildeten.

Nachdem beide ihre Berufsausbildung abgeschlossen hatten und auch finanziell unabhängig waren, beschlossen sie zu **heiraten**. Später wollen sie auch Kinder haben, mit denen sie eine **Familie** gründen. Sie sind sich bewusst, dass sie für Pflege, Entwicklung und Erziehung ihrer Kinder Verantwortung übernehmen müssen. So wird nicht nur die gegenseitige Verantwortung erweitert, sondern auch das Füreinanderdasein verstärkt werden.

Der Staat schützt die *Ehe* durch *Ehegesetze*. Danach müssen Mann und Frau mindestens 18 Jahre alt sein, um heiraten zu können. Minderjährige benötigen dazu die Einwilligung ihrer Eltern oder ihres Vormunds. Mann und Frau haben in der Ehe gleiche Rechte.

Viele Paare leben heute zusammen, ohne miteinander verheiratet zu sein. Auch in dieser Partnerbeziehung muss sich jeder der Verantwortung für sich, für den Partner und eventuell für ein Kind bewusst sein.

ABC zur Sexualität

Ejakulation. Samenerguss.
Erektion. Gliedsteife; Aufrichten des Penis bei sexueller Erregung.
Erotik. Sinnlicher Bereich des Liebeslebens.
Erogene Zonen. Körperregionen, deren Reizung bevorzugt zu sexueller Erregung führt (z.B. Lippen, Brustwarzen, Geschlechtsorgane).
Kitzler. Klitoris; kleiner Schwellkörper zwischen den kleinen Schamlippen der Frau; schwillt bei sexueller Erregung an.
Koitus. Geschlechtsverkehr, Beischlaf, Eindringen des versteiften Penis in die Scheide; Hin- und Herbewegen des versteiften Gliedes in der Scheide verstärkt sexuelle Reize bei der Frau und beim Mann, sodass beide zum Orgasmus kommen können.
Masturbation. Selbstbefriedigung, Onanie; Reiben am Penis beziehungsweise am Kitzler bis zum Orgasmus.
Orgasmus. Höhepunkt der sexuellen Erregung und Lust; Zustand, in dem seelische und körperliche Erregung durch gegenseitige Bewegungen, zärtliches und kräftiges Berühren der erogenen Zonen so stark gewachsen sind, dass es beim Mann zur Ejakulation, bei der Frau zu rhythmischem Zusammenziehen und Lockerlassen des Scheideneingangs und der Gebärmutter kommt.
Petting. Reizen von Geschlechtsorganen und erogenen Zonen des Partners, ohne dass das Glied in die Scheide eindringt.
Sexualität. Geschlechtigkeit; alle Formen sexueller Verhaltensweisen.

1.3. Menschliche Sexualität

Zu den Gefühlen der Zuneigung, der Liebe, gehört in einer Partnerbeziehung zwischen Mann und Frau auch die gegenseitige Erfüllung sexueller Bedürfnisse.

Nicht alle Menschen haben solche getrenntgeschlechtlichen oder **heterosexuellen** Beziehungen. Einige lieben auch Partner des gleichen Geschlechts und gehen sexuelle Beziehungen ein. Ein solches Verhalten bezeichnet man als **Homosexualität**. Homosexualität bei Frauen wird auch als *lesbische Liebe* bezeichnet. Vielen Menschen fällt es allerdings schwer solche homosexuellen Beziehungen zu tolerieren. Homosexuelle werden daher noch oft angefeindet.

Neben den heterosexuellen und homosexuellen Beziehungen gibt es auch *bisexuelle*. Darunter versteht man das sexuelle Verhalten eines Menschen beiden Geschlechtern gegenüber. So ist zum Beispiel ein Mann bisexuell veranlagt, wenn er außer Frauen auch Männer liebt.

Sexuelle Bedürfnisse beruhen auf einem angeborenen Sexualtrieb. Durch äußere und auch innere Faktoren kommt es zu einem Triebstau, der Erregung. Sie wird in der Regel abgebaut durch den Orgasmus. Man spricht auch von *Befriedigung*. Mann und Frau befriedigen ihre sexuellen Bedürfnisse unterschiedlich. Es gibt Männer, seltener Frauen, die ins *Bordell* gehen. Dort finden sie Frauen und Männer, die **Prostituierten**, die ihre Körper gegen Bezahlung anderen für sexuelle Handlungen zur Verfügung stellen. Zwischen Prostituierten und Kunden gibt es im Allgemeinen keine persönlichen Beziehungen.

Bei manchen Menschen führt der Sexualtrieb zu abartigen und krankhaften Verhaltensweisen: So gewinnt der **Sadist** seine Befriedigung nur, wenn er seinem Partner Schmerz zuführen kann. Der **Masochist** gelangt nur zur sexuellen Erfüllung, wenn er bei der sexuellen Handlung Schmerzen erleidet.

Sittlichkeits- oder **Triebverbrecher** verführen häufig Kinder, um an ihnen ihren Trieb abzureagieren. Dabei kann es zu Gewaltanwendungen und Misshandlungen kommen. So werden Frauen *vergewaltigt* und Kinder *sexuell misshandelt.* Allerdings sind es selten Triebverbrecher, die Kinder sexuell misshandeln. Häufig werden Kinder von solchen Menschen misshandelt, denen sie vertrauen, wie Familienmitgliedern, Verwandten und Bekannten. Unter solchen Erfahrungen können die Opfer ein Leben lang leiden, indem sie zum Beispiel ein gestörtes Verhältnis zum Geschlechtspartner zeigen. Die krankhafte Triebhaftigkeit kann sogar zu einem *Sexualmord* führen. Triebverbrecher sind meistens seelisch kranke Menschen.

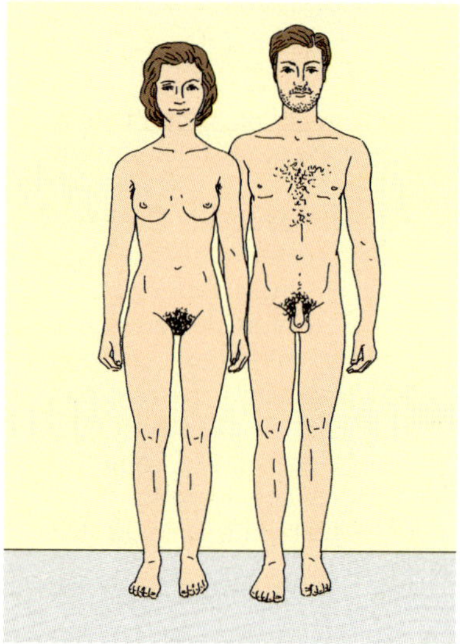

1 **Frau und Mann** (Schema)

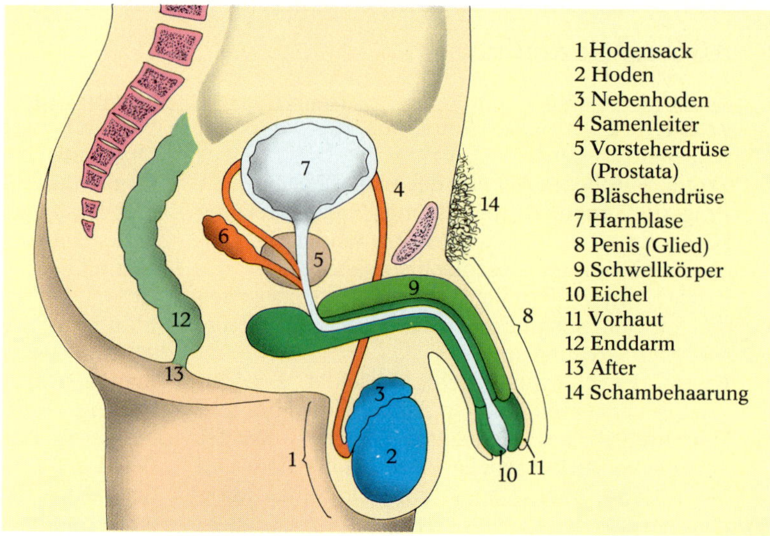

2 **Männliche Geschlechtsorgane** (Schema, Längsschnitt)

2. Geschlechtsmerkmale von Mann und Frau

Es fällt dir nicht schwer, am Schema in der Abbildung 1 Frau und Mann zu unterscheiden. Die Grafikerin hat die Geschlechtsunterschiede deutlich herausgearbeitet. Welche Merkmale kennzeichnen das weibliche und welche das männliche Geschlecht?

Bei Kindern fallen die Geschlechtsmerkmale weniger auf als bei Erwachsenen. Ein kleiner Junge unterscheidet sich äußerlich von einem gleichaltrigen Mädchen durch einen *Penis* und einen *Hodensack*. Beim Mädchen sind *Schamlippen* und *Schamspalte* zu erkennen. An den **Geschlechtsorganen** lassen sich die Geschlechter bereits bei Neugeborenen unterscheiden.
Die Geschlechtsorgane sind die **primären Geschlechtsmerkmale**. Zu ihnen gehören auch Organe, die im Körperinneren liegen. Beim Mann sind es im Hodensack die paarigen *Hoden* mit den *Nebenhoden*. Im Hoden werden die *Spermien* gebildet und in Kanälchen der Nebenhoden gespeichert. Von jedem Nebenhoden führt ein *Samenleiter* zur *Vorsteherdrüse*. Die Vorsteherdrüse sowie die zwei *Bläschendrüsen* geben schleimige Flüssigkeiten ab, die man *Sekrete* nennt. Diese Sekrete bilden die Samenflüssigkeit, in der die Spermien schwimmen.

Während beim Mädchen der Eingang der *Scheide*, der *Kitzler* und die *kleinen Schamlippen* auch äußerlich erkennbar sind, liegen die beiden walnussgroßen *Eierstöcke*, die beiden *Eileiter*, die *Gebärmutter* und die Scheide im Inneren des Körpers. Die etwa 10 cm lange Scheide ist schlauchförmig und mit einer Schleimhaut bedeckt. Auch die birnenförmige Gebärmutter ist mit einer Schleimhaut ausgekleidet, die gut durchblutet wird. Jeder Eileiter stülpt sich wie ein Trichter mit Fransen über einen Teil des Eierstocks.

Im fortpflanzungsfähigen Alter unterscheidet sich der erwachsene Körper vom kindlichen durch äußerlich sichtbare Veränderungen. Durch Wirkstoffe oder *Hormone* der Hoden beziehungsweise der Eierstöcke haben sich die **sekundären Geschlechtsmerkmale** entwickelt. Ein auffallendes Merkmal ist die *Behaarung* der Schamgegend und der Achselhöhlen. Beim Mann kommen im Allgemeinen Bartwuchs und Brustbehaarung hinzu. Auch die Körperform ist unterschiedlich: Frauen haben meist weiche und rundliche Körperformen im Gegensatz zu kantigen bei Männern. Dieser Unterschied ist auf größere Fettpolster in der Unterhaut der Frau zurückzuführen. Auch sind bei der Frau die Brüste rundlicher aufgrund einer stärkeren Ausbildung der *Milchdrüsen*. Männer haben häufig breitere Schultern und schmale Becken, Frauen dagegen breitere Becken und schmalere Schultern. Das breitere Becken bei der Frau ist notwendig für einen ungehinderten Durchtritt des Kindes bei der Geburt. Ein weiteres Unterscheidungsmerkmal ist die *Muskulatur:* Die Muskeln beim Mann sind kräftiger gebaut als bei der Frau, sie

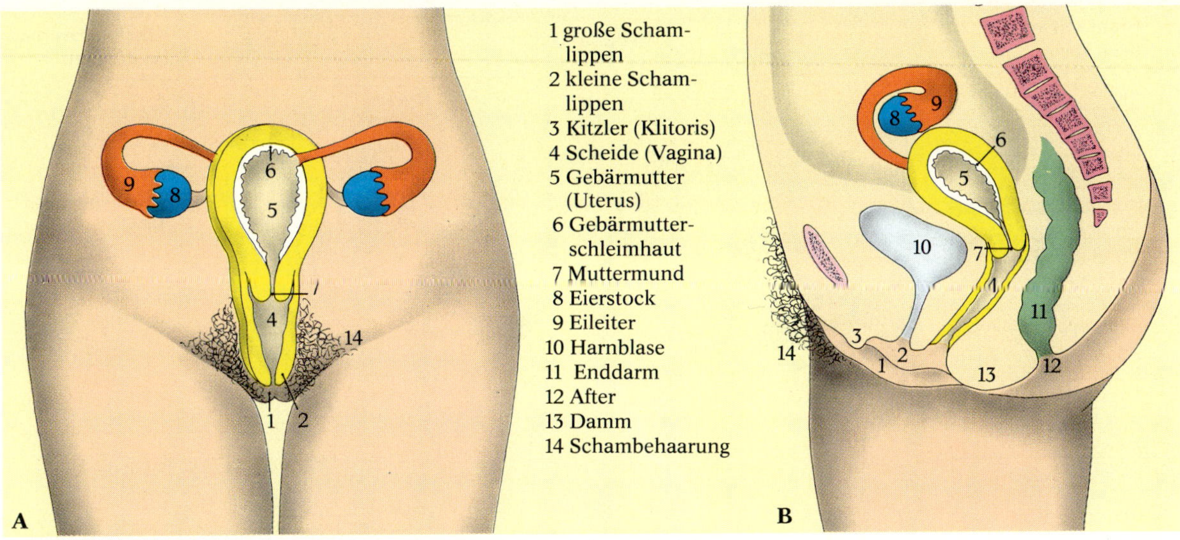

3 Weibliche Geschlechtsorgane (Schema). A Aufsicht; B Längsschnitt

sind auch leistungsfähiger. In der Regel ist auch der Kehlkopf bei Männern stärker entwickelt als bei Frauen, was eine tiefe Stimmlage gegenüber einer hohen bei der Frau zur Folge hat.

Die überlieferte Rollenvorstellung vom „schwachen, weiblichen Geschlecht“ bezieht sich nur auf die unterschiedliche Muskelkraft. Im Zeitalter der Gleichberechtigung von Mann und Frau werden immer mehr Berufe von Frauen ergriffen, die früher ausschließlich von Männern ausgeübt wurden. Die Klassifizierung in „typisch weiblich“ und „typisch männlich“ beruht daher vielfach auf einem Vorurteil.

Die sekundären Geschlechtsmerkmale haben auch werbende Wirkung bei der Partnersuche und der Partnerwahl. Deshalb versuchen Frauen und Männer häufig, diese Merkmale zum Beispiel durch die Kleidung besonders hervorzuheben. Frauen unterstreichen beispielsweise die Wirkung eines „breiten Beckens“ durch das Tragen von weiten Röcken mit enger Taille. Männer tragen Anzüge, wobei die Jacken „breite Schultern“ und die Hosen „schmale Becken“ hervorheben. Dadurch werden also die sekundären Geschlechtsmerkmale der Frau bzw. des Mannes besonders betont. Man spricht in diesem Zusammenhang von **tertiären Geschlechtsmerkmalen.** Sie sind jedoch stark abhängig von dem, was gerade in Mode ist, also von der Erwartung der jeweiligen Gesellschaft an die Rolle von Frau und Mann.

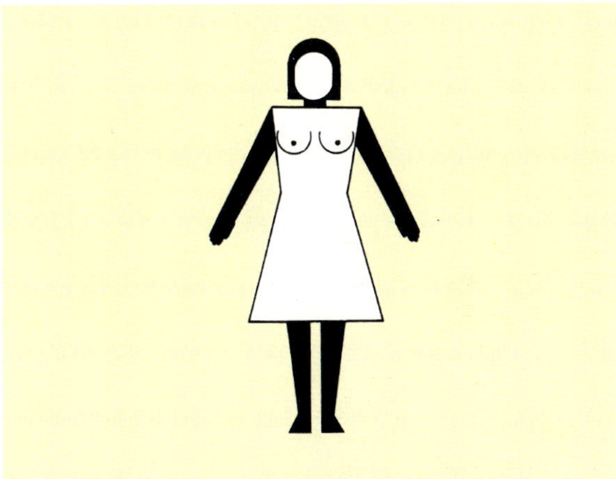

4 Sekundäre Geschlechtsmerkmale bei der Frau (Schema)

1. Nenne die dargestellten sekundären Geschlechtsmerkmale der Frau! Welche fehlen? Fertige in ähnlicher Form eine Schemazeichnung des männlichen Körpers mit sekundären Geschlechtsmerkmalen an!

2. Welche Geschlechtsmerkmale hat die Grafikerin in der Abbildung 1 berücksichtigt?

3. Nenne primäre und sekundäre Geschlechtsmerkmale der Frau und des Mannes! Trage sie in eine Tabelle ein!

4. Welche weiblichen Geschlechtsorgane entsprechen den Hoden, den Samenleitern und dem Penis?

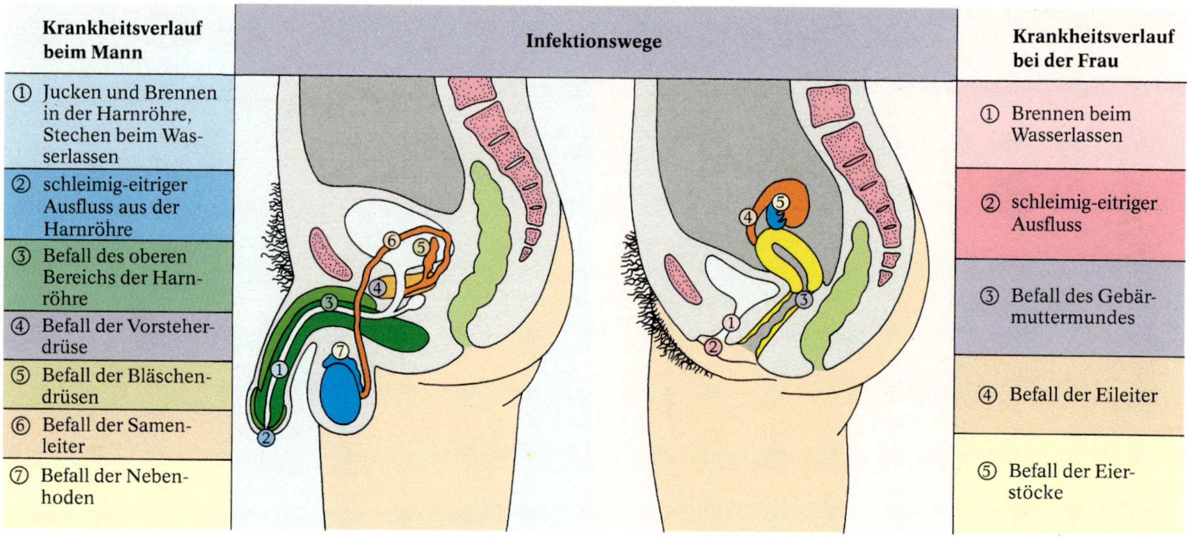

1 **Gonorrhöe** (Tripper)

3. Erkrankungen der Geschlechtsorgane

Beim Geschlechtsverkehr oder bei geschlechtlichen Kontakten wie Petting können ansteckende Krankheitserreger übertragen werden. Solche Infektionskrankheiten bezeichnet man als **Geschlechtskrankheiten**.

Die häufigste Geschlechtskrankheit ist die **Gonorrhöe**, auch *Tripper* genannt. Sie wird durch Bakterien, die Gonokokken, hervorgerufen. Etwa zwei bis fünf Tage nach der Ansteckung verspürt man ein Prickeln und Jucken in der Harnröhre, dann ein Stechen und Brennen beim Wasserlassen. Schließlich tritt eine schleimig-eitrige Absonderung aus der Harnröhre und aus der Scheide. Spätestens jetzt muss die Krankheit vom Arzt mit *Antibiotika* behandelt werden. Unbehandelt breitet sie sich auf die innen gelegenen Geschlechtsorgane aus. Es entstehen Veränderungen wie Verwachsungen, die nicht mehr behoben werden können. Bei der Frau können die Eileiter verkleben, was zur Unfruchtbarkeit führt. Gelangen die Gonokokken in die Blutbahn, können Gelenkerkrankungen und schwere Herz- und Gefäßschäden die Folge sein.
Eine sehr gefährliche Geschlechtskrankheit ist die **Syphilis** oder *Lues*. Die Ansteckung erfolgt meistens beim Geschlechtsverkehr, aber auch durch Berührung erkrankter Haut- oder Schleimhautstellen wie z.B. beim Kuss. Drei Wochen nach der Infektion entsteht an der Eintrittsstelle der bakteriellen Erreger ein kleiner, rötlich verfärbter Knoten. Dieses *Primär-Stadium* der Syphilis wird leicht übersehen. Es verschwindet nach einigen Wochen. Nach zwei bis drei Monaten erfolgt ein Hautausschlag. Das *Sekundär-Stadium* kann mehrere Jahre andauern und schließlich abklingen. Bleibt die Krankheit weiterhin unbehandelt, tritt sie nach mehreren Jahren in das äußerst gefährliche *Tertiär-Stadium*. Es zeigen sich schwere Schädigungen des Nervensystems, Lähmungen der Gliedmaßen, Herz- und Gefäßerkrankungen, Lungenzerfall, Leberschrumpfung und Geschwüre am ganzen Körper. Diese Spätfolgen können nur durch rechtzeitige und langjährige Behandlung in den Frühstadien verhindert werden.
Alle Geschlechtskrankheiten sind ansteckend. Sie müssen daher ärztlich behandelt werden, um nicht andere Menschen zu gefährden. In der Zeit der Infektion darf kein Geschlechtsverkehr vollzogen werden! Bei rechtzeitiger Behandlung sind die Geschlechtskrankheiten meistens heilbar. Es ist daher falsche Scham, nicht zum Arzt zu gehen. Der Arzt unterliegt der Schweigepflicht und in den Gesundheitsämtern ist die Beratung streng vertraulich.

Auch die lebensbedrohliche Krankheit **AIDS** wird häufig durch den Geschlechtsverkehr übertragen. AIDS ist jedoch keine Geschlechtskrankheit, da eine Infektion auch über das Blut möglich ist. Von AIDS sind alle Menschen bedroht, nicht nur die so genannten Risikogruppen wie Homosexuelle, Drogenabhängige und Prostituierte.

1 Kinder und Jugendliche auf dem Spielplatz

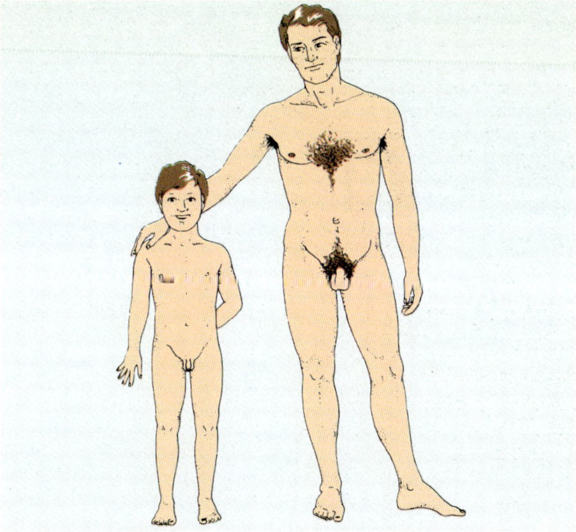

2 Junge und Mann

4. Körperliche und seelische Veränderungen in der Pubertät

4.1. Geschlechtsreife, was heißt das?

Eigentlich wäre in der Sandkiste noch ausreichend Platz für die drei etwa dreizehn Jahre alten Jungen, doch sie denken nicht daran sich an solchen kindlichen Spielen zu beteiligen. Betont gelangweilt übersehen sie die spielenden Kinder in der Sandkiste. Ab und zu rücken sie eng zusammen, reden aufeinander ein und lachen dann überlaut. Florian, offensichtlich der Wortführer unter ihnen, weist auf zwei etwa fünfzehnjährige Mädchen, die gerade den Spielplatz betreten. Wieder brechen die Jungen in lautes Lachen aus. Viele Jungen ihres Alters verhalten sich ähnlich. Sie lehnen Spiele ihrer Kindheit ab und versuchen sich wie Ältere zu verhalten. In der Gruppe fühlen sie sich wohl und auch stark. Gleichaltrigen wollen sie imponieren, indem sie zum Beispiel beim Erzählen eigener Erlebnisse stark übertreiben. Mädchen betrachten sie mit zunehmendem Interesse. Sie suchen Zuneigung und Zärtlichkeit, haben jedoch häufig Schwierigkeiten solche Wünsche auszudrücken. Aus solchen Schwierigkeiten heraus reagieren sie unberechenbar, aggressiv und launisch. Neben solchen *seelischen* Veränderungen kann man auch *körperliche* Veränderungen beobachten. Achsel- und Schambehaarung werden erkennbar, später beginnt auch der Bart zu wachsen. Durch den Stimmbruch wird die Stimme tiefer.

Die gesamte Muskulatur des Körpers entwickelt sich zunehmend. Allmählich werden die typischen männlichen Körperproportionen sichtbar: breite Schultern, schmale Hüften. Die *sekundären Geschlechtsmerkmale* werden also nach und nach ausgebildet.

Während dieser Zeit treten auch Veränderungen auf, die einem Jungen von außen nicht anzusehen sind. Im Schlaf kann sich sein Glied versteifen. Diesen Vorgang bezeichnet man als *Erektion.* Dabei kann Samenflüssigkeit durch die Harnröhre herausgedrückt werden. Der Junge erlebt dann einen Samenerguss, eine *Ejakulation.* Seine Hoden haben also begonnen Samenzellen zu bilden. Der Junge ist *geschlechtsreif* geworden. Seine Geschlechtsorgane sind herangewachsen und voll funktionsfähig. Man bezeichnet diese Zeit der körperlichen und seelischen Veränderungen als **Pubertät.**

Jungen entdecken, dass sie beim Streicheln ihres Gliedes ein schönes Gefühl haben. Dabei versteift sich das Glied. Es kann zum Samenerguss kommen. Sie empfinden diesen Augenblick als besonders angenehm. Das schöne Gefühl, das sich nicht mehr steigern lässt, nennt man **Orgasmus.** Die Jungen haben sich selbst befriedigt, man spricht von *Masturbation.* Auch Mädchen können sich selbst befriedigen, indem sie ihre Geschlechtsorgane, besonders die Klitoris, selbst streicheln. Dabei können sie einen Orgasmus haben.

Auch Mädchen verhalten sich während der Pubertät anders als vorher. Sie interessieren sich zum Beispiel dafür, wie man sich schminkt, für die Farbe des Lidschattens oder des Lippenstiftes. Auch ihrer Frisur

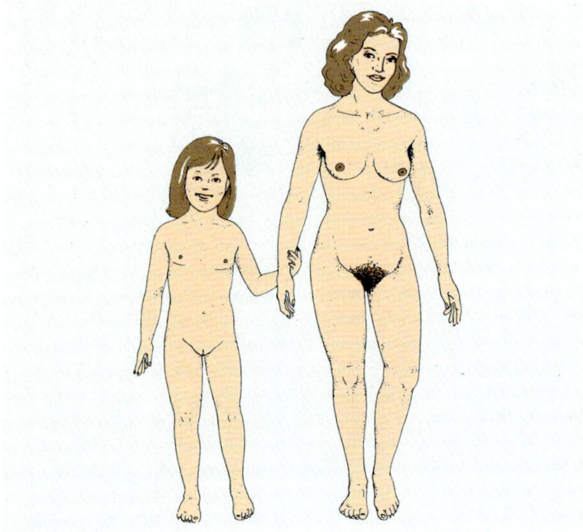

3 Mädchen und Frau

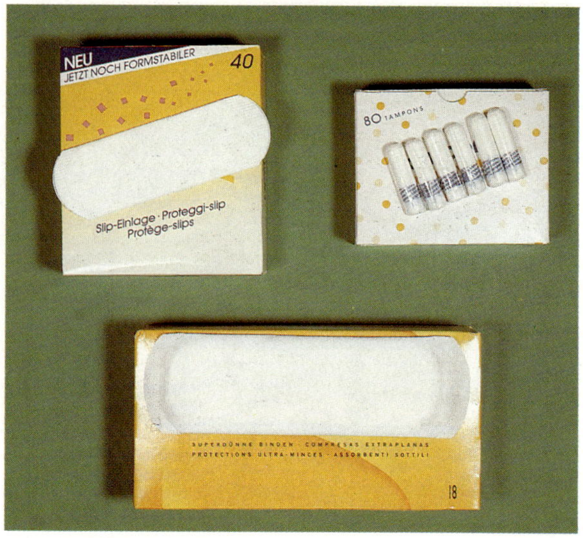

4 Hygieneartikel für die Menstruation

und der Pflege ihrer Fingernägel widmen sie viel Zeit. Ihre Kleidung wollen sie nun selbst auswählen, dabei orientieren sie sich an Vorbildern aus der Werbung, aus der Unterhaltungsbranche oder aus ihrer Umgebung. Auch Mädchen zeigen während der Pubertät zunehmendes Interesse an Jungen. Sie reden über ihre „Freunde“ oder über Erlebnisse während der Tanzschulkurse, sie schwärmen von beliebten Sängern und Schauspielern.

Schon im Alter von 9 bis 13 Jahren entwickeln sich bei ihnen die Merkmale einer erwachsenen Frau. Die Brüste wachsen, es bilden sich Achsel- und Schambehaarung. Das Becken verbreitert sich, in die unteren Hautschichten wird Fett eingelagert. So kommt es zur typischen weiblichen Abrundung der Körperformen. Die weiblichen Körperproportionen werden deutlich: Die Hüfte ist relativ breit, die Schultern bleiben schmal. Mädchen haben während dieser Zeit erstmals eine 3 bis 8 Tage dauernde **Monatsblutung** oder **Menstruation.** Dabei tritt Blut aus der Gebärmutter durch die Scheide nach außen. Diese Blutung wiederholt sich regelmäßig in Abständen von etwa 28 Tagen, man spricht deshalb auch von einer *Regelblutung.* Bei jungen Mädchen können diese Blutungen allerdings noch unregelmäßig auftreten. Das Auftreten der Regelblutung ist ein deutlicher Hinweis darauf, dass ein Mädchen **geschlechtsreif** geworden ist. Es kann nun Kinder bekommen. In einem seiner Eierstöcke ist eine befruchtungsfähige Eizelle gebildet worden. Sie gelangt in die Gebärmutter. Wenn keine Befruchtung stattfindet, wird sie mit der Gebärmutterschleimhaut abgestoßen, wobei eine Blutung eintritt.

Auf diese Blutung muss sich ein Mädchen vorbereiten. Dazu kann es einen *Tampon* in die Scheide einführen oder eine *Monatsbinde* vor den Scheideneingang legen. Das saugfähige Material dieser Mittel nimmt das Blut und die Schleimhautreste auf. Nach fünf bis acht Stunden muss ein Tampon oder eine Monatsbinde gewechselt werden. Es ist wichtig, den Bereich der Scheidenöffnung und der Schamlippen während dieser Zeit besonders gründlich zu waschen.

Die Monatsblutung ist ein natürlicher Vorgang. Die Mehrzahl der Mädchen kann während dieser Zeit die meisten ihrer Aktivitäten aufrechterhalten, wie zum Beispiel Sport treiben, an Feiern teilnehmen oder zur Schule gehen. Einige Mädchen allerdings leiden unter Menstruationsbeschwerden wie Kopf- und Rückenschmerzen oder Übelkeit.

1. *Stelle in einer Tabelle körperliche Veränderungen während der Pubertät bei Jungen und Mädchen zusammen!*

2. *Wann sind Jungen und Mädchen geschlechtsreif?*

3. *Untersuche eine Jugendzeitschrift auf ihre inhaltlichen Schwerpunkte!*

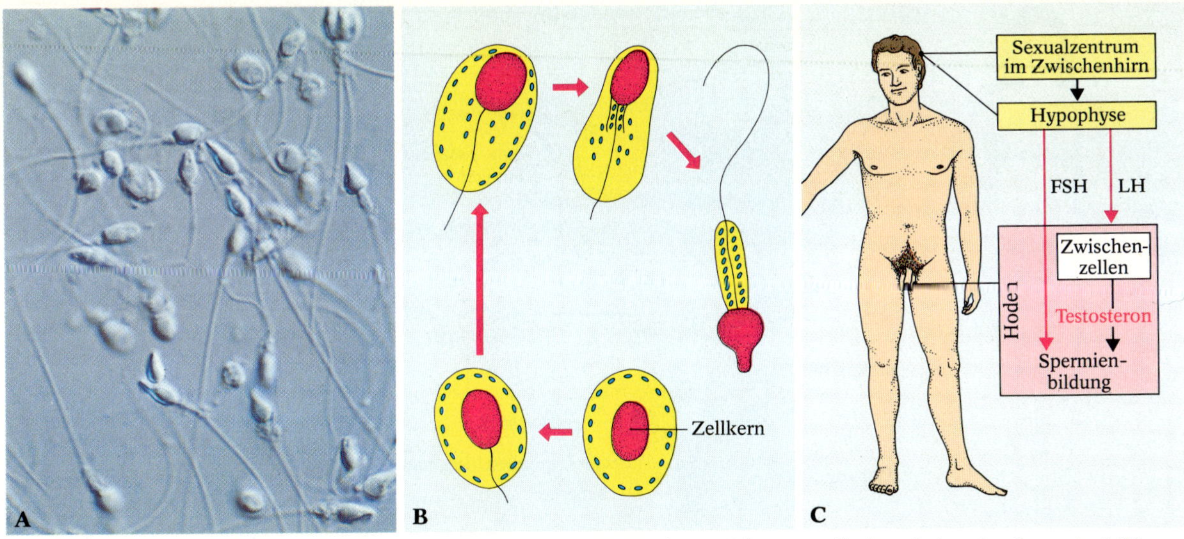

1 Spermien. A mikroskopische Aufnahme; B Bildung eines Spermiums; C hormonelle Regulation der Spermienbildung

4.2. Hormone bewirken die Spermienbildung

Bei einem Samenerguss werden etwa 4 Milliliter Samenflüssigkeit abgegeben. Untersucht man eine kleine Probe davon unter dem Mikroskop, kann man viele kleine bewegliche Zellen beobachten. Sie sind nur 0,05 Millimeter lang, das ist etwa die Hälfte des Durchmessers eines Haares. Mit Hilfe eines beweglichen Schwanzfadens bewegen sie sich schlängelnd vorwärts. Dabei erreichen sie eine Geschwindigkeit von etwa 3 mm pro Minute. Das Mittelstück enthält unter anderem Zellbestandteile, mit deren Hilfe Energie für die Fortbewegung freigesetzt wird. Im ovalen Kopf befindet sich der Zellkern und somit die Erbsubstanz. Man nennt diese beweglichen Zellen **Spermien.** In einem Samenerguss befinden sich bis zu 600 Millionen Spermien. Wie kommt es zu dieser großen Zahl?

Das Sexualzentrum im Zwischenhirn regt die *Hypophyse* (Hirnanhangsdrüse) an, zwei hodenwirksame Hormone auszuschütten. Das *follikelstimulierende Hormon (FSH),* das in der Pubertät das Wachstum von Hoden und Hodenkanälchen fördert, beeinflusst die Reifung der Spermien. *Das luteinisierende Hormon (LH)* wirkt auf die Zellen ein, die zwischen den Hodenkanälchen liegen. Diese so genannten Zwischenzellen geben daraufhin das männliche Keimdrüsenhormon *Testosteron* ab. Das Testosteron allein ist verantwortlich für die Ausbildung der männlichen Geschlechtsmerkmale. Im Zusammenspiel mit dem FSH sorgt es für die Bildung der Spermien. Die Spermien werden im Bereich der Hodenkanälchen gebildet. In der Innenwand der Hodenkanälchen vermehren sich ständig Zellen, die Vorstadien der Spermien sind. Aus ihnen gehen durch Meiose haploide Zellen hervor. Sie wandeln sich zu Spermien um. Der Zellkern wandert dabei in das eine Ende der Zelle. Am anderen Ende wächst der Schwanzfaden heraus. Die typische Gestalt eines Spermiums wird nach und nach erkennbar. Die noch nicht ganz ausgeformten Spermien werden durch die Flimmerhärchen der Hodenkanälchen in die Nebenhoden getrieben. Hier reifen täglich einige 100 Millionen Spermien zu ihrer endgültigen Form heran. Beim Samenerguss zieht sich die Nebenhodenmuskulatur zusammen. Dadurch werden die Spermien zunächst in den Samenleiter und dann in den Harnsamenleiter gepresst. Bläschen- und Vorsteherdrüse sondern eine milchige Flüssigkeit ab. Dieses Gemisch aus Spermien und Flüssigkeit nennt man *Sperma.*

1. Nenne einige Wirkungen des Keimdrüsenhormons Testosteron!

2. Welche Folgen hat das Fehlen von FSH für die Spermienbildung?

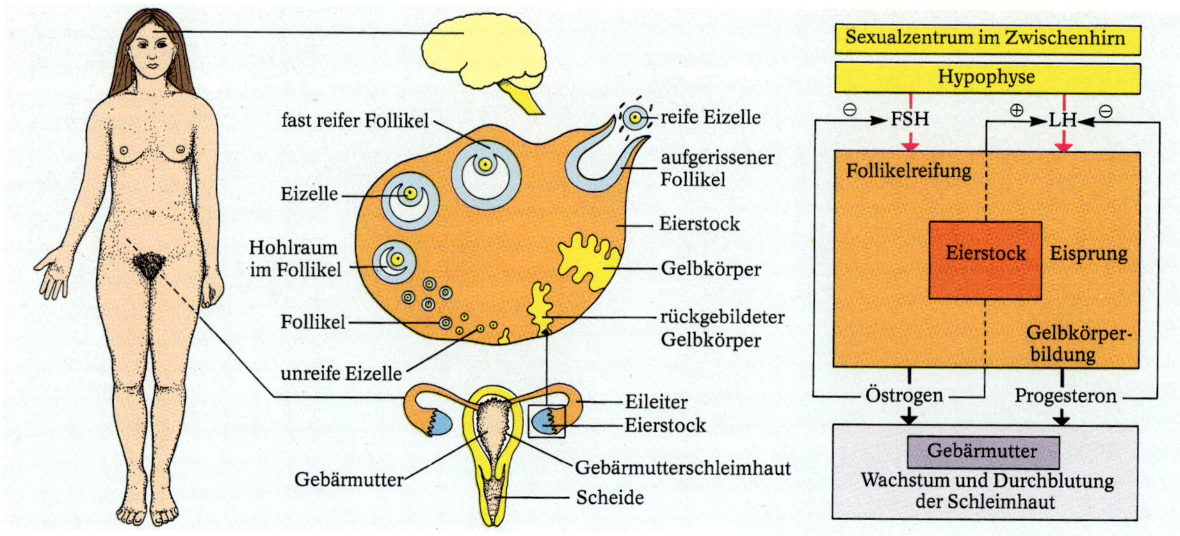

1 **Regulation des weiblichen Zyklus**

4.3. Hormone steuern den weiblichen Zyklus

„Jetzt ist es bald wieder soweit!" Katharina verspürt leichte Rückenschmerzen, die Haut ihrer Brüste wirkt gespannt. Diese Symptome treten bei ihr regelmäßig 1 bis 2 Tage vor Beginn ihrer Regelblutung auf und klingen dann am zweiten Tag der Regelblutung ab. Die Regelblutung kann sich auch durch andere Symptome wie zum Beispiel Kopfschmerzen oder Unterleibsschmerzen ankündigen. In Abständen von 28 Tagen erlebt Katharina regelmäßig die Anzeichen der bevorstehenden Regelblutung und dann die Blutung selbst. Wie kommt es zu dieser Regelmäßigkeit?
Noch während der Regelblutung gibt die *Hypophyse* (Hirnanhangsdrüse) das *follikelstimulierende Hormon (FSH)* ab, das auf den Eierstock wirkt. Dort befinden sich viele **Follikel**. Ein Follikel besteht aus einer unreifen Eizelle, die von einer einfachen Zellschicht umgeben ist. Unter dem Einfluss des FSH wird der Follikel größer. Er gibt vermehrt das Follikelhormon *Östrogen* ab. Dieses Hormon bewirkt, dass die Gebärmutterschleimhaut auf die vierfache Dicke heranwächst. Gleichzeitig wirkt die hohe Östrogenkonzentration auf die Hypophyse ein: Es wird weniger FSH ausgeschüttet und verstärkt das *luteinisierende Hormon (LH)* abgegeben. Dieses Hormon wirkt ebenfalls auf den Eierstock ein. Im Innern des Follikels entsteht ein flüssigkeitsgefüllter Hohlraum. Dieses Bläschen wandert an die Oberfläche des Eierstocks. Wenn die LH-Konzentration ihren höchsten Wert erreicht hat, kommt es zum **Follikel**- bzw. **Eisprung:** Die Eierstockwand reißt an dieser Stelle auf, der Follikel platzt und die Eizelle wird in den Trichter des Eileiters gespült. Der Eisprung, man spricht auch von der **Ovulation,** findet etwa am 14. Tag nach Beginn der Regelblutung statt. Unter dem Einfluss des LH wandelt sich der im Eierstock verbleibende Rest des Follikels in den *Gelbkörper* um. Dieser entlässt nun selbst ein Hormon, das Gelbkörperhormon *Progesteron.* Es sorgt dafür, dass die Gebärmutterschleimhaut von feinen Gefäßen durchzogen wird und deswegen zur Aufnahme einer befruchteten Eizelle bereit ist. Das Progesteron bremst außerdem die LH-Ausschüttung durch die Hypophyse. Dadurch wird verhindert, dass ein neuer Follikel heranreift und ein Eisprung stattfindet. Unterbleibt die Befruchtung der Eizelle, verkümmert der Gelbkörper. Dadurch geht die Progesteronbildung zurück. Die Blutgefäße der Gebärmutterschleimhaut reißen, Blut und abgestoßene Gewebereste werden durch die Scheide nach außen abgegeben. Die Menstruation setzt ein. Da sich die Vorgänge vom Beginn der Follikelreifung bis zum Abbau der Gebärmutterschleimhaut im Abstand von durchschnittlich 28 Tagen wiederholen, spricht man von einem **Zyklus**.
Die Hormonabgabe der Hypophyse kann durch das Großhirn beeinflusst werden. Seelische oder starke körperliche Belastungen können deshalb dazu führen, dass die Regelblutung verfrüht oder verspätet eintritt.

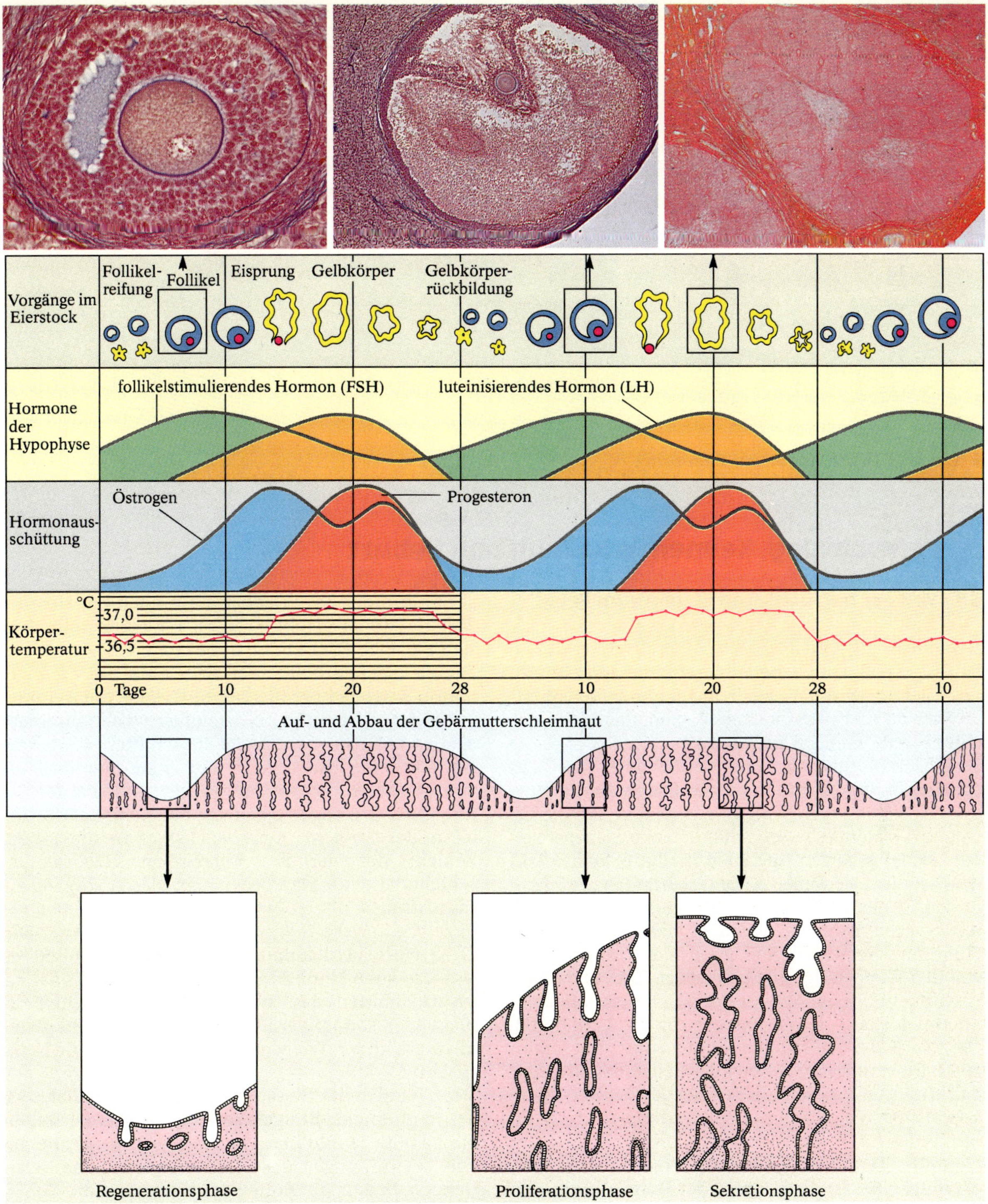

2 Hormone steuern die Vorgänge im Eierstock und in der Gebärmutter

1. Kennzeichne die Hormonkonzentration des Blutes am 5., 10. und 20. Tag eines Zyklus und beschreibe die jeweilige Beschaffenheit des Follikels und der Gebärmutterschleimhaut!

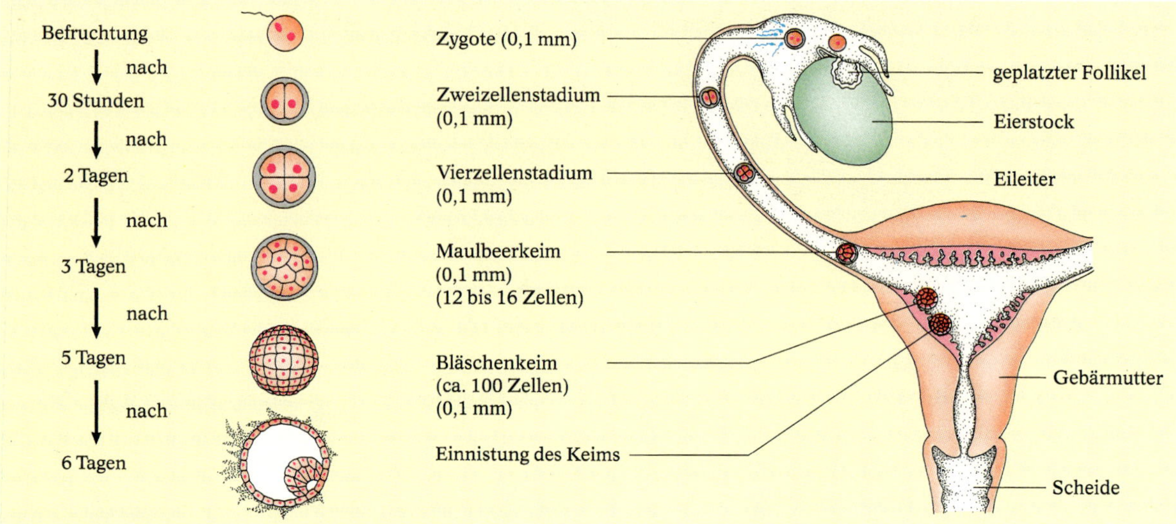

1 Von der Befruchtung bis zur Einnistung

5. Befruchtung, Keimentwicklung und Geburt

5.1. Von der befruchteten Eizelle zum Fetus

Beim Eisprung wird die Eizelle in den Trichter des Eileiters gespült. Durch die Flimmerhärchen im Innern des Eileiters wird die Eizelle in Richtung Gebärmutter transportiert. Was muss geschehen, damit sich aus einer Eizelle ein Kind entwickelt?

Beim Geschlechtsverkehr befindet sich das Glied des Mannes in der Scheide der Frau. Durch die Reibung des Gliedes an der Scheidenwand steigert sich die Erregung des Mannes so sehr, dass er einen Samenerguss hat. Dabei gelangen Spermien in die Scheide. Von dort wandern sie weiter in die Gebärmutter und dann in den Eileiter. Während die Eizelle sich nicht selbst fortbewegen kann, schwimmen die Spermien mit Hilfe ihres Schwanzfadens gegen die Strömung, die von den Wimpern im Eileiter erzeugt wird. Die ersten nach dem Samenerguss an der Eizelle eintreffenden Spermien stellen sich senkrecht zur Eizellenoberfläche. Normalerweise gelingt es nur einem Spermium einzudringen. Dabei bleiben der Schwanzfaden und das Mittelstück außerhalb der Eizelle. Der Spermienkopf dringt in die Eizelle ein und wandert auf den Eizellkern zu. Der haploide Kern der Eizelle und der haploide Kern des Spermiums verschmelzen miteinander. Dies ist der Vorgang der **Befruchtung**. Die befruchtete Eizelle ist diploid, sie wird *Zygote* genannt.

Schon bald nach der Befruchtung schnürt sich die Zygote in der Mitte leicht ein. Es werden zwei Zellkerne gebildet. Nach etwa 30 Stunden hat sich die Zygote einmal geteilt. Weitere Teilungen schließen sich an, nach 72 Stunden liegen schon 32 Zellen vor. Dieser kugelige Zellhaufen wird *Maulbeerkeim* genannt. Er ist nicht größer als die Zygote. Bei weiteren Teilungen rücken die Zellen immer weiter auseinander, es entsteht ein flüssigkeitsgefüllter Hohlraum. Ein solcher *Bläschenkeim* hat einen Durchmesser von einem Millimeter. Inzwischen sind seit der Befruchtung 5–6 Tage vergangen, der Keim hat die Gebärmutter erreicht. Dort wächst er in die innere Schicht der darauf vorbereiteten Gebärmutterschleimhaut ein. Man bezeichnet diesen Vorgang als **Einnistung**.

Jetzt beginnt die *Schwangerschaft* einer Frau. Die Gebärmutterschleimhaut wird nicht abgestoßen, es tritt also auch keine Regelblutung ein. Das ist darauf zurückzuführen, dass sich der Gelbkörper nicht zurückbildet, sondern größer wird und weiter Progesteron ausschüttet. Wie wird der heranwachsende Keim ernährt?

Dort, wo sich der Bläschenkeim eingenistet hat, werden mütterliche Blutgefäße aufgelöst. Es entstehen blutgefüllte Hohlräume. In diese wachsen zottenartige Ausstülpungen der Bläschenwand hinein. Den Bereich, in dem die Zotten des Keims und die Gebärmutterschleimhaut eng miteinander verzahnt sind, bezeichnet man als **Mutterkuchen** oder **Plazenta**. Hier sind mütterliches Blut und Keim also nur durch die dünne Zellmembran der Zotten voneinander ge-

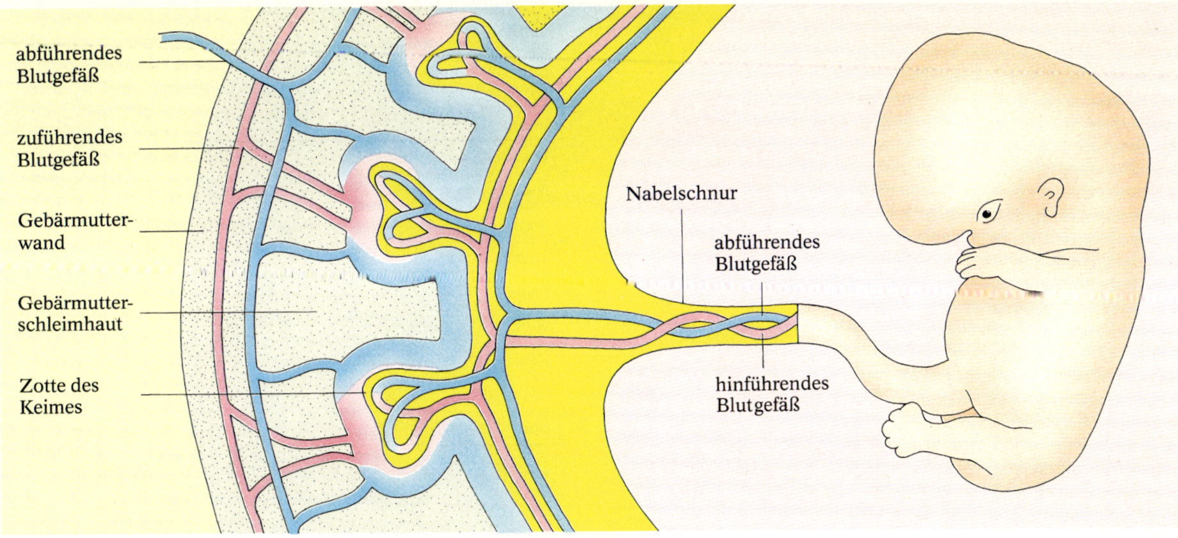

2 Versorgung des Embryos über den Mutterkuchen

trennt. So ist es möglich, dass der Keim mit allen notwendigen Stoffen wie Traubenzucker, Salzen, Aminosäuren, Vitaminen, Sauerstoff und Antikörpern versorgt werden kann. In umgekehrter Richtung werden Ausscheidungsstoffe wie z.B. Kohlenstoffdioxid und Harnstoff an das mütterliche Blut abgegeben. Der Mutterkuchen dient dem sich entwickelnden Keim also als Verdauungsorgan, Niere und Lunge zugleich. Eine weitere Aufgabe des Mutterkuchens besteht darin, Hormone für die Aufrechterhaltung der Schwangerschaft zu bilden.

Die enge Verzahnung von Keim und mütterlichem Gewebe birgt allerdings auch Gefahren für den Keim. Nikotin, Alkohol, Medikamente oder Schadstoffe aus der Umwelt können aus dem mütterlichen Blut vom Keim aufgenommen werden. Sie stören oder gefährden seine Entwicklung. So treten z.B. bei Raucherinnen häufiger Frühgeburten auf, ihre Babys sind in vielen Fällen untergewichtig und in ihrer Entwicklung zurückgeblieben.

Später werden die Zotten des Mutterkuchens von feinen Blutgefäßen durchzogen. Diese vereinigen sich zu großen Venen und Arterien und führen über einen Verbindungsstrang zum eigentlichen Keim. Dieser Verbindungsstrang heißt *Nabelschnur*.

Schon während der Einnistung bildet der Bläschenkeim nach innen eine zweischichtige *Keimscheibe*. Aus der nach innen gerichteten Zellschicht geht ein kleiner Beutel hervor. Da er Nährstoffe enthält, bezeichnet man ihn als *Dottersack*. Teile der äußeren Zellschicht der Keimscheibe bilden eine weitere Blase, die *Amnionhöhle*. Sie ist mit einer Flüssigkeit, dem *Fruchtwasser*, gefüllt. Zwischen beiden Höhlungen liegt der Keimschild. Aus ihm entwickeln sich zwei Zellschichten: das *äußere Keimblatt* und das *innere Keimblatt*. Zwischen beide schiebt sich in der dritten Woche das *mittlere Keimblatt*. Aus jedem dieser Keimblätter entstehen im Laufe der Keimesentwicklung ganz bestimmte Organe. Aus dem inneren Keimblatt gehen Teile der Verdauungs- und Atmungsorgane hervor. Aus dem mittleren Keimblatt entstehen unter anderem Knochen, Muskeln und Blutgefäße. Dem äußeren Keimblatt entstammen das Nervensystem, äußere Hautschichten und Teile von Sinnesorganen.

Zu Beginn der vierten Schwangerschaftswoche ist die röhrenförmige Anlage für die Wirbelsäule und das Rückenmark erkennbar. Es sind schon primitive Wirbel, die Anlage des Herzens und Blutgefäße vorhanden. Im Verlauf dieser Woche wächst der Keim auf eine Größe von etwa 8 Millimetern heran. Er ist deutlich gegliedert in einen im Verhältnis zum Körper großen Kopf und einen bauchwärts eingekrümmten Körper. Arm- und Beinknospen werden vorgestülpt, eine Schwanzanlage ist erkennbar. Man bezeichnet den Keim jetzt als **Embryo,** das bedeutet so viel wie „ungeborene Leibesfrucht“. Bis zur achten Woche werden die wichtigsten Organe angelegt, einige beginnen bereits zu arbeiten. So schlägt das Herz schon

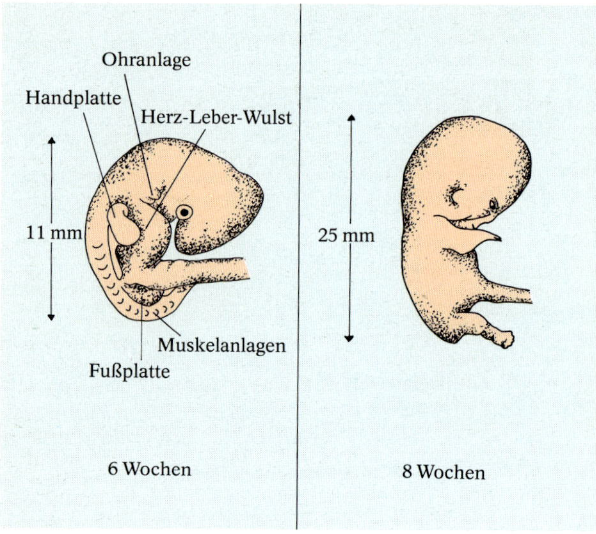

Monat	1.	2.	3.	4.	5.	6.	7.	8.	9.	10.
Körpergewicht in g	6	12	41	175	500	800	1300	2300	2900	3500
Körperlänge in cm	1	4	9	16	25	30	35	40	45	51

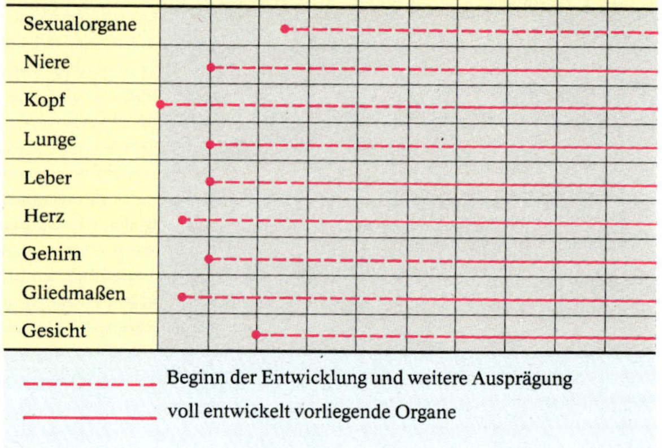

3 Schon frühzeitig werden alle Organe angelegt

„Paar, das keine Kinder haben kann, zahlt 10000 Dollar Gebühr und alle Auslagen an die Frau, die ihr Kind austrägt."

Anzeigen dieser Art kann man regelmäßig in amerikanischen Lokalzeitungen lesen. Sie beziehen sich auf so genannte „Leihmütter", das sind Frauen, die Kinder für fremde Ehepaare „austragen". In der Landwirtschaft ist so etwas durchaus üblich. In China grasen zum Beispiel Rinder, die von niedersächsischen Stieren in niedersächsischen Ställen gezeugt wurden. Ihre Embryonen reisten in der Thermosflasche nach Asien und wurden dort chinesischen Kühen eingepflanzt, die sie dann austrugen.
Was bei Haustieren möglich ist, geht prinzipiell auch bei Menschen. Deshalb gibt es heute schon eine große Anzahl von Menschen, die als Embryonen von ihrer „genetisch echten" Mutter auf eine „Leihmutter" überpflanzt und von dieser ausgetragen und zur Welt gebracht wurden. Auch die Übertragung künstlich befruchteter Eizellen auf eine Leihmutter ist möglich.

1. Diskutiere in deiner Klasse und mit Eltern, Freunden sowie Bekannten, welche Argumente für und welche gegen diese medizinische Methode sprechen!

regelmäßig. In dieser Zeit der Organentwicklung ist der Keim gegenüber äußeren Einflüssen höchst anfällig. Durch Medikamente, Umweltgifte, Drogen oder andere Stoffe kann seine Entwicklung gestört werden. Missbildungen können die Folge sein. Am Ende der achten Woche hat der Embryo menschliche Züge angenommen. Arme und Beine tragen Finger bzw. Zehen. Der Kopf rundet sich ab und ist etwa so groß wie der übrige Körper. Die bis dahin offenen Augen schließen sich durch Verkleben der Lider. Der Embryo ist jetzt etwa 10 Zentimeter lang und 30 Gramm schwer. In der Folgezeit werden keine weiteren Organe mehr angelegt, die Embryonalzeit ist abgeschlossen.

Nun spricht man nicht mehr vom Embryo, sondern vom **Fetus.** Er gewinnt zusehends menschliches Aussehen. Der Kopf wächst von nun an langsamer, Arme und Beine dagegen wachsen schneller. Die Körperproportionen nähern sich denen von Neugeborenen an. Die Muskeln bewegen sich stärker. Im fünften Monat kann die Mutter erste Bewegungen des Kindes wahrnehmen. Der Arzt kann den Herzschlag von außen abhören. Im siebten Monat ist der Fetus etwa 40 Zentimeter lang und 1200 Gramm schwer. Seine Organe sind so weit entwickelt, dass er mit ärztlicher Hilfe als Frühgeburt außerhalb des mütterlichen Organismus überleben könnte.

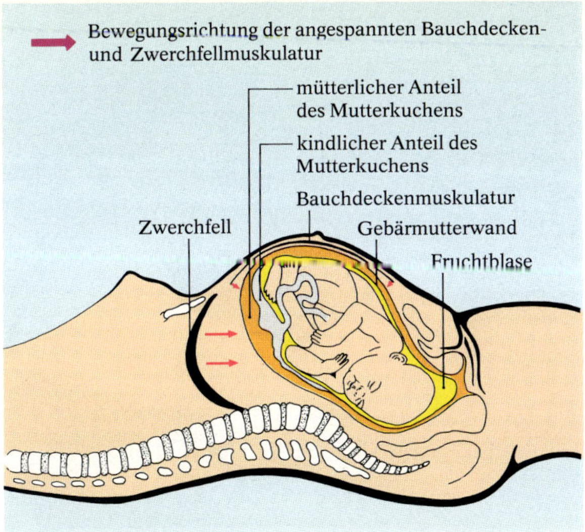

1 **Die Wehen setzen ein**

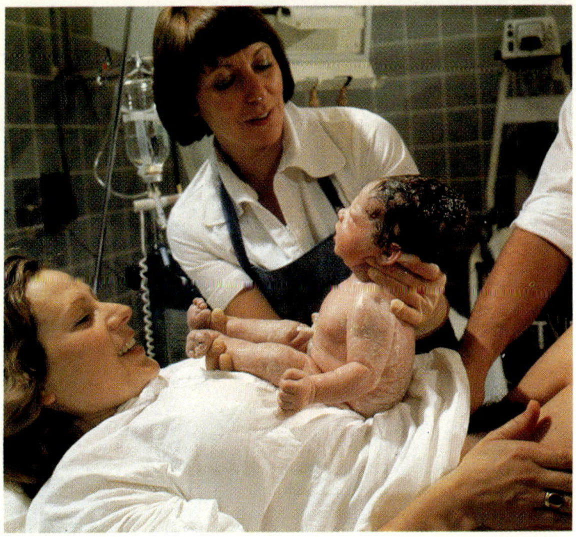

2 **Das Kind ist geboren**

5.2. Die Geburt

Der voraussichtliche *Geburtstermin* lässt sich berechnen. Man rechnet vom 1. Tag der letzten Menstruation drei Kalendermonate zurück und zählt sieben Tage und ein Jahr hinzu. Woran erkennt eine Frau, dass die Geburt ihres Kindes unmittelbar bevorsteht?

Erste Anzeichen der bevorstehenden Geburt verspürt eine Frau im Bereich ihrer Gebärmutter. Die Gebärmuttermuskulatur zieht sich in Abständen von 15 bis 20 Minuten krampfartig zusammen. Das ist schmerzhaft, man spricht daher von **Wehen.** Während dieser ersten Wehen wird der Eingangsbereich der Gebärmutter erweitert. Dabei wird der Schleimpfropf, der den Gebärmuttermund verschließt, zusammen mit etwas Blut abgestoßen. Später werden die Wehen wesentlich stärker, sie treten in Abständen von 1 bis 2 Minuten auf. Der Kopf des Kindes wird in den Gebärmutterhals gedrückt, der Gebärmuttermund öffnet sich. Der Druck auf die Fruchtblasenwand nimmt zu, bis sie reißt. Ein Teil des Fruchtwassers tritt aus. Nun muss das Kind mit seinem Kopf durch den engen Geburtskanal. Auf den ersten Blick erscheint der Durchmesser des Kopfes viel zu groß. Doch die Schädelknochen des Kindes sind zu diesem Zeitpunkt noch nicht fest miteinander verwachsen, so ist der Kopf noch verformbar. Außerdem ist der Beckenausgang einer Frau gegen Ende der Schwangerschaft erweiterungsfähig. Mit Hilfe besonders starker Wehen wird das Kind zum Scheidenausgang gedrückt. Diesen Vorgang kann die Gebärende unterstützen, indem sie die Beckenmuskulatur entspannt und die Bauchdeckenmuskulatur anspannt. Diese aktive Mithilfe bezeichnet man als *Pressen.* Sobald der Kopf durch die Scheide getreten ist, erleichtert sich der Geburtsvorgang. Schulter- und Beckengürtel sind kaum breiter als der Kopf, jedoch besser verformbar. Nun fließt der Hauptteil des Fruchtwassers ab. Ein Arzt und eine Hebamme helfen bei der Geburt.

Schließlich befindet sich das Kind außerhalb des mütterlichen Körpers. Jetzt muss es zum ersten Mal atmen. Die Lungen werden mit Luft gefüllt. Nachdem die Atmung in Gang gekommen ist, wird die Nabelschnur eine Handbreit vom Nabel entfernt abgebunden und durchgeschnitten. Man spricht daher auch von einer *Entbindung.* Bei einer Frau, die ihr erstes Kind zur Welt bringt, dauert die Geburt etwa 9 Stunden. Gleich nach der Geburt beginnen die Nachgeburtswehen. Dadurch löst sich der Mutterkuchen allmählich von den tieferen Schichten der Gebärmutterschleimhaut ab. Es kommt zu einer leichten Blutung. Nach etwa 30 Minuten wird der Mutterkuchen mit dem Nabelschnurrest und der Fruchtblase als *Nachgeburt* abgestoßen.

1 Mutter und Kind

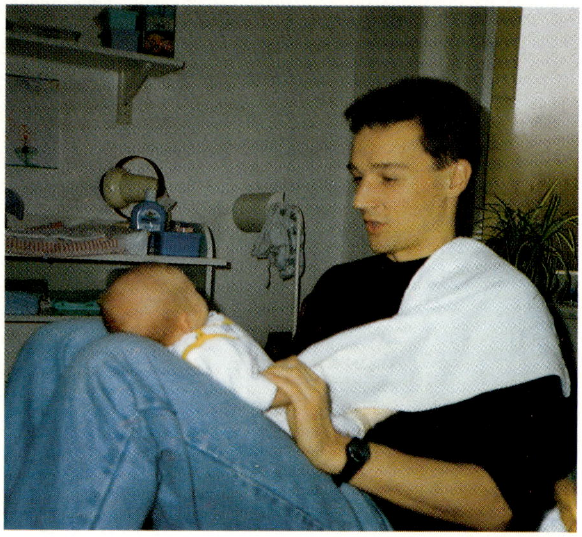
2 Vater und Kind

5.3. Mutter-Vater-Kind-Beziehung

In einer Erklärung der UNO zu den Rechten des Kindes heißt es unter anderem: „... Im zarten Alter darf das Kind nicht von seiner Mutter getrennt werden, außer durch außergewöhnliche Umstände ...“ Auf welchen Erkenntnissen beruht diese Forderung?

Der *Säugling* schreit, er macht auf sich aufmerksam. Die Mutter weiß nicht, ob er Schmerzen verspürt, Hunger hat oder das Alleinsein fürchtet. Sie legt ihn an ihre Brust und beobachtet ihn. Sobald seine Lippen die Brustwarze berührt haben, öffnet er den Mund und umschließt sie mit seinen Lippen. Durch Absenken und Anheben des Unterkiefers saugt das Baby Muttermilch. Diese wenigen Verhaltensweisen sind ihm *angeboren.* Die meisten Dinge jedoch, die es in seinem späteren Leben tun wird, muss es *lernen.* In diesem Alter, in dem es so wenig kann und noch so viel lernen muss, ist ein Kind hilflos. Es ist auf die Hilfe seiner Eltern angewiesen. Es muss ausgezogen, gewaschen, gebadet, abgetrocknet, gewickelt, angezogen und gefüttert werden. Seine Eltern müssen dafür sorgen, dass es nicht friert oder schwitzt und dass es im Falle einer Erkrankung medizinisch versorgt wird. Es spielt keine Rolle, welcher Elternteil die Versorgung des Kindes übernimmt. Vater und Mutter sind gleich gut befähigt ihr Kind zu versorgen. Die *körperlichen Bedürfnisse* eines Säuglings können allerdings auch durch eine fremde Person befriedigt werden, so zum Beispiel durch eine Kinderpflegerin. Wichtiger ist die Befriedigung der *seelischen Bedürfnisse* eines Kindes. Dies wird deutlich, wenn man Säuglinge untersucht, die gleich nach der Geburt von ihrer Mutter getrennt und in ein Säuglingsheim gegeben wurden. Dort wurden sie von verschiedenen Schwestern betreut. Schon nach kurzer Zeit verhielten sich die Säuglinge sehr auffällig. Sie waren unruhig, hatten Schlafstörungen und Schwierigkeiten bei der Nahrungsaufnahme. Sie schrien lang anhaltend und fielen dann in einen Erschöpfungszustand. Später kamen körperliche Beschwerden wie Gewichtsverlust und Anfälligkeit gegenüber Infektionskrankheiten hinzu. Psychologen erklären diese Befunde folgendermaßen: Für einen Säugling ist es ungeheuer wichtig, liebevoll gestreichelt, angesprochen oder angeblickt zu werden. Nur dann kann er ein so genanntes *Urvertrauen* ausbilden und sich geborgen fühlen. Wichtig ist dabei, dass solche liebevollen Kontakte zu mindestens einer festen *Bezugsperson* möglich sind. Die Trennung von einer Bezugsperson darf einem Kind nicht zugemutet werden.

1. Nimm Stellung zur UNO-Aussage: „Im zarten Alter darf das Kind nicht von seiner Mutter getrennt werden, ...“!

2. Informiere Dich über die Begriffe „Mutterschutzgesetz“ und „Erziehungsurlaub“! Welche gesetzlich festgelegten Rechte hat eine Frau vor und nach der Geburt ihres Kindes?

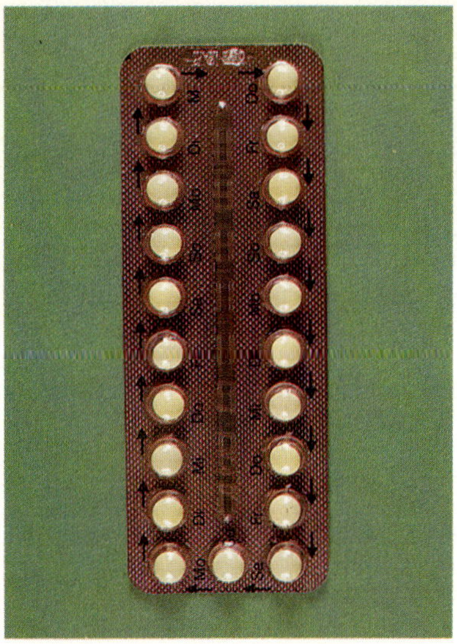

1 „Pille“

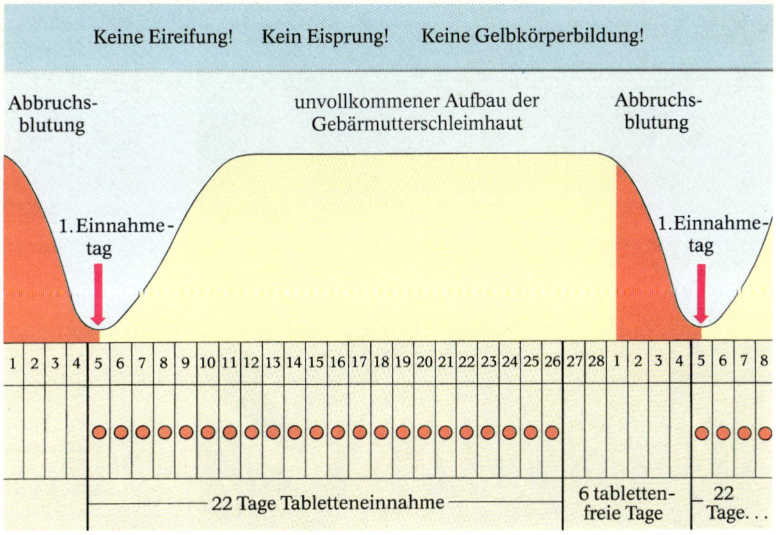

2 **Hormonelle Empfängnisverhütung**

6. Familienplanung und Empfängnisverhütung

Ein Mann und eine Frau möchten zärtlich zueinander sein. Sie möchten sich streicheln und küssen, sie möchten auch miteinander schlafen, d.h. miteinander Geschlechtsverkehr haben. Dabei besteht die Möglichkeit, dass sie ein Kind zeugen. Es kann aber sein, dass sie erst später ein Kind wollen, weil sich die Frau zum Beispiel noch in der Berufsausbildung befindet. Beide Partner sprechen darüber miteinander und entscheiden sich für eine der verschiedenen Methoden der **Empfängnisverhütung.**

Als besonders zuverlässig gelten die **hormonellen Verhütungsmittel.** Dazu muss eine Frau regelmäßig Tabletten einnehmen, die künstlich hergestelltes, leicht verändertes Östrogen und Progesteron enthalten. Dieses Medikament, auch als **„Pille“** bekannt, muss vom Arzt verordnet werden. Der Einnahmeplan für eine Packung mit 22 Tabletten ist in Abbildung 2 aufgezeigt. Wie wirkt die „Pille“?

Die eingenommenen Hormone Östrogen und Progesteron wirken auf die Hypophyse ein: Die Ausschüttung von luteinisierendem Hormon (LH) wird verhindert. Als Folge dadurch verzögert sich die Follikelreifung, der Eisprung findet nicht statt. Etwa drei Tage nach der letzten Tabletteneinnahme kommt es zur so genannten Abbruchsblutung. Wegen des Fehlens von Progesteron wird die Gebärmutterschleimhaut abgestoßen. Diese Blutung hat Ähnlichkeit mit einer normalen Regelblutung.

Nicht jede Frau verträgt die Pille. Bei Lebererkrankungen sollte man auf die Pille verzichten. Mädchen in der Wachstumsphase sollten ebenfalls die Pille nicht nehmen. Nikotin in Verbindung mit der Pille erhöht das Thromboserisiko. Auf jeden Fall ist es ratsam, dass sich Frauen und Mädchen, die die Pille einnehmen wollen, zuvor von einem Arzt untersuchen lassen.

Für *mechanische Verhütungsmittel* entscheiden sich Paare, wenn die Frau die „Pille“ nicht verträgt oder es ablehnt Hormone einzunehmen. Unter der **„Spirale“** versteht man unterschiedlich geformte Fäden aus Kunststoff. Sie werden in die Gebärmutter eingelegt und verhindern, dass sich der Keim in der Gebärmutter einnistet. Die „Spirale“ muss vom Arzt eingesetzt werden und regelmäßig auf ihren richtigen Sitz hin überprüft werden. Nach der „Pille“ gilt die „Spirale“ als das zuverlässigste Verhütungsmittel.

Das **Scheidendiaphragma** besteht aus einem elastischen Ring, über den eine gewölbte Gummihaut gespannt ist. Es wird in den hinteren Scheidenbereich so eingeführt, dass es den Gebärmuttereingang überdeckt. So wird verhindert, dass Spermien in die Gebärmutter gelangen. Ein Scheidendiaphragma sollte nach spätestens 12 Stunden wieder entfernt werden.

Das **Kondom** ist ein mechanisches Verhütungsmittel, das der Mann benutzt. Es ist ein sehr dünner, aus Gummi gefertigter Überzug, der vor dem Geschlechtsverkehr über das versteifte männliche Glied gestreift wird. Dadurch wird beim Samenerguss das Sperma aufgefangen. Das Kondom, auch Präservativ oder einfach „Gummi“ genannt, hat offensichtliche

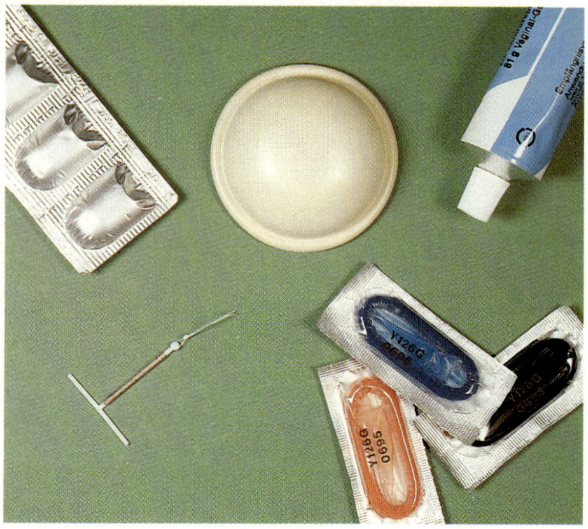

3 Mechanische und chemische Verhütungsmittel

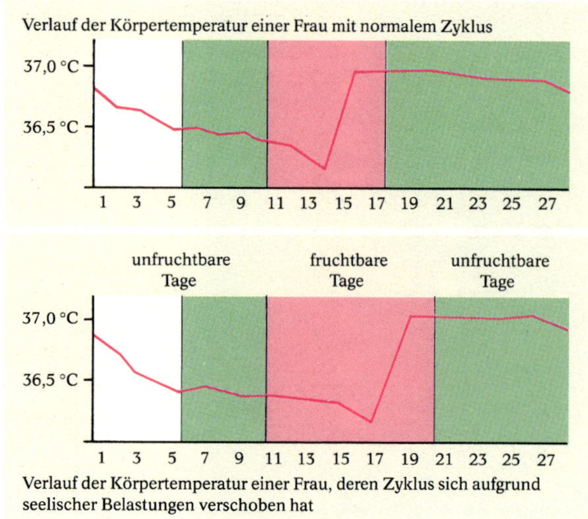

4 Zeitwahl- und Temperaturmethode

Vorteile. Es ist verhältnismäßig billig. Man kann es in vielen Geschäften und aus Automaten erwerben. Auch bei langjähriger Verwendung dieses Verhütungsmittels sind weder beim Mann noch bei der Frau gesundheitliche Schäden zu erwarten. Die Anwendung von Kondomen gilt als Verhütungsmethode, die etwa so zuverlässig ist wie die Anwendung eines Scheidendiaphragmas. Kondome schützen weiterhin vor der Übertragung der Erreger von Geschlechtskrankheiten und vor der Übertragung des Virus (HIV), der für die Ausbildung von AIDS verantwortlich ist.

Die Sicherheit des Scheidendiaphragmas wird erhöht, wenn zusätzlich *chemische Verhütungsmittel* verwendet werden. Dabei handelt es sich um Zäpfchen, Salben oder Sprays mit Spermien abtötender Wirkung.

Manche Menschen lehnen es aus religiösen oder persönlichen Gründen ab Verhütungsmittel zu verwenden. Sie verlassen sich auf so genannte *natürliche Methoden* der *Empfängnisverhütung.* Sie verzichten in der Zeit, in der mit einem Eisprung zu rechnen ist, auf den Geschlechtsverkehr. Diese so genannten „gefährlichen" Tage lassen sich durch zwei Methoden ermitteln. Bei der **Zeitwahlmethode** muss die Frau mindestens 12 Monate lang einen Menstruationskalender führen. Stellt sich zum Beispiel ein regelmäßiger Zyklus von 28 Tagen heraus, so liegen ihre fruchtbaren Tage in der Zeit vom 10. bis zum 17. Tag nach Beginn der letzten Regelblutung. Während dieser Zeit dürfen sie und ihr Partner keinen Geschlechtsverkehr haben. Als zuverlässiger gilt die **Temperaturmethode.** Diese Methode nutzt die Tatsache, dass die Körpertemperatur nach dem Eisprung um fast 1 °C ansteigt. Jeden Morgen nach dem Aufwachen muss die Frau ihre Körpertemperatur messen und in ein Kurvenblatt eintragen. Vom 3. Tag des Temperaturanstiegs bis zum Beginn der Regelblutung ist nicht mit einer befruchtungsfähigen Eizelle zu rechnen. Für die Zeit vor dem Eisprung bzw. vor dem Tage, an dem der Temperaturanstieg gemessen wurde, lassen sich unfruchtbare Tage nicht mit Sicherheit bestimmen. Die Zeitwahl- und Temperaturmethode gelten als nicht besonders zuverlässig.

Als noch weniger zuverlässig gilt der *Coitus interruptus*. Dazu zieht der Mann sein Glied aus der Scheide zurück, bevor er einen Samenerguss hat. Beim Geschlechtsverkehr können nämlich bereits vor dem Samenerguss Spermien abgesondert werden!

Haben sich Paare endgültig dafür entschieden auf Kinder zu verzichten, so können sie sich durch eine Operation unfruchtbar machen lassen. Man spricht dann von einer **Sterilisation.** Dazu werden beim Mann der Samenleiter oder bei der Frau die Eileiter durchtrennt. Ein solcher Eingriff ist nur schwer wieder rückgängig zu machen und muss daher gründlich überlegt sein.

Schwangerschaftsabbruch?

Der medizinische Eingriff

Der künstliche Abbruch einer Schwangerschaft muss laut Gesetz in einer Klinik vorgenommen werden. Dazu führt der Arzt ein biegsames Plastikröhrchen durch die Scheide und den Gebärmuttermund in die Gebärmutter ein. Das Plastikröhrchen ist mit einer Saugpumpe verbunden. Innerhalb von wenigen Minuten werden die Gebärmutterschleimhaut und der in ihr eingenistete Embryo abgesaugt. Diese Methode des Schwangerschaftsabbruchs ist bis zur 10. Woche nach der Befruchtung möglich.

Lebenssituationen, in denen Menschen an einen Schwangerschaftsabbruch denken

Fall 1: Michaela P. saß unruhig auf dem Stuhl des Wartezimmers. Sie war völlig unerwartet im Alter von 44 Jahren schwanger geworden. Ihre beiden anderen Kinder waren 12 und 16 Jahre alt. An ein weiteres Kind hatten sie und ihr Mann nicht gedacht. Nun diese Schwangerschaft! Sie blickte ihren Mann an und sah, dass auch er an das letzte Gespräch mit ihrem Arzt dachte: „In Ihrem Alter ist das Risiko, ein Baby mit DOWN-Syndrom zu bekommen, relativ hoch. Ich rate Ihnen zu einer Fruchtwasseruntersuchung." Nun warteten sie auf das Ergebnis dieser Untersuchung.

Fall 2: Frau J. und ihr Mann hatten lange Zeit vergeblich auf ein Kind gehofft. Beide hatten schließlich einen Arzt aufgesucht und sich untersuchen lassen. Der Arzt schlug für Frau J. eine Hormonbehandlung vor. Sein Beratungsgespräch endete mit dem Satz: „Möglicherweise müssen Sie mit Zwillingen oder Drillingen rechnen. Frauen, die sich einer Hormonbehandlung unterzogen haben, bringen relativ häufig Mehrlinge zur Welt." Fünf Monate sind seit diesem Gespräch vergangen. Frau J. ist im 3. Monat schwanger. Ihr Arzt rät zu einer Ultraschalluntersuchung. Im Ultraschallbild sind drei Föten zu erkennen. Frau J. ist entsetzt. *Ein* Kind hatten sie und ihr Mann sich schon lange gewünscht. Drillinge jedoch möchten sie auf keinen Fall ...

Fall 3: Das schreckliche Ereignis lag nun schon 4 Wochen zurück. Die Erinnerung an diesen Tag lösten bei Martina Kälteschauer und Schweißausbrüche zugleich aus. Auf dem Nachhauseweg, es war gerade erst 23 Uhr, hatte sich ein Mann auf sie gestürzt, sie in eine Parkeinfahrt gezerrt und dann vergewaltigt. Auch an die anschließende Vernehmung bei der Polizei, an die Untersuchung durch die Ärztin konnte sich Martina nur mit Widerwillen erinnern. Nachts schreckte sie wiederholt aus dem Schlaf, meistens konnte sie nicht wieder einschlafen. Nun, 4 Wochen nach diesem fürchterlichen Tag, geriet sie zunehmend in einen panikartigen Zustand: Ihre Regelblutung war nun schon 12 Tage überfällig ...

Fall 4: Dörte und Rolf leben nun schon vier Jahre zusammen. Beide verdienen recht gut. Sie können sich eine komfortable Wohnung sowie ein schnelles Auto leisten, kleiden sich nach der neuesten Mode und fahren zweimal pro Jahr in Urlaub. Sie haben eine klare Vorstellung von den nächsten 10 Jahren: „In 5 Jahren bauen wir ein Haus, dann wollen wir auch bald ein Kind." Natürlich verwenden sie Verhütungsmittel, eine Schwangerschaft zu diesem Zeitpunkt wäre für sie ‚eine mittlere Katastrophe'. Doch nun ist es passiert, trotz Verhütungsmittel: Dörte ist im 2. Monat schwanger. Auch ein zweiter Test hat ein positives Ergebnis erbracht. Dörte und Rolf sitzen an diesem Abend lange zusammen und ...

Fall 5: Die 38-jährige Verkäuferin ist verzweifelt. Sie mag ihrem Mann das Ergebnis der Untersuchung beim Arzt kaum mitteilen: „Ich bin im 2. Monat", sagt sie bedrückt, „ich habe Thomas und Sabine davon noch nichts gesagt." Die vierköpfige Familie lebt in einer 2½-Zimmerwohnung. Das Kinderzimmer, das sich Thomas und Sabine teilen, ist nur 8 Quadratmeter groß. Ein weiteres Bett könnte man dort nicht aufstellen. Für eine größere Wohnung reicht das Einkommen der Familie nicht ...

Fall 6: Frau S. leidet schon seit Jahren an chronischem Nierenversagen. Regelmäßig sucht sie eine Dialysestation auf. Dort wird ihr Blut „gewaschen" und somit die Schwäche ihrer Nieren ausgeglichen. Sie und ihr Mann würden gerne Kinder haben, doch ihr Arzt hatte gewarnt: „Eine Schwangerschaft kann für Sie lebensbedrohend gefährlich werden, das gleiche gilt für das werdende Kind." Nun war sie dennoch schwanger geworden ...

1. *Sprich mit deinen Eltern, Freunden oder Lehrern über die beschriebenen Lebenssituationen!*

Bau und Leistungen von Pflanzen

1 Wiesenpflanzen

1. Blütenpflanzen

1.1. Der Bauplan von Blütenpflanzen ist einheitlich

Wilde Möhre, Wiesen-Pippau, Leimkraut, Glockenblume und *Wegerich* sind Pflanzen, die du auf Wiesen finden kannst. Diese **Wiesenpflanzen** sehen zwar verschieden aus, sie haben jedoch ein gemeinsames Merkmal: Alle haben **Blüten.** Aufgrund dieses gemeinsamen Merkmals „Blüten" fasst man solche Pflanzen zur Gruppe der **Blütenpflanzen** zusammen. Bei der Möhre zum Beispiel stehen viele Blüten in einer *Dolde*, beim Wegerich bilden sie eine *Ähre*. Die gelben „Blüten" des Pippaus sind Blütenstände aus vielen Einzelblüten, die wie in einem *Körbchen* angeordnet sind. Auffälliger durch ihre Größe sind die Einzelblüten der *Rispen* von Glockenblume und Leimkraut.

Vergleichen wir zum Beispiel den Bau der Einzelblüten vom *Raps* und von der *Taubnessel*! Bei der Rapsblüte finden wir vier *Kelchblätter* und vier *Kronblätter.* Sie umhüllen sechs *Staubblätter* und zwei *Fruchtblätter.* Die Fruchtblätter sind zum Stempel zusammengewachsen. Die Anordnung dieser Blütenteile in Kreise kann man deutlich an einem **Blütengrundriss** oder *Blütendiagramm* erkennen. Ein Blütendiagramm entsteht, wenn eine geschlossene Blüte etwa in der Mitte quer durchgeschnitten wird. In den Zeichnungen der Abbildungen 2B bis 4B sind die einzelnen Blütenteile durch bestimmte Farben gekennzeichnet. Auch die Taubnesselblüte ist aus Kelch-, Kron-, Staub- und Fruchtblättern aufgebaut. Allerdings sind die Kronblätter im unteren Abschnitt zu einer Röhre verwachsen. An der Öffnung der Röhre sind sie besonders geformt. Sie haben hier Ähnlichkeit mit der Oberlippe und der Unterlippe eines geöffneten „Mundes". Auf der Unterlippe „landen" häufig Bienen und Hummeln. Beim Versuch an den Nektar auf dem *Blütenboden* zu gelangen, streifen sie mit ihrem haarigen Körper die reifen Staubbeutel der Staubblätter. Dabei bleiben Pollenkörner in den Haaren hängen. Auf einer anderen Taubnesselblüte übertragen sie die Pollenkörner auf die Narbe des Stempels. Auf diese Weise wird die Blüte *bestäubt.* Nach der *Befruchtung* entwickelt sich aus dem Fruchtknoten mit der Samenanlage die **Frucht** mit dem **Samen**. Blütenpflanzen heißen daher auch *Samenpflanzen.*

Die Blüte ist aus verschiedenen Blättern zusammengesetzt, die dem Blütenboden entspringen. Der Blütenboden bildet einen stark verkürzten und verbreiterten Abschnitt der Sprossachse. Die grünen **Laubblätter** dagegen sitzen an den Knoten der Sprossachse und können von Pflanzengruppe zu Pflanzengruppe verschiedenartig angeordnet sein. Auch die *Blattformen* sind vielgestaltig. Gemeinsam ist allen Blättern ihr Aufbau aus *Blattgrund, Blattstiel, Blattfläche* oder *Blattspreite, Blattadern* und *Blattspitze.* Bei *einfachen Blättern* ist die Blattspreite ungeteilt. Der

2 **Raps.** A Blüte (Foto); B Schema (Längsschnitt); C Frucht (Schote)

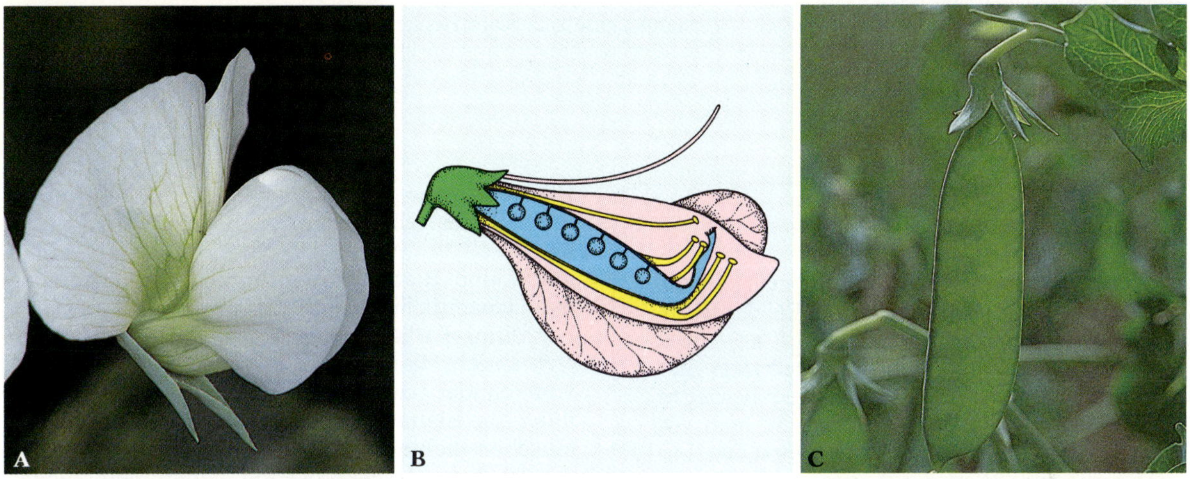

3 **Erbse.** A Blüte (Foto); B Schema (Längsschnitt); C Frucht (Hülse)

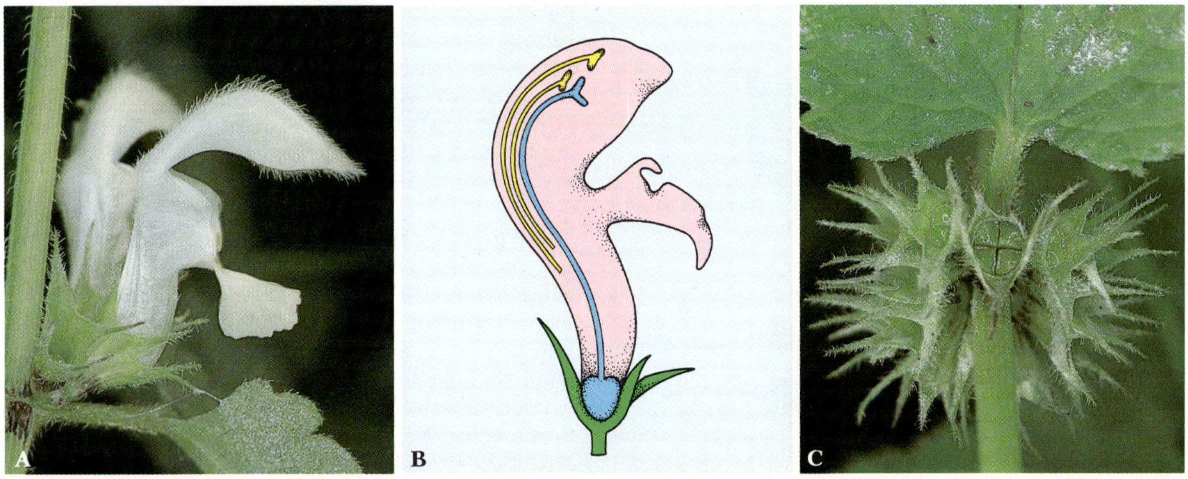

4 **Taubnessel.** A Blüte (Foto); B Schema (Längsschnitt); C Frucht (Klause)

5 Blätter. A Hainbuche; B einfache Blätter; C zusammengesetztes Blatt (Heckenrose)

Blattstellungen

Unter der Blattstellung versteht man die Anordnung der Blätter am Stängel. Bei der **wechselständigen** Blattstellung steht an einem Knoten nur ein Blatt. Entspringen zwei Blätter an zwei einander genau gegenüberliegenden Stellen eines Knotens, spricht man von **gegenständiger** Blattstellung. Treten pro Knoten mehrere Blätter auf, die unter gleichem Winkel abzweigen, so ergibt sich eine **quirlige** Blattstellung.

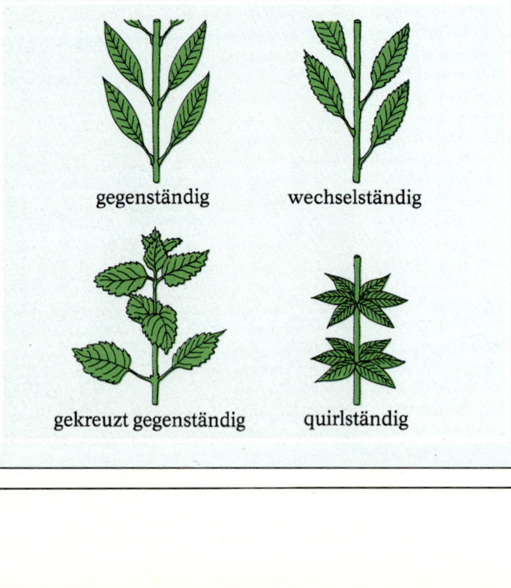

Blattrand kann jedoch gesägt, gekerbt, gezähnt, gebuchtet oder gelappt sein. Die Blattform wird zusätzlich durch die unterschiedliche Ausbildung von Blattgrund und Blattspitze bestimmt. So unterscheidet man lanzettliche, elliptische, runde, eiförmige und herzförmige Blätter. Von *zusammengesetzten Blättern* spricht man, wenn die Blattspreite in mehrere voneinander getrennte Flächen gegliedert ist, die nur durch die Blattadern verbunden sind. Solche Blätter täuschen mehrere Blätter vor. Ein Beispiel dafür ist das Blatt der Heckenrose mit seinen Teilblättchen, die man *Fiedern* nennt. Blätter enthalten Blattadern, die auch Blattnerven heißen. Sie sind entweder netzförmig oder parallel angeordnet. In den Blattadern liegen die *Leitbündel.* Sie stehen mit den Leitbündeln der **Sprossachse** in Verbindung. Dieses System von Leitungsbahnen ermöglicht den Transport von Wasser und anderen Stoffen von den Blättern zu den Wurzeln und umgekehrt.

Die **Wurzel** verankert die Pflanze im Boden. Meist ist sie verzweigt, sodass dickere *Hauptwurzeln* von zahlreichen dünneren *Seitenwurzeln* unterschieden werden können. Mit den Wurzeln nimmt die Pflanze Wasser und gelöste Nährsalze aus dem Boden auf und leitet sie über Gefäße, die in den Leitbündeln liegen, in den oberirdischen *Spross.* Der Spross ist die Sprossachse mit den Blättern. Blütenpflanzen zeigen also trotz ihres vielfältigen Aussehens einen einheitlichen Bauplan aus Spross und Wurzel.

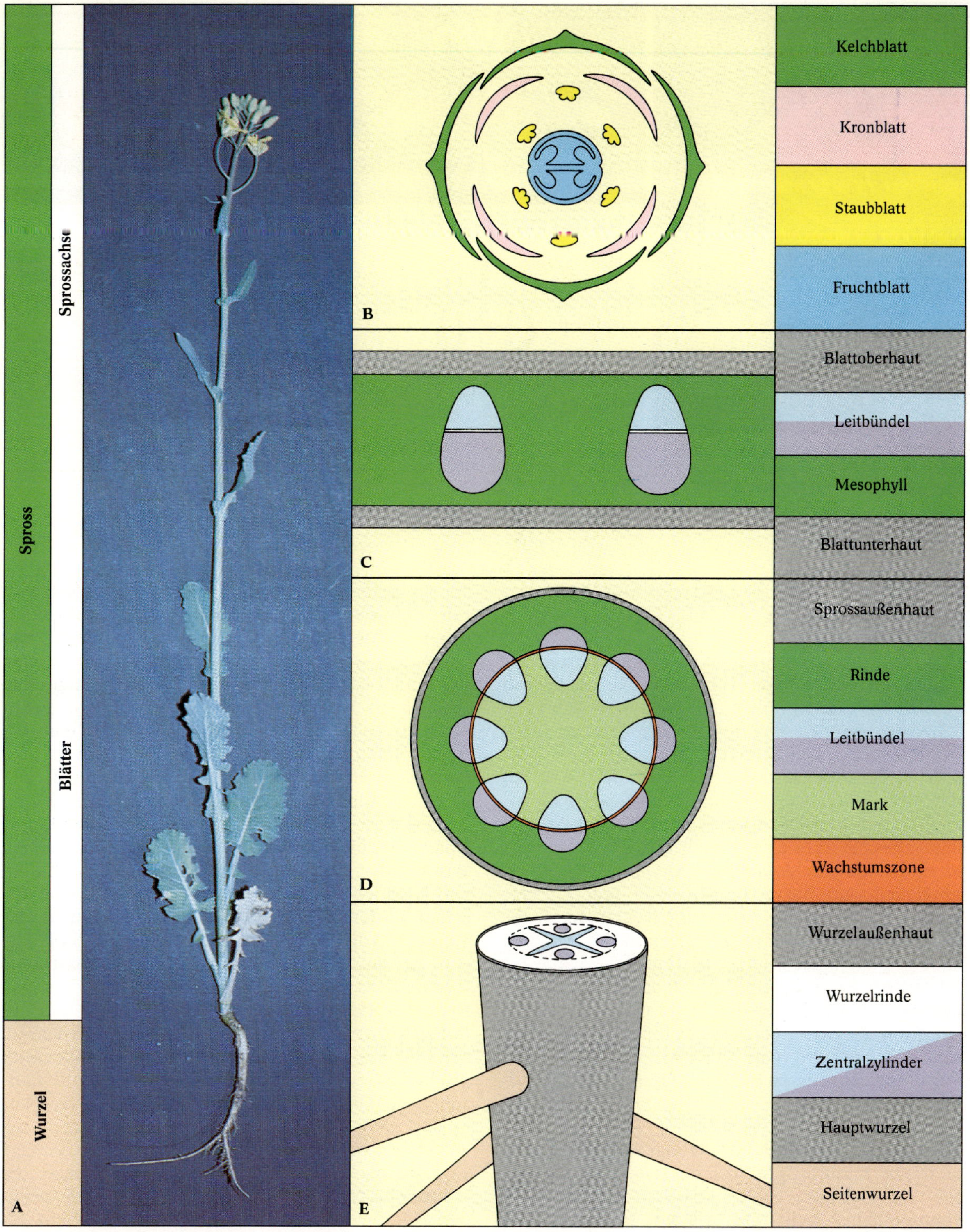

6 Bauplan einer Rapspflanze. A vollständige Pflanze; B Blütengrundriss; C Laubblatt (Querschnitt); D Sprossachse (Querschnitt); E Pfahlwurzel

1 Entwicklung einer Kirschfrucht. A Bestäubung; B Aufbau einer Blüte; C Frucht

1.2. Fortpflanzung und Entwicklung bei Blütenpflanzen

Ältere Kirschblüten enthalten reife Staubbeutel, die Blütenstaub, den *Pollen,* abgeben. Bienen fliegen diese Blüten an, um Pollen und Nektar zu sammeln. Dabei bleiben viele klebrige *Pollenkörner* in ihren Haaren hängen. Was geschieht mit diesen Pollenkörnern?

Verfolgen wir die weitere Nahrungssuche der Biene! Sie fliegt mit den Pollenkörnern zur nächsten Kirschblüte. Diesmal ist es eine junge Blüte: Die *Staubbeutel* sind noch geschlossen, der *Stempel* dagegen ist schon reif und hat eine glänzende und klebrige *Narbe.* Bei der Suche nach dem Nektar streift die Biene einige Pollenkörner an der Narbe ab. Sie bleiben dort haften. Die Blüte ist **bestäubt.**

Bei einer Kirschblüte sind die Staubblätter und der Stempel selten gleichzeitig reif. Auf diese Weise werden die Narben von jungen Kirschblüten immer mit den Pollenkörnern von fremden, älteren Kirschblüten bestäubt. Diese Bestäubungsart heißt **Fremdbestäubung.**

Auch bei Blüten von *Salweide* und *Hasel* finden wir Fremdbestäubung. Allerdings erfolgt sie bei der Weide durch Insekten und bei der Hasel durch den Wind. Die Blüten beider Pflanzenarten sind **getrenntgeschlechtlich:** Die Blüten enthalten nur männliche oder nur weibliche Blütenorgane. Bestimmt sind dir im zeitigen Frühjahr schon einmal bei der Weide die goldgelben „Kätzchen" aufgefallen. Ein „Kätzchen" ist ein Blütenstand aus vielen männlichen Blüten, die *Pollenblüten.* An einer gelb blühenden Weide entdeckst du nie weibliche Blüten. Du findest sie dagegen an Weiden mit graugrünen „Kätzchen". Weibliche und männliche Blüten „wohnen" sozusagen in „zwei Häusern". Solche Pflanzen nennt man **zweihäusig.** Die Hasel dagegen ist eine **einhäusige** Pflanze. Bei ihr wachsen männliche und weibliche Blüten an derselben Pflanze. Die Bestäubung der roten, pinselartigen Narben der weiblichen Blüten geschieht durch den Wind. Die Hasel ist ein **Windblütler.** Weiden und Kirschen, deren Blüten von Insekten bestäubt werden, gehören zu den **Insektenblütlern.** Im Gegensatz zu den Blüten der Weide sind die männlichen und weiblichen Blütenorgane bei der Kirsche nicht getrennt. Sie bilden eine *Zwitterblüte.*

Bei einer bestäubten Kirschblüte können über 50 Pollenkörner an der Narbe haften. Sie beginnen zu *keimen:* Aus jedem Pollenkorn wächst ein mikroskopisch kleines, schlauchartiges Gebilde, der *Pollenschlauch.* Die Pollenschläuche wachsen in die Narbe und dann in den Griffel. Der Pollenschlauch, der am schnellsten wächst, dringt in die Samenanlage ein. Inzwischen hat sich im Pollenschlauch die **männliche Geschlechtszelle,** die Spermazelle, gebildet. Hat der Pollenschlauch die **Eizelle** erreicht, erfolgt die **Befruchtung:** Der Pollenschlauch öffnet sich und die männliche Geschlechtszelle verschmilzt

2 Ungeschlechtliche Vermehrung. A Ausläufer (Erdbeere); B Wurzelknollen (Scharbockskraut); C Gewebekultur (Lein)

mit der Eizelle. Beide Zellkerne vereinigen sich zu einem Zellkern. Die Befruchtung ist abgeschlossen. Die Samenanlage verschließt sich. Keine weitere Spermazelle kann in die befruchtete Eizelle eindringen. Jetzt beginnt die Entwicklung der Kirschfrucht.
Aus der Wand des Fruchtknotens entwickelt sich die *Fruchtwand.* Sie besteht aus drei Schichten. Die innere Schicht ist steinhart. Solche Früchte heißen *Steinfrüchte.* Im Innern des Kirschsteins liegt geschützt der **Samen.** Er hat sich aus der Samenanlage mit der befruchteten Eizelle gebildet: Eine Samenschale umschließt den pflanzlichen *Embryo,* der aus der *Keimwurzel* und dem *Keimspross* mit den nährstoffreichen Keimblättern besteht.
Die Früchte der Erdbeere sind die kleinen Körner auf der Oberfläche des fleischigen, stark verdickten Blütenbodens. Sie bilden zusammen eine *Sammelfrucht.* Die Früchte sind kleine Nüsse, die Nüsschen. Bei einer Nussfrucht ist die gesamte Fruchtwand hart. Eine Erdbeerpflanze bringt auf diese Weise viele Früchte mit Samen hervor, aus denen sich neue Pflanzen entwickeln können.
Erdbeerpflanzen vermehren sich aber auch ohne Ausbildung von Geschlechtszellen: Im Sommer wachsen aus der Blattrosette einer Erdbeerpflanze, der Mutterpflanze, **Sprossausläufer** auf dem Erdboden entlang. An ihnen sitzen Knospen, aus denen sich neue Erdbeerpflanzen mit eigenen Wurzeln und Blättern entwickeln. Über die Ausläufer werden die Knospen und die heranwachsenden Tochterpflanzen mit Nährstoffen, Nährsalzen und Wasser versorgt. Haben die Tochterpflanzen Blätter und Wurzeln ausgebildet, können sie sich selbst versorgen. Die Verbindung zur Mutterpflanze ist nun nicht mehr nötig. Die Ausläufer vertrocknen: Um die Mutterpflanze sind mehrere selbständige Erdbeerpflanzen entstanden. Eine solche Vermehrung bezeichnet man als **ungeschlechtliche Vermehrung.**
Auf dreierlei Weise sichert das *Scharbockskraut* seine Vermehrung: Neben der geschlechtlichen Vermehrung durch Samen bildet es in den Blattachseln Knospen aus, die zu **Brutknollen** heranwachsen. Diese fallen ab und treiben zu neuen Pflanzen aus. Ziehen wir eine Pflanze vorsichtig aus dem Boden, sehen wir inmitten der Wurzelfäden kleine Knollen. Es sind verdickte Wurzeln, die **Wurzelknollen.** Trennst du eine Wurzelknolle ab und pflanzt du sie ein, wächst auch aus ihr ein Scharbockskraut.
Schneidest du ein Sprossstück einer Geranie ab und steckst diesen **Steckling** in feuchte Erde, entwickelt sich daraus eine Geranienpflanze. In der Pflanzenzucht vermehrt man Pflanzen oft durch **Stecklinge.** Auf diese Weise erhält man Tochterpflanzen, die alle Eigenschaften der Mutterpflanzen haben. Eine moderne Methode ist die ungeschlechtliche Vermehrung von Pflanzen aus **Gewebekulturen.** Dazu gibt man Gewebestücke oder sogar einzelne Zellen auf künstliche Nährböden, die Wuchsstoffe enthalten. Innerhalb von kurzer Zeit lässt sich so aus einer Pflanze eine Vielzahl von Tochterpflanzen ziehen.

1 **Rübe** (Karotte)

2 **Haftwurzeln** (Efeu)

3 **Sprossranke** (Wilder Wein)

1.3. Pflanzenorgane zeigen Abwandlungen

Vielleicht gehörst du zu den Menschen, die gern Mohrrüben essen. Sie enthalten den gelben Farbstoff Karotin, der für unsere Ernährung wichtig ist. Die Mohrrübe ist die verdickte pfahlartige **Wurzel** der Gartenmöhre. Solche verdickten Hauptwurzeln heißen **Rüben.** In ihnen speichert die Pflanze Reservestoffe. Beim Efeu wachsen Wurzeln aus den langen dünnen Sprossachsen. Diese sprossbürtigen Wurzeln werden zu **Haftwurzeln** ausgebildet, mit denen die Pflanzen an Mauern, Felsen und Bäumen haften. So kann der Efeu an der Unterlage emporklettern. Verdicken sich Wurzeln, die aus der Sprossachse hervorgehen, so entstehen **Wurzelknollen** wie bei der Dahlie. Solche Gestaltsänderungen eines Grundorgans nennt man **Metamorphosen.** Die Wurzelknolle ist also eine Metamorphose der Wurzel.

Auch die **Sprossachse** zeigt Metamorphosen. So ist die Kartoffel eine verdickte Sprossachse, eine **Sprossknolle.** Das erkennst du an den Vertiefungen, den „Augen". Es sind Blattnarben, in deren Achseln Knospen sitzen, die zu Sprossen austreiben können. Der Spross kann jedoch noch andere Gestalt annehmen. So bildet der Schwarzdorn an seiner Sprossachse kurze Seitensprosse, die zu **Sprossdornen** verholzen. Bei der Weinrebe sind Seitensprossen zu gabelig verzweigten **Sprossranken** umgewandelt, mit denen sich die Pflanze zum Beispiel an Pfählen festhält. Der Wilde Wein, auch Jungfernrebe genannt, der vielfach zur Bekleidung von Hauswänden verwendet wird, trägt an seinen Sprossranken Haftscheiben. Mit ihnen kann sich die Pflanze selbst an glatten Wänden festhalten.

Die Sprossachse des Feigenkaktus, der Opuntie, besteht aus Gliedern, die blattartig verbreitert und grün sind. Damit ernährt sich die Pflanze. Ähnlich den säulenförmig verdickten Sprossachsen der Säulenkakteen kann auch in den blattartig verdickten Sprossachsen des Feigenkaktus, den **Blattstängeln,** Wasser gespeichert werden. Die Kakteen sind auf diese Weise an ihren extrem trockenen Standort angepasst.

Auch die zu **Blattdornen** umgewandelten Blätter stellen eine Angepasstheit der Kakteen an den trockenen Standort dar. Dadurch wird die Verdunstung von Wasser herabgesetzt. Blattdornen hat auch die Berberitze, bei der die Blattspreite bis auf die dreiteiligen, zur Spitze auslaufenden Blattadern zurückgebildet ist. Beim Mauerpfeffer finden wir verdickte Blätter zur **Wasserspeicherung**, beim Sonnentau **Drüsenblätter** zum Insektenfang und beim Aronstab **Hochblätter** als Gleitfallen für Insekten. Blätter können auch zu Festhalteorganen umgewandelt sein. So sind bei der Erbse die obersten Fiederblättchen der paarig gefiederten Blätter zu **Blattranken** verändert.

Jede Pflanze bildet im Verlaufe ihrer Entwicklung verschiedene Blatttypen aus: **Keimblätter, Laubblätter, Kelchblätter, Kronblätter, Staubblätter** und **Fruchtblätter.**

4 Blattmetamorphosen einheimischer Blütenpflanzen. A Wasserspeicherblatt (Mauerpfeffer); B Drüsenblatt (Sonnentau); C Hochblatt (Linde); D Rankenblatt (Erbse); E Laubblatt (Schema); F Dornenblatt (Berberitze); G Kronblatt (Heckenrose); H Staubblatt (Lilie); I Fruchtblatt (Platterbse)

1 **Blattbewegung** (Mimose)

2 **Wachstumsbewegung** (Tannenwedel)

1.4. Reizbarkeit und Bewegung bei Pflanzen

„Du bist ja empfindlich wie eine Mimose", sagt man, wenn jemand überempfindlich reagiert. Die *Mimose*, auch Sinnpflanze genannt, reagiert, wenn man sie nur berührt. Sofort beginnen ihre Fiederblättchen sich zusammenzulegen. Später senkt sich auch der Blattstiel etwas nach unten. Diese Bewegungen breiten sich, je nach Stärke der Erschütterung, über die ganze Pflanze aus. Solche Reizbewegungen heißen **Nastien.** Sie werden bei der Mimose durch Schwankungen der Zellspannung an den Ansatzstellen der Fiederblättchen und der Blattstiele ausgelöst. Mit solcher „Geschwindigkeit" wie bei der Mimose kann man Bewegungen bei Pflanzen allerdings nur selten beobachten.

Auch auf Reize wie *Temperatur* und *Licht* reagieren Pflanzen mit Bewegung. Geschlossene Tulpenblüten z.B. öffnen sich in einem warmen Raum und schließen sich wieder bei Abkühlung. Blüten der Seerosen und vieler Korbblütler öffnen sich an sonnigen Tagen und schließen sich nachts und an trüben Tagen. Diese Bewegungen sind **Wachstumsbewegungen.** Sie erfolgen durch ungleiches Wachstum an der Ober- bzw. der Unterseite der Kronblätter.
Das Licht beeinflusst auch die Wachstumsrichtung. So wachsen zum Beispiel junge Kressepflanzen in Richtung einer Lichtquelle, und Zimmerpflanzen krümmen sich zum hellen Fenster. Diese Erscheinung bezeichnet man als **Fototropismus** (Lichtwendigkeit). Ursache hierfür sind *Wuchsstoffe,* die in der Sprossspitze gebildet und abwärts geleitet werden. Bei gleich starker Belichtung von allen Seiten werden die Wuchsstoffe in der Pflanze gleichmäßig verteilt. Es erfolgt ein gleichmäßiges Wachstum. Bei seitlicher Belichtung wird auf der unbelichteten Seite der Sprossachse mehr Wuchsstoff abwärts geleitet. Dadurch kommt es hier zu einem verstärkten *Streckungswachstum* der Zellen: Die Sprossachse wird zum Licht gekrümmt.

Pflanzen können auch auf *Schwerkraftreize* reagieren. Das wird zum Beispiel deutlich beim Tannenwedel, einer Wasserpflanze. Wird sie durch Seerosenblätter am Wachstum aus dem Wasser gehindert, wächst sie erst an einer blattfreien Stelle lotrecht in die Höhe. Auch bei umgestürzten Bäumen oder niedergedrückten Getreidehalmen kann man beobachten, wie sich durch Wachstumskrümmungen die ursprüngliche Wuchsrichtung des Sprosses wieder einstellt. Dabei wächst die Hauptwurzel in Richtung der Schwerkraft und der Spross in entgegengesetzter Richtung. Die Wachstumsrichtung wird also von der Schwerkraft der Erde bestimmt. Man bezeichnet solche Wachstumsbewegungen als **Geotropismus** (Erdwendigkeit).
Ranken- und Windepflanzen müssen sich an Stützen festhalten, um aufrecht wachsen zu können. Die

3 Suchbewegungen. A Zaunrübe; B Stangenbohne

Rankenpflanzen bilden dazu besondere Organe aus, die *Ranken*. Die jungen Blattranken der *Zaunrübe* sind zunächst uhrfederartig eingerollt. Später strecken sie sich und führen kreisende **Suchbewegungen** aus. Trifft eine Ranke mit ihrer Spitze dabei auf eine feste Stütze, führt der *Berührungsreiz* nach kurzer Zeit zu verstärktem Wachstum an der gegenüberliegenden Seite. Die Ranke krümmt sich um die Stütze und wickelt sich mehrmals um sie herum. Der rückwärtige Teil der Ranke rollt sich schraubenförmig auf, sodass der Spross federnd mit der Stütze verbunden ist.

Bei *Stangenbohnen*, *Ackerwinden* und *Geißblatt* führt schon der junge Spross Suchbewegungen aus. Sie verlaufen unabhängig von Außenreizen. Berührt der Spross eine Stütze, beginnt er mit der Windebewegung. Dabei wächst die jeweilige Außenflanke schneller als die Innenflanke. Der Berührungsreiz veranlasst den oberen Teil des Sprosses, in kreisenden Bewegungen weiterzuwachsen. Oft findet man auch am Stängel der Windenpflanze kurze, steife Haare, die das Zurückrutschen verhindern.

Die Richtung des Windens kann von Art zu Art verschieden sein und ist erblich festgelegt. Man unterscheidet *Rechtswinder*, die im Uhrzeigersinn winden, und *Linkswinder*, die entgegen dem Uhrzeigersinn winden. So gehören Stangenbohne und Zaunwinde zu den Linkswindern. Waldgeißblatt und Hopfen sind Rechtswinder.

1. Beobachte das Öffnen und Schließen von Tulpenblüten! Miss in aufeinander folgenden Tagen die Länge ihrer Kronblätter! Erläutere deine Ergebnisse!

2. a) Führe Reizversuche an der Mimose durch, indem du die Fiederblättchen von der Spitze her mit einem Finger berührst! Miss die Geschwindigkeit der Reaktionsleitung (Beginn des Reizes bis Stillstand der Reaktion) bei unterschiedlicher Reizstärke! Notiere deine Ergebnisse!
b) Teste die Reaktion von Blättern des Sauerklees auf Berührungsreize! Streue dazu eine Hand voll Sand aus etwa 30 cm Höhe auf eine Gruppe von Pflanzen! Beschreibe deine Beobachtung!

3. Untersuche das Ranken von Rankenpflanzen (zum Beispiel Zaunrübe, Erbse, Wicke)! Zeichne die verschiedenen Stadien des Festhaltens an der Stütze!

4. Umhülle die Wurzeln von Keimlingen des Senfs (oder der Kresse, der Bohne, ...) vorsichtig mit Watte! Setze diese Keimlinge dann so in den Hals eines Glaskolbens, dass die Sprosse aus der Öffnung ragen. Halte die Watte feucht! Nachdem Spross und Wurzel etwa 1 bis 2 cm lang gewachsen sind, kippe das Gefäß um 90°! Beobachte das Wachstum in den folgenden Tagen! Erläutere deine Beobachtungen!

1 Familie der Schmetterlingsblütler. A Goldregen; B Wohlriechende Platterbse; C Rotklee; D Schmetterlingsblüte (Schema)

2. Blütenpflanzen werden geordnet

2.1. Verwandte Pflanzen zeigen gemeinsame Merkmale

Im Mai und Juni blüht in vielen Gärten der Goldregen. Seinen Namen trägt der Zierbaum wegen seiner großen, leuchtend gelben Blütentrauben. Alle Teile dieser Pflanze, besonders aber die Früchte, sind sehr giftig. Die Wohlriechende Platterbse ist eine beliebte Gartenpflanze, die an Zäunen klettert. Sie wird auch Wicke genannt. Ihre großen Blüten sind rot, weiß oder violett gefärbt. Die Blüten des Rotklees sind in Köpfchen angeordnet. Er wächst auf Wiesen und ist für Weidetiere, aber auch für die Honigbiene eine wichtige Futterpflanze.

Etwa 250 000 Arten von Blütenpflanzen haben die Botaniker bis heute entdeckt. Wenn wir an die vielen verschiedenen blühenden Pflanzen in Garten, Feld und Wald denken, so scheint die Vielfalt in Bezug auf Gestalt, Größe, Blütenform und -farbe tatsächlich verwirrend. Auch Standorte und Lebensweise sind sehr unterschiedlich. Blütenpflanzen wachsen unter und auf dem Wasser, in Sümpfen, aber auch in extrem trockenen Gebieten wie Steppen und Wüsten, im Flachland und im Gebirge, auf nährstoffreichen wie nährstoffarmen Böden, in Kälte und in Hitze.
Wie kann der Botaniker bei dieser Vielfalt die Übersicht behalten? Er versucht, nicht nur Unterschiede, sondern auch Gemeinsamkeiten festzustellen. Pflanzen mit gemeinsamen Merkmalen sind miteinander verwandt. Sie lassen sich in Verwandtschaftsgruppen ordnen.
Suchen wir solche gemeinsamen Merkmale! Betrachten wir dazu die Blüten von Goldregen, Platterbse und Rotklee. Die Einzelblüten dieser drei Pflanzen bestehen jeweils aus 5 *Kronblättern* und erinnern in ihrer Gestalt an Schmetterlinge. Wegen dieser Ähnlichkeit werden die beiden seitlichen Kronblätter *Flügel* genannt. Das obere Kronblatt heißt *Fahne.* Die beiden unteren sind zu einem *Schiffchen* verwachsen. Es umschließt den *Fruchtknoten* und die zehn *Staubblätter.* Sie sind alle, manchmal auch nur zu neun, zu einer Röhre verwachsen, die den Fruchtknoten umgibt. Der *Kelch* wird aus 5 Blättchen gebildet, die oft verwachsen sind. Bei der Platterbse sind die 5 Kelchzipfel gut zu erkennen. Die Schmetterlingsblüte ist zweiseitig-symmetrisch, das heißt, man kann sie durch einen Längsschnitt in zwei spiegelbildlich gleiche Hälften zerlegen.
Diese Übereinstimmung im Blütenbau zeigt uns, dass Goldregen, Platterbse und Rotklee miteinander verwandt sind. Sie gehören deshalb zur Familie der **Schmetterlingsblütler.** Zu dieser Familie gehören auch Pflanzen wie die Kletterbohne, der Hornklee, die Zaunwicke, die Lupine und der Stechginster.
Du siehst, gemeinsame Merkmale zeigen die Verwandtschaft.
Die Vertreter anderer Pflanzenfamilien stimmen ebenfalls in vielen und für die jeweilige Familie kennzeichnenden Merkmale überein.

2 Familie der Kreuzblütler. A Silberblatt; B Wiesenschaumkraut; C Goldlack
Blüte: Auf die 4 *Kelchblätter* folgen nach innen 4 kreuzförmig angeordnete *Kronblätter.* Sie gaben der Familie den Namen. Die Kronblätter lassen sich einzeln herauszupfen. Die *Blumenkrone* ist getrenntblättrig. Die Blüte ist strahlig (rund). Von den 6 *Staubblättern* sind 4 lang und 2 kürzer. Aus dem *Fruchtknoten* entwickelt sich später die Frucht, eine *Schote.* Die Blätter sind *wechselständig,* also nicht gegenüberstehend.

Das abgebildete Silberblatt hat violettrote Blüten. Es ist eine im zeitigen Frühjahr blühende Gartenpflanze. Die Blüten sind relativ groß. Sie werden darin allerdings vom Goldlack und der Levkoje, die auch als Zierpflanzen angebaut werden, übertroffen. Meist sind die Blüten sehr viel kleiner, wie beim Hirtentäschelkraut. Weitere Vertreter: Wiesenschaumkraut, Ackersenf, Knoblauchsrauke und die Kohlarten.

3 Familie der Lippenblütler. A Goldnessel; B Salbei; C Gefleckte Taubnessel
Blüte: Die *Blumenkrone* lässt sich als Ganzes herauszupfen. 5 *Kronblätter* sind zu einer Röhre verwachsen *(verwachsenkronblättrig). Ober-* und *Unterlippe* bilden den oberen Rand. Die Blüte ist *zweiseitig-symmetrisch.* 2 *Staubblätter* sind kurz, 2 sind länger. Der *Fruchtknoten* trägt einen *Griffel* mit zweizipfliger *Narbe.* Der *Kelch* ist meist 5-zähnig. An den hohlen, vierkantigen Stängeln stehen die Blätter *kreuzweise gegenständig.*

Die Hummel nutzt die Unterlippe der Taubnesselblüte als Landeplatz. Blüte und Insekt sind auffallend aneinander angepasst. Senkt das Insekt zur Nektaraufnahme den Rüssel in die Blüte, so wird sein behaarter Rücken von den Staubgefäßen unter der helmförmig gebogenen Oberlippe mit *Pollen* bepudert. Mit ihm wird die Narbe der nächsten Blüte bestäubt. Weitere Verwandte sind der Kriechende Günsel, die Minzen, der Bunte Hohlzahn und der Thymian.

4 Familie der Rachenblütler. A Fingerhut; B Garten-Löwenmaul; C Königskerze
Die Zahl der *Kronblätter* beträgt 5, manchmal 4. Die Blüten sind *verwachsen-kronblättrig.* Sie sind *zweiseitig-symmetrisch,* haben also nur eine Symmetrie-Ebene. Bei einigen Vertretern scheinen die Blüten annähernd *strahlig-rund.* Die Blüten haben zwei bis fünf *Staubblätter.* Der *Fruchtknoten* ist zweifächrig. Die *Früchte* sind *Kapseln* mit zahlreichen *Samen.* Der *Kelch* ist meist fünfzählig. Es sind *Kräuter* oder *Stauden.* Die Blätter sind *wechsel-* oder *gegenständig.*

Der Fingerhut, der wild vorkommt, aber auch als Gartenpflanze angebaut wird, hat röhrenförmige, rote, innen gefleckte Blüten mit offenem Rachen. Das Gartenlöwenmaul hat dagegen eine verschlossene Blüte. Das „Maul" öffnet sich erst, wenn man die Blüte seitlich zusammendrückt. Die gelben Blüten der Königskerze sind zwar auch verwachsen-kronblättrig, aber die fünf Zipfel der Krone sind fast gleich groß und im Kreis angeordnet. Sie wirken deshalb strahlig-rund.

Was heißt eigentlich Verwandtschaft?

Kinder, Eltern und Großeltern ähneln einander oft auffallend. Sie sind miteinander verwandt. Sie haben eine gemeinsame Abstammung. Alle drei Generationen haben auch Eigenschaften von den Urgroßeltern ererbt. Erbanlagen für bestimmte Merkmale werden von einer Generation auf die nächste übertragen. Das gilt für den Menschen, aber auch für Tiere und Pflanzen.
Nach der Abstammungslehre haben sich die heutigen komplizierten Pflanzen in Jahrmillionen aus einfacheren Formen entwickelt. Übergangsformen geben Hinweise auf die Entwicklung: So zeigen die Rachenblütler Königskerze, Braunwurz und Löwenmaul Übergänge von der annähernd strahlig-runden zur zweiseitig-symmetrischen Blüte. Die Zahl der Staubblätter wird zurückgebildet.
Anzahl der Staubblätter: Königskerze 5; Braunwurz 4 fruchtbare, 1 unfruchtbares; Löwenmaul 4, das 5. ist zu einer winzigen Schuppe reduziert.

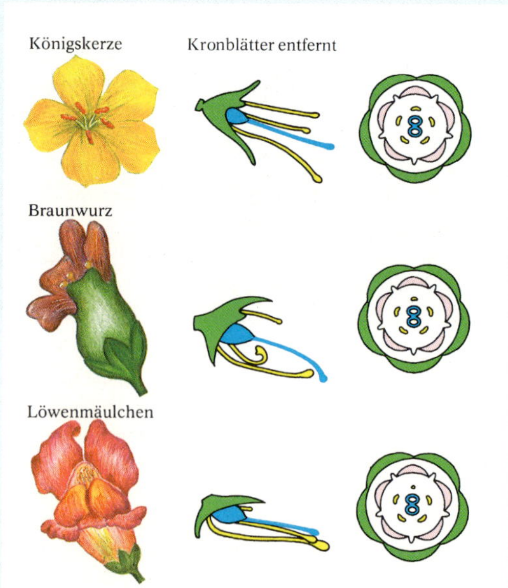

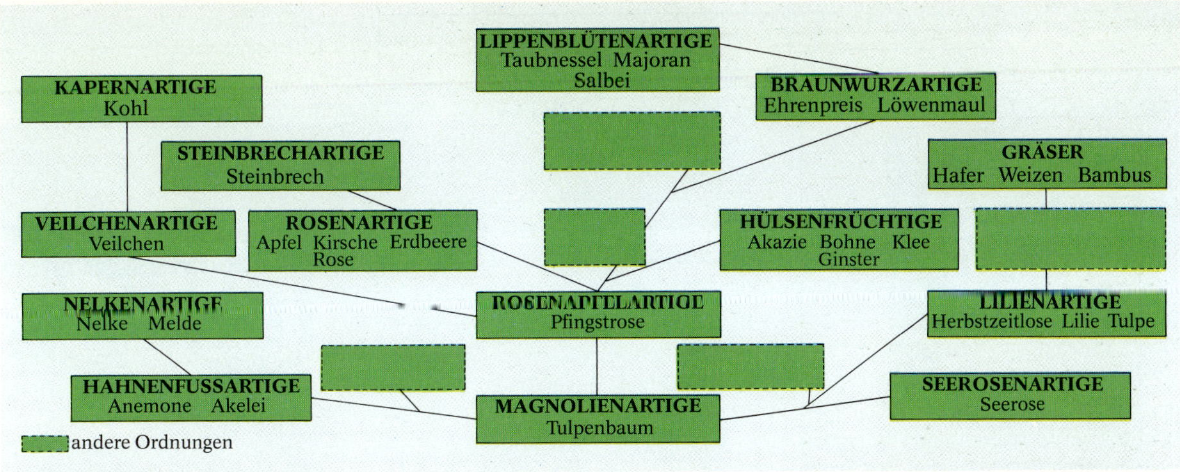

1 **Ausschnitt aus dem Stammbaum der Blütenpflanzen.** In einem botanischen Garten sind die Pflanzen in dieser Anordnung gepflanzt. Jede Ordnung (z.B. Rosenartige) steht auf einem besonderen Beet. Die Beete sind durch Wege verbunden, die die Verwandtschaftsbeziehungen symbolisieren.

2.2. Pflanzen werden in ein System gestellt

Die Abbildung zeigt einen Ausschnitt aus den vielen Pflanzengruppen eines botanischen Gartens. Bei deinem ersten Besuch bist du von der Vielfalt der Pflanzenformen und der Farbenpracht ihrer Blüten überrascht. Du fragst dich, nach welchen Gesichtspunkten die Pflanzen in dem Garten geordnet sind. Versuchen wir, das an einem Beispiel zu klären: Rose, Apfel, Kirsche und Erdbeere stehen hier auf einem Beet beieinander. Untersucht man ihre Blüten, so findet man bei jeder der vier Pflanzen fünf Kelchblätter, fünf Kronblätter und viele Staubgefäße. Diese gemeinsamen Merkmale zeigen, dass Rose, Apfel, Kirsche und Erdbeere miteinander verwandt sind. Sie gehören alle zur **Familie** der Rosengewächse. Die Rose hat der Familie den Namen gegeben. Zu dieser Familie zählen mehr als 2000 Arten.
Innerhalb der Familie gibt es kleinere Verwandtschaftsgruppen, deren Vertreter in weiteren Merkmalen übereinstimmen. So haben Kirsche, Pflaume, Schlehe, Aprikose, Pfirsich und Mandelbaum jeweils nur einen Fruchtknoten, aus dem sich eine einsamige Steinfrucht entwickelt. Diese sechs Arten gehören zur **Gattung** Pflaume.
Die fünf Fruchtknoten der Apfelblüte bilden später das Kerngehäuse mit den Kernen. Kerngehäuse und Fruchtfleisch bilden eine Scheinfrucht. Der Paradiesapfel zeigt dieselben Merkmale wie der Apfel. Beide gehören zur Gattung Apfel.
Die Erdbeerblüte hat sehr viele Fruchtknoten. Aus ihnen entstehen die kleinen gelben Früchte auf der Oberfläche der Erdbeere. Die Erdbeere ist eine Sammelfrucht. Zur Gattung Erdbeere gehören die **Arten** Zimt- und Walderdbeere.

Pflanzen werden also nach ihrem Verwandtschaftsgrad zu kleineren und größeren Verwandtschaftsgruppen zusammengefasst. Verwandte Arten haben viele gemeinsame Merkmale. Sie bilden zusammen eine nächsthöhere Gruppe, die Gattung. Mehrere verwandte Gattungen bilden eine Familie, in unserem Beispiel die Rosengewächse. Die Gattungen einer Familie haben untereinander weniger gemeinsame Merkmale als die Arten einer Gattung. Das System der Blütenpflanzen auf den nächsten beiden Seiten zeigt, dass **Ordnung, Klasse** und **Abteilung** nach der Familie die nächsthöheren Verwandtschaftsgruppen sind.

In dem botanischen Garten sind die Pflanzen also nach dem System der Pflanzen geordnet. Pflanzen, die zur selben Familie gehören, stehen auf dem gleichen Beet. Kurze Wege zwischen den Beeten bedeuten engere, weite Wege bedeuten entferntere Verwandtschaft zwischen den Pflanzen der entsprechenden Beete. Die unterschiedlichen Weglängen sind in der Abbildung nicht ganz genau zu zeichnen.

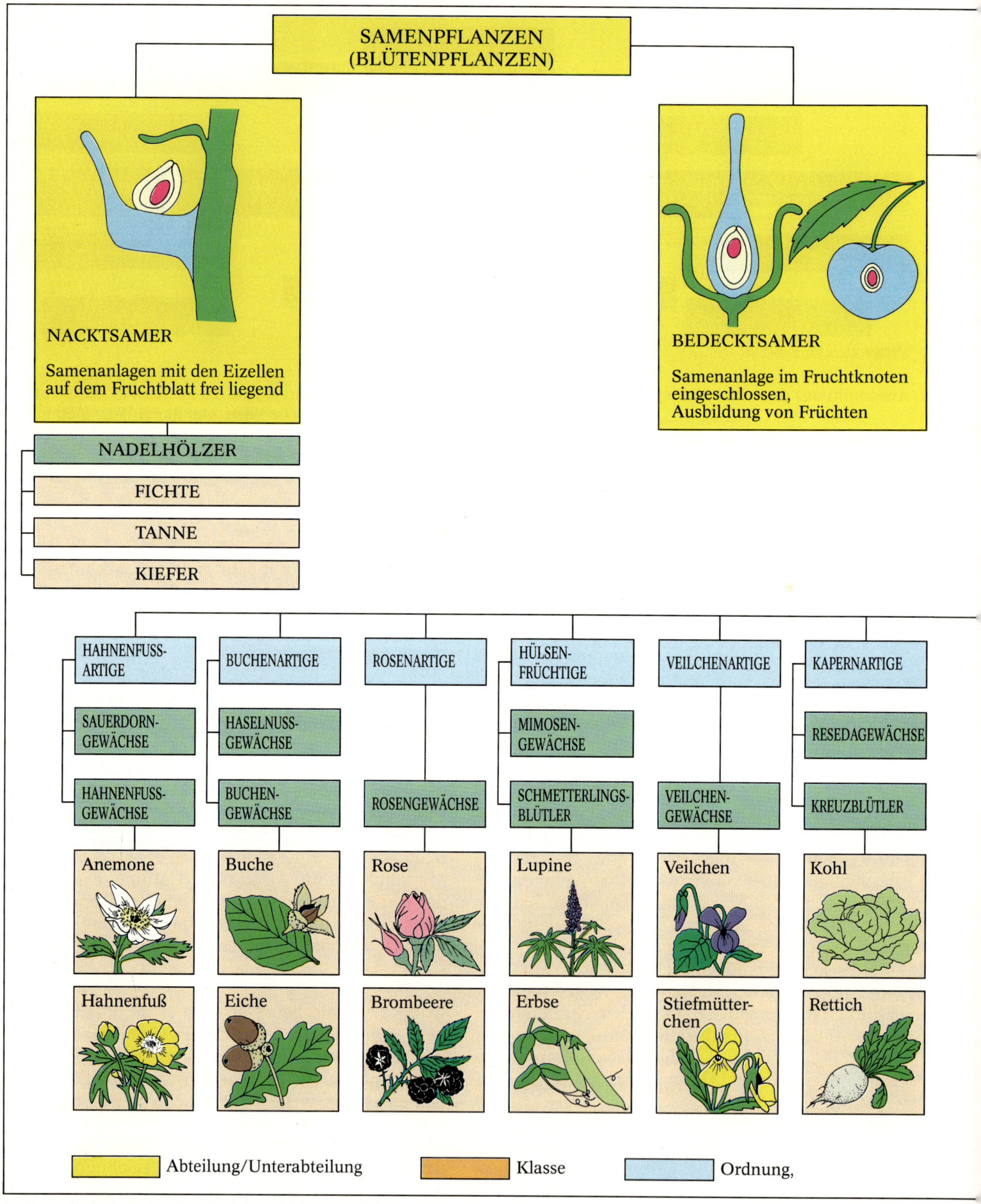

2 **Ausschnitt aus dem System des Pflanzenreiches**

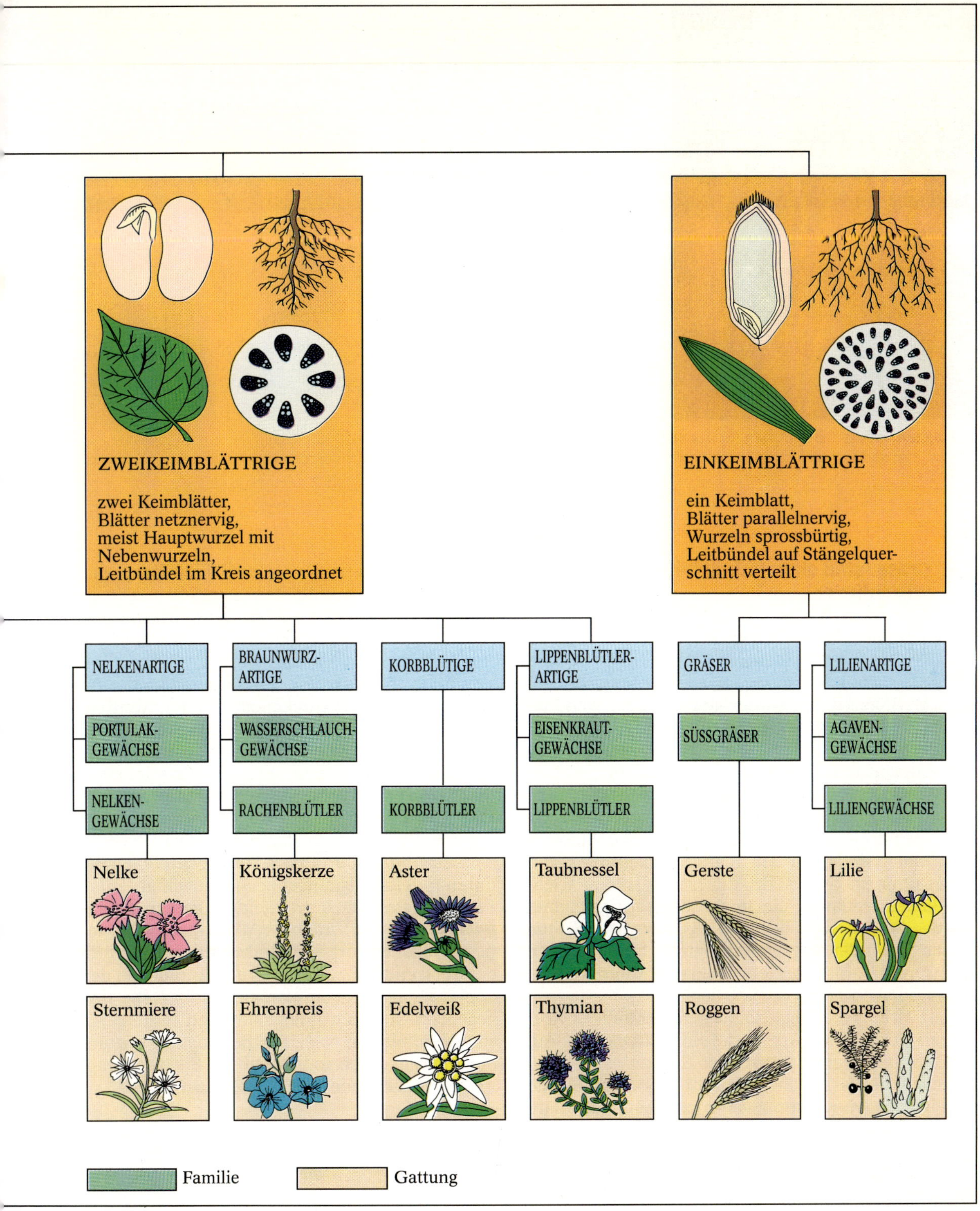
ZWEIKEIMBLÄTTRIGE
zwei Keimblätter, Blätter netznervig, meist Hauptwurzel mit Nebenwurzeln, Leitbündel im Kreis angeordnet
EINKEIMBLÄTTRIGE
ein Keimblatt, Blätter parallelnervig, Wurzeln sprossbürtig, Leitbündel auf Stängelquerschnitt verteilt
NELKENARTIGE
PORTULAK-GEWÄCHSE
NELKEN-GEWÄCHSE
Nelke
Sternmiere
BRAUNWURZ-ARTIGE
WASSERSCHLAUCH-GEWÄCHSE
RACHENBLÜTLER
Königskerze
Ehrenpreis
KORBBLÜTIGE
KORBBLÜTLER
Aster
Edelweiß
LIPPENBLÜTLER-ARTIGE
EISENKRAUT-GEWÄCHSE
LIPPENBLÜTLER
Taubnessel
Thymian
GRÄSER
SÜSSGRÄSER
Gerste
Roggen
LILIENARTIGE
AGAVEN-GEWÄCHSE
LILIENGEWÄCHSE
Lilie
Spargel
Familie
Gattung

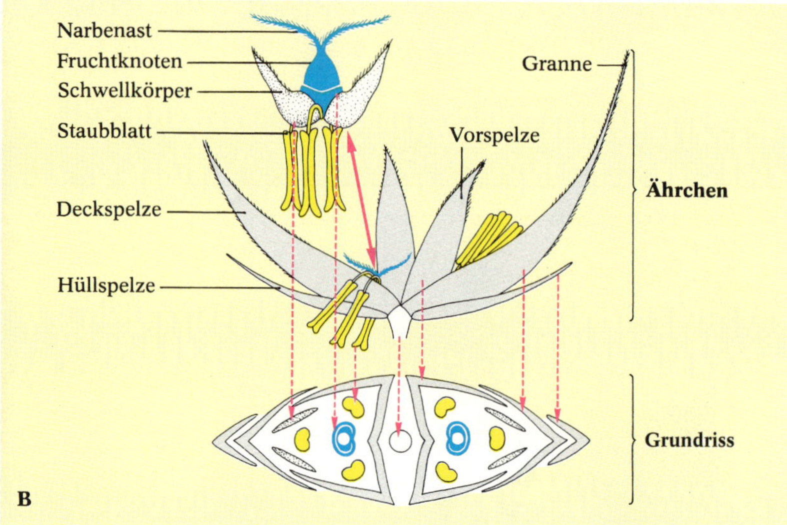

1 **Roggen.** A Ähre; B Ährchen (Schema)

2.3. Gräser sind einkeimblättrige Windblütler

Pollenflugwarnung im Rundfunk: „Am Mittwoch ist mit dem Flug von Gräserpollen zu rechnen." Durch solche Pollenflugvorhersagen werden Pollenallergiker zur Blütezeit der Gräser gewarnt. Der weit verbreitete Heuschnupfen ist vielfach eine Folge des Blütenstaubs der Gräser. Zwar denken wir bei Blütenpflanzen zunächst an solche mit auffallenden Blüten, wie Rose, Nelke und Löwenmäulchen, aber auch die Gräser gehören dazu. Gräser haben unscheinbare, weniger auffallende Blüten als andere Pflanzen. Grasblüten sind grün wie Blätter und Stängel. Ein Beispiel für ein Gras ist der Roggen. Es ist eine wichtige Getreidepflanze, die aus Wildgräsern gezüchtet wurde. Solche gezüchteten Gräser heißen Kulturgräser. Wenn der Roggen im Sommer blüht, hängen kleine, gelbe x-förmige Gebilde an den Ähren. Welche Aufgabe haben sie?

Sehen wir uns die Roggenblüte genauer an: Der Roggenhalm trägt eine *Ähre.* Sie ist ein *Blütenstand.* Auf den Absätzen seiner Achse, der *Spindel,* sitzen die *Ährchen.* Jedes Ährchen besteht aus zwei Blüten und ist am Grunde von zwei trockenhäutigen Blättchen, den *Hüllspelzen,* umgeben.

Das Blütenschema einer einzelnen, geöffneten Grasblüte lässt folgenden Aufbau erkennen: Der *Fruchtknoten* trägt oben zwei fiedrige *Narben.* Seitlich sitzen zwei *Schwellkörper.* Sie alle und die drei *Staubblätter* werden von zwei kahnförmigen, grünen Blättchen, den *Spelzen,* umgeben. Die innere heißt *Vorspelze.* Die äußere, die *Deckspelze,* trägt einen langen Fortsatz, die *Granne.* Im unreifen Zustand liegen beide Spelzen eng aneinander, sodass Fruchtknoten, Narben und Staubblätter nicht zu sehen sind. Bei trockenem Wetter werden die Schwellkörper dicker und drücken die Spelzen auseinander. In wenigen Minuten wachsen die *Staubfäden* auf ein Mehrfaches ihrer ursprünglichen Länge heran. Sie verlängern sich in der Minute um 2,5 mm! Die Staubblätter hängen nun als x-förmige Gebilde aus der Blüte heraus. Jedes Staubblatt besteht aus dem *Staubfaden* und zwei *Staubbeuteln.* Diese sind unten löffelförmig aufgebogen. Die reifen *Pollenkörner* rieseln aus den aufreißenden Beuteln auf die *Löffelchen.* Von dort trägt der Wind den Pollen in kleinen Wölkchen fort. Durch das Auseinanderdrücken der Spelzen wird auch der Fruchtknoten mit den beiden großen, fiedrigen Narben sichtbar. Die nun frei liegenden Narben werden vom Wind bestäubt. Gräser sind **Windblütler.** Nach der Befruchtung schrumpfen die Schwellkörper, sodass sich die Spelzen schützend um die entstehende Frucht, das Korn, legen.

Da ihre Keimlinge nur ein Keimblatt haben, gehören die Gräser zu den **einkeimblättrigen** Pflanzen. Die Bohne ist dagegen eine **zweikeimblättrige** Pflanze. Sie hat zwei *Keimblätter,* wie wir von den beiden Hälften eines Bohnensamens wissen. Einkeimblätt-

2 **Grasknoten mit Blattscheide**

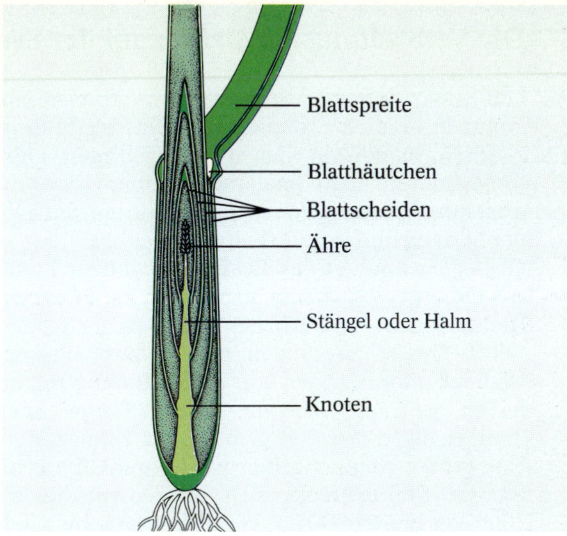

3 **Junge Roggenpflanze.** Längsschnitt (Schema)

rige haben *parallelnervige* Blätter. Zweikeimblättrige haben *netznervige* Blätter. Auch die Bewurzelung beider Pflanzengruppen ist unterschiedlich. Zweikeimblättrige haben *Hauptwurzeln* mit *Nebenwurzeln.* Bei den Gräsern geht die Hauptwurzel, die bei der Keimung zunächst ausgebildet wird, zugrunde. Aus dem untersten Stängelknoten wachsen neue Wurzeln. Da sie aus dem Stross hervorgehen, bezeichnet man sie auch als *sprossbürtig.*

Die Sprossachse der Gräser ist rund und hohl und heißt *Halm.* Der Halm der Roggenpflanze wird ca. 1,75 Meter hoch. Selbst zur Reifezeit, wenn der Halm die schwere Ähre tragen muss, vermag er dem Wind zu trotzen, ohne sich umzulegen oder abzubrechen, indem er hin und her schwankt. Wodurch kommt es zu dieser erstaunlichen Festigkeit und Biegsamkeit?
Der Halm ist durch Querwände unterteilt, was äußerlich als *Stängelknoten* sichtbar ist. Die Querwände geben dem Stängel, ähnlich wie Decken bzw. Fußböden eines Gebäudes, zusätzliche Festigkeit. Das Stängelstück zwischen zwei Querwänden ist schwerer zu knicken als ein langer Halm.
Die Grasblätter sind bandartig schmal und zweizeilig angeordnet. Das heißt, Blatt 3 sitzt über Blatt 1. Die Blätter 2 und 4 sitzen ebenfalls übereinander, aber auf der gegenüberliegenden Seite. Die unteren Teile des Blattes umgeben den Halm röhrenförmig und versteifen ihn. Man spricht von einer *Blattscheide.* Sie entspringt am Stängelknoten. Fasst man das schmale

Umgeknickte Halme können sich teilweise wieder aufrichten

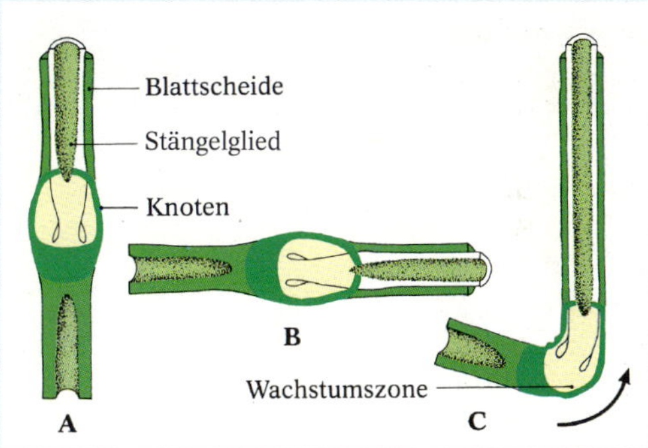

4 **Halm.** A aufrecht; B umgelegt; C sich aufrichtend

Nach heftigen Stürmen oder schweren Regenfällen sieht man manchmal die Pflanzen ganzer Flächen eines Getreidefeldes auf dem Boden liegen. Reifes Getreide richtet sich danach nicht mehr auf. Die noch wachstumsfähigen grünen Halme können sich aber teilweise wieder aufrichten. Das geschieht dadurch dass die Wachstumszone an der Unterseite eines Knotens schneller wächst als an der Oberseite.

Die Verbreitung der Gräser auf der Erde

Die Gräser sind über die ganze Welt verbreitet. Sie kommen in allen Erdteilen vor. Gräser gibt es in Wäldern, in Wüsten und in Hochgebirgen. Dort findet man sie manchmal noch in einer Höhe von dreieinhalbtausend Metern. Sie sind an der Dünenbildung und ihrer Erhaltung beteiligt.
Gräser bestimmen das Lebensbild ganzer Landschaften. Ein typisches Beispiel ist die *Savanne*. In den Feucht- und Trockensavannen der Tropen treten Gräser zusammen mit niederwüchsigen Bäumen oder Büschen auf. Wo die Baumgruppen fehlen, geht die Savanne in die *Steppe* über. Steppen liegen in den gemäßigten Klimazonen. Das größte Steppengebiet ist die eurosibirische Steppe. Sie erstreckt sich mit einem bis zu 1000 km breiten Gürtel von Osteuropa bis nach Ostasien. Die großen Steppengebiete Nordamerikas heißen *Prärien*.
Sie gehörten einst zu den größten Steppengebieten der Erde. Wegen der vielen Jagdtiere, die dort lebten, waren sie ein bevorzugter Lebensraum der Indianer. Man schätzt, dass dort ursprünglich ca. 50 Millionen Bisons gelebt haben, die durch Beweidung die Prärievegetation mitgestaltet und erhalten haben. Heute sind die Prärien zum großen Teil in Ackerland umgewandelt, auf dem Mais und Weizen angebaut werden. Auch als Weideland für die Tierzucht werden sie genutzt.

1. Suche aus deinem Schulatlas heraus, in welchen Teilen der Welt Landschaften zu finden sind, deren Vegetation durch Gräser geprägt ist!

Das Getreidekorn – nicht Samen, sondern Frucht

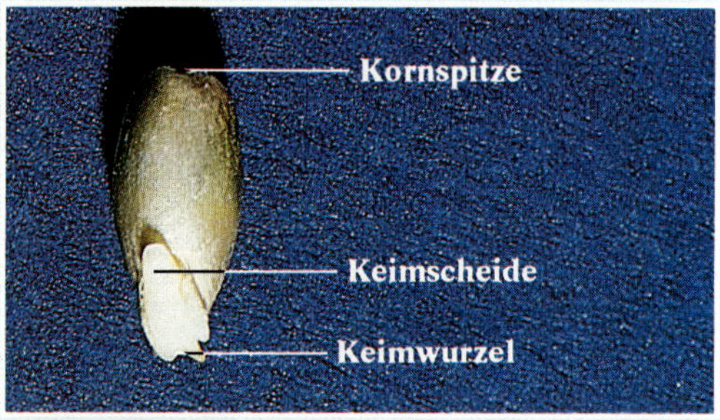

5 Roggenkorn. (Aufsicht)

Betrachtet man Getreidekörner, so könnte man sie durchaus – wie Bohnen oder Erbsen – für Samen halten. Ein Roggenkorn entsteht aber aus dem Fruchtknoten und ist damit eine Frucht. Die Frucht der Gräser heißt **Grasfrucht.** Sie enthält nur einen Samen. Seine Samenschale ist mit der Fruchtschale verwachsen. Öffnet man ein Getreidekorn, so sieht man, dass es zum größten Teil aus stärkehaltigem Nährgewebe besteht. Am unteren Ende des Korns liegt der Keimling, was man schon bei Aufsicht auf das ungeöffnete Korn erkennt.

Blatt und zieht es am Stängel nach unten, so löst sich die Blattscheide vom Stängel und man erkennt, wie sie den Stängel vorher röhrenförmig umgeben hat. Die Ränder dieser Röhre liegen zwar am Stängel übereinander, sie sind aber nicht miteinander verwachsen. Dort, wo die Blattfläche in die Blattscheide übergeht, kann man ein feines Häutchen erkennen. Diese *Blatthäutchen* sind bei den verschiedenen Gräsern unterschiedlich gestaltet und können bei der Bestimmung eines Grases behilflich sein. Die Blattscheiden verdicken den Halm und tragen ebenfalls zu seiner Standfestigkeit bei. Auch die schmalen, vom Wind wenig angreifbaren Blätter helfen dabei. So ausgestattet kann der Stängel der Gräser dem Wind trotzen.

2. Notiere die Teile einer Roggenblüte und ihre jeweiligen Merkmale, die uns erkennen lassen, dass der Roggen ein Windblütler ist!

3. Notiere alle Elemente des Halmbauplans, die für die besondere Festigkeit und Biegsamkeit des Halms verantwortlich sind! Nimm für die Aufgaben 2. und 3. den Text 2.3. zu Hilfe!

4. Erkläre den Unterschied zwischen einem Bohnensamen und einem Roggenkorn!

1 **Getreide.** A Weizen; B Gerste; C Hafer

2.4. Der Mensch nutzt Kulturgräser

Fährst du im Spätsommer aus der Stadt aufs Land, so siehst du überall die ausgedehnten goldgelben Flächen der Getreidefelder. Auf jedem Feld findest du nur jeweils eine Getreideart. Der Anbau erfolgt als **Monokultur.** Woran erkennst du, welche Getreideart auf einem Feld angebaut ist?

Du brauchst nur die Blüten- bzw. Fruchtstände genauer zu betrachten. Sie sind deutlich unterschiedlich gebaut. Roggen, Gerste und Weizen sind *Ährengräser.* Die einzelnen Ährchen sitzen ungestielt an der Sprossachse und bilden eine Ähre. Beim Roggen und bei der Gerste tragen die Spelzen lange Fortsätze, die man als *Grannen* bezeichnet. Die einzelnen Grannen sind bei der Gerste besonders lang, und zwar deutlich länger als die Ähre. Der Saatweizen ist unbegrannt. (Es gibt auch Weizenarten mit Grannen.) Der Hafer ist mit den anderen Getreidearten nicht zu verwechseln. Seine Ährchen sind lang gestielt. Sein Fruchtstand ist eine *Rispe.* Hafer ist ein *Rispengras.*
Es gibt noch weitere Unterschiede zwischen den vier Getreidearten. Die Ähre des Roggens ist vierkantig. Roggenfelder wirken besonders hoch bewachsen. Der Roggenhalm wird nämlich ca. 1,75 Meter hoch. Die Ähre des Saatweizens wirkt kompakter und ist annähernd walzenförmig. Die Weizenpflanze ist deutlich niedriger als der Roggen. Sie wird nur bis zu 1,20 m hoch. Die Gerste ist unsere niedrigste Getreideart.
Roggen, Gerste, Weizen und Hafer sind Gräser. Sie sind mit unseren Wiesengräsern eng verwandt. Unsere Getreidearten sind nämlich im Laufe von einigen Jahrtausenden aus *Wildgräsern* entstanden. Der Mensch hat an ihrer Entstehung mitgewirkt.
Pflanzen, die er aus *Wildpflanzen* gewonnen hat und weiterkultiviert, werden als *Kulturpflanzen* bezeichnet. Unsere Getreidearten sind *Kulturgräser.* In welchen Zeiträumen fand die Entstehung der Getreidearten statt und wie stellt man sie sich vor?
Man fand bei Ausgrabungen menschlicher Ansiedelungen im Gebiet des Assuan-Staudammes in Ägypten Körner einer einfachen Kulturform der Gerste, deren Alter man auf 17 000 Jahre schätzt. Mindestens seit dieser Zeit muss es also Ackerbau geben.
Um mit dem Ackerbau beginnen zu können, mussten die Menschen, die vorher als Sammler und Jäger gelebt hatten, sesshaft werden. Sie bauten dann zunächst Wildpflanzen, also auch Wildgräser, an, indem sie deren Samen aussäten. Vielleicht hatten sie zufällig die Keimung von Samen an den Aufbewahrungsorten ihres Erntegutes beobachtet. Man kann vermuten, dass sie später zunächst unbewusst durch *Auslese* solche Eigenschaften förderten, die den Ernteertrag verbesserten. So könnten sie z.B. Pflanzen mit einer größeren Körnerzahl in der Ähre oder solche mit mehr Korngewicht vorrangig für die Folgeaussaaten genutzt haben.

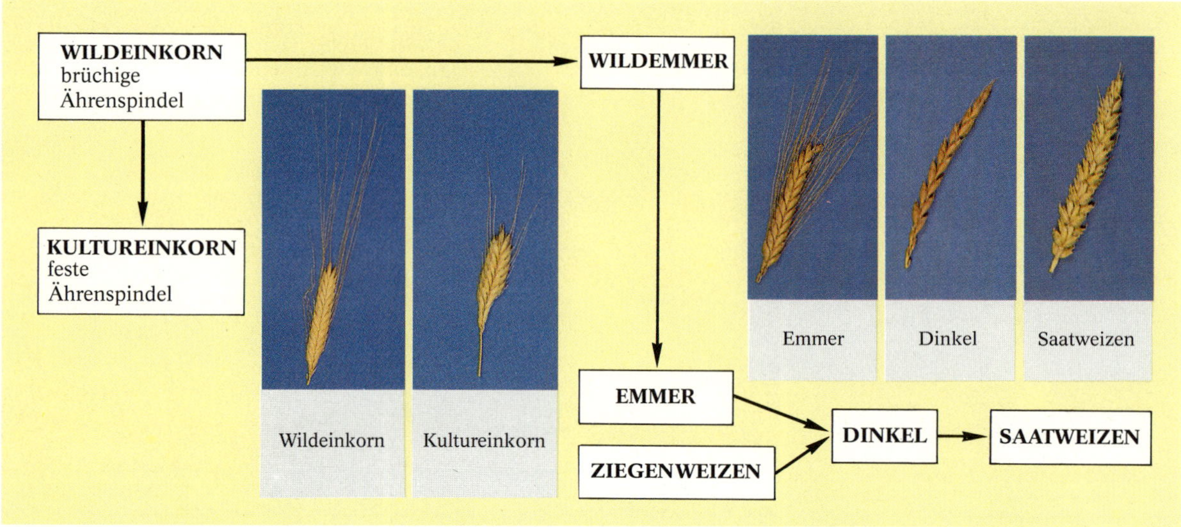

2 Entstehung des Weizens (Schema). Die Pfeile zeigen, aus welchen Arten neue entstanden.

Beispiele für den Wandel vom Wildgras zum Kulturgras sind die verschiedenen Weizenarten: Bei Ausgrabungen in Nordsyrien wurden Körner des *Kultureinkorns* gefunden, das Ackerbauern dort bereits 8000 Jahre vor Christus anbauten. Das Kultureinkorn hat eine feste Ährenspindel. Das ist der durchgehende Stiel, an dem die Ährchen sitzen. Wenn das Kultureinkorn reift, zerfällt seine Spindel nicht. Bei der Ernte gehen also keine Körner verloren. Die Ährenspindeln der Wildgräser sind dagegen im Allgemeinen brüchig. Sie zerfallen in Teile, wenn sie reifen. Der Wind trägt die Teilstücke davon, was vorteilhaft für die Verbreitung der Pflanzen ist. Für den Menschen ist also eine weniger brüchige Ährenspindel nützlich, da weniger Körner durch Bruch der Spindel verloren gehen. Das Kultureinkorn ist aus dem *Wildeinkorn* mit brüchiger Ährenspindel hervorgegangen.
Das Kultureinkorn wurde dadurch gewonnen, dass der Mensch die selten auftretenden Pflanzen mit einer festen Ährenspindel aus Wildeinkorn-Feldern auslas und zur Weiterzucht benutzte. Andere Weizenarten sind aus mehreren verschiedenen Gräsern hervorgegangen, die sich miteinander fortpflanzten. So hat der Saatweizen verschiedene andere Grasarten als Vorfahren.

Die Gräser haben für den Menschen sehr große Bedeutung. Sie sind eng mit der Entwicklung unserer Kultur verknüpft. Erst der Getreideanbau hat, verbunden mit der Möglichkeit haltbare Nahrungsmittel zu erzeugen, die Entstehung großer Städte ermöglicht. Heute sind die genannten vier Getreidearten zusammen mit dem Reis, dem Mais und der vorwiegend in Entwicklungsländern angebauten Hirse die wichtigste Ernährungsgrundlage der Weltbevölkerung.
Die folgenden Zahlen belegen das: Die Weltproduktion an Getreide betrug 1990 ca. 1940 Mill. Tonnen, davon 599 Mill. Tonnen Weizen, 519 Mill. Tonnen Reis, 472 Mill. Tonnen Mais, 181 Mill. Tonnen Gerste, 90 Mill. Tonnen Hirse, 42 Mill. Tonnen Hafer und 35 Mill. Tonnen Roggen. Eine besondere Rolle spielt dabei der Reis. Dieses im Wasser wachsende Rispengras wird vorwiegend in Asien angebaut. Etwa 90% der Reisernte werden in Asien produziert und auch dort verbraucht. Für 60% der Weltbevölkerung ist Reis Hauptnahrungsmittel.

Die Bedeutung des Getreides wird angesichts der rasch anwachsenden Weltbevölkerung in Zukunft eine noch größere Rolle spielen. Dabei ist das durch Mahlen gewonnene Mehl für unser Brot besonders wichtig, aber es werden auch viele weitere Produkte aus den verschiedenen Getreidearten hergestellt, wie Grünkern, Graupen, Grütze, Grieß und Haferflocken. Aus Gerste macht man Malzkaffee. Die großen, dickbauchigen Körner der Gerste liefern das Malz für die Bierbrauerei.
Darüber hinaus dient das Stroh der Getreidearten als Stallstreu für Pferde und Rinder. Auf der ganzen Welt

3 Reis im Terrassenanbau

sind die Weidegräser als Futterpflanzen der Haustiere eine wichtige Grundlage für die Gewinnung tierischen Eiweißes. Immerhin betrug 1989 der Weltbestand an Rindern 1278 Mill. und an Schafen 1177 Mill. Tiere.

Die weltweite Verwendung von Getreide als Viehfutter muss allerdings auch kritisch betrachtet werden. Könnte man doch mit dem verfütterten Getreide sehr viel mehr Hungernde ernähren als mit dem daraus gewonnenen Fleisch.

Gräser sind darüber hinaus ein wichtiger Rohstoff für die Erzeugung verschiedener anderer Produkte. Zucker aus Zuckerrohr ist ein Beispiel dafür, aber auch Stärke, Papier, Alkohol und andere Stoffe werden aus Gräsern gewonnen. Gräser liefern schließlich in vielen Gegenden der Welt wichtiges Isolations- und Baumaterial.

1. Wie hat der Mensch aus Wildgräsern Kulturgräser mit besonderen Eigenschaften wie z.B. großes Korngewicht gewonnen?

2. Beschreibe die Entstehung des Weizens! Nimm die Abbildung 2 zu Hilfe!

3. Beschreibe die Fruchtstände für Reis und Hirse! Nimm ein Pflanzenbuch zu Hilfe!

4. Erkläre, wie man die Getreidearten Roggen, Weizen, Gerste und Hafer unterscheiden kann!

Wir bestimmen Getreidearten

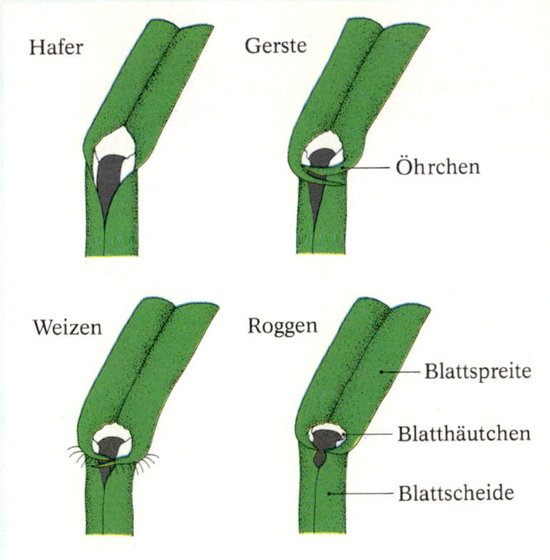

4 Blatthäutchen unserer Getreidearten

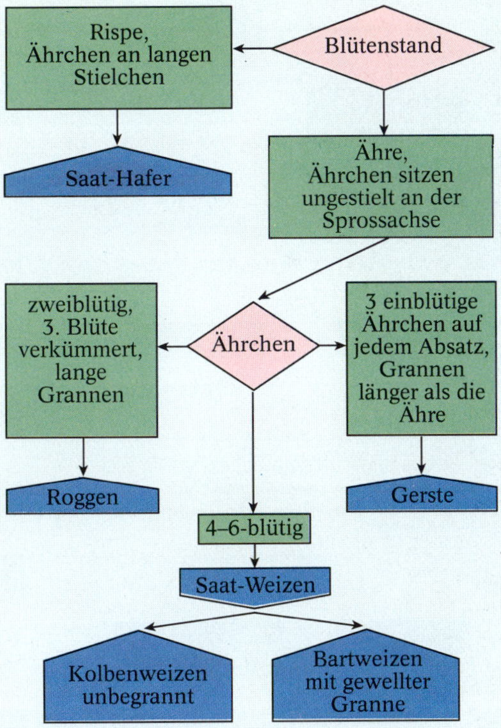

5. Vergleiche nach dem Bestimmen einer Getreideart, ob das Blatthäutchen mit einem in Abbildung 4 übereinstimmt!

Übung: Wir bestimmen Blütenpflanzen

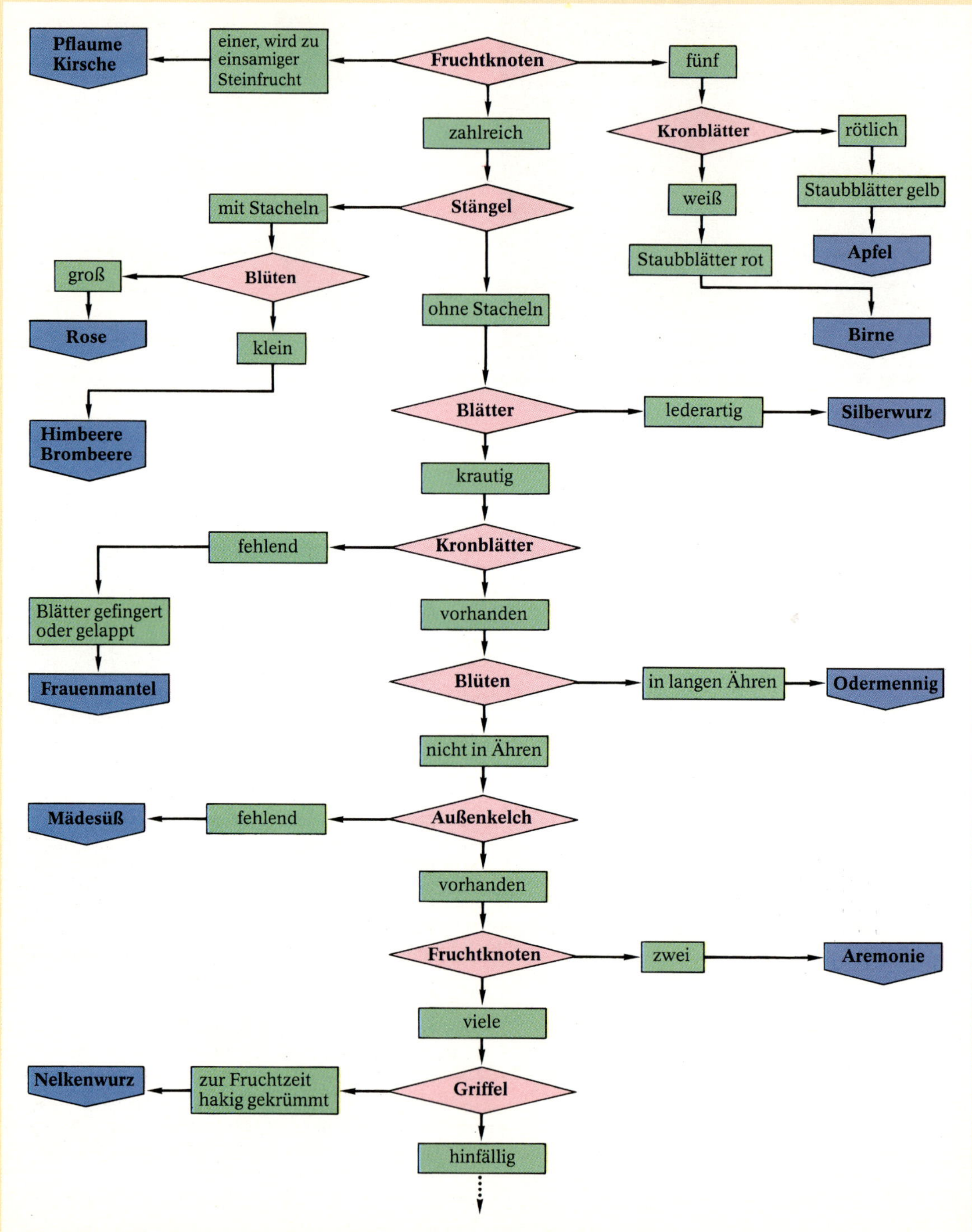

Bestimmungsschlüssel der Gattungen der Rosengewächse (Ausschnitt)

Übung: Wir bestimmen Blütenpflanzen

A 1. Pflanzenbestimmung an Hand von Merkmalen

Der Bestimmungsschlüssel für die Gattungen der Rosengewächse zeigt das Prinzip, nach dem man Pflanzen bestimmt. In den roten Kästchen steht jeweils ein Pflanzenteil. Dessen Merkmal wird in den grünen Kästchen nach dem Prinzip *„entweder-oder“* erfragt. Dabei gibt es jeweils zwei Möglichkeiten (manchmal auch mehrere). Die eine führt zur Seite und damit zu einer Gattung (blaues Kästchen), die andere führt nach unten weiter.
Benutze den Bestimmungsschlüssel für die folgende Aufgabe:
Stelle in einer Tabelle, deren 1. Zeile unten als Beispiel vorgegeben ist, für Silberwurz, Frauenmantel und Nelkenwurz die Merkmale der entsprechenden Pflanzenteile zusammen!

PFLANZENTEIL	SILBERWURZ	FRAUENMANTEL	NELKENWURZ
Fruchtknoten	zahlreich	zahlreich	zahlreich

V 2. Merkmale der Rosengewächse

Material: blühende Zweige verschiedener Obstbäume (z.B. Kirsche, Pflaume, Apfel, Birne), der Schlehe, der Brombeere oder der Hundsrose; ganze Pflanzen der Erdbeere oder des Gänsefingerkrautes; Stereo-Lupe oder Stiellupe; Pinzette; Schere; Präpariernadel; schwarze Pappunterlage; Format DIN A4

Zerlegte Blüte der Hundsrose

Aufgaben: a) Untersuche die verschiedenen Pflanzenteile sorgfältig! Zerlege dabei die Blüten wie auf der Abbildung gezeigt!
b) Halte die Merkmale des Stängels, der Blätter, der Blüten und ihrer Teile (auch in Zahlen) in einer Tabelle fest!
c) Notiere die Merkmale, die – mehr oder weniger – allen Rosengewächsen gemeinsam sind!

V 3. Merkmale der Hahnenfußgewächse

Material: Pflanzen der nachfolgend genannten Arten; Stereo-Lupe oder Stiellupe; Pinzette; Schere; Präpariernadel; schwarze Pappunterlage; Format DIN A4

Familie Hahnenfußgewächse

Gattung:	Arten:
Hahnenfuß	Wasserhahnenfuß Scharfer Hahnenfuß Kriechender Hahnenfuß Scharbockskraut
Winterling	Winterling
Anemone	Buschwindröschen
Rittersporn	Garten-Rittersporn
Dotterblume	Sumpfdotterblume
Akelei	Garten-Akelei
Waldrebe	Gemeine Waldrebe
Schwarzkümmel	Jungfer im Grünen (Gartenblume)

Aufgabe: Untersuche an einigen der genannten Pflanzenarten die folgenden Pflanzenteile sowie ihre Merkmale und halte sie tabellarisch fest!
Vorkommen: am/im Wasser oder auf dem Land
Blüten: zweiseitig-symmetrisch oder radiär
Blüten: gespornt oder nicht gespornt
Blüte: einfach gespornt oder 5 Sporne
Blütenfarbe: weiß, gelb, blau, violett oder rot
Blütenstiel: gefurcht oder nicht gefurcht
Blütenhülle: doppelt (in Kelch und Krone gegliedert) oder einfach (nicht in Kelch und Krone gegliedert)
Kelchblätter: 3 oder 5
Kronblätter: 5 oder 8 und mehr
Staubblätter: länger als die Blütenhülle oder Staubblätter kürzer als diese

Übung: Wir bestimmen Blütenpflanzen

Fruchtknoten: zahlreich oder nur 1 bis 2
Blätter: gegenständig oder wechselständig bzw. quirlig
Blätter: ungeteilt oder gefiedert, mit fadenförmigen Zipfeln, mit haarförmigen Fiedern oder fußförmig gefiedert
Hochblätter: kelchartiger Hochblattquirl dicht unter der Blüte oder Hochblattquirl von der Blüte entfernt
Stängel: auch über dem Grunde beblättert oder alle Blätter grundständig
Stengel: kletternd oder nichtkletternd

V 4. Merkmale der Kreuzblütler

Material: Pflanzen der nachfolgend genannten Arten; Stereo-Lupe oder Stiellupe; Pinzette; Schere; Präpariernadel; schwarze Pappunterlage; Format DIN A4

Familie Kreuzblütler

Gattung:	Arten:
Levkoje	Gartenlevkoje
Knoblauchsrauke	Knoblauchsrauke
Silberblatt	Judassilberblatt (Garten)
Goldlack	Gartengoldlack
Kohl	Schwarzer Senf Gemüsekohl (Kulturarten) Raps
Schaumkraut	Wiesenschaumkraut
Rettich	Hederich Gartenrettich und Radies
Senf	Ackersenf
Hirtentäschel	Hirtentäschel

Aufgaben: a) Untersuche an einigen der genannten Pflanzenarten die folgenden Pflanzenteile und ihre Merkmale (auch Anzahl Blütenteile), halte sie tabellarisch fest!
Frucht: Schötchen, höchstens 3-mal so lang wie breit oder Schoten, länger
Schoten: 1 bis 2 oder bis 6 cm lang, hängend oder aufrecht, weniger als 1 mm breit oder breiter, perlschnurartig eingeschnürt oder nicht
Blätter: tief eingeschnitten oder ganzrandig, herzförmig oder pfeilförmig, stängelumfassend oder nicht
Blütenfarbe: gelb, bräunlich oder weiß, rot, violett
Blütenhülle: Zahl der Kelchblätter, Zahl der Kronblätter
Narbenlappen: hornförmig gebogen oder nicht
Geruch der Blüten: nach Knoblauch riechend oder stark duftend oder nicht
Kelchblätter: aufrecht oder abstehend
b) Notiere die Merkmale, die allen Kreuzblütlern gemeinsam sind!

A 5. Gemeinsame Merkmale von Familien

Notiere Merkmale, die 1. allen Schmetterlingsblütlern, 2. allen Lippenblütlern und 3. allen Rachenblütlern gemeinsam sind. Nimm dazu die Seiten 220–222 deines Lehrbuches zu Hilfe. Notiere ebenso die Merkmale der Rosengewächse (V 2. auf Seite 233).

A 6. Familien-Bestimmungsschlüssel

Stelle anhand der notierten Familienmerkmale für Rosengewächse, Kreuz-, Schmetterlings-, Rachen- und Lippenblütler einen Familien-Bestimmungsschlüssel mit entweder-oder-Fragen auf!

A 7. Pflanzenbestimmung nach Fotografien

Aufgaben: a) Notiere die auf den Fotos jeweils zu erkennenden Merkmale jeder Pflanze!
b) Bestimme für die abgebildeten Pflanzen die Familie und begründe deine Entscheidung!

Übung: Wir bestimmen Blütenpflanzen

A 8. Blütenstände

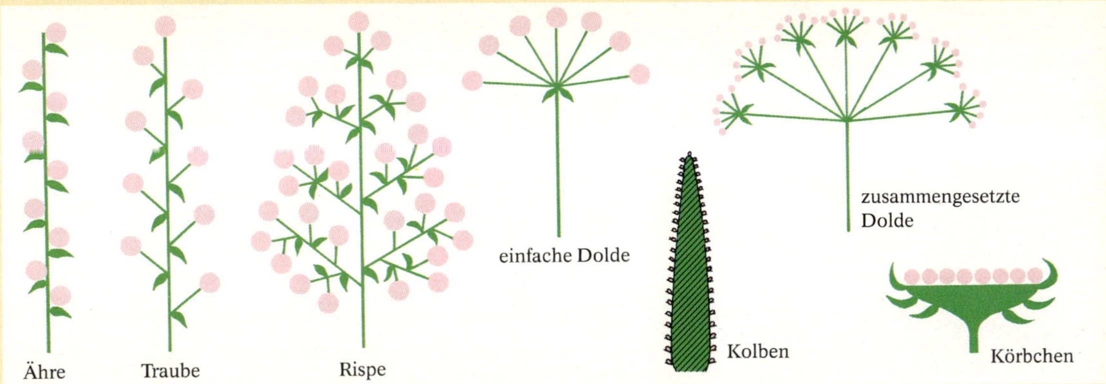

Die Abbildung zeigt Schemata verschiedener Blütenstände und ihre Namen.
Aufgaben: a) Versuche den Aufbau von fünf dieser Blütenstände zu beschreiben! Beachte die Anordnung der Einzelblüten!
b) Nenne Pflanzen, die solche Blütenstände haben!

A 9. Merkmale der Korbblütler

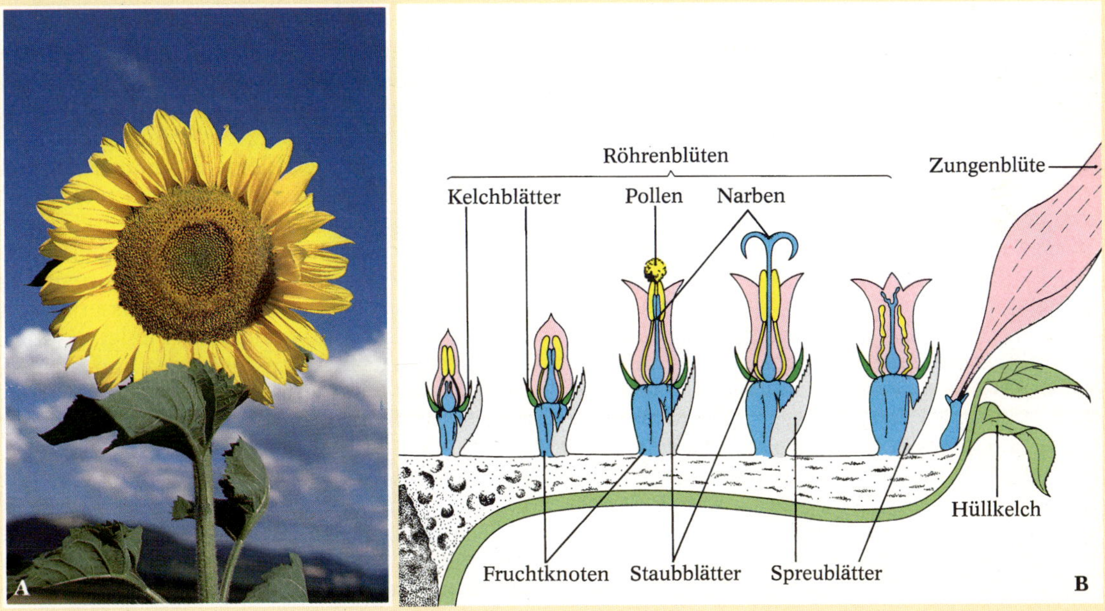

Sonnenblume. A Foto; B Längsschnitt (Schema)

Aufgaben: a) Erkläre den Namen Korbblütler!
b) Beschreibe die Aufgaben der verschiedenen Blüten, die der Längsschnitt zeigt!
c) Notiere Gartenpflanzen, die zu den Korbblütlern gehören!

1 **Wurmfarn.** A Bildung von Farnwedeln; B entwickelte Farnwedel; C Unterseite eines Farnwedels

3. Pflanzen mit Sporen

3.1. Farne

Es ist Frühling. Aus dem feuchten Waldboden sprießen die Blätter des *Wurmfarns*, die man auch **Wedel** nennt. Auffallend ist das Aussehen des jungen Farnwedels: Er ist wie eine Uhrfeder spiralig aufgerollt und am Blattstiel sitzen dünne braune Schuppen, die *Spreuschuppen.* Diese bedecken das Blatt in der Knospe. Beim Wachstum entrollen sich die Wedel. Sie entwickeln sich zu großen, zarten Blättern, deren Blattfläche mehrfach gefiedert ist.
Die Wedel sind die oberirdischen Teile der Farnpflanze. Beim Ausgraben des Farns entdecken wir die **Sprossachse.** Sie ist dick, steckt schräg im Boden und ist dicht mit den Stielresten abgestorbener Blätter und mit schwarzbraunen Schuppen bedeckt. An diesem **Erdspross** entspringen zahlreiche faserartige **Wurzeln.** An dem Vorderende wächst der Erdspross in die Länge und bildet neue Wedel aus, an seinem Hinterende stirbt er ab. Beobachtet man eine solche Farnpflanze regelmäßig das ganze Jahr über, so entdeckt man zu keiner Zeit an ihr Blüten. Wie kann sich eine solche blütenlose Pflanze vermehren?

Zu Beginn des Sommers ist eine interessante Veränderung auf der Unterseite der Wedel festzustellen: Es bilden sich grüne, nierenförmige Häutchen, die regelmäßig angeordnet sind. Man nennt sie **Schleier**. Wenn diese Schleier später braun werden und schrumpfen, kann man mit der Lupe Häufchen von rundlichen, braunen **Sporenkapseln** erkennen. Aus ihnen werden bei trockener Witterung viele braune Körnchen, die **Sporen**, ausgeschleudert. Sie bestehen nur aus einer einzigen Zelle und werden durch den Wind verbreitet. Fällt eine Spore auf den feuchten Waldboden, so entwickelt sie sich zu einem etwa pfenniggroßen, herzförmigen, grünen **Vorkeim.** Er liegt flach dem Boden auf. An seiner Unterseite entstehen mikroskopisch kleine Fortpflanzungsorgane: In den kuppelförmigen **Antheridien** werden begeißelte männliche Geschlechtszellen gebildet. Sie heißen **Schwärmer**. In den flaschenförmigen weiblichen Geschlechtsorganen, den **Archegonien**, liegt jeweils eine **Eizelle**. Nur wenn ein Wassertropfen Archegonium und Antheridium verbindet, können die Schwärmer zur Eizelle schwimmen und sie befruchten. Aus der befruchteten Eizelle entsteht dann die junge Farnpflanze.

Wir können also bei den Farnen zwei verschiedene Generationen unterscheiden, nämlich Farnpflanze und Vorkeim. Der Vorkeim bildet die **geschlechtliche Generation**, die Farnpflanze dagegen die **ungeschlechtliche Generation.** Da die beiden Generationen miteinander abwechseln, spricht man von einem **Generationswechsel.**

1. Nenne die Unterschiede zwischen Sporen und Samen!

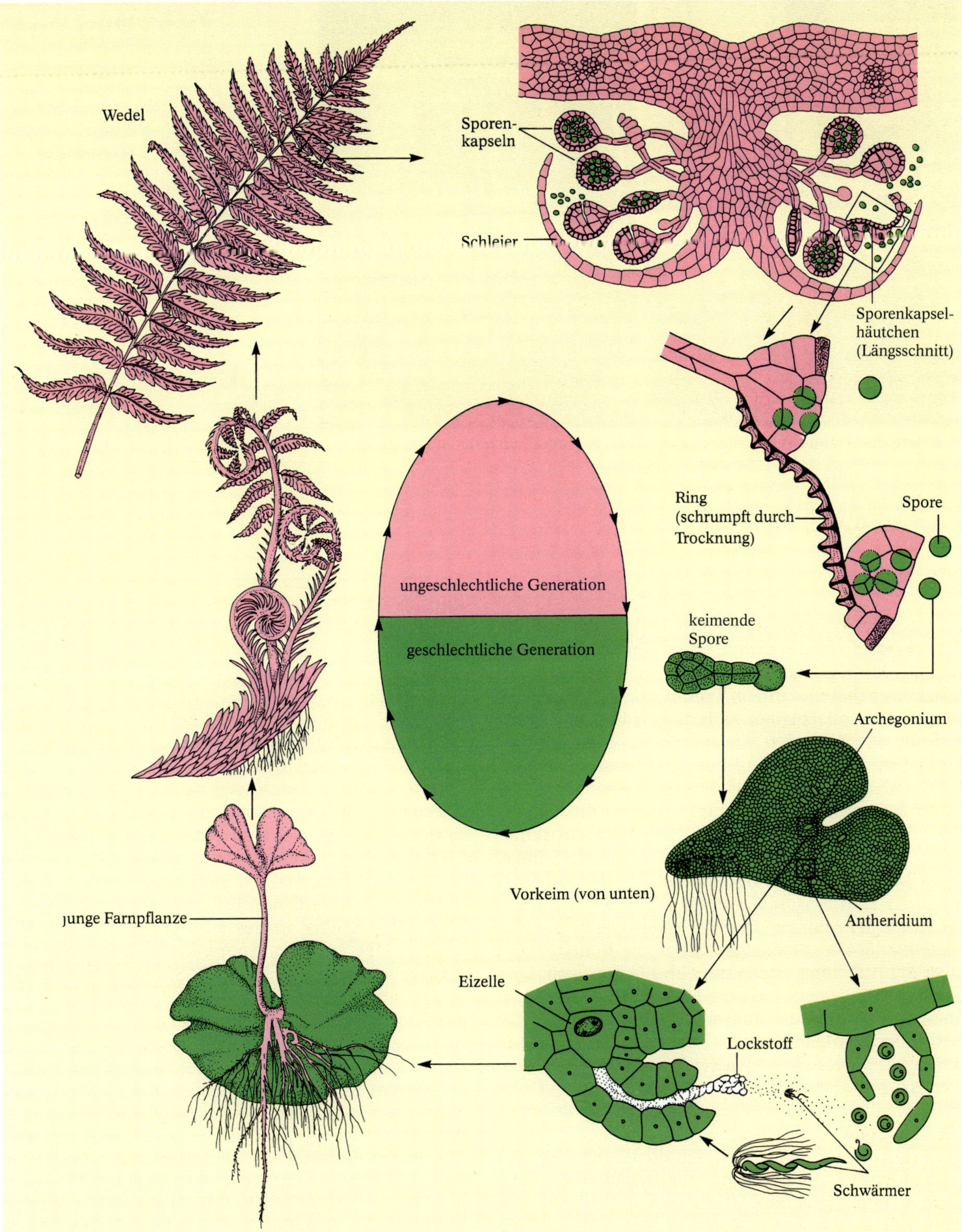

2 Generationswechsel beim Wurmfarn

1 **Frauenhaarmoos.** A Moospolster im Wald; B Moospflänzchen mit gestielten Sporenkapseln; C Schema

3.2. Moose

In feuchten Wäldern finden wir häufig das **Frauenhaarmoos.** Es bildet dichte, grüne Polster. Sehen wir uns das Moos genauer an!

Dazu entnehmen wir dem Polster vorsichtig ein einzelnes Moospflänzchen. Es besteht aus einem *Stängel* und aus *Blättchen,* die spiralig am Stängel angeordnet sind. Am unteren Ende des Stängels entspringen wurzelähnliche Zellfäden, die *Rhizoide.* Der Aufbau des Moospflänzchens entspricht also äußerlich dem einer Blütenpflanze. Erst die mikroskopische Untersuchung zeigt den Unterschied: Stängel und Blättchen enthalten keine Gefäße für den Wasser- und Stofftransport, wie wir sie von den Blütenpflanzen her kennen. Die Rhizoide dienen nur der Befestigung des Moospflänzchens im Boden, nicht aber der Aufnahme von Wasser und Nährsalzen. Dies lässt sich an einem Experiment leicht zeigen: Stellt man die Moospflanze nur mit den Rhizoiden in Wasser, so welkt sie allmählich. Legt man das verwelkte Pflänzchen jedoch in Wasser, wird der feste Ausgangszustand wieder hergestellt. Bei Moosen erfolgt die Aufnahme von Wasser und Nährsalzen also über die Blättchen.

Im Frühsommer verbreitern sich die Gipfelblättchen und färben sich rötlich. Untersucht man eine solche **„Moosblüte“** unter dem Mikroskop, so entdeckt man eine Vielzahl keulenförmiger Säckchen. Es sind die männlichen Fortpflanzungsorgane, die *Antheridien.*

Andere Moospflänzchen bilden eine Art Gipfelknospe. Diese umhüllt die weiblichen Fortpflanzungsorgane, die winzigen, flaschenförmigen *Archegonien.* Bei starkem Regen öffnen sich die Antheridien und entlassen fadenförmige, zweigeißlige *Schwärmer.* Durch umherspritzende Tropfen können die Schwärmer auf weibliche Moospflänzchen übertragen werden. Sie dringen in die Archegonien ein und befruchten die Eizellen. Aus der befruchteten Eizelle entwickelt sich eine gestielte *Sporenkapsel.* Sie stellt die **ungeschlechtliche Generation** dar. Bei ihrem Heranwachsen zerreißt sie das Archegonium. Der obere Teil des Archegoniums bedeckt dann eine Zeit lang als *Haube* die Kapsel. Die Sporenkapsel ernährt sich während ihrer Entwicklung auf Kosten des Moospflänzchens, in dessen Gewebe sie verankert ist. Das Oberende der Sporenkapsel ist durch einen Deckel verschlossen. Sind die Sporen reif, wird der Deckel abgesprengt. Die Kapselöffnung ist aber noch durch einen Kranz von feinen Zähnchen, das *Peristom,* verschlossen. Erst bei Trockenheit spreizen sich die Zähnchen auseinander, sodass die Sporen ausgestreut werden. Auf feuchtem Boden keimen die Sporen zu männlichen bzw. weiblichen *Vorfäden.* An diesen bilden sich *Knospen,* die zu neuen Moospflänzchen auswachsen. Es liegt also auch beim Frauenhaarmoos ein **Generationswechsel** vor, nur dass hier – anders als bei den Farnen – die ungeschlechtliche Generation unselbständig ist und auf der geschlechtlichen schmarotzt.

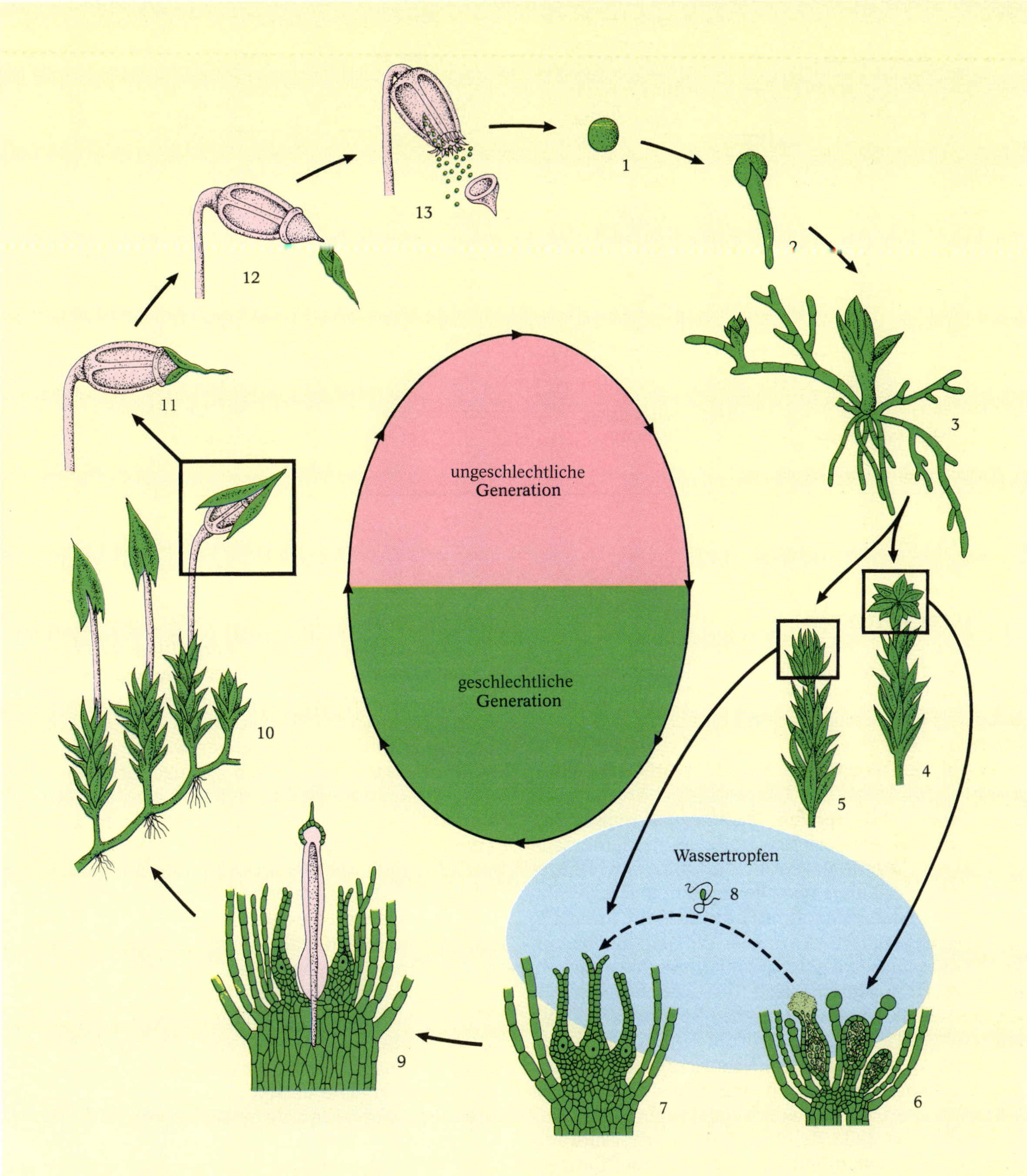

2 Generationswechsel beim Frauenhaarmoos. 1 Spore; 2 keimende Spore; 3 Vorfaden mit Knospen; 4 männliches Moospflänzchen; 5 weibliches Moospflänzchen; 6 Antheridienstand; 7 Archegonienstand; 8 Schwärmer; 9 Archegonienstand mit einem sich entwickelnden Sporenträger; 10 Moospflänzchen mit gestielten Sporenkapseln; 11 reife Sporenkapsel; 12 Ablösen der Haube; 13 Sprengen des Deckels und Herausstreuen der Sporen

1. Stelle zusammen, worin sich die Generationswechsel von Frauenhaarmoos und Wurmfarn unterscheiden!

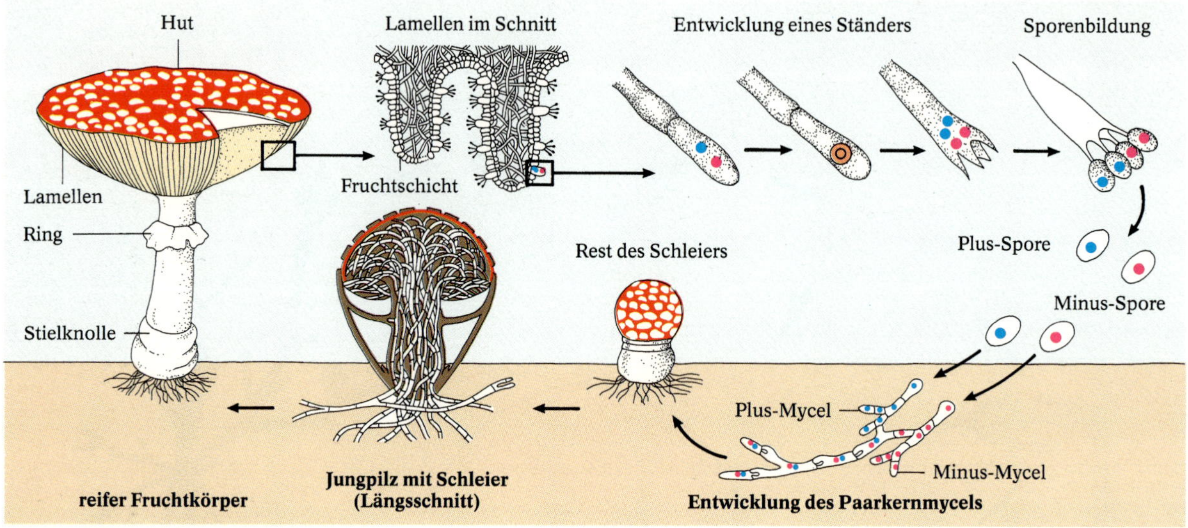

1 Fortpflanzung des Fliegenpilzes

3.3. Pilze – Pflanzen?

Der giftige **Fliegenpilz** ist einer der bekanntesten Pilze. Sein leuchtend roter, weiß betupfter Hut schmückt im Spätsommer und im Herbst den Waldboden.

Der *Hut* sitzt auf einem *Stiel,* der unten zu einer Knolle verdickt ist. Der Fliegenpilz gehört daher zu den **Knollenblätterpilzen.** *Blätterpilze* heißen solche Pilze, die, wie der Fliegenpilz, an der Unterseite des Hutes *Lamellen* enthalten, die man Blätter nennt. Sie verlaufen wie die Speichen eines Fahrrades vom Stielansatz zum Hutrand. Hut und Stiel sind jedoch nur Teile des Pilzes, die man als *Fruchtkörper* bezeichnet. Allerdings hat diese Bezeichnung nicht das Geringste mit der Frucht von Blütenpflanzen zu tun. Ein mikroskopischer Schnitt zeigt, dass Hut und Stiel aus einem Geflecht von dünnen, weißen Fäden gebildet werden. Man nennt sie **Hyphen.** Die Gesamtheit der Hyphen eines Pilzes heißt **Mycel.** Jede Hyphe setzt sich aus aneinander gereihten Zellen zusammen. Jede Zelle wird von einer Zellwand begrenzt. Sie besteht jedoch nicht wie bei Pflanzenzellen aus Cellulose, sondern aus einem chitinähnlichen Stoff, wie man ihn zum Beispiel im Außenskelett von Insekten findet. Auch enthält das Zellplasma keine Chloroplasten, wie sie in grünen Pflanzenzellen vorkommen. Pilze ordnet man daher nicht mehr wie früher in das Reich der Pflanzen, sondern stellt sie in ein eigenes Reich.

Der Fruchtkörper dient der Verbreitung des Pilzes. Jede Lamelle wird von einer *Fruchtschicht* begrenzt. In ihr schwellen manche Hyphenenden zu kleinen Keulen, den **Ständern,** heran. Der Zellkern einer Ständerzelle teilt sich meiotisch in vier Zellkerne, die zur Spitze in Zellausstülpungen wandern. Diese Ausstülpungen entwickeln sich zu kugelförmigen Gebilden, die als **Sporen** abgeschnürt werden. Aus den Sporen keimen am feuchten Waldboden zunächst Hyphen, die in jeder Zelle einen einzigen Zellkern enthalten. Sie verzweigen sich im Erdboden zu Mycelien. Jedes dieser Mycelien hat ein bestimmtes Geschlecht. Da man dies aber äußerlich nicht erkennen kann, spricht man nicht von männlichem und weiblichem Mycel, sondern von *Plus-Mycel* und *Minus-Mycel.* Treffen zwei verschiedengeschlechtige Mycelien aufeinander, so kommt es zu einer Zellverschmelzung. Es entwickelt sich ein *Paarkernmycel,* das in jeder Zelle zwei verschiedengeschlechtige Kerne enthält. Dieses Mycel verzweigt sich stark und breitet sich fächerförmig im Boden aus.

Erst nach längerer Zeit, oft erst nach mehreren Jahren, verflechten sich die Pilzfäden zu einem Fruchtkörper des Fliegenpilzes. Der junge Fruchtkörper sieht zunächst wie eine kleine Knolle aus. Sie ist von einer Haut, dem *Schleier,* bedeckt, der am Hutrand und am Stiel festgewachsen ist. Der Schleier reißt beim Strecken des Fruchtkörpers. Am Stiel bleibt der Rest als *Ring* und auf dem roten Untergrund des

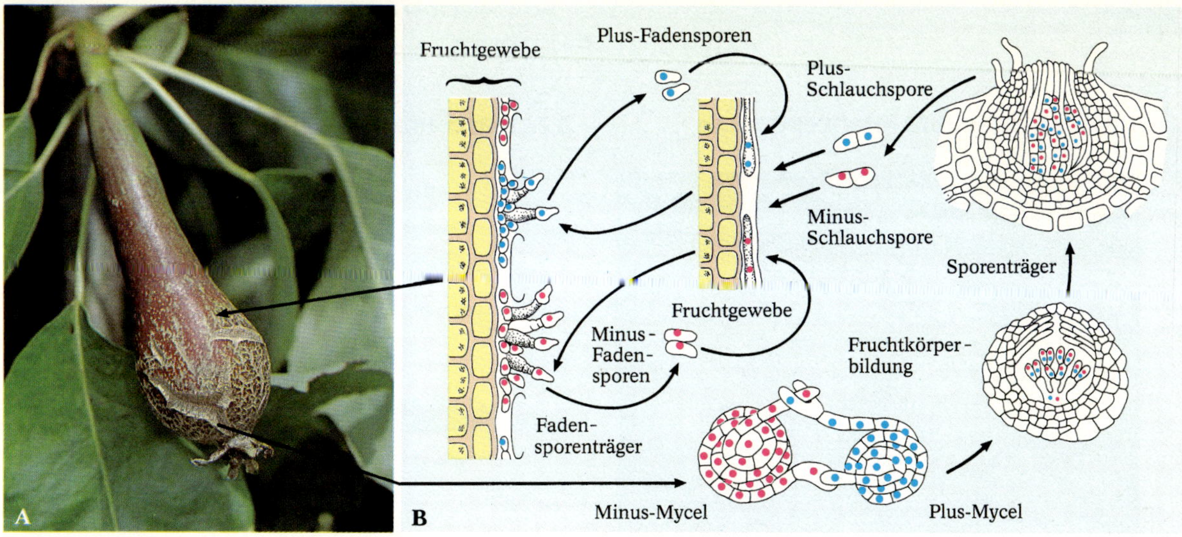

2 Birnenschorf. A Frucht vom Schlauchpilz befallen; B Entwicklung des Pilzes

Hutes in Form weißer Flocken hängen. In den Ständern verschmelzen die beiden Zellkerne zu einem Zellkern. Aus ihm entstehen durch Meiose die Sporenkerne. Der Fruchtkörper ist also ein Sporenträger.

Pilze wachsen nicht nur im Boden, sondern auch über der Erde. So können im Frühjahr zum Beispiel die frisch austreibenden Blätter von Obstbäumen wie Apfel und Birne von den Sporen des **Apfel-** und **Birnenschorfs** befallen werden. Die zweizelligen Sporen bilden im Blatt Mycelien, die auf ungeschlechtlichem Wege so genannte *Fadensporen* hervorbringen. Ihre Aufgabe ist es, möglichst viele neue Blätter und die Früchte zu infizieren. Die Fadensporenträger erzeugen schmutzig braune Flecken, den *Schorf*. Die Blätter vertrocknen, die Früchte verkrüppeln. An den heranwachsenden Früchten platzt die äußere Haut, wodurch tiefe Risse entstehen. Die Frucht fault. Im Herbst verschmelzen *Plus*-Mycelien mit *Minus*-Mycelien und bilden becherförmige Fruchtkörper. In ihnen wachsen schlauchförmige Hyphenzellen heran, die durch meiotische Zellteilungen **Schlauchsporen** hervorbringen. Diese können im Frühjahr erneut Kernobstbäume befallen. Apfel- und Birnenschorf gehören zu den **Schlauchpilzen**.

1. Beschreibe die Fortpflanzung des Fliegenpilzes anhand der Abbildung 1!

Hefe – ein Pilz?

Untersucht man in Wasser aufgeschwemmte Bäcker- oder Bierhefe im Mikroskop, sieht man einzelne, ovale Zellen. Bei einigen Zellen beobachtet man kleine Ausstülpungen. Teilt sich der Zellkern der Hefezelle, wandert ein Tochterkern in die Ausstülpung. Diese löst sich von der Mutterzelle und wächst zur Normalgröße heran. Diese **ungeschlechtliche Vermehrung** heißt **Sprossung.** Bei der **geschlechtlichen Fortpflanzung** verschmelzen zwei Zellen miteinander. Die Zygote wandelt sich zu einem Schlauch um, in dem sich Schlauchsporen wie bei den Schlauchpilzen bilden. Die Hefe ist also ein **Schlauchpilz.**

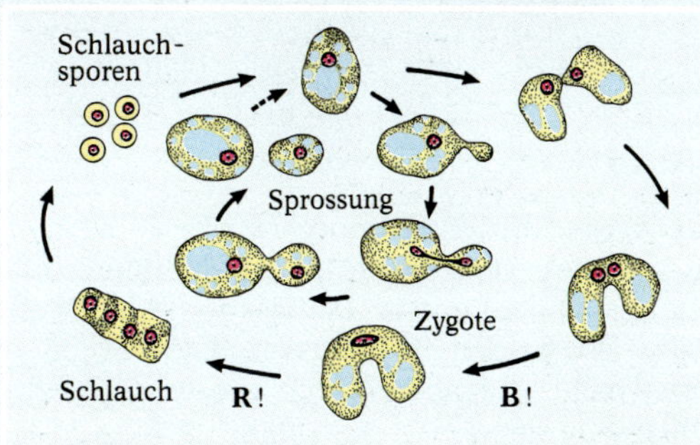

Übung: Pflanzen

A1. Umgewandelte Pflanzenorgane

A

B

C

a) Nenne die Pflanzenorgane, die in den Abbildungen A (Feigenkaktus), B (Zimmerpflanze Bougainvillea) und C (Radieschen) umgewandelt sind! Wie heißen die umgewandelten Teile?
b) Welche Aufgaben haben die umgewandelten Pflanzenorgane?

A2. Blattränder

Ordne die Blätter in Abbildung 5 auf Seite 212 nach den oben dargestellten Blatträndern!

A3. Blattformen

A

B

Beschreibe den Bau der Blätter vom Feldahorn (A) und von der Rosskastanie (B)! Handelt es sich um einfache oder zusammengesetzte Blätter? Begründe!

Übung: Pflanzen

A4. Blätter der Blüte

Die Blätter der Blüte sind umgewandelte Laubblätter. Zeige dies am Beispiel der Seerosenblüte!

A6. Moosblüten

Auf dem Foto siehst du „Moosblüten". Äußere dich kritisch zu diesem Begriff!

A5. Ackerschachtelhalm

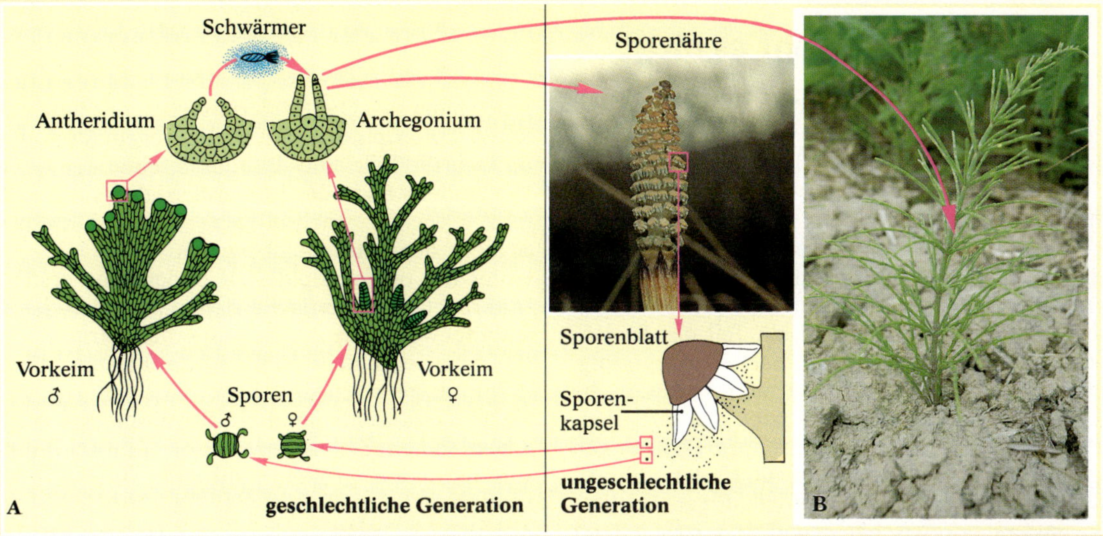

Auf Wiesen, Äckern und an Wegrändern wächst der **Ackerschachtelhalm.** Der gefurchte Stängel ist hohl und durch Knoten in einzelne Abschnitte gegliedert. Die Knoten werden von schuppenförmigen Blättchen umhüllt; dadurch entsteht der Eindruck, als seien die einzelnen Stängelabschnitte ineinander geschachtelt. Daher hat die Pflanze den Namen **„Schachtelhalm".** Beim Ackerschachtelhalm sitzen an den Knoten Quirle von Seitenästen, sodass der ganze Spross wie ein kleines Tannenbäumchen aussieht. Stängel und Ästchen enthalten in den äußeren Zellschichten Blattgrün. Hier entstehen Nährstoffe, die zum Teil in Knollen am *Erdspross* gespeichert werden. Die Reservestoffe ermöglichen es dem Ackerschachtelhalm, schon sehr früh im Jahr auszutreiben. Diese *Frühjahrstriebe* sind im Gegensatz zu den *Sommertrieben* unverzweigt und rötlich braun. Sie enthalten kein Blattgrün. Jeder Frühjahrstrieb trägt am oberen Ende eine *„Sporenähre"*. Sie besteht aus vielen *Sporenblättern,* auf deren Unterseite sechs *Sporenkapseln* sitzen. Aus ihnen werden bei trockener Witterung blaugrüne *Sporen* ausgestreut.

Fahre fort mit dem Text, indem du den Generationswechsel beim Ackerschachtelhalm beschreibst!

1 **Transpiration**

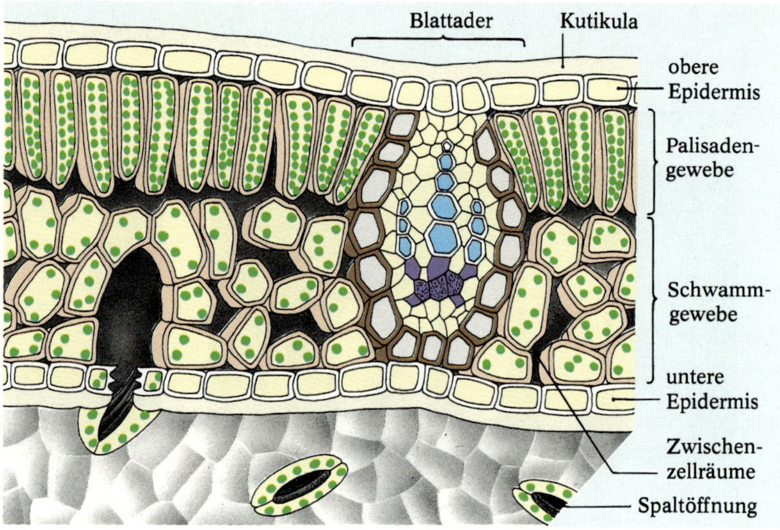

2 **Laubblatt** (Schema, quer)

4. Ohne Pflanzen geht es nicht

4.1. Pflanzen geben Wasser ab

In dem Lebensraum Wald ist es im Sommer nicht nur schattig und kühl, sondern auch feucht. Woher stammt der Wasserdampf in der Luft?
Der Versuch in Abbildung 1 zeigt, dass ein Fliederzweig Wasser an die Luft abgibt. Man nennt diese Wasserabgabe **Transpiration.** Im Wald verdunstet zusätzlich zur Transpiration auch ein Teil des Bodenwassers. Die Verdunstung bei der Pflanze erfolgt überwiegend durch die Blätter. Eine mikroskopische Untersuchung der Blattflächen ergibt, dass die Blattunterseite von vielen spaltförmigen Öffnungen durchbrochen ist. Jede **Spaltöffnung** setzt sich aus zwei bohnenförmigen, chlorophyllhaltigen *Schließzellen* zusammen, zwischen denen ein winziger Spalt liegt. Die Zellwände der Schließzellen sind meist im Spaltbereich verdickt. Hierdurch können die Schließzellen den Spalt öffnen und schließen. Bei Licht und Feuchtigkeit zum Beispiel schwillt das Zellplasma an: Die unverdickten Zellwandbereiche werden gedehnt und ziehen den weniger elastischen, verdickten Zellwandbereich nach. So öffnet sich der Spalt. Gewöhnlich sind die Spaltöffnungen also am Tage geöffnet. Bei starker Sonneneinstrahlung jedoch schließen sie sich. Auf diese Weise wird das Blatt vor Austrocknung geschützt.
Ein mikroskopischer Blattquerschnitt zeigt, dass die Spaltöffnungen in einem Abschlussgewebe, der **Epidermis,** liegen. Jedes Blatt hat eine obere und eine untere Epidermis. Die Epidermiszellen enthalten meist keine Chloroplasten. Sie sind unregelmäßig geformt und wie die Teile eines Puzzles miteinander verzahnt. Die Außenwände der Epidermiszellen sind verdickt und mit einer wachsartigen, Wasser abstoßenden Schicht, der **Kutikula,** überzogen.
Unter der oberen Epidermis bilden lang gestreckte, senkrecht zur Oberfläche stehende Zellen das **Palisadengewebe**. Die Zellen dieses meist einschichtigen Gewebes enthalten viele Chloroplasten. Weniger chloroplastenreich sind die unregelmäßig geformten Zellen des anschließenden **Schwammgewebes**. Zwischen seinen Zellen liegen luftgefüllte Hohlräume. Ein besonders großer Hohlraum, die *Atemhöhle*, schließt sich an den Spalt der Spaltöffnung an. Diese Atemhöhle steht mit den Hohlräumen des Schwammgewebes in Verbindung. In diesen Hohlräumen erfolgt ein Austausch von Luft und Wasserdampf. Die Wasserabgabe, das „Schwitzen", kühlt die Pflanze und verhindert so eine lebensgefährliche Erhitzung bei starker Sonneneinstrahlung. Die Blattzellen erhalten das Wasser über Leitungsbahnen in den Blattadern, die mit den Leitungsbahnen der Sprossachse und der Wurzel im Boden verbunden sind.

1. Die Blätter der Pflanzen trockener Standorte sind meist klein und haben verborgene Spaltöffnungen. Die Blätter tropischer Pflanzen sind dagegen häufig sehr groß. Erkläre den Größenunterschied!

1 **Blätter und Licht**

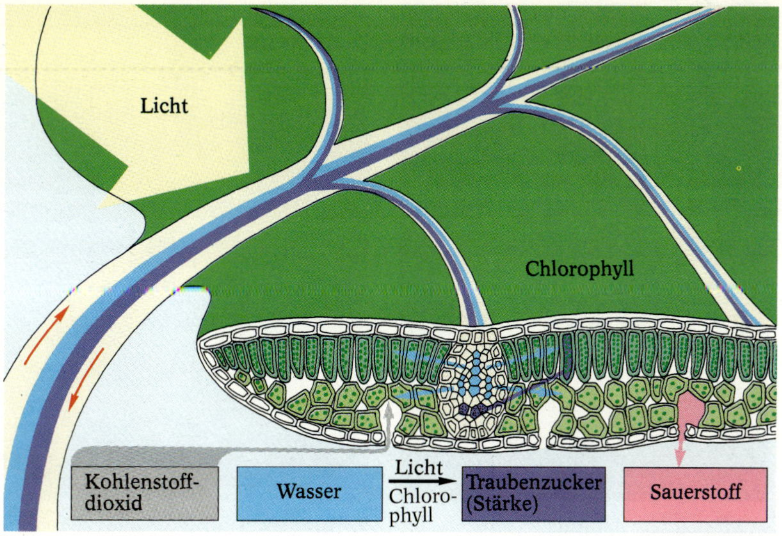

2 **Fotosynthese** (Schema)

4.2. Die grüne Pflanze ist eine Produktionsstätte

Was wäre ein Wald ohne Bäume und Sträucher oder ein See ohne Uferpflanzen und Wasserpflanzen? Ohne Pflanzen kann kein weiteres Leben existieren. Worin liegt die Bedeutung von Pflanzen für die Lebensräume?

Um die Frage zu beantworten, müssen wir uns näher mit der grünen Pflanze beschäftigen. Im Frühjahr entwickeln sich z.B. bei der Rotbuche in den Knospen zunächst gelblich gefärbte Blätter, die nach dem Aufbrechen im Sonnenlicht rasch ergrünen. Dabei stellen sie ihre Blattspreiten senkrecht zum einfallenden Licht. Welcher Zusammenhang besteht zwischen dem Ergrünen von Laubblättern und ihrer Hinwendung zum Licht?

Das Ergrünen ist auf die Bildung des grünen Blattfarbstoffes *Chlorophyll* in den Chloroplasten zurückzuführen. Bei grünweiß gescheckten Blättern wie beim Efeu gibt es farblose Bereiche, in denen kein Chlorophyll enthalten ist. Untersucht man solche *panaschierten* Blätter, kann man nur in den grünen, chlorophyllhaltigen Blattbereichen Stärke nachweisen. Grüne Blätter können also bei Licht Stärke, ein Kohlenhydrat, aufbauen.

Stärke ist ein zuckerähnlicher Nährstoff. Ein Stärketeilchen ist aus vielen Traubenzuckerteilchen aufgebaut. Erhitzt man festen Traubenzucker im Reagenzglas, wird er in Wasser und Kohlenstoff zerlegt. Um also Traubenzucker aufzubauen, braucht die Pflanze Licht, Chlorophyll, Wasser und Kohlenstoff. Wasser und Nährsalze nimmt sie aus dem Boden auf. In diesen Stoffen ist jedoch kein Kohlenstoff gebunden.

Luft hingegen enthält *Kohlenstoffdioxid*. Die Pflanze nimmt dieses Gas mit ihren Blättern über die Spaltöffnungen auf. Aus Kohlenstoffdioxid und Wasser bildet sie dann in den chlorophyllhaltigen Blattzellen des Palisaden- und des Schwammgewebes ihren eigenen Nährstoff, den *Traubenzucker.* Dabei entsteht zusätzlich *Sauerstoff,* der über die Spaltöffnungen entweicht. Den Aufbau von Nährstoffen mit Hilfe des Lichts nennt man **Fotosynthese:**

$$\text{Kohlenstoffdioxid} + \text{Wasser} \xrightarrow[\text{Chlorophyll}]{\text{Licht}} \text{Traubenzucker} + \text{Sauerstoff}$$

Bei vielen Pflanzen wird in den Blättern aus Traubenzucker Stärke aufgebaut. Die Pflanze stellt aus Traubenzucker auch Fette, Eiweiße und Cellulose her.

Die Bedeutung der grünen Pflanzen für den jeweiligen Lebensraum liegt also in der Produktion von Nährstoffen und Sauerstoff.

1. Erkläre, warum viele Pflanzen verkümmern, wenn man sie an schattige Standorte pflanzt!

2. Ein kleiner chlorophyllfreier Kaktus gedeiht nur aufgepfropft auf einem grünen. Erkläre!

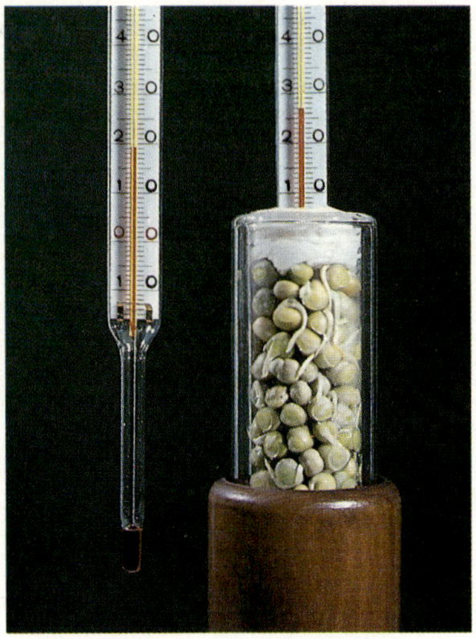

1 Pflanzliche Atmung. Nachweis der Wärmeabgabe

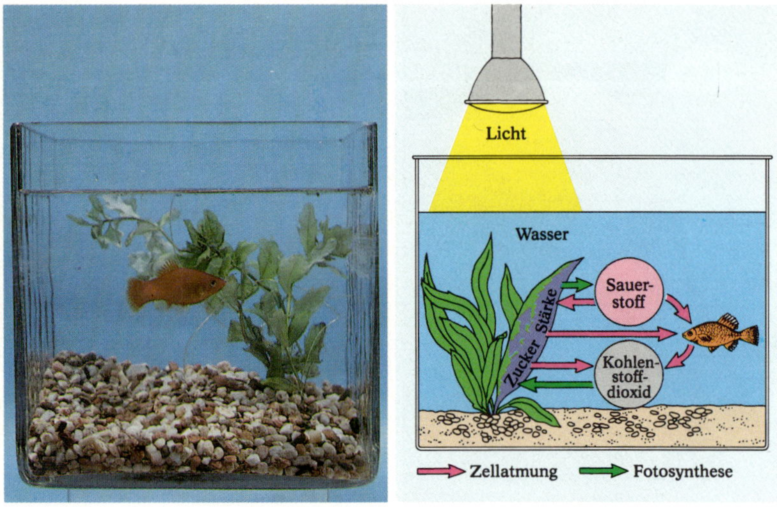

2 Aquarium. Stoffkreislauf zwischen Fotosynthese und Zellatmung

4.3. Pflanzen atmen ihren Sauerstoff

In feuchter Umgebung quellen Erbsensamen und beginnen zu keimen. Zum Keimen benötigen sie Sauerstoff. Die gespeicherten Nährstoffe werden verbraucht, Kohlenstoffdioxid und Wasser werden freigesetzt. Menschen und Tiere brauchen ebenfalls Nährstoffe. Sie atmen Sauerstoff ein und Kohlenstoffdioxid und Wasser aus. Atmen Erbsensamen auch?

Wachstum, Bewegung oder Stoffwechsel sind Lebensvorgänge, die Energie verbrauchen. Menschen, Tiere und Pflanzen ernähren sich daher von energiereichen Stoffen, den *Nährstoffen*. Allerdings beziehen Menschen und auch Tiere ihre Kohlenhydrate, Fette und Eiweiße von anderen Lebewesen, genauer gesagt letztlich immer von Pflanzen. So isst zwar der Mensch z.B. Fleisch vom Rind, das Rind jedoch ernährt sich von Pflanzen. Die Pflanzen dagegen bauen durch die Fotosynthese ihre Nährstoffe selbst auf. Dabei wird die *Strahlungsenergie* des Sonnenlichts zum Aufbau von Traubenzucker benötigt. Man sagt, Strahlungsenergie ist als *chemische Energie* im Traubenzucker gespeichert. Um die Energie im Traubenzucker für die Aufrechterhaltung von Lebensvorgängen zu nutzen, muss er zerlegt werden. Dies geschieht mit Hilfe von Sauerstoff, den Menschen, Tiere und Pflanzen einatmen. In jeder Zelle werden dann Traubenzucker und Sauerstoff zu Kohlenstoffdioxid und Wasser umgesetzt. Dabei wird Energie frei. Diesen Vorgang bezeichnet man als **Zellatmung**. Die freigesetzte Energie wird zum Teil in Form von Wärme abgegeben. So wird beim Menschen zum Beispiel die Körpertemperatur von 37 °C aufrechterhalten. Auch bei keimenden Erbsensamen lässt sich eine Temperaturerhöhung messen. Wie die Menschen und die Tiere erhalten auch die Pflanzen den Sauerstoff zum Atmen aus der Fotosynthese. Pflanzen atmen ständig, können jedoch nur bei Licht Fotosynthese betreiben. Allerdings geben sie durch die Fotosynthese etwa fünfmal so viel Sauerstoff ab, wie sie selbst zur Zellatmung benötigen. Menschen und Tieren steht auf diese Weise ausreichend Sauerstoff zur Verfügung.

Die bei der Zellatmung entstehenden Stoffe Kohlenstoffdioxid und Wasser sind gleichzeitig wieder Ausgangsstoffe für die Fotosynthese. Zellatmung und Fotosynthese bilden als gegenläufige Vorgänge einen *Stoffkreislauf.*

1. Beschreibe den Stoffkreislauf zwischen Fotosynthese und Zellatmung in einem Aquarium!

2. Begründe, weshalb Menschen und Tiere ohne grüne Pflanzen nicht leben können!

3. Stelle für die Zellatmung eine „Wortgleichung" entsprechend der Darstellung auf S. 245 auf!

Zellatmung mit und ohne Sauerstoff

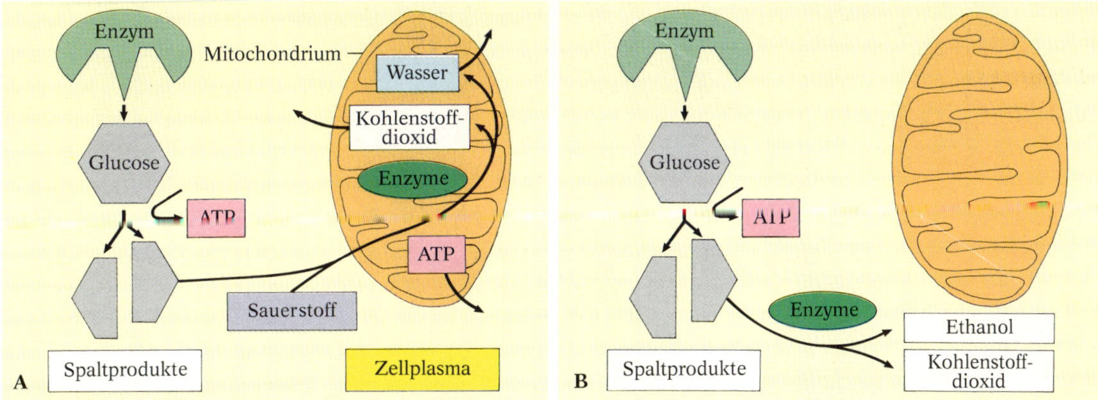

3 Zellatmung bei Hefepilzen. A Zellausschnitt mit Mitochondrium in sauerstoffreicher Umgebung; B Zellausschnitt mit Mitochondrium in sauerstofffreier Umgebung

Zur Aufrechterhaltung von Lebensvorgängen wie Wachstum, Bewegung oder Stoffwechsel benötigen alle Lebewesen Energie. Sie wird durch den Abbau energiereicher Nährstoffe wie Traubenzucker (Glucose) freigesetzt. Verfolgen wir den Weg der Energiefreisetzung am Beispiel der Glucose! Zunächst wird Glucose im Zellplasma der Zelle mit Hilfe von eiweißhaltigen Wirkstoffen, den **Enzymen,** schrittweise in zwei Spaltprodukte zerlegt. Hierbei wird bereits ein Teil der in der Glucose gebundenen Energie freigesetzt und sofort in einer anderen chemischen Verbindung gespeichert, die abgekürzt **ATP** heißt. ATP hat eine kleinere Teilchengröße als Glucose und kann daher schneller an Orte des Energieverbrauchs in der Zelle gelangen. Hier zerfällt es und setzt die Energie dabei frei.

Die entsprechenden Spaltprodukte der Glucose reagieren mit aufgenommenem Sauerstoff zu Wasser und Kohlenstoffdioxid. Bei diesem Schritt der *Zellatmung* wird sehr viel Energie freigesetzt. Einen Teil dieser Energiemenge speichert die Zelle in Form von ATP, der Rest wird als Wärme abgegeben. Diese Umsetzung mit Sauerstoff erfolgt in besonderen Zellbestandteilen, die **Mitochondrien** heißen. Sie sind so klein, dass sie lichtmikroskopisch nur schwer zu erkennen sind. Untersuchungen mit stärker auflösenden Mikroskopen haben ergeben, dass die Hülle eines Mitochondriums aus zwei Membranen besteht. Die innere Membran weist durch Einstülpungen eine große Oberfläche auf. Hier finden die Energie freisetzenden Vorgänge der Zellatmung statt. Man bezeichnet Mitochondrien daher auch als „Kraftwerke der Zelle“.

Die Zelle eines Pilzes, zum Beispiel eines *Hefepilzes,* kann in sauerstoffreicher Umgebung bei der Veratmung von 18 Gramm Glucose 283 kJ freisetzen. Wird die Umgebung sauerstoffarm oder enthält sie keinen Sauerstoff mehr, schaltet der Hefepilz seinen Atmungsstoffwechsel auf **Gärung** um: Glucose wird zunächst wie bei der Zellatmung unter Bildung von ATP in zwei Spaltprodukte zerlegt. Diese Spaltprodukte werden dann ohne Sauerstoff zu Alkohol und Kohlenstoffdioxid abgebaut. Man spricht in diesem Falle von **alkoholischer Gärung.** Die Energie zur Aufrechterhaltung der Lebensvorgänge in solchen Hefezellen stammt dabei ausschließlich aus der Zerlegung der Glucose in die Spaltprodukte. Sie ist mit etwa 23 kJ bezogen auf 18 g Glucose sehr viel niedriger als bei der Atmung mit Sauerstoff.

Auch viele *Bakterien* können Energie aus energiereichen Nährstoffen freisetzen, ohne dass sie dazu Sauerstoff benötigen. Die Milchsäurebakterien bauen bei der **Milchsäuregärung** Glucose zu Milchsäure ab. Der Mensch nutzt den Stoffwechsel solcher Mikroorganismen. So gewinnt er mit Hilfe der Enzyme von Kulturhefen Bier und andere alkoholische Getränke, indem er eine Zuckerlösung gären lässt. Der Alkohol wird nach Abschluss der Gärung durch Destillation von der übrigen Lösung abgetrennt. Die Milchsäuregärung nutzt der Mensch zu Konservierung von Milch, Gemüse und Grünfutter sowie bei der Käsezubereitung und der Joghurtherstellung.

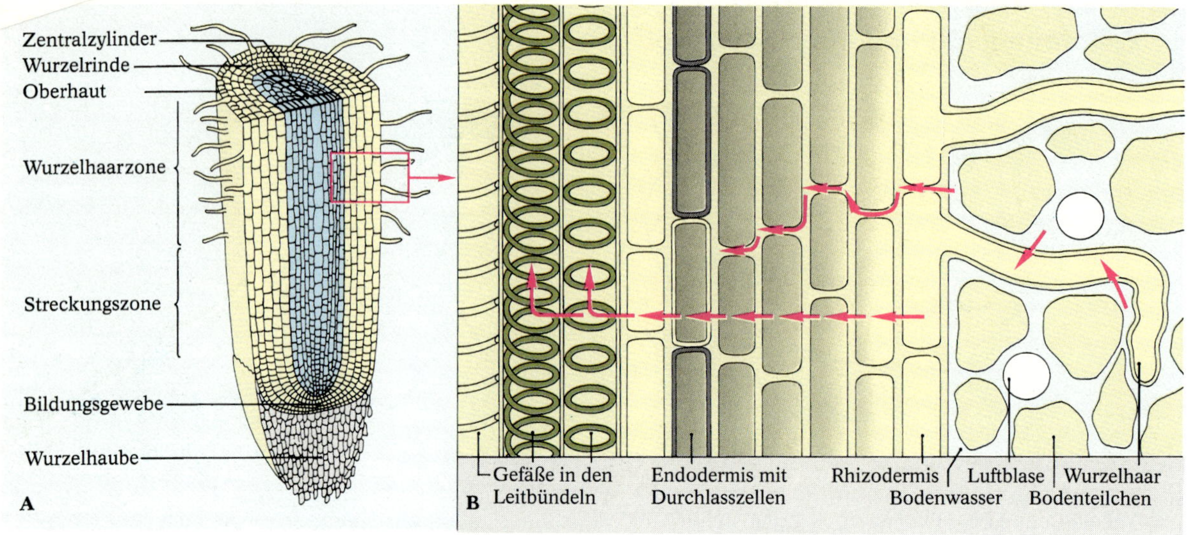

1 **Wurzel.** A Längsschnitt (Schema); B Stoffaufnanme

4.4. Pflanzen nehmen Stoffe durch die Wurzeln auf

Eine Bohne keimt. Die Keimwurzel sprengt die Samenschale und wächst in den Boden. Hier bildet sie durch wiederholte Verzweigung ein **Wurzelsystem** aus. Auf diese Weise wird die Pflanze fest im Erdboden verankert. Wie nimmt sie mit diesen Wurzeln Wasser auf?

Die *Hauptwurzel* und die sich verzweigenden *Seitenwurzeln* wachsen nur an den Spitzen. Im mikroskopischen Bild sieht man hier ein Gewebe, das durch Zellteilungen ständig neue Zellen bildet. Man spricht daher von einem **Bildungsgewebe.** Es wird von der *Wurzelhaube* schützend umgeben. Die äußeren Zellen dieses Gewebes verschleimen und erleichtern so der Wurzelspitze das Eindringen in den Erdboden.
Unmittelbar hinter der Wurzelspitze beginnen sich die kugelförmigen Zellen des Bildungsgewebes in die Länge zu strecken. Diese **Streckungszone** ist nur wenige Millimeter lang und geht in einen Bereich der Wurzel über, der für die Wasseraufnahme der Pflanze von großer Bedeutung ist. Es ist die **Wurzelhaarzone.** Sie ist bis zu drei Zentimeter lang und von einem zarten Haarflaum umgeben. Mikroskopisch gesehen sind die bis zu acht Millimeter langen Wurzelhaare schlauchartige, dünnwandige Ausstülpungen der Zellen der Wurzelepidermis, der **Rhizodermis.**

Die Wurzelhaare schieben sich zwischen die Bodenteilchen in die mit Wasser und Luft gefüllten Hohlräume. Das Wasser wird aufgenommen und gelangt über die einschichtige Rhizodermis in ein mehrschichtiges Gewebe, das als **Wurzelrinde** bezeichnet wird. Die innere Schicht der Wurzelrinde, die *Endodermis,* umschließt den zentralen Bereich der Wurzel. Man nennt ihn **Zentralzylinder.** Er enthält neben Festigungszellen feine Röhren, die Leitbahnen für den Wassertransport. Wie gelangt das Wasser dort hin?

Untersuchungen haben ergeben, dass im Zellplasma von Zellen der Rhizodermis und der Wurzelrinde Eiweiße und andere Stoffe unterschiedlich stark gelöst sind. Den Gehalt an gelösten Stoffen in einer bestimmten Menge Zellplasma und Zellsaft bezeichnet man als *Konzentration.* Die Konzentrationen nehmen von der Endodermis zur Rhizodermis hin ab. Man spricht auch von einem Konzentrationsgefälle. Was hat die Konzentration des Zellplasmas mit dem Wassertransport zu tun?

Gibst du ein Stück Zucker in eine Tasse Tee, schmeckt der Tee nach einiger Zeit auch ohne Umrühren süß. Beim Lösen bildet sich um die Zuckerkristalle zunächst eine hohe Konzentration an gelösten Zuckerteilchen. Sie sind wie die Wasserteilchen beweglich und verteilen sich, bis überall im Wasser die gleiche Konzentration vorliegt. Die selbständige

2 Wurzeln mit Wurzelhaaren

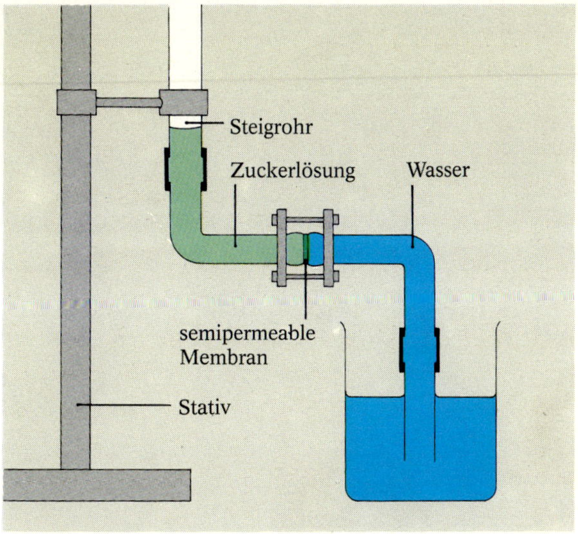

3 Osmometer

Durchmischung von Wasserteilchen und Zuckerteilchen heißt **Diffusion.**
Zwischen benachbarten Zellen kann eine ungehinderte Diffusion nicht stattfinden. Die Zellwand lässt zwar gelöste Stoffe und Wasser durch, die Zellmembran jedoch ist nur für Wasserteilchen durchlässig. Man sagt, die Zellmembran ist **semipermeabel.**

Trennt man in einem Versuch wie in Abbildung 3 zwei verschieden konzentrierte Lösungen durch eine semipermeable Membran, so diffundiert Wasser aus der weniger konzentrierten Lösung durch die Membran in die konzentrierte Lösung, sodass die Wassersäule im Steigrohr steigt. Die Diffusion durch eine semipermeable Membran bezeichnet man als **Osmose.**

Das Zellplasma der Wurzelhaarzellen ist höher konzentriert als das Bodenwasser. Wasser diffundiert durch die Zellmembranen. Da die Konzentrationen bis zum Zentralzylinder zunehmen, gelangt Wasser auf osmotischem Wege bis in die Endodermis.
In beschränktem Maße lassen die Zellmembranen auch gelöste Teilchen durch, sodass die Pflanze Nährsalze aus dem Boden aufnehmen kann. Von der Endodermis wird das Wasser mit den Nährsalzen in die Leitungsbahnen gedrückt. Dieser **Wurzeldruck** ist gut an jungen Pflanzen zu beobachten: Schneidet man den Stängel einer solchen Pflanze ab, so treten sofort Flüssigkeitstropfen aus der Schnittstelle.

4 Wurzeldruck bei der Bohnenpflanze

1. Inwiefern kann das Osmometer in Abbildung 3 mit einer Wurzelhaarzelle verglichen werden?

2. Der Bohnenkeimling in Abbildung 4 wurde etwa drei Zentimeter über dem Boden abgeschnitten (A). Erkläre die Beobachtung in B!

1 **Wasserleitung im Stängel**

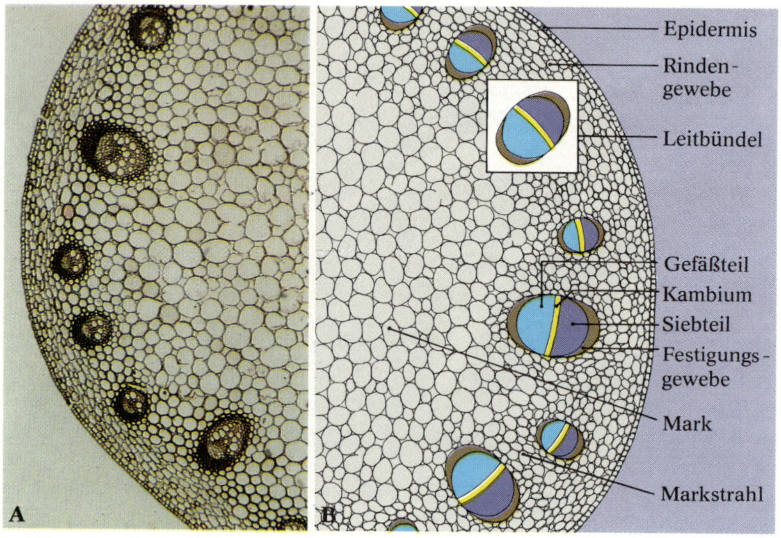

2 **Stängel.** A LM-Bild, quer; B Schema

4.5. „Pipelines" in Pflanzen

„Nach 50-jähriger Bauzeit sind die Pipelines 40 Meter lang. Von den unterirdischen Förderquellen werden vom Frühjahr bis zum Herbst täglich durchschnittlich 70 Liter Wasser bis in die höchsten Orte der Luftregion transportiert. Dabei werden Strömungsgeschwindigkeiten von 20 Metern in der Stunde erreicht." So könnte ein Bericht über Wasserleitungsbahnen eines Baumes lauten. Sie reichen von der Wurzelhaarzone über die Sprossachse und die Verästelungen bis in die Laubblätter. Wie sehen diese „Pipelines" aus?

In durchscheinenden Sprossachsen wie beim Springkraut lässt sich der Wassertransport bereits mit bloßem Auge verfolgen. Dazu stellt man abgeschnittene Stängel in eine wässrige Farbstofflösung. Die Farbstoffteilchen werden im Stängel mittransportiert. Ein mikroskopisches Bild des Stängelquerschnittes zeigt dann, dass der Wassertransport nur in den Leitbündeln erfolgt. Sie sind beim Springkraut ringförmig angeordnet und liegen im *Markgewebe.* Nach außen folgt das *Rindengewebe,* das von der *Epidermis* begrenzt wird.
Ein **Leitbündel** besteht aus verschiedenen Teilen. Der Wassertransport findet nur im **Gefäßteil** statt. Die *Gefäße* sind dickwandige Röhren, die aus übereinander liegenden Zellen durch Auflösung der Querwände entstanden sind. Sie enthalten kein Zellplasma, sind also abgestorben. Ein Längsschnitt zeigt den Bau der Gefäße besonders gut. Die Zellwände sind durch innen aufgelegte Verdickungsleisten versteift. Nach Art der Verdickung unterscheidet man *Ring-*, *Schrauben-* und *Netzgefäße.*
Die Gefäße bilden von der Wurzelhaarzone bis zu den Blättern ununterbrochene Rohrleitungen. In der Technik verwendet man Rohrleitungen aus Stahl, die Pipelines, in denen Stoffe unter Druck über weite Entfernungen transportiert werden. In den pflanzlichen Pipelines, den Gefäßen, reicht der *Wurzeldruck* allein nicht aus, um das Wasser bis in die Spitzen eines 30 Meter hohen Baumes emporzuheben. Hierbei wirken vor allem Kräfte, die auf der Transpiration durch die Blätter beruhen. Das aus Blattzellen abgegebene Wasser wird ständig aus den Leitbündeln ergänzt. Dieser *Transpirationssog* wirkt bis in die Wurzeln. Die Sogwirkung ist allerdings nur möglich, wenn die Wasserfäden in den haardünnen Gefäßen nicht zerreißen. Für einen Zusammenhalt des Wasserfadens sorgen Anziehungskräfte, die die Wasserteilchen aufeinander ausüben. Man bezeichnet sie als *Kohäsionskräfte.* Auch die Anziehungskräfte zwischen Wasserteilchen und den verdickten Wänden der kapillarähnlichen Gefäße, die *Kapillarkräfte,* tragen dazu bei.
Ein Leitbündel übernimmt mit seinem Gefäßteil den Transport von Wasser und Nährsalzen von der Wurzel bis in die Blätter. Hier werden durch die Fotosynthese Nährstoffe gebildet. Der Nährstofftransport zur

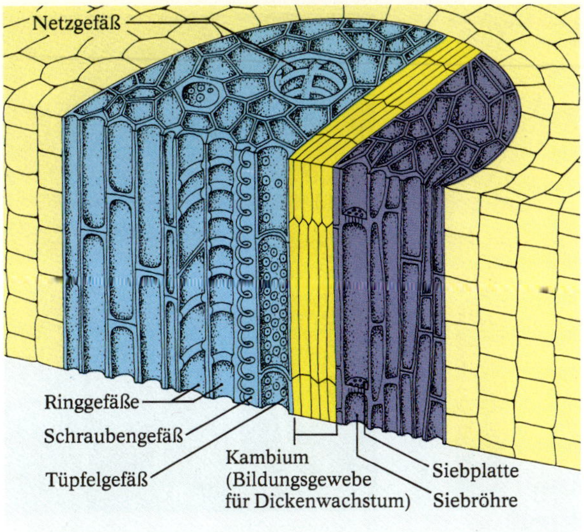

3 **Leitbündel**

Sprossachse und in die Wurzel erfolgt im **Siebteil** des Leitbündels. Im Gegensatz zu den Gefäßen setzen sich die Siebröhren aus lang gestreckten, plasmahaltigen Zellen mit unverdickten Zellwänden zusammen. Siebteilzellen leben. Ihre Querwände sind siebartig durchbrochen. Die Poren dieser Siebplatten verbinden über Plasmastränge die einzelnen Siebzellen miteinander. An die Siebzellen grenzen plasmareiche, kleine Zellen, die man *Geleitzellen* nennt.

Zwischen Siebteil und Gefäßteil liegt ein Bildungsgewebe, das **Kambium.** Es bildet durch Zellteilungen nach außen Zellen des Siebteils, nach innen Zellen des Gefäßteils. Bei mehrjährigen Pflanzen wie Bäumen und Sträuchern bewirkt es auf diese Weise das **Dickenwachstum.**

Bäume und Sträucher wachsen, solange sie leben, in die Dicke. Dabei sind sie den jahreszeitlichen Bedingungen unterworfen. Im Frühjahr benötigen die Pflanzen viel Wasser zum Wachstum. Das Kambium erzeugt daher weiträumige, dünnwandige Gefäße. Sie ergeben das porös und hell erscheinende *Frühholz.* Im Laufe des Sommers werden die neu gebildeten Zellen enger und dickwandiger. Dieses *Spätholz* ist dichter, dunkler und fester als das Frühholz. Im Spätsommer hört die Kambiumtätigkeit auf. Im Frühjahr beginnt sie wieder mit der Bildung von Frühholz. Das im Verlaufe eines Jahres gebildete Früh- und Spätholz wird als **Jahresring** bezeichnet.

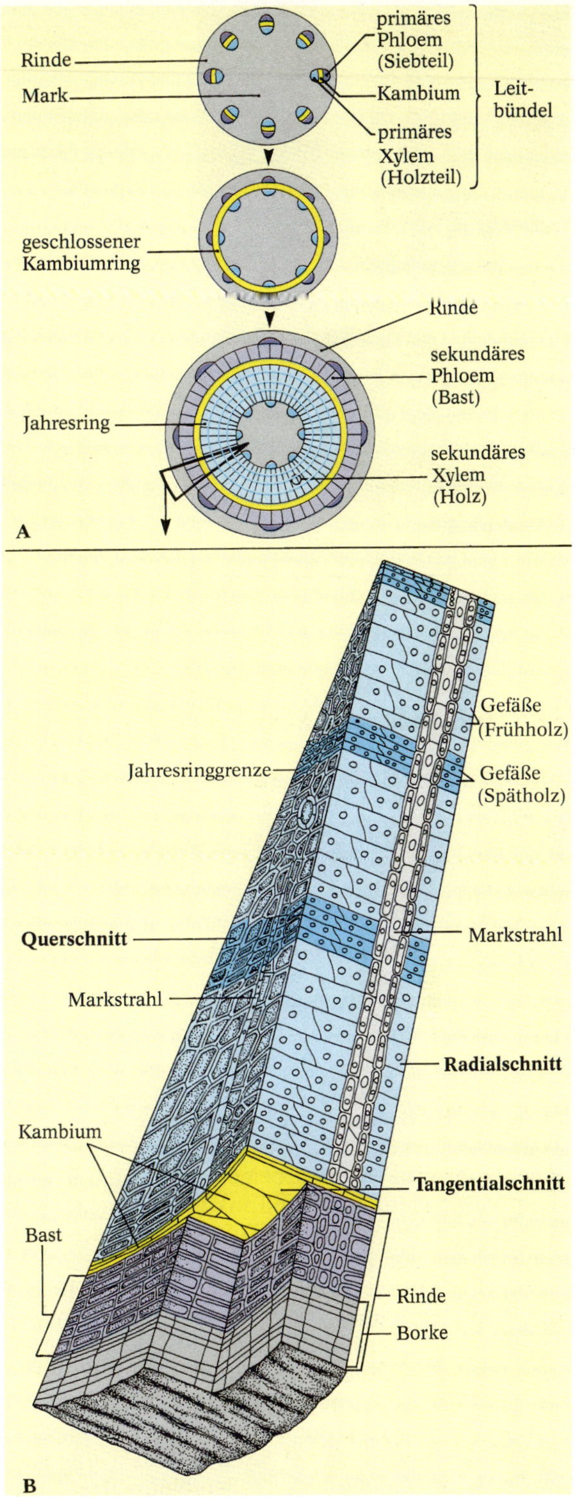

4 **Dickenwachstum der Sprossachse.** A Querschnitt; B Aufbau des Holzes und der Rinde

1 **Hydrokultur**

2 **Ampelpflanze.** A ohne Wasser; B mit Wasser

3 **Bohnenpflanze.** A im Dunkeln aufgezogen; B im Licht

4.6. Ohne Nährsalze kein Pflanzenwachstum

„Hydrokultur: Pflanzen werden im Wasser kultiviert, sie benötigen keine Erde!" So kann man es in einer Informationsschrift über Hydrokultur lesen. Brauchen Pflanzen zum Wachstum tatsächlich nur Wasser?
Der Versuch in Abbildung 2 scheint diese Vermutung zunächst zu bestätigen. Ohne Wasser verwelkt ein angeschnittener Spross einer Ampelpflanze schnell. In einem Gefäß mit **Wasser** dagegen gedeiht er so gut, dass er sogar Wurzeln ausbildet. Doch nach einigen Wochen beginnt auch diese Pflanze zu welken, obwohl sie immer Wasser zur Verfügung hatte. Wasser allein reicht offenbar zum Pflanzenwachstum doch nicht aus. Die gebrannten Tonkugeln in dem Gefäß haben zum Welken nicht beigetragen. Auch bei der Hydrokultur werden solche Tonkugeln zum besseren Halt der Pflanzen durch die Wurzeln verwendet.
In der Natur verankern die Wurzeln die Pflanzen im Erdboden. **Erde** ist ein Gemisch aus Steinen, Resten toter Lebewesen und verschiedenen Salzen, den *Mineralstoffen.* Salze lösen sich in Wasser. Die Pflanze nimmt also über ihre Wurzeln nicht nur Wasser auf, sondern auch die darin gelösten Salze. Gibt man solche Salze zum Wasser im beschriebenen Versuch, so wächst die Ampelpflanze wieder. Salze, die zum Wachstum notwendig sind, heißen **Nährsalze.** Nicht jeder Boden enthält alle Nährsalze in gleicher Menge. Nährsalzreich sind Humusböden und Lehmböden, nährsalzarm sind dagegen Sandböden. Jede Pflanze benötigt eine Mindestmenge an verschiedenen Nährsalzen. Fehlt ein Nährsalz, auf das die Pflanze angewiesen ist, kommt es zu *Mangelerscheinungen:* Die Pflanze wächst langsamer, bleibt kleiner und verwelkt schließlich. Topfpflanzen entziehen der Erde ständig Nährsalze. Diese werden durch **Düngen** mit einer Nährsalzlösung, die alle lebenswichtigen Nährsalze enthält, dem Boden wieder zugeführt. Die wichtigsten Nährsalze sind solche, die Nitrat-, Phosphat-, Sulfat-, Kalium-, Calcium- und Magnesiumteilchen (Ionen) enthalten. Da Pflanzen nur eine geringe Menge an Nährsalzen benötigen, darf nur in bestimmten Zeitabständen mit einer bestimmten Menge gedüngt werden. Auch bei der Hydrokultur müssen Nährsalze dem Wasser zugeführt werden.
Wasser und die richtige Nährsalzzusammensetzung im Boden reichen aber auch noch nicht für das Wachstum von Pflanzen aus. Pflanzen wachsen mit der Sprossachse und den Blättern dem Licht entgegen. Lässt man zum Beispiel Licht nur von einer Seite auf eine Pflanze fallen, wächst sie zum Licht hin. Hält man die Pflanzen über längere Zeit im Dunkeln, welken sie und verkümmern. Im Dunkeln keimende Bohnen oder treibende Kartoffeln wachsen zwar noch weiter, allerdings ergrünen sie nicht. Die verlängerte, dünne Sprossachse dieser Pflanzen bildet nur kleine, gelbliche Blätter aus. Licht, Wasser und Nährsalze sind für das Wachstum der Pflanzen notwendig. Hinzu kommen noch Wärme und Luft.

Übung: Stoffwechsel der grünen Pflanze

V 1. Spaltöffnungen (Schulversuch!)

Material: Fliederblatt; Pinzette; Mikroskop und Zubehör
Durchführung: Gib einen Tropfen Wasser auf einen Objektträger! Ziehe mit einer Pinzette von einem Fliederblatt ein Stückchen von der Unterseite ab! Übertrage das Objekt in den Wassertropfen und decke ein Deckgläschen auf! Mikroskopiere!
Aufgaben: a) Zeichne einen Ausschnitt der unteren Epidermis mit einer Spaltöffnung! Beschrifte!
b) Stelle in ähnlicher Weise ein Präparat von der oberen Epidermis des Fliederblattes her! Mikroskopiere und zeichne!
c) Worin unterscheiden sich obere und untere Epidermis des Fliederblattes?

V 2. Funktionsmodell einer Spaltöffnung

Material: Fahrradschlauch; Isolierband; Klarsicht-Klebeband; 2 Pappstreifen (30 cm × 3 cm); Luftpumpe

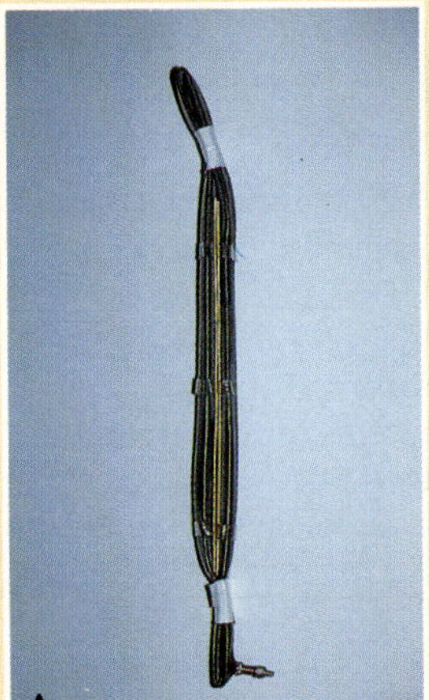
A

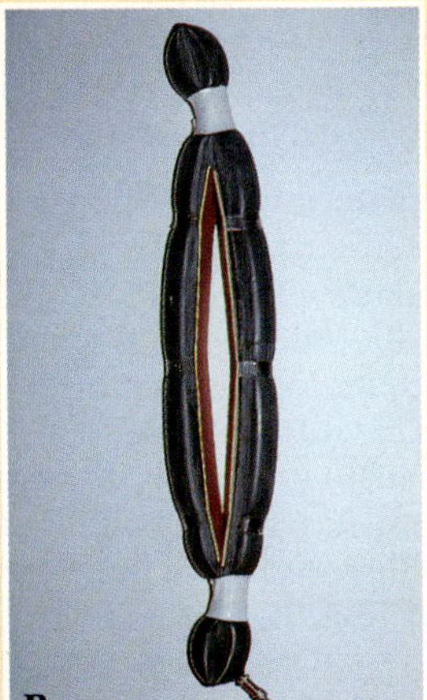
B

Durchführung: Falte den Fahrradschlauch der Länge nach, wie es die Abbildung zeigt! Klebe die Enden jeweils im Abstand von 10 cm mit einem Streifen Isolierband zusammen! In den so entstandenen Schlitz werden die Pappstreifen am Schlauch mit Klarsicht-Klebeband befestigt!
Aufgaben: a) Pumpe mit der Luftpumpe Luft in den Schlauch! Erkläre deine Beobachtung!
b) Beschreibe den Spaltöffnungsmechanismus mit Hilfe des Funktionsmodells!
c) Welchen Bestandteilen des Spaltöffnungsapparates entsprechen die Modellteile Fahrradschlauch (Bereiche zwischen den Isolierbandstreifen), Pappstreifen, Ventil und Luft?

V 3. Pflanzen „schwitzen" (Schulversuch!)

Material: Fliederzweig (beblättert); Rundfilter (∅ 15 cm); konzentrierte Kobaltchloridlösung; Föhn; Büroklammern
Durchführung: Tränke den Rundfilter mit Kobaltchloridlösung! Trockne dann mit einem Föhn bis zur Blaufärbung! Blaues Kobaltchloridpapier färbt sich mit Wasser rosa. Falte den Rundfilter einmal in der Mitte! Bringe ein Fliederblatt zwischen die Filterhälften und klemme die überstehenden Ränder mit Büroklammern zusammen, ohne das Fliederblatt zu quetschen! Nach etwa 15 Minuten nimm das Filtrierpapier ab!
Aufgabe: Beschreibe die Färbung der jeweiligen Filtrierpapierhälfte! Erkläre deine Beobachtung!

A 4. Erdbeerblätter „tropfen"

Viele Pflanzen wie die Erdbeere haben an ihren Blatträndern besondere Poren, aus denen sie Wassertropfen pressen können. Dieser Vorgang heißt **Guttation.**
Unter welchen Bedingungen guttieren Pflanzen?

Übung: Stoffwechsel der grünen Pflanze

V 5. Pflanzen produzieren Sauerstoff (Schulversuch!)

Material: Wasserpestpflanzen; Becherglas (500 ml); Glastrichter; Reagenzglas; Bleidraht oder Bindfaden; Tischlampe (100 Watt); Bunsenbrenner; Holzspan

Durchführung: Fülle ein Becherglas 3/4 voll mit Wasser! Binde mit einem Stück Bleidraht oder mit einem Bindfaden mehrere Sprosse der Wasserpest zu einem Bündel zusammen und lege es auf den Boden des Becherglases! Stülpe den Glastrichter umgekehrt über die Wasserpest, sodass er vollständig von Wasser bedeckt ist! Fülle ein Reagenzglas mit Wasser, verschließe es mit dem Daumen und tauche es so in das Wasser des Becherglases! Lass den Daumen unter Wasser los und stülpe das Reagenzglas vorsichtig über den Trichterhals! Belichte die Versuchsanordnung mit einer Lampe, bis sich das Reagenzglas etwa zur Hälfte mit Gas gefüllt hat!

Aufgabe: Hält man einen glimmenden Holzspan in reinen Sauerstoff, entflammt er. Diese **Glimmspanprobe** ist ein Nachweis für Sauerstoff.
Zünde einen Holzspan an und puste die Flamme vorsichtig aus, sodass der Span noch glimmt! Ziehe das Reagenzglas vorsichtig vom Trichterhals und verschließe die Reagenzglasöffnung mit dem Daumen! Drehe das Reagenzglas um und tauche den Glimmspan in das Reagenzglas! Erkläre deine Beobachtung!

V 6. Kohlenstoffdioxid beeinflusst die Fotosynthese (Schulversuch!)

Material: Spross der Wasserpest; Reagenzglas; Reagenzglasständer; Diaprojektor; Glasstab; Bindfaden; Rasierklinge; Leitungswasser; abgekochtes Wasser; kohlenstoffdioxidhaltiges (= sprudelndes) Mineralwasser

Durchführung: Fülle ein Reagenzglas halb voll mit Leitungswasser und stelle es in den Reagenzglasständer! Schneide ein etwa 6 cm langes Stück von der Spitze des Wasserpestsprosses ab und befestige es an einem Ende des Glasstabes, dass die Schnittfläche zum Stab zeigt! Stelle den Glasstab mit der Wasserpest in das Reagenzglas! Belichte die Pflanze aus etwa 30 cm Entfernung mit einem Diaprojektor!

Aufgaben: a) Zähle die aufsteigenden Gasbläschen pro fünf Minuten! Fülle dann das Reagenzglas mit kohlenstoffdioxidhaltigem Mineralwasser und zähle erneut! Wiederhole den Versuch mit abgekochtem Wasser! Welche Folgerung ziehst du beim Vergleich der Werte?
b) Wie kannst du durch Veränderung der Versuchsanordnung den Einfluss des Lichtes auf die Fotosynthese untersuchen?

V 7. Pflanzen produzieren Stärke (Schulversuch!)

Material: beblätterter Fliederzweig in Wasser; Alufolie; Lampe (100 Watt); elektrische Heizplatte; Tiegelzange; Wasserbad mit Becherglas (100 ml, hoch); Becherglas (250 ml); Siedesteinchen; Iod-Kaliumiodid-Lösung; Brennspiritus

Durchführung: Einen Tag vor dem Versuch wird ein Blatt des Fliederzweiges mit Aluminiumfolie vollständig abgedunkelt. Zu Beginn des Versuches wird der Fliederzweig für zwei Stunden belichtet. Fülle das Becherglas halb voll mit Wasser, gib einige Siedesteine hinein und erhitze bis zum Kochen. Tauche zunächst ein belichtetes Fliederblatt mit einer Tiegelzange kurz in kochendes Wasser und gib es danach in heißen Brennspiritus im Wasserbad! Wenn das Blatt farblos ist, spüle es mit einem Wasserstrahl ab und lege es für etwa 10 Minuten in eine Petrischale mit Iod-Kaliumiodid-Lösung! Wiederhole diese Versuchsschritte mit dem abgedunkelten Fliederblatt!

Aufgabe: Iod färbt Stärke blau bis blauschwarz. Beschreibe deine Beobachtungen! Erläutere!

Übung: Stoffwechsel der grünen Pflanze

V 8. Ohne Chlorophyll gibt es keine Fotosynthese (Schulversuch!)

Material: Efeupflanze mit panaschierten Blättern (Zimmerpflanze); Lampe (100 Watt); Tiegelzange; elektrische Heizplatte; Wasserbad mit Becherglas (100 ml, hoch); Becherglas (250 ml); Siedesteinchen; Iod-Kaliumiodid-Lösung; Brennspiritus
Durchführung: Belichte die Efeupflanze zwei Stunden lang mit einer Lampe! Schneide dann ein Blatt ab und führe den Stärkenachweis nach V 7. durch!
Aufgabe: Beschreibe deine Beobachtungen! Erkläre das Versuchsergebnis!

A 9. Die Stärkebildung ist von verschiedenen Faktoren abhängig

A

B

C

D

E

F

Die Abbildungen A, C und E geben die Versuchsanordnungen zur Untersuchung der Faktoren wieder, von denen die Stärkebildung bei der Fotosynthese abhängig ist. In den Abbildungen B, D und F ist der jeweilige Stärkenachweis dargestellt. Im Versuch E ist der beblätterte Fliederzweig einen Tag lang dunkel gehalten worden. Dann wurde ein Blatt mit der Unterseite auf den Rand der Reagenzglasöffnung gedrückt, der mit Vaseline eingeschmiert war. Im Reagenzglas befand sich konzentrierte Kalilauge. (Vorsicht! Kalilauge ätzt die Haut! Schutzbrille!) Kalilauge entzieht der Luft Kohlenstoffdioxid. Dann wurde der Zweig etwa vier Stunden mit einer Lampe belichtet.
a) Beschreibe die Versuche A und C! Von welchen Faktoren ist die Stärkebildung hier abhängig?
b) Fertige vom Versuch E ein Versuchsprotokoll an! Nenne den Einfluss der Stärkebildung, der hier untersucht wird!

V 10. Pflanzen atmen

Material: Bohnensamen; 2 gleich große Standzylinder oder Marmeladengläser mit Deckel; 2 Glasscheiben (passend für Standzylinderöffnung); Vaseline; Drahtstück (30 cm lang); Kerze; Zange
Durchführung: Lass Bohnensamen eine Nacht lang im Wasser quellen! Fülle einen Standzylinder (Marmeladenglas) einige Zentimeter hoch mit den gequollenen Samen!
Schmiere den Rand der Öffnung des Standzylinders mit Vaseline ein und verschließe ihn luftdicht

Übung: Stoffwechsel der grünen Pflanze

mit einer Glasscheibe! (Das Marmeladenglas verschließe mit dem Deckel!) Den zweiten Standzylinder (das zweite Glasgefäß) verschließe zur Kontrolle ebenfalls luftdicht! Biege das Drahtstück an einem Ende hakenförmig um und befestige eine Kerze!
Führe am nächsten Tag die brennende Kerze in den Standzylinder (in das Marmeladenglas) mit den gequollenen Bohnensamen!
Wiederhole den Kerzenversuch mit dem luftgefüllten Standzylinder (Marmeladenglas!)
Aufgabe: Beschreibe und erläutere deine Beobachtungen!

a) Beschreibe den Versuch in der Abbildung A! In der linken Waschflasche befindet sich Kalilauge, in der rechten Kalkwasser. Fertige eine Schemazeichnung der Versuchsanordnung an! Achte darauf, dass beim Einatmen keine Flüssigkeiten in den Mund gelangen dürfen! Erläutere das Versuchsergebnis!
b) Beschreibe den Versuch in der Abbildung B! In den linken beiden Waschflaschen befindet sich Kalilauge, in der rechten Kalkwasser. Erläutere das Versuchsergebnis!
c) Weshalb muss die Luft in beiden Versuchen zunächst durch Kalilauge strömen?

A 11. Nachweis der Atmung bei Mensch und Pflanze

Leitet man Kohlenstoffdioxid in Kalkwasser, wird die Lösung milchig trüb.
Kalkwasser ist ein Nachweismittel für Kohlenstoffdioxid.

A 12. Der Ringelungsversuch

Zu Beginn des abgebildeten Versuchs zeigten die Fliederzweige zwar gleiches Aussehen, jedoch war beim linken Zweig der Holzteil und beim rechten die Rinde entfernt worden. Der Stand des ölbeschichteten Wassers war in beiden Gefäßen gleich hoch.
Beschreibe das Versuchsergebnis! Welche Schlussfolgerung ziehst du hieraus für die Wasserleitung?

Übung: Stoffwechsel der grünen Pflanze

A 13. Stoffkreislauf in einer Flasche

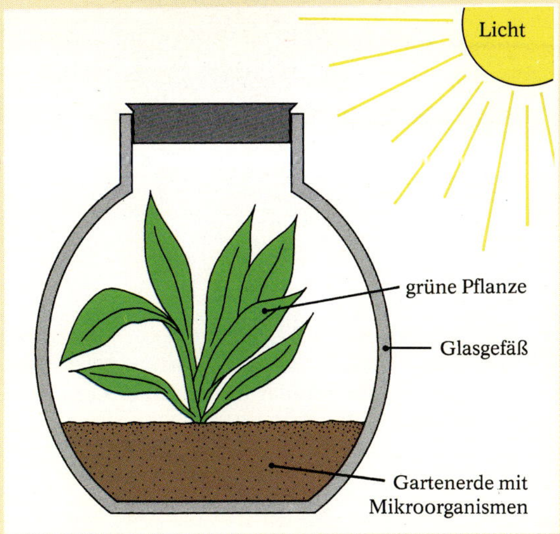

In einem verschlossenen Glasballon gedeihen Pflanzen ohne Wasser- und Luftzufuhr von außen. Wie ist das möglich? Bedenke, dass die Fotosynthese die Atmung um das Fünffache übertrifft! Entwirf ein Schema des Stoffkreislaufes in dem Glasballon!

V 14. Wir untersuchen Böden auf Mineralstoffe

Material: Sand; Lehm; Gartenerde; Pflanzendünger; destilliertes Wasser oder Regenwasser; 3 Bechergläser (250 ml); 3 Glasstäbe; Messzylinder (100 ml); Teelöffel; Pipette; Glastrichter mit passenden Rundfiltern; Stativ mit Filterring; 5 Objektträger; Filzstift; elektrische Heizplatte

Durchführung: Gib von jeder Bodenprobe einen Teelöffel voll in jeweils ein Becherglas und fülle mit 100 ml destilliertem Wasser auf! Rühre mit einem Glasstab gut um und koche jede Probe kurz auf! Nach dem Erkalten filtriere jede Probe und gib einen Tropfen des Filtrates auf einen Objektträger! Kennzeichne den Objektträger für jede Probe mit einem Filzstift! Auf einen vierten Objektträger gib einen Tropfen Pflanzendünger und auf einen weiteren Objektträger zur Kontrolle einen Tropfen destilliertes Wasser! Lass nun von allen Proben das Wasser verdunsten!

Aufgabe: Vergleiche die Rückstände nach dem Eintrocknen! Welche Bedeutung haben diese Ergebnisse für das Wachstum von Pflanzen?

A 15. Die „Minimumtonne"

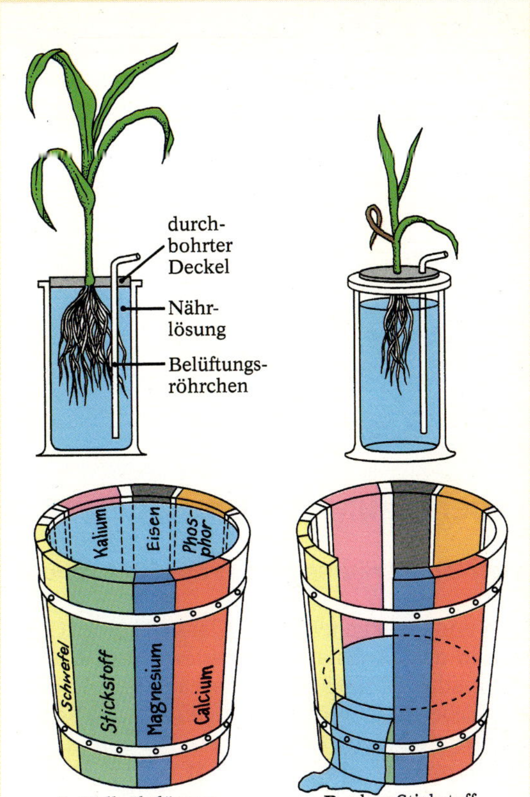

A Vollnährlösung **B** ohne Stickstoff

Die einzelnen Pflanzenarten brauchen zum Wachstum verschiedene Mineralstoffe in einem bestimmten Mengenverhältnis. Für jede Pflanzenart gibt es ein besonders günstiges Mengenverhältnis. Dies ist zum Beispiel für die Düngung des Bodens wichtig. Ist ein Mineralstoff im Boden in zu geringer Menge vorhanden, kann er durch den Überschuss eines anderen nicht ersetzt werden. Der Mineralstoff, der im Minimum vorliegt, begrenzt das Wachstum der Pflanze. Diese Abhängigkeit bezeichnet man als das **Gesetz des Minimums.**

Justus von Liebig veranschaulichte dies um 1850 durch die „Minimumtonne". In diesem Modell stellen die Fassdauben die Menge der Mineralstoffe im jeweiligen Boden dar.

Erläutere das Gesetz des Minimums anhand der abgebildeten Hydrokulturen!

Lebewesen in ihrer Umwelt

1 Schülerinnen und Schüler untersuchen Lebensräume auf dem Schulgelände

1. Lebensräume im Umfeld der Schule

1.1. Kleinlebensräume gibt es an jeder Schule

Kornelia und Peter gehen in die Klasse 8d eines Gymnasiums in der Großstadt. Ihr neuer Biologielehrer, Herr Schmidt, will mit seiner Klasse in diesem Schuljahr die Lebensräume in der Umgebung der Schule untersuchen. Kornelia und Peter sind gespannt, welche Lebensräume Herr Schmidt wohl meinen könnte, denn schließlich liegt die Schule in einem dicht bebauten Gebiet am Rande der Innenstadt.

Zur folgenden Biologiestunde teilt Herr Schmidt die Schülerinnen und Schüler der 8d in kleine Gruppen ein und lässt sie das Gelände rund um die Schule erkunden. Jede Gruppe soll genau aufschreiben, wo bestimmte Pflanzen vorkommen und welche Tiere zu beobachten sind. Dazu hat Herr Schmidt jeder Gruppe eine Übersichtskarte des Schulgeländes und der Schulumgebung sowie Bestimmungshilfen für die Pflanzen mitgegeben.

Die Gruppe, in der Kornelia und Peter mitarbeiten, untersucht zunächst den *Rasen* neben dem Hauptgebäude. „Viel scheint hier zwischen den Gräsern nicht zu wachsen", meint Peter. „Doch, sieh nur die vielen *Gänseblümchen,* dazwischen *Löwenzahn,* einige *Disteln, Klee* und *Hahnenfuß*", erwidert Kornelia. Kevin und Lone entdecken noch weitere Pflanzenarten. Tierarten dagegen gibt es auf diesem Rasen nur wenige. Außer einigen *Maulwurfshügeln,* einer *Amsel,* die nach *Würmern* sucht, und einigen *Mücken* in der Luft können die Kinder nichts entdecken.

Am Rand der Rasenfläche steht eine Baumgruppe. Mit ihren Bestimmungshilfen können die Schülerinnen und Schüler eine *Esche,* einen *Bergahorn,* eine *Birke* und eine *Schwarzpappel* sicher benennen. Dieses kleine *Gehölz* ist hier nach dem Bau der Schule angepflanzt worden. Unter den Bäumen wachsen das *Kleine Springkraut* und *Sauerklee.* In den Baumkronen sind verschiedene Vogelarten zu sehen und zu hören. Kornelia kennt sich in der Gruppe der Vögel recht gut aus. Binnen kurzer Zeit hat sie *Kohlmeisen, Amseln,* einen *Buchfink* und einen *Zilpzalp* gesehen oder am Gesang erkannt. In der Nähe muss es auch *Elstern* geben, die sich durch ihren lauten „schnackernden" Ruf bemerkbar machen.

Der Weg neben der Turnhalle ist mit großen Steinplatten gepflastert. Lone, Kevin und Peter wollen hier schnell vorübergehen. „Wartet doch mal", ruft Kornelia, „hier wachsen doch auch Pflanzen!" Überrascht bleiben die anderen stehen und untersuchen den Weg nun auch genauer. In den Ritzen zwischen den Steinplatten wachsen tatsächlich mehrere Pflanzenarten: *Wegerich, Mastkraut,* eine *Moos*art und mehrere *Gras*arten sind schnell bestimmt. In einigen *Pflasterritzen* laufen schwarze *Ameisen* hin und her; an einer schattigen Stelle hinterlässt eine *Nackt-*

2 Lebensraum Rasen

3 Lebensraum Pflasterritze

schnecke eine silbrig glänzende Schleimspur auf ihrem Weg.

An die Turnhalle schließt sich ein großes ungenutztes Gelände an, eine *Brache. Weidenröschen* und die leuchtend gelb blühende *Kanadische Goldrute* fallen als Hochstauden sofort auf. *Rainfarn, Schafgarbe, Brennnessel, Gänsefuß* und *Beifuß* können die Schülerinnen und Schüler ebenfalls rasch bestimmen. An einigen Stellen wachsen *Brombeersträucher, Birken, Weiden* und *Holunderbüsche.* Kleintiere sind, nachdem Kornelia und Kevin die ersten entdeckt haben, in einer fast unübersichtlichen Vielfalt zu finden. *Gehäuseschnecken, Hundertfüßer, Spinnen* und *Weberknechte, Schmetterlinge* und *Schmetterlingsraupen, Käfer, Wanzen, Wespen, Fliegen* und *Heuschrecken* besiedeln die Pflanzen, den Boden oder halten sich unter Steinen auf. Viele der Tiere können die Kinder nicht genauer benennen. Sie beschließen daher Herrn Schmidt vorzuschlagen, diesen an Tier- und Pflanzenarten so überraschend reichen Lebensraum zusammen mit der ganzen Klasse noch einmal gründlich zu untersuchen.

1. Welche der von Kornelia und Peter untersuchten Lebensräume findest du auch in der Nähe deiner Schule?

2. Nenne weitere Lebensräume, die im Umfeld deiner Schule vorkommen!

4 Lebensraum Brache

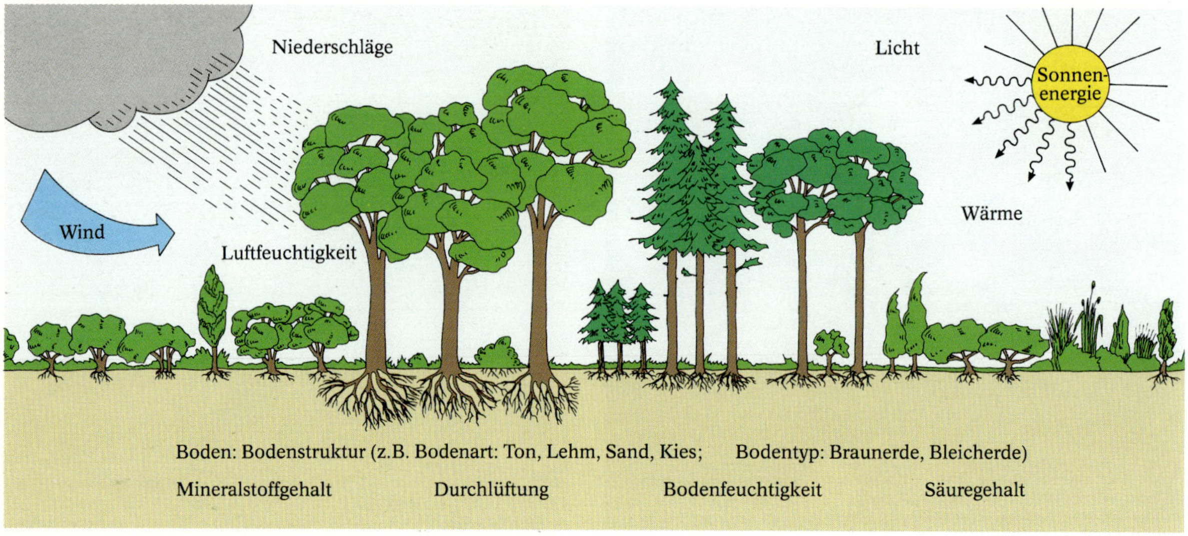

1 **Abiotische Faktoren in einem Lebensraum** (Schema)

1.2. Nicht alle Lebensräume sind gleich

In der nächsten Biologiestunde vergleichen die Schülerinnen und Schüler die Listen der Pflanzen und Tiere, die sie in der Schulumgebung gefunden haben. Es fällt auf, dass die Listen sehr unterschiedlich sind. Kornelia stellt zum Beispiel fest, dass Weißklee vorwiegend auf dem Rasen wächst. Einige Kleepflanzen hatten sie auch auf der Brache gefunden. Im Gehölz wuchs dagegen kein Klee. Andererseits stand dort das Kleine Springkraut in großen Mengen, das auf dem Rasen völlig fehlte. „Aber warum kommt denn auf der Wiese gar kein Springkraut vor?“, fragt Kevin, „die liegt doch direkt daneben!“ Sandra meint: „Vielleicht ist es ihm dort zu hell!“ – „Dann müsste das Springkraut aber gerade den Schatten lieben!“, setzt Karin hinzu. Herr Schmidt bestätigt das: „Richtig!“, sagt er, „die Pflanzen haben tatsächlich unterschiedliche Standortansprüche.“

Was die Schülerinnen und Schüler der 8d gefunden haben, lässt sich verallgemeinern. Ähnlich wie die unterschiedlichen Lichtverhältnisse im Gehölz und auf der Wiese bestimmen auch die Bodenfeuchte und der Mineralstoffgehalt des Bodens, welche Pflanzen an bestimmten Standorten wachsen können. Man spricht daher von Standortfaktoren oder **Umweltfaktoren.** Weil es sich dabei um Einflüsse aus der unbelebten Natur handelt, nennt man sie **abiotische Faktoren.** Pflanzen und Tiere, die zum Beispiel als Nahrung oder als Beutetiere oder auch als Krankheitserreger vorkommen, bezeichnet man als **biotische Faktoren.** Abiotische und biotische Faktoren zusammen bilden die Umwelt eines Lebewesens, seinen **Lebensraum.** Ein Lebensraum wird auch **Biotop** genannt. Die Lebewesen, die ihn bewohnen, fasst man zu einer Lebensgemeinschaft oder **Biozönose** zusammen. Lebensgemeinschaft und Lebensraum bilden ein **Ökosystem.** Die Wissenschaft, die sich mit den Wechselbeziehungen in Ökosystemen beschäftigt, wird **Ökologie** genannt.

Die Lebewesen des Ökosystems sind in hohem Maße von den Umweltbedingungen abhängig. So bevorzugen zum Beispiel Eidechsen und Schlangen häufig warme und trockene Lebensräume, während Froschlurche in der Regel an kühlen und feuchten Standorten zu finden sind. Auch viele Pflanzenarten wachsen vorwiegend entweder an warmen oder an kühleren Standorten. Für Pflanzen hängt die Verfügbarkeit von Wasser nicht nur direkt von den Niederschlägen ab, sondern auch vom Boden. In Pflasterritzen kann der Boden nach Starkregen mit Wasser gesättigt sein, nach längerer Trockenheit enthält er dagegen kaum noch Wasser. Pflanzen, die in diesem Lebensraum wachsen, müssen sowohl Nässe als auch längere Dürre ertragen können. Der Biologe spricht in diesem Fall von einem weiten **Toleranzbereich** in Bezug auf Feuchtigkeit. Wo die Pflanze trotz großer Feuchtigkeit gerade noch leben kann, liegt ihr ökologisches **Maximum.** Dort, wo sie eben noch ge-

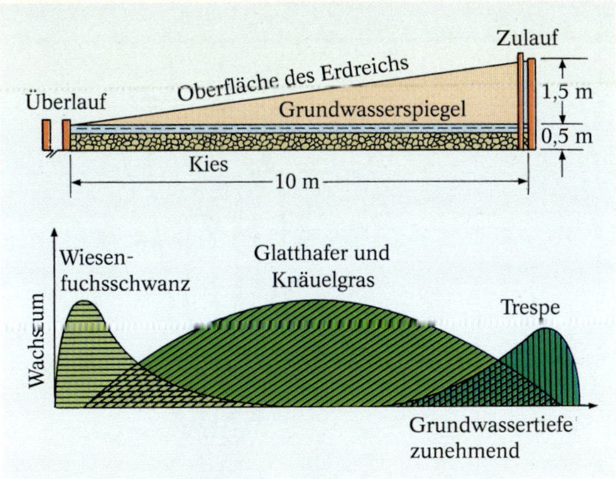

2 Toleranzbereiche von Gräsern

1. Beschreibe und erkläre den oben abgebildeten Versuch! Erkläre die unterschiedlichen Wuchshöhen!

3 Zeigerpflanzen. A Bärenklau; B Steinklee

nug Wasser zum Leben findet, liegt ihr **Minimum.** Die besten Lebensverhältnisse werden als **Optimum** bezeichnet. Abbildung 2 zeigt diese drei Bereiche für drei Grasarten. Böden unterscheiden sich nicht nur hinsichtlich ihrer Feuchtigkeit. An verschiedenen Standorten kann es auch starke Unterschiede im Säure- und im Mineralstoffgehalt sowie in der Bodenstruktur geben. Manche Pflanzen kommen besonders häufig an Standorten mit bestimmten Bodeneigenschaften vor. So wächst beispielsweise die Brennnessel meist auf mineralstoffreichem, Heidekraut auf mineralstoffarmem, Meersenf auf salzhaltigem und Adlerfarn auf saurem Boden. Pflanzenarten, die durch ihr Vorkommen bestimmte Bodeneigenschaften anzeigen, werden **Zeigerpflanzen** genannt.

Insbesondere für Pflanzen spielt auch der Faktor Licht eine wichtige Rolle. Lichtpflanzen benötigen zum Gedeihen zumindest zeitweise volles Sonnenlicht, während Schattenpflanzen meist ohne direkte Sonneneinstrahlung auskommen.

2. Ordne die Pflanzen der Abbildung 3 einer der in der Tabelle 4 aufgeführten Zeigerpflanzen zu!

3. Vergleiche die Umweltbedingungen auf einem Zierrasen und auf einer Brache miteinander! Begründe, warum die Brache artenreicher ist!

Stickstoffzeiger (Pflanzen mineralstoffreicher Böden)	Giersch, Knoblauchsrauke, Klebriges Labkraut, Zaunwinde, Taubnessel, Bärenklau, Große Brennnessel, Vogelmiere, Schwarzer Holunder
Pflanzen mineralstoffarmer Böden	Heidekraut, Heide-Ginster, Moosbeere, Thymian, Hungerblümchen
Kalkzeiger	Alpenveilchen, Esparsette, Feld-Rittersporn, Blaugras
Säurezeiger	Heidekraut, Kleiner Sauerampfer, Scharfer Hahnenfuß, Heidelbeere, Adlerfarn, Rippenfarn
Feuchtezeiger	Schwarz-Erle, Silber-Weide, Schwarz-Pappel, Wollgras, Mädesüß, Blut-Weiderich, Scharbockskraut, Kriechender Hahnenfuß, Trollblume, Pestwurz, Aronstab
Trockenheitszeiger	Beifuß, Karthäuser-Nelke, Natternkopf, Steppen-Wolfsmilch, Gewöhnliches Leinkraut, Kleiner Wiesenknopf
Salzzeiger	Meersenf, Strandflieder, Queller, Schlickgras
Lichtpflanzen	Birke, Esche, Schwarz-Pappel, Gemeine Nachtkerze, Steinklee, Natternkopf, Zaunwinde
Schattenpflanzen	Buche, Tanne, Goldnessel, Großes und Kleines Springkraut, Hexenkraut, Sauerklee, viele Moose und Farne

4 Zeigerpflanzen

5 Pflanzen in Pflasterritzen und an Wegrändern. A Einjähriges Rispengras; B Deutsches Weidelgras; C Zarte Binse; D Blutrote Fingerhirse; E Breit-Wegerich; F Weiß-Klee; G Schutt-Kresse; H Hirtentäschelkraut; I Weg-Rauke

J Rote Schuppenmiere; K Liegendes Mastkraut; L Vogel-Knöterich; M Gemeiner Löwenzahn; N Strahlenlose Kamille; O Huflattich; P Kanadisches Berufskraut; Q Acker-Kratzdistel; R Silber-Birnmoos

Übung: Ökologische Untersuchungen im Umfeld der Schule

V1. Messung abiotischer Faktoren (Schulversuch!)

Material: Luxmeter; Digitalthermometer; pH-Wert-Messgerät (pH-Meter); Messgerät für die Bodenfeuchte (im Gärtnereihandel sind kombinierte Messgeräte für Licht, pH-Wert und Bodenfeuchte erhältlich)
Durchführung: a) Miss mit dem Luxmeter die Lichtintensität und mit dem Thermometer die Lufttemperatur (jeweils in 2 m und in 5 cm Höhe vom Boden) über dem Schulhof, über einer Rasenfläche, unter Bäumen, unter dichtem Gebüsch, über einem Fußweg!
b) Bestimme mit dem pH-Meter den Säuregehalt des Bodens an verschiedenen Stellen im Schulgelände!
Anmerkung: Werte um pH 7: neutral; Werte höher als pH 7: basisch; Werte niedriger als pH 7: sauer
c) Untersuche mit einem Messgerät für die Bodenfeuchte den Boden einer Rasenfläche, in Pflasterritzen, unter Bäumen und unter dichtem Gebüsch!
Aufgabe: Protokolliere deine Beobachtungen! Erstelle dazu zunächst sinnvolle Wertetabellen! Vergleiche jeweils die Messdaten miteinander! Stelle Gemeinsamkeiten und Unterschiede der abiotischen Faktoren in den untersuchten Lebensräumen übersichtlich zusammen!

V2. Untersuchungen an Pflasterritzen

Material: Messband; Pflanzenbestimmungsbuch
Durchführung: Wähle auf einem mit Steinen bzw. Steinplatten gepflasterten Weg zwei Untersuchungsquadrate von je 1 oder 2 m^2 Grundfläche! Das eine der beiden Quadrate soll den Wegrand erfassen, das andere Quadrat die Mitte des Weges! Zähle in der Zeit der großen Pause, wie häufig die Quadrate jeweils betreten werden (Trittbelastung)!
Aufgaben: a) Bestimme die in den Pflasterritzen wachsenden Pflanzenarten! Erstelle eine Liste der vorkommenden Arten! Verwende zur Untersuchung auch die Tafel auf den Seiten 262/263!
b) Zähle aus, wie viele Exemplare jeder vorkommenden Blütenpflanzenart in den Untersuchungsquadraten jeweils vorkommen! Vergleiche die Ergebnisse! Erstelle eine Liste der Arten, die nur an den weniger trittbelasteten Wegrändern vorkommen sowie der Arten, die auch bei starker Trittbelastung noch wachsen können!
c) Vergleiche Blattgröße, Blattzahl, Wuchshöhe und die Häufigkeit von Verletzungen an Wegerichpflanzen an Standorten mit hoher, mittlerer und niedriger Trittbelastung!

V3. Bäume und Sträucher im Schulgelände

Material: Bestimmungsbücher für Holzgewächse; Karte des Schulgeländes
Durchführung: Bestimme anhand der Blätter (und/oder der Blüten) die auf dem Schulgelände wachsenden Baum- und Straucharten! Verwende auch die Seiten 268/269 in diesem Buch!
Anmerkung: Viele an Schulen angepflanzte Holzgewächse sind nicht in Deutschland heimisch. Die Tabelle gibt eine Übersicht über einige häufig angepflanzte ausländische Arten sowie über deren Herkunft.
Aufgaben: a) Trage auf der Karte die Standorte der verschiedenen Arten ein!
b) Überprüfe, welche der in der Tabelle aufgeführten Arten im Schulgelände vorkommen!
c) Untersuche die Artenvielfalt an Tieren auf heimischen und auf ausländischen Gehölzen! Berücksichtige dabei vor allem Insekten, Spinnentiere und Vögel auf Nahrungssuche! Erläutere die Unterschiede!

Häufig angepflanzte ausländische Holzgewächse

Bäume

Artname	Herkunft
Ginkgo	Ostasien
Atlas-Zeder	Nordafrika
Douglas-Fichte	Nordamerika
Chinesischer Wacholder	Ostasien
Abendländischer Lebensbaum	Nordamerika
Rot-Eiche	Nordamerika
Magnolie	Ostasien
Platane (Kreuzung)	Nordamerika, Vorderasien
Japanische Zierkirsche	Ostasien
Robinie	Nordamerika
Götterbaum	Ostasien
Eschen-Ahorn	Nordamerika
Silber-Ahorn	Nordamerika
Rosskastanie	Balkan
Essigbaum	Nordamerika

Übung: Ökologische Untersuchungen im Umfeld der Schule

Sträucher

Artname	Herkunft
Schneebeere	Nordamerika
Runzelblättriger Schneeball	Ostasien
Pfeifenstrauch (Falscher Jasmin)	Südosteuropa
Kirschlorbeer	Südosteuropa
Quitte	Südosteuropa, Vorderasien
Kanadische Felsenbirne	Nordamerika
Zwergmispel (Cotoneaster)	Ostasien
Feuerdorn	Südeuropa
Spierstrauch (Spiraea)	Osteuropa, Asien
Kartoffel-Rose	Ostasien
Gemeiner Erbsenstrauch	Sibirien
Buchsbaum	Mittelmeerraum
Forsythie	Ostasien
Tamariske	Mittelmeerraum
Zaubernuss	Nordamerika, Ostasien

V 4. Anlegen eines Blattherbars

Material: Blätter von Holzgewächsen; Karte des Schulgeländes; Bestimmungsbücher; Zeitungen; zwei Holzbretter (ca. 30×20 cm); mehrere schwere Bücher oder zwei Ziegelsteine; weißes Papier DIN A4
Durchführung: Es werden Kleingruppen gebildet, die jeweils ein vorher festgelegtes Gebiet des Schulgeländes untersuchen. Bestimme die dort wachsenden Holzgewächse mit Hilfe der Bestimmungsbücher! Lege in der Klasse (bzw. Biologiesammlung) eines der Holzbretter auf einen Tisch und bedecke es mit mehreren Lagen Zeitungen! Lege auf die Zeitungen die Pflanzenblätter einzeln nebeneinander! Schichte anschließend weitere Zeitungslagen und weitere Schichten mit Pflanzenblättern übereinander! Lege das zweite Holzbrett oben auf und beschwere mit Büchern oder mit Ziegelsteinen! Erneuere täglich die Lagen Zeitungspapier, bis die Pflanzenblätter vollständig trocken sind! Klebe die getrockneten Blätter auf weißes Papier und beschrifte (Artname, Fundort, Funddatum)!
Aufgaben: a) Stelle eine Blattsammlung der Holzgewächse des Schulgeländes zusammen!
b) Vermerke auf der Karte des Schulgeländes die Standorte besonders interessanter oder seltener Arten!

V 5. Phänologischer Kalender (Langzeitbeobachtung)

Material: Bestimmungsbücher für Pflanzen
Durchführung: Untersuche über einen Zeitraum von mehreren Monaten täglich an bestimmten ausgewählten Pflanzenarten (z.B. Sträucher, Bäume, häufig vorkommende krautige Pflanzen), welche Veränderungen zu beobachten sind: z.B. Blühbeginn, Blühdauer, Fruchtreife, Laubblattentfaltung, Laubfärbung, Laubfall!
Aufgabe: Protokolliere deine Beobachtungen in einer Übersicht!
Anmerkung: Eine derartige Übersicht, die den jahreszeitlichen Entwicklungsgang von Pflanzen (oder Tieren) zum Inhalt hat, nennt man einen **phänologischen Kalender.**

V 6. Beobachtungen an Vögeln (Langzeitbeobachtung)

Material: Feldstecher; Vogelbestimmungsbuch; Kassette mit Vogelstimmen; Karte des Schulgeländes und der Schulumgebung
Durchführung: a) Beobachte in Stichproben über einen längeren Zeitraum, welche Vogelarten sich im Schulgelände einfinden! Die Bestimmung erfolgt direkt über Beobachtung (Feldstecher!) oder über den Gesang!
Anmerkung: Um den Gesang von Vögeln kennen zu lernen, ist die Beobachtung im Spätwinter und im zeitigen Frühjahr am günstigsten, weil dann viele Arten schon singen und auf den noch kahlen Bäumen gut zu finden sind.
b) Stelle fest, zu welchem Datum im Jahr bestimmte Vogelarten zu singen beginnen!
c) Untersuche, wann bestimmte Arten von Zugvögeln erstmals im Jahr zu beobachten sind und wann sie wieder weggezogen sind!
d) Beobachte, wo Vogelarten nisten, wo sie ihre Nahrung suchen, wo sie trinken und baden, wo sie ihre Ruheplätze haben! Versuche die Reviergrenzen einzelner Tiere festzustellen!
Aufgaben: a) Protokolliere deine Beobachtungen übersichtlich und unter Angabe des Datums und der Uhrzeit der jeweiligen Beobachtung!
b) Erstelle eine Übersicht darüber, wie sich das Artenspektrum im Laufe des Jahres wandelt!
c) Trage Nistplätze, Ruheplätze, bevorzugte Nahrungsstandorte sowie beobachtete Reviergrenzen in einer Karte des Schulgeländes bzw. der Schulumgebung ein!

1 Typische Vertreter aus der Baum-, der Strauch- und der Krautschicht eines Laubmischwaldes

2. Lebensraum Wald

2.1. Ein Wald – mehr als lauter Bäume

Kommt man an einem heißen Sommertag vom freien Feld in einen Wald, so ist man von der plötzlichen Kühle und dem Dämmerlicht überrascht. Die Kronen der Bäume fangen den größten Teil des Sonnenlichtes auf. Bäume bilden das oberste Stockwerk des Waldes, die **Baumschicht.** Nur an lichteren Stellen kann sich zwischen den Stämmen eine **Strauchschicht** entwickeln. Noch weniger Licht erreicht den Waldboden, an manchen Stellen kaum ein Hundertstel des vollen Lichtes. Hier, in der **Krautschicht,** wachsen nur Pflanzen, die diesen ungünstigen Lichtverhältnissen angepasst sind.

Schon im März, wenn die ersten Sonnenstrahlen das unbelaubte Geäst durchdringen und den Waldboden erwärmen, sprießen die jungen Triebe des *Buschwindröschens.* Bald darauf bedeckt ein weißer Blütenteppich die Laubstreu. An anderen Stellen leuchten die gelben Sterne des *Scharbockskrauts.* Diese Frühblüher leben „aus der Konserve". Die Nährstoffe, die sie im vergangenen Frühjahr eingelagert haben, erlauben ihnen nun sehr früh auszutreiben. So können sie die Zeit nutzen, in der es am Boden noch genügend Licht gibt, um über die Fotosynthese Nährstoffe aufzubauen. Wenn sich dann im Mai das Kronendach schließt, welken sie und machen weniger lichtbedürftigen Pflanzen Platz.

Auch *Bingelkraut* und *Waldmeister* blühen frühzeitig, leben aber dann den Sommer über am Rande ihrer Existenz. Man bezeichnet solche Pflanzen, die mit wenig Licht auskommen, als **Schattenpflanzen.** Wenn im September beim beginnenden Laubfall wieder mehr Licht zum Waldboden durchdringt, erwachen sie zu neuer Aktivität und sammeln die noch fehlenden Reservestoffe.

Kaum eine andere Schattenpflanze braucht so wenig Licht wie der *Sauerklee.* Er gedeiht noch an Standorten, an denen die Lichtmenge fast den ganzen Tag unter einem Hundertstel des vollen Lichtes bleibt. Ihm genügt es, wenn er ab und zu von einem der am Waldboden wandernden Sonnenflecken getroffen wird. Er nutzt dann den dicht über dem Boden erhöhten Gehalt an Kohlenstoffdioxid, um die zum Leben und zur Vermehrung notwendigen Nährstoffe zu erzeugen.

1. Begründe, warum am Boden eines Laubwaldes im Frühling viel mehr blühende Kräuter zu finden sind als im Sommer!

Wälder einst und jetzt

2 Naturnaher Laubmischwald

3 Fichtenforst

Als vor 2000 Jahren römische Legionäre durch Germanien marschierten, war dieses für sie ein unwirtliches Land, „von unheimlichen Wäldern und abscheulichen Sümpfen bedeckt“, wie der römische Schriftsteller TACITUS berichtet. Tatsächlich waren damals 90% der Fläche Mitteleuropas mit Wald bedeckt, hauptsächlich mit **Laubmischwald,** in dem die **Buche** vorherrschte. Für sie waren die klimatischen Bedingungen im größten Teil Deutschlands optimal: Es gab genügend Niederschläge und die Durchschnittstemperaturen lagen im Sommer oberhalb einer Temperatur von 10° C. Auch bestand kaum die Gefahr, dass frisch ausgetriebenes Laub durch späte Fröste geschädigt wurde.

Im Schatten der breiten und dichten Kronen der Buchen konnten nur noch die eigenen Jungpflanzen, nicht aber die Sämlinge anderer Baumarten gedeihen. So wurde der stärkste Konkurrent der Buche, die **Eiche,** in Gebiete abgedrängt, in denen der Boden für die Buche zu nass oder zu trocken war.

Die **Kiefer** war nur an extremen Standorten anzutreffen, so z.B. auf trockenen Sandböden. Hier wuchs sie ohne Konkurrenz, da ihre *Pfahlwurzel* ihr in dem lockeren Boden Halt verschaffte und auch tiefer gelegenes Grundwasser erreichte. Auf guten Böden dagegen konnte sich die Kiefer wegen ihres hohen Lichtbedarfs nicht neben Buchen und Eichen behaupten.

Die **Fichte** wuchs damals ausschließlich in den Höhenlagen der Gebirge. Dort im steinigen Boden fand sie als *Flachwurzler* eher Halt als in den tiefen Böden der Niederungen, wo sie durch Stürme entwurzelt werden konnte. Wegen ihrer Unempfindlichkeit gegen Frost und ihrer Anspruchslosigkeit in Bezug auf den Boden reichten die Fichtenwälder bis zur oberen Waldgrenze. Wer heute durch Deutschland reist, stellt fest, dass der überwiegende Teil der Wälder Äckern, Weiden und Siedlungen weichen musste. Nur auf Flächen, die landwirtschaftlich kaum nutzbar waren, überlebte der Wald. Naturnahe Wälder finden wir nur noch vereinzelt, z.B. im Bayerischen Wald; die meisten Wälder sind vom Menschen unter vorwiegend wirtschaftlichen Gesichtspunkten angelegte **Forste.** Sie bestehen zu zwei Dritteln aus Nadelwald, während früher der Laubwald vorherrschte. Vor allem die Fichte hat stark an Boden gewonnen: Weite Teile der Mittelgebirge sind mit Fichtenforsten bedeckt, dem heute häufigsten Waldtyp in Deutschland. Solche **Monokulturen** von Fichten oder auch von Kiefern bringen ihren Besitzern schneller Erträge als andere Waldformen; sie sind aber weitaus gefährdeter durch Schadinsekten oder auch Stürme als naturnahe Mischwälder. So wurden in der Nacht zum 1. März 1990 in Bayern durch den Orkan „Wiebke“ 120 Millionen Waldbäume umgeworfen, davon 80% Fichten in Monokulturen.

Steckbriefe: Laubbäume

Rotbuche
Merkmale: schlank, mit zunächst eiförmiger, später kuppelförmiger Krone; 30–45 m hoch. Stamm gerade; glatte, grausilbrige Borke. Blätter eiförmig, am Rand wellig. ♂-Blüten in hängenden Kätzchen, ♀-Blüten in aufrechten, kurz gestielten Büscheln. Früchte: Bucheckern; je 2 in einem weichstacheligen Becher
Blütezeit: April bis Mai
Vorkommen: auf mineral- und humusreichen, stets mäßig feuchten Böden
Lebensalter: wird ca. 300 Jahre alt

Stieleiche
Merkmale: kuppelförmige Krone; 35–45 m hoch. Starker Stamm; dicke gewundene Äste; Borke im Alter braunschwärzlich, eingekerbt. Blatt gebuchtet, mit sehr kurzem Blattstiel. ♂-Blüten in hängenden Kätzchen, ♀-Blüten winzig, an einem langen, biegsamen Stiel (Name!). Früchte: Eicheln, an 3 bis 6 cm langem Stiel.
Blütezeit: April bis Mai
Vorkommen: auf frischen, tiefgründigen Böden, an sehr hellen Standorten
Lebensalter: kann 1000 Jahre alt werden

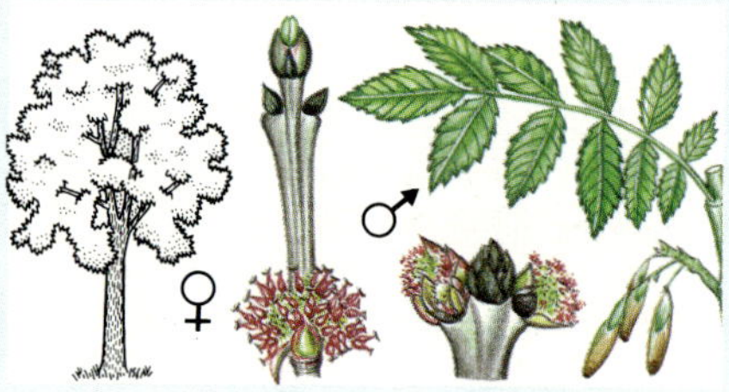

Esche
Merkmale: dicht belaubte Krone; 20–40 m hoch. Stamm gerade; Borke glatt, grau. Blätter unpaarig gefiedert. Blüten unscheinbar, zwittrig oder eingeschlechtig. Früchte: geflügelte Nüsschen, in Büscheln.
Blütezeit: April bis Mai; vor dem Laubaustrieb
Vorkommen: auf tiefgründigen, feuchten bis nassen Böden
Lebensalter: wird bis zu 300 Jahre alt

Hainbuche
Merkmale: bis 25 m hoch; im Unterholz als Strauch. Stamm selten gerade, oft drehwüchsig, wulstig; dünne, hellgraue Borke mit dunkleren Längsstreifen. Blätter eiförmig mit doppelt gesägtem Rand. ♂- und ♀-Blüten in hängenden Kätzchen. Früchte: Nüsschen in dreilappigem Hochblatt.
Blütezeit: April bis Mai
Vorkommen: auf frischen, tiefgründigen Böden
Lebensalter: kann 150 Jahre alt werden

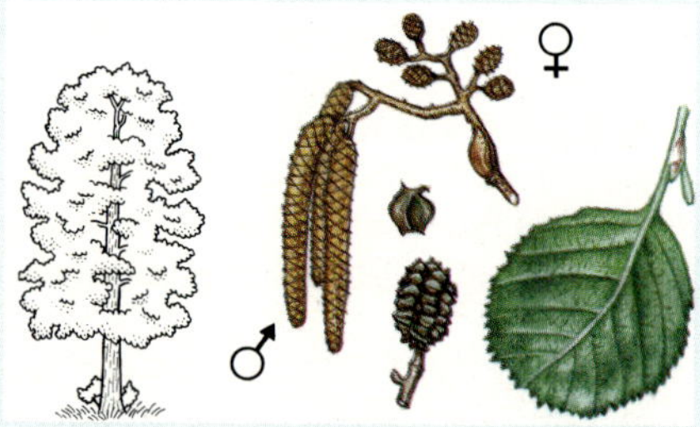

Schwarzerle
Merkmale: bis 25 m hoch; oft mehrstämmig, strauchig. Gerader Stamm; Borke grüngrau, rissig, Blätter rundlich bis verkehrt eiförmig, an der Spitze stumpf oder ausgerandet, unregelmäßig gezähnt. ♂-Kätzchen hängend, ♀-Kätzchen kurz. Früchte: Nüsschen in schwarzbraunen Zapfen.
Blütezeit: März bis April; vor dem Laubaustrieb
Vorkommen: wächst an Ufern
Lebensalter: wird bis 120 Jahre alt

Steckbriefe: Nadelbäume

Fichte
Merkmale: schlank, kegelförmig; 30–50 m hoch. Stamm gerade mit braunrötlicher, stark eingekerbter Borke. Dunkelgrüne Nadeln, spitz, mit vierkantigem Querschnitt, um den Zweig angeordnet. ♂-Blüten zapfenartig, ♀-Blüten in roten Zapfen. Hängende, braune Zapfen mit geflügelten Samen.
Blütezeit: April bis Juni
Vorkommen: bevorzugt in niederschlagsreichen Gebieten
Lebensalter: wird 200, selten bis 500 Jahre alt

Tanne
Merkmale: schlank, kegelförmig, mit abgeflachtem Wipfel; bis zu 60 m hoch. Stamm gerade mit glatter, grauer Borke. Nadeln flach, oberseits dunkelgrün, unterseits mit zwei weißen Längsstreifen, zweizeilig. ♂-Blüten klein, kugelig, ♀-Blüten in roten, aufrechten Zapfen, nur in der Wipfelregion. Zapfen aufrecht, zerfallen bei der Reife, nur die Spindel bleibt stehen; Samen geflügelt.
Blütezeit: Mai bis Juni
Vorkommen: liebt atlantisches Klima
Lebensalter: wird 300 Jahre alt

Kiefer
Merkmale: Krone unregelmäßig; 25–30 m hoch. Stamm gerade oder auch knorrig, gedreht; Borke gelbrot bis rötlich braun, mit tiefen Furchen. Nadeln blaugrün, zu zweit, bis 8 cm lang. ♂-Blüten gelb, in ährenartigen Ständen am Grunde der Maitriebe, ♀-Blüten in rosa Zapfen an deren Ende. Zapfen verholzen, bleiben jahrelang am Baum.
Blütezeit: Mai bis Juni
Vorkommen: wächst auf allen Böden, braucht viel Licht
Lebensalter: wird bis 300 Jahre alt

Lärche
Merkmale: schlank, kegelförmig; 25–40 m hoch. Stamm gerade; Borke rötlich braun, rissig. Nadeln weich, in Büscheln gruppiert, im Herbst abfallend. ♂-Blüten gelb, eiförmig, ♀-Blüten in purpurnen Zapfen. Kleine, rundliche, im Alter schwarzbraune Zapfen, die mehrere Jahre am Ast bleiben.
Blütezeit: April bis Juni
Vorkommen: liebt tiefgründige, lockere Böden
Lebensalter: kann 800 Jahre alt werden

Eibe
Merkmale: Strauch oder kleiner Baum; 15–20 m hoch. Stamm rötlich braun, meist von Ästen verdeckt. Nadeln weich, zugespitzt, zweizeilig angeordnet. Zweihäusig, ♀- und ♂-Blüten winzig. Samen von auffallend rotem Mantel umhüllt, der als einziger Teil der Eibe nicht giftig ist.
Blütezeit: März bis April
Vorkommen: liebt feuchte Standorte, verträgt Schatten
Lebensalter: kann mehr als 1000 Jahre alt werden

1 Wurmfarn

4 Adlerfarn

2 Dornfarn

3 Rippenfarn

2.2. In der Krautschicht wachsen verschiedene Farne

Wo der Waldboden genügend Feuchtigkeit bietet, bilden häufig Farne dichte und ausgedehnte Bestände. Schon die starke Aufgliederung der *Wedel* hebt sie von den übrigen Pflanzen der Krautschicht ab. Dazu kommt noch ein auffälliges Merkmal: Die austreibenden Blätter sind spiralig aufgerollt. Im Sommer und Herbst sind die *Sporenkapseln* auf der Blattunterseite ein untrügliches Kennzeichen.

Auf kalkhaltigen Boden weist das Vorkommen des *Wurmfarns* hin. Seine 30–120 cm langen Wedel stehen in trichterförmigen Rosetten. Der Blattstiel ist kurz, die Blattspreite doppelt gefiedert.

Der *Dornfarn* wächst dagegen nur auf sauren Böden. Bei seinen 40–150 cm langen Wedeln, die ebenfalls in Rosetten stehen, ist der Stiel mindestens halb so lang wie die Spreite; diese ist drei- bis vierfach gefiedert.

Ebenfalls auf sauren Böden wächst der *Rippenfarn.* Seine 15–50 cm langen Wedel stehen in Rosetten und sind auch im Winter grün. Die Blattstiele sind sehr kurz, die Spreiten einfach gefiedert. Die fruchtbaren Wedel stehen aufrecht; sie sind schmaler und ihre Fiedern stehen weiter auseinander.

Der *Adlerfarn* bevorzugt sandige Böden. Seine 50–200 cm langen Wedel stehen einzeln. Die Blattstiele sind bis zu einem Meter lang, die Blattspreiten drei- bis vierfach gefiedert.

5 Schachtelhalme sind Farnpflanzen. A Waldschachtelhalm: Stängel 15–60 cm lang; Äste quirlig, bogig überhängend, nochmals quirlig verzweigt; auf sauren Böden; **B Riesenschachtelhalm:** Stängel 30–150 cm lang; Äste quirlig, am Sprossende gebüschelt; auf feuchten, schwach kalkhaltigen Böden

Ein Wald in Deutschland vor 350 Millionen Jahren

Im Karbonzeitalter, vor etwa 350 Millionen Jahren, war das Klima in Deutschland gleichmäßig feucht-warm, wie wir es heute aus den Tropen kennen; entsprechend üppig entwickelte sich auf günstigen Böden die Vegetation. Damals entstanden in Deutschland die ersten umfangreichen Wälder. Es waren Moorwälder, in denen Bäume auf sumpfigem Torf über 30 m hoch aufragten; die meisten dieser Bäume waren Farnpflanzen. Offene Wasserflächen wurden von Beständen haushoher Schachtelhalme umsäumt. Daran schlossen sich landwärts Bärlappgewächse an, Schuppen- und Siegelbäume, bis zu 40 m hoch und mit Stammdurchmessern von bis zu 2 m. Den Unterwuchs bildeten Baumfarne und strauchförmige Samenfarne. Ähnlich wie Lianen kletterten andere Samenfarne an den höheren Gewächsen empor. Weiter vom Wasser weg wuchsen die ersten Nacktsamer.

Urtümliche Tiere bevölkerten diesen Wald: Lungenfische und Quastenflosser schwammen in den Tümpeln. In den Sümpfen lebten meterlange Panzerlurche. Durch die Luft schwirrten riesige Insekten, z.B. Ur-Libellen mit einer Spannweite von bis zu 70 cm.

Wir haben noch heute von der ungeheuren Produktivität dieser Wälder Nutzen: Die aus den riesigen Farnpflanzen entstandene Kohle ist für uns ein wichtiger Rohstoff. Weil Kohle im Lateinischen *carbo* heißt, wird dieses Zeitalter *Karbonzeitalter* genannt.

1 Waldbodenmoose. A Weißmoos: Polster dicht, weißlich grün; Stängel aufrecht, verzweigt, 5–15 cm lang; auf stark sauren Böden, häufig in Fichtenwäldern; **B Frauenhaarmoos:** Rasen locker, dunkel- bis blaugrün; Stängel aufrecht, unverzweigt, 10–40 cm lang; auf sauren, feuchten Wald- und Heideböden

2.3. Moose bilden das unterste Stockwerk des Waldes

Baumwurzeln und Baumstümpfe sind oft von den grünen Polstern der *Moose* überdeckt. An geeigneten Stellen bilden sie auch auf dem Waldboden dichte Rasen, die zum Ausruhen einladen. Vielleicht hast du dich schon einmal auf solch ein Polster gesetzt, um im nächsten Augenblick mit nasser Kehrseite wieder aufzuspringen. Dabei hatte es doch tagelang nicht geregnet!

Du hast bei diesem Erlebnis unfreiwillig eine wichtige Eigenschaft der Moose erfahren: Sie speichern das Regenwasser, das sonst rasch versickern würde, und halten so über längere Zeit den Waldboden gleichmäßig feucht. Darin besteht ihre Aufgabe in der Lebensgemeinschaft des Waldes: Sie tragen dazu bei, dass der Wald auf den Wasserhaushalt der gesamten Landschaft ausgleichend wirkt. Einige Moose, z.B. das **Weißmoos,** verfügen in den Blättchen über große, tote Zellen, die nach außen hin durch Poren geöffnet sind und sich so bei Regen rasch mit Wasser füllen können. Nach längerer Trockenheit sind diese Zellen mit Luft gefüllt. Dies führt dann zu weißlichem Aussehen der Polster (Name!). Die übrigen Moose speichern Wasser in feinen Zwischenräumen zwischen Stängel und Blättchen. Dieses „Kapillarsystem" dient bei vielen Moosen auch der Wasserleitung; nur wenige Moose, so z.B. das **Frauenhaarmoos,** verfügen über ein Leitungssystem im Inneren des Stängels. Auch die wurzelähnlichen Zellfäden am unteren Ende des Stängels, die *Rhizoide,* dienen nur der Verankerung des Pflänzchens im Boden, nicht der Aufnahme von Wasser und Mineralstoffen. Diese erfolgt durch die gesamte Oberfläche des Moospflänzchens. Dies machen die Moose unabhängig von der Bodenfeuchte; es erklärt ihr häufiges Vorkommen an Standorten mit hoher Luftfeuchtigkeit wie Wälder und Moore. Im Winter vertrocknen Moose auch dann nicht, wenn der größte Teil des Bodenwassers durch Frost gebunden ist. So können sie das Licht nutzen, das gerade in dieser Jahreszeit wieder verstärkt zum Waldboden vordringt. Mit Hilfe der Fotosynthese bauen sie dann Nährstoffe auf. Allerdings sind Moose wegen ihrer Art der Wasseraufnahme durch starke Luftverunreinigungen besonders gefährdet: Mit dem Wasser gelangen auch Schadstoffe über die ganze Oberfläche ungefiltert in die Pflänzchen.

Moose kommen mit einer viel geringeren Lichtintensität aus als Blütenpflanzen. Einigen Arten genügt ein Tausendstel des vollen Lichtes zur Fotosynthese. So können die Moose den Sommer über als extreme Schattenpflanzen leben. Überdeckt von den übrigen Schichten des Waldes bilden sie dicht am Boden das unterste Stockwerk.

1. Vergleiche die Lebensbedingungen der Moose mit denen der krautigen Pflanzen auf Seite 266!

2 **Waldbodenmoose. A Sternmoos:** Rasen locker, sattgrün; Stängel 5–15 cm lang, unfruchtbare gebogen, unverzweigt, fruchtbare aufrecht, an der Spitze bäumchenartig verzweigt; auf feuchten Böden; **B Tamarisken-Thujamoos:** Rasen hell- bis gelbgrün; Stängel 3–10 cm lang, niederliegend, dreifach gefiedert; an feuchten, schattigen Standorten

Das Brunnenlebermoos ist eine Lagerpflanze

An schattigen Standorten mit hoher Luftfeuchtigkeit findet man häufig die dunkelgrün glänzenden, lappigen Gebilde des **Brunnenlebermooses.** Es überzieht den Untergrund als 1–2 cm breites Band, das gabelförmig verzweigt und am Rande gewellt ist. Die Botaniker nennen einen derartigen äußerlich wenig gegliederten Pflanzenkörper ein *Lager,* das Brunnenlebermoos ist also eine **Lagerpflanze.** Bei genauerer Betrachtung stellt man fest, dass die Oberseite des Lagers mehr oder weniger regelmäßig in rautenförmige Felder aufgeteilt ist, in deren Mitte eine Pore zu erkennen ist. Sie ist die äußere Öffnung eines Luftkanals, der dem Gasaustausch zwischen der Außenluft und einer im Inneren jedes Feldes liegenden Atemhöhle dient. Im Juni und Juli wachsen schirmförmige Organe empor, die – je nach Geschlecht der betreffenden Pflanze – *Archegonien* bzw. *Antheridien* tragen. Neben dieser geschlechtlichen Vermehrung gibt es beim Brunnenlebermoos auch eine sehr erfolgreiche ungeschlechtliche: Auf der Lageroberseite werden in kleinen körbchenartigen Gebilden, den *Brutbechern,* winzige Teile von der Pflanze abgeschnürt. Bei Regen werden diese **Brutkörper** weggespült und entwickeln sich an anderer Stelle zu neuen Pflanzen.

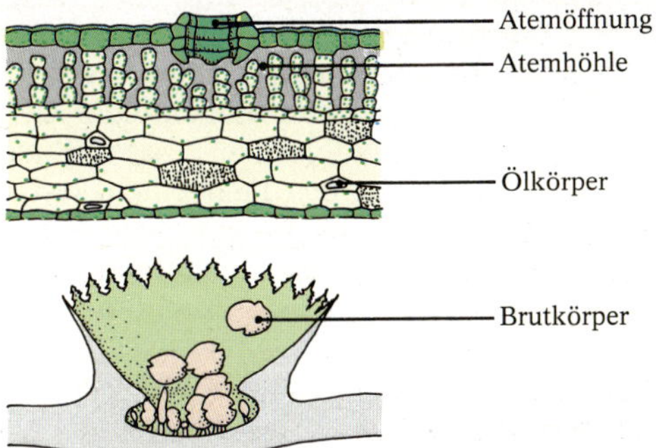

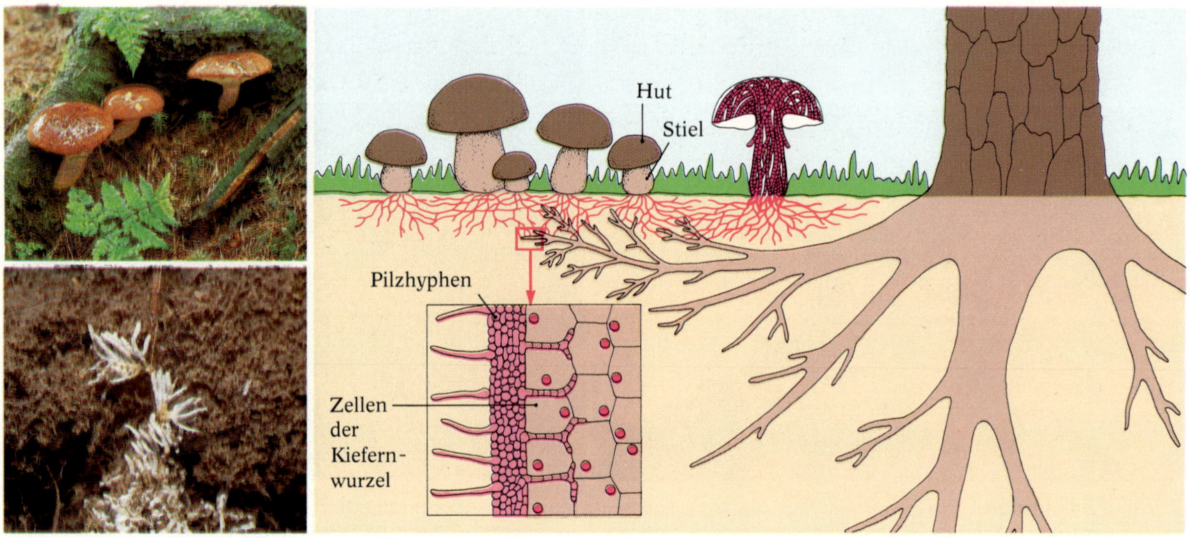

1 Mykorrhiza zwischen Maronenröhrling und Kiefer

2.4. Auch Pilze gehören zur Lebensgemeinschaft

Andreas geht mit seinem Freund Dirk in den Wald; sie wollen Pilze sammeln. Da sie noch nicht viel Erfahrung darin haben, beschränken sie sich auf solche Pilze, die sie gut kennen und die keine giftigen „Doppelgänger“ haben. Daher sammeln sie vor allem *Maronenröhrlinge.* Es sind **Röhrenpilze**, die an einer schwammigen Schicht gelblicher Röhren an der Unterseite des Hutes leicht zu erkennen sind. Da Andreas und Dirk außerdem darauf achten, dass die Oberseite des Hutes dunkelbraun gefärbt ist, können sie allenfalls andere, ebenfalls schmackhafte Speisepilze, so etwa den *Steinpilz,* aus Versehen mitnehmen.

Die beiden Jungen suchen nun nicht etwa planlos den Waldboden ab; ihnen ist aufgefallen, dass sie Maronenröhrlinge immer nur unter Kiefern oder Fichten finden, dagegen nicht unter Eichen oder Buchen. Wenn sie einen der gesuchten Pilze entdecken, drehen sie ihn vorsichtig aus dem Boden. Sie wissen, dass sie sonst den „eigentlichen Pilz“ zerstören. Die Pilze, die man sammelt und isst, sind **Fruchtkörper.** Der eigentliche Pilz ist ein weit verzweigtes Fadengeflecht, Mycel genannt, das den Boden durchzieht. Die Fruchtkörper dienen zur Verbreitung des Pilzes, denn in den Röhren an der Hutunterseite werden Sporen gebildet. Bei anderen Pilzen, z.B. beim *Champignon,* sitzt das Sporen bildende Gewebe an schmalen Lamellen, die an der Unterseite des Hutes speichenartig angeordnet sind. Diese Pilze heißen daher *Lamellen-* oder **Blätterpilze.**

Aufgrund ihrer Ernährungsweise spielen Pilze im Lebensraum Wald eine besondere Rolle. Sie haben kein Blattgrün und können daher weder das Kohlenstoffdioxid der Luft als Kohlenstoffquelle noch das Sonnenlicht als Energiequelle nutzen. Sie sind deshalb auf Stoffe angewiesen, die von anderen Lebewesen hergestellt werden.
Eine Reihe von Pilzen befällt die Wurzeln junger Waldbäume. Die Mycelien umspinnen die Wurzeln mit einem dichten Mantel, dringen in die Wurzeln ein und entziehen ihnen Nährstoffe. Die betroffenen Wurzeln können keine Wurzelhaare mehr ausbilden, sodass der Baum eigentlich aus Mangel an Wasser und Mineralstoffen sterben müsste. Aber er bezieht diese Stoffe aus dem Pilzmycel. Er wird sogar von diesem mit Wuchsstoffen versorgt. Baum und Pilz ziehen also aus dieser Gemeinschaft Nutzen, sie leben in **Symbiose.** Man nennt diese spezielle Form der Symbiose **Mykorrhiza.**
Besonders wertvoll ist dieses Zusammenleben mit dem Pilz für Bäume, die auf trockenen, nährstoffarmen Böden wachsen: Sie profitieren davon, dass Pilzfäden eine höhere Saugkraft besitzen als die Wurzelhaare der Pflanzen, sodass sie auch relativ trockenem Boden noch Wasser entziehen können. Darüber

2 Zunderschwämme am Stamm einer Birke

hinaus entstehen durch die zersetzende Tätigkeit der Pilze Mineralstoffe, die dann auch dem Baum zur Verfügung stehen.
Manche Pilze bevorzugen bei der Mykorrhiza bestimmte Baumarten. Dies erklärt die Beobachtung von Andreas und Dirk, dass sie Maronenpilze immer nur unter Kiefern und Fichten fanden. Seit man um dieses enge Verhältnis zwischen manchen Waldbäumen und „ihren" Pilzen weiß, kann man den Erfolg von Aufforstungen in vorher waldfreien Gebieten erheblich verbessern: Man beimpft die jungen Bäume vor dem Auspflanzen mit Pilzbrut und versorgt sie so mit geeigneten Mykorrhiza-Partnern.

Manchmal finden wir Pilze an den Stämmen von Bäumen. Ihr Mycel dringt in das Innere der Bäume ein und entzieht ihnen Nährstoffe, vor allem Kohlenhydrate. Dieses Zusammenleben von Pilz und Baum ist nur für den Pilz von Nutzen, der „Wirt" wird dabei geschädigt, es liegt also **Parasitismus** vor.

Eine dritte Gruppe von Pilzen lebt von toter organischer Substanz. Diese ist im Wald in Form von Falllaub oder totem Holz in reichem Maße zu finden. Mit Hilfe von Enzymen, die die Pilze nach außen abscheiden, zersetzen sie die Blätter und das Holz. Die Zersetzungsprodukte werden aufgenommen und verwertet. Solche Fäulnisbewohner heißen **Saprophyten.** Sie spielen eine wichtige Rolle bei der Verrottung abgestorbenen Pflanzenmaterials.

Flechten – Doppelwesen aus Pilz und Alge

3 Bartflechte, eine Strauchflechte

Die graugrünen oder gelblichen, unregelmäßig geformten Krusten auf Felsen oder an Mauern erkennt man auf den ersten Blick kaum als Lebewesen. Erst die mikroskopische Untersuchung gibt einen Hinweis: Pilzfäden formen die unregelmäßige Gestalt und bilden an der Außenseite eine Art Rinde. Diese Schicht ist durchlässig für Luft und Wasser. Auch Mineralien werden so aus herangewehtem Staub aufgenommen. Im Innern des Pilzgeflechts liegen grüne, meist einzellige Algen. Sie werden von den Pilzfäden, von denen sie umsponnen sind, mit Wasser und Mineralstoffen versorgt. Der Pilz ist seinerseits auf den von der Alge erzeugten Zucker angewiesen. Pilz und Alge leben also in Symbiose. Diese „Doppelwesen" aus Pilz und Alge heißen **Flechten.** Sie sind Pioniere pflanzlichen Lebens, die z.B. nackte Felsen besiedeln können. Manche Flechten gedeihen auch auf der Rinde von Bäumen. Doch so anspruchslos Flechten auch in Bezug auf den Untergrund sind, sie brauchen saubere Luft. Da sie keine dichte Abschlussschicht besitzen, können auch Schadstoffe ungehindert ins Innere der Flechten eindringen. Außerdem wachsen sie sehr langsam, manche nur 0,5 mm im Jahr, können aber viele hundert, vielleicht sogar tausend Jahre alt werden. So können sich in ihnen Umweltgifte gefährlich anhäufen und sie schädigen. Flechten sterben daher bereits bei Schadstoffkonzentrationen ab, die weit unter den für Menschen gefährlichen Grenzwerten liegen. Sie stellen also eine Art natürliches „Frühwarnsystem" dar.

Satanspilz
giftig

Pantherpilz
giftig

Grüner Knollenblätterpilz
tödlich giftig

Weißer Knollenblätterpilz
tödlich giftig

Giftpilze und Speisepilze

1. Schutz vor Giftpilzen: Es gibt kein allgemein gültiges Erkennungsmittel für Giftpilze! Präge dir deshalb das Aussehen der wichtigsten Giftpilze genau ein! Sammle nur Pilze, die du kennst!

2. Kennenlernen von Pilzen: Pilzkenntnisse erwirbt man am besten auf Pilzwanderungen mit einem Pilzkundigen. Abbildungen stellen meist den Idealtyp dar, von dem es erhebliche Abweichungen geben kann.

Birkenpilz

Rotkappe

Steinpilz

Ziegenlippe

Butterpilz

Maronenröhrling

Goldröhrling

Rotfußröhrling

Gelber Knollenblätterpilz
tödlich giftig

Fliegenpilz
giftig

Riesenrötling
giftig

Ziegelroter Risspilz
giftig

Pilzbestimmung nach einem Einzelmerkmal ist unzuverlässig. Berücksichtige deshalb alle Merkmale! Bist du unsicher, so suche eine Pilzberatungsstelle auf!

3. Sammeltips: Drehe den Pilz mit dem ganzen Stiel vorsichtig aus dem Boden! Auch der Stielgrund ist für das Erkennen wichtig! Lege die Pilze in einen Spankorb! Verwende keine Plastiktüte zum Sammeln!

Pfifferling

Violetter Rötelritterling

Parasol

Wiesenchampignon

Hallimasch

Stockschwämmchen

Grünling

Krause Glucke

1 **Tiere des Waldes.** A Wildschweine; B Tannenmeise; C Sperber

2.5. Der Wald – ein Platz für Tiere

Seit *Wolf* und *Luchs* aus unseren Wäldern verschwanden, kontrolliert allein der Mensch als Jäger die Wildbestände. Dies hat zu einer stetig wachsenden Zahl von *Rehen* und *Hirschen* geführt, vor allem seit die Jagdbesitzer im Winter die Tiere füttern, um möglichst viel jagdbares Wild in ihrem Revier zu haben. Die Jagd hat sich zur **Hegejagd** gewandelt. Leidtragender dieser Entwicklung ist der Wald: Sämlinge und Jungpflanzen von Bäumen und Sträuchern werden vom Wild „verbissen", sodass sie absterben oder verkrüppeln. Nur dort, wo Waldparzellen durch hohe Maschendrahtzäune geschützt sind, kann noch eine natürliche Verjüngung des Waldes stattfinden.
Einer Vielzahl von Vögeln bietet der Wald Nistplatz und Nahrung. Der *Buchfink* ist an seinem kurzen, kegelförmig zugespitzten Schnabel als **Körnerfresser** zu erkennen. Er sammelt am Waldboden und im Buschwerk Samen und Früchte, frisst aber auch Insekten und Schnecken. Seine Jungen füttert er sogar ausschließlich mit Insekten, die er in den Baumkronen sucht. Lebhaft klettert die *Tannenmeise* im Geäst von Fichten und Tannen. Wie mit einer Pinzette pickt sie Insekten zwischen den Nadeln hervor oder aus den Ritzen der Borke. Sie ist ein **Weichfutterfresser.** Nur im Winter ergänzen Samen ihren Speisezettel.
Die *Amsel* frisst neben Regenwürmern und Schnecken viele Beeren, deren Samen sie unversehrt ausscheidet. So trägt sie zur Verbreitung vieler Waldpflanzen bei.
Von den Kleinvögeln ernährt sich der *Sperber,* ein **Greifvogel.** Pfeilschnell verfolgt er seine Beute, selbst im dichten Buschwerk.
Besonders gut ist der *Buntspecht* an das Leben auf Bäumen angepasst. Kletterfüße und Stützschwanz verschaffen ihm an der rauen Borke Halt. Sein Meißelschnabel dient ihm zum Bau der Nisthöhle und zum Freilegen von Insektenlarven, die er unter der Borke aufspürt. Die lange, biegsame Schleuderzunge spießt dann wie eine Harpune die Beute auf.

Unauffällig, aber besonders wichtig für den Wald sind die **wirbellosen** Bewohner des Bodens. Die größten unter ihnen sind die **Regenwürmer.** Sie fressen sich durch die Erde, lockern dabei den Boden auf und tragen mit ihrem Kot zur Humusbildung bei. Wissenschaftler haben ermittelt, dass die Regenwürmer eines Waldstücks von einem ha in einem Jahr etwa 20 Tonnen Erde durch ihre Körper wandern lassen.
Auch an **Fadenwürmern** ist der Waldboden reich: Bis zu 20 Millionen sind pro Quadratmeter zu finden. Sie ernähren sich hauptsächlich von verwesenden Stoffen und spielen daher eine wesentliche Rolle beim Abbau abgestorbener Organismen.
Riesig ist das Heer der **Gliederfüßer,** das den Waldboden bevölkert. Vor allem *Milben,* winzige **Spinnentiere,** und *Springschwänze,* kleine flügellose **Insekten,** treten in großer Zahl auf; pro Quadratmeter

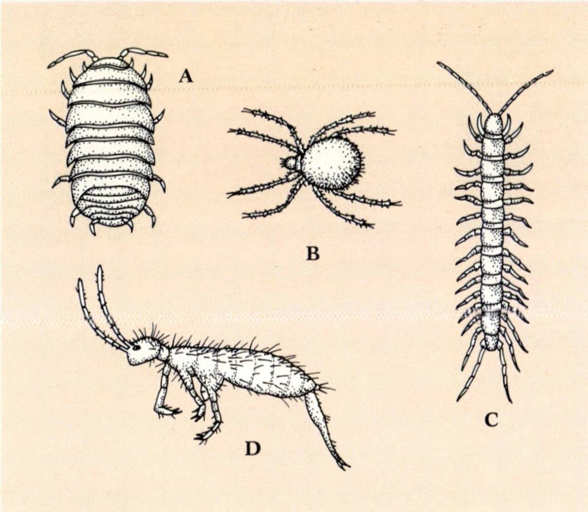

2 Gliederfüßer im Waldboden. A Assel; B Hornmilbe; C Steinkriecher; D Springschwanz

Boden sind es etwa 100 000 Milben und etwa 700 000 Springschwänze. Beide Gruppen fressen totes organisches Material. Der größte Teil der aufgenommenen pflanzlichen Nahrung wird von diesen Tieren unverdaut, aber stark zerkleinert wieder ausgeschieden. Dadurch wird Bakterien und Pilzen der weitere Abbau dieser Stoffe erleichtert.

Auch größere Gliederfüßer leben im Waldboden. So wühlen sich räuberische *Steinkriecher*, die zu den **Hundertfüßern** gehören, mit ihren 15 Beinpaaren auf der Suche nach Regenwürmern, kleinen Insekten oder Insektenlarven durch die Laubstreu. *Asseln,* landlebende **Krebse,** verzehren abgestorbene Blätter und Pilzmycel. Durch ihren Kot tragen sie zur Humusbildung bei, verbessern also die Bodenfruchtbarkeit.

Doch nicht alle wirbellosen Bewohner des Waldes sind nützlich. So können sich vor allem in Monokulturen, z.B. in Fichtenforsten, **Schadinsekten** drastisch vermehren. Hier finden sie ein reiches Nahrungsangebot. Andererseits ist die Anzahl Insekten fressender Vögel relativ gering. So kann es geschehen, dass Fichtenwälder von Raupen der *Nonne,* einem Schmetterling, völlig kahl gefressen werden. Eine große Bedeutung für den Wald haben daher Insekten, die solche Raupen fressen, wie der *Puppenräuber*, ein Laufkäfer.

Buchdrucker bedrohen den Fichtenwald

Unter den Käfern sind die **Borkenkäfer** die wichtigsten Forstschädlinge. Der gefährlichste unter ihnen ist der *Fichtenborkenkäfer*. Seine Larven zerfressen bei Fichten die Innenseite der Borke; dabei zerstören sie die Leitungsbahnen, sodass die Bäume absterben. Die Fraßgänge der Larven verlaufen dabei meist waagerecht nebeneinander her, ohne sich zu berühren, wie die Zeilen eines Buches. Daher heißt dieser Käfer auch *Buchdrucker*.
Duftstoffe spielen im Leben der Buchdrucker eine große Rolle. Frisch geschlüpfte Käfer finden geschwächte Bäume aufgrund ihres besonderen Aromas. Hat ein solcher *Pionierkäfer* einen geeigneten Baum befallen, so bewirken Lockstoffe in seinem Kot, dass viele seiner Artgenossen herbeifliegen. Früher wurden daher in Forsten, die von Borkenkäfern bedroht waren, Bäume angeschlagen, um sie zu schwächen. Waren diese *Fangbäume* dann einige Monate später von vielen Borkenkäfern befallen, so wurde die Borke von den Stämmen entfernt, sodass die Larven zugrunde gingen. Heute bedient man sich einer ähnlichen Methode: Man beködert Fallen mit dem Duftstoff, den Borkenkäfermännchen ausströmen, um Weibchen anzulocken. Ideal wäre es, wenn es den Wissenschaftlern gelänge den Duftstoff einzusetzen, mit dem die Borkenkäfer einen von vielen Tieren befallenen Baum als „überfüllt" markieren. In einem so behandelten Wald würden die Käfer zwischen lauter gesunden, unbefallenen Bäumen verhungern.

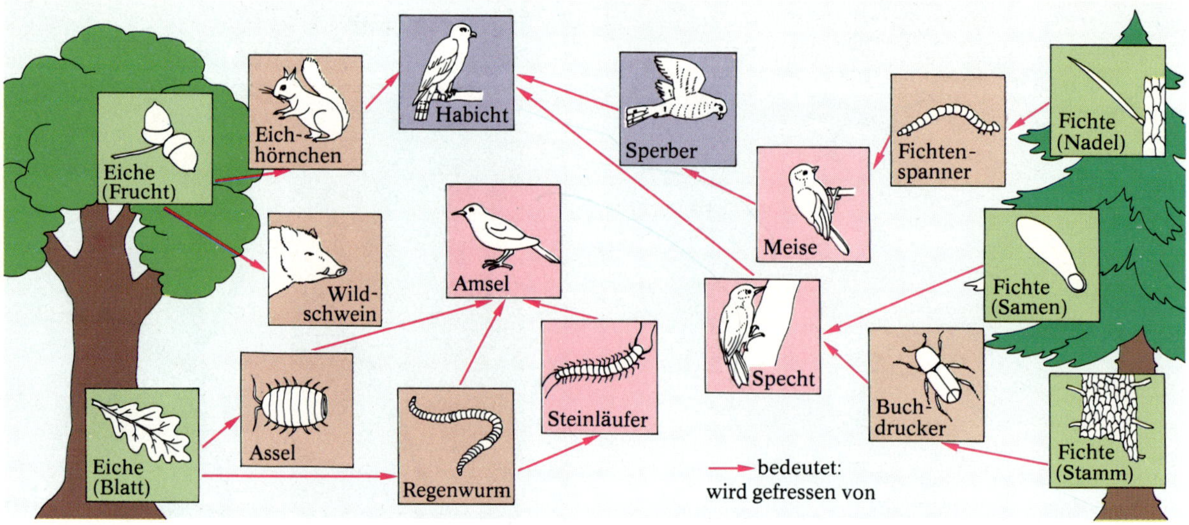

1 Ausschnitt aus dem Nahrungsnetz in einem Mischwald

2.6. Die Lebensgemeinschaft im Wald

Auf einem Baumstumpf frisst ein Sperber seine Beute, eine Meise. Die Meise hatte sich von Raupen und Blattläusen ernährt, die sie im Laubwerk gesammelt hatte. Die Insekten ihrerseits hatten ihren Körper aus Stoffen aufgebaut, die sie ihrer pflanzlichen Nahrung entzogen hatten. Ein Buntspecht angelt mit seiner Zunge eine Borkenkäferlarve unter der Rinde hervor. Die Larve hatte sich von den Stoffen des Baumes ernährt. Wo immer wir auch beginnen: Wenn wir den Weg der Nährstoffe zurückverfolgen, gelangen wir schließlich zu grünen Pflanzen.

Wie wir wissen, ernähren sich grüne Pflanzen völlig anders als die anderen Lebewesen: Sie stellen aus dem Wasser und den Mineralstoffen des Bodens und dem Kohlenstoffdioxid der Luft die Stoffe her, die sie zum Aufbau ihres Körpers und zur Gewinnung der lebensnotwendigen Energie benötigen. Daher nennt man die grünen Pflanzen die **Erzeuger** oder Produzenten in der Lebensgemeinschaft. Die Tiere sind auf die von den Pflanzen erzeugten Nährstoffe angewiesen, sie sind die **Verbraucher** oder Konsumenten. Viele Tiere ernähren sich unmittelbar von den Pflanzen; sie sind die *Verbraucher 1. Ordnung.* Andere Tiere fressen Pflanzenfresser; sie werden als *Verbraucher 2. Ordnung* bezeichnet. Einige Endverbraucher schließlich erbeuten Pflanzenfresser und Fleischfresser; sie heißen *Verbraucher 3. Ordnung.*

Der Weg, den die Nährstoffe von den Pflanzen bis zu den Endverbrauchern durchlaufen, heißt **Nahrungskette.** Oft gehören Lebewesen zu mehreren Nahrungsketten. Daher sind die Nahrungsketten eines Lebensraumes zu einem **Nahrungsnetz** verknüpft.
Welche Bedeutung haben nun die vielfältigen Beziehungen zwischen den verschiedenen Lebewesen? Früher gab es in unseren Wäldern Pflanzenfresser wie das Reh, aber auch Beutegreifer wie den Luchs. Niemals waren dabei die Rehe in Gefahr, vom Luchs ausgerottet zu werden. Wurden die Rehe selten, so verringerte sich die Zahl der Räuber oder diese stellten sich auf eine nun leichter erreichbare Beute um. So erholte sich der Rehbestand im Laufe der Zeit wieder. Andererseits konnten sich die Rehe nie so stark vermehren, dass sie den Wald schädigten. Wuchs ihre Zahl übermäßig, so lockte die reiche Beute weitere Luchse an und erlaubte ihnen mehr Junge aufzuziehen, sodass die Zahl der Rehe rasch wieder sank.
Diese Wechselbeziehungen führten also dazu, dass die Pflanzen des Waldes, die Rehe und Luchse jeweils in einer angemessenen Bestandsgröße im gemeinsamen Lebensraum existierten. Es bestand ein **biologisches Gleichgewicht.** Heute ist das Gleichgewicht dadurch gestört, dass die Beutegreifer fehlen und der Jäger diese nur unzureichend ersetzt. Daher sind die Wälder in Gefahr, von den Pflanzenfressern geschädigt zu werden.
Wenn aber alle Nahrungsketten bei den grünen Pflanzen beginnen – sind dann nicht irgendwann die Vor-

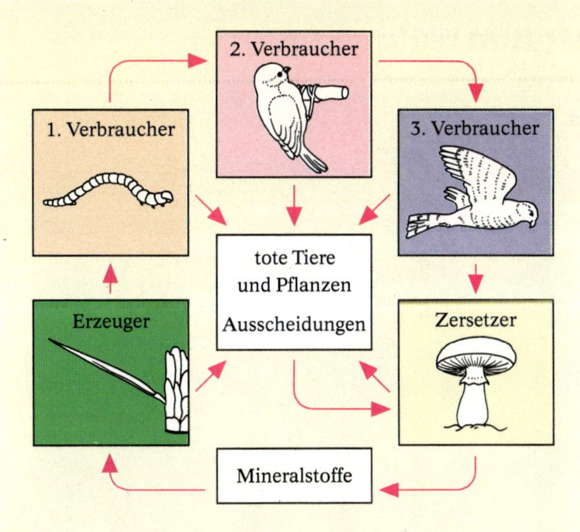

2 Gliederung der Lebensgemeinschaft im Walde

räte an Kohlenstoffdioxid und Mineralstoffen erschöpft, sodass keine Fotosynthese mehr möglich ist?

Sowohl Produzenten als auch Konsumenten verwenden einen Teil der hergestellten bzw. aufgenommenen Nährstoffe, um Energie für die verschiedensten Lebensvorgänge zur Verfügung zu haben. Diese Energie erhalten Lebewesen durch die **Zellatmung.** Dabei wird Sauerstoff verbraucht und es entsteht Kohlenstoffdioxid. Dieses steht damit den grünen Pflanzen wieder zur Verfügung.
Die Konsumenten scheiden einen Teil der aufgenommenen Nahrung als Kot wieder aus. Außerdem fällt gerade im Wald eine große Menge an Laubstreu und totem Holz an. Dieses organische Material wird von Kleinlebewesen des Waldbodens weiter verarbeitet. Auch sie scheiden einen Teil der aufgenommenen Stoffe unverdaut wieder aus; das, was sie in ihren Körper aufnehmen, dient anderen Lebewesen als Nahrung oder gelangt nach ihrem Tod in den Kreislauf zurück. Am Ende der Kette stehen dann Bakterien und Pilze, die das von den Kleinlebewesen immer weiter zerkleinerte Material endgültig aufarbeiten: Sie zersetzen die organischen Abfälle vollständig und heißen daher **Zersetzer** oder *Destruenten.* So werden dem Boden schließlich wieder die Mineralstoffe zugeführt, die die Pflanzen benötigen.

Wer düngt den Wald?

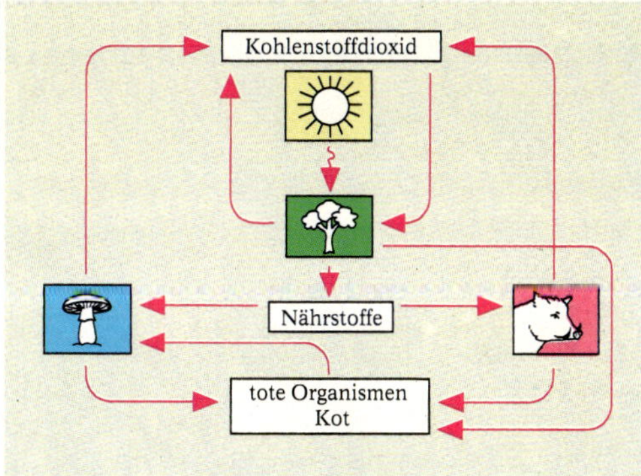

3 Der Kreislauf des Kohlenstoffs

Auf einem Acker wachsen aus winzigen Samen Zuckerrübenpflänzchen heran. Sie entnehmen dabei ständig dem Boden bestimmte Mineralstoffe, die sie zum Aufbau ihres Körpers benötigen. Im Herbst holt der Bauer die Rübenpflanzen aus der Erde. Die Rüben bringt er zur Zuckerfabrik, die Blätter verfüttert er an sein Vieh. Damit er nun im nächsten Jahr auf demselben Acker wieder Rüben ernten kann, gibt der Bauer dem Boden die entnommenen Stoffe zurück: Er düngt sein Feld mit Mineraldünger oder mit Jauche.
Auch ein Forst ist eine Art Acker, auf dem Holz geerntet wird. Aber wer von euch hat jemals den Förster mit dem Jauchewagen in den Wald fahren sehen?
Sicher entziehen auch die Pflanzen des Waldes Jahr für Jahr dem Boden große Mengen an Mineralstoffen. Doch nach dem Tod der Pflanzen oder nach dem Durchlaufen von Nahrungsketten wird das von ihnen gebildete Material durch die Zersetzer verarbeitet. So erhält der Waldboden die Stoffe zurück, die ihm die Pflanzen einst entnommen hatten. Der **Stoffkreislauf** ist geschlossen.
Doch halt! Wir haben das Holz vergessen, das im Wald geerntet und damit dem Kreislauf entzogen wird! Doch Holz enthält kaum Mineralstoffe. Seine Bestandteile sind aus Wasser und Kohlenstoffdioxid entstanden. Außerdem wird ein Wald bei vernünftiger Nutzung nie so leer geräumt wie ein Acker. Daher braucht man den Wald nicht zu düngen.

1. Erläutere anhand der Abbildung den Kreislauf des Kohlenstoffs!

Übung: Lebensraum Wald

A 1. Jahresgang des Lichtes in einem Laubwald

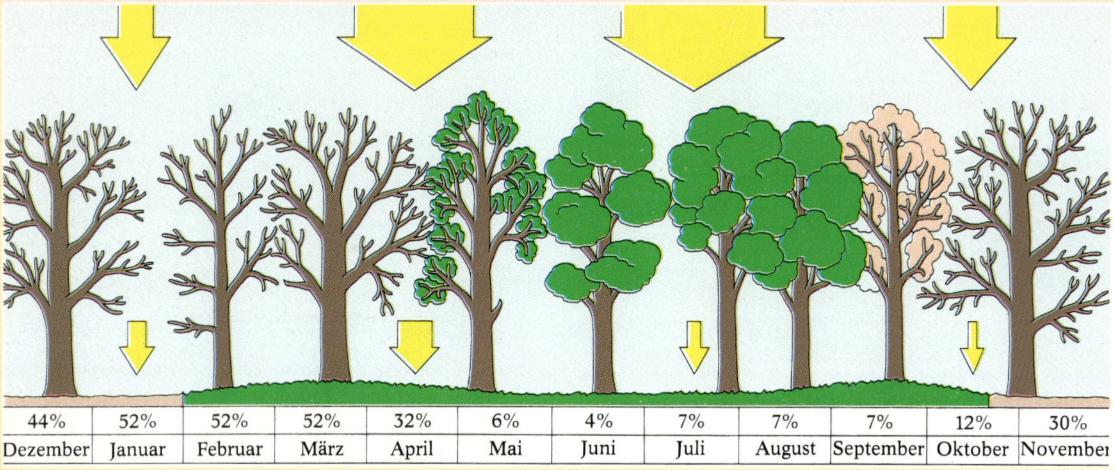

In der Abbildung geben die Prozentsätze den Anteil des Lichtes an, der die Krautschicht erreicht.
Aufgaben: a) Erläutere, was durch die Pfeile dargestellt wird, die oberhalb bzw. unterhalb der Baumkronen eingezeichnet sind!

b) Erkläre, weshalb die Lichtverhältnisse am Boden eines Laubwaldes im Jahresverlauf so unterschiedlich sind!

A 2. Kräuter im Eichen-Hainbuchen-Wald

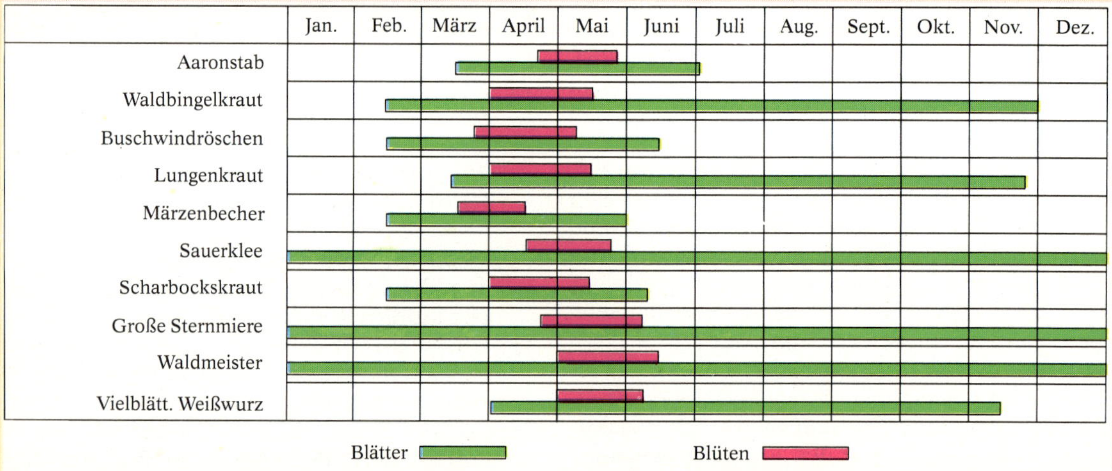

Die Grafik zeigt für einige ausgewählte Pflanzen aus der Krautschicht eines Eichen-Hainbuchen-Waldes, in welchen Monaten sie Blätter tragen und wann sie blühen.

Aufgaben: a) Teile die Pflanzenarten nach dem Zeitraum der Belaubung in drei Gruppen ein!
b) Stelle für jede Gruppe dar, wie ihre Vertreter das Problem des Lichtmangels am Boden eines Laubwaldes bewältigen!

Übung: Lebensraum Wald

V 3. Wassergehalt unterschiedlicher Böden

Material: kleine Tontöpfe (Durchmesser oben etwa 9 cm) nach Anzahl der Böden; unterschiedliche Böden (Sand, Lehm, Humus); Gießkanne; Alufolie; Etiketten; Bleistift; Küchenwaage; Backofen

Durchführung: Decke zunächst in jedem Blumentopf das Bodenloch mit einer Tonscherbe ab und fülle dann jeweils eine Bodensorte ein; beschrifte die Töpfe! Stelle die Töpfe anschließend in ein Waschbecken und befeuchte die Erde mit der Gießkanne! Lass dann in das Becken so viel Wasser einlaufen, dass die Töpfe fast bis zum Rand eintauchen! Nach einer halben Stunde lässt du das Becken leer laufen und wartest anschließend etwa 15 Minuten, bis kein Wasser mehr aus den Blumentöpfen heraustropft. In der Zwischenzeit bereitest du für jede Bodensorte eine „Schale“ aus Alufolie vor, indem du quadratische Stücke von etwa 30 cm Seitenlänge an den Rändern einige Zentimeter hoch faltest. Auf die Außenseite des Randes klebst du ein Etikett, das mit dem Namen der Bodensorte beschriftet ist. In diese Schalen entleerst du die nassen Böden; nun wägst du sie und notierst das Nassgewicht für jede Bodenprobe. Damit du die „Schalen“ auf der Waage unterbringen kannst, ohne dass Erde herausfällt, kannst du sie zu einer Halbkugel formen. Das im Vergleich zum Gewicht der Bodenprobe geringe Leergewicht der Schale brauchst du nicht zu berücksichtigen. Nun stellst du die in den Aluschalen möglichst flach ausgebreiteten Bodenproben an einen trockenen Platz.

Nach etwa einer Woche sollte sich die Erde schon ziemlich trocken anfühlen. Um sie noch ein wenig gründlicher zu trocknen, stellst du die Proben 2 Stunden in einen auf etwa 105 °C aufgeheizten Backofen.

Nach dem Abkühlen wägst du die einzelnen Bodenproben und notierst das Trockengewicht.

Aufgaben: a) Bilde für jede Bodensorte die Differenz zwischen Nassgewicht und Trockengewicht und ermittle so den absoluten Wassergehalt jeder Probe! Berechne dann den relativen Wassergehalt:

$$\text{relativer Wassergehalt} = \frac{\text{absoluter Wassergehalt}}{\text{Trockengewicht}} \cdot 100!$$

b) Stelle die Werte in einer Tabelle zusammen und begründe die Unterschiede!

A 4. Waldtypen an einem Hang

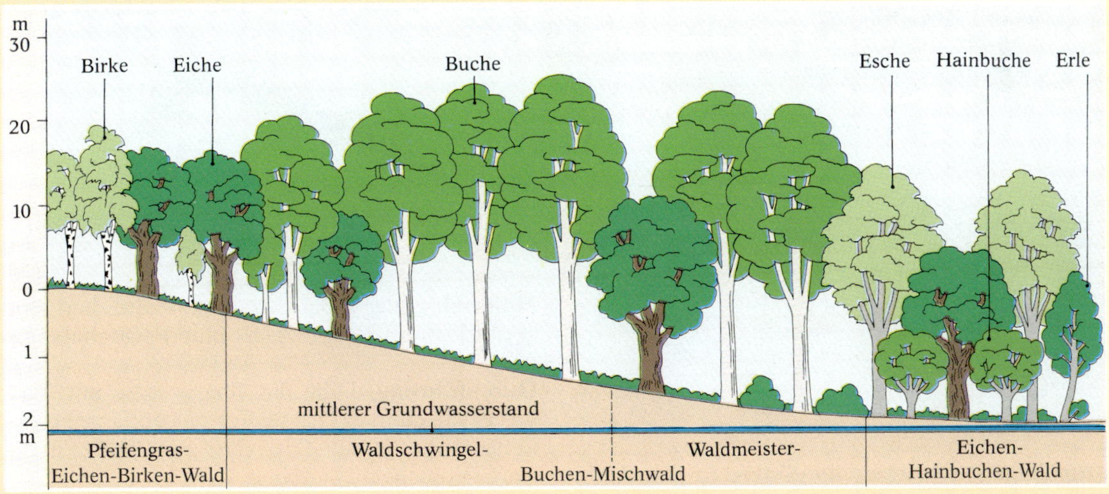

Aufgaben: a) Beschreibe die in der Abbildung dargestellte Verteilung der Waldtypen an einem Hang!

b) Welche Ansprüche der beteiligten Baumarten an ihren Standort werden in der Abbildung erkennbar?

Übung: Lebensraum Wald

A 5. Specht und Baum

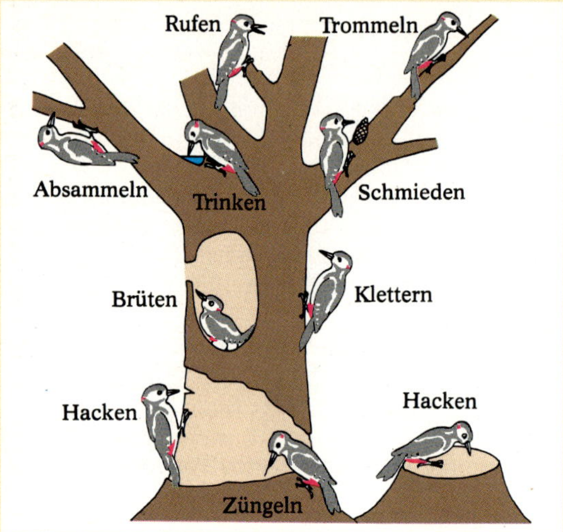

Aufgabe: Beschreibe die vielfältigen Beziehungen zwischen Specht und Baum!

A 6. Biologisches Gleichgewicht

Das folgende Schema zeigt die Beziehungen zwischen drei Mitgliedern der Lebensgemeinschaft im Wald. Dabei bedeutet

⊕ *je mehr, desto mehr bzw.*
je weniger, desto weniger

⊖ *je mehr, desto weniger bzw.*
je weniger, desto mehr

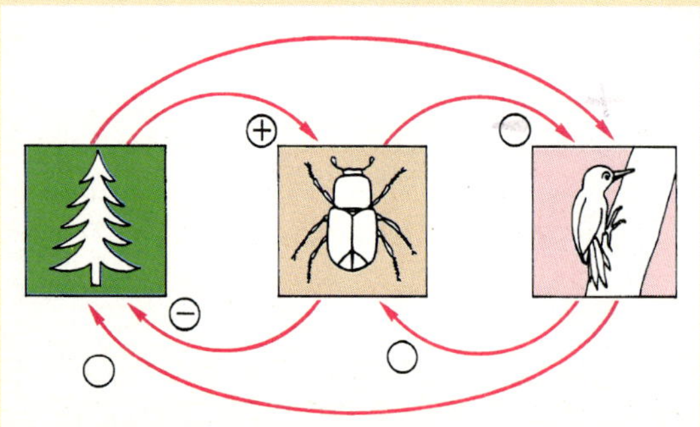

Aufgaben: a) Übertrage die Skizze in dein Heft und ergänze die fehlenden Zeichen!
b) Beschreibe, wie aufgrund der dargestellten Zusammenhänge ein biologisches Gleichgewicht entstehen kann!
c) Inwiefern stellt die Anlage einer Fichtenmonokultur einen Eingriff in dieses Gleichgewicht dar?

V 7. Wasserhaltevermögen bei Moosen

Material: jeweils eine Hand voll frische Pflanzen vom Torfmoos (ersatzweise auch vom Weißmoos) und vom Frauenhaarmoos; Küchensieb; Bechergläser; Plastikschalen; Laborwaage
Durchführung: Die Moosproben werden in wassergefüllten Bechergläsern gründlich eingeweicht. Anschließend lässt man sie im Küchensieb 5 Minuten abtropfen; dann werden sie das erste Mal gewogen.
Nun werden die Moosproben mit den Händen kräftig ausgepresst und erneut gewogen.
Man lässt schließlich die Proben in den Plastikschalen 48 Stunden auf der Heizung trocknen. Dann werden sie abschließend gewogen.
Aufgaben: a) Stelle die Ergebnisse in einer Tabelle zusammen!
b) Berechne dabei mit Hilfe der Formel aus V 3. auch den relativen Wassergehalt der Moosproben!
c) Erkläre die unterschiedlichen Ergebnisse mit Hilfe des Textes auf Seite 272!

V 8. Wassertransport beim Torfmoos

Material: einige möglichst lange Pflänzchen vom Torfmoos; ein Reagenzglas; eine Petrischale; Lineal
Durchführung: Fülle das Reagenzglas mit Wasser! Stelle dann ein nasses Torfmoospflänzchen so in das wassergefüllte Glas, dass seine Spitze in die leere Petrischale überhängt!
Aufgaben: a) Miss die Höhe des Wasserstandes in der anfangs leeren Petrischale während einer Stunde alle 20 Minuten!
b) Erkläre den beobachteten Vorgang!

Übung: Lebensraum Wald

V 9. Aufnahme einer Pflanzengesellschaft

Jede Pflanze stellt an den Boden bestimmte Ansprüche. Einige bevorzugen z.B. feuchte, andere trockene Gebiete. An einem Standort versammeln sich daher vorwiegend Pflanzen, die ähnliche Standortansprüche haben. Sie bilden eine **Pflanzengesellschaft.** Wir wollen eine solche Gesellschaft genauer untersuchen.

Material: 4 Pflöcke; Schnur; Metermaß; Kompass; Wasserwaage; Bestimmungsbuch; Notizblock; Bleistift; Winkelmesser (möglichst groß)

Durchführung: Stecke im Wald mit Hilfe der Pflöcke und der Schnur eine Probefläche von etwa 10 m Länge und 10 m Breite ab!

Notiere zunächst alle in der Probefläche vorkommenden Pflanzenarten! So erhältst du eine **Artenliste.** Schätze außerdem den **Deckungsgrad,** d.h. den Flächenanteil jeder Art. Verwende dazu die abgebildeten Vergleichstafeln!

Halte zusätzlich wichtige Angaben über die Aufnahmefläche fest, so z.B. bei einer geneigten Probefläche die Himmelsrichtung, in die der Hang abfällt und die Hangneigung! Letztere kannst du mit Winkelmesser und Wasserwaage abschätzen.

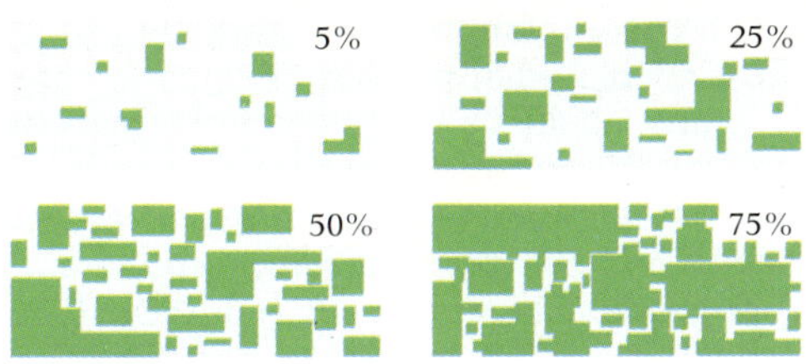

Deckungsgrade

r	nur ganz wenige Pflanzen. 1–5 Stück
+	wenig vorhanden
1	reichlich vorhanden, jedoch weniger als 5% der Aufnahmefläche bedeckend
2	5– 25% der Aufnahmefläche bedeckend
3	25– 50% der Aufnahmefläche bedeckend
4	50– 75% der Aufnahmefläche bedeckend
5	75–100% der Aufnahmefläche bedeckend

Vergleichstafeln zur Schätzung des Bedeckungsanteils und Tabelle der Deckungsgrade

Aufgabe: Warum hat die Himmelsrichtung, in die ein Hang abfällt, eine besondere Bedeutung für die dort lebende Pflanzengesellschaft?

A 10. Untersuchung einer Artenliste

Vergleichen wir mehrere Vegetationsaufnahmen an verschiedenen Stellen eines Waldes, aber in derselben Pflanzengesellschaft, so erkennen wir, dass manche Arten regelmäßig auftreten, während andere in wenigen Aufnahmen vorkommen oder sogar nur in einer einzigen. Man bezeichnet diese Eigenschaft der Arten **Stetigkeit.** Arten, die nur in einer Gesellschaft eine hohe Stetigkeit aufweisen, bezeichnet man als **Charakter-** oder **Kennarten.** Wichtige Kennarten für die verschiedenen Waldtypen finden wir vor allem in der Krautschicht: So gedeihen Buchen auf mehr oder weniger feuchten Böden mit unterschiedlichem Säuregehalt; manche Pflanzen der Krautschicht stellen dagegen spezifischere Ansprüche an den Boden und charakterisieren daher die jeweiligen Buchenwaldgesellschaften, z.B. den *Perlgras-Buchenwald* oder den *Hainsimsen-Buchenwald.*

	A	B	C
Waldschwingel	3		
Dunkles Lungenkraut	1		
Mandelwolfsmilch	1		
Waldtrespe	1		
Weißes Waldvögelein	1		
Nestwurz	1		
Waldgerste	+		
Breitblättriger Sumpfstendel	r		
Waldbingelkraut	2	2	
Waldmeister	2	1	
Waldveilchen	1	1	
Goldnessel	1	2	
Waldsauerklee	1	+	
Efeu	1	+	
Wurmfarn	+	1	
Aronstab	+	+	
Einblütiges Perlgras	+	+	
Waldsilberblatt		3	
Engelsüß		1	
Ruprechtskraut		1	
Weiße Hainsimse			3
Schönes Widertonmoos			2
Flattersimse			2
Himbeere			2
Roter Fingerhut			1
Pillensegge			+

Artenlisten. Krautschicht in drei unterschiedlichen Buchenmischwäldern: A, B Nordeifel (Muschelkalk); C Odenwald (Buntsandstein)

Aufgabe: Bestimme anhand der Artenlisten für jede der drei Pflanzengesellschaften eine Kennart!

1 Wiese vor dem 1. Schnitt

2 Feldmaus

1. Man nennt die Wiese auch die „Mutter des Ackerbaus". Begründe diese Aussage!

2. Überlege, wie durch Feldmäuse der Artbestand einer Wiese verändert werden kann!

3. Lebensraum Wiese

Bis vor wenigen Wochen lag noch Schnee auf der Wiese. Noch immer ist die niedrige Grasdecke gelblich und zu Boden gedrückt. Doch wenn jetzt im Frühjahr die Tage länger werden und die Sonne den Boden erwärmt, beginnt das Gras zu wachsen und *Schlüsselblumen* und *Gänseblümchen* erblühen. Sie nutzen den **1. Tiefstand** der Wiese, in dem noch viel Licht zum Boden vordringt. Ein paar Wochen später ist das helle Gelb der Schlüsselblumen verschwunden. Nun überziehen die Blüten des *Wiesenschaumkrauts* die Wiese mit einem hellvioletten Schimmer. Danach bestimmen die goldgelben Blütenköpfchen des *Löwenzahns* das Aussehen der Wiese. Mit dem höher werdenden Gras setzen sich im Mai allmählich hochwüchsige Kräuter durch. Bald überragen die weißen Dolden des *Wiesenkerbels* die gelben Blüten des *Scharfen Hahnenfußes* und bestimmen für einige Zeit den Farbton der Wiese.

Anfang Juni weist die Wiese die größte Vielfalt an blühenden Pflanzen auf. Goldgelb leuchten die großen Blütenkörbchen des *Wiesen-Bocksbarts* und die kleineren des *Wiesenpippaus*. *Glockenblumen, Wiesensalbei, Kriechender Günsel, Wiesen-Flockenblume* und *Wiesen-Storchschnabel* bringen blaue bis lila Farbtupfer in die Wiese. Rot blühen *Lichtnelke, Esparsette* und *Wiesenklee,* weiß *Labkraut* und *Margerite.* Nun blühen auch die Gräser. Sie wachsen nicht mehr in die Höhe. Der **1. Hochstand** der Wiese ist erreicht. Jetzt wird die Wiese gemäht. Da die Gräser noch nicht gefruchtet haben, besitzen sie ihren vollen Nährstoffgehalt. Sie liefern wertvolles **Heu.** Durch diesen **1. Schnitt** ist die Wiese in ihren **2. Tiefstand** übergegangen.

Der Schnitt bedeutet einen tiefen Eingriff in das Leben der Wiesenpflanzen. Nur die Pflanzen, die sich dicht an den Boden pressen, bleiben unbeschädigt. So erkennst du auf einer gemähten Wiese die **Blattrosetten** des Löwenzahns und die **kriechenden Stängel** von *Weißklee* und *Kriechendem Günsel.* Diese Pflanzen sind nun den anderen gegenüber im Vorteil und gelangen bald wieder zur Blüte. Doch auch die anderen Wiesenpflanzen überstehen den Schnitt. Die meisten bilden aus dem Sprossrest oder aus unterirdischen Pflanzenteilen **Ersatzsprosse** aus. Nach einiger Zeit findest du die Blumen aus der Zeit vor der Mahd wieder: Hahnenfuß, Pippau, Wiesen-Klee, Glockenblume und Wiesen-Storchschnabel. Neu hinzu kommen schnellwüchsige Pflanzen wie der *Bärenklau.* Die Gräser bilden eine Vielzahl von Ersatzsprossen, sie **bestocken** sich.

So erreicht die Wiese im August ihren **2. Hochstand.** Allerdings sind die Pflanzen niedriger als vor dem 1. Schnitt. Erfolgt jetzt ein **2. Schnitt,** so geht die Wiese in den **2. Tiefstand** über. Nun wachsen die Pflanzen nur noch wenig nach. Nur unter besonders günstigen klimatischen Voraussetzungen kann die Wiese noch ein drittes Mal geschnitten werden.

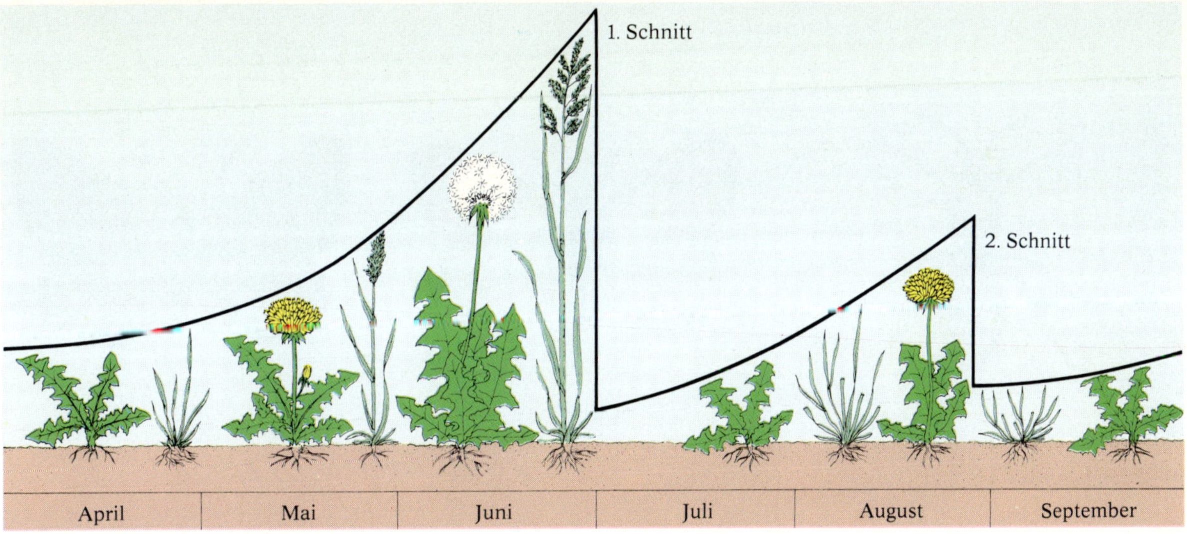

3 Gräser und Kräuter überstehen den Schnitt

Das Heu der Wiesen ist nährstoffreich und wird im Winter an das Vieh verfüttert. Der reichlich entstehende Stallmist kommt als wertvoller Dünger auf den Acker. Dem Wiesenboden gehen dabei mit jeder Mahd Nährsalze verloren, die durch Düngung ersetzt werden müssen.

Was wird eigentlich aus einer Wiese, wenn man sie nicht mehr mäht, sondern sich selbst überlässt? Zunächst werden sich hochwüchsige Stauden breit machen und die lichtbedürftigen Wiesenblumen verdrängen. Dann werden sich Bäume und Sträucher ansiedeln und in einigen Jahren hat der Wald das ihm einst abgerungene Grünland zurückerobert.

Die Wiese ist also kein natürlicher Lebensraum, sondern ein vom Menschen geschaffener. Nur durch regelmäßige Mahd bleibt die bunte Vielfalt erhalten.

Durch ihren Reichtum an Pflanzenarten bietet die Wiese vielen Tieren Nahrung. *Blattläuse* überziehen in dichten Kolonien ihre Wirtspflanzen, vor allem Doldengewächse und Korbblütler. Sie bohren ihre Rüssel in die Stängel und Blätter und entziehen ihnen nährstoffreiche Pflanzensäfte. Da sie diese nur teilweise verwerten, scheiden sie große Mengen zuckerhaltiger Flüssigkeit wieder aus. Dieser **Honigtau** ist für viele Arten von *Ameisen* eine wichtige Nahrung. Andere Insekten leben von den Blattläusen selbst, vor allem *Marienkäfer* und ihre Larven.

Gelegentlich kannst du an Wiesenpflanzen merkwürdige weiße Schaumklümpchen entdecken. Der Volksmund nennt sie „Kuckucksspeichel“. Wenn du den Schaum genauer untersuchst, findest du darin ein kleines gelbliches oder grünliches Wesen, die Larve der *Wiesen-Schaumzikade,* eines Insekts, das als Pflanzensauger lebt.

Viele Insekten werden von den Blüten der Wiesenblumen angelockt, die ihnen Nektar und Pollen darbieten. Manche Insekten sind dabei auf bestimmte Pflanzen spezialisiert. So werden die Blüten des Wiesenklees und der Wiesensalbei vorwiegend von *Hummeln* besucht und dabei bestäubt. Der *Aurorafalter* bevorzugt das Wiesenschaumkraut. Auch seine Larven leben an dieser Pflanze.

Auf den Blütenständen des Wiesenkerbels und anderer Doldengewächse versammeln sich *Widderchen* und *Schwebfliegen*. Auch *Weichkäfer* sind dort oft in großen Scharen zu finden. Jedoch kommen sie nicht des Pollens oder des Nektars wegen; sie sind darauf aus, Blüten besuchende Insekten zu fangen, von denen sie sich ernähren.

Nicht nur Insekten kommen zur Nahrungssuche auf die Wiese. *Maulwürfe, Amseln, Krähen* und *Kröten* suchen dort nach *Regenwürmern* und Insektenlarven. *Mäusebussard* und *Waldohreule* jagen auf der Wiese nach *Feldmäusen*. Diese Kleinsäuger, die in einem Gangsystem unter dem Wiesenboden leben, ernähren sich vorwiegend von den frischen Trieben des Grases. Für den Winter tragen sie Samen, Früchte und Wurzelteile verschiedenster Pflanzenarten in ihre Vorratskammern ein.

4 Insekten der Wiese. Nektar und Pollenfresser: A Trugbiene; B Aurorafalter; C Bläuling; D Widderchen („Blutströpfchen"); E Schachbrett; F Kleines Ochsenauge; G Veilchen-Perlmutterfalter; H Schwebfliege; I Schnellkäfer

Pflanzenfresser: J Feldheuschrecke; K Blattlaus; L Wiesen-Schaumzikade; M Ritterwanze
Tierfresser: N Weichkäfer; O Marienkäfer; P Marienkäferlarve; Q Kurzflügler
Aasfresser: R Aasfresser („Totengräber“)

5 Feuchtwiese. Die abgebildeten Pflanzen sind vorwiegend auf Wiesen zu finden, bei denen die Pflanzendecke etwa 50–100 cm über dem Grundwasserstand liegt.
1 Deutsches Weidelgras; 2 Fuchsschwanz; 3 Wiesenlieschgras; 4 Wiesen-Flockenblume; 5 Löwenzahn; 6 Wiesen-Rotklee; 7 Spitzwegerich; 8 Gemeines Rispengras; 9 Gänseblümchen; 10 Kuckucks-Lichtnelke; 11 Honiggras; 12 Rotschwingel; 13 Sauerampfer

6 Frischwiese. Die abgebildeten Pflanzen sind vorwiegend auf Wiesen zu finden, bei denen die Pflanzendecke etwa 120–200 cm über dem Grundwasserstand liegt.
14 Gemeines Labkraut; 15 Kriechender Günsel; 16 Glatthafer; 17 Knäuelgras; 18 Wiesen-Glockenblume; 19 Wiesenkerbel; 20 Wiesen-Storchschnabel; 21 Weiche Trespe; 22 Wiesen-Bocksbart; 23 Scharfer Hahnenfuß; 24 Margerite

1 Seeufer

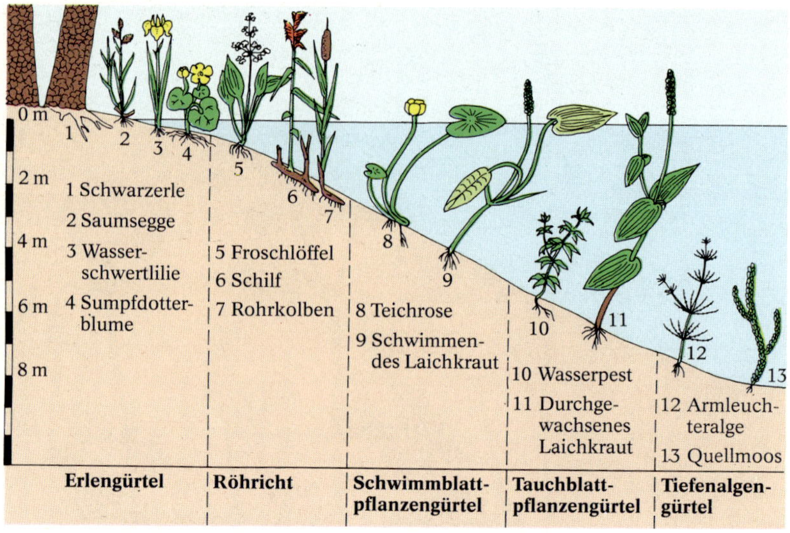

2 Pflanzengürtel am Seeufer

4. Der Lebensraum See

4.1. Die Pflanzengürtel am Ufer eines Sees

Wir wandern durch den Wald auf einen See zu. Schon zeigen Änderungen im Baumbestand seine Nähe an: *Buchen* und *Eichen* werden zunehmend von *Schwarzerlen* abgelöst. Bald stehen wir am Seeufer. Der Boden zwischen den Erlen ist jetzt, im Sommer, von sattgrünen, zartblättrigen Kräutern bedeckt. Im zeitigen Frühjahr hätten wir hier nasse Füße bekommen. Damals standen die Erlen noch im Wasser. Die alljährlichen Überschwemmungen haben den Boden ausgewaschen, er ist nährsalzarm. Doch die Erlen können hier noch gedeihen. Ihre Wurzeln verlaufen dicht unter der Erdoberfläche. Sie weichen so dem hoch stehenden Grundwasser aus, das den Wurzeln die Atemluft nehmen würde. Schauen wir uns diese Wurzeln genauer an, so entdecken wir an ihnen kleine Knöllchen. Diese werden von *Strahlenpilzen* hervorgerufen, die mit den Erlen in Symbiose leben. Die Pilze erhalten von der Erle Kohlenhydrate; ihrerseits liefern sie dem Baum stickstoffhaltige Salze, die sie aus Luftstickstoff herstellen. Aufgrund dieser Versorgung mit Nährsalzen kann sich im Überschwemmungsbereich ein schmaler Saum von Erlen behaupten, der **Erlengürtel.** Am Rand dieser Zone stehen häufig *Weiden* zwischen Ufererlen; auch sie ertragen Böden mit ständig hoch stehendem Grundwasser. Am Boden des Erlengürtels finden wir landseitig Waldpflanzen wie *Buschwindröschen, Scharbockskraut* oder auch *Himbeere.* Nahe am Wasser wird die Krautschicht von Sumpfpflanzen gebildet. Zwischen ausgedehnten Beständen von *Seggen* blühen *Schwertlilien* und *Sumpfdotterblumen.* Sumpfpflanzen haben keine Probleme mit der Wasserversorgung, dafür aber umso mehr mit der Belüftung der Pflanzenteile, die im sauerstoffarmen Sumpf stecken. Betrachten wir einen Schnitt durch den Stängel der Sumpfdotterblume, so fallen uns große Hohlräume auf. Es sind Luft führende Kanäle, durch die die unteren Pflanzenteile mit Sauerstoff versorgt werden.

Zum Wasser hin geht der Erlengürtel in das **Röhricht** über. Dicht an dicht stehen hier die mannshohen Halme des *Schilfs.* Nur wo das Wasser noch genügend flach ist, wachsen dazwischen andere Pflanzen wie *Froschlöffel* oder *Rohrkolben.* Im tieferen Wasser ist das Schilf ohne Konkurrenz. Bis zu einer Wassertiefe von 2 Meter dringen seine Bestände in den See vor. Versucht man ein Schilfrohr auszurupfen, so staunt man, wie fest es im weichen Grund verankert ist. Ein verzweigter Wurzelstock gibt der Pflanze Standfestigkeit. Auffällig ist auch die hohe Biegsamkeit der Halme. Sie erlaubt dem Schilf starkem Wind oder heftigem Wellenschlag auszuweichen. So bleibt es unbeschädigt.

In stillen Buchten schließt sich an das Röhricht ein **Schwimmblattpflanzengürtel** an. *Teichrosen, Seerosen* und das *Schwimmende Laichkraut* wurzeln in 2–4 Meter Wassertiefe. An langen, biegsamen Stängeln, die so Wasserbewegungen ausgleichen können,

3 Seltene Pflanzen am Seeufer. A Zwergmummel; B Drachenwurz; C Sumpfwurz

lassen sie ihre Blätter und Blüten bis zur Oberfläche aufsteigen. Die ganze Pflanze ist von Luftkanälen durchzogen; diese stehen über die Spaltöffnungen, die an der Blattoberseite liegen, mit der Außenluft in Verbindung.

Bis zu einer Tiefe von 8 Metern dringt eine Gesellschaft von Pflanzen vor, von denen höchstens die Blüten die Seeoberfläche überragen. Die meterlangen Triebe sind manchem Schwimmer als „Schlingpflanzen" in unliebsamer Erinnerung. In diesem **Tauchblattpflanzengürtel** wächst neben *Laichkräutern* und *Tausendblatt* auch die bekannte *Wasserpest.* Die Blätter dieser Pflanze sind sehr dünn und bestehen aus mehr oder weniger gleichartigen Zellen. Jedes Blatt versorgt sich aus dem Wasser selbst mit Nährsalzen und Kohlenstoffdioxid. Daher können Spaltöffnungen und Wasserleitungen fehlen. Die Wurzeln dienen nur noch der Verankerung im Boden.

Nur in sehr klaren Seen ist jenseits des Laichkrautgürtels noch genügend Licht, um grünen Pflanzen das Leben zu ermöglichen. *Armleuchteralgen* und *Sporenpflanzen* wie das *Quellmoos* bilden dann den **Tiefenalgengürtel**. Diese unterseeischen Wiesen reichten früher im Bodensee bis in 30 Meter Tiefe.

1. Erkläre, warum die Erle in einem nährstoffarmen Boden gedeiht!

4 Sumpfdotterblume. A Pflanze; B Stängelquerschnitt

2. Vergleiche den Stängelquerschnitt der Sumpfdotterblume mit dem einer Pflanze trockener Standorte! Welche Besonderheiten weisen auf eine Sumpfpflanze hin?

1 Die Tierwelt des Sees im Wechsel der Jahreszeiten

2 Bitterlinge mit Teichmuschel

3 Haubentaucher mit Jungen

4.2. Die Tierwelt eines Sees

Den Winter hindurch war der See ein Vogelparadies. Hunderte von Wasservögeln wie Taucher, Schwäne und Gänse hatten hier ihr Winterquartier bezogen. Der See war nur zum Teil zugefroren und bot ihnen so hinreichend Nahrung. Nun ist der Frühling gekommen und damit für viele Tiere die Zeit der Fortpflanzung. Die Wintergäste ziehen in ihre nordischen Brutgebiete zurück und es beginnt neues, vielfältiges Leben am See.

Die *Grasfrösche* hatten in Erdlöchern überwintert. Bei niedrigen Temperaturen war ihr Stoffwechsel stark verlangsamt: Sie waren in **Kältestarre** gefallen. Jetzt, Ende Februar, kommen zunächst die Männchen zum See. Ihr grunzendes Quaken, das Tag und Nacht ertönt, lockt laichbereite Weibchen an. Bald schwimmen ihre Laichballen an der Wasseroberfläche, wo wärmende Sonnenstrahlen die Entwicklung der Larven vorantreiben. Die *Wasserfrösche* hatten den See nicht verlassen. Tief am Grunde, eingegraben in den Schlamm, haben sie auf den Frühling gewartet. Doch für sie ist erst im Mai oder Juni die Zeit der Paarung. Daher beginnen die Männchen nicht vor Ende April mit ihren nächtlichen Konzerten.
Auch unter der Wasseroberfläche wird Hochzeit gefeiert. Der Stichling hat sein Prachtkleid angelegt und wartet vor seinem Nest auf ein laichbereites Weibchen. Kommt eines in seine Nähe, so macht er durch lebhafte Balztänze auf sich aufmerksam. Meist gelingt es ihm das Weibchen in sein Netz zu locken und zur Eiablage zu bewegen. Hat er die Eier besamt, so wird er etwa eine Woche lang das Gelege bewachen und ihm mit seinen Brustflossen Frischwasser zufächeln. Auch die dann schlüpfenden Jungfische werden noch einige Zeit vom Vater betreut. Er betreibt **Brutpflege** und erhöht so die Überlebenschance seiner Jungen.
Auch das Männchen des Bitterlings trägt ein farbenprächtiges Hochzeitskleid. Gleichzeitig entwickelt sich beim Weibchen eine bis zu 5 cm lange Legeröhre. Dann wählt das Männchen am Grunde des Sees eine Teichmuschel aus und lockt das Weibchen dorthin. Dieses legt seine Eier in die Ausströmöffnung der Muschel. Gleichzeitig gelangt der Samen des Männchens mit dem Atemwasser der Muschel zu den Eiern und befruchtet sie. Später heften sich die ausgeschlüpften Fischlarven an die Kiemen der Muschel und sind so immer von Frischwasser umgeben. Gleichzeitig bietet ihnen die Muschel Schutz vor Fressfeinden. So sorgen die Bitterlinge dafür, dass ihre Brut unter günstigen Bedingungen aufwächst. Sie betreiben **Brutfürsorge.**
Die Teichrohrsänger sind aus ihren afrikanischen Winterquartieren zurückgekehrt und haben im Röhricht dicht oberhalb des Wasserspiegels ihr Nest gebaut. Es ist ein tiefes Körbchen, kunstvoll aus Schilfblättern und Gras zwischen drei Schilfhalme geflochten. Der Nestrand und die tragenden Schilfhalme

4 Königslibelle

5 Gelbrandkäfer

6 Teichrohrsänger

werden vom Weibchen mit Fäden aus Spinngeweben verfestigt. So können die Eier selbst dann nicht herausfallen, wenn das Rohr im Wind schwankt.

In einer Lichtung des Röhrichts schwimmt ein flacher Haufen aus faulenden Halmen und Blättern auf dem Wasser. Plötzlich taucht dicht daneben ein Haubentaucher auf und besteigt die schwimmende Insel. Als er etwas von dem Pflanzenmaterial beiseite schiebt, werden vier bräunliche Eier sichtbar: Der schwimmende „Komposthaufen“ ist das Nest des Haubentauchers.

Es ist Sommer geworden. Die jungen Rohrsänger klettern auf der Suche nach Insekten im Röhricht umher. Auch die jungen Haubentaucher haben sich von den Altvögeln getrennt, die nun mit einer zweiten Brut beginnen. Sie jagen unter Wasser nach kleinen Fischen und Insektenlarven. Von den Kaulquappen, die sich aus den Eiern der Grasfrösche entwickelten, haben nur wenige die Entwicklung zum Frosch beendet und dann den See verlassen. Viele von ihnen sind Fressfeinden zum Opfer gefallen, zum Beispiel dem *Gelbrandkäfer.* Dieses Insekt greift selbst Fische an, die weit größer sind als es selbst, und schlingt sie brockenweise herunter. Auch die Larve des Gelbrandkäfers lebt räuberisch. Sie bohrt ihre Kieferzangen blitzschnell wie Injektionsnadeln in die Beute. Dann presst sie Verdauungssäfte in das Opfer, das dadurch zunächst gelähmt und anschließend verdaut wird. Schließlich saugt die Larve die aufbereitete Nahrung ein.

Im Schlamm lauert die *Libellenlarve.* Gerät ein Jungfisch oder eine Kaulquappe in ihre Reichweite, so schnappt sie mit ihrer eigentümlichen Fangmaske danach. Doch bald wird der „Schlammteufel“ das Fressen einstellen und an einem Pflanzenstängel bis über die Wasseroberfläche hinaufklettern. Nach einer Ruhepause, in der sich das Wassertier auf das Leben im Luftraum umstellt, platzt die Haut der Larve auf. Die fertige Libelle kriecht heraus und entfaltet ihre Flügel. Von nun an wird sie im Fluge Insekten jagen und verzehren.

Wenn im Spätsommer die Tage kürzer werden, kehrt am See vorübergehend Ruhe ein. Die Rohrsänger haben schon Ende August mit ihren Jungen ihr Brutrevier verlassen, um in den Süden zu ziehen. Nur noch vereinzelt schwirren leuchtend gefärbte Libellen über dem Röhricht; sie haben sich im Fluge gepaart und ihre Eier ins Wasser abgelegt. Die Larven werden dort überwintern; ein Teil von ihnen wird schon im nächsten Sommer zu einer neuen Generation der flinken Jäger heranreifen.

1. Was kannst du aus Abbildung 1 aufgrund der Pfeile über den Singschwan bzw. den Haubentaucher ablesen?

2. Nenne den Unterschied zwischen Brutpflege und Brutfürsorge!

Der See im Jahreslauf

Viele Seen sind den ganzen Winter über zugefroren. Doch im Frühling zeigt sich, dass viele Tiere unter dem Eis überwintert haben, ohne zu erfrieren. Wie ist das möglich?
Schlägt man bei strengem Frost ein Loch in die Eisdecke eines Sees und misst die Wassertemperatur, so findet man, dass sie schon von einer geringen Tiefe an konstant bei 4 °C liegt. Ursache dafür ist eine Eigentümlichkeit des Wassers: Während alle übrigen Stoffe bei Abkühlung ständig spezifisch schwerer werden, gilt dies bei Wasser nur bis zu einer Temperatur von 4 °C. Kühlt es weiter ab, so wird es wieder leichter. Da natürlich das schwerste Wasser am Grunde des Sees liegt, finden die Tiere dort immer Wasser von 4 °C vor und können so überleben. Die Eisdecke schützt die darunter liegenden Schichten vor weiterer Auskühlung, da sie eine Durchmischung des Wassers durch den Wind verhindert.
Diese **Winterschichtung**, bei der also kälteres Wasser auf wärmerem schwimmt, bleibt bis zum Frühling bestehen. Sie wird schließlich dadurch aufgehoben, dass unter den kräftigen Strahlen der Frühlingssonne das Eis schmilzt und sich die oberen Wasserschichten erwärmen. Sobald alles Wasser eine Temperatur von 4 °C aufweist, kann der Wind das überall gleich schwere Wasser umwälzen. Wir sprechen von der **Frühjahrszirkulation**. Wenn dann die Temperatur an der Oberfläche weiter zunimmt, stellt sich die **Sommerschichtung** ein, bei der wärmeres Wasser über kälterem gelagert ist. Nun kann Wind das leichtere *Oberflächenwasser* nicht mehr in die Tiefe drücken, es wird nur in sich umgewälzt und hat daher eine einheitliche Temperatur. Darunter liegt eine Schicht, in der die Wassertemperatur rasch absinkt, die *Sprungschicht*. Unter dieser befindet sich das *Tiefenwasser*, das selbst im Sommer nicht über 4 °C erwärmt wird.
Wenn sich im Herbst das Oberflächenwasser abkühlt, wird es spezifisch schwerer und sinkt in die Tiefe. Dadurch wird schließlich das gesamte Wasser des Sees auf 4 °C abgekühlt. Nun können die Herbststürme den See bis zum Grunde umwälzen: Die **Herbstzirkulation** setzt ein. Bei weiterer Abkühlung baut sich erneut die Winterschichtung auf.

3. Erkläre die Bedeutung des Windes für die Lebensverhältnisse im See!

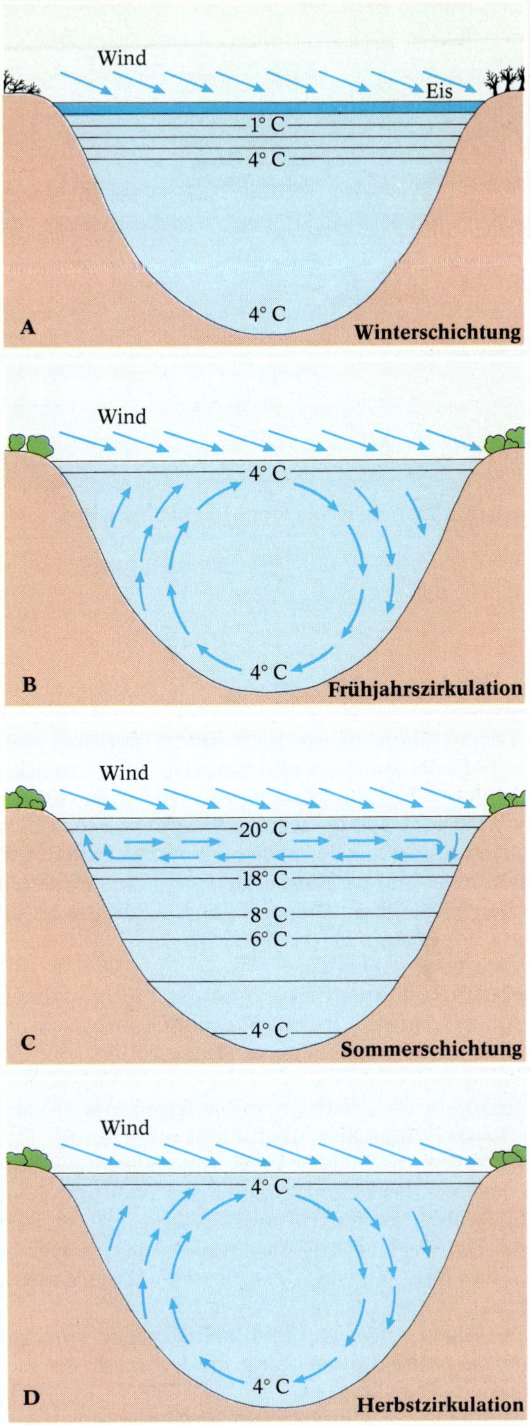

7 Die vier Jahreszeiten eines Sees

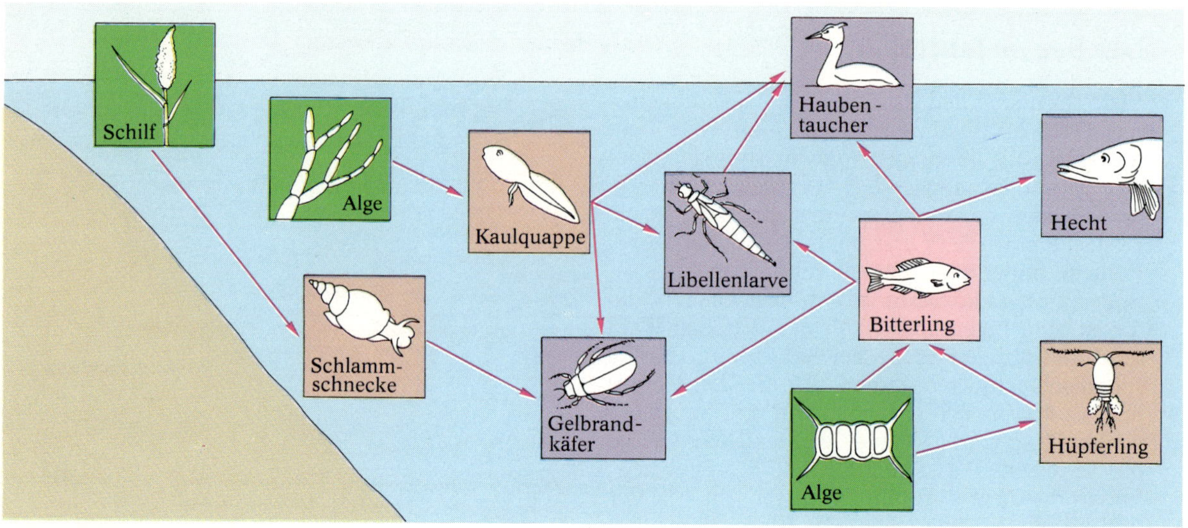

1 Ausschnitt aus dem Nahrungsnetz in einem See

4.3. Der See „lebt"

Viele Tiere leben im See und finden hier ihre Nahrung. Sie alle sind **Verbraucher**, also auf Nährstoffe aus anderen Lebewesen angewiesen. Wenn du nun aber Wald und See in Bezug auf den Pflanzenwuchs vergleichst, wird dir der See eher spärlich bewachsen vorkommen. Nur im Uferbereich sieht man Pflanzen. Reichen denn diese wenigen Pflanzen aus, um als **Erzeuger** ein riesiges Heer von Tieren mit Nährstoffen zu versorgen?

Gelegentlich kannst du eine Beobachtung machen, die dir die Antwort liefert: Manchmal färbt sich im Sommer das Wasser kleinerer Teiche völlig grün. Untersuchst du solches Wasser unter dem Mikroskop, so entdeckst du viele winzige, grüne Algen. Also ist das freie Wasser eines Sees doch nicht pflanzenlos. Einzellige Algen, die meistens dem Auge verborgen bleiben, beleben das Oberflächenwasser. Hier finden sie Licht, Kohlenstoffdioxid und Wärme in reichem Maße. Ihre Vermehrung wird nur durch die geringe Menge an Nährsalzen in der Oberschicht des Wassers begrenzt.

Da die Algen schweben und höchstens zu einer geringen Eigenbewegung fähig sind, bilden sie das pflanzliche **Plankton**.

Unmittelbar von diesen Algen ernähren sich Kleinkrebse wie *Wasserflöhe* und *Hüpferlinge*. Da auch sie im Wasser schweben, gehören sie zum tierischen Plankton. Kleinkrebse sind die Ernährungsgrundlage für viele kleine Fische, die ihrerseits von Raubfischen wie dem *Hecht* oder von Vögeln wie dem *Haubentaucher* gefressen werden. Täglich sterben unzählige dieser Kleinlebewesen. Ihre Leichen sinken auf den Grund und werden dort von Abfallfressern wie den *Zuckmückenlarven* aufgenommen oder direkt von *Pilzen* und *Bakterien* zersetzt. Dabei verbrauchen diese **Zersetzer** sehr viel Sauerstoff.

Im Sommer gedeihen die Algen und daher auch die vielen Kleintiere, die von ihnen leben, besonders üppig. Daher fällt gerade in dieser Zeit besonders viel totes Material an, in der die stabile Schichtung im See eine Vermischung des sauerstoffreichen Oberflächenwassers mit dem sauerstoffarmen Tiefenwasser verhindert. Daher wird am Grunde des Sees im Sommer der Sauerstoff knapp. Für die Bewohner des Bodens beginnt damit eine schwierige Zeit. Spezialisten unter ihnen, wie die in nährsalzreichen Seen häufigen Zuckmückenlarven, sind an diese alljährlich auftretende Situation angepasst: Sie überleben einen mehrwöchigen Mangel an Sauerstoff, indem sie ihren Stoffwechsel herabsetzen und die zum Leben notwendige Energie aus dem vorher gespeicherten Kohlenhydrat Glycogen beziehen, ohne dabei Sauerstoff zu benötigen.

Erst bei der Herbstzirkulation gelangt wieder sauerstoffreiches Wasser in die Tiefe. Gleichzeitig kommt nährsalzreiches Tiefenwasser an die Oberfläche und steht so neuen Algengenerationen zur Verfügung.

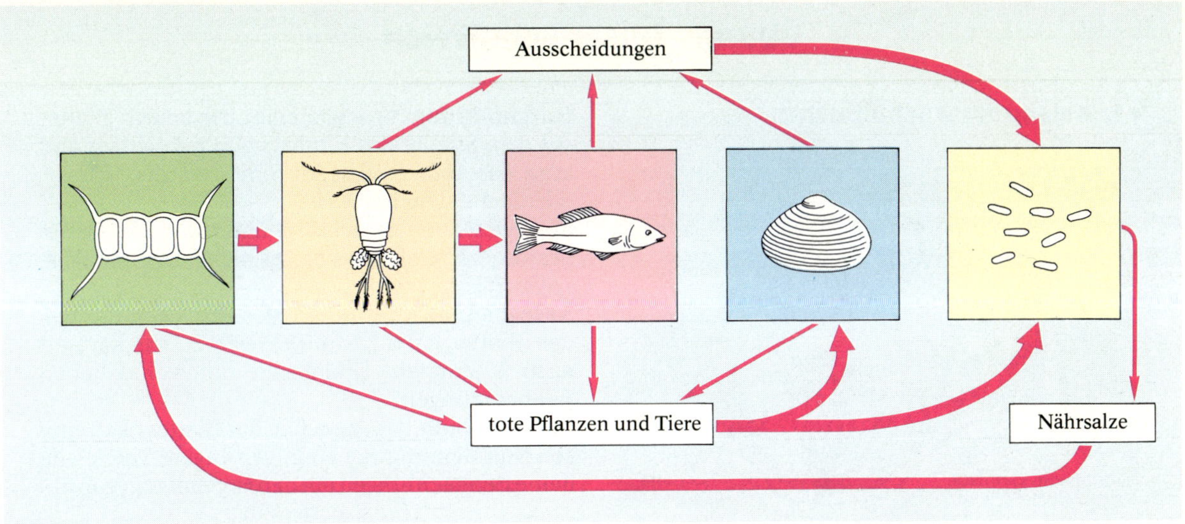

2 Gliederung der Lebensgemeinschaft im See

Anders als im freien Wasser finden wir am Ufer eines Sees dichten Pflanzenbewuchs. Gerade im flachen Wasser fällt also besonders viel an totem Pflanzenmaterial an. Hier haben *Schlammschnecken* und *Posthornschnecken* große Bedeutung. Sie zernagen die groben Pflanzenreste und bereiten sie so für die Arbeit der Zersetzer vor. Feinste Teilchen toten Materials werden von Einzellern wie *Wimpertierchen* und *Glockentierchen,* die als so genannter Aufwuchs an Pflanzenstängeln sitzen, aufgenommen und zersetzt. So werden Trübungen des Wassers verhindert. Man spricht daher von der Fähigkeit eines Sees zur **Selbstreinigung**. Bei diesem Vorgang spielen auch die *Muscheln* eine oft unterschätzte Rolle: Fast pausenlos filtrieren sie Schwebstoffe aus dem Wasser. Rund vierzig Liter Wasser können so von einer einzigen größeren Teichmuschel in einer Stunde gereinigt werden.

1. Stelle anhand der Abbildung 1 alle Nahrungsketten zusammen, die beim Haubentaucher enden!

2. Wieso ist für das pflanzliche Plankton die Sommerschichtung lebenswichtig?

3. Welche Rolle spielen die jahreszeitlichen Veränderungen im See für den Gasaustausch?

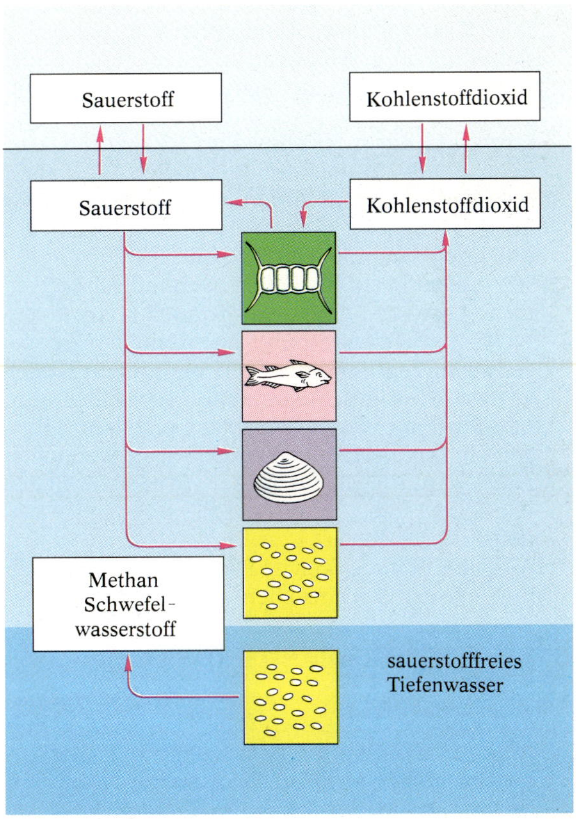

3 Gasaustausch im See

Übung: Unser Schulteich

V1. Anlage eines Schulteiches

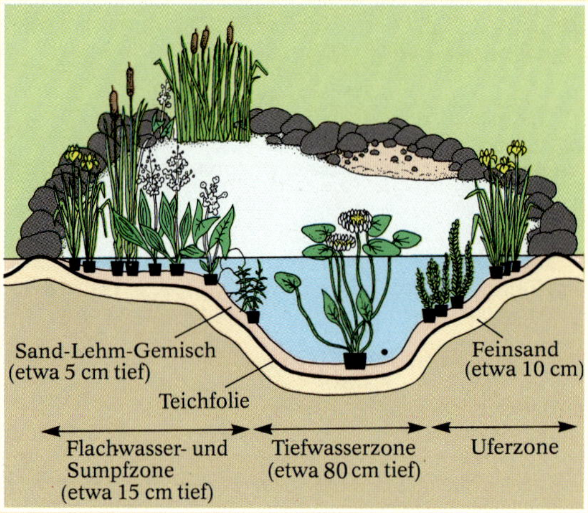

Diese Aufgabe eignet sich für ein Projekt oder für eine Arbeitsgemeinschaft.

Material: Spaten; Spitzhacken; Feinsand; Teichfolie; Wasserpflanzen; Sumpfpflanzen

Durchführung: Wir heben an einer ebenen Stelle des Schulgeländes, die täglich etwa 5 bis 7 Stunden von der Sonne beschienen werden kann, eine Grube aus, die in der Mitte etwa 1,50 m tief ist und deren Ränder flach und stufig abfallen. Wir glätten die Oberfläche und entfernen spitze Steine. Wir bringen eine etwa 5–10 cm dicke Sandschicht auf und legen dann die Teichfolie ein.

Wir schichten auf die Folie eine mindestens 5 cm dicke Lage aus Sand, dem wir noch Lehm (eventuell vom Teichaushub) beimischen. Wir beschweren den Rand der Folie mit großen Kieselsteinen oder mit Steinplatten. Wir füllen nun den Teich mit Wasser. Wir setzen erst dann Pflanzen ein (am besten in Pflanzkörben), wenn sich nach einigen Tagen das Wasser etwas erwärmt hat. Wir achten dabei jeweils auf die richtige Wassertiefe.

Aufgabe: Notiere, welche Pflanzen und Tiere sich im Laufe der Zeit einstellen!

V2. Wasserleitung bei Blättern der Seerose

Material: zwei Seerosenblätter aus dem Schulteich (Naturschutz!); Einmachglas mit Wasser; genügend großes Gefäß (z.B. Haushaltseimer) mit Wasser; Styroporstücke

Durchführung: a) Stelle eines der beiden Blätter mit dem Stiel in das Einmachglas mit Wasser und lasse das andere Blatt im Eimer auf der Wasseroberfläche schwimmen!
b) Lege Styroporstücke so unter ein Blatt einer Seerose im Teich, dass dieses nicht mehr die Wasseroberfläche berührt!

Aufgaben: a) Kontrolliere das Aussehen der beiden Blätter nach 1 Stunde, nach 2 Stunden und nach 3 Stunden! Erkläre die unterschiedlichen Beobachtungen!
b) Kontrolliere das Aussehen des Blattes nach einigen Stunden und nach einigen Tagen! Vergleiche deine Beobachtungen mit den Ergebnissen von a)!

V3. Luftkanalsystem bei der Seerose

Material: ein Seerosenblatt aus dem Schulteich; genügend großes Gefäß (z.B. Haushaltseimer) mit Wasser; Luftpumpe (oder auch Blasebalg); dünner Gummischlauch (möglichst mit verschiedenen Durchmessern); spitze Schere

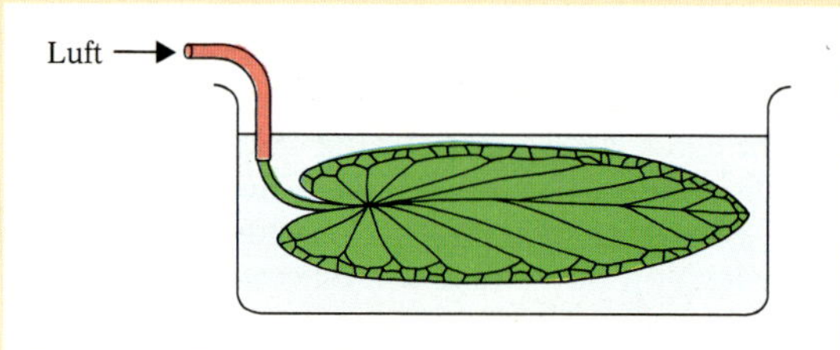

Durchführung: Schneide das Seerosenblatt mit einem Stück Blattstiel von etwa 10 cm Länge ab! Schiebe ein Ende eines passenden Gummischlauches über den Stiel! Stecke in das andere Ende des Schlauchs die Spitze der Luftpumpe, mit der man Luftmatratzen aufpumpt! Lege das Blatt nun mit der Blattoberseite nach oben in das Wasser und tauche es unter! Nun muss Luft durch den Schlauch in den Blattstiel gepumpt werden; dabei ist ein Partner hilfreich.

Führe anschließend noch eine Abwandlung des Versuches durch, indem du ein Stück des Blattrandes abschneidest oder ein Loch in eine Blattader stichst und dann wieder Luft in den Blattstiel pumpst!

Aufgabe: Notiere deine Beobachtungen bei den verschiedenen Versuchsbedingungen! Gib eine Erklärung aufgrund deiner Kenntnisse der Besonderheiten im Bau der Wasserpflanzen!

Übung: Unser Schulteich

V 4. Verdunstung bei Land-, Sumpf- und Wasserpflanzen

Material: Blätter einer Landpflanze (z.B. Taubnessel, eventuell Flieder), einer Sumpfpflanze (z.B. Sumpfdotterblume) und einer Wasserpflanze (z.B. Wasserpest); Karton; eventuell Feinwaage

Durchführung: a) Lege etwa gleich große Stücke der drei Pflanzen auf ein Stück Karton!

b) Falls du über eine Feinwaage verfügst, kannst du den Versuch noch genauer gestalten: Wiege je etwa 1 g Blätter vom Flieder und von der Sumpfdotterblume ab! Lege diese Blätter dann auf ein Stück Karton! Wiege die Blätter während vier Stunden jede halbe Stunde!

Aufgaben: a) Protokolliere während einer Stunde alle 10 min den Zustand der Pflanzen! Äußere eine begründete Vermutung zur Erklärung der beobachteten Unterschiede!

b) Stelle die Messergebnisse in einer Tabelle zusammen und vergleiche sie! Erkläre den unterschiedlichen Verlauf der Zahlenreihen!

V 5. Oberflächenhäutchen

Material: Stecknadeln; Büroklammern; Pinzette; Glas mit Wasser; Spülmittel

Durchführung: Lege die Stecknadeln und Büroklammern vorsichtig auf die Wasseroberfläche! (Bei den Büroklammern ist dabei eine Pinzette hilfreich.)

Notiere deine Beobachtung! Schau dir dabei auch einmal genau die Wasseroberfläche unter der schwimmenden Nadel an!

Gib nun einige Tropfen Spülmittel in das Wasser! Notiere wieder deine Beobachtungen!

Aufgabe: Erläutere, inwiefern das Experiment modellhaft Verhaltensweisen erklärt, die du an Insekten des Schulteiches beobachten kannst! Stelle aufgrund deines Experimentes die Auswirkungen der Einleitung von Spülmittel aus Haushalten in Gewässer dar!

A 6. Atmung bei Wasserinsekten

1 Wasserläufer 2 Ruderwanze 3 Gelbrandkäfer 4 Rückenschwimmer 5 Wasserstabwanze 6 Wasserskorpion

Die Abbildung zeigt eine Reihe von Wasserinsekten, die alle Luftatmer sind, aber auf unterschiedliche Weise ihren Luftbedarf decken. Einigen steht die Atemluft direkt zur Verfügung. Andere haben eine Art Schnorchel an ihrem Hinterleib, mit dessen Hilfe sie Luft atmen können, ohne das Wasser zu verlassen. Wieder andere springen aus dem Wasser und nehmen beim Wiedereintauchen im Haarpelz ihrer Unterseite einen Luftvorrat mit. Einige haben einen Lufttank unter den Flügeln, den sie an der Wasseroberfläche füllen. Eine letzte Gruppe sammelt so viel Luft an der Körperunterseite, dass die Tiere dadurch mit dem Bauch nach oben schwimmen.

Aufgabe: Lies aus der Abbildung ab, welches der beschriebenen Verfahren von den dargestellten Insekten angewendet wird, und notiere!

Übung: Gewässer

V1. Modellversuche zur Sommer- und Winterstagnation

Material: Farbstoff (z.B. einige Milligramm Kaliumpermanganat); Thermometer; Eis; warmes Wasser; Glasgefäße (z.B. Marmeladengläser, große Einmachgläser); Suppenlöffel

Durchführung: a) Fülle ein großes Glasgefäß mit kaltem Leitungswasser! Kühle das Wasser durch Zugabe von Eiswürfeln auf 4 °C ab! Gieße dann einen Teil des Wassers in ein zweites Gefäß um! Fülle in ein drittes Gefäß warmes Wasser von etwa 40 °C; färbe dieses Wasser durch Zugabe einiger Körnchen Kaliumpermanganat an! Schichte nun vorsichtig mit dem Löffel gefärbtes warmes Wasser auf das kalte Wasser im großen Gefäß! Führe den Versuch zur Kontrolle auch umgekehrt durch, d.h., versuche kaltes Wasser aus dem zweiten Gefäß auf das gefärbte, warme Wasser zu schichten!

b) Färbe statt des warmen Wassers aus dem ersten Versuch Eiswasser von 0 °C, das du unter Verwendung von Eiswürfeln hergestellt hast, mit Kaliumpermanganat! Schichte das gefärbte Wasser auf Wasser von 4 °C! Versuche anschließend Wasser von 4 °C auf das Eiswasser zu schichten!

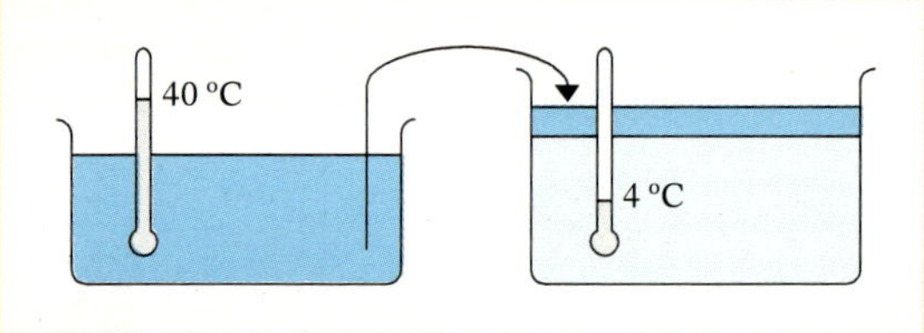

Aufgabe: Skizziere deine Beobachtungen! Gib eine Erklärung für die unterschiedlichen Versuchsergebnisse aufgrund deiner Kenntnisse über eine Besonderheit des Wassers!
Erläutere, warum diese Versuche als Modellversuche zur Sommer- und Winterstagnation dienen können!

V2. Wir bauen uns einen Käscher

Material: großes feinmaschiges Küchensieb; Besenstiel; dünner Draht (z.B. Blumenbindedraht)

Durchführung: Befestige den Griff des Küchensiebes wie in der Abbildung dargestellt durch Umwickeln mit Blumendraht am Ende des Besenstiels!

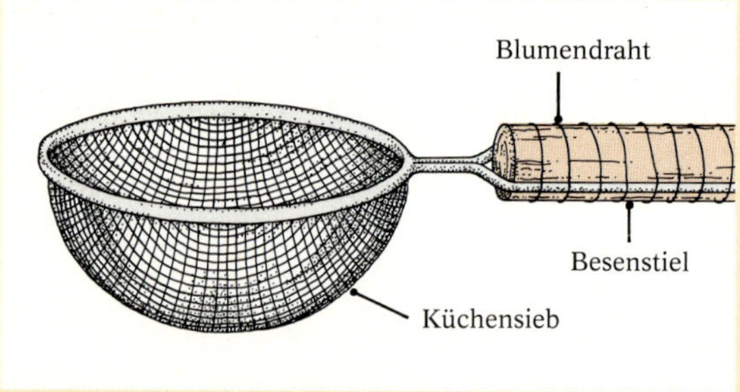

V3. Untersuchung der Kleintiere in einem Bach

Material: Käscher (siehe V2.); weiße Plastikschale (z.B. leerer Speiseeisbehälter); feiner Pinsel; Lupe; Bestimmungsbuch; Schreibzeug; eventuell Gummihandschuhe

Durchführung: Um Unterwasserpflanzen abzufischen, musst du das Sieb mehrmals gegen die Strömung durch den Bewuchs ziehen. Dabei werden Kleinlebewesen, die an den Pflanzen sitzen, in das Sieb geschwemmt. Kippe diese dann sofort in die wassergefüllte Plastikschale.
Ist der Gewässergrund schlammig, ziehe das Sieb mehrmals gegen die Strömung durch den Schlamm!
Wasche anschließend die Probe in der Strömung! Fülle dann die gefangenen Kleintiere in die Plastikschale um!
Ist der Grund des Gewässers steinig, so stelle das Sieb aufrecht auf den Boden, wobei die Öffnung gegen die Strömung gerichtet sein muss! Nimm dann einzelne Steine vom Boden und wasche sie in der Strömung, sodass die darauf sitzenden Kleinlebewesen ins Sieb gespült werden! Du kannst dabei auch einen feinen Pinsel benutzen, um die Tiere von den Steinen zu lösen. Gib dann deinen Fang in die Plastikschale!

Hinweis: Wenn du deine Untersuchungen in einem stark verschmutzten Gewässer durchführst, z.B. in einem Bach, in den Abwässer geleitet werden, so solltest du Gummihandschuhe benutzen, um dich vor Infektionen zu schützen!

Aufgabe: Bestimme die gefangenen Kleinlebewesen anhand eines Bestimmungsbuches! Nimm dabei die Lupe zu Hilfe! Notiere, wie viele Tiere du von den verschiedenen Arten gefunden hast! Setze die Tiere anschließend wieder in das Gewässer zurück!

Übung: Gewässer

V 4. Biologische Beurteilung der Gewässergüte

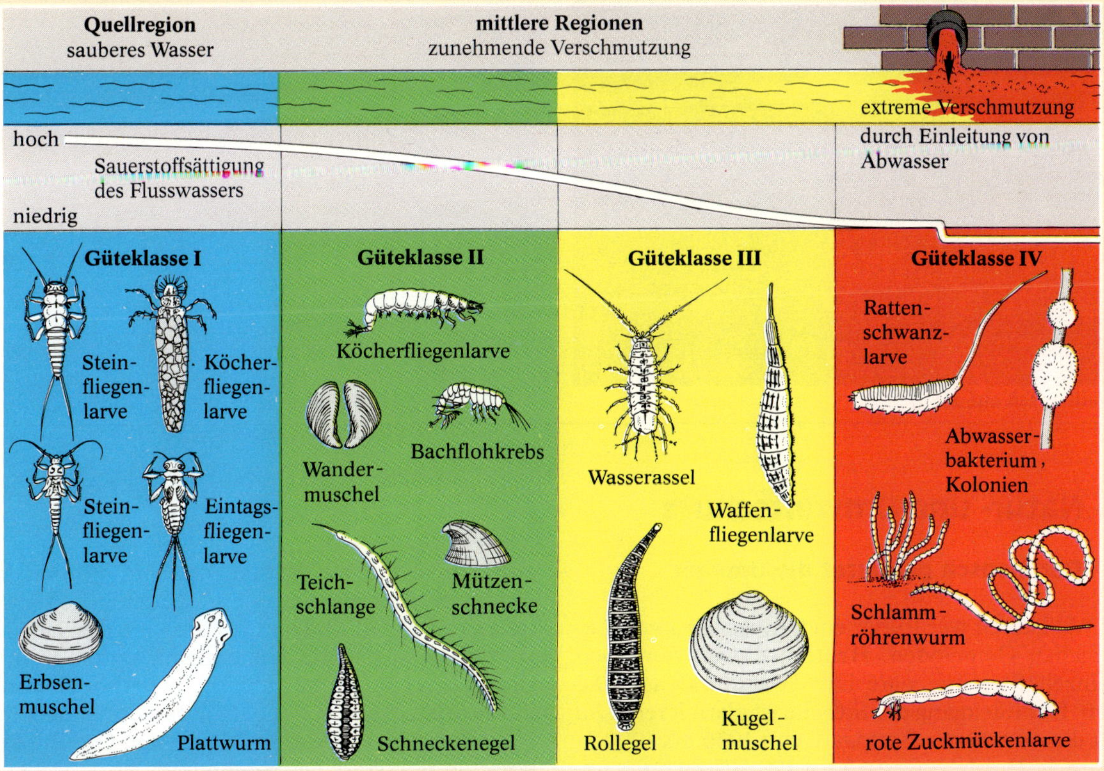

Findet man in Gewässern oder Gewässerabschnitten nur ganz bestimmte Pflanzen- und Tierarten in größerer Individuenzahl, so nennt man sie **Zeigerorganismen.** Sie können unter den dort herrschenden Bedingungen gut leben und zeigen so z.B. den Sauerstoffgehalt und den Verschmutzungsgrad eines Gewässers an.
Diese *biologische Beurteilung* der Wassergüte führte zur Einteilung in vier **Wassergüteklassen:** Güteklasse 1: kaum verunreinigt, sehr gering belastet; Güteklasse 2: mäßig verunreinigt; Güteklasse 3: stark verunreinigt; Güteklasse 4: sehr stark verunreinigt.

Aufgabe: Ermittle bei einem deiner Heimatgewässer die Wassergüteklasse! Gehe dabei wie in V 3. vor! Findest du von einer Tierart mehr als 10 Individuen, so ist diese „häufig" und gibt einen deutlichen Hinweis auf die Güteklasse dieses Gewässers.

A 5. Wassergüteklassen mikrobiologisch betrachtet

In Gewässern, die stark mit Kohlenhydraten, Eiweißen oder anderen organischen Stoffen belastet sind, kommen besonders viele *Bakterien* vor. Mit einer bestimmten Methode kann man die **Keimzahl,** d.h. die Zahl der Bakterien pro ml Wasser, ermitteln. Sie gibt also Hinweise auf die Güte des Gewässers. Bei einem Fluss wurde auf einer Strecke von 10 km alle 2 km die Keimzahl ermittelt. Man fand: 100, 10 Mio, 500 000, 10 000 und zuletzt wieder nur 100 Bakterien pro ml.

Aufgabe: Erkläre die verschieden großen Keimzahlen dieses Flusses! Welche Fähigkeit haben Fließgewässer offensichtlich?

1 **Weißstorch auf der Wiese**

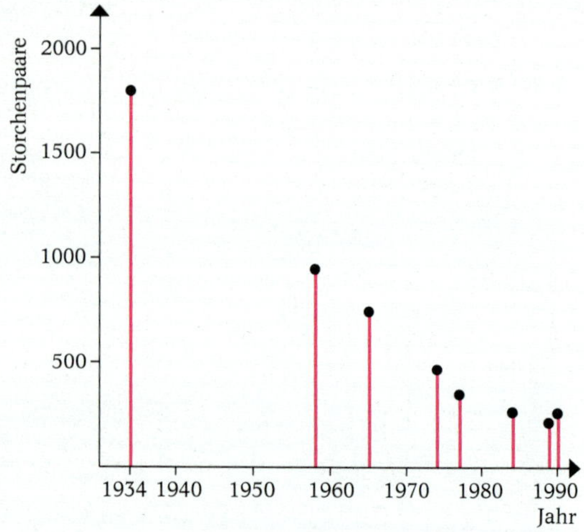

2 **Rückgang der Störche** (in Schleswig-Holstein)

5. Natur- und Umweltschutz

5.1. Der Mensch gestaltet die Umwelt

Der Weißstorch war früher ein häufiger Brutvogel in ländlichen Gemeinden. Heute beziehen nur noch vereinzelt Storchenpaare ihre Horste auf den Dächern. Der Rückgang der Störche ist alarmierend. So sank die Anzahl der Brutpaare von 1958 bis 1990 in Schleswig-Holstein von 953 auf 220. Wie ist diese Abnahme zu erklären?

Zur Untersuchung dieser Frage schauen wir uns die „Speisekarte" eines Storches an. Da findet man neben Schnecken, Fröschen und Molchen auch Mäuse, Würmer und Großinsekten wie Heuschrecken. Frösche und Molche fängt der Storch bevorzugt in *Feuchtgebieten.* In den letzten Jahrzehnten wurden solche Feuchtgebiete verstärkt trockengelegt. So entzog man Mooren und Feuchtwiesen das Wasser und machte sie landwirtschaftlich nutzbar. Bäche, die feuchte Wiesen schlängelnd durchzogen, wurden begradigt. Das Wasser floss nun schneller, das Bachbett wurde tiefer gelegt, Stillwasserzonen verschwanden, es kam zu einer *Grundwasserabsenkung.* Damit änderte sich die Bodenfeuchtigkeit. Die Anzahl der Pflanzen- und Tierarten ging zurück, ebenso verringerte sich die Häufigkeit der Individuen innerhalb einzelner Arten, z.B. der Frösche, Kröten, Molche und Schnecken.
Zunächst konnte der Storch auf andere Nahrungstiere ausweichen. So fand er reichlich Mäuse und große Insekten auf Wiesen und auf Weiden. Das Weidevieh stöberte diese Tiere auf, der Storch konnte sie dann fangen. Zudem hielt das Vieh den Bewuchs kurz. Das wärmende Sonnenlicht konnte nun den Boden erreichen und somit die Lebensbedingungen für die Mäuse und vor allem für die sonnenliebenden Heuschrecken verbessern. Mäuse und Großinsekten konnten sich stark vermehren und den Störchen als Nahrung dienen. Doch mit der intensiven Nutzung landwirtschaftlicher Flächen wurde auch diese Nahrungsquelle weniger ergiebig. *Mineraldünger* und *chemische Mittel* gegen Wildkräuter und tierische Schädlinge wurden ausgebracht. Dadurch verbesserten sich die Bedingungen für die landwirtschaftlichen Nutzpflanzen, die Erträge stiegen. Das hatte Folgen. Früher sehr häufige Wildkräuter wie der Klatschmohn, die Kornblume oder der Rittersporn wurden selten. Es wurden auch andere Tiere außer den Schädlingen getötet, so z.B. auch Spinnen, Milben oder Laufkäfer. Es kam folglich zu einer *Artenverarmung.* Damit verschlechterten sich die Lebensbedingungen auch für Heuschrecken und Mäuse, ihre Zahl nahm ab. Weißstörche fanden nicht mehr genügend Nahrung für ihre Jungen, diese verhungerten in feucht-kalten Sommern. Der Bestand der Störche ging zurück.

Der Mensch kann also in bestehende Lebensräume eingreifen, um diese nutzbar zu machen oder um Ertragssteigerungen zu erreichen. Da jedoch die Orga-

3 Mais in Monokultur

4 Bodenabtrag

nismen eines Lebensraumes auf vielfältige Weise miteinander verknüpft sind, bedeutet ein Eingriff in einen Lebensraum auch eine Störung. Pflanzen und Tiere werden gefährdet und können aussterben. Das biologische Gleichgewicht wird gestört.

Die Bedeutung der Vielfalt in einem Lebensraum wird dort noch deutlicher, wo der Mensch gezielt und über Jahre hinweg nur eine Art anpflanzt, z.B. Mais. Man spricht dann von einer **Monokultur.** Zwischen den Maispflanzen ist der Boden kahl. Bodenschützende Wildkräuter wie Melden oder Knöterichpflanzen fehlen. Sie werden in regelmäßigen Abständen durch chemische Mittel vernichtet. Der ungeschützte Boden ist der Erosion durch Regen und Wind ausgesetzt. Ton-Humusteilchen werden ausgespült und weggeweht, der Boden verliert an Fruchtbarkeit. Zum Ausgleich werden große Düngermengen ausgebracht, z.B. in Form von *Gülle,* den flüssigen Exkrementen aus der Massentierhaltung. Wegen der fehlenden Ton-Humusteilchen können die in der Gülle enthaltenen Nährsalze nicht gebunden werden. Sie gelangen mit den Niederschlägen in das Grundwasser und damit auch in das Trinkwasser und gefährden die Gesundheit des Menschen.

Der Mensch gestaltet seine Umwelt zumeist zu seinem Vorteil. Oft schädigt er aber damit den Lebensraum von Pflanzen und Tieren und schafft sich so nicht vorhergesehene Umweltprobleme.

Rote Listen

In den Roten Listen haben Wissenschaftler, Vertreter der Naturschutzbehörden und ehrenamtliche Mitarbeiter Daten über das Vorkommen und die Gefährdung heimischer Tier- und Pflanzenarten zusammengetragen. Man unterscheidet folgende Gefährdungsstufen:
0 ausgestorben 1 vom Aussterben bedroht
2 stark gefährdet 3 gefährdet
4 nicht gefährdet.
Für die 59 Libellenarten in Niedersachsen gilt folgende Zuordnung:
Stufe 0: 2 Arten, z.B. Hauben-Azurjungfer
Stufe 1: 13 Arten, z.B. Grüne Mosaikjungfer
Stufe 2: 9 Arten, z.B. Blauflügel-Prachtlibelle
Stufe 3: 13 Arten, z.B. Gefleckte Smaragdlibelle
Stufe 4: 22 Arten, z.B. Große Heidelibelle.

1. Berechne, wie viel Prozent der Libellenarten nicht gefährdet sind!

2. Nenne mögliche Gründe für den Rückgang der Libellenarten! Berücksichtige bei deinen Überlegungen folgende Information: Die Larven der Libellen leben im Wasser und ernähren sich von dort lebenden Tieren.

Gartenschläfer

Kleine Hufeisennase

Einige geschützte Tiere

Wir gefährden durch Bebauung, Trockenlegung von Feuchtgebieten u.a. die Lebensräume von Tieren und Pflanzen. **Die Roten Listen der gefährdeten Tiere und Pflanzen** mahnen: Von unseren 502 Wirbeltierarten sind 31 ausgestorben, 62 sind vom Aussterben bedroht und 118 gefährdet. Von den ca. 1027 Großschmetterlingen sind 27 ausgestorben und 60 vom Aussterben bedroht.

Biber

Europ. Sumpfschildkröte

Eisvogel

Uhu

Smaragdeidechse

Laubfrosch

Kreuzkröte

Kreuzotter

Hirschkäfer

Apollofalter

Sonnentau

Hummelragwurz

Rotes Waldvögelein

Frauenschuh

Einige geschützte Pflanzen

Auch die Pflanzen sind stark gefährdet. Von unseren 2728 Farn- und Blütenpflanzen sind 63 ausgestorben, 102 vom Aussterben bedroht und 562 gefährdet.
Das **Bundesnaturschutzgesetz** und die **Bundesartenschutzverordnung** stellen darum eine große Anzahl von Tier- und Pflanzenarten unter besonderen Schutz.

Schachblume

Sommer-Knotenblume

Drachenwurz

Federgras

Silberdistel

Schwalbenwurz-Enzian

Diptam

Küchenschelle

Adonisröschen

Weiße Seerose

Aurikel

Königsfarn

Kein Platz für wilde Tiere?

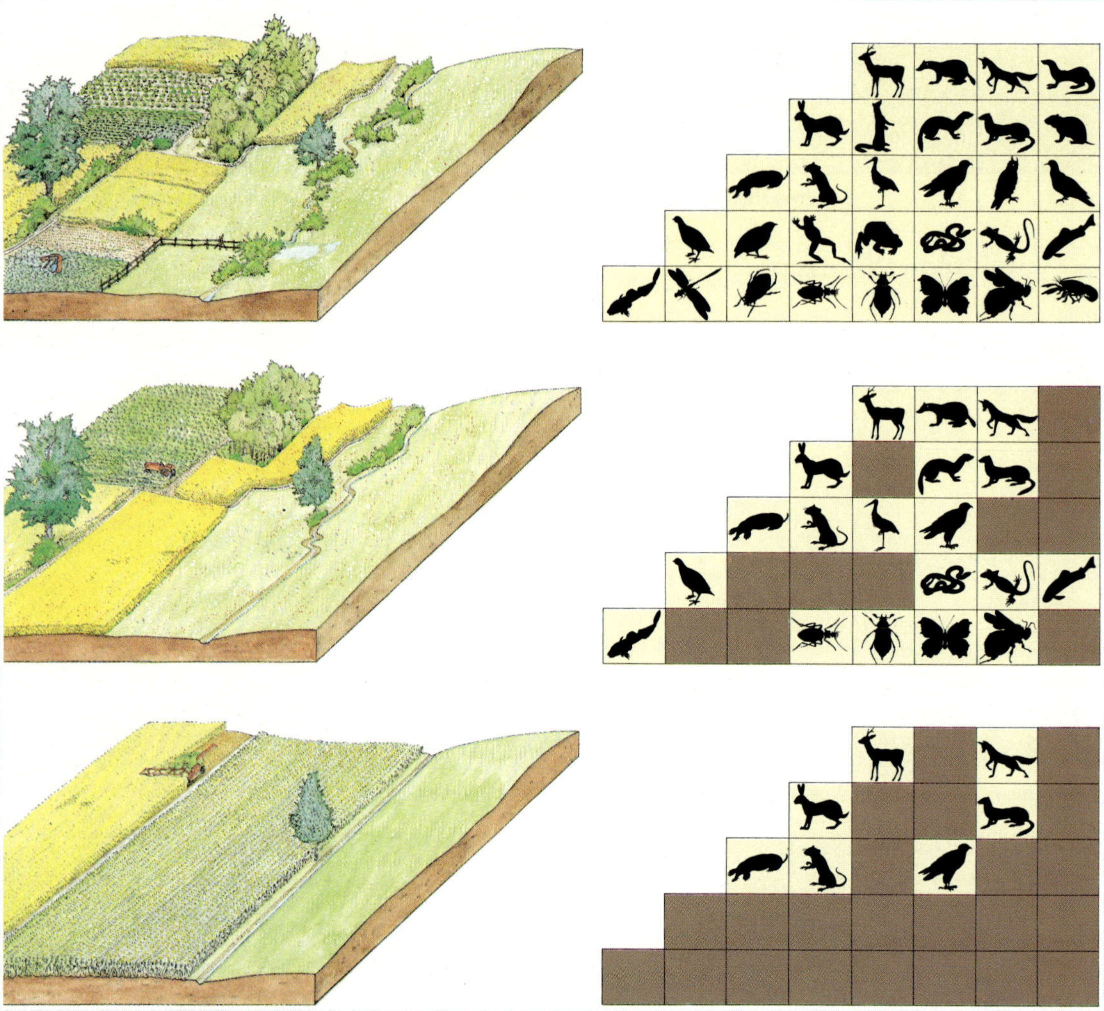

Die drei Landschaften zeigen ein Bachtal, in das der Mensch wiederholt eingegriffen hat. Die nebenstehenden Diagramme sollen verdeutlichen, wie viele Tierarten in der jeweiligen Landschaft anzutreffen sind. Folgende Tiere sind abgebildet (jeweils von links nach rechts):
I: Reh; Dachs; Fuchs; Fischotter; II: Feldhase; Steinmarder; Iltis; Hermelin; Hamster; III: Maulwurf; Feldmaus; Weißstorch; Mäusebussard; Waldohreule; Ringeltaube; IV: Rebhuhn; Wachtel; Teichfrosch; Erdkröte; Ringelnatter; Zauneidechse; Bachforelle; V: Mühlkoppe; Prachtlibelle; Gelbrandkäfer; Goldlaufkäfer; Maikäfer; Trauermantel; Ackerhummel; Flusskrebs.

1. *Beschreibe die landschaftlichen Veränderungen in dem Bachtal!*

2. *Beschreibe die Auswirkungen dieser Veränderungen auf die Artenvielfalt im Bachtal!*

3. *Nenne weitere Faktoren, die zum Rückgang der Artenzahl beigetragen haben können!*

4. *Erkläre, weshalb der Storch in der dritten Landschaftsform nicht mehr vertreten ist!*

1 **Tropischer Regenwald.** A natürlicher Zustand; B nach Brandrodung; C Erträge nach Brandrodung

5.2. Umweltprobleme weltweit

Ein Sprecher der Einwohner eines Regenwaldgebietes in Malaysia appelliert an die Verbraucher in den Industrieländern: „Kauft kein Tropenholz mehr aus unserem Wald und aus den Wäldern anderer Waldvölker. Kauft kein Mahagoni, Ramin, Meranti ...!" Natur- und Umweltschutzverbände sowie umweltbewusste Bürger unterstützen diesen Appell. Welche Befürchtungen stehen hinter dieser Forderung?

Im Jahr 1980 bedeckten etwa 20 Millionen Quadratkilometer tropische Regenwälder die Erde, damit war bereits die Hälfte der ursprünglich vorhandenen Wälder vernichtet. Seitdem gehen jährlich mehr als 180 000 km^2 Regenwald verloren. In Zentralafrika und auch in Südost-Asien wird Regenwald abgeholzt, um die wertvollen Tropenhölzer zu nutzen. Wiederaufforstung wird kaum betrieben. In Amazonien und Zentralamerika werden Regenwälder gerodet, um Weideflächen für die Rinderzucht zu gewinnen. Das anfallende Holz wird einfach verbrannt. Ähnlich verfährt man in Brasilien, um die Anbauflächen z.B. für Zuckerrohr zu vergrößern. Diesem Raubbau am Regenwaldbestand muss aus mehreren Gründen Einhalt geboten werden:

– Durch die Vernichtung von tropischen Regenwäldern wird auch der Lebensraum der Ureinwohner zerstört. Ihnen droht Tod oder Verelendung in den Slums der großen Städte.

– Der tropische Regenwald ist ein alter und hochkomplizierter Lebensraum. In dem feuchtwarmen (tropischen) Klima hat sich eine beispiellose Artenvielfalt entwickeln können. Nach vorsichtigen Schätzungen leben hier bis zu 10 Millionen Arten, ein Vielfaches der bisher bekannten Arten auf der gesamten Erde. Während man in der Bundesrepublik nur 84 Säugetier- und 12 Reptilienarten zählt, sind es allein im annähernd gleich großen Ecuador 280 bzw. 345. Durch die Vernichtung der Regenwälder gehen jährlich ca. 40 000 Tier- und Pflanzenarten unwiederbringlich verloren. Viele weitere Arten, z.B. der Orang-Utan, sind vom Aussterben bedroht. Diesem Raubbau an der Tier- und Pflanzenwelt muss Einhalt geboten werden. Der Mensch trägt, wenn er Teile der Natur nutzt, die Verantwortung für den Schutz und den Erhalt des jeweiligen Lebensraumes. Zusätzlich muss bedacht werden, dass die Vielfalt der Tiere und Pflanzen im Regenwald für den Menschen nützlich sein kann. So enthält schon heute eines von vier Medikamenten, das man in einer Drogerie oder Apotheke kaufen kann, Stoffe, die dem tropischen Regenwald entstammen.

– Die tropischen Regenwälder wachsen auf einer nur dünnen Humusschicht. Nach der Abholzung wird diese Humusschicht durch Niederschläge abgetragen, Nährsalze werden ausgewaschen. Die Böden werden unfruchtbar, hohe Erträge können nur durch starke Düngung erzielt werden.

– Der Verlust großer Waldgebiete könnte klimatische Veränderungen nach sich ziehen.

2 **Ölpest**

Öl	107 000–165 000 t
Klärschlamm	5 000 000 t
Industrieabfall flüssig fest	 2 136 000 t 1 658 000 t
Chlorierte Kohlenwasserstoffe (z.B. DDT, Lindan)	 >10 000 t
polychlorierte Biphenyle (PCBs)	 5 t
Cadmium	340 t
Quecksilber	75 t
Blei	11 000 t
Arsen	950 t
Nährsalze Stickstoff Phosphor	 1 600 000 t 10 000 t

3 **Müllkippe Nordsee?** jährlicher Eintrag von Schadstoffen in die Nordsee

Als 1986 der panamesische Tanker „Brady Maria" vor Brunsbüttel leckschlug, liefen 300 t schweres Heizöl in die Elbmündung aus. In den nachfolgenden Wochen wurden allein an das niedersächsische Elbufer mehr als 2000 verendete Seevögel getrieben, darunter Eiderenten, Silbermöwen und Alke. Warum sterben Seevögel an *Ölverschmutzungen?*

Das auf dem Wasser treibende Öl verklebt das Gefieder der Vögel. Diese reagieren mit verstärktem Putzen. Sie versuchen, das Fett der Bürzeldrüse mit Hilfe ihres Schnabels in das Gefieder einzumassieren. Dabei verschlucken sie Ölreste, die schwere Schädigungen des Magen-Darm-Traktes, der Leber, der Nieren und des Immunsystems hervorrufen. Infektionskrankheiten und Geschwüre treten als Spätschäden auf.

Häufig gelingt es den Vögeln nicht, das verölte Gefieder mit dem Fett der Bürzeldrüse einzufetten. Dann dringt das kalte Wasser in das Gefieder ein und verdrängt die wärmeisolierende Luft. Es kommt zur Unterkühlung des Seevogels, meist tritt sehr schnell der Tod ein.

Aber auch in Jahren, in denen keine Tankerunfälle gemeldet wurden, sterben Seevögel durch Ölverschmutzung. So werden von der Vogelwarte auf Helgoland Jahr für Jahr mehr als 300 angespülte „Ölopfer" gezählt. Die tatsächliche Anzahl der „Ölopfer" ist um ein Vielfaches größer. Die Ölverschmutzung der Nordsee und auch der anderen Meere geschieht jeden Tag. So werden bei der Erdölförderung beträchtliche Ölmengen frei. Schiffe entledigen sich ihrer ölhaltigen Wasser- und Schlammreste auf hoher See, das ist billiger und zeitsparender als in den Häfen. Abwässer der Industrie und der Gemeinden führen ebenfalls Ölreste mit sich. Auch die in die Meere einmündenden Flüsse tragen Ölverunreinigungen mit sich. Man schätzt, dass die Nordsee jährlich mit mehr als 100 000 t Öl belastet wird. Das entspricht der Ölmenge, die ein großer Tanker transportiert.

Weniger auffällig und weniger Aufsehen erregend sind die vielen anderen *Schadstoffe,* die die Meere verunreinigen. So gelangen Jahr für Jahr mehr als 340 t hochgiftigen *Cadmiums* in die Nordsee. Dieses Metall kann schwere Nieren- und Leberschädigungen hervorrufen. Auch die *PCBs (Polychlorierte Biphenyle)* werden in großen Mengen in die Nordsee eingeleitet: mehr als 5 t pro Jahr. Man vermutet, dass die verminderte Fruchtbarkeit bei Kegelrobben und die gehäuften Missbildungen bei Flundern auf diese giftige Stoffgruppe zurückzuführen sind. Diese und viele andere Schadstoffe sind den Meeresbiologen bekannt. Es wird befürchtet, dass sich die einzelnen Schadstoffe in ihrer Wirkung gegenseitig beeinflussen. Die Verschmutzung der Meere muss bekämpft werden.

1. Begründe, warum der tropische Regenwald geschützt werden muss!

2. Nenne mögliche Maßnahmen zum Schutz der Nordsee!

Leben wir in einem Treibhaus?

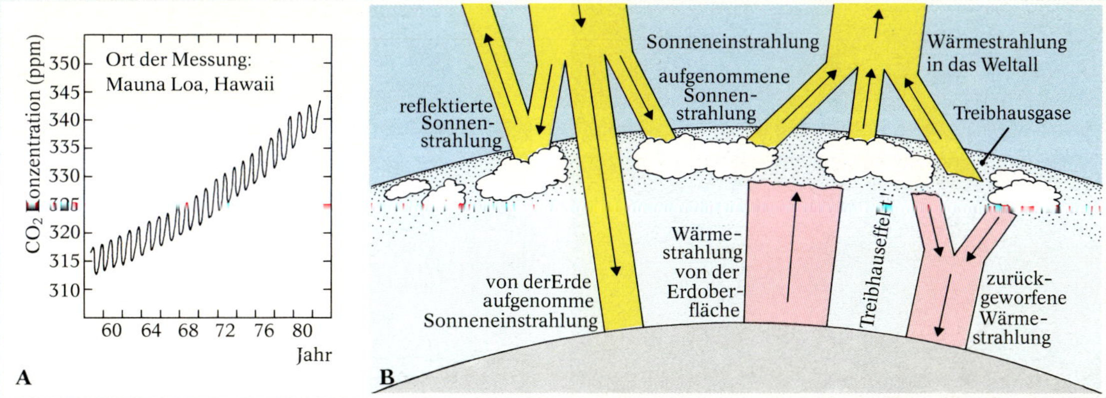

4 **Treibhaushypothese.** A Kohlenstoffdioxid-Konzentration in der Luft; B Schema zur Energiebilanz auf der Erde

Die Vision ist düster: „Die meisten Straßen Hamburgs werden nur noch per Ruderboot zu benutzen sein, von den Hafenanlagen werden nur noch die Ladekräne zu sehen sein…“ Was steht hinter dieser bedrohlichen Vorausschau? Klimaforscher beobachten seit längerer Zeit einen Anstieg der Kohlenstoffdioxid-Konzentration in der Atmosphäre. Waren es 1958 315 ppm (pars per million = Teile pro Million), so wurden 1985 348 ppm gemessen. Dass es sich bei dieser Zunahme nicht um zufällige Schwankungen handelt, belegen Untersuchungen an antarktischen Eisbohrkernen. Die darin eingeschlossenen Luftblasen gehen auf die Mitte des 19. Jahrhunderts zurück und weisen eine Kohlenstoffdioxid-Konzentration von 280 ppm auf.

Vergleichbare Messungen bodennaher Lufttemperatur lassen keinen so eindeutigen Trend erkennen. Von 1885 bis 1940 erwärmte sich dieser Bereich um 0,3 °C, danach folgte ein Temperaturrückgang um 0,3 °C; in jüngster Zeit wird wieder ein Temperaturanstieg festgestellt. Es wird befürchtet, dass zwischen den beiden Größen Kohlenstoffdioxidgehalt und Lufttemperatur ein ursächlicher Zusammenhang besteht. Die meisten Forscher erwarten Veränderungen, die mit einem „Treibhauseffekt“ vergleichbar sind. Dem liegen folgende Vorgänge und Überlegungen zugrunde: Die sichtbare Sonnenstrahlung durchdringt die Troposphäre, eine etwa 12 km hohe Luftschicht, relativ ungehindert und wird von der Erdoberfläche zunächst aufgenommen. Die Erdoberfläche erwärmt sich dadurch und gibt Wärmestrahlung in den Weltraum ab. Diese wird jedoch von der Troposphäre teilweise zurückgehalten und zur Erde zurückgeworfen. Diese Eigenschaft der Troposphäre, von der Erdoberfläche abgestrahlte Wärme teilweise wieder zurückzuwerfen, ist u.a. durch die Gase Kohlenstoffdioxid und Methan sowie durch die *Fluorchlorkohlenwasserstoffe* (FCKW, bekannt als Treibgase in Spraydosen) bedingt. Je höher diese Gase konzentriert sind, desto mehr Wärmestrahlung wird von der Troposphäre zur Erdoberfläche zurückgeworfen. Man befürchtet nun, dass bei weiter steigender Konzentration dieser „Treibhausgase“ die Erde mehr Wärme aufnimmt, als sie abstrahlt. Folglich werden die Temperaturen auf der Erde steigen. Eis schmilzt an den Polkappen, der Meeresspiegel steigt. So könnten sich die eingangs beschriebenen Befürchtungen bewahrheiten.

Die FCKW wirken sich durch eine weitere Eigenschaft negativ auf das Erdklima aus. Zusammen mit der ultravioletten (UV)-Strahlung des Sonnenlichts bewirken sie einen verstärkten Abbau von *Ozon.* Dieses Gas ist besonders in 20–30 km Höhe anzutreffen und hält dort die UV-Strahlung des Sonnenlichts teilweise zurück. Durch die Abnahme des Ozongehaltes, man spricht auch von einem Ozonloch, gelangt verstärkt UV-Strahlung auf die Erdoberfläche. Beim Menschen kann es dadurch z.B. häufiger zu Hautkrebserkrankungen kommen.

1. Beschreibe die Ursachen der befürchteten Klimaveränderungen, die mit den Vorgängen in einem Treibhaus vergleichbar sind!

2. Wie kannst du dazu beitragen, dass es zu keiner Erhöhung der CO_2-Konzentration kommt?

1 Menschen im Wald

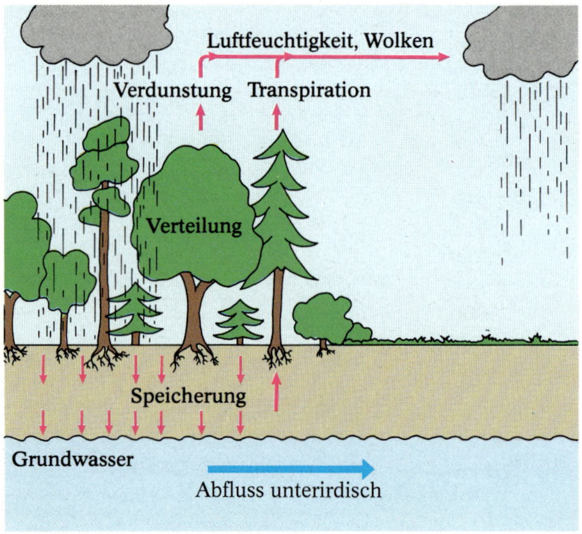

2 Der Wald im Wasserhaushalt

5.3. Der Mensch braucht den Wald zum Leben

Wir machen einen Waldspaziergang. Ein wolkenbruchartiger Regen überrascht uns. Es dauert jedoch eine ganze Weile, bis wir nass werden. Die Regentropfen bleiben zunächst an Blättern und Ästen hängen oder werden durch diese in feinste Tröpfchen gespalten, sodass ein sanfter Sprühregen entsteht. Knapp die Hälfte davon fällt auf den lockeren, humusreichen, bemoosten Waldboden, wird dort aufgenommen und gespeichert. Ein Teil wird von den Pflanzen aufgesogen und durch die Blätter an die Luft abgegeben. In einem geringen Umfange sickert das vom Waldboden aufgenommene Wasser langsam weiter bis zu wasserundurchlässigen Schichten. Dabei wird es filtriert und ist dann arm an Verunreinigungen und frei von Krankheitskeimen. Es sammelt sich im Grundwasser, fließt ab zu größeren Grundwasservorräten und kann dann als gleichmäßig fließende Quelle wieder ans Tageslicht treten. Mehr als die Hälfte des Niederschlags wird jedoch von den Baumkronen zurückgehalten. Das Wasser verdunstet und erhöht zusammen mit dem durch die Spaltöffnungen der Blätter abgegebenen Wasserdampf die Luftfeuchtigkeit. Es bilden sich Wolken, die auch entfernteren Landstrichen Regen bringen. Der Wald spielt also eine wichtige Rolle im **Wasserhaushalt** der Natur und beim Auffüllen der Trinkwasservorräte.
Werden Wälder in großem Umfang gerodet, fallen die Niederschläge ungebremst auf die Erdoberfläche. Besonders an Hängen wird dann der fruchtbare Boden abgespült. So sind zum Beispiel heute 80% der Fläche Griechenlands Ödland, weil in den letzten 2000 Jahren weitaus mehr Bäume geschlagen als neu angepflanzt wurden. Der Wald verhindert also die *Bodenabtragung.*
Zudem wirkt der Wald als **Luftfilter.** Während 1 m^3 Luft über Industriegebieten mehr als 500 000 Staubteilchen enthält, sind es in 1 m^3 Waldluft nur 500. Staubteilchen setzen sich auf Blättern und Nadeln ab und werden dann vom Regen in den Boden gespült.
Große Bedeutung hat der Wald für den Menschen, weil er eine fast unerschöpfliche **Rohstoffquelle** darstellt. Während die Vorräte an Erdöl, Erzen oder Kohle stark abnehmen, wächst der Rohstoff Holz immer wieder nach. Seine wirtschaftliche Bedeutung zeigt sich u.a. auch darin, dass z.B. in Niedersachsen mehr als 40 000 Menschen bei der Gewinnung und Verarbeitung von Holz ihren Arbeitsplatz finden.

Zunehmend wird der Nutzen des Waldes jedoch unter einem weiteren Gesichtspunkt gesehen. Viele Menschen leben in Ballungszentren und sind dort einer ständigen Belastung durch Lärm, Hektik und Enge ausgesetzt. Für diese Menschen ist der Wald ein bevorzugter **Erholungsraum.** Hier erleben sie Ruhe und Entspannung und genießen die Weite und Schönheit des Lebensraumes Wald.

Schüler im Jugendwaldheim

3 Schüler beim Pflanzen junger Fichten

4 Schüler beim Aufhängen eines Nistkastens

Katharina berichtet von ihrem Aufenthalt in einem Jugendwaldheim: „...Zunächst wurde unsere Klasse zur Arbeit im Wald eingeteilt. Einige von uns sammelten das ein, was Wochenendbesucher im Wald zurückgelassen hatten: leere Getränkeflaschen und -dosen, Verpackungsreste und weggeworfenes Papier. Eine andere Gruppe pflanzte unter der sachkundigen Anleitung eines Waldfacharbeiters junge Fichten. Der Rest der Klasse half mit ein Wildgatter anzulegen, das junge Bäume vor dem Verbiss durch Rehe und Rotwild schützen soll.

Für eine Woche lebten wir hier. Am Tage arbeiteten wir im Wald, die Nacht verbrachten wir in einem Jugendwaldheim. Für die meisten von uns war der Wald bisher nur Ausflugsziel oder Gegenstand des Biologieunterrichts. Jetzt erlebten wir den Wald. Wir erfuhren ihn als Arbeitsplatz, an dem wir im Schweiße unseres Angesichts durch eigene Arbeit die Kosten für Unterkunft und Verpflegung verdienten. Auch lernten wir durch aktives Tun Zusammenhänge im Lebensraum Wald und damit verbundene Umweltfragen kennen.

Täglich arbeiteten wir vier bis sechs Stunden. Den Nachmittag und den Abend durften wir frei gestalten. Im Gespräch mit dem Forstbeamten konnten am Tage erworbene Erfahrungen vertieft werden. Auch konnten Fragen, die aus der Arbeit im Wald erwachsen waren, durch weitere Untersuchungen vor Ort geklärt werden. So lernte z.B. die Gruppe, der auch ich angehörte, die am Vormittag ausgeastetes Holz zusammengetragen und dabei Wild aufgeschreckt hatte, die Wildbeobachtung auf dem Hochsitz kennen. Eine weitere Gruppe, die Nistkästen aufgehängt hatte, erfuhr vom Förster, welche Bäume Höhlenbrüter bevorzugen. Bei einer Nachtwanderung lernten wir neue Geräusche und Gerüche kennen, wir stießen dabei auf Tiere, die wir am Tag nicht zu Gesicht bekommen hatten.

Der Aufenthalt im Jugendwaldheim wurde mit einem Wettbewerb abgeschlossen. Wir mussten Baumarten erkennen, Baumhöhen schätzen, Spuren identifizieren und Gewölle zuordnen ...“

1. Wodurch unterscheidet sich ein Aufenthalt im Jugendwaldheim von einer Klassenfahrt?

2. Nimm Stellung zu folgendem chinesischen Sprichwort: „Sagst du's mir, so vergesse ich es, zeigst du's mir, so merke ich es mir vielleicht. Lässt du mich teilnehmen, so verstehe ich es.“

1 **Geschädigte Fichten.** A Kronenverlichtung; B Nadelverfärbung; C zusätzliche Triebe auf der Astoberseite

5.4. Waldschäden

Die Fichte in der Abbildung 1 ist krank. Man kann durch die Krone der Fichte hindurchsehen, was bei einer gesunden Fichte nicht möglich ist. Zusätzlich zu dieser *Kronenverlichtung* kann man beobachten, dass die Krone einen unregelmäßigen, „zerzausten" Eindruck macht. Wie kommt es zu diesen Veränderungen im Bereich der Krone? Geht man näher an eine so geschädigte Fichte heran, fallen völlig entnadelte Äste auf. Nadeln früherer Jahrgänge wurden vorzeitig abgeworfen und nicht durch neue ersetzt. Auch kann an jüngeren Zweigabschnitten die Benadelung lückenhaft sein. An einigen Trieben lassen sich unnatürlich kurze Nadeln beobachten. So entsteht insgesamt der Eindruck einer lichten Krone. Der „zerzauste" Eindruck lässt sich darauf zurückführen, dass ältere Jahrestriebe in unregelmäßigen Abständen ausgefallen sind. Statt dessen sind Seitentriebe verstärkt in die Länge gewachsen.
Auf der Astoberseite haben sich zusätzliche Triebe entwickelt. Einige Nadeln sind fahlgrün oder gelb verfärbt. Mit zunehmendem Alter werden sie immer deutlicher hellbraun gefleckt, schließlich fallen sie ab.
Untersucht man die Wurzel einer geschädigten Fichte, erkennt man die vielen geschädigten oder abgestorbenen Feinwurzeln.
Auch andere Baumarten unserer Wälder sind gefährdet. So beobachtet man bei Tannen und Kiefern Nadelverluste. Erkrankte Buchen tragen vergilbte Blätter, die sie dann schon im Sommer abwerfen.
Diese Schäden an unseren Waldbäumen werden durch das Zusammenwirken verschiedener Faktoren verursacht. Zu diesen Faktoren gehören Luftschadstoffe wie *Schwefeldioxid, Stickstoffoxide, Schwermetalle* und *Ozon.* Diese Schadstoffe wirken direkt auf Nadeln und Blätter ein und zerstören dabei deren Aufbau. Dadurch verlieren die Blätter verstärkt Wasser, die Fotosynthese wird gestört und wichtige Salze werden ausgewaschen. Darüber hinaus reagieren das Schwefeldioxid und die Stickstoffoxide mit Wasser zu Säuren, es entsteht der so genannte *saure Regen.* Dieser gelangt in den Boden und führt dort zu einer Bodenversauerung. Dadurch werden Teilchen freigesetzt, die zum Beispiel das Feinwurzelwerk schädigen. Als Folge dieser Schädigung kann die Pflanze weniger Salze und weniger Wasser aufnehmen.

1. Nenne die Merkmale, an denen man eine erkrankte Fichte erkennen kann!

2. Nenne Faktoren, die mitverantwortlich sind für Schäden an unseren Waldbäumen!

3. Was versteht man unter dem sauren Regen?

4. „Die ober- und unterirdischen Schädigungen an den Fichten stehen miteinander in Wechselwirkung." Erkläre diese Behauptung!

Abgase

2 Smog

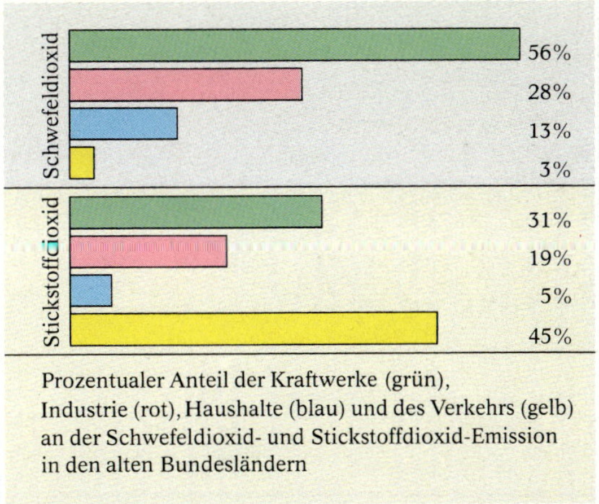

3 Woher kommen die Schwefel- und Stickstoffoxide?

Seit Tagen liegt eine Dunstglocke über der Stadt. Sie besteht aus bodennaher Kaltluft und wird nach oben durch eine wärmere Luftschicht abgeschirmt. So wird ein Luftaustausch mit der Atmosphäre verhindert, Schadstoffe sammeln sich in der Luft an. Es herrscht *Smog* (eine Zusammenfassung aus smoke: Rauch und fog: Nebel). Viele Menschen leiden während des Smogs unter Erkrankungen der Atemwege, Kopfschmerzen und Übelkeit. Die Anfälligkeit gegenüber Infektionskrankheiten steigt. Besonders gefährdet sind alte Menschen und Kleinkinder. Welche Schadstoffe sind für diese Erscheinungen verantwortlich?
In Kraftwerken sowie in den Heizungsanlagen der Industrie und der privaten Haushalte werden Kohle und Heizöl verbrannt. Dabei entstehen auch Stickstoffoxide und Schwefeldioxid. Es werden also Luftverunreinigungen abgegeben, man bezeichnet diesen Vorgang als *Emission.* So gibt ein großes Steinkohlekraftwerk ohne Filteranlage, das pro Stunde 200 000 kg Kohle verfeuert, stündlich 2,4 Millionen Kubikmeter Rauchgase durch seinen Schornstein ab. Darin sind u.a. 5500 kg Schwefeldioxid enthalten. Die Gase werden von Menschen eingeatmet und rufen die beschriebenen Beschwerden hervor. Man bezeichnet eine solche Einwirkung von Schadstoffen auf Lebewesen als *Immission.* Eine Verringerung der Emission ist erforderlich. Man kann den Schwefeldioxidausstoß durch *Filteranlagen* herabsetzen und so die vom Gesetzgeber geforderten Grenzwerte erreichen. Nach der *Großfeuerungsanlagenverordnung* darf ein neu erbautes Kraftwerk höchstens 400 mg Schwefeldioxid pro m^3 Rauchgas abgeben; bei einer Anlage ohne Filter sind es immerhin 2300 mg pro Kubikmeter! Bei immer mehr Menschen setzt sich allerdings die Überzeugung durch, dass die Emissionen noch wirkungsvoller verringert werden können, wenn der Energieverbrauch gesenkt wird. Dabei kann jeder Einzelne mithelfen.
Auch Kraftfahrzeuge tragen wesentlich zur Verunreinigung der Luft bei. Auspuffgase enthalten Stickstoffoxide und Kohlenstoffmonoxid. Diese Gase sind sehr giftig. Bei anhaltender Smogwetterlage können aus diesem Grunde innerstädtische Bereiche für den Kraftfahrzeugverkehr gesperrt werden, um eine Anreicherung dieser Gase zu verhindern. Die Abgabe von Kohlenstoffmonoxid und der für den sauren Regen mitverantwortlichen Stickstoffoxide wird durch *Katalysatoren* verringert. Die Emissionen durch Kraftfahrzeuge lassen sich allerdings einfacher und wirkungsvoller senken, wenn der einzelne Bürger auf die Benutzung seines Autos *verzichtet* und statt dessen öffentliche Verkehrsmittel oder ein Fahrrad benutzt.

5. Nenne die Beiträge, die die Bürger eines Landes zur Verringerung der Emissionen durch Kraftwerke leisten können!

1 Ein klarer Alpensee

2 Wird nur das Feld gedüngt?

5.5. Der See ist ein empfindlicher Lebensraum

Nur noch selten trifft man auf einen See, dessen Wasser kristallklar ist. Ein solcher See ist zumeist recht tief und äußerst arm an Mineralstoffen. Hier können nur wenige Algen leben und daher gibt es hier nur wenige Tiere. So sinkt auch nur wenig totes Material auf den Seeboden und kann dort von den Zersetzern vollständig abgebaut werden, ohne dass es im Tiefenwasser zu einem Sauerstoffschwund kommt. Die bei diesem Abbau frei werdenden Mineralstoffe, die Nährsalze, stehen nach der Herbstzirkulation wieder den Algen zur Verfügung, sodass der Kreislauf geschlossen ist. Zwischen Erzeugern, Verbrauchern und Zersetzern besteht ein **biologisches Gleichgewicht**, das sich in Jahrhunderten eingependelt hat.

Häufiger gibt es flache Seen mit einem hohen Nährsalzgehalt. Diese Seen waren früher auch gesund, heute kann man bedrohliche Veränderungen beobachten. Die Algendichte ist stark erhöht, am Grunde und am Rande eines solchen Sees gibt es üppiges Pflanzenwachstum. Demzufolge ist auch der Bestand an Tieren hoch. Jährlich müssen riesige Mengen von toten Pflanzen und Tieren abgebaut werden. Dies geschieht jedoch nicht vollständig, da der sommerliche Sauerstoffgehalt des Tiefenwassers bis auf Null absinkt und die Zersetzer sich somit nicht weiter vermehren können. Am Grunde eines solchen Sees sammelt sich Schlamm aus unvollständig abgebauten Lebewesen an. Wie kommt es zu einer solchen Störung des Stoffkreislaufs in einem See?

Die Ländereien, die einen solchen See umgeben, werden landwirtschaftlich genutzt und mit Nährsalzen gedüngt. Diese werden nur zum Teil von den Pflanzen aufgenommen, der Rest wird ausgewaschen und in den See gespült. Für das Pflanzenwachstum im See stehen also neben den von den Zersetzern freigesetzten Nährsalzen zusätzlich die von außen eingebrachten zur Verfügung. Diese begünstigen die Bildung von noch mehr pflanzlichem und tierischem Material, das von den Zersetzern nicht vollständig abgebaut werden kann. Das zwischen Erzeugern, Verbrauchern und Zersetzern bestehende Gleichgewicht ist stark belastet. Im ungünstigsten Fall „kippt" ein solcher See um. Die abgestorbenen Lebewesen werden immer unvollständiger abgebaut, der Sauerstoffgehalt im See nimmt weiter ab, viele Lebewesen sterben an Sauerstoffmangel. Das „Umkippen" eines Sees wird beschleunigt, wenn ungeklärte Abwässer eingeleitet werden.

1. Stelle in einem Pfeildiagramm dar, welche Folgen das Einleiten von Mineralstoffen in einen See nach sich zieht!

2. Erläutere, inwiefern Badegäste am Seeufer eine Belastung für den See darstellen können!

Ein See „kippt" um

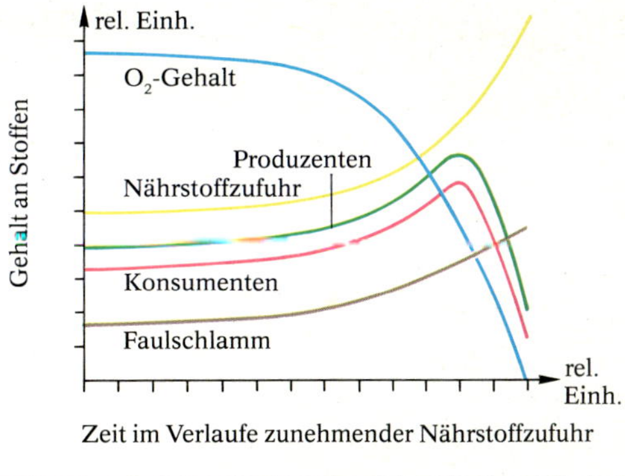

3 Ein nährsalzreicher See. A Foto; B stoffliche und biologische Veränderungen

Die Katastrophe war nicht zu übersehen: Viele tote Fische trieben an der Wasseroberfläche. Untersuchungen durch einen Experten ergaben, dass sich im See unterhalb der Sprungschicht kein Sauerstoff mehr befand. Proben vom Grunde des Sees brachten stinkenden Schlamm zutage.
Damit war eine eindeutige Diagnose möglich: Der See war „umgekippt". Wie war es dazu gekommen? Der See liegt in einer Region, die landwirtschaftlich intensiv genutzt wird. Nach jedem stärkeren Regen führt der Bach, der den See durchfließt, Mineraldünger mit, der aus den angrenzenden Äckern ausgewaschen worden ist. In den Bach werden zudem die geklärten Abwässer der Kläranlage einer nahe gelegenen Kleinstadt geleitet. Diese Kläranlage besitzt noch keine chemische Reinigungsstufe und kann deshalb dem Abwasser die gelösten Salze nicht entziehen.
Der See war also mit Nährsalzen überschwemmt worden. Das hatte eine explosionsartige Vermehrung der Algen und der von ihnen lebenden Wasserflöhe zur Folge. Zur Freude der Angler vermehrten sich auch die Fische prächtig. Die Angler bemerkten allerdings nicht die negativen Auswirkungen dieser Entwicklung. Große Mengen toter Algen und Wasserflöhe sanken auf den Seeboden. Aufgrund dieses guten Nahrungsangebots vermehrten sich die Zersetzer beträchtlich. Dennoch konnten sie die abgestorbenen Tiere und Pflanzen nicht vollständig abbauen. Während der Sommerstagnation des vergangenen Jahres war der Sauerstoffgehalt im Tiefenwasser bedrohlich abgesunken. Nur der Zustrom sauerstoffreichen Oberflächenwassers bei der Herbstzirkulation hatte den Zusammenbruch verhindern können.

Nun war es so weit: Schon jetzt, zu Beginn des Sommers, war der Sauerstoff im Tiefenwasser vollständig verbraucht. Die auf Sauerstoff angewiesenen Zersetzer verschwanden. An ihre Stelle traten solche Mikroorganismen, die organische Stoffe auch ohne Sauerstoff abbauen können. Dabei produzieren sie Faulgase wie den giftigen und nach faulen Eiern riechenden Schwefelwasserstoff. Ein Teil der Lebewesen im See wurde durch solche Faulgase geschädigt oder gar getötet. Während in einem gesunden See die Tätigkeit der Zersetzer die Entwicklung pflanzlicher Organismen wie beispielsweise Algen fördert, kehren sich die Verhältnisse in dem „kranken" See um. Die Tätigkeit der Zersetzer, die ohne Sauerstoff auskommen, schädigt viele andere Organismen. Wenn jetzt nicht unverzüglich Rettungsmaßnahmen eingeleitet werden, die verhindern, dass das Tiefenwasser über Jahre hinaus mehr oder weniger sauerstofflos bleibt, wird der See endgültig absterben: Die meisten Lebewesen werden durch die Faulgase getötet, der See wird zu einer toten stinkenden Jauchegrube.

3. Mit Hilfe eines Limnoaggregats, das am Seeboden verankert wird, kann man Luft und damit Sauerstoff in das Tiefenwasser pressen. Nenne die Vorgänge, die mit Hilfe eines solchen Geräts im Tiefenwasser in Gang gesetzt werden!

4. Nenne mögliche Maßnahmen, durch die Landwirte zur Entlastung eines Gewässers beitragen können! Welche Nachteile können für die Landwirte aus solchen Maßnahmen entstehen?

1 Fischsterben

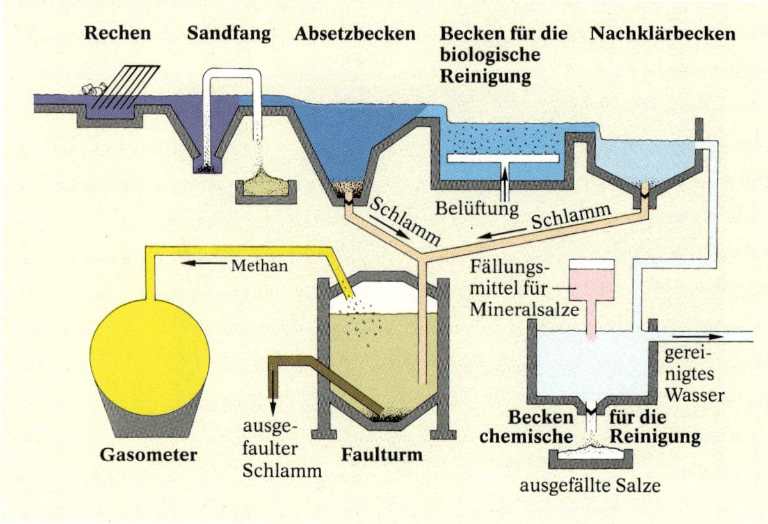

2 Schema einer Kläranlage

5.6. Umweltgefahren durch Abfall

Als wieder einmal tote Fische im trüb-braunen Wasser der Unterelbe trieben, waren die Fischer und Naturschützer empört. Es kam zu einer spontanen Protestaktion. Ein Spruchband wurde entrollt: „Erst der Rhein, dann die Weser, jetzt die Elbe?“ Worum ging es in diesem Protest?

Im Bericht des Umweltbundesamtes von 1988/89 wird die Elbe als „stark verschmutzt“ bezeichnet. Im Elbwasser lassen sich viele giftige Stoffe wie Chrom-, Nickel-, Cadmium- und Bleisalze in stark überhöhter Konzentration nachweisen. Zusätzlich schweben im Wasser der Elbe große Mengen an Fäkalien oder Abfällen, die den **Abwässern** aus Haushalten oder Lebensmittel verarbeitenden Betrieben entstammen. Solche von Organismen stammenden Stoffe bezeichnet man als *organische Stoffe.* Sie werden von Sauerstoff zehrenden Bakterien abgebaut. Im Sommer, wenn diese Abbauvorgänge besonders intensiv ablaufen, kann es zu einem bedrohlichen „Sauerstoffloch“ im Unterlauf der Elbe kommen: Der Sauerstoffgehalt kann zeitweilig sehr stark absinken. Fische, die auf Sauerstoffmangel empfindlich reagieren, sterben.
Abwässer können in einer **Kläranlage** gereinigt werden. Zunächst wird mit Hilfe eines *Rechens* das grobe Material wie mit einem Sieb abgetrennt. Im *Absetzbecken* sinken die Schwebstoffe zu Boden. Sie werden im Faulturm zersetzt und später zu Kompost verarbeitet. Das Abwasser fließt in ein *Belüftungsbecken.* Hier bauen Bakterien die restlichen organischen Stoffe mit Hilfe von Sauerstoff ab. An diese biologische Reinigungsstufe kann sich eine chemische anschließen. Dem Wasser werden hier Salze entzogen. Nun kann es in einen See oder einen Fluss eingeleitet werden.

Industrieabwässer müssen in besonderen Kläranlagen gereinigt werden. Die in ihnen enthaltenen Stoffe sind so vielfältig, dass sie in öffentlichen Kläranlagen nur unzureichend beseitigt werden können. Bei Cadmium z.B. gelingt dies nur zu etwa 40%, bei Blei zu 50–90%. Die Reinigung industrieller Abwässer wird auch dadurch erschwert, dass man nicht alle in ihnen enthaltenen Schadstoffe kennt.

Auffälliger ist ein anderes Abfallproblem. Folgt man z.B. einer Schulklasse, die sich an einem Kiosk mit Proviant eingedeckt hat, muss man über weggeworfene Getränkedosen, Keksverpackungen oder Apfelsaftflaschen hinwegtreten. Erstaunlich ist allerdings, dass dieselben Schüler sich lauthals darüber empören, wenn sie am Wegrand alte Fernseher oder aufgerissene Matratzen sehen. Infolge des gehobenen Wohlstands können es sich immer mehr Menschen leisten, viele und zu aufwendig verpackte Gegenstände zu kaufen. Nicht mehr benötigte Gegenstände und Verpackungen werden weggeworfen. Da sie häufig aus Metall, Kunststoffen oder Glas bestehen, wer-

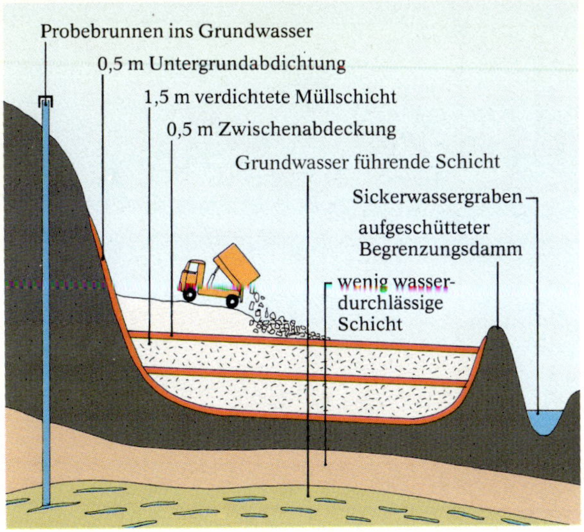

3 Mülldeponie

den sie nicht von Kleinstlebewesen abgebaut, d.h., sie verfaulen nicht.
Es ist daher wichtig Müll zu sammeln und in geeigneter Form zu lagern. Dies geschieht in **Mülldeponien.** Hier wird Müll mit Spezialfahrzeugen zusammengepresst. Ein Standort für eine solche Deponie muss oberhalb des Grundwassers liegen und zusätzlich durch eine wasserundurchlässige Schicht nach unten abgedichtet sein. Austretendes Sickerwasser enthält vielfältige Schadstoffe und muss daher aufgefangen und geklärt werden. Die Lagerung von Müll ist sehr platzaufwendig und teuer. Es ist daher unbedingt erforderlich die Mülllawine aufzuhalten. Dies gelingt dadurch, dass Konsumgüter weniger aufwendig verpackt werden bzw. der Käufer solche Produkte bevorzugt, die sparsam verpackt sind oder in Mehrwegverpackungen angeboten werden. Müll muss vor der Lagerung sortiert werden. Organisches Material kann kompostiert werden. Stoffe wie Glas, Eisen und andere Metalle können wieder verwertet werden. Eine solche Wiederverwertung von Stoffen nennt man **Recycling.** Es wird immer nachdrücklicher gefordert, möglichst nur solche Stoffe bei der Herstellung und Verpackung von Produkten einzusetzen, die wieder verwendet werden können.

1. Informiere dich über das „duale System" der Abfallverwertung! Stelle zusammen, welche Abfälle in den gelben Sack gehören! Erläutere!

Recycling – der Natur abgeschaut

Die oben liegenden Blätter des Falllaubs lassen noch erkennen, von welchem Baum sie stammen. Die tiefer liegenden Blätter sind durch Fraßspuren entstellt. Die Blätter der unteren Streuschicht bestehen nur noch aus Blattadern. Das abgeworfene Laub wird also zersetzt. Dadurch wird verhindert, dass der Wald an seinen Abfällen erstickt. Die bei der Zersetzung frei werdenden Salze können von den Pflanzen des Waldes wieder verwertet werden. An diesen Vorgängen sind unvorstellbar viele Organismen beteiligt. So leben in einem Liter Waldboden viele Milliarden Bakterien, Pilze, Amöben, Geißeltierchen und andere Einzeller, 30 000 Fadenwürmer, 1000 Springschwänze, 50 Borstenwürmer und einige Regenwürmer. Durch ihre Tätigkeit werden die im pflanzlichen und tierischen „Abfall" enthaltenen Salze wieder für andere Organismen verwertbar.

Der Abfall, der in einem Haushalt anfällt, kann nur zu einem kleinen Teil von Kleinlebewesen zersetzt werden. So lassen sich z.B. Küchenabfälle kompostieren. Der weitaus größere Teil, wie z.B. Kunststoff- und Glasbehälter oder Papier, muss eingesammelt und in einer Deponie gelagert werden. Von Jahr zu Jahr fällt mehr Müll an. Die Müllmenge lässt sich verringern, wenn man bestimmte Müllbestandteile wie Glas oder Papier aussortiert und weiter verwertet. So kann man z.B. aus Altpapier die Cellulose herauslösen und für die Papierherstellung nutzen. Eine solche Weiterverwertung von Abfall bezeichnet man als **Recycling.**
Neben der *Abfallverringerung* bietet die Recycling-Methode weitere Vorteile. Dies wird z.B. bei der Wiederverwertung von Altpapier deutlich. Wichtigster Papierrohstoff ist Holz. Aus diesem entstehen durch Kochen mit bestimmten Chemikalien die Cellulosefasern, die dann zu Papier verarbeitet werden. Verwendet man nun bei der Neuproduktion von Papier Cellulosefasern aus Altpapier, so kann kostbares Holz eingespart werden. Es kommt also zu einer *Schonung der Rohstoffvorräte.* Zugleich entfällt das Kochen des Holzes. Dies bedeutet eine *Verringerung des Energiebedarfs.* Da bei Verwendung von Altpapier weniger Chemikalien zugesetzt werden müssen, ist auch weniger Wasser für das anschließende Herauslösen der Zusätze erforderlich. Dies bedeutet eine *geringere Belastung der Umwelt.*

1 **Kartoffelkäfer.** A Larven; B Vollinsekt

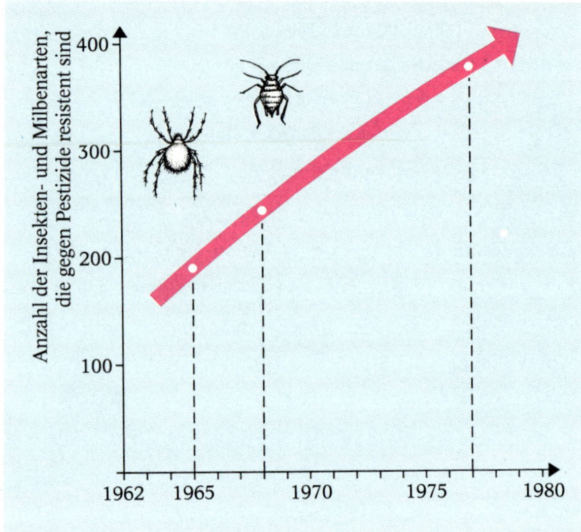

2 **Pestizide – ein stumpfes Schwert?**

5.7. Schädlingsbekämpfung – was wird bekämpft?

In seiner ursprünglichen Heimat Nordamerika lebte der Kartoffelkäfer auf verschiedenen Nachtschattengewächsen. Im letzten Jahrhundert gelangte der Käfer nach Europa. Hier wurde er zum Schädling der Kartoffelpflanze, die auch zu den Nachtschattengewächsen gehört. Wie ist diese „Karriere“ des Kartoffelkäfers zu erklären?

Kartoffelanbau ist eine so genannte **Monokultur.** Abgesehen von einigen Kräutern und Gräsern findet man hier Kartoffelpflanze neben Kartoffelpflanze. Dies sind günstige Nahrungsbedingungen für ein Lebewesen, das sich wie der Kartoffelkäfer bevorzugt von Nachtschattengewächsen ernährt. Rasch, fast explosionsartig können sich die Käfer auf einem solchen Feld vermehren. Eine schnelle Vermehrung wird zudem dadurch begünstigt, dass auf einer so einförmigen Kulturfläche Feinde des Kartoffelkäfers nicht anzutreffen sind. Es kann sich hier nicht, wie in einem natürlichen Lebensraum, ein Gleichgewicht zwischen Räuber und Beute einstellen. Der Kartoffelkäfer bleibt unbehelligt. Er und seine Larven fressen Löcher in die Blätter des Kartoffellaubs, auch vom Rand her werden die Blätter angefressen. Bei sehr starkem Befall bleiben nur die Stängel verschont. Der Ertrag geht sehr stark zurück, im Einzelfall muss der gesamte Bestand untergepflügt werden. Der Kartoffelkäfer fügt dem Landwirt Schaden zu, er ist ein **Schädling.** Früher wurden deshalb Kartoffelfelder nach Kartoffelkäfern abgesucht. Zusätzlich achtete man auf einen regelmäßigen Wechsel zwischen einer Halmfrucht (Getreide) und einer Blattfrucht (Rüben, Kartoffeln). Dadurch wurde Pflanzen fressenden Tieren und parasitischen Pilzen das Überleben erschwert. Heute bedient man sich der **chemischen Schädlingsbekämpfung.** Dazu wird ein industriell hergestelltes Schädlingsgift ausgestreut oder, in Wasser gelöst, versprüht. Ein solcher Stoff heißt *Pestizid.* Es tötet den jeweiligen Schädling. Damit scheint auf den ersten Blick das Problem gelöst und Schaden abgewehrt zu sein. Bei näherer Betrachtung sind jedoch schwerwiegende Nachteile dieser Form der Schädlingsbekämpfung nicht zu übersehen:

1. Die meisten Mittel töten nicht nur den Schädling, sie sind also nicht *selektiv.* Durch den Einsatz des Mittels sind auch andere an Kulturpflanzen lebende Arten betroffen. Man schätzt, dass in den USA auf Kulturpflanzen 10 000 Insektenarten vorkommen. Davon sind lediglich 100 Arten Schädlinge. 20% davon sind Großschädlinge, denen 90% aller Bekämpfungsmaßnahmen gelten.
2. Über *Nahrungsketten* werden die Pestizide weitergereicht. Am Ende solcher Nahrungsketten stehende Tiere sind dann besonders gefährdet. So legen Greifvögel aus Regionen, in denen das Pestizid *DDT* intensiv eingesetzt wird, äußerst dünnschalige Eier. Diese werden dann meistens noch vor dem Schlüp-

3 **Schlupfwespe belegt San-José-Schildlaus**

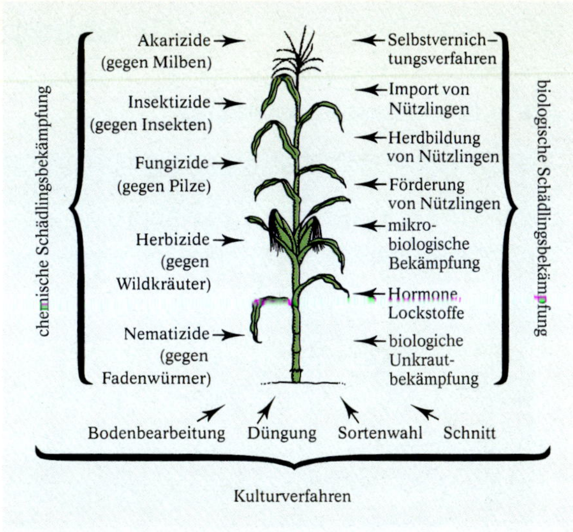

4 **Integrierter Pflanzenschutz**

fen der Jungen durch das brütende Elterntier zerdrückt.

3. Immer mehr Schädlinge können den Pestiziden widerstehen, d.h., sie werden *resistent*. Da diese Widerstandsfähigkeit erblich ist und daher an die Nachkommen weitergegeben wird, müssen immer neue Pestizide entwickelt werden. Ein auf Dauer wirksames Pestizid wird es wohl nicht geben.

4. Pestizide und ihre Abbauprodukte gelangen in das Grundwasser und in die menschliche Nahrung. Dadurch ist auch der Mensch gefährdet.

Bei den vielen Nachteilen der chemischen Schädlingsbekämpfung läge es nahe, ganz auf den Einsatz von Pestiziden zu verzichten. Da aber fast jeder zweite Mensch auf der Erde hungert und jährlich mehr als 50 Millionen Menschen an den Folgen der Unterernährung sterben, müssen Schädlinge der Nahrungsmittelpflanzen bekämpft werden. Dabei sind zwei Dinge wichtig: Zum einen müssen Pestizide wohl dosiert und unter Berücksichtigung möglicher Folgen eingesetzt werden. Zum anderen müssen umweltverträglichere Methoden der Schädlingsbekämpfung entwickelt und angewendet werden. So setzt man bei der **biologischen Schädlingsbekämpfung** Lebewesen ein, um die Anzahl schädlicher Pflanzen und Tiere zu verringern. Diese Methode hat sich z.B. bei der Bekämpfung der San-José-Schildlaus bewährt. Diese Schildlaus befällt Obstbäume sowie Johannis- und Stachelbeerbüsche. Der angerichtete Schaden ist beträchtlich. Lässt man in einem befallenen Obstanbaugebiet viele Schlupfwespen frei, so geht die Anzahl der Schildläuse in den folgenden Jahren deutlich zurück. Die Schlupfwespen legen ihre 10 bis 40 Eier mit Hilfe eines Legestachels in den Körper der Schildläuse. Die aus den Eiern schlüpfenden Larven ernähren sich von der Schildlaus. Diese geht dabei zugrunde.

Gegen den Apfelwickler, dessen Larve als Obstmade großen Schaden anrichtet, gibt es noch keine ausgereiften biologischen Bekämpfungsverfahren. Man muss daher chemische Mittel einsetzen. Vor dem Einsatz solcher Mittel kontrolliert man sorgfältig, wie stark die Bäume befallen sind. In Stichproben überprüft man, wie viele Früchte Einbohrstellen haben. Erst wenn 1–2% der Früchte befallen sind und damit die *Schadensschwelle* erreicht ist, werden chemische Mittel gegen den Apfelwickler gespritzt. Bei diesem Vorgehen steht die bestmögliche Schonung der Umwelt im Vordergrund. Da man hier verschiedene Bekämpfungsmethoden kombiniert, nennt man diese Methode **integrierte Schädlingsbekämpfung**.

1. Warum ersetzt man heute die Bezeichnung „Unkraut" durch das Wort „Wildkraut"?

2. Stelle Vor- und Nachteile der biologischen und chemischen Schädlingsbekämpfung zusammen!

Übung: Umwelt

A 1. Grundwasserabsenkung

Das vorstehende Bild zeigt eine Landschaft, in der aus Tiefbrunnen Wasser entnommen wird. In den nachfolgenden Schemazeichnungen ist der Grundwasserspiegel vor und nach Anlage der Tiefbrunnen dargestellt.

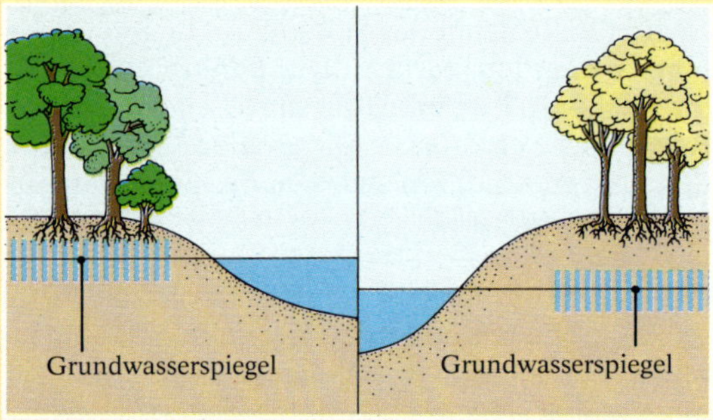

Aufgaben: a) Beschreibe das Bild der Landschaft, in der aus Tiefbrunnen Wasser entnommen wird!
b) Erkläre deine Beobachtungen mit Hilfe der beiden Schemazeichnungen!

V 2. Modellversuch zur Grundwasserabsenkung

Material: 2 Weckgläser (1 l); 2 große Joghurt-Becher (Höhe ca. 12,5 cm); Sand (nicht zu fein); Kressesamen; Bohrmaschine mit 3-mm-Bohrer bzw. Durchstecher; Filzstift
Durchführung: Bohre bei Becher A vier Löcher in den Boden, bei Becher B vier Löcher in ca. 6 cm Höhe! Fülle dann beide Becher mit trockenem Sand bis zur Höhe von 1 cm unterhalb des Becherrandes und drücke je 10 Kressesamen vorsichtig in den Sand! Stelle dann die Becher in je ein Weckglas! Gib in das Weckglas mit dem Becher A so viel Wasser, dass der Becher 1 cm tief in das Wasser eintaucht! Markiere diese Höhe mit einem Filzstift! Das Weckglas mit dem Becher B wird mit Wasser gefüllt, bis der Becher 7 cm tief in das Wasser eintaucht. Auch dieser Wasserstand wird markiert. Stelle die beiden Ansätze an einen erschütterungsfreien Platz! Beobachte die Entwicklung der Kressesamen über einen Zeitraum von 6 Tagen! Achte darauf, dass der Wasserstand auf der markierten Höhe bleibt!
Aufgabe: Fertige ein Beobachtungsprotokoll an und erkläre die Beobachtungen im Zusammenhang mit der Problematik der Grundwasserabsenkung!

V 3. Wir untersuchen Blätter salzgeschädigter Bäume (Schulversuch!)

Material: 10%ige Silbernitratlösung; destilliertes Wasser; 3 Reagenzgläser; Filtertrichter; Filterpapier; Messbecher; Blätter von Linden oder Kastanien am Rande einer Straße, die im Winter stark befahren und mit Salz freigestreut wird; Blätter von Linden oder Kastanien straßenferner Standorte; Trockenschrank oder Backofen; Briefwaage
Durchführung: Die Blätter werden, getrennt nach Standort und Baumzugehörigkeit, im Trockenschrank oder im Backofen bei 105 °C eine Stunde lang getrocknet und dann fein zerdrückt. Verrühre 1 g des so erhaltenen Pulvers mit jeweils 10 ml destilliertem Wasser! Lasse die Aufschwemmungen für 30 Minuten stehen! Filtriere dann die ungelösten Teile ab, verwende dazu jeweils ein frisches Filtrierpapier! Gib von jedem Filtrat 5 ml in je ein Reagenzglas, fülle ein weiteres Reagenzglas mit 5 ml destilliertem Wasser auf! Versetze dann jedes Reagenzglas mit 10 Tropfen Silbernitratlösung!
Aufgaben: a) Fertige ein Beobachtungsprotokoll an!
b) Erkläre deine Beobachtungen mit Hilfe folgender Zusatzinformation: Gibt man Silbernitratlösung zu einer Lösung, die auch nur in Spuren Natriumchlorid enthält, so trübt sich die Lösung milchig-weiß. Je stärker die Trübung ist, desto mehr Natriumchlorid ist in der Lösung enthalten.
c) Nenne andere Möglichkeiten eisglatte Straßen und Bürgersteige abzustumpfen!

Übung: Umwelt

V 4. In welcher Konzentration kann man Heizöl noch riechen?

Material: 2 Glasgefäße mit 1-l-Marke; passende Gummistopfen; 1-ml-Pipette mit Pipettierhilfe; Bechergläser; kleine Menge Heizöl
Durchführung: Gib mit Hilfe der Pipette 0,1 ml Heizöl in das Glasgefäß I und fülle dieses mit Leitungswasser bis zur 1-l-Marke auf. Schüttle das mit einem Gummistopfen verschlossene Gefäß, bis sich die beiden Flüssigkeiten vermischt haben. Entnimm diesem Gemisch mit Hilfe der Pipette 10 ml Flüssigkeit und lasse sie in das Glasgefäß II laufen. Fülle dieses dann mit Leitungswasser bis zur 1-l-Marke auf. Überführe dann aus beiden Glasgefäßen 20 ml Lösung in je ein Becherglas. Überprüfe den Geruch beider Proben.
Aufgaben: a) Fertige ein Protokoll an!
b) Berechne die Heizölkonzentration in den beiden Glasgefäßen!
c) Berechne, wie viel Liter Grundwasser durch einen Liter Heizöl geschmacklich verunreinigt werden!

A 5. Plastik-Tüte oder Jute-Tüte

Fast alle Einkaufsmärkte bieten Plastiktüten gegen ein geringes Entgelt oder gar umsonst an. In diesen Tüten werden die gekauften Waren dann zum Auto bzw. zur Wohnung getragen. Zumeist landen sie dann im Hausmüll. Dieses Verhalten der Verbraucher wird zunehmend kritischer gesehen.

A Energieverbrauch für 1 kg Plastiktüten

Herstellen des Stoffs (Polyethylen)	17,4 kWh
Verarbeiten des Stoffs	27,0 kWh
Diverses, Transport	0,6 kWh
Total	45,0 kWh
1 Plastiktüte (25 g)	1,12 kWh

B Energieverbrauch für 1 kg Jutetaschen

Waschen, Trocknen des Materials	0,5 kWh
Spinnen maschinell	1,8 kWh
Weben maschinell	1,4 kWh
Nähen	0,4 kWh
Transport	0,6 kWh
Total	4,7 kWh
1 Jutetasche (120 g)	0,56 kWh

1 Kilowattstunde (kWh) ist eine Energieeinheit, sie entspricht 4187 Joule (J).
Aufgabe: Nimm mit Hilfe der Tabellen A und B zu dem Tüten-Taschen-Streit Stellung! Nenne weitere Argumente für das Transportmittel Jutetasche!

A 6. Der Entsorgungstest

ABFALL	WARUM soll er nicht in den Hausmüll?	WO/WIE kann er entsorgt werden?
Altmetalle	oft schädliche Legierungen	Altmetallhändler
Altglas	Belastung der öffentlichen Deponien	Glascontainer
Altpapier	Energie- und Wasserersparnis	Altpapiersammlungen
Aluminium	Energieersparnis	Dosencontainer
Altöl	Belastung der Böden u. d. Wassers	Tankstellen
Batterien	enthalten umweltgefährdende Stoffe	Sammelstellen beim Händler
Farben, Lacke, Lösungsmittel	enthalten gesundheitsgefährdende Stoffe	Stadtreinigungsamt, Händler
Kühlschränke	enthalten FCKW, die die Ozonschicht zerstören	spezielle Entsorger, beim Stadtreinigungsamt erfragen
Medikamente	Reaktionen mit anderen Stoffen unbekannt	Apotheke, Stadtreinigungsamt
Gartenabfälle	Belastung der öffentlichen Deponien	Kompostieren/vom Sperrmüll trennen
Pestizide, Holzschutzmittel	oft gesundheitsschädlich bis stark giftig	Händler, Stadtreinigungsamt
Reifen	optische Belastung, Umwelt	Reifenhändler
Thermometer	enthalten hochgiftiges Quecksilber	Apotheken, Stadtreinigungsamt
Tierkörper	Krankheitserreger, Tollwutgefahr	Abdeckerei
Textilien	Rohstoffersparnis	Altkleidersammlung

Aufgabe: Stelle deinen Verwandten, Nachbarn und Freunden die im Kopf der Tabelle genannten Fragen zu den aufgelisteten Abfällen! Wer weniger als 23 richtige Antworten erreicht, erhält den Titel „Entsorgungsmuffel“.

Verhalten von Tier und Mensch

1 Stichlinge beim Hochzeitstanz

1. Angeborenes Verhalten bei Tier und Mensch

1.1. Stichlinge im Hochzeitsfrack

Im Georgius-Agricola-Gymnasium in Chemnitz stehen zwei große Schauaquarien. Eines davon enthält Dreistachlige Stichlinge.
Etwa im Mai kann man im Aquarium ein farbenprächtiges Schauspiel beobachten: Das sonst unscheinbar gefärbte Männchen erstrahlt jetzt in einem bunten Hochzeitskleid. Die Augen leuchten smaragdgrün, der Rücken zeigt alle Farben von leuchtendem Grün über tiefes Blau bis zu schiefergrauen Farbtönen. Unterkiefer, Kehle und Bauch aber tragen ein feuriges Rot. Dieser bunte Fisch schwimmt ruhelos im Aquarium umher und vertreibt alle anderen Tiere aus dem Gebiet, das er als sein **Revier** ausgewählt hat. Er ist in Fortpflanzungsstimmung. In diesem Revier wird er seine Jungen großziehen.
Aber vorher baut er aus kleinen Blättchen und Fasern auf dem Boden ein tunnelförmiges Nest. Erscheint nun ein Weibchen, dessen Bauch durch eine große Zahl von Eiern dick aufgebläht ist, so kommt es zu einem eigenartigen Verhalten: Die beiden Fische führen einen regelrechten „Tanz" auf, den man *Zickzack-Tanz* nennt. Das Männchen zeigt dabei dem Weibchen den Eingang des Nests. Schließlich schwimmt das Weibchen hinein. Jetzt stößt das Männchen kräftig mit der Schnauze an den Hinterleib des Weibchens, das daraufhin die Eier ablegt. Sofort gibt das Männchen seine Samenzellen über den Eiern ab. Von nun an bewacht es das Gelege aufmerksam und hütet auch die Jungen, sobald sie geschlüpft sind.

Diese Verhaltensweise müssen die Stichlinge nicht lernen. Sie sind ihnen angeboren. Angeborene Verhaltensweisen, die in einer besonderen Stimmung gezeigt werden, nennt man **Instinktverhalten.** Sie werden durch besondere Reize hervorgerufen, die der Verhaltensforscher Konrad LORENZ als **Schlüsselreize** oder Auslöser bezeichnete. Wenn der Stichling zum Beispiel einen roten, etwa fischgroßen Gegenstand sieht, schwimmt er angriffslustig darauf zu. Die rote Farbe ist der Auslöser für sein Angriffsverhalten. Durch dieses Verhalten vertreibt er mögliche andere Männchen mit rotem Bauch aus seinem Revier. In seinem Nervensystem gibt es Schaltungen, die die Merkmale des Schlüsselreizes aus den anderen Reizen der Umgebung herausfiltern können. Diesen „Filter" nannte LORENZ **Angeborenen Auslösenden Mechanismus**, kurz **AAM.** Wenn der Stichling dann auf ein Weibchen wartend an den Grenzen seines Reviers umherschwimmt, so nennt man dieses **Appetenzverhalten.** Er ist auf der Suche nach einem Schlüsselreiz, hier den typischen Körperformen der weiblichen Stichlinge in Fortpflanzungsstimmung. Beim Zusammentreffen fortpflanzungsgestimmter Fische wirken ihre Auslöser so zusammen, dass ihre Handlungen aufeinander abgestimmt ablaufen. Man spricht dann von einer **Handlungskette.**

1 Brutkolonie der Lachmöwe

2 Droh- und Demutsverhalten von Lachmöwen

1.2. Ungeschriebene Gesetze in Tiergemeinschaften

In der Brutkolonie herrscht ein unbeschreibliches Gedränge. Dicht an dicht liegen die Nester der Vögel auf dem Boden. Die Vögel schreien, flattern und picken nacheinander, es ist ein unsägliches Durcheinander. Schaut man aber eine Weile genauer hin, so erkennt man, dass die Vögel doch gewisse Regeln einhalten. So besteht zwischen den Nestern immer ein bestimmter Abstand. Er ist so groß, dass sich die Köpfe der beiden Vögel benachbarter Nester nicht berühren können, wenn sie sich herausbeugen. Der Bereich direkt um das Nest ist das **Revier** eines Brutpaares. Es wird aggressiv verteidigt und von anderen Möwen anerkannt. Kommt es doch zu Auseinandersetzungen, so hacken die Tiere nicht wild aufeinander ein, sondern sie versuchen erst einmal den Gegner einzuschüchtern. Auf dem Foto oben nimmt die rechte Möwe eine **Drohhaltung** ein, die die andere Möwe offensichtlich beeindruckt. Sie zeigt ihre Nachgiebigkeit durch die typische **Demutshaltung.** Ein Kampf wird nicht stattfinden, die Auseinandersetzung wurde sozusagen „symbolisch" ausgetragen.

Wir finden ähnliche Verhaltensweisen auch bei anderen Tieren, besonders bei solchen, die mit wehrhaften Waffen ausgerüstet sind. Hirsche rammen sich die Geweihe nicht in die Breitseite. Dieser Angriff würde tödlich enden. Sie stehen einander frontal gegenüber und versuchen sich gegenseitig mit den Geweihen wegzuschieben. Sie messen lediglich ihre Kräfte. Der Unterlegene gibt auf und läuft weg, ohne vom Sieger lange verfolgt zu werden. Man nennt solche Auseinandersetzungen **Kommentkämpfe.**

Auch in einer Herde von Pavianen gibt es feste Regeln des Zusammenlebens. Einer ist der „Boss". Er hat Vorrechte beim Fressen und bei der Auswahl der Sexualpartnerinnen. Man nennt diese Sozialstruktur **Rangordnung.**

Es scheint so, als ob die Tiere bei der Einhaltung dieser Regeln „vernünftig" handeln. Experimente haben aber gezeigt, dass ihnen die Regeln angeboren sind, sie müssen sie nicht lernen. Wie aber sind solche Regeln entstanden? Da die angeborenen Verhaltensweisen von Erbanlagen bestimmt werden, können sie auch durch Mutationen verändert werden.

Veränderte Verhaltensformen erweisen sich in der Praxis als zweckmäßig oder unzweckmäßig. Die zweckmäßige Form setzt sich in der Auseinandersetzung mit der Umwelt durch. So entwickelt sich ein Verhalten im Laufe von Jahrtausenden zu einer äußerst zweckmäßigen Form. Da die ganze Art dabei sozusagen das Richtige „lernt", nennt man eine solche Entwicklung **stammesgeschichtliches Lernen.**

1. Beschreibe Droh- und Demutsverhalten bei Haustieren wie etwa Katzen und Hunden!

1 Saugreflex

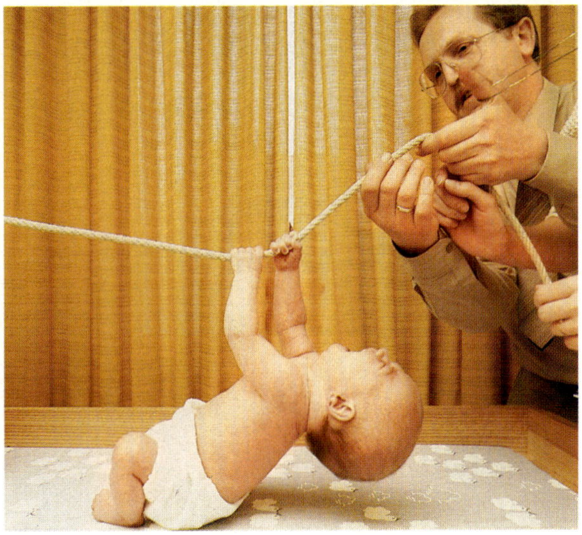

2 Handgreifreflex

1.3. Was kann ein Säugling?

Ein Kind ist geboren worden. Die Nabelschnur ist abgetrennt. Jetzt hat der *Säugling* keinen direkten körperlichen Kontakt mehr zu seiner Mutter. Hilflos bewegt er sich. Berührt die Mutter die Wange oder den Mund, öffnet er den Mund. Mit den Lippen umschließt er den Finger und macht Saugbewegungen. Dieses Verhalten zeigt der Säugling auch, wenn er an die Brust der Mutter angelegt wird. Dann bewegt er mit Suchbewegungen den Kopf hin und her. Findet er die Brustwarze, umschließt er sie mit Mund und Lippen und saugt die Muttermilch. Dieser **Saugreflex** ist dem Säugling angeboren. Was kann der Säugling noch?

Berührt man mit einem Gegenstand die Handflächen des Säuglings, umschließen die Finger den Gegenstand. Dieser **Handgreifreflex** diente vermutlich in der frühen Menschheitsgeschichte zum Festklammern im Haarpelz der Mutter.

Auch schreien und weinen kann der Säugling. Es gibt unterschiedliche Gründe für dieses **Schreiweinen.** Nimmt man den Säugling auf den Arm und lässt er sich dadurch leicht beruhigen, so hat er wohl ausgedrückt, dass er sich verlassen gefühlt hat. Er möchte Kontakt zu seiner Umwelt aufnehmen. Der Säugling zeigt **Kontaktverhalten.** Diesen Wunsch nach Kontakt äußert er auch durch ein spontanes **Lächeln.** Das Lächeln ist angeboren, denn blind geborene Säuglinge zeigen die gleiche Verhaltensweise.

Vom zweiten Lebensmonat an lächelt der Säugling menschliche Gesichter an. Nach dem 8. Monat lacht der Säugling nur noch die Gesichter vertrauter Personen an. Bei unbekannten Gesichtern dagegen „fremdelt“ er. Er wendet sich meist schreiend ab. In seiner bekannten Umgebung und in der Nähe ihm vertrauter Personen fühlt sich der Säugling offensichtlich wohl. Oft lächelt er schon, wenn er nur die Stimme seiner Mutter oder die seines Vaters hört. Seine enge Bindung an **Bezugspersonen** zeigt der Säugling dadurch, dass er versucht sie anzusehen und zu berühren. Er nimmt also **Blickkontakt** auf und stellt **Hautkontakt** her. Das gegenseitige Anlächeln und Berühren zwischen den Bezugspersonen und dem Säugling führt zu einer frühen „Unterhaltung“. Gleichzeitig festigt sich dabei die gefühlsmäßige Bindung. Der Säugling entwickelt ein **Vertrauensverhältnis** zu seiner gewohnten Umgebung. Gelegentlich müssen Säuglinge oder Kleinkinder für längere Zeit von ihren vertrauten Bezugspersonen getrennt werden. Sind sie in dieser Zeit zum Beispiel in Heimen untergebracht, kann das **Kontaktbedürfnis** nicht immer ausreichend erwidert werden. In solchen Fällen kann es für die Kinder zu schweren seelischen und körperlichen Störungen kommen. Sie neigen zu verstärkter Schwermut und Interesselosigkeit. Die Entwicklung ist verlangsamt und die Krankheitsanfälligkeit erhöht. Dieses Krankheitsbild heißt **Hospitalismus.** Manchmal leiden Menschen ihr ganzes Leben lang an den Folgen dieses „Liebesentzugs“.

1 Eichhörnchen lernt Nüsse zu öffnen

2 Konrad LORENZ mit junger Schneegans

1. Beschreibe die Abbildung 1 und nimm dazu den Test zu Hilfe!

2. Erworbenes Verhalten bei Tieren und Menschen

2.1. Angeboren oder erlernt?

Viele von euch haben schon beobachtet, wie Eichhörnchen „gekonnt" Nüsse benagen und sie in kurzer Zeit öffnen, um den Kern zu verspeisen. An den Schalen, die herunterfallen, kann man sehen, dass die Tiere ihre Zähne geschickt entlang der Faserrichtung der Nussschale führen, sodass das Holz ihnen möglichst wenig Widerstand leistet. Ist ihnen diese Technik angeboren?

Junge Eichhörnchen nehmen die Nüsse richtig in die Pfoten und führen sie zum Maul. Sie nagen dann kreuz und quer auf der Nuss herum. Schließlich bekommen sie auch ein Loch in die Schale. Dieses Vorgehen ist umständlich und dauert lange. Je mehr Nüsse das Tier aber öffnet, umso besser wird seine Technik. Es hat durch ständiges Probieren Erfahrungen gesammelt. Es hat gelernt. Das Nüssebenagen ist dem Eichhörnchen angeboren, die jeweilige Öffnungstechnik muss es jedoch erst lernen.

Wenn eine Instinkthandlung durch Lernen verbessert wird, sprechen wir von **Instinkt-Lern-Verschränkung.** Bei Wirbeltieren sind die meisten Instinkthandlungen durch Instinkt-Lern-Verschränkung charakterisiert. Wirbellose Tiere dagegen haben meist ein fertiges Instinktprogramm, das durch Lernen nur wenig abgewandelt wird. Die Instinkt-Lern-Verschränkung hat einen biologischen Sinn. Er liegt darin, dass das durch Erbanlagen festgelegte Programm an die jeweilige Situation, in der das Tier jetzt lebt, angepasst werden kann. So können zum Beispiel für bestimmte Handlungen neue Auslöser gelernt werden. Der Verhaltensbiologe spricht von **bedingten Auslösern.** Die Suche nach einem solchen Auslöser ist dann eine **bedingte Appetenz.**

Es ist schwierig festzustellen, was einem Tier angeboren ist und was es erlernt hat. Man kann das durch Experimente prüfen, bei denen man die Tiere völlig isoliert aufzieht. Die Tätigkeiten, die sie dann spontan ausführen, sind höchstwahrscheinlich angeboren. Besonders schwierig ist es festzustellen, welche Verhaltensweisen dem Menschen angeboren sind, da man hier aus ethischen Gründen keine Isolationsexperimente durchführen darf.

Eine besondere Art des Lernens ist die **Prägung.** Konrad LORENZ entdeckte dieses Verhalten, als er Gänseküken aufzog. Er beobachtete, dass Gänseküken in ihren ersten Lebensstunden ein Objekt, das rhythmisch Laute von sich gibt und sich bewegt, als ihre Mutter ansehen und diesem Objekt dann während der ganzen Jugendphase folgen. Solche Lernvorgänge finden wir bei vielen anderen Tieren. Lachse zum Beispiel werden auf den Ort ihrer Geburt geprägt, den sie dann später zum Laichen wieder aufsuchen. Singvögel werden auf den Lebensraum geprägt, in dem sie ihre Jugend verbracht haben. Bei Schildkröten bestimmen die ersten Nahrungsmittel, die sie aufnehmen, die Ernährung während des restlichen Lebens.

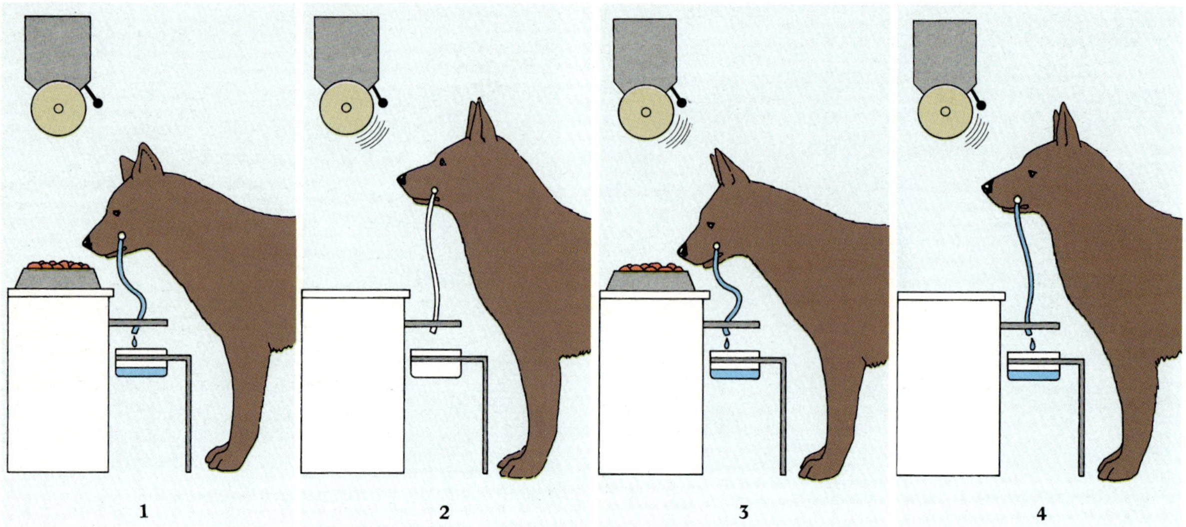

1 Die Untersuchungen PAWLOWs zur Speichelsekretion eines Hundes

2.2. Lernvorgänge

Der russische Mediziner PAWLOW beschäftigte sich Anfang dieses Jahrhunderts unter anderem mit der Frage, wie Speicheldrüsen arbeiten. Zudem interessierte ihn, wie man die Tätigkeit einer solchen Drüse beeinflussen könnte. Dazu experimentierte er mit Hunden. Um die Speichelbildung verfolgen zu können, verlegte er den Drüsenausgang durch eine Operation nach außen. Sodann hielt er dem Hund kleine Fleischstückchen vors Maul. Aus dem Drüsenausgang tropfte Speichel, die Drüse arbeitete. Nahm PAWLOW das Futter weg, versiegte der Speichelfluss. Es handelt sich offensichtlich um eine automatisch ablaufende Reaktion, die dem Hund angeboren ist. Eine solche Reaktion, die unbedingt abläuft, bezeichnet man als **unbedingten Reflex**. Das Fleisch löst unbedingt den Speichelfluss aus, es ist der *unbedingte Reiz.* Er ruft die *unbedingte Reaktion,* die Speichelbildung, hervor.

Unbedingte Reflexe sind angeboren. Zu ihnen gehört ein bestimmter Reiz. Andere Reize wie zum Beispiel der Ton einer Glocke rufen beim Hund normalerweise keine Speichelabsonderung hervor. Wenn PAWLOW also eine Glocke ertönen ließ, reagierte der Hund nicht. Legte PAWLOW dem Hund Futter vor und ließ er gleichzeitig eine Glocke ertönen, so wurde der Speichelfluss wiederum ausgelöst. Eine Überraschung erlebte der Forscher allerdings, als er nach mehreren dieser Versuche anschließend nur den Glockenton anbot. Wider Erwarten reichte der Glockenton allein aus, die Speichelreaktion in Gang zu setzen. Der Hund hatte also gelernt, allein auf den Glockenton hin mit Speichelabsonderung zu reagieren. Eine solche erlernbare Verhaltensweise nennen Biologen einen **bedingten Reflex.** Diesen Lernvorgang könnte man so erklären, dass der Hund die beiden Reize „Futter" und „Glockenton" miteinander verknüpft hat. Der Speichelfluss kann allerdings nur dann durch einen Glockenton ausgelöst werden, wenn zuvor mehrmals beide Reize – Futter und Glockenton – gleichzeitig angeboten wurden. Folglich bezeichnet man den Glockenton auch als *bedingten Reiz.* Die durch ihn ausgelöste Drüsentätigkeit heißt *bedingte Reaktion.*

Der Hund hat also **gelernt,** auf einen Glockenton hin Speichel abzugeben. Wenn man allerdings wiederholt nur die Glocke ertönen lässt, ohne Futter anzubieten, nimmt der Speichelfluss ab, bis er schließlich aufhört. Man könnte meinen, dass während der alleinigen Darbietung des Glockentons die Verknüpfung zwischen beiden Reizen gelockert und dann gelöst worden sei. Der Hund hat vergessen, auf einen Glockenton hin mit Speichelabsonderung zu reagieren. – Viele Lernvorgänge bei Tieren laufen nach ähnlichem Muster ab, so zum Beispiel Tierdressuren.

Beim Menschen spielen andere Formen des Lernens eine größere Rolle. Dazu beobachten wir ein Kleinkind vor einem Tresorwürfel. Jede Grundfläche dieses Würfels bildet eine Tür, die auf- und zugeschlos-

2 Welcher Schlüssel passt?

3 Eine schwierige Aufgabe: Durch Verlegen von nur 3 Streichhölzern soll eine Figur aus 7 gleich großen Quadraten entstehen.

sen werden kann. Jede Tür hat ein anderes Schloss mit einem besonders geformten Schlüsselloch. In jedes Schlüsselloch passt nur ein entsprechend geformter Schlüssel. Das Kind versucht, die Tür mit dem ovalen Schlüsselloch zu öffnen. Nacheinander probiert es alle Schlüssel aus. Der fünfte Schlüssel passt. Das Kind freut sich, schließt die Tür auf und verschließt sie wieder. Dann wendet es sich einem anderen Spielzeug zu. Später greift es wieder nach dem Tresorwürfel. Erneut möchte es die Tür mit dem ovalen Schlüsselloch öffnen. Nach zweimaligem Probieren gelingt es ihm die Tür zu öffnen. Später hat es keine Mühe, sofort im ersten Versuch die einzelnen Türen aufzuschließen. Es hat offensichtlich *gelernt*, eine Tür mit Hilfe eines passenden Schlüssels zu öffnen. Das Vorgehen des Kleinkindes bezeichnen wir als **Lernen durch Versuch und Irrtum.** Zeigt man einem Kind, welcher Schlüssel in welches Schloss passt, so lernt es durch **Nachahmung.** Kann man mit Hilfe dieser Lernform auch ein Problem lösen? Durch Verlegen von 3 Streichhölzern aus der Figur in Abbildung 3 soll eine Figur mit 7 gleich großen Quadraten gebildet werden. Klaus hat schon sieben vergebliche Versuche hinter sich. Im achten Anlauf hat er Erfolg. Er hat aus Versuch und Irrtum gelernt. Seine Mitschülerin Sabine geht anders vor. Sie betrachtet für einige Zeit die Ausgangsfigur. Dabei achtet sie auf unvollständige Quadrate, die durch Auflegen eines Streichholzes zu einem vollständigen werden. Auch überprüft sie, wie viele Streichhölzer frei werden, wenn ein Quadrat aufgegeben wird. Sabine analysiert also die Situation und überlegt, wie sie weiter vorgehen könnte. Ein solches **Lernen durch Einsicht** ist besonders für den Menschen kennzeichnend. Es erspart ihm zeitaufwendiges Probieren und ermöglicht die Lösung komplizierter Probleme.

Menschliches Lernen zeichnet sich dadurch aus, dass es *lebenslang* stattfinden kann. Nur so ist es möglich, mit immer neu auftretenden Problemen fertig zu werden. In einem chinesischen Sprichwort heißt es daher ganz richtig: „Lernen ist wie Rudern gegen den Strom, hört man auf, treibt man zurück."

1. Ein Landwirt betritt den Schweinestall. Mit leeren Eimern verursacht er scheppernde Geräusche. Die Schweine springen auf, eilen zur Futterrinne und wühlen schmatzend darin herum. Erkläre das Verhalten der Schweine!

2. Lege einen Styroporring und ein Styroporquadrat auf die Wasseroberfläche eines Aquariums! Gib das Futter für die Aquariumfische über einen längeren Zeitraum in den Styroporring! Kehre dann den Versuch um und füttere die Aquarienfische über das Styroporquadrat! Erläutere deine Beobachtung!

3. Nenne Beispiele dafür, dass Tiere gelernt haben! Erläutere, auf welche Art und Weise sie gelernt haben!

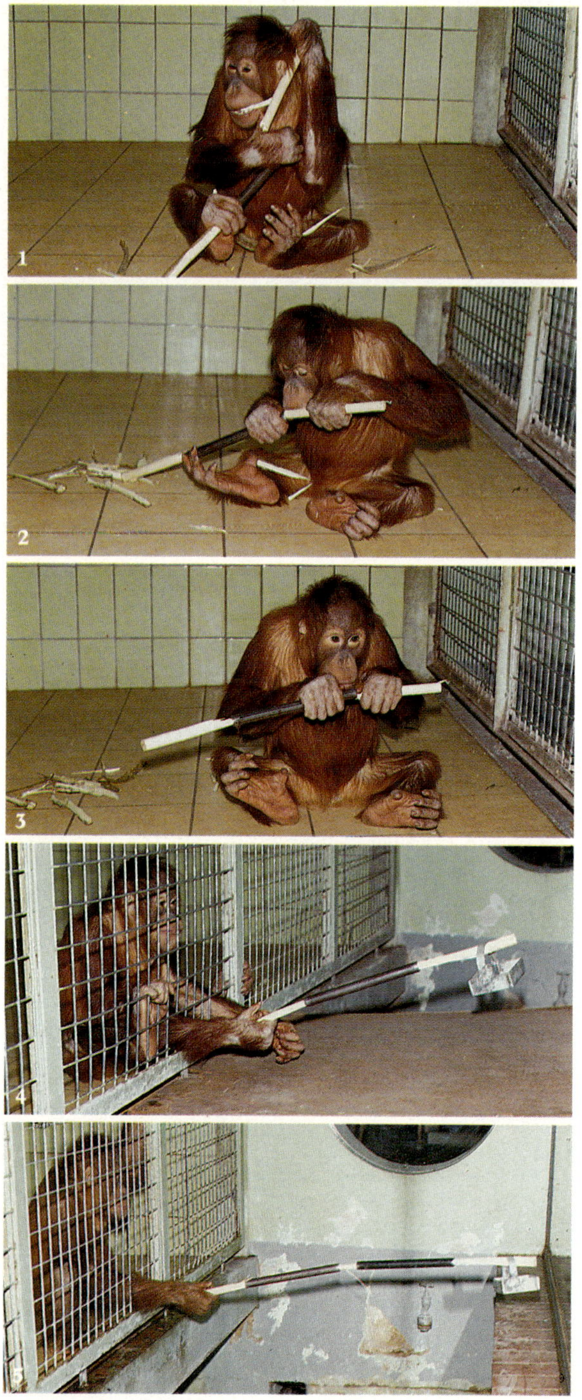

1 Werkzeugherstellung und Werkzeuggebrauch beim Orang-Utan

1. Nenne Unterschiede zwischen Lernen durch Versuch und Irrtum und einsichtigem Verhalten!

2 Orang-Utan beim Kistenversuch

2.3. Einsichtiges Verhalten bei Tieren

In einem Zoo wurde ein interessantes Experiment durchgeführt, um der Frage nachzugehen, ob Affen die Fähigkeit besitzen einsichtig und folgerichtig zu „denken“.
Man legte einem Orang-Utan in einer Faltschachtel begehrtes Futter so weit vor das Gitter, dass es das Tier mit der Hand nicht greifen konnte. Nach erfolglosem Bemühen gab das Tier zunächst auf. Es wandte sich ab und spielte mit einem Rohr und zwei Holzstäben, die man ebenfalls in den Käfig gelegt hatte. Beim Hantieren entrindete es die Holzstäbe und steckte sie zufällig in das Rohr, sodass ein verlängerter Stab entstand. Plötzlich „stutzte“ das Tier. Offensichtlich ging etwas in ihm vor. Es drehte sich um, sprang zum Gitter und angelte mit dem langen Stab nach seinem Lieblingsfutter. Dieses als **Werkzeuggebrauch** bezeichnete Verhalten erscheint so, als ob das Tier die Fähigkeit hätte einsichtig und folgerichtig zu „denken“. Doch hat das Tier wirklich nachgedacht? Die Fähigkeit von Affen Werkzeuge einzusetzen ist wahrscheinlich nicht angeboren. In anderen Experimenten verwendeten Orang-Utans auch Kisten, um an einen hoch gehängten Köder zu gelangen. Dabei fiel auf, dass sie vor dem Handeln eine Weile so dasaßen, als würden sie die Vorgehensweise planen. Solche Handlungen nennt man **einsichtiges Verhalten.** Einsichtiges Verhalten liegt also dann vor, wenn ein Tier zielgerichtet handelt.

Übung: Lernen

V 1. Knotenproblem

Material: 2 Seilstücke unterschiedlicher Stärke; 1 Rundholz (Besenstiel)
Durchführung: Knüpfe nach den Abbildungen die Knoten A, B und C!

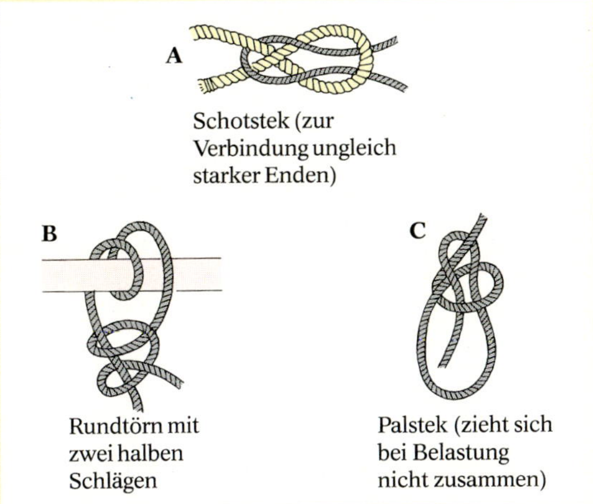

Aufgaben: a) Wie bist du vorgegangen?
b) Auf welche Weise hast du gelernt?

V 2. Streichholzproblem

Material: 16 Streichhölzer
Durchführung: Lege in der dargestellten Weise aus 16 Streichhölzern fünf Quadrate! Versetze zwei Streichhölzer so, dass vier Quadrate von gleicher Größe wie vorher entstehen!

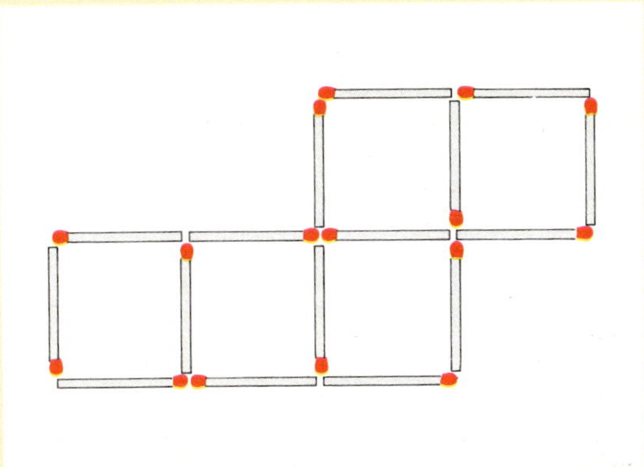

Aufgaben: a) Wie hast du die Lösung gefunden?
b) Auf welche Weise hast du gelernt?

A 3. Acht mal acht

a) Du hast achtmal die Ziffer 8 zur Verfügung. Benutze alle 8 Ziffern und bilde daraus Zahlen, zum Beispiel 88! Welche Zahlen mit diesen 8er Ziffern ergeben als Summe 1000?
b) Wie bist du vorgegangen?
c) Auf welche Weise hast du gelernt?

A 4. 9-Punkte-Problem

a) Zeichne 9 Punkte als Quadrat (3×3 Punkte) angeordnet! Verbinde die 9 Punkte mit vier Geraden, ohne den Stift abzusetzen!
b) Wie bist du vorgegangen?
c) Auf welche Weise hast du gelernt?

A 5. Schwierige Überfahrt

In einem alten Rechenbuch findet sich die folgende Aufgabe: Am Ufer eines Flusses steht ein Mann mit einem Wolf, einem Kohlkopf und einer Ziege. Der Mann will seinen Besitz an das andere Flussufer bringen. Es steht nur ein kleiner Kahn zur Verfügung, sodass er immer nur einen Teil seines Besitzes mitnehmen kann. Zwei Teile müssen jeweils am Ufer zurückbleiben. Dabei muss der Mann jedoch bedenken: Wölfe fressen Ziegen und Ziegen fressen Kohlköpfe, wenn man sie unbeaufsichtigt lässt!
a) Wen oder was kann der Mann auf seinen jeweiligen Überfahrten mitnehmen, um seinen Besitz unbeschadet mit dem Kahn auf das andere Flussufer zu transportieren?

b) Wie bist du bei der Lösung vorgegangen?
c) Auf welche Weise hast du gelernt?

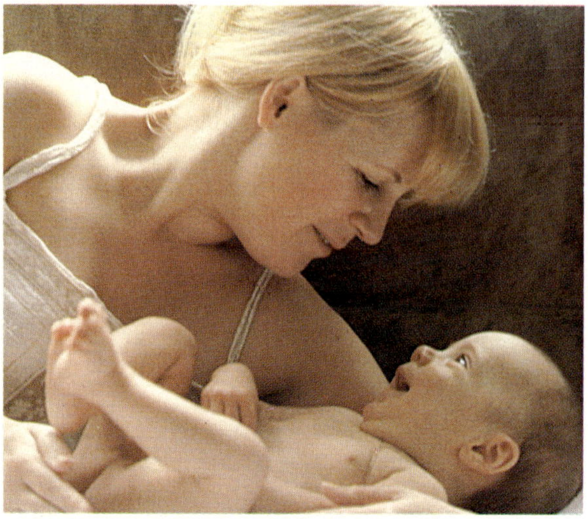

1 Mutter und Kind lächeln sich an

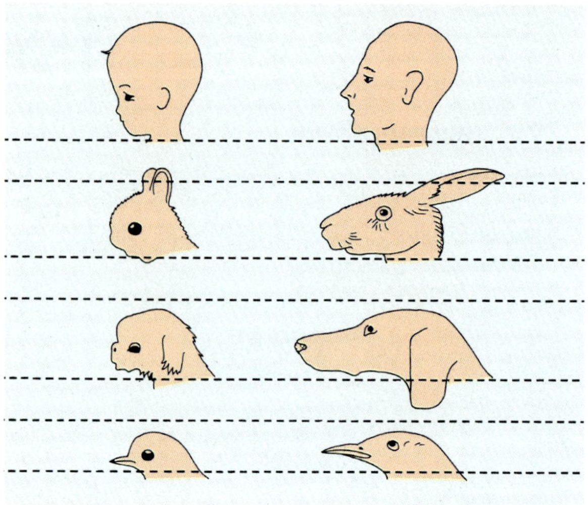

2 Niedliche und nicht niedliche Kopfumrissformen bei Tier und Mensch

Warum sind Donalds Neffen so beliebt?

Seit Jahrzehnten werden die Comics von WALT DISNEY überall auf der Welt mit großem Erfolg verkauft.

1. Nenne mögliche Gründe für die Beliebtheit vieler von WALT DISNEY gezeichneten Comic-Figuren!

2. Zeichne die Kopfumrissformen eines „Schurken“ und eines „Helden“ aus einer Comicserie und nenne die auffälligsten Unterschiede!

2.4. Wissen wir immer, worauf wir reagieren?

Das Kind im Kinderwagen schreit. Die Mutter hält inne und nimmt ihr Kind hoch. Sie streichelt es und spricht leise mit ihm. Das Kind hört auf zu weinen. Die Mutter lächelt ihr Kind zärtlich an. Inzwischen sind einige Spaziergänger hinzugetreten. Sie schauen neugierig auf das Kind, die meisten lächeln ihm zu. Einige der Umstehenden äußern sich: „Ein niedliches Kind“ oder „Oh, wie süß“. Wie kann man sich erklären, dass Erwachsene ein wildfremdes Kind anlächeln und mit Worten liebkosen?

Verhaltensforscher gingen dieser Frage durch einen Test nach. Sie legten einer größeren Anzahl von Testpersonen Kopfumrissskizzen von jungen und von ausgewachsenen Tieren vor. Die Testpersonen wurden dann aufgefordert, auf besonders niedliche, ansprechende Formen zu zeigen. Dabei stellte sich heraus: Die Testpersonen bevorzugten eindeutig die abgerundeten Kopfumrissformen der Jungtiere mit ihren großen Augen und ihren kleinen Nasen bzw. kurzen Schnauzen.

Solche Merkmale entsprechen einem **Kindchen-Schema**, auf das Menschen mit einem Lächeln, Streicheln oder dem Empfinden „Wie niedlich“ reagieren. Auch lebende Tiere wirken auf uns „herzig“, wenn sie einzelne Merkmale dieses Schemas tragen. Verhaltensforscher vermuten, dass diese Merkmale als **Schlüsselreize** wirken. Sie lösen Verhaltensweisen aus, die man zum Brutpflegeverhalten rechnen kann.

3 Niedliches Spielzeug

Die biologische Bedeutung dieser Reiz-Reaktions-Beziehung ist offensichtlich: Menschenjunge sind in ihren ersten Lebensjahren hilflos und somit auf die Fürsorge Erwachsener angewiesen. Eine solche Umsorgung durch Erwachsene wird dadurch sichergestellt, dass Babys und Kleinkinder Merkmale des Kindchen-Schemas tragen und somit bei ihren Eltern oder anderen Erwachsenen eine wohlwollende, fürsorgliche Grundstimmung hervorrufen. Beim Menschen kommt allerdings noch die Bereitschaft hinzu Schwachen und Hilflosen beizustehen.

Die Spielzeugindustrie nützt die Wirksamkeit des Kindchenschemas für ihre Zwecke aus. Sie übertreibt häufig die Merkmale dieses Schemas und stellt dadurch sicher, dass die Käufer auch tatsächlich in dem gewünschten Sinn angesprochen werden. Was man niedlich findet, möchte man auch erwerben.

3. Suche in Zeitschriften nach Anzeigen, in denen mit dem Kindchen-Schema für Produkte geworben wird!

4. Nenne Hunderassen, deren Kopfform Merkmale des Kindchen-Schemas trägt!

5. Suche Werbemotive, in denen sexuelle Schlüsselreize eingesetzt werden!

Sexuelle Schlüsselreize in der Werbung

Für elektrische Batterien wird mit einer leicht bekleideten Motorradfahrerin geworben. Dies ist verwunderlich, gehört doch die große Mehrheit der Motorradfahrer dem männlichen Geschlecht an. Und nach einem weit verbreiteten Vorurteil traut man einem Mädchen ohnehin wenig Sachverstand in Sachen Batterien zu. Als Expertin soll das Mädchen in diesem Werbemotiv offensichtlich nicht auftreten. Gefragt sind hier ihre körperlichen Merkmale wie die Rundungen von Brust und Gesäß, die schlanke Taille und auch die roten Lippen. Sie wirken als **sexuelle Schlüsselreize**, auf die Männer mit Aufmerksamkeit, Wohlgefallen und auch Erregung reagieren. So gestimmte Männer sind eher bereit, sich für das angepriesene Produkt zu interessieren.

6. Die Gesamtheit der sexuellen Schlüsselreize, die von einer Frau ausgehen, entsprechen dem so genannten Weib-Schema. Untersuche Schaufensterpuppen von Textilgeschäften daraufhin, ob sie diesem Weib-Schema entsprechen!

7. Zu einem so genannten Mann-Schema gehören Merkmale wie breite Schultern, muskulöser Körperbau, Rundung des Gesäßes. Untersuche Werbemotive daraufhin, ob sie dieses Schema einsetzen!

8. Nenne Beispiele aus der Kleidermode, die das Weib-Schema bzw. das Mann-Schema besonders herausheben!

9. Suche Comic-Figuren, die das Mann- und Weib-Schema deutlich zur Schau tragen!

1 Revierverhalten im Urlaub

2 Individualdistanz

1. Nenne weitere Beispiele für Revierverhalten und Individualdistanz!

2.5. Menschen leben zusammen

Auf Camping- und Zeltplätzen oder an den Stränden der Ostseebäder kann man es immer wieder beobachten: Um das Zelt, den Wohnwagen oder besonders um den Strandkorb stecken die Urlauber einen Bereich ab, den sie als ihren „Besitz" ansehen. Am Strand kommt das durch das Wort „Strandburg" besonders gut zur Geltung. Zuweilen wird der Besitz sogar durch kleine Zäune oder andere Markierungen verdeutlicht. Andere Menschen respektieren diese Grenzen und überschreiten sie nicht. Es fällt auch auf, dass zwischen den jeweiligen „Besitztümern" immer ein angemessener Abstand liegt. Sie rücken sich nicht zu nahe „auf die Pelle". Diesen Abstand sehen wir auch auf der zweiten Abbildung oben:
Ruhende Menschen auf Parkbänken vermeiden Tuchfühlung. Zwischen ihnen besteht immer ein gebührender Abstand. Wer diesen unterschreitet, wird als unhöflich angesehen.
Wir treffen hier auf menschliches Verhalten, das wir unbewusst zeigen. Es ist uns angeboren. Menschen streben nach Eigentum. Normalerweise wird der Besitz von den anderen Menschen respektiert. Handelt es sich bei dem Streben um den Besitz eines räumlichen Bereiches, so nennt es der Verhaltensforscher **Revierverhalten** oder **Territorialverhalten.**
Der Abstand zwischen den Revieren oder Territorien ist die **Individualdistanz.** Unterschreitet ein anderer Mensch diesen Abstand so fühlen wir uns belästigt, es sei denn, es handelt sich um einen Menschen, mit dem wir vertraut sind.
Verhaltensweisen, die uns angeboren sind, werden oft durch unsere Zivilisation überformt und verändert. Um möglichst urtümliche angeborene Verhaltensweisen studieren zu können, gehen die Forscher zu Naturvölkern, die sie in ihrer natürlichen Umgebung beobachten. Die Buschleute in der südwestafrikanischen Kalahari gehören zu einer solchen Gruppe. Als Jäger und Sammler leben sie in kleinen, überschaubaren Gruppen. Die Männer jagen, die Frauen sammeln die Feldkost. Ihre Stellung ist gleich geachtet. Die Kinder wachsen unter vertrauten Menschen auf. Sie lernen geben und nehmen, sich durchzusetzen und sich zu beherrschen. Den größten Teil der Zeit seiner stammesgeschichtlichen Entwicklung lebte der Mensch in solchen Kleingruppen, in denen jeder jeden kannte. In dieser Zeit entstand unser **Gruppenverhalten.** Der Mensch identifiziert sich seitdem mit Gruppenmitgliedern, er ist bereit, die Gruppennorm als richtig anzuerkennen und sie zu verteidigen. Ein wesentliches Merkmal der urtümlichen Kleingruppe ist die Tatsache, dass es immer Menschen gibt, die ein höheres Ansehen genießen, und andere, die mehr im Schatten der Gruppe stehen. Es herrscht eine relativ feste Rangordnung, in der jeder seinen bestimmten Platz hat. Dass dies eine tief verwurzelte Eigenschaft menschlicher Gesellschaften ist, zeigt sich z.B. in neuen Kindergartengruppen. Alsbald übernehmen Kinder eine Füh-

3 Staatsbesuch

rungsrolle gegenüber anderen, die sich unterordnen. Rangordnungen sind auch fester Bestandteil aller militärischen Organisationen und der Struktur von Betrieben. Viele Menschen suchen die Zugehörigkeit zu einer durch Rangordnung geprägten Gesellschaft. So übernehmen sie z.B. freiwillig in Vereinen Ämter, die ihnen einen festen Platz in der Rangfolge zuweisen.
Die Eigenschaften, die wir hier beobachtet haben, stammen aus unserer entwicklungsgeschichtlichen Vergangenheit. Wir können sie nicht grundsätzlich übersehen oder bestreiten, wenn wir der Natur des Menschen gerecht werden wollen. Aber diese Eigenschaften lenken uns nicht ausschließlich und allein. Wir können abwägen, zwischen zwei Möglichkeiten wählen und bewusst Entscheidungen treffen, die auf Einsicht und Vernunft beruhen. Mit unserer Willenskraft können wir uns dagegen wehren, dass unsere angeborenen Eigenschaften wirtschaftlich oder politisch ausgenutzt werden.

2. Stelle Beispiele zusammen, in denen Verhaltensweisen wie Revierverhalten, Besitzverhalten, Gruppenverhalten und Rangordnung wirtschaftlich oder politisch ausgenutzt werden!

3. Welche Bedeutung hat das Foto „Staatsbesuch“ in diesem Zusammenhang?

Typisch Frau – typisch Mann?

„Männer und Frauen sind gleichberechtigt.“ So steht es im Artikel 3 unseres Grundgesetzes. Warum wurde dieser scheinbar selbstverständliche Satz in das Grundgesetz aufgenommen? Bis ins 16. und 17. Jahrhundert lebte der größte Teil der Bevölkerung von der Landwirtschaft. Nahrungsmittel wurden selbst angebaut und verarbeitet, auch Kleidung und Hausrat wurden selbst hergestellt. Dabei gab es keine feste Trennung zwischen Männer- und Frauenarbeit. Der Lebensunterhalt wurde gemeinsam erwirtschaftet. Dies änderte sich während der industriellen Revolution, die Ende des 18. Jahrhunderts begann. Ein großer Teil der Bevölkerung lebte nun in der Stadt. Die meisten dieser Männer und Frauen arbeiteten – meist unter sehr schlechten Bedingungen – in der Industrie. Während dieser Zeit entstand aber auch ein wohlhabendes Bürgertum. Der Mann verdiente hier genug Geld, um die Familie allein zu ernähren. In der Folge entstand eine *feste Rollenverteilung* für Mann und Frau. Männer waren danach für den Unterhalt der Familie zuständig und bestimmten das gesamte wirtschaftliche, gesellschaftliche und politische Leben. Frauen sollten sich nur auf die Organisation des Familienlebens beschränken. Diese „typische“ Männer- und Frauenrolle wirkt bis in unsere Tage nach. Doch mit der Industrialisierung fanden sich auch Frauen zusammen, um für eine **Gleichberechtigung** von Mann und Frau zu kämpfen. Diese *Frauenbewegung* besteht – in unterschiedlichen Formen – bis heute. Obwohl wir auf dem Weg zur Gleichberechtigung schon ein gutes Stück vorangekommen sind, ist sie doch noch nicht vollständig erreicht. So sind Frauen auch heute noch in führenden Positionen von Wirtschaft und Politik nur sehr schwach vertreten. Der Artikel 3 des Grundgesetzes ist also nicht so sehr als Feststellung, sondern als Forderung zu verstehen. Wir alle müssen durch unser eigenes Verhalten dazu beitragen, dass es zu einer echten Gleichberechtigung von Mann und Frau kommt.

4. Prüfe dich selbst auf „typisch männliches“ bzw. „typisch weibliches“ Verhalten! Überlege, wie du solche Verhaltensweisen ändern kannst!

1 Streitende Schüler

2 Imponierverhalten

2.6. Warum so aggressiv?

Auf dem Schulhof streiten sich zwei Schüler. Hoch aufgerichtet, mit zornig verzerrten Gesichtern stehen sich die beiden Rivalen gegenüber und beschimpfen sich schreiend. Schon ballt einer die Fäuste und will zum Schlag ausholen. Da ruft ein Mitschüler: „Warum seid ihr denn so aggressiv? Müsst ihr euch unbedingt gleich prügeln?"

In solchen Streitsituationen geht es den Rivalen meist darum Ansichten durchzusetzen oder Besitz- und Rechtsansprüche geltend zu machen. Man nennt solche Reaktionen **Aggressionsverhalten.**
Eine besondere Art des Aggressionsverhaltens ist die *Aggression gegen Außenseiter*. In der Schule kann man beobachten, dass Schüler, die sich durch ihr Verhalten oder ihr Äußeres von den übrigen unterscheiden, gehänselt oder ausgelacht werden. Menschen spotten oft leichtfertig über Haarfarbe, Kleidung oder andere Religionszugehörigkeiten. Auch Angehörige anderer Volksgruppen können von einigen Bevölkerungsteilen als Außenseiter angesehen und dann zu Opfern von Aggressionen werden. Viele Jugendliche gehören einer Gruppe an. Gemeinsam verleben sie ihre Freizeit. Nicht selten begegnen sie anderen, die nicht der Gruppe angehören, aggressiv. Diese Aggressivität überträgt sich schnell in der Gruppe und endet oft mit Handlungen, die einer alleine nicht durchgeführt hätte. Man nennt das *Gruppenaggression*.

An Kindern untersuchte man die Auswirkungen von Enttäuschungen und Verärgerungen auf das Aggressionsverhalten. Man machte ihnen Versprechungen, die nicht eingehalten wurden. Bei Kindern einer anderen Gruppe wurden sie eingehalten. Die verärgerten und enttäuschten Kinder handelten beim anschließenden Spielen wesentlich aggressiver als ihre zufriedenen Spielkameraden. Die durch Enttäuschung und Verärgerung hervorgerufene Aggression nennt man *Frustrationsaggression*.
Der junge Mann in der Abbildung oben strapaziert sein Motorrad, ohne dass darin ein logischer Sinn zu sehen wäre. Er macht durch diese Handlung auf sich aufmerksam. Solches **Imponierverhalten** zeigt sich auch, wenn Muskelkraft, Orden oder Uniformen zur Schau gestellt werden.
Stehen sich bei einem Streit die Rivalen gegenüber, so versuchen sie, sich durch aufgerichtete Körperhaltung, Anschreien und Beschimpfen gegenseitig zu beeindrucken. Man spricht von menschlichem **Drohverhalten.** Der Eingeschüchterte zeigt seine Unterlegenheit an, indem er sich zum Beispiel vom Rivalen abwendet, sich „klein" macht oder sich unterwürfig verhält. Er zeigt so sein **Demutsverhalten.**
Auch der Kniefall oder die Verneigung sind Zeichen von Unterwürfigkeit. Grußzeremonien waren ursprünglich Demutsgebärden. Sie entsprechen heute einem gesellschaftlichen Ritual und helfen die Aggressionsbereitschaft zu senken und Streit zu vermeiden.

Aggressives Verhalten in anderen Kulturen

Aggressive Verhaltensweisen sind in nahezu allen Kulturkreisen verbreitet. Obwohl Aggressionen oft zu blutigen Auseinandersetzungen führen können, gibt es bei vielen Völkern auch geregelte Formen von Auseinandersetzungen, die nur selten blutig enden.
Bei den Waika-Indianern Südamerikas zum Beispiel kommt es sogar bei Festen zu Kämpfen zwischen den Gästen und den Gastgebern. Meist handelt es sich dabei um eine Art von Faustkampf, bei dem sich die Gegner abwechselnd mit der Faust gegen die Brust boxen. Solche Schlägereien sind schnell beendet, sodass die Feste in Frieden zu Ende gehen.
Auch bei den Inuit, den Eskimos, gibt es aus unserer Sicht ungewöhnliche Verhaltensweisen, um Streitigkeiten auszutragen und friedlich zu beenden.
Bei einigen Stämmen kommen Ringkämpfe vor, bei anderen ohrfeigen sich die Gegner. Wieder andere Gruppen tragen Gesangsduelle aus. Auch hier nimmt das Publikum regen Anteil an den Kämpfen und achtet auf Einhaltung der traditionellen „Kampfregeln".
Verhaltensforscher sind der Meinung, dass diese Formen von aggressivem Verhalten eine Möglichkeit sind, um ernsthafte Auseinandersetzungen zu vermeiden.
Uns wird das Austragen internationaler Sportwettkämpfe, das Kennenlernen anderer Länder und das Erlernen von Fremdsprachen helfen, den Weg zum friedlichen Zusammenleben zu ebnen.

Verhaltensforscher und Psychologen versuchen, Ursachen für menschliches Aggressionsverhalten zu erforschen. Ihre Meinungen sind zwar nicht einheitlich, doch Alltagserfahrungen bestätigen, dass jedem Menschen eine Bereitschaft zu aggressivem Verhalten angeboren ist. Dazu kommt, dass aggressives Verhalten nachgeahmt oder bei Erfolg übernommen wird, also erlernt werden kann. Auch ungünstige Lebensumstände wie Enge, Hunger und Zerfall von Rangordnungen können aggressives Verhalten auslösen. Die persönliche Lebenserfahrung beeinflusst dann, inwieweit sich Aggressivität äußert, wie wir lernen mit Aggressionen umzugehen und ob wir statt Gewalt Vernunft walten lassen. Angeborenes und erlerntes Verhalten sind also eng miteinander verknüpft. Kein Mensch ist aggressionsfrei. Streit kann nicht völlig vermieden werden. Der Mensch sollte aber in der Lage sein, trotz seines angeborenen Verhaltens seine Handlungen bewusst zu beeinflussen und zu kontrollieren. Politischen Führern gelingt es immer wieder durch ihre Propaganda, Aggressionen gegen andere Völker, Randgruppen oder Minderheiten zu wecken, indem sie ihnen Missstände zur Last legen und sie zu Sündenböcken erklären. Wenn wir wissen, dass Aggression manipulierbar ist, dürfen wir das Manipulieren der vorhandenen Aggressivität nicht denen überlassen, die sie für ihr Machtstreben ausnutzen. Das gilt für eine kleine Gruppe von Menschen genauso wie für ganze Völker, die sich nicht in Auseinandersetzungen treiben lassen sollten.

3 Plakat zum Thema „Aggressionen gegen Ausländer". Dieses Plakat wurde vom Leistungskurs Kunst des Gymnasiums Johanneum in Lüneburg als Beitrag gegen Ausländerfeindlichkeit in der Bundesrepublik Deutschland entworfen.

1. Interpretiere das Plakat!

Übung: Verhalten von Tieren und Menschen

V 1. Wir beobachten Mäuse

Material: Labormaus (weiße Maus) aus einer Zoohandlung; Tisch; ein Stück Folie von der Größe der Tischplatte; 4 Ziegelsteine (oder etwa gleich lange Holzstücke); Faserstift (schwarz): langes Lineal (oder eine Holzleiste); Schuhkarton; ca. 30 Papierschnitzel (10 cm × 0,5 cm); 1 Schere; Arbeitshandschuh

Durchführung: *Beachte: Bevor du die Maus anfasst, ziehe dir einen Handschuh über! Solltest du dennoch von der Maus gebissen werden, suche sofort einen Arzt auf!*

A. Wandkontaktversuche: Die Tischplatte wird mit der Folie abgedeckt. Diese wird dann mit Hilfe des Lineals und des Faserstiftes in Quadrate von 10 cm × 10 cm eingeteilt. Die 4 Ziegelsteine stellst du in einer Tischecke folgendermaßen auf:

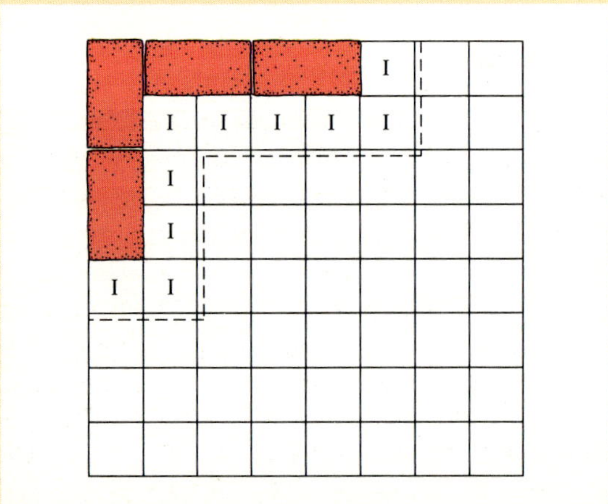

Dann wird die Maus in die Mitte der Tischfläche gesetzt. Sie erhält eine Eingewöhnungszeit von 3 Minuten. Dann wird alle 5 Sekunden der Bereich bestimmt, in dem sie sich aufhält. Der Bereich I umfasst alle Quadrate, die an die Ziegelsteine grenzen, der Bereich II alle anderen Quadrate. Diese Beobachtung führst du 6 Minuten lang durch.

Aufgabe: Fertige ein Beobachtungsprotokoll an und erkläre die Ergebnisse!

B. Nestbauverhalten: Zunächst werden die Ziegelsteine vom Tisch genommen. Dann wird in die Stirnwand des Schuhkartons nach folgender Skizze ein Loch von 3 cm Durchmesser geschnitten:

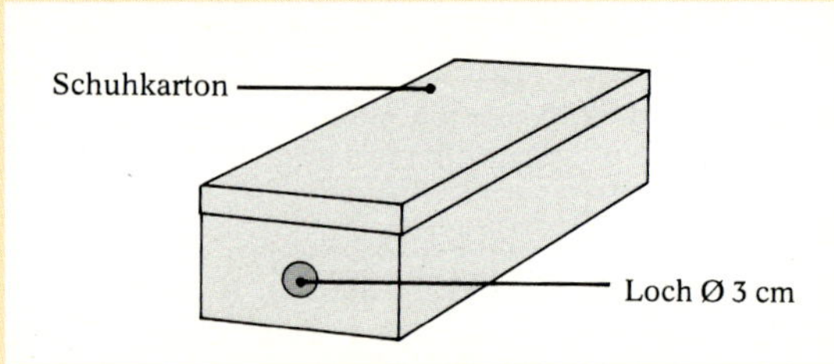

Der Karton wird in die Mitte der Tischplatte gestellt. In eine Ecke des Versuchsfeldes bringt man die Papierschnitzel, in die gegenüberliegende Ecke setzt man die Maus. Beobachte ca. 20 Minuten das Verhalten der Maus.

Aufgabe: Fertige ein Beobachtungsprotokoll an und erkläre dann das Verhalten der Maus!

A 2. Ein Fußball als Schlüsselreiz?

Gleich nach dem Schlüpfen im Brutkasten wurde das Entenküken in ein *Prägungskarussell* gesetzt. Hier drehte ein Fußball, dem ein Lautsprecher eingebaut worden war, langsam seine Runden.

Ente im Prägungskarussell

Das Entenküken schloss sich zögernd und auf wackligen Beinen dem hupenden Fußball an. Nach 10 Minuten wurde es wieder in den Brutkasten gesetzt. 24 Stunden später wurde des Entenküken in das Prägungskarussell zurückgebracht. Am Karussell hingen nun zwei Attrappen: der Fußball mit dem eingebauten Lautsprecherton und die naturgetreue Nachbildung eines Stockentenweibchens. Diese gab über einen eingebauten Lautsprecher die natürlichen Lockrufe von

Übung: Verhalten von Tieren und Menschen

Stockenten wieder. Das Entenküken wurde so in die Laufbahn gesetzt, dass es beide Attrappen sehen konnte.
Das Ergebnis war eindeutig: Der Fußball wurde immer bevorzugt. Dies war auch der Fall, wenn der Lautsprecher im Fußball ausgeschaltet blieb, die Entenattrappe jedoch Lockrufe von sich gab.
In einem weiteren Versuch ließ man ein frisch geschlüpftes Entenküken für 24 Stunden im Brutschrank und brachte es dann in das Prägungskarussell: Das Entenküken schloss sich keiner dort angebotenen Attrappe an. Bis zur Geschlechtsreife wurde es von den Forschern von Hand aufgezogen, dann konnte es selbständig leben.
Aufgaben: a) Welche Merkmale einer Attrappe sind für die Nachfolgereaktion des Entenkükens bedeutsam?
b) Was muss das Entenküken lernen, was ist ihm angeboren?
c) Nimm Stellung zu der Formulierung: „Ein Fußball als Schlüsselreiz?"!

V 3. „Eine harte Nuss"

Material: Papier mit neun Punkten, die an den Ecken, auf den Mittelpunkten der Seiten und in der Mitte eines Quadrats zu finden sind.
Durchführung: Verbinde mit Hilfe von vier geraden Linien alle Punkte untereinander! Dabei darfst du den Bleistift nicht vom Papier abheben und auch keine Linie zweimal ziehen.
Aufgabe: Führe die beschriebene Übung durch! Beschreibe deine Vorgehensweise!

V 4. Labyrinthversuche

Material: Wellpappe; Teppichbodenmesser; Arbeitshandschuh; Lineal aus Metall; DIN-A4-große Unterlage (alte Teppichfliese, Spanplattenrest o.Ä.); Faserstifte; Papier; Labyrinthvorlage
Durchführung: Übertrage das Labyrinth rechts oben auf ein Stück Wellpappe! Schneide dann die Gänge mit Hilfe eines Teppichbodenmessers aus! Dazu legst du zunächst die Wellpappe auf die Unterlage. Dann ziehst du einen Arbeitshandschuh über deine linke Hand und drückst damit das Lineal (bzw. eine Schiene aus Eisen) so auf die Vorlage, dass die Kante des Lineals mit der Außenwand eines Ganges abschließt. Mit der anderen Hand ziehst du die Klinge des Teppichbodenmessers an dem Lineal entlang.

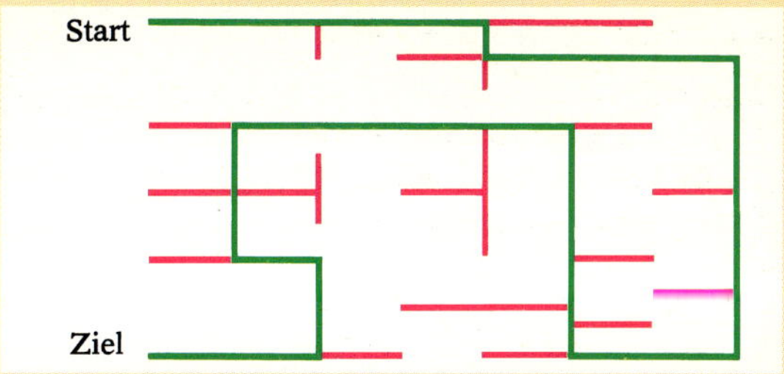

Dann verbinde einer Versuchsperson die Augen! Das Labyrinth wird auf ein leeres Blatt gelegt. Die Hand der Versuchsperson wird so in den Startbereich gebracht, dass die Spitze des Stifts im Startloch ruht. Nun versucht die Versuchsperson zum Ziel zu gelangen. Jeder Strich in eine Sackgasse wird als Fehler gezählt. Der Durchlauf wird mit andersfarbigen Stiften 9-mal wiederholt. So kann man die Laufspuren der einzelnen Durchgänge besser unterscheiden.
Aufgaben: a) Fertige ein Versuchsprotokoll für die 10 Durchgänge der Versuchsperson an!
b) Fertige mit Hilfe des Protokolls ein Diagramm an, in dem du auf der Abszisse die Anzahl der Durchgänge, auf der Ordinate die Anzahl der Fehler bei den einzelnen Durchgängen aufträgst!

V 5. Untersuchungen zum Kindchen-Schema

Material: 2 Attrappen zum Kindchen-Schema
Durchführung: Lege die beiden Attrappen einem Mitschüler (du kannst auch Eltern oder Freunde befragen) vor und frage ihn: „Welche der beiden Attrappen gefällt dir besser?"! Befrage dann weitere Mitschüler! Übertrage die Ergebnisse deiner Befragung in eine Tabelle!

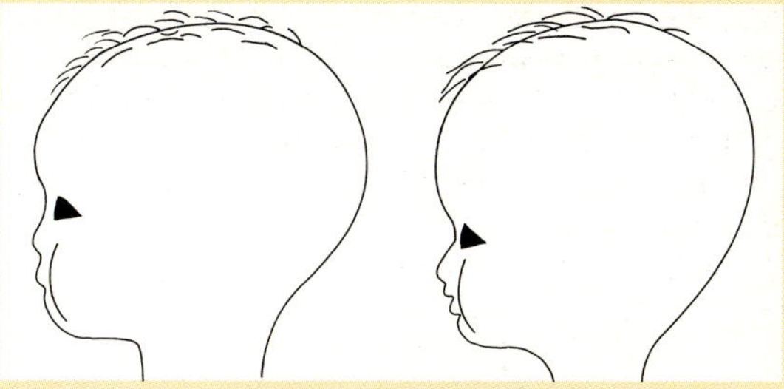

Aufgaben: a) Ermittle bei mindestens 10 Personen, welche Attrappe bevorzugt wird!
b) Erkläre, weshalb die eine der beiden Attrappen bevorzugt wird!

Vererbungslehre

1 Zungenroller

1. Grundlagen und Gesetzmäßigkeiten der Vererbung

1.1. Versuche zur Vererbung

Der Junge auf dem Bild kann wie sein Vater die Zunge rollen. Der Biologielehrer führt dazu mit der Klasse einen interessanten Versuch durch: Alle Schülerinnen und Schüler prüfen mit Hilfe eines Spiegels, ob sie ihre Zunge rollen können oder nicht. Der Lehrer schreibt vorher die von ihm geschätzte Zahl der Zungenroller verdeckt an die Tafel.
Das Ergebnis: Von den 27 Mädchen und Jungen der Klasse können 18 die Zunge rollen. Die anderen 9 schaffen es trotz wiederholter Versuche nicht. Jan, einer der 18 Zungenroller, erklärt, er habe es früher auch nicht gekonnt, hätte es dann aber geübt und nun könne er es. Zur Überraschung aller hat der Lehrer die Zahl der Zungenroller ziemlich genau vorausgesagt. Wie konnte er das? Er weiß, Jan ist eine Ausnahme. Nur sehr selten wird das Zungenrollen erlernt. In der Regel erbt man diese Fähigkeit von seinen Eltern. So können etwa 70 % unserer Bevölkerung ihre Zunge rollen, ca. 30 % können es nicht. Weiß man das, ist die Voraussage nicht schwer!
Auch im Aussehen ähnelt der abgebildete Junge seinem Vater. Die Kinderbilder von Vater und Sohn sind einander zum Verwechseln ähnlich.
Auch Katzenjunge ähneln ihren Eltern. Das gilt für alle Tierarten. Zu einer **Art** gehören alle Lebewesen, die in wesentlichen Merkmalen übereinstimmen und fortpflanzungsfähige Junge miteinander haben können.

Wie kommt es zu solcher *Familienähnlichkeit*? Mit der Klärung dieser Frage beschäftigt sich die **Vererbungslehre** oder **Genetik.**
Schon vor Jahrtausenden war den Menschen aufgefallen, dass Merkmale, die sie bei den Eltern beobachteten, bei den Kindern wieder auftraten. Immer wieder hat man versucht das Vererbungsgeschehen zu klären, aber erst der Augustinerpater Gregor MENDEL hatte in der Mitte des vorigen Jahrhunderts die Idee, dass einzelne Erbanlagen für bestimmte Merkmale verantwortlich sein könnten.
MENDEL war 1822 als Sohn eines Landwirtes in Heinzendorf/Schlesien geboren worden. 1847 erhielt er die Priesterweihe. Er studierte von 1851 bis 1853 Naturwissenschaften in Wien und arbeitete dann 14 Jahre lang als Lehrer in Brünn. In diesen Jahren führte er auch seine Vererbungsversuche mit der Gartenerbse im Klostergarten von Brünn durch. Die dabei gefundenen Gesetzmäßigkeiten veröffentlichte er 1865. Sie wurden erst 1900 durch de VRIES, CORRENS und TSCHERMAK wiederentdeckt. Später gab man ihnen den Namen **MENDELsche Gesetze.**
MENDEL untersuchte an der Gartenerbse die Weitergabe der Erbanlagen von einer Generation auf die nächste. Er benutzte dazu **reinrassige** Pflanzen, die sich in nur einem oder in wenigen Merkmalen, wie Blütenfarbe, Blütenstellung, Samenform oder Gestalt der Hülse, unterschieden. Eine Pflanze ist z. B. *reinrassig* oder *reinerbig rot blühend*, wenn alle ihre Vorfahren ebenfalls rote Blüten hatten.

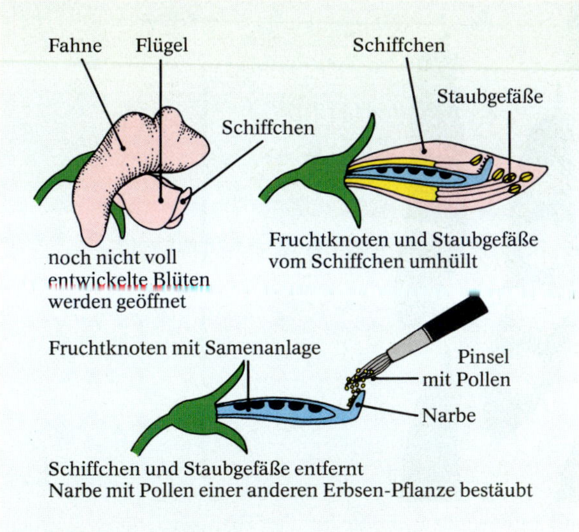

2 Künstliche Bestäubung der Erbsenblüte

MENDEL wandte eine bestimmte Versuchstechnik an: Er entfernte die Staubblätter der jungen Erbsenblüten einer Pflanze, um eine Bestäubung durch Pollen derselben Pflanze zu verhindern. Anschließend bestäubte er die Narben mit Pollenkörnern einer anderen Erbsenrasse und umhüllte die Blüten mit Tütchen. So verhinderte er weitere Bestäubungen durch Insekten. Auf diese Weise kreuzte er z.B. eine reinrassig gelbsamige Pflanze mit einer reinrassig grünsamigen, indem er die Narbe der gelbsamigen Pflanze mit dem Blütenstaub der grünsamigen bestäubte.
Beide Pflanzen bilden die *Eltern-* oder *Parentalgeneration* (P). In den heranreifenden Hülsen der so bestäubten Elternpflanze fand MENDEL zu seiner Überraschung nur gelbe Samen. Diese und die aus ihnen keimenden Pflanzen sind die *1. Tochter-* oder *1. Filialgeneration* (F_1).
Auch die umgekehrte Kreuzung, bei der die Narben einer grünsamigen Pflanze mit Pollenkörnern einer gelbsamigen bestäubt werden, erbringt einheitlich gelb gefärbte Samen.

Das **1. MENDELsche Gesetz** heißt deshalb auch **Gesetz der Uniformität:** *Kreuzt man zwei Einzelwesen einer Art, die sich in einem Merkmal unterscheiden, für das sie reinrassig sind, so sind die Nachkommen in der 1. Tochtergeneration in Bezug auf das Merkmal untereinander gleich (uniform). Dabei ist es gleichgültig, welche der beiden Rassen Mutter oder Vater stellt.*

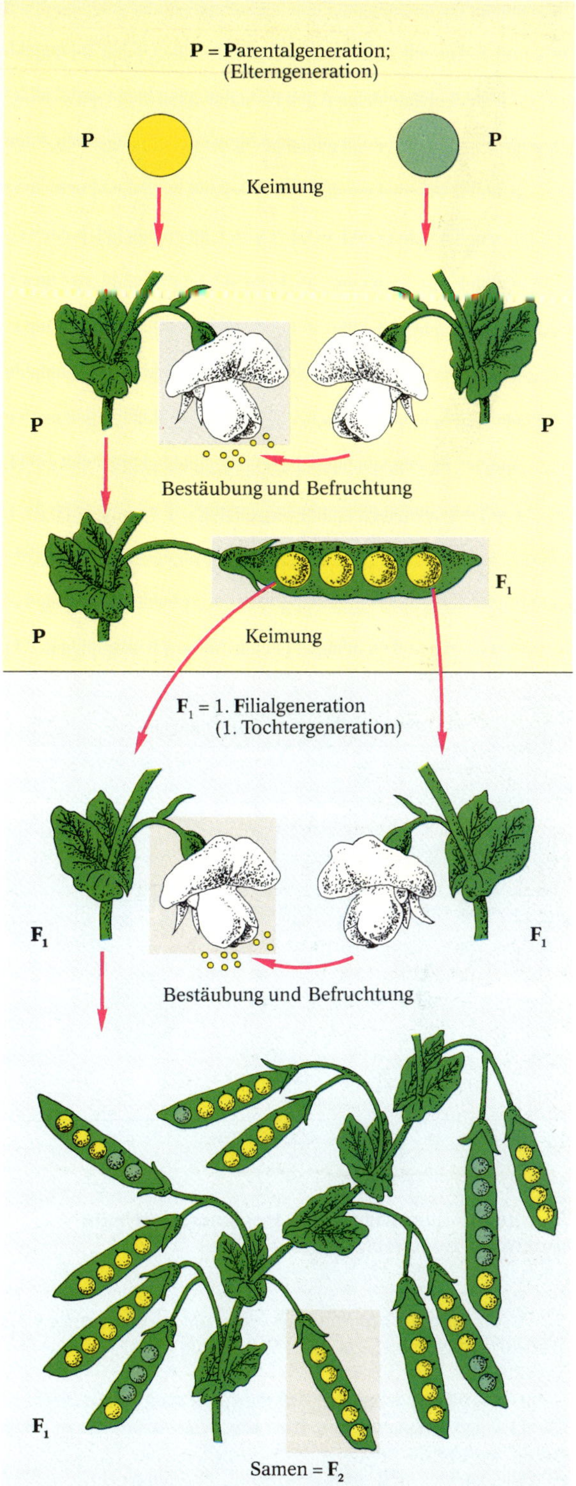

3 Weitergabe der Samenfarbe (Erbse)

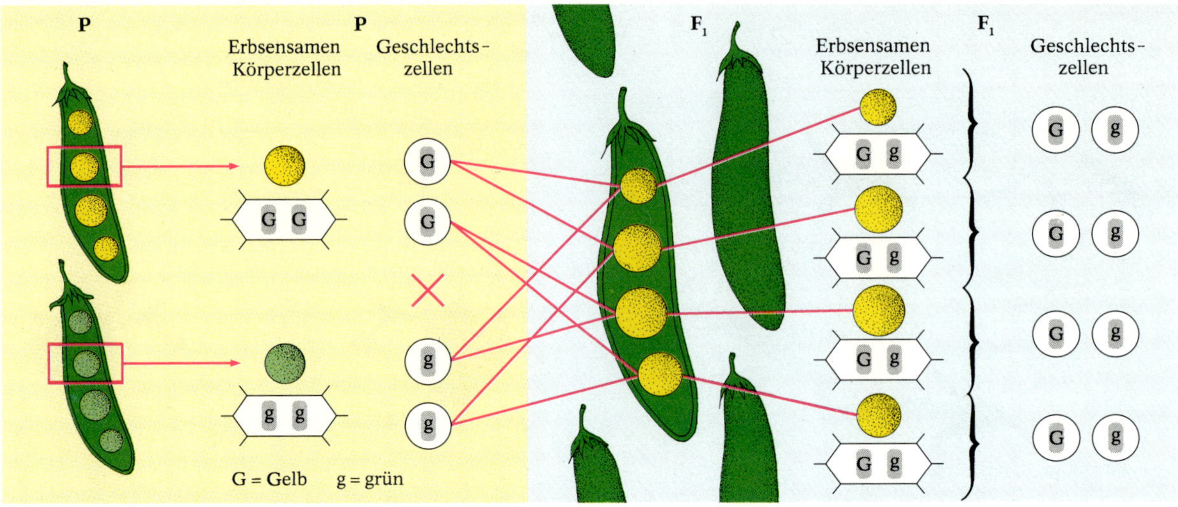

1 Dominant-rezessiver Erbgang (Erbse). Die Buchstaben G und g stehen als Symbole für die Erbanlagen, deren stoffliche Natur MENDEL noch nicht kannte.

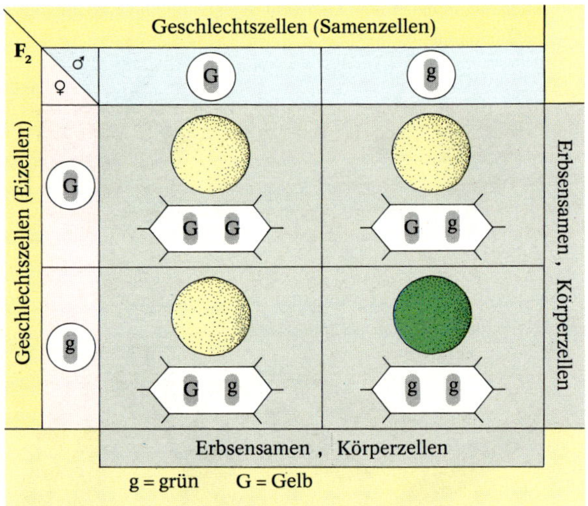

2 Kombinationsquadrat mit F_2-Generation beim dominant-rezessiven Erbgang (Erbse)

1. Beschreibe für die P-, die F_1- und die F_2-Generation der Abbildungen 1 und 2 jeweils Merkmale und Erbanlagen!

2. MENDEL fand bei der Auswertung von Kreuzungsversuchen mit Erbsenrassen für verschiedene F_2-Generationen folgende Zahlen:
A 705 Samen mit grauer und 224 Samen mit weißer Samenschale, B 5474 runde Samen und 1850 runzlige Samen. Berechne das jeweilige Zahlenverhältnis!

1.2. Erbbild und Erscheinungsbild

MENDEL erntete die gelben F_1-Erbsensamen aus den Hülsen der P-Generation. Im Folgejahr säte er sie aus und ließ sie zu F_1-Pflanzen heranwachsen. Die blühenden Pflanzen schützte er vor Bestäubung durch Insekten, sodass sie sich selbst bestäubten.
Die Ernte der F_2-Samen erbrachte ein unerwartetes Ergebnis. Sie waren nicht einheitlich gefärbt. Neben gelben Samen traten nun auch wieder grüne auf. MENDEL zählte die Samen einer großen Anzahl von Pflanzen aus. Er fand 6022 gelbe und 2001 grüne Samen. Das entspricht annähernd einem Verhältnis von 3/4 : 1/4.
Das Merkmal „gelbe Samenfarbe", das in der 1. Tochtergeneration allein auftritt, heißt vorherrschend oder **dominant.** Das Merkmal „grüne Samenfarbe" heißt verdeckt oder **rezessiv**. Hier liegt ein **dominant-rezessiver** Erbgang vor.
MENDEL konnte nun das Spaltungsverhältnis in der F_2 voraussagen. Dieser Sachverhalt wurde später im **2. MENDELschen Gesetz**, dem **Spaltungsgesetz**, formuliert: *Kreuzt man die Lebewesen der 1. Tochtergeneration untereinander, so ist die 2. Tochtergeneration nicht gleichförmig, sondern die Merkmale spalten sich in bestimmten Zahlenverhältnissen auf, und zwar beim dominant-rezessiven Erbgang im Verhältnis 3/4 : 1/4.*
Mit dem Spaltungsgesetz werden also keine Aussagen über ein bestimmtes Einzelwesen, z.B. eine ein-

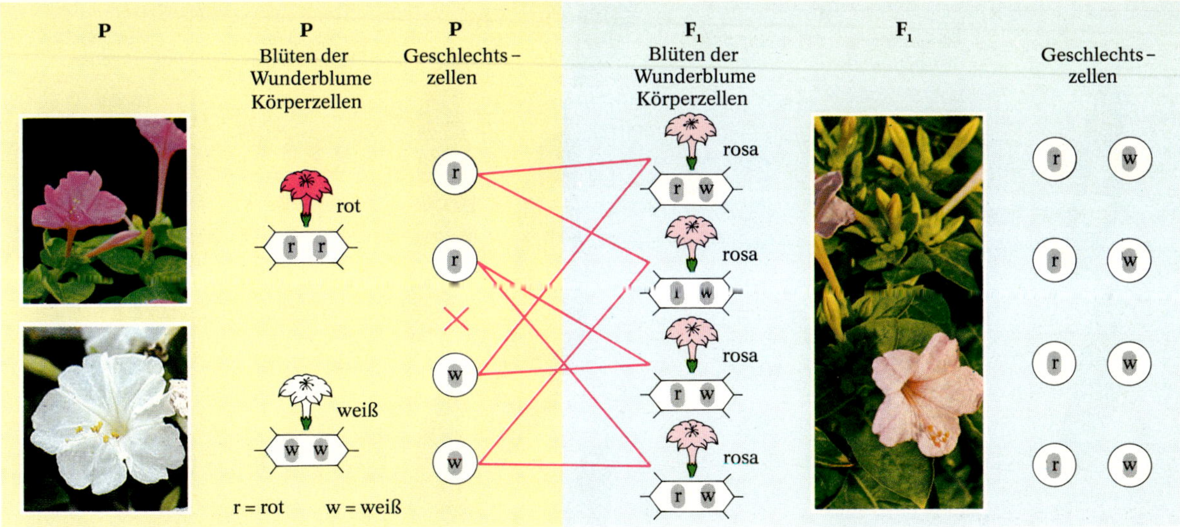

3 Intermediärer Erbgang (Wunderblume)

zelne Erbse, gemacht. Bei einer großen Nachkommenzahl lässt sich aber voraussagen, dass 3/4 aller geernteten Samen der F_2 gelb sein werden und 1/4 grün. Wir sehen, in der 1. Tochtergeneration gibt es keine grünen Samen, in der 2. treten sie aber wieder auf. Die grüne Samenfarbe muss also von den Elternpflanzen auf die 1. Tochtergeneration übertragen worden sein. Dort hat sie verdeckt vorgelegen und wurde später an die 2. Tochtergeneration weitergegeben.

MENDEL folgerte daraus, dass den äußerlich sichtbaren **Merkmalen** entsprechende **Erbanlagen** in der Samenanlage und dem Pollenkorn zugrunde liegen müssten. Erbanlagen bezeichnet man heute auch als **Gene.** Nach MENDEL kommt jedes Merkmal durch das Zusammenwirken zweier Erbanlagen zustande. Treffen in der befruchteten Eizelle gleiche Erbanlagen zusammen, z.B. zweimal die Anlage für grüne Samen, so ist die entstehende Erbse *reinerbig*. Bekommt die Eizelle verschiedene Anlagen, z.B. eine für gelb, eine für grün, so ist die entstehende Erbse *mischerbig*.
Im Erbschema der Abbildung 1 wird die dominante Erbanlage für das Merkmal „gelb" mit dem großen Buchstaben (G) gekennzeichnet. Die rezessive Anlage für das Merkmal „grün" erhält den entsprechenden kleinen Buchstaben (g).
Die gelben Erbsen der 2. Tochtergeneration sind z.T. reinerbig (GG), z.T. mischerbig (Gg). Im *Erscheinungsbild*, dem **Phänotyp,** sind sie alle gelb, in ihrem *Erbbild*, dem **Genotyp,** sind sie aber unterschiedlich.

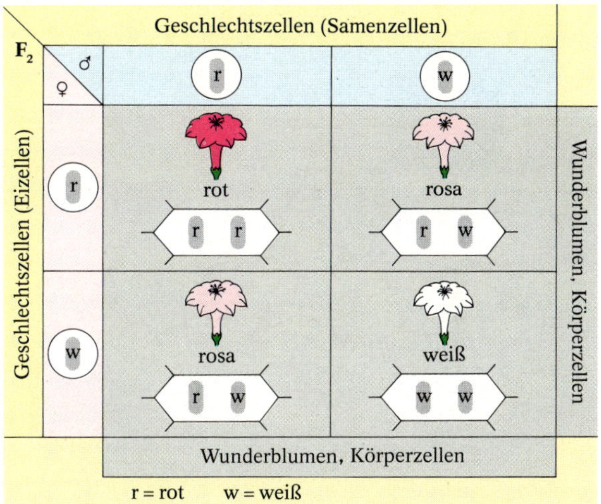

4 Kombinationsquadrat mit F_2-Generation beim intermediären Erbgang (Wunderblume)

*3. Die Kreuzung einer roten Rasse der Wunderblume mit einer weißen ergibt in der F_1 rosa blühende Pflanzen. Die Farbe liegt **zwischen** den Farben der Eltern. Man spricht deshalb vom **intermediären Erbgang.***
Vergleiche die Generationen P, F_1 und F_2 der Abbildungen 3 und 4 mit den entsprechenden Generationen der Abbildungen 1 und 2! Notiere Unterschiede und Gemeinsamkeiten! Ermittle das phänotypische und das genotypische Zahlenverhältnis beider F_2-Generationen!

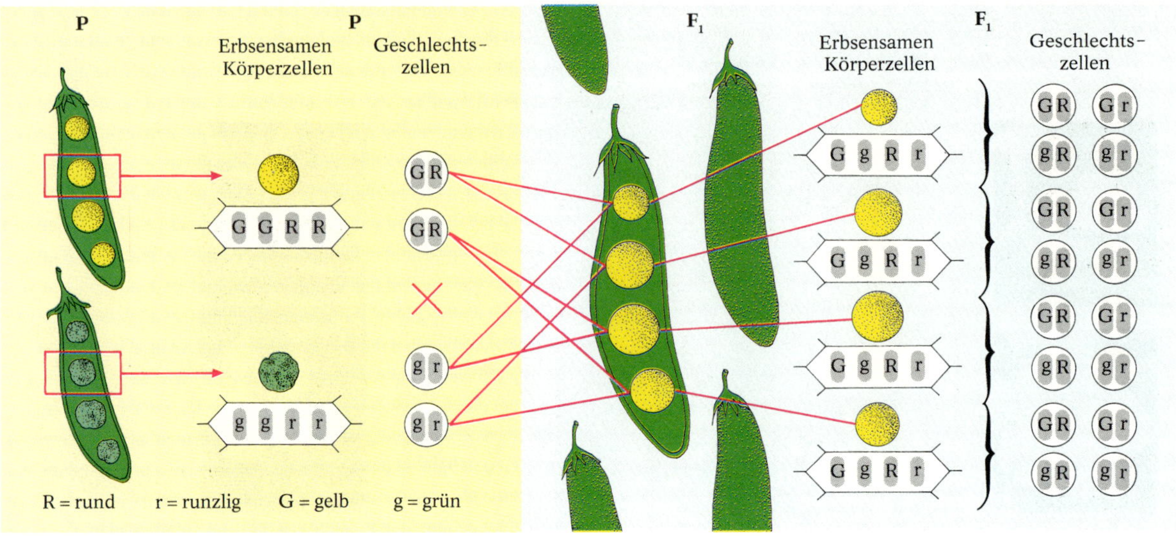

1 **Dihybrider Erbgang** (Erbse)

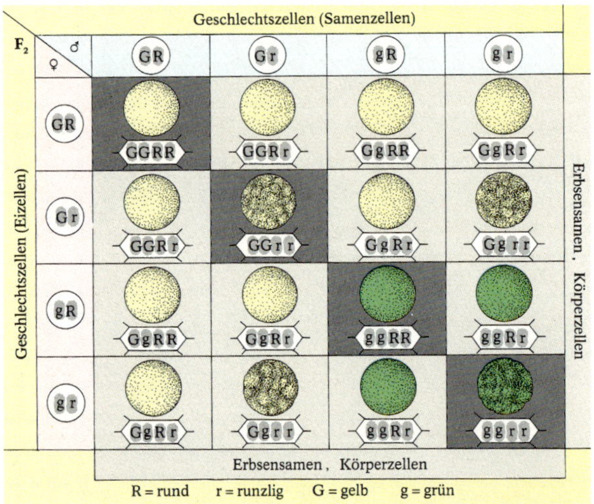

2 **Kombinationsquadrat mit F_2-Generation beim dihybriden Erbgang** (Erbse)

1. Erkläre, worin sich die gelben Erbsensamen der P-Generation von denen der F_1-Generation unterscheiden!

2. Nenne die Phänotypen, die die unabhängige Kombination der Erbanlagen für Farbe und Form der Samen erkennen lassen!

3. Ermittle das Zahlenverhältnis für die verschiedenen Genotypen der F_2-Generation in der Abbildung 2!

1.3. Kann man Erbanlagen kombinieren?

MENDEL kreuzte auch Erbsenrassen, die sich in mehreren Merkmalen unterschieden. Im abgebildeten Erbschema unterscheiden sich die Erbsensamen nicht nur in der Farbe, sondern auch in der Form. Ein solcher Erbgang mit zwei Merkmalen heißt **dihybrider Erbgang.** Unterscheiden sich die Eltern nur in einem Merkmal, spricht man vom **monohybriden Erbgang.**

Im dihybriden Erbgang der Abbildung 1 sind die Eltern in Bezug auf die Merkmale „grüne/runzlige Samen“ bzw. „gelbe/runde Samen“ jeweils reinerbig. Die 1. Tochtergeneration besteht aus durchweg gelben/runden Samen. „Gelb“ dominiert also über „grün“. „Rund“ dominiert über „runzlig“.
Die aus diesen F_1-Samen gezogenen F_1-Pflanzen überließ MENDEL der Selbstbestäubung. Die heranreifenden Samen ergaben die 2. Tochtergeneration. MENDEL zählte sie sorgfältig aus:
Von 556 Samen waren 315 gelb/rund, 101 gelb/runzlig, 108 grün/rund und 32 grün/runzlig. Das entspricht einem Zahlenverhältnis von etwa 9/16 : 3/16 : 3/16 : 1/16.
Die Merkmale der Ausgangsrassen waren also unabhängig voneinander kombiniert worden. Es gab nun z.B. auch grüne/runde Samen.
Das Erbschema zeigt, wie es zu diesen Neukombinationen kommt.

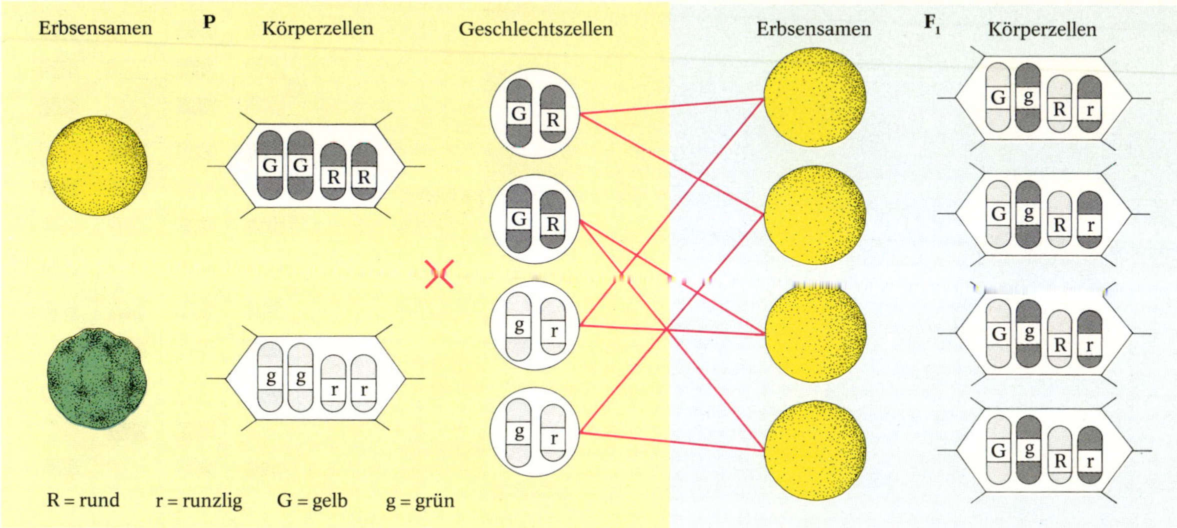

3 Chromosomenkombination (Erbse)

Beide Geschlechter der F_1-Generation (Abbildung 1) erzeugen Geschlechtszellen, in denen vier verschiedene Genkombinationen möglich sind, d.h., es gibt vier verschiedene Sorten von Geschlechtszellen. Im Kombinationsquadrat ergeben sich vier mal vier, also 16 Genkombinationen für die F_2. Vier von ihnen sind doppelt reinerbig. Sie sind in der Diagonalen des Kombinationsquadrats angeordnet. Zwei von ihnen entsprechen den Großeltern. Zwei sind Neukombinationen, also neu entstandene Rassen.

Deshalb heißt das **3. MENDELsche Gesetz** auch **Gesetz der Neukombination der Gene:**

Kreuzt man Lebewesen einer Art, die sich in mehreren Merkmalen reinerbig unterscheiden, so gelten für jedes Merkmal Uniformitäts- und Spaltungsgesetz. In der F_2-Generation können neben den Formen der Elterngeneration neue Merkmalskombinationen auftreten.

Erbanlagen lassen sich also neu kombinieren. Ihre Weitergabe erfolgt unabhängig voneinander.

MENDEL gewann seine Erkenntnisse aus mehr als 10 000 Kreuzungsversuchen mit Erbsen! Er veröffentlichte die Ergebnisse seiner Experimente 1865/66 in seiner Arbeit: „Versuche über Pflanzenhybriden“. MENDEL vermutete bereits, dass sich die Erbanlagen in den Zellen befinden und mit den Geschlechtszellen von einer Generation auf die andere übertragen werden. Über ihre Lage und Beschaffenheit konnte er allerdings nichts aussagen. Die Zelle war 1865 noch nicht genügend untersucht.

Erbanlagen und Chromosomen. 1875 beobachtete der Biologe HERTWIG unter dem Mikroskop das Verschmelzen der Zellkerne von Ei- und Spermazellen bei Seeigeln während der Befruchtung. Die anschließenden Zellteilungen ließen in den Zellkernen fädige Gebilde, die Chromosomen, erkennen. Die Tochterzellen enthielten stets die gleiche Anzahl Chromosomen wie die Ausgangszelle. Sollten die Erbanlagen auf den Chromosomen liegen? Um diese Frage zu klären, verglich man die Kreuzungsergebnisse mit den *mikroskopischen Zelluntersuchungen:*

Zwischen der Verteilung der Chromosomen auf die Tochterzellen und der Verteilung der Erbanlagen fand man auffällige Übereinstimmungen. **Das Mikroskop zeigt:** 1. Die Chromosomen werden als selbständige Einheiten weitergegeben. 2. Die Chromosomen liegen in den Körperzellen paarig vor. 3. Bei der Meiose gelangt nur jeweils ein Chromosom jedes Paares in die Geschlechtszelle. 4. Dabei werden die Chromosomen mütterlicher und väterlicher Herkunft frei kombiniert. **Aus den Kreuzungsversuchen lässt sich folgern:** 1. Die Erbanlagen werden als selbständige Einheiten weitergegeben. 2. Die Erbanlagen liegen in den Körperzellen paarig vor. 3. Die Geschlechtszellen tragen nur einen einfachen Anlagensatz. 4. Die Erbfaktoren werden frei kombiniert. Obgleich man Gene mikroskopisch nicht sieht, lassen diese Übereinstimmungen den Schluss zu, dass die Gene auf den Chromosomen liegen.

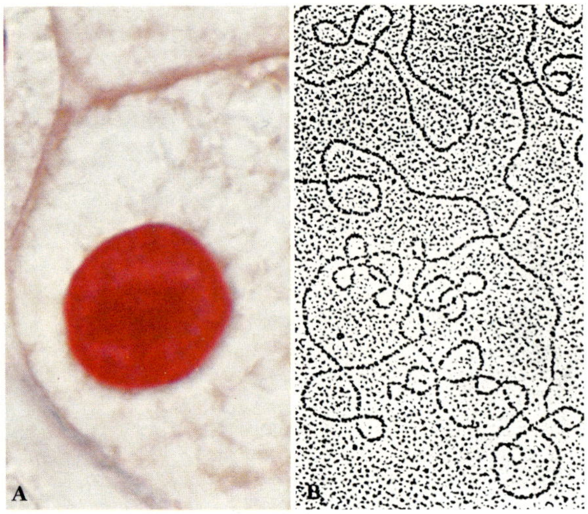

1 DNA. A geringe Vergrößerung des Zellkerns; B sehr starke Vergrößerung

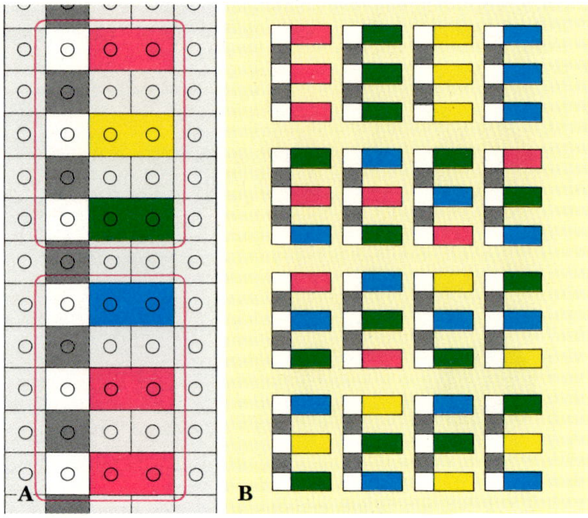

2 Bausteine der DNA. A Anordnung im Modell; B 16 der 64 möglichen Basentripletts

1.4. Die stoffliche Natur der Erbanlagen

Alle Erbanlagen, die ein Kind von seinen Eltern mitbekommt, haben in der winzigen, befruchteten Eizelle Platz. Seit Anfang des 20. Jahrhunderts weiß man, dass die Erbanlagen im Zellkern auf den Chromosomen liegen.

Da sich die Chromosomen aus Proteinen und Nucleinsäuren zusammensetzen, muss eine der beiden Verbindungen die Erbsubstanz sein.

Ursprünglich hielt man die Proteine für die Träger der Erbinformation. Die Nucleinsäuren wurden zwar schon 1869 in den Zellkernen verschiedener Lebewesen entdeckt. Aber erst 1944 wies der Amerikaner AVERY experimentell nach, dass die Desoxyribonucleinsäure (engl. **d**esoxyribo**n**ucleic **a**cid, **DNA**) die Erbsubstanz ist. In ihr sind die Informationen zur Ausbildung von Merkmalen gespeichert.

Das Morsealphabet hat drei Zeichen: kurzer oder langer Ton und Zwischenraum. Damit lassen sich alle Buchstaben des Alphabets senden. Wie ist die Erbinformation in der DNA „aufgeschrieben“? Mit wie viel Zeichen ist die Information in der DNA verschlüsselt?

Die DNA ist ein langer fadenförmiger Verband von Bausteinen. An seinem Aufbau sind sechs verschiedene Bausteine beteiligt. Mit Steckbausteinen als Modell lässt sich der Aufbau gut veranschaulichen. So, wie die gelben und blauen Bausteine eine lange Kette bilden, wechseln auch in der DNA zwei Bausteine regelmäßig einander ab und bilden ebenfalls eine lange Kette. Sie kann aus Tausenden solcher Bausteine aufgebaut sein. Die grauen Steine symbolisieren Phosphatteilchen (Ionen) (P), die weißen Steine Zuckerteilchen (Moleküle) (Z). Dabei verrät uns die gleichmäßige Folge weiß-grau-weiß-grau, also Zucker-Phosphat-Zucker-Phosphat, dass die Erbinformation nicht in dieser gleichförmigen Kette gespeichert sein kann.

An den weißen Steinen sehen wir vier verschiedenfarbige Steinsorten. Sie symbolisieren die vier unterschiedlichen Bausteine, die seitlich an den Zuckerteilchen der DNA-Ketten sitzen. Es sind die vier organischen Basen *Thymin* (T, blau), *Adenin* (A, grün), *Guanin* (G, rot) und *Cytosin* (C, gelb). Sie sind die vier „Schriftzeichen“, mit denen die Erbinformation aufgeschrieben ist. Der **genetische Code** arbeitet also mit vier Zeichen, den vier Basen.

Zerlegt man die DNA mit Enzymen, so erhält man Spaltprodukte, die **Nucleotide.** Sie bestehen jeweils aus einem Phosphatteilchen, einem Zuckerteilchen und einer der vier organischen Basen. Es gibt vier verschiedene Nucleotide, entsprechend den vier organischen Basen. Die DNA ist aus vielen solcher Nucleotide aufgebaut. Sie ist also ein *Polynucleotid.*

Der Amerikaner WATSON und der Engländer CRICK entwickelten 1953 ein räumliches Modell der Erbsubstanz. Man nennt es *WATSON-CRICK-Modell*: Das DNA-Molekül lässt sich danach mit einer gedrehten Strickleiter vergleichen. Die Seile der Leiter bestehen

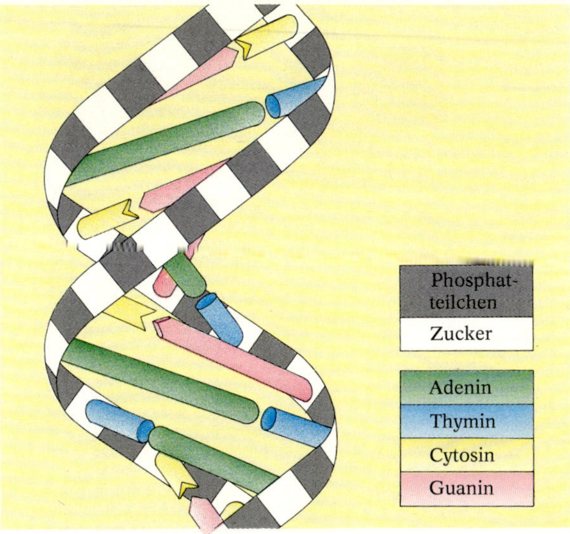

3 Schema der DNA-Doppelhelix

aus Phosphatteilchen und Zuckerteilchen, die einander abwechseln. Die Sprossen bestehen aus den vier organischen Basen. Jeweils zwei der Basen stehen einander gegenüber und bilden zusammen eine Sprosse der Leiter. Die Paarungen der vier Basen sind allerdings nicht beliebig. Es können sich nur Thymin und Adenin sowie Cytosin und Guanin verbinden, was in Abbildung 3 durch die entsprechenden Passformen der roten, gelben, blauen und grünen Bausteine symbolisiert ist. Es gibt also vier Sprossensorten: T-A, A-T, C-G und G-C. Wegen dieser Paarungen sind die beiden DNA-Stränge nicht identisch. Man spricht bei der DNA von einer Doppelschraube oder **Doppelhelix.**

Welche Informationen sind mit den Basen aufgeschrieben? Es sind Rezepte zum Aufbau von Eiweißstoffen. Eiweißstoffe helfen bei der Ausbildung von Merkmalen.

Eiweißteilchen können aus 20 verschiedenen Aminosäuren aufgebaut sein. Wie lassen sich mit vier verschiedenen Schriftzeichen die Anweisungen für den Einbau der Aminosäuren 1 bis 20 aufschreiben?

Entspräche jedem Zeichen eine Aminosäure, so ließen sich nur vier Säuren verschlüsseln. Bestimmten jeweils zwei Basen der DNA als Duplett eine Aminosäure, so gäbe es 16 Kombinationsmöglichkeiten. Das wären vier zu wenig! Tatsächlich wird jede Aminosäure durch drei Basen, ein **Triplett,** verschlüsselt. Man erhält 64 Kombinationen, also weit mehr, als für 20 Aminosäuren nötig sind.

Die identische Verdopplung der DNA

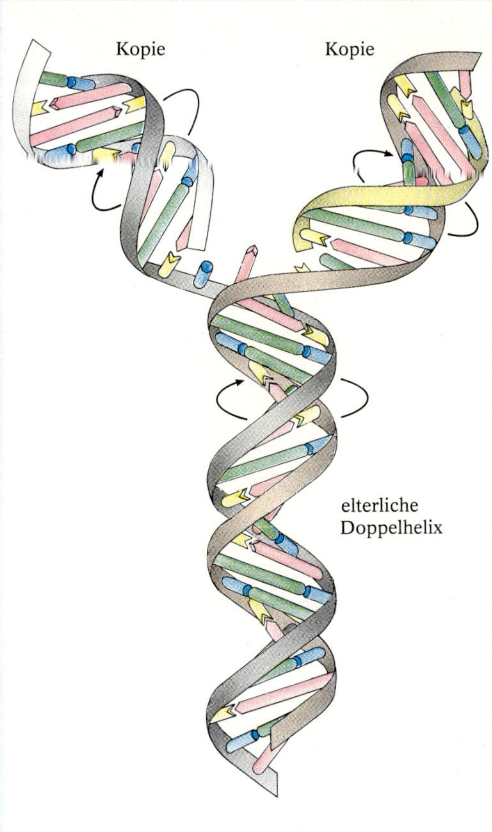

Vererbung bedeutet Weitergabe der Erbinformation. Während der Mitose wird sie gleichmäßig auf die beiden Tochterzellen verteilt. Die DNA wird vorher identisch verdoppelt. Dazu werden ihre beiden Einzelstränge getrennt. Eine einfache Modellvorstellung dazu ist die eines sich öffnenden Reißverschlusses. An jeden Einzelstrang (jede Hälfte des Reißverschlusses) lagern sich nun Nucleotide, die jeweils die komplementären (ergänzenden) Basen tragen. Die Nucleotide werden miteinander verknüpft, wobei zwei neue Doppelstränge mit identischer Reihenfolge der Basen entstehen.

Jede neue Doppelhelix enthält einen alten, elterlichen DNA-Strang und einen aus den Nucleotiden neu aufgebauten Strang. Jede Zelle erhält bei der Teilung einen Doppelstrang mit der enthaltenen vollständigen Erbinformation.

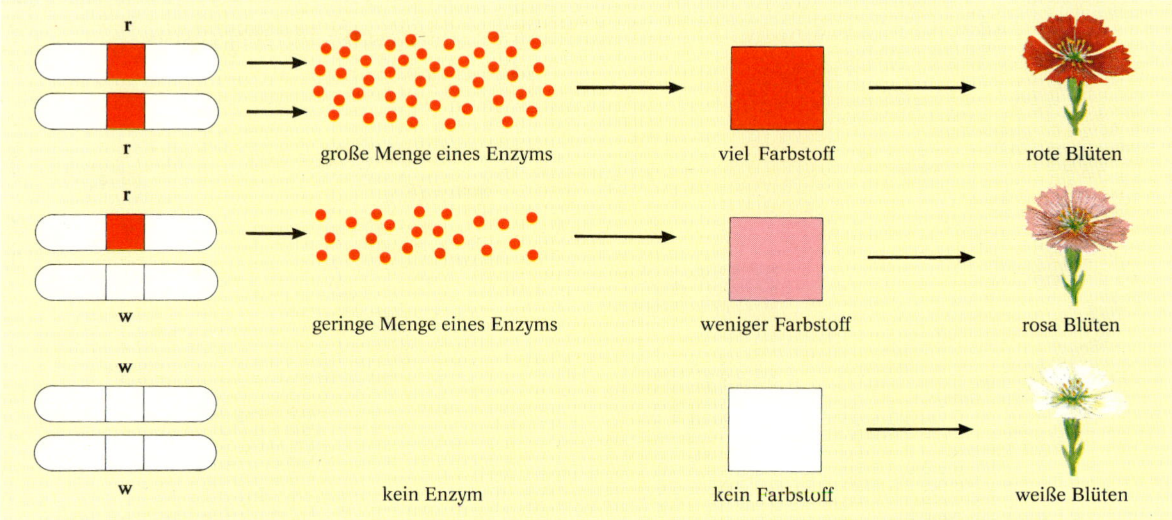

1 Genwirkung bei der Bildung des Blütenfarbstoffs am Beispiel eines intermediären Erbgangs (Nelke)

1.5. Vom Gen zum Merkmal

Kreuzt man reinrassig rot blühende Nelken mit reinrassig weiß blühenden, so erhält man in der F_1-Generation Pflanzen mit rosa Blüten. Es handelt sich um einen *intermediären* Erbgang. Bestimmte Gene sind für das Merkmal Blütenfarbe verantwortlich. Wie kommt es zur Ausbildung des Merkmals Blütenfarbe? Welche Rolle spielt dabei das entsprechende Gen?

Betrachten wir zunächst die rot blühenden Pflanzen. Sie sind in Bezug auf das Gen r homozygot (rr). Beide Gene bewirken, dass das *Enzym* gebildet wird, das für die Synthese des roten Blütenfarbstoffs erforderlich ist. Entsprechend wird roter Farbstoff aufgebaut. Die rosa blühenden Pflanzen der ersten Tochtergeneration sind heterozygot (rw). Sie haben nur ein funktionsfähiges Gen (r). Das andere Gen (w) ist funktionsunfähig. Deshalb wird pro Zeiteinheit eine geringere Menge des Enzyms und damit eine entsprechend geringere Menge des Farbstoffs gebildet.
Die weiß blühenden Pflanzen sind in Bezug auf das Gen w homozygot (ww). Die Synthese des roten Farbstoffs findet nicht statt. Die Blüten enthalten keinerlei roten Farbstoff und sind deshalb weiß.
Die weiß blühende Nelke hat also einen Stoffwechseldefekt. Sie kann den roten Farbstoff nicht herstellen. Es fehlt ihr das entsprechende Enzym. Die Nachkommen aus der Kreuzung weiß blühender Nelken untereinander sind ebenfalls weiß blühend. Der Stoffwechseldefekt ist erblich.
Erbfaktoren sind also für die Ausbildung des Blütenfarbstoffs auf folgende Weise verantwortlich: Ein Gen bestimmt die Entstehung des Enzyms. Dieses ist für die Synthese des Blütenfarbstoffs notwendig.
Enzyme sind Eiweißteilchen. Unterschiedliche Enzyme bestehen aus unterschiedlichen Eiweißteilchen. Sie unterscheiden sich in der *Sequenz* (Reihenfolge) ihrer Aminosäuren. Die verschiedenen Aminosäuren sind in der DNA mit Hilfe der Basen-Tripletts verschlüsselt.
Die verschiedenen Eiweißteilchen werden im Zellplasma mit Hilfe kleiner Zellbestandteile, der **Ribosomen,** aufgebaut.
Wie gelangt nun die Information für die Synthese eines bestimmten Eiweißteilchens von den Genen zu den Ribosomen? Wie erhalten diese ihre Arbeitsanweisungen?
Aus Konstruktionsbüros gibt man sicherheitshalber nur Kopien, nicht aber die Originale der Baupläne heraus. Ganz ähnlich werden im Zellkern Kopien von DNA-Abschnitten mit den entsprechenden Eiweißrezepten angefertigt. Dazu weichen die beiden Stränge der DNA an entsprechenden Stellen zunächst auseinander. Beobachtet man Riesenchromosomen der Fruchtfliege im Lichtmikroskop, so kann man diese Stellen als Verdickungen, die so genannten Puffs, erkennen. An diesen Stellen ist die In-

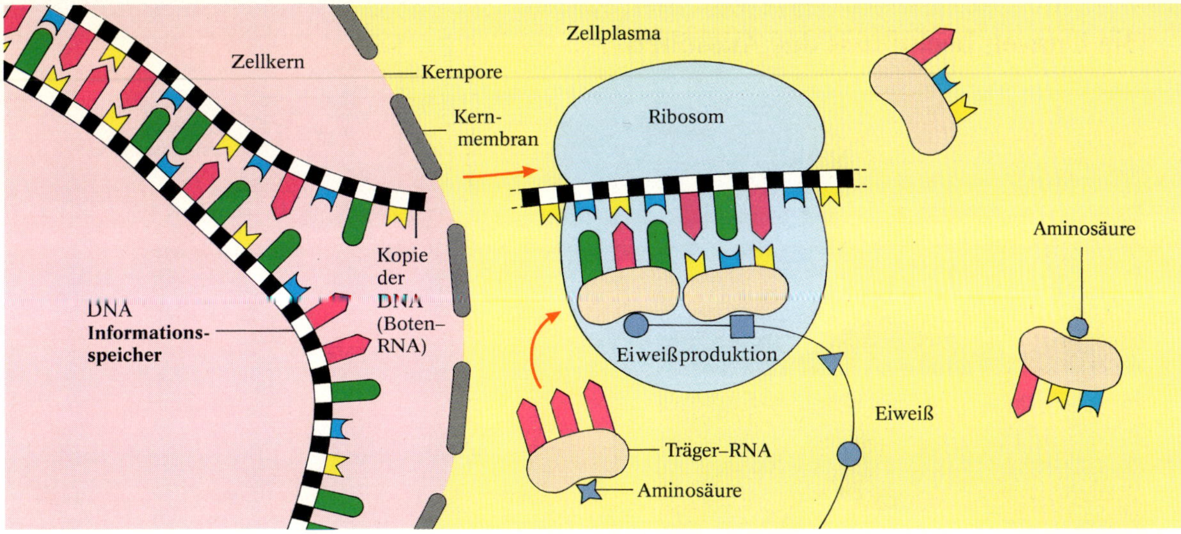

2 **Übertragung der genetischen Information**

formation an den Basentripletts „ablesbar". Hier lagern sich an die Nucleotide der DNA „passende" Nucleotide aus dem Zellplasma an. Dabei wird ein neuer Nucleotidstrang, die **Boten-RNA,** gebildet.

Die Boten-RNA-Teilchen sind der DNA sehr ähnlich gebaut. Sie unterscheiden sich aber von ihr durch ihre Einsträngigkeit. Außerdem ist Thymin durch die Base **Uracil** ersetzt.

Diese gefertigte Kopie löst sich fortlaufend vom DNA-Strang und gelangt durch die Poren der Kernhülle ins Zellplasma zu den Ribosomen, kleinen kugelförmigen Zellbestandteilen. Sie sind die Orte der Eiweißsynthese. Die Boten-RNA, gewissermaßen die Genkopie, gleitet nun Stück für Stück am Ribosom vorbei. Dabei wird Triplett für Triplett die Information abgelesen. Gemäß der „Arbeitsanweisung" wird das entsprechende Eiweiß aufgebaut.

Die hierfür erforderlichen Baustoffe, die einzelnen Aminosäuren, werden von einer besonderen RNA, der **Träger-RNA,** aus dem Plasma zu dem Ribosomen transportiert.

Dabei hat jede Aminosäure ihre spezifische Träger-RNA. Sie ist durch ihre Tripletts gekennzeichnet. An die auf der Boten-RNA vorgegebenen Tripletts können nur „passende" Tripletts der Träger-RNA angelagert werden. Die Aminosäuren werden dabei zum Eiweiß zusammengebaut. Mit der Bildung eines Eiweißstoffes ist die genetische Information dann verwirklicht. Es zeigt sich folgender Fluss der genetischen Information: **DNA → mRNA → Eiweißstoff.**

Riesenchromosomen

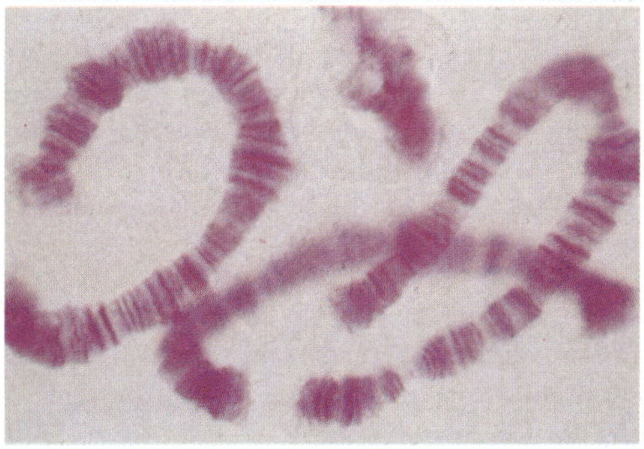

In den Zellkernen der Speicheldrüsen von Zweiflüglern, wie Mücken oder Fliegen, erkennt man lichtmikroskopisch Riesenchromosomen. Sie sind bis zu 300 µm lang und ca. 25 µm dick. Hunderte oder gar Tausende Einzelchromatiden sind in ihnen kabelartig vereint. Sie sind wohl durch wiederholte Verdopplung entstanden, ohne dass zwischendurch eine Trennung erfolgt wäre. Sie zeigen charakteristische Querscheibenmuster. Manche Querscheiben sind aufgebläht (Puffs). Hier wird die genetische Information abgelesen.

Die Umwelt beeinflusst das Aussehen

1 Russenkaninchen

Die Kaninchen der Abbildung 1 gehören zu derselben Rasse. Sie sind Russenkaninchen. Bei diesen überwiegend weißen Tieren sind Ohren, Schnauzenspitze, Pfoten und Schwanz schwarz gefärbt. Diese Teile sind der Abkühlung stärker ausgesetzt als der übrige Körper. Sie haben deshalb eine Temperatur unter 34 °C.
Kühlt man andere Hautstellen für längere Zeit ab, so wachsen dort ebenfalls schwarze Stellen heran.
Rasiert man schwarze Stellen, z.B. an der Nase, und hält das Tier bei warmen Temperaturen, so wachsen weiße Haare nach. Leben die Tiere längere Zeit in warmen Ställen, so kann man rein weiße Tiere bekommen.
Das Russenkaninchen reagiert also auf Außenbedingungen, wie die Temperatur, mit unterschiedlich gefärbtem Haarkleid.
Da es keine fließenden Übergänge gibt, sondern jeweils ein Umschlagen von weiß zu schwarz oder umgekehrt auftritt, spricht man von **umschlagender Modifikabilität.**

1. Beschreibe den Zusammenhang von Temperatur und Färbung bei den abgebildeten Tieren!

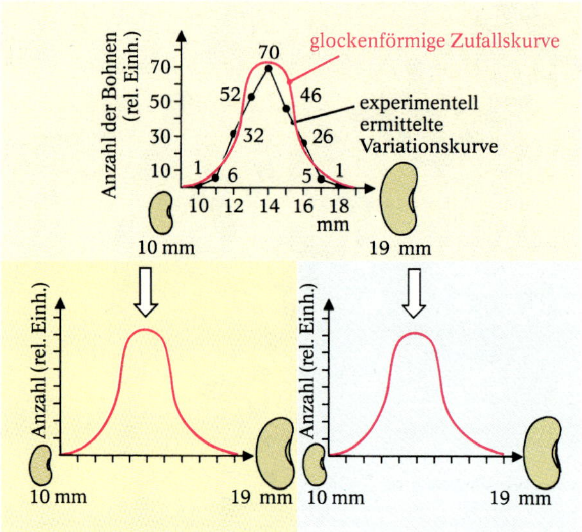

2 Variationskurven – Länge von Bohnensamen

1.6. Zusammenspiel von Erbgut und Umwelt

Im Biologieunterricht messen Schüler die Längen von Bohnensamen. Die Bohnen aus den Samentüten gehören alle einer Sorte an, sind aber trotz ihrer Reinerbigkeit unterschiedlich groß. Die Messungen ergeben, dass die kleinsten Bohnen 10 mm, die größten Bohnen 19 mm lang sind. Zwischen beiden Werten gibt es Bohnen unterschiedlicher Länge, wobei die meisten gemessenen Samen 14 mm bis 15 mm lang sind.
Nachdem die Schüler die jeweils ermittelte Anzahl Samen jeder gemessenen Länge im Koordinatensystem festgehalten haben, ergibt sich die schwarze Kurve der Abbildung 2. Sie nähert sich der rot gezeichneten glockenförmigen Zufallskurve.
Bringt nun eine Pflanze, die aus einem kleinen Samen hervorgegangen ist, nur kleine Samen hervor? Ergeben Pflanzen aus großen Samen nur große Samen? Ein Experiment gibt darauf Antwort! Man sät 19 mm lange Bohnen und 10 mm lange Bohnen aus und zieht die beiden Pflanzengruppen unter gleichen Bedingungen, aber getrennt auf. Man schließt also wechselseitige Befruchtung aus. Die Samen, die man von beiden Pflanzengruppen erntet, werden getrennt vermessen: In beiden Fällen gibt es jeweils wenige 19 mm lange, wenige 10 mm lange Samen und eine große Zahl mittlerer Länge. Man sagt, die Nachkommenschaft eines großen Samens streut genauso wie die eines kleinen.

A

B

3 **Amselmutante.** A Albino; B Kreuzungsschema

Trägt man die Mess- und Zählergebnisse beider Nachkommenschaften wieder ins Koordinatensystem ein, so erhält man übereinstimmende Variationskurven, die sich wieder der glockenförmigen Zufallskurve nähern.
Wie kommt es nun zur unterschiedlichen Länge erbgleicher Bohnensamen?
Vererbt wird nicht eine bestimmte Länge, sondern ein Spielraum, der für die erwähnte Bohnensorte 10 mm bis 19 mm beträgt. Diesen Spielraum nennt man auch **Reaktionsnorm.**

Umwelteinflüsse, wie Ernährung, Feuchtigkeit, Temperatur, Licht usw., sind dafür verantwortlich, welche Größe ein Samen innerhalb dieses erblichen Spielraums erreicht. Treffen in seltenen Fällen nur günstige Faktoren zusammen, steht die Pflanze also an einer gut belichteten Stelle, an der sie ausreichend mit Nährstoffen und Wasser versorgt ist, entstehen große Samen. Eine ebenso seltene Summierung nur ungünstiger Faktoren ergibt dagegen nur kleine Samen. Die Mehrzahl der Samen unterliegt sowohl günstigen als auch ungünstigen Faktoren, was zu Samen mittlerer Größe führt.
Die verschiedenen Phänotypen, die ein Organismus je nach Umwelteinflüssen ausbildet, heißen *Modifikanten.* Der Vorgang heißt **Modifikation.** Da bei den Bohnensamen alle Übergänge von kleinen über mittlere bis hin zu großen Samen vorkommen, spricht man von *fließender Modifikation.*

Die Abbildung 3 zeigt eine weiße Amsel mit roten Augen. Ihr fehlen die Pigmente, die ihre Augen und Federn normalerweise schwarz färben würden. Man nennt ein solches Tier einen **Albino.** Es liegt eine Erbgutveränderung vor, die dazu führt, dass die Farbstoffe nicht gebildet werden können. Das Erbschema zeigt, dass es sich dabei um einen rezessiven Erbgang handelt. Erbgutänderungen nennt man **Mutationen.** Sie werden an die Nachkommen weitergegeben. Da bei der weißen Amsel ein Gen verändert ist, handelt es sich hier um eine *Genmutation.*
Die Süßlupine ist aus der bitteren Wildform entstanden. Das Fehlen des Bitterstoffes macht sie als Futterpflanze geeignet. Da auch hier nur ein Gen verändert ist, handelt es sich ebenfalls um eine Genmutation.
Neben diesen Genmutationen gibt es auch Mutationen, die auf Veränderungen eines Chromosoms beruhen, die *Chromosomenmutation.*
Hin und wieder werden Kinder mit einer Krankheit geboren, die man Katzenschrei-Syndrom nennt. Das katzenähnliche Schreien hängt mit einer Fehlbildung des Kehlkopfes zusammen. 1963 fand man bei Zelluntersuchungen die Ursache dieser Krankheit. An einem Chromosom fehlt ein Stück.
Mutationen sind selten. Nur eine unter 10 000 bis 100 000 Geschlechtszellen trägt am betreffenden Genort eine Mutation.

1. Erkläre den Erbgang der Farbe bei der Amsel (S = Schwarz, s = weiß)! Nimm Abbildung 3 zu Hilfe!

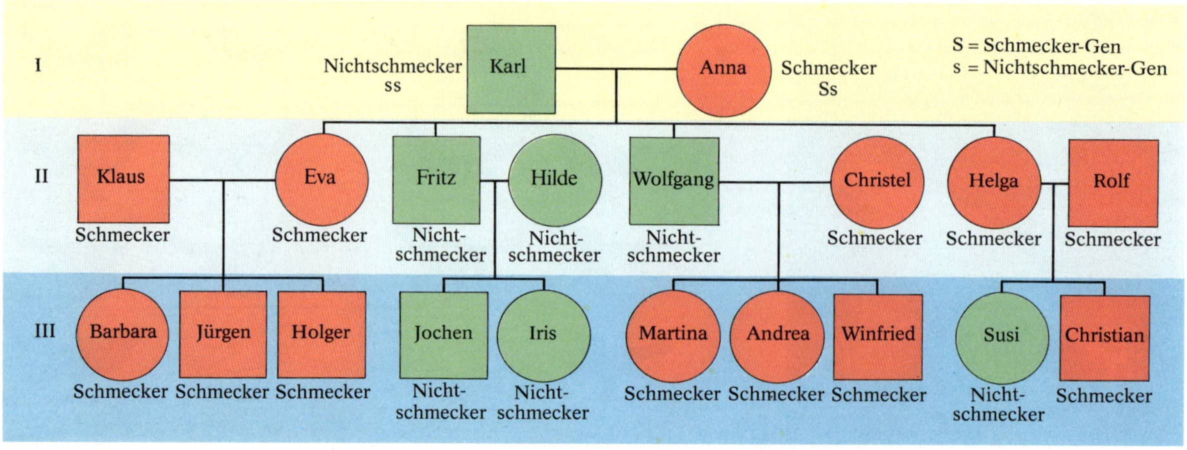

1 **Familienstammbaum** (Schmeckfähigkeit für einen Bitterstoff)

1. Karl und Wolfgang sind Nichtschmecker. Erkläre, warum Anna den Genotyp Ss haben muss!

2. Welche Genotypen haben Jürgen, Martina und Christian?

2. Vererbung beim Menschen

2.1. Wie untersucht man Erbanlagen beim Menschen?

Als ein Chemiker 1931 einen neu gewonnenen Stoff umfüllte, gelangte etwas davon als Staub in die Luft. Ein Mitarbeiter beschwerte sich über den bitteren Geschmack des Staubes. Der Hersteller selbst bemerkte das nicht. Es stellte sich heraus, dass ein Teil der Menschen den bitteren Geschmack wahrnimmt, ein anderer Teil dagegen nicht.

Die Abbildung 1 zeigt einen *Familienstammbaum*. In ihm sind die Mitglieder von drei Generationen (I-III) einer Familie aufgeführt. Sie wurden auf ihre Schmeckfähigkeit für diesen künstlichen Bitterstoff untersucht.
Jochen gehört zur 3. Generation der abgebildeten Familie. Er ist ein Enkel von Karl und Anna. Seine Eltern sind Fritz und Hilde. Jochen betrachtet den Stammbaum mit den roten und den grünen Kreisen und Quadraten. Er zählt 13 Schmecker und 17 Nichtschmecker. In der Schule hat er gelernt: Das Schmecker-Gen ist dominant, das Nichtschmecker-Gen ist rezessiv. Da die MENDELschen Gesetze auch für den Menschen gelten, kann Jochen die Genotypen seiner Verwandten für das Merkmal Schmeckfähigkeit bestimmen. Das Nichtschmecker-Gen liegt beim Nichtschmecker homozygot vor. Jochen weiß also: Er selbst, seine Schwester (Iris) und sein Vater (Fritz) sind, wie Großvater (Karl), als Nichtschmecker reinerbig (ss). Sein Vater (Fritz) hat also von beiden Elternteilen ein Nichtschmecker-Gen bekommen. Da Vaters Schwester (Eva) Schmecker ist, hat sie von ihrer Mutter (Anna) ein Schmecker-Gen geerbt. Damit ist der Genotyp von Großmutter (Anna) eindeutig bestimmt! Sie ist mischerbig (Ss).

Jochen treibt **Familienforschung**. Dazu untersucht man einzelne Merkmale über möglichst viele Generationen hinweg.
Oft wurden die Daten solcher Beobachtungen von Hausärzten festgehalten, die Großeltern, Eltern und Kinder der gleichen Familie betreut hatten.
Die Ergebnisse werden in Form von Stammbäumen aufgezeichnet. Dabei setzt man Personen einer Generation nebeneinander, die verschiedenen Generationen aber untereinander. Eltern sind durch einen Querstrich verbunden, Geschwister mit einer Klammer daruntergesetzt. Das Quadrat ist das Zeichen für den Mann, der Kreis das für die Frau. Merkmalsträger hebt man farbig hervor.

Die Familienforschung ist eine wichtige Methode der Vererbungsforschung beim Menschen. Sie ersetzt die Kreuzungsexperimente, die beim Menschen aus ethischen Gründen nicht in Frage kommen.
Wegen der langen Generationsdauer und wegen der geringen Nachkommenzahl des Menschen gewinnt man allerdings auf diese Weise nur relativ wenige Daten.

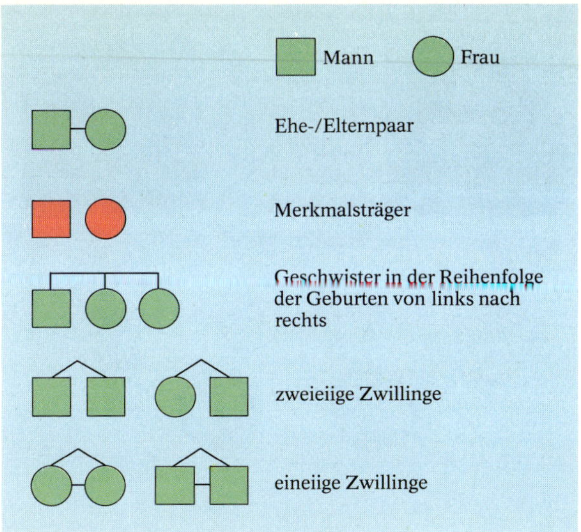

2 Symbole des Familienstammbaums

Die Analyse von Stammbäumen hat heute auch eine Bedeutung für die genetische Familienberatung. Die Verfolgung von Erbunregelmäßigkeiten und Erbkrankheiten in solchen Familienstammbäumen erlaubt dem beratenden Arzt z.B. Aussagen darüber, ob diese Schädigungen bei den Kindern wieder auftreten könnten. Damit kann er Eltern beraten, die vor der Frage stehen, Kinder zu haben oder auf Nachwuchs besser zu verzichten.

Eine weitere Methode zur Untersuchung von Vererbungsvorgängen beim Menschen ist die **Zwillingsforschung**.

Zwillinge können auf unterschiedliche Weise entstehen. *Zweieiige Zwillinge (ZZ)* entstehen aus zwei befruchteten Eizellen, die gleichzeitig gereift und beim Follikelsprung gemeinsam freigesetzt wurden. Sie sind in ihrem Erbgut unterschiedlich. Darin unterscheiden sie sich nicht von anderen Geschwistern. *Eineiige Zwillinge (EZ)* sind dagegen völlig erbgleich, weil sie aus einer gemeinsamen Zygote hervorgehen, die sich vollständig teilt. Aus den beiden Tochterzellen entstehen erbgleiche Lebewesen. Eineiige Zwillinge müssen also in ihren Merkmalen stärker übereinstimmen als zweieiige Zwillinge. Tatsächlich sind sich eineiige Zwillinge oft so ähnlich, dass selbst die Eltern sie verwechseln.

Zwillingsforscher überprüften nun einzelne Merkmale. So verglichen sie z.B. die Körpergrößen bei eineiigen und zweieiigen Zwillingen, die jeweils gemein-

Marionetten der Gene?

Professor Thomas BOUCHARD ist Psychologe an der Universität von Minnesota. Unter seiner Leitung arbeiten Zwillingsforscher aus aller Welt an einem umfassenden Forschungsobjekt. Für diese **Minnesota-Studie** werden erwachsene eineiige Zwillinge untersucht, die frühzeitig getrennt wurden und dann in verschiedenen Familien aufgewachsen sind.

Bouchard sagt dazu: „Natürlich war ich von Anfang an vor allem darauf aus, die Unterschiede zwischen solchen getrennt aufgewachsenen Zwillingen aufzuspüren... Für mich war es eine bare Selbstverständlichkeit, dass es die Umwelt ist, die eine Persönlichkeit prägt, das Elternhaus, die Schule, das soziale Umfeld – dass die Umwelt also einen Menschen zu dem werden lässt, was er dann sein Leben lang ist."

Solche Zwillingspaare wurden nun tagelang von Medizinern und Psychologen untersucht. Interviews und Intelligenztests wurden bei den Zwillingen eines Paares von verschiedenen Wissenschaftlern vorgenommen.

Die Ergebnisse scheinen unglaublich: Die Zwillinge Jim Lewis und Jim Springer z.B. waren wenige Wochen nach der Geburt von verschiedenen Eltern adoptiert worden. Sie wuchsen, ohne voneinander zu wissen, in verschiedenen Familien auf.

Die Untersuchung zeigte: Die Brüder stimmen in der Augenfarbe, der Körpergröße, dem Körpergewicht, der Schuhgröße und im Grundmuster ihrer Fingerabdrücke überein. Die Stimmen ähneln sich so stark, dass die Brüder oft selbst nicht in der Lage waren, sie vom Tonband zu unterscheiden.

Noch bedeutender sind die Übereinstimmungen in Haltung, Mimik, im Temperament und der emotionalen Reaktion auf Testbilder. Die Ergebnisse von Intelligenztests waren bis auf die Stelle hinter dem Komma identisch.

Beide Brüder sind Kettenraucher und rauchen die gleiche Marke. Beide kauen an den Fingernägeln. Beide machten jahrelang am gleichen Strand von Florida Urlaub. Beide arbeiteten vorübergehend als Tankstellenwärter und später als Hilfssheriffs.

Prof. Bouchard: „Eine so weitgehende Übereinstimmung findet man sonst nur dann, wenn man den gleichen Test bei ein und demselben Menschen in kurzem zeitlichem Abstand wiederholt."

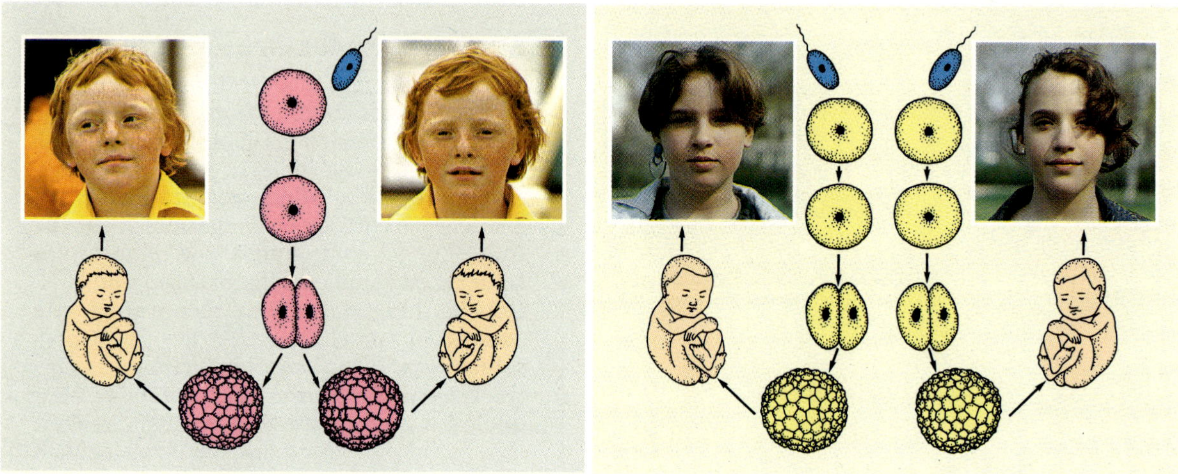

3 Eineiige und zweieiige Zwillinge

3. Erkläre anhand der Abbildung die Entstehung eineiiger und zweieiiger Zwillinge!

Erbe oder Umwelt?

Was bestimmt den Menschen, das Erbgut oder die Umwelt? Diese Frage beschäftigt Erbforscher, Psychologen, Sozialwissenschaftler und Pädagogen von jeher. Die Antworten waren oft sehr gegensätzlich und führten zu manch erbittertem Streit!
Dabei ist man sich für körperliche Merkmale meist einig: Erbgut und Umwelt wirken in der Regel zusammen. Selbst bei nachweislich umweltunabhängigen Körpermerkmalen gibt es kaum Streit. Die Vorstellung aber, Menschen durch Erziehung nach den Vorstellungen und Wünschen anderer formen zu können, ist offenbar so faszinierend, dass Forscher, die von der Beeinflussung der Intelligenz durch das Erbgut ausgingen, aufs Heftigste attackiert wurden.
Forschungen wie die der Zwillingsuntersuchungen von Minnesota lassen uns heute von einer Erblichkeit der intelligenten Leistungen von etwa 70% ausgehen. Damit ist aber zugleich unstrittig, dass auch hier die Umwelt ihren Anteil hat. Ihn durch Erziehung sinnvoll zu nutzen ist eine wichtige Aufgabe!
Erbgut und Umwelt bestimmen den Menschen gemeinsam. Dabei ist der Anteil des Erbgutes offenbar höher als oft angenommen.

sam aufgewachsen waren: Der durchschnittliche Unterschied der Körpergröße beträgt bei zweieiigen Zwillingen 4,5 cm, bei eineiigen Zwillingen nur 1,3 cm. Aus dieser größeren Übereinstimmung bei erbgleichen Zwillingen folgert man, dass das Merkmal Körpergröße stark erbbedingt ist.

Den Zwillingsforscher interessieren besonders solche Zwillinge, die getrennt voneinander aufgewachsen sind, also unterschiedlichen Bedingungen ausgesetzt waren. Die Unterschiede, die sie zeigen, führt man auf eine unterschiedliche Umwelt zurück, denn im Erbgut stimmen sie ja überein.
Getrennt aufgewachsene eineiige Zwillinge erlauben also den Einfluss von Erbgut und Umwelt einzuschätzen.
Tatsächlich beträgt der durchschnittliche Größenunterschied getrennt aufgewachsener eineiiger Zwillinge 2,1 cm. Er ist also größer als der Unterschied zusammen aufgewachsener. Das belegt den Umwelteinfluss auf die Körpergröße.
Die größere Übereinstimmung von eineiigen Zwillingen gegenüber zweieiigen Zwillingen gilt für viele körperliche, aber auch für geistige und seelische Merkmale.
Auch für Merkfähigkeit, schlussfolgerndes Denken und Zahlenverständnis, die mit so genannten Intelligenztests geprüft werden, zeigen eineiige Zwillinge eine erheblich größere Übereinstimmung als zweieiige. Man folgert daraus, dass geistige Fähigkeiten

Zwillingspaare	Unterschiede in Körpergröße	in Gewicht	in Punkten beim Intelligenztest
eineiige Zwillinge gemeinsam aufgewachsen	1,3 cm	4,7 kg	7,4
eineiige Zwillinge getrennt aufgewachsen	2,1 cm	4,8 kg	9,5
zweieiige Zwillinge	4,5 cm	7,9 kg	13,4

4 Merkmalsvergleich bei Zwillingen

4. Welche Folgerungen ergeben sich aus der Tabelle? Notiere sie!

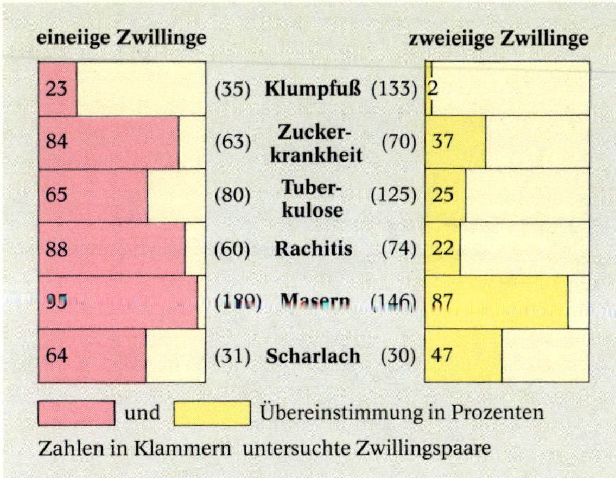

5 Krankheiten bei Zwillingen

5. Notiere, was du der Tabelle entnehmen kannst!

zum großen Teil vom Erbgut, zum kleineren von der Umwelt abhängen.
Diese größere Übereinstimmung gilt auch für das Auftreten von Krankheiten, erstaunlicherweise sogar für Infektionskrankheiten wie die Tuberkulose. Man findet ihr gemeinsames Auftreten bei eineiigen Zwillingen zu 65%, bei zweieiigen Zwillingen nur zu 25%. Das zeigt, dass es für Krankheiten eine „Veranlagung“, also eine erbliche Grundlage gibt.
Die besondere Bedeutung der Zwillingsforschung liegt zweifellos darin, dass sie Aussagen über das Zusammenwirken von Erbanlagen und Umwelt zulässt. Allerdings werden ihre Aussagen wegen der relativ geringen Zahl von Daten immer wieder angezweifelt.

Eine weitere wesentliche Methode der Vererbungslehre ist die **genetische Bevölkerungsanalyse**. Hier wird über die Familie hinaus eine sehr große Zahl von Personen einer Bevölkerung untersucht. Das Wissen über die Verbreitung von Erbkrankheiten in der Bevölkerung ist notwendig, um gesundheitspolitische Entscheidungen treffen zu können. So erhält man durch die systematische Untersuchung von Neugeborenen Angaben über die Häufigkeit bestimmter Erbkrankheiten.
Zu den wesentlichen Vorsorgeuntersuchungen für Säuglinge gehören heute in der Bundesrepublik Deutschland Tests zur Früherkennung angeborener Stoffwechselstörungen. Bei Vorliegen einer solchen Störung kann man helfend eingreifen.

Hilfe bei erblicher Stoffwechselstörung

Unter 10 000 Neugeborenen findet sich im Durchschnitt eines mit der Stoffwechselstörung *Phenylketonurie*. Beim Vorliegen dieser Stoffwechselstörung wird eine bestimmte Aminosäure (Phenylalanin) im Körper der Betroffenen nicht abgebaut. Aufgrund eines abgewandelten Gens ist nämlich ein Enzym ausgefallen, das die Umwandlung dieser Aminosäure in der Leber beeinflusst. Nach Aufnahme größerer Eiweißmengen kann deshalb die Konzentration dieser Aminosäure bis auf das Dreißigfache steigen. Bei Nichtbehandlung in der Jugend sind dann schwere geistige Schädigungen die Folge. Da der Gendefekt rezessiv ist, sind die Eltern zwar gesund, aber in Bezug auf das defekte Gen heterozygot. Man kann also nicht wissen, ob das erwartete Kind geschädigt sein wird.
Heute werden alle Neugeborenen auf diese Anomalie getestet. Bei dem Test wird ein Tropfen Blut untersucht. Wird ein krankes Kind entdeckt, bekommt es bis etwa zum 15. Lebensjahr eine Diät, die wenig von der Aminosäure enthält. Danach treten Hirnschädigungen nicht mehr auf.

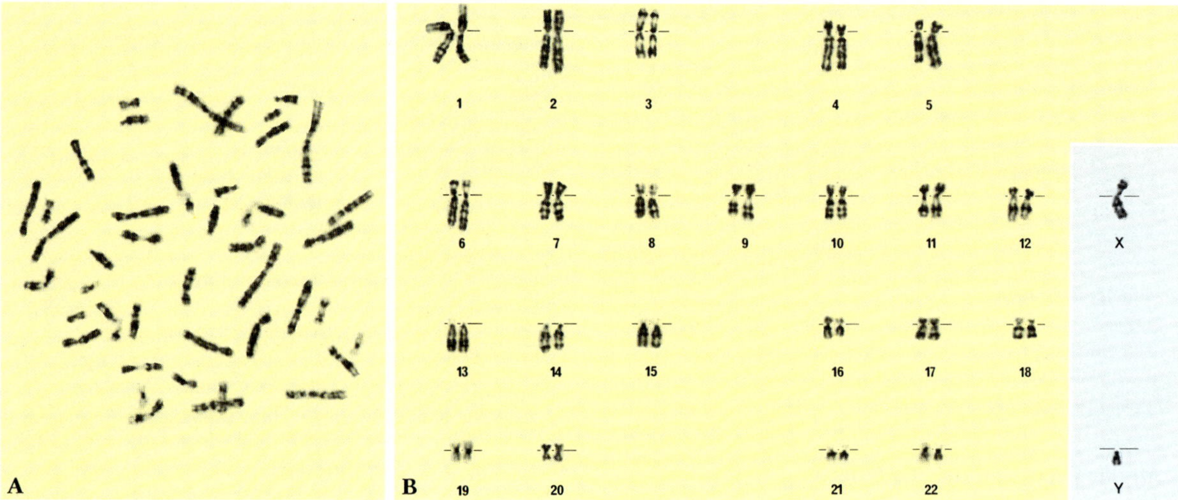

1 Die Chromosomen des Menschen. A ungeordnet; B geordnet, Geschlechtschromosomen des Mannes im blauen Feld hervorgehoben

Chromosomen kann man sichtbar machen

Erst seit 1956 kennt man die genaue Zahl der Chromosomen des Menschen. Eine Körperzelle enthält 46 Chromosomen und nicht 48, wie man bis dahin geglaubt hatte. Man gewinnt die Chromosomen aus den Zellkernen Weißer Blutkörperchen: Dazu gibt man einige Tropfen Blut in eine Nährlösung. Diese enthält einen Stoff, der die Kernteilungen anregt. Die Weißen Blutkörperchen vermehren sich. Das geschieht bei Körpertemperatur, also bei 37 °C. Nach drei Tagen stoppt man die Kernteilungen mit Colchicin, dem Gift der Herbstzeitlose. Colchicin hält die Chromosomen in der Metaphase fest, verhindert also die weitere Kernteilung. Die Chromosomen sind somit mikroskopisch gut sichtbar. Man entfernt die Roten Blutkörperchen. Aus 10 cm Höhe lässt man nun Tropfen der Kulturflüssigkeit auf einen Objektträger fallen. Die Zellkerne der Weißen Blutkörperchen platzen. Die Chromosomen werden so auf dem Objektträger ausgebreitet. Man mikroskopiert und fotografiert sie. Dann schneidet man sie aus, um sie zu ordnen. Den so geordneten Satz bezeichnet man als **Karyogramm.**

2.2. Die Chromosomen des Menschen

Die Abbildung 1 A zeigt eine mikroskopische Aufnahme der Chromosomen des Menschen. In der Abbildung 1 B sind die aus einer solchen Aufnahme herausgeschnittenen 46 Chromosomen zu 23 Paaren geordnet und nummeriert.

Es ist kaum zu glauben, aber die winzigen Gebilde von etwa 10 µm Länge enthalten die gesamten Erbanlagen eines Menschen. Alle Anlagen, egal ob für das Merkmal Augenfarbe oder für eine bestimmte geistige Veranlagung, liegen in doppelter Ausführung vor. Man schätzt die Zahl der Gene des Menschen auf 50 000 bis 100 000.

Ein geordneter Chromosomensatz mit den 22 durchnummerierten Paaren und den beiden mit „X“ und „Y“ bezeichneten Chromosomen heißt **Karyogramm.** Die beiden Chromosomen jedes Paares entsprechen einander in Größe und Gestalt. Man nennt sie homolog.

Eizelle und Samenzelle enthalten jeweils 23 Chromosomen. Man spricht vom einfachen oder **haploiden** Satz (n). Schon dieser einfache Satz trägt die gesamte Erbinformation. Bei der Vereinigung von Eikern und Samenzellkern verschmelzen beide haploiden Sätze zum zweifachen oder **diploiden** Satz (2n) des Zygotenkerns. Auch die Körperzellen sind diploid.

Die Chromosomenpaare 1 bis 22 heißen **Autosomen.** Das 23. Paar stellt die Geschlechtschromosomen oder **Gonosomen.** Sie sind bei der Frau gleich, beim Mann ungleich gestaltet.

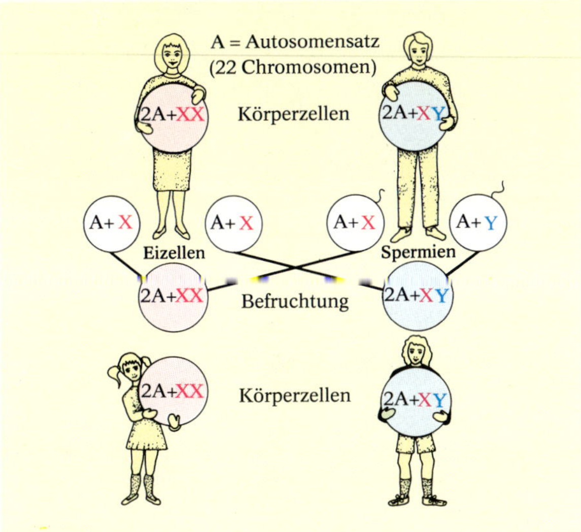

1 **Vererbung des Geschlechts**

2.3. Mädchen oder Junge – die Chromosomen entscheiden

Die Eltern hatten sich ein Mädchen gewünscht. Bärbel und Christian sollten eine Schwester bekommen. Nun war ein zweiter Junge geboren worden. Können Eltern das Geschlecht ihres zukünftigen Kindes überhaupt planen? Verantwortlich für die Ausbildung des Geschlechts sind die *Geschlechtschromosomen.* Bei der Frau sind sie gleich gestaltet und heißen *X-Chromosomen.* Beim Mann sind sie ungleich in Größe und Gestalt. Das eine heißt X-Chromosom, das andere ist kleiner und heißt *Y-Chromosom.*

Bei der Geschlechtszellenbildung erhält jede Eizelle 22 Autosomen und ein X-Chromosom. 50% der Samenzellen enthalten neben den 22 Autosomen ein X-Chromosom. Die anderen 50% enthalten ein Y-Chromosom. Bei der Befruchtung fällt die Entscheidung über das Geschlecht. Verschmelzen zufällig eine Eizelle und ein Spermium, das ein Y-Chromosom trägt, so enthält die Zygote ein XY-Chromosomenpaar. Daraus entwickelt sich ein Junge. Verschmilzt die Eizelle dagegen mit einem Spermium, das ein X-Chromosom trägt, so entwickelt sich ein Mädchen. Das Geschlecht des Kindes hängt vom Zufall ab. Ob es ein Junge oder ob es ein Mädchen wird, bestimmen die Chromosomen.

Hier wird deutlich, wie unsinnig es ist, einer Frau wegen des Geschlechts ihres Neugeborenen einen Vorwurf zu machen.

Jungen-Überschuss

Jahr	Zahl der Geburten	Mädchen	Jungen
1965	1 044 328	507 398	536 930
1979	581 984	283 809	298 175
1980	620 657	302 177	318 480
1981	624 557	303 924	320 633
1982	612 179	301 880	319 293
1985	586 155	286 102	300 053
1988	677 259	329 121	348 138
1989	681 357	332 178	349 179

2 Zahl der lebend geborenen Mädchen und Jungen (alte Bundesländer – Statistisches Bundesamt)

Das Statistische Bundesamt registriert, wie viel Kinder in jedem Jahr in der Bundesrepublik Deutschland geboren werden. Es sind in jedem Jahr mehr Jungen als Mädchen. Das führt zu einem Jungenüberschuss.

Eigentlich müsste das **Zahlenverhältnis der Geschlechter** zum Zeitpunkt der Befruchtung, das so genannte primäre Geschlechterverhältnis, 1:1 betragen. Diese Erwartung ist darin begründet, dass 50% der Spermien ein X-Chromosom und 50% ein Y-Chromosom tragen. Zum Zeitpunkt der Geburt beträgt das Zahlenverhältnis, das so genannte sekundäre Geschlechterverhältnis, jedoch 105 bis 107 Knaben : 100 Mädchen. Das gilt nicht nur für die Bundesrepublik, sondern für die verschiedenen Länder und auch für verschiedene Rassen. Wie kommt es zu dieser Abweichung?

Man nimmt an, dass die etwas leichteren Y-Spermien schneller zur Eizelle gelangen als die X-Spermien. Die Wahrscheinlichkeit für eine Befruchtung durch ein Y-Spermium wäre in diesem Fall entsprechend größer. Man vermutet auch, dass Y-Spermien aus noch nicht geklärten Gründen leichter in die Eizelle eindringen können als X-Spermien. Das würde ebenfalls zu einer größeren Zahl männlicher Föten führen. Da die Sterblichkeit von Jungen größer ist als die von Mädchen, erfolgt bis zur Geschlechtsreife ein Ausgleich bis zum 1:1-Verhältnis.

1. *Berechne nach der Tabelle in Abbildung 2, wie viel Knabengeburten auf jeweils 100 Mädchengeburten in jedem Jahr kommen!*

2. *Stelle die gleiche Berechnung für den zusammenhängenden Zeitraum von 1979 bis 1982 an!*

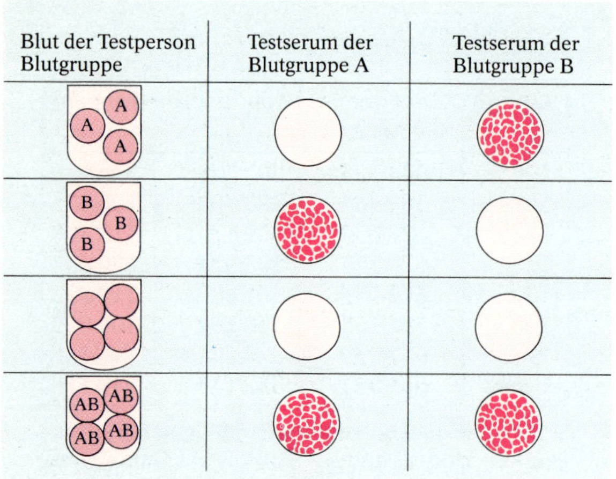

1 Blutgruppenbestimmung mittels Testseren

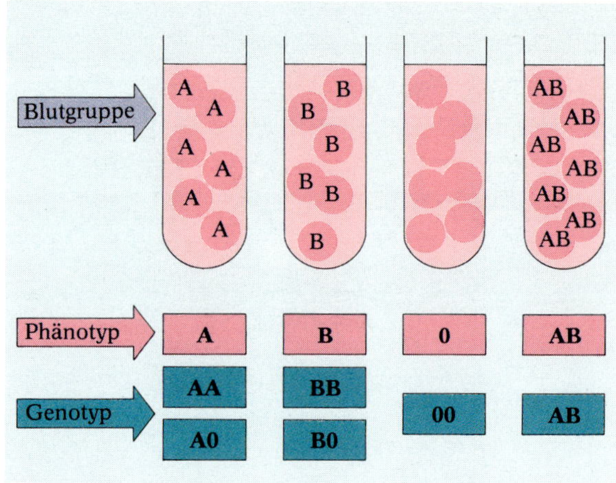

2 Blutgruppen und Genotypen (AB0-System)

1. Erkläre und begründe, wie die vier Blutgruppen mit den Testseren reagieren!

2. Ein Kind hat die Blutgruppe 0, seine Mutter die Blutgruppe B. Nenne die möglichen Blutgruppen des Vaters!

2.4. Blutgruppen sind Vererbungssache

Der Krankenwagen rast mit Blaulicht und Martinshorn zur Unfallstation ins Krankenhaus. Das Unfallopfer braucht wegen des hohen Blutverlustes dringend eine Transfusion. Dort nimmt man sich trotzdem die Zeit zunächst sein Blut zu untersuchen. Blut scheint nicht gleich Blut zu sein. Tatsächlich brächte man das Leben des Verletzten in größte Gefahr, würde man ihm die falsche „Blutsorte“ übertragen.
Man bestimmt zunächst seine **Blutgruppe.** Dazu benutzt man zwei Testseren: Das Testserum der Blutgruppe A mit den Antikörpern „Anti-B“ und das Testserum der Blutgruppe B mit den Antikörpern „Anti-A“. Vermischt man mit diesen Seren jeweils einen Tropfen Testblut, so erfolgt entweder keine Reaktion oder es kommt zu einer Verklumpung entsprechend der Abbildung 1.
Nachdem die Blutgruppe ermittelt ist, überträgt man Spenderblut der gleichen Blutgruppe. Ein Unfallopfer mit der Blutgruppe A erhält also Blut von einem Spender mit der Blutgruppe A. Würde man ihm z.B. Blut der Blutgruppe B übertragen, so käme es zu Gerinnungsreaktionen.
Die **Blutgruppe** haben wir von unseren Eltern geerbt. Die Blutgruppenmerkmale werden von der Umwelt nicht beeinflusst. Sie werden durch die **Gene A, B und 0** gesteuert. Diese liegen am gleichen Genort. Die Gene A und B dominieren über 0.

Wer die *Blutgruppe A* hat, trägt die Gene AA (reinerbig) oder A0 (mischerbig). Für die Blutgruppe B kommen entsprechend die Genotypen BB (reinerbig) oder B0 (mischerbig) in Frage. Menschen mit der *Blutgruppe 0* sind stets reinerbig. Liegen die Gene A und B nebeneinander vor, so hat ihr Träger die *Blutgruppe AB* mit beiden Blutgruppenmerkmalen nebeneinander. Beim Zusammentreffen der Gene A und B setzen sich beide phänotypisch durch.

Neben dem **AB0-System** hat man viele weitere erbliche Bluteigenschaften gefunden, so z.B. das Rhesus-System. Es wurde so benannt, weil man es zuerst bei Rhesus-Affen entdeckt hat.
Der *Rhesus-Faktor* Rh wird im dominant-rezessiven Erbgang weitergegeben. Etwa 85% aller Menschen haben diesen Faktor. Sie sind Rh-positiv (Rh^+, Genotyp DD oder Dd). Bei 15% der Menschen fehlt er. Sie sind Rh-negativ (Rh^-, Genotyp dd). D dominiert über d.
Die Kenntnis des Rhesus-Systems ist von großer Bedeutung. Er spielt eine besondere Rolle, wenn eine Frau ein Kind erwartet. So kann z.B. bei Schwangerschaften eine Rh-negative Frau ein Rh-positives Kind haben, sofern der Vater Rh-positiv ist. Die Abbildung 3 zeigt den Erbgang eines solchen Falles, der in etwa 10% aller Schwangerschaften vorliegt. Das erste Kind ist noch ungefährdet. Bei seiner Geburt kann aber kindliches Blut in den Kreislauf der Mutter gelangen.

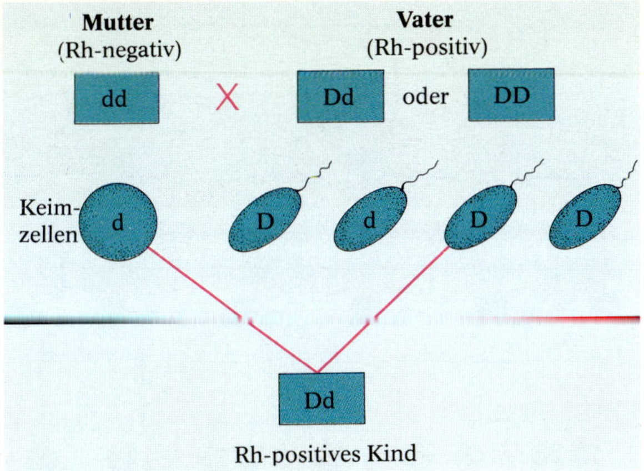

3 Vererbung des Rhesus-Faktors

3. Berechne, in wie viel Prozent der Fälle eine Rh-negative Mutter und ein Rh-positiver Vater Rh-negative Kinder haben werden!

Dort werden dann Abwehrstoffe, so genannte Antikörper, gegen die eingedrungenen Blutkörperchen gebildet. Bei erneuter Schwangerschaft gelangen diese Antikörper in das Blut des Embryos. Ist dieser wieder Rh-positiv, so werden seine Roten Blutkörperchen durch die mütterlichen Antikörper zerstört. Als Folge kann der Fetus in der Gebärmutter absterben oder bei der Geburt an schwerer Anämie (Blutarmut) oder Gelbsucht erkrankt sein.
Dem kann man heute vorbeugen. Man spritzt dazu einer Rh-negativen Frau kurz nach der Geburt des ersten Rh-positiven Kindes Antikörper gegen eingedrungene Rote Blutkörperchen des Kindes. Diese werden dadurch unschädlich gemacht.
Der Organismus der Frau bildet deshalb keine Antikörper. Es kommt also bei der nächsten Schwangerschaft nicht zu einer Abwehrreaktion gegen das Blut des nächsten Kindes! Dessen Geburt ist also nicht gefährdet.

4. Vier Geschwister haben die Blutgruppe: AB, A, 0 und B. Zeichne für sie und ihre Eltern einen Familienstammbaum! Bestimme die Blutgruppen der Eltern! Nenne die Genotypen der Eltern und der Kinder!

5. Ein Elternpaar hat die Blutgruppen B bzw. AB. Notiere alle möglichen Genotypen, die bei ihren Kindern auftreten können! Welche Blutgruppen kämen also für sie in Frage?

Ist Rolf M. Kerstins Vater?

Frau Kranz hat es als allein stehende Mutter nicht leicht! Ihre sechs Monate alte Tochter Kerstin ist vormittags bei der Großmutter. Frau Kranz arbeitet halbtags in der Kanzlei eines Rechtsanwalts. Ihr Chef, Dr. Belz, vertritt sie auch als Anwalt in der Unterhaltsklage. Für sich selbst will die junge Frau alleine geradestehen, aber für Kerstin soll der Vater Unterhalt zahlen.
Der Beklagte, Rolf M., bestreitet der Vater zu sein. Wohl sei er mit Frau Kranz befreundet gewesen, man habe sich aber schon vor zwei Jahren getrennt. Er komme deshalb als Vater Kerstins gar nicht in Frage.
Auch Klaus F., der jetzige Freund von Frau Kranz, bestreitet die Vaterschaft. Ein Vaterschaftsgutachten soll Klärung bringen.
Dafür eignen sich die Blutgruppenmerkmale gut. Sie sind umweltstabil. Das dominante Gen kommt stets zur Ausprägung. Der Genetiker kann von der Blutgruppe, dem Phänotyp, direkt auf den Genotyp schließen. Wenn z.B. die Blutgruppe B bestimmt wurde, kann der Genotyp BB oder Genotyp B0 vorliegen.
Die Untersuchung ergibt: Mutter und Kind haben die Blutgruppe 0. Rolf M. hat Blutgruppe B, Klaus F. Blutgruppe A. Beide Männer können also Kerstins Vater sein. Es kommen die Träger folgender Blutgruppen in Frage: 0, A (mit Genotyp A0) und B (mit Genotyp B0). Das AB0-System führt hier also zu keiner Klärung.
Die Überprüfung des Rhesus-Systems zeigt: Die Mutter und Klaus F. sind Rh-negativ, Kerstin und Rolf M. sind Rh-positiv. Damit kann Klaus F. als Vater ausgeschlossen werden. Die Vaterschaft von Rolf M. ist damit aber noch nicht erwiesen.
Das mit dem AB0-System angewandte Ausschlussverfahren wird nun mit weiteren Blutgruppen-Systemen fortgesetzt. Heute werden mehr als 20 verschiedene Bluteigenschaften für Vaterschaftsgutachten überprüft. 97% aller Nichtväter können so eindeutig ausgeschlossen werden. Der Vergleich von Körpermerkmalen bringt weitere Klärung. Man untersucht: Augenfarbe, Irisstruktur, Haarfarbe und -form, Haarwirbel, Hautfarbe, Kopf- und Gesichtsform u.a. Im vorliegenden Fall haben die Untersuchungen ergeben, dass Rolf M. Kerstins Vater ist.

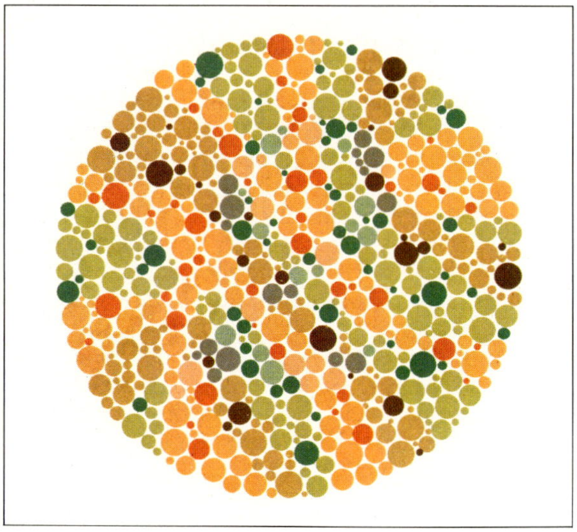

1 Testtafel für Farbensehen

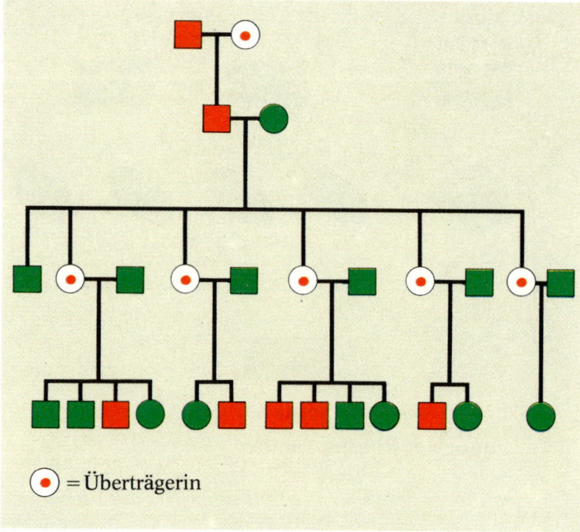

2 Rotgrünblindheit in einer Familie

2.5. Die Erforschung von Erbkrankheiten

Was siehst du in der Abbildung 1? Erkennst du in den bunten Punkten eine Zahl? Wenn nicht, kannst du Farben normal sehen. Erkennst du dagegen die Zahl, so bist du rotgrünschwach.
Die Rotgrünschwäche ist eine Erbkrankheit. Man spricht auch von **Rotgrünblindheit.** Rotgrünblinde Menschen können rot und grün nicht eindeutig voneinander unterscheiden. Etwa 8 % aller Männer sind rotgrünblind, aber nur 0,5 % der Frauen sind betroffen. Wie ist dieser Unterschied zu erklären? Hängt er mit den Geschlechtschromosomen zusammen?
Tatsächlich ergaben Untersuchungen: Das Gen für Rotgrünblindheit liegt auf dem X-Chromosom. Ist das bei einem Mann der Fall, so wirkt dem kein Normalgen entgegen, denn das Y-Chromosom trägt fast keine Gene. Deshalb kommt die Krankheit zur Ausprägung. Frauen mit einem Gen für Rotgrünblindheit sind nicht rotgrünblind, denn das Gen für Farbtüchtigkeit auf dem zweiten X-Chromosom ist dominant. Diese Frauen können das defekte Gen aber weitergeben. Sie sind *Überträgerinnen.* Die Krankheit wird also rezessiv vererbt. Sind Frauen rotgrünblind, so sind sie für das defekte Gen reinerbig. Ihre Söhne sind stets rotgrünblind.
Auch die **Bluterkrankheit** wird durch ein rezessives Gen auf dem X-Chromosom verursacht. Sie ist wie die Rotgrünblindheit eine X-chromosomale Erbkrankheit.

Der **Albinismus** wird autosomal und rezessiv vererbt, d. h., die Krankheit kann nur dann auftreten, wenn das entsprechende Gen reinerbig vorliegt. Bei den Kranken ist der Aufbau von Farbstoffen im Körper gestört. Sie haben eine sehr helle Haut, blondes Haar und sind sehr lichtempfindlich.
Bei der **Kurzfingrigkeit** haben die Betroffenen verkürzte mittlere Fingerknochen. Dadurch sind ihre Hände missgebildet.
Schon im Jahr 1905 stellte der englische Arzt FARABEE für eine von der Kurzfingrigkeit betroffene Familie einen Stammbaum auf, der eine relativ große Personenzahl in fünf Generationen berücksichtigt. Der Stammbaum ergab: Kurzfingrige Familienmitglieder hatten teils normalfingrige, teils kurzfingrige Kinder. Ehen, in denen beide Partner normalfingrig waren, wurden in den Stammbaum nicht aufgenommen. Ihre Kinder sind stets normalfingrig. Was lässt sich daraus schließen?
Beim Kurzfingrigen können das defekte und das normale Gen nebeneinander vorliegen. Der Normalfingrige ist dagegen in Bezug auf dieses Merkmal stets reinerbig. Das Gen für Kurzfingrigkeit ist dominant. FARABEE fand in den fünf Generationen unter den 69 Kindern 36 kurzfingrige und 33 normalfingrige. Das entspricht etwa einem Verhältnis von 1 : 1. Genau dieses Verhältnis erwartet man, wenn beim dominanten Erbgang der eine Partner mischerbig (Aa), der andere reinerbig (aa) ist.

Nur ein defektes Gen, aber viele Schädigungen

Jedes 2000. bis 3000. Neugeborene hat einen rezessiven Gendefekt, der die **Mucoviscidose** bedingt. Der Name enthält das lateinische Wort für zähflüssig. Aufgrund eines Enzymdefekts gelangt zu wenig Wasser in die Drüsen. Ihr Schleim ist zu zähflüssig. Daraus resultiert eine Fülle von Symptomen, an denen die Kranken leiden: Funktionsstörungen der Bauchspeicheldrüse führen zu Verdauungsstörungen und schweren Durchfällen. Die Drüsen des Darms und der Bronchialschleimhaut sowie Speichel-und Schweißdrüsen sind ebenfalls betroffen. Zähflüssigkeit des Bronchialschleims führt zu Erweiterungen des Bronchialsystems und chronischer Bronchitis.

Gesund, aber das krank machende Gen liegt vor

Eine rezessive Erbkrankheit tritt auf, wenn das krank machende Gen reinerbig vorliegt (aa). Die gesunden Eltern sind für das Gen mischerbig (Aa). Mit Hilfe des **Heterozygotentests** kann man für ca. 60 Stoffwechselkrankheiten die heterozygoten Träger der defekten Gene ermitteln. Im Fall der Phenylketonurie erhält die Testperson eine hohe Dosis der Aminosäure, die der Kranke nicht abzubauen vermag. Bei einem Heterozygoten (Aa) Träger des defekten Gens steigt der Spiegel dieser Aminosäure im Blut stärker an als beim reinerbigen Gesunden (AA). Dadurch kann man die Wahrscheinlichkeit einer Erkrankung der Nachkommen voraussagen.

2.6. Sie brauchen unser Verständnis und unsere Hilfe

Etwa jeder 10 000. Neugeborene hat die Stoffwechselkrankheit Phenylketonurie, jeder 50 000. erbt eine Knochenbrüchigkeit. Wenn man solche Zahlen liest, kann man sie leicht für niedrig halten. Als Nichtbetroffene neigen wir dazu solche Zahlen zu verdrängen. Viele von uns kennen keinen von einer Erbkrankheit Betroffenen.
Darüber hinaus beruhigt es uns, dass die Medizin mit ihren ungeheuren Fortschritten heute schon vielfach helfen kann. Wissen wir doch, dass mancher vererbte Stoffwechseldefekt durch Routine-Tests schon beim Neugeborenen diagnostiziert wird. Im Fall der Phenylketonurie kann man mit einer Spezialdiät helfen. Wer gerne isst, mag darüber nachdenken, was es heißt, bis zum 15. Lebensjahr eine solche Diät einhalten zu müssen!

Jeder von uns sollte versuchen sich klarzumachen, mit welch schrecklichen Krankheitssymptomen ein von der Mucoviscidose betroffenes Kind fertig werden muss. Zäher Schleim ist aus den Atemwegen kaum herauszubringen. Eine chronische Bronchitis ist mit ständigem quälendem Husten verbunden. Atemnot macht Angst! Aber daneben sind weitere Organsysteme krank! Die Mangelfunktion der Bauchspeicheldrüse bringt schwere Verdauungsstörungen mit, die nicht weniger belastend sind. Noch in den fünfziger Jahren starben 80% der Kranken vor dem zweiten Lebensjahr. Heute erreichen dank medizinischen Fortschritts ca. 80% der Betroffenen das Erwachsenenalter. Sie müssen allerdings, bei eingeschränkter Lebensqualität, ca. zwei Stunden am Tag für ihre Behandlung aufbringen.
Was es für ein bis dahin sehendes Kind bedeutet, wegen eines Tumors zu erblinden, kann man als Sehender nicht einmal erahnen. Mit solchen Überlegungen sollten wir versuchen zu begreifen, wie viel Leid hinter jedem dieser Einzelschicksale steht. Wir müssen erkennen, dass das Vorantreiben der Erforschung der Erbkrankheiten genauso wichtig ist wie eine optimale ärztliche Versorgung der Betroffenen. Jede erdenkbare institutionelle Hilfe muss ihnen zuteil werden. Wir müssen aber auch wissen, dass all das allein nicht ausreicht.
Jeder Behinderte braucht die Hilfe seiner Angehörigen, der Mitschüler, der Kollegen, der Mitbewohner, seiner Mitmenschen überhaupt. Verständnis und Zuwendung sind gefragt. Und wir sollten zupacken, nachdem wir gefragt haben, ob unsere Hilfe erwünscht ist. Dafür gibt es sehr viele Möglichkeiten. Helfen wir, wenn wir sehen, dass ein Blinder Schwierigkeiten hat über die Straße zu kommen. Schieben wir den Rollstuhl eines Mitschülers, wenn es darum geht den Klassenraum zu wechseln. Halten wir Parkplätze frei, die für Behinderte reserviert sind! Und nicht zuletzt: Mischen wir uns ein, wenn wir sehen, wie Behinderte benachteiligt oder gar attackiert werden!

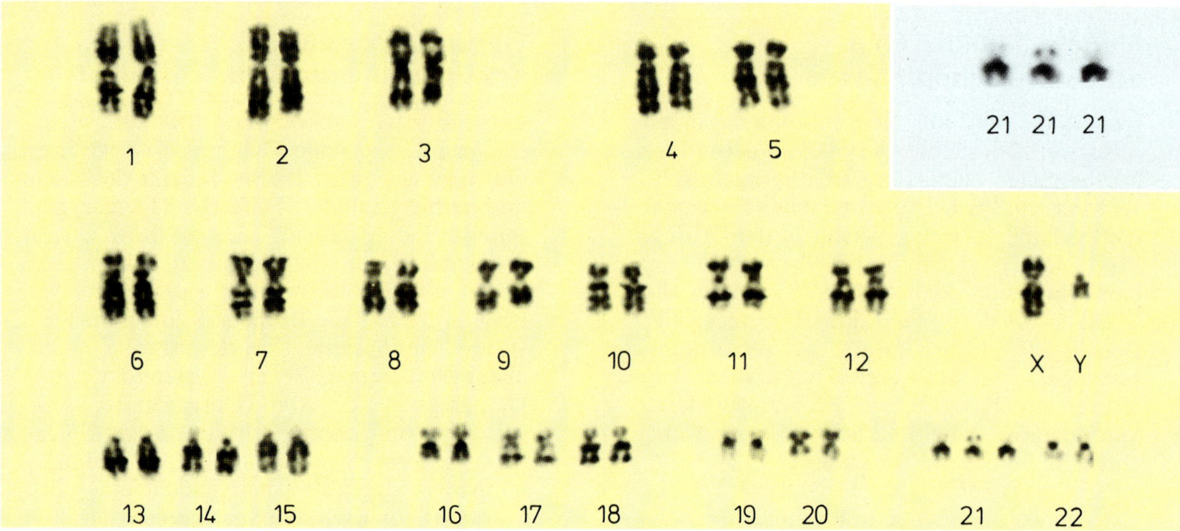

1 Karyogramm eines Kindes mit Trisomie 21

2.7. Ein Chromosom zu viel – schlimme Folgen

Christine heißt die Tochter unserer Strandnachbarn. Während ihr Bruder, ein Junge wie jeder andere, mit unseren Jungen spielt, ist Christine deutlich anders als andere Kinder. Sie bleibt, obschon kein Kleinkind mehr, ständig bei der Mutter. Beim Sprechen lallt sie. Die Zunge scheint zu groß und zu dick für den ständig etwas geöffneten Mund. Ihr Kopf wirkt etwas klein und rund. Eine flache Nasenwurzel und die schmalen Lidspalten fallen auf. Ganz deutlich ist Christine auch geistig zurückgeblieben.

Im Laufe der Zeit lernen wir Christine näher kennen. Sie spielt mit einfachem Spielzeug, das ihrem Alter eigentlich nicht entspricht. Alle Mitglieder der Familie umsorgen sie liebevoll. Sie ist offensichtlich sehr liebebedürftig und zeigt ihre Anhänglichkeit gegenüber dem Bruder und den Eltern ohne Scheu. Sie kann sich von Herzen freuen, wenn jemand nett zu ihr ist. Was hat Christine?

Ihre Mutter erklärt den Kindern, daß Christine eine angeborene Krankheit hat, die man **Down-Syndrom** nennt: „Sie braucht mehr Unterstützung, Zuwendung und Hilfe als andere Kinder. Sie ist aber auch Mittelpunkt unserer Familie. Sicher habt ihr bemerkt, wie fürsorglich ihr Bruder mit ihr umgeht und wie sie an uns allen hängt. Wir haben von ihr gelernt geduldiger miteinander umzugehen!“

Das Down-Syndrom tritt im Durchschnitt einmal unter 600 Geburten auf. Bei sorgfältigem Betrachten der Abbildung 1 stellst du eine Abweichung vom normalen Chromosomensatz fest.
Das Chromosom 21 liegt dreimal vor. Kinder mit dem Down-Syndrom haben das Chromosom 21 dreifach statt zweifach. Wie kommt es zu dieser Fehlzahl?
Während der Reifeteilungen kann es geschehen, dass die beiden Chromosomen 21 nicht getrennt werden. Dann entsteht eine Eizelle, die das Chromosom 21 zweimal enthält. Wird eine solche Eizelle befruchtet, entsteht eine Zygote mit drei Chromosomen 21. Man spricht von **Trisomie 21.** Da eine solche Nichttrennung auch bei der Spermienbildung auftreten kann, können Kinder mit Trisomie 21 das überzählige Chromosom auch vom Vater haben.
Viele betroffene Kinder haben neben den äußeren, sichtbaren Merkmalen auch einen Herzfehler und sind gegenüber Infektionskrankheiten anfälliger. Sie haben deshalb eine geringere Lebenserwartung als Nichtbetroffene. Die Fortschritte der modernen Medizin haben diese aber gegenüber früher erhöht. Obwohl stets ein verminderter Intelligenzquotient ermittelt wird, kann eine früh, im Alter von drei Jahren einsetzende Bewegungs- und Spieltherapie die Auswirkungen der geistigen Behinderung abschwächen. Bei dieser Therapie steigert man die geistigen Anforderungen langsam und stetig. Bei späterem Therapiebeginn sind die Aussichten Verbesserungen zu erreichen schlecht.

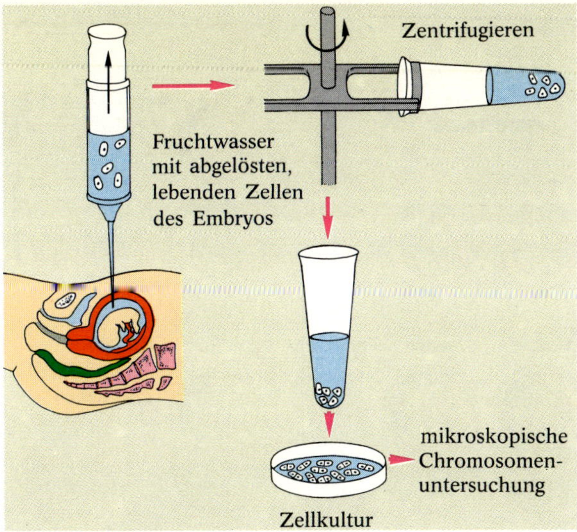

1 Fruchtwasserpunktion

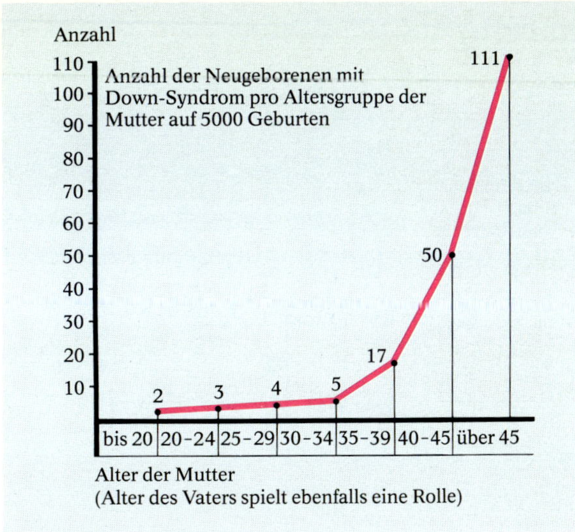

2 Häufigkeit des Down-Syndroms

2.8. Familienberatung ist wichtig

Frau M. erwartet ein Kind. Der Arzt erklärt ihr, dass das Risiko für das Kind bei einer Frau von 40 Jahren erhöht ist. So haben ältere Frauen häufiger Kinder mit Down-Syndrom als jüngere. Auch ältere Väter bedeuten eine Erhöhung des Risikos.
Frau M. und ihr Mann sind zunächst beunruhigt. Sie fragen den Arzt, was sie tun sollen. Er rät nach sorgfältigem Abwägen zu einer **Fruchtwasserpunktion:** Dazu wird zwischen der 14. und der 16. Schwangerschaftswoche mit einer Kanüle Fruchtwasser aus der Fruchtblase gesogen. Darin schwimmen Zellen des Embryos. Diese Zellen vermehrt man in Zellkulturen und untersucht sie dann auf Chromosomenschäden. Zugleich untersucht man, ob bei dem Embryo erbliche Stoffwechselkrankheiten vorliegen.
Bei Frau M. ergibt die Untersuchung keine Chromosomenabweichungen. Sie kann beruhigt der Geburt ihres Kindes entgegensehen.
Der Arzt hat in diesem Fall eine Familienberatung durchgeführt. Manchmal wird der Arzt einem Ehepaar raten keine eigenen Kinder zu bekommen. Das wird er z.B. dann tun, wenn in einer Familie gehäuft Erbkrankheiten auftreten oder wenn die Untersuchung von Zellen des Embryos Chromosomenschäden ergibt. Bei der großen Zahl der Fruchtwasserpunktionen, die inzwischen durchgeführt wurden, riet man den Eltern in etwa 3% der Fälle zu einem Abbruch der Schwangerschaft.
Man schätzt, dass in den alten Ländern der Bundesrepublik jährlich etwa 40 000 körperlich oder geistig behinderte Kinder geboren wurden, und man nimmt an, dass bei etwa ¾ dieser Kinder die Behinderung genetisch bedingt ist.
Das Leid dieser Menschen und ihrer Angehörigen ist groß. Gibt es Möglichkeiten das Erbgut der Menschen zu verbessern, damit weniger Erbkranke geboren werden? Mit dieser Frage beschäftigt sich die **Eugenik.** Dieser Begriff ist während des Nationalsozialismus missbraucht worden. Man versuchte, mit der Eugenik die Tötung Kranker zu begründen. Für uns ist nicht nur die Tötung kranker Menschen als Verbrechen völlig indiskutabel, wir lehnen auch die Menschenzüchtung ab, weil sie im Widerspruch zu unseren Vorstellungen von der Würde des Menschen steht.
Rät aber ein Arzt nach sorgfältiger Abwägung der Risiken einem Ehepaar von einem Kind ab, um die Weitergabe defekter Gene zu verhindern, dann ist das als humane Maßnahme annehmbar.

1. Ermittle aus Abbildung 2 die Prozentsätze krank geborener Kinder bei Müttern im Alter von 20 und von über 45 Jahren! Vergleiche!

2. Mit Insulin verbessert man das Leben erblich Zuckerkranker und verlängert ihre Lebenserwartung. Damit nimmt man aber zugleich eine Zunahme des krank machenden Gens in der Bevölkerung in Kauf. Erkläre den Zusammenhang!

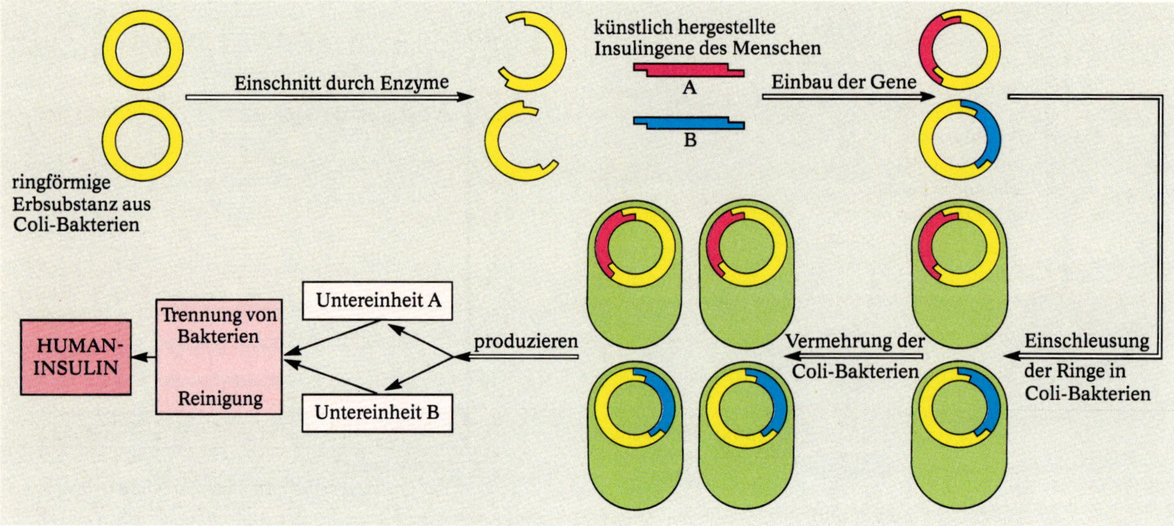

1 **Genchirurgisch verpflanztes Insulin-Gen** (Schema)

Mutagen oder nicht?

Rund 60 000 chemische Verbindungen sind im Handel. Von den wenigsten kennen wir die Wirkung auf das Erbgut. Viele Chemikalien wirken *erbgutverändernd, mutagen.* Das gilt möglicherweise für manche Arzneimittel, Nahrungsmittelzusätze zum Konservieren, Genussmittel, wie Nikotin, Schädlingsbekämpfungsmittel, Kosmetika und die vielfältigen Verunreinigungen von Wasser und Luft.
Inzwischen gibt es Tests, mit denen man prüft, ob eine Substanz erbgutverändernde Wirkung zeigt. Beim AMES-Test, der den Namen seines Entdeckers trägt, benutzt man eine „Defektmutante" eines Bakteriums der Gattung Salmonella. Ihr Defekt besteht darin, dass sie auf Nährboden ohne Zusatz einer bestimmten Aminosäure (Histidin) nicht wächst. Unter dem Einfluss von Mutagenen können die Bakterien zur Wildform zurückmutieren. Diese kommt ohne Histidin-Zusatz aus. Die auf ihre mutagene Wirkung zu prüfende Substanz wird zusammen mit der Defektmutante auf einen histidinfreien Nährboden gebracht. Wachsen nun auf diesem Nährboden gehäuft Bakterienkolonien heran, so sind Rückmutationen aufgetreten. Die Substanz wirkt also mutagen.

2.9. Verantwortung des Menschen gegenüber seinen Nachkommen

Neben der Verantwortung, die jeder von uns gegenüber seinen Mitmenschen hat, wiegt die gegenüber unseren Nachkommen besonders schwer! Wir heute Lebenden haben Möglichkeiten, gegen Schädigungen durch Chemikalien, Strahlenbelastung, Umweltverschmutzung und gesundheitsgefährdenden Lärm etwas zu tun. Unsere Kinder aber werden ungefragt in Umweltbedingungen hineingeboren, für die sie nicht verantwortlich sind. Deshalb geht der Umweltschutz uns alle an. Gesetze allein reichen nicht. Erfolge auf diesem Weg gibt es durchaus. So hat die Ausstattung von Kraftwerken mit entsprechenden Filteranlagen den Ausstoß von Schwefeldioxid kräftig gesenkt. Abwasseraufbereitungsanlagen dienen langfristig dazu, den Schadstoffgehalt unserer Gewässer zu senken.
Dabei geraten wir immer wieder in Zwiespalt. Viele Verbesserungen der Lebensbedingungen dieser Generation bringen der Folgegeneration auch Nachteile. Unsere durch Auto und Flugzeug gewaltig gewachsene Beweglichkeit hat eine Verschmutzung der Atmosphäre mit Abgasen zur Folge, deren klimatische Konsequenzen kaum abzuschätzen sind. Die Entwicklung neuer Medikamente hat unsere Lebenserwartung verlängert. Unter diesen Medikamenten können allerdings auch unerkannte erbgutverändernde Stoffe, die man Mutagene nennt, sein. Medizinische Hilfe mildert heute das Leid vieler Erbkranker.

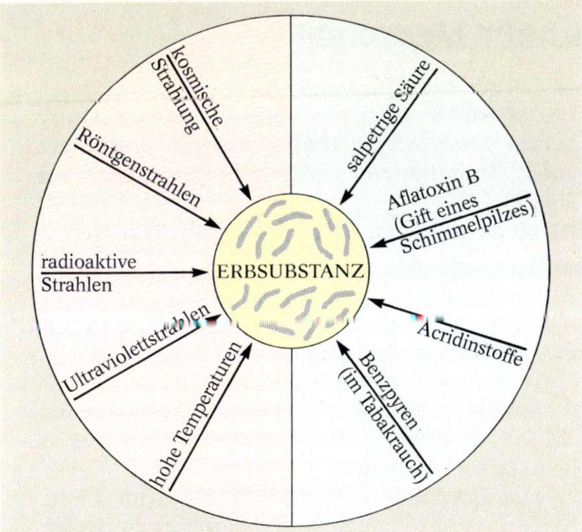

2 Verschiedene Mutagene

Eine Spezialdiät bringt Hilfe bei der Phenylketonurie. Der erblich Zuckerkranke erfährt Hilfe durch Insulin. So wird die Lebensqualität Erbkranker verbessert und ihre Lebenserwartung verlängert. Aber auch hier gilt der schon erwähnte Zwiespalt. Es erreichen nämlich mehr Menschen mit Gendefekten die Fortpflanzungsreife und vererben den Defekt an ihre Kinder weiter. Die Häufigkeit des Gendefekts steigt also in der Bevölkerung an.

Eine andere Möglichkeit medizinischer Hilfe zeigt Abbildung 1. Sie verdeutlicht ein gentechnisches Verfahren. Erbbiologen können heute Erbsubstanzen aus den Chromosomen einer Zelle herauslösen und auf andere Organismen übertragen. Colibakterien enthalten ringförmige Erbsubstanz. Mit Hilfe von Enzymen kann man diese Ringe aufspalten. Man trennt dann wiederum mit Enzymen aus menschlicher Erbsubstanz die Gene für die Insulinproduktion heraus. Bei der anschließenden Vermischung werden die Gene für die Insulinproduktion in den Erbsubstanzring der Bakterien eingebaut. So gewinnt man Bakterien, die menschliches Insulin herstellen. Gentechnisch gewonnenes Human-Insulin ist besonders für die Zuckerkranken eine Hilfe, die auf Tier-Insulin allergisch reagieren.

Möglicherweise wird man Bluterkranken bald mit einem auf ähnliche Weise gentechnisch hergestellten Gerinnungsfaktor helfen können. Dann könnten Transfusionen entfallen, die mit Gefahren verbunden sind, wie die Infektionen mit AIDS gezeigt haben.

Erbkrankheit mit Vorteilen?

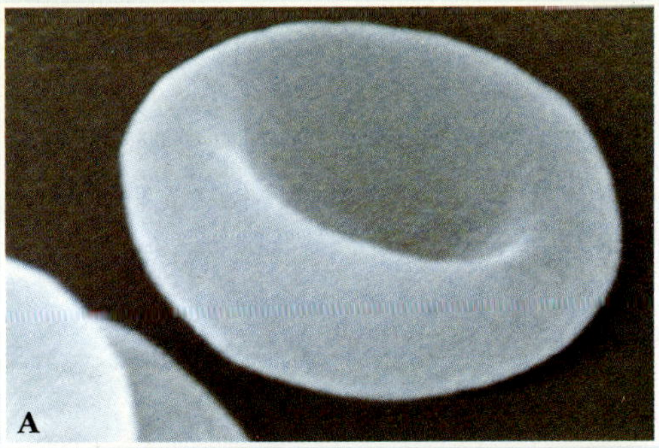

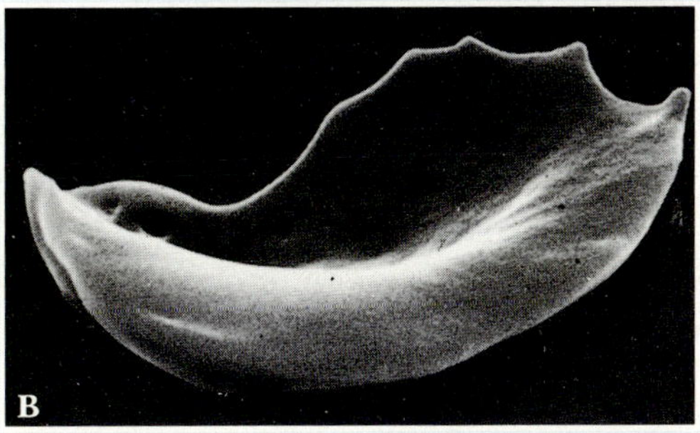

3 Rote Blutkörperchen. A Normalform; B Sichelform

Die Erbkrankheit **Sichelzellenanämie** hat ihren Namen nach der Sichelform der Roten Blutkörperchen der Betroffenen. Diese Blutkrankheit beruht auf einer Mutation. Sichelförmige Blutkörperchen haben einen veränderten Blutfarbstoff. Reinerbige Träger leiden unter schwerer Anämie und sterben meist schon im Kindesalter. Die Sichelzellen verstopfen nämlich feine Blutgefäße und unterbinden dort die Blutversorgung. Trotz dieser negativen Folgen und obgleich reinerbig Kranke nur sehr selten Kinder haben, findet man das defekte Gen in manchen Bevölkerungsgruppen erstaunlich häufig. In Afrika gibt es Volksstämme mit bis zu 40% mischerbigen Trägern des Sichelzellen-Gens. Heute weiß man, dass das besonders für Malariagebiete gilt. Die Blutkörperchen des Mischerbigen enthalten sowohl den normalen als auch den veränderten Blutfarbstoff. Die Mischerbigen sind deshalb gesund. Träger des Sichelzellen-Gens sind gegen Malaria resistent. Sie haben in diesen Gebieten eine größere Überlebenschance als homozygot Gesunde.

Übung: Erbgesetze beim Menschen

A 1. Die MENDELschen Gesetze gelten auch für den Menschen

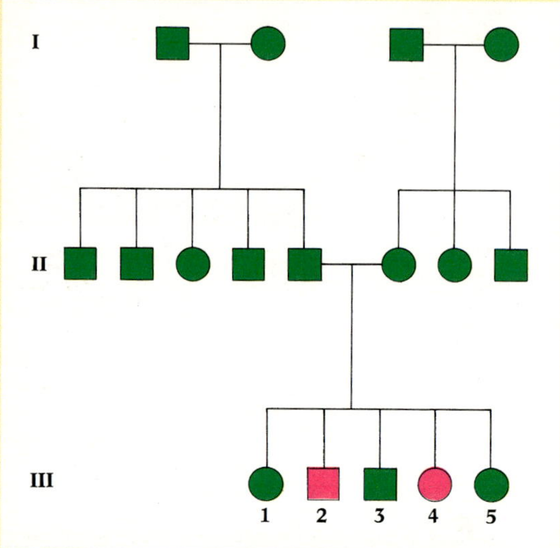

Familienstammbaum für Phenylketonurie

Der abgebildete Stammbaum könnte aus den Notizen eines Arztes entstanden sein, der als Hausarzt die drei Generationen der Familie betreut hat. In der Familie wurden ein Junge und ein Mädchen mit Phenylketonurie geboren.

a) Ordne den Stammbaum einem bestimmten Erbgang zu!
b) Übertrage den Stammbaum in dein Heft und trage die Genotypen ein!
c) Wäre es denkbar, dass in der Generation III nur gesunde Kinder aufträten? Erkläre!

A 2. Erbe und Umwelt bei Krankheiten

Krankheit	eineiige Zwillinge (EZ)		zweieiige Zwillinge (ZZ)	
	beide erkrankt in %	nur einer erkrankt in %	beide erkrankt in %	nur einer erkrankt in %
Tuberkulose	65	35	25	75
Keuchhusten	96	4	94	6

In der Tabelle wird das Auftreten zweier Krankheiten bei eineiigen und zweieiigen Zwillingen einer bestimmten Untersuchungsgruppe verglichen.
Beide Krankheiten sind Infektionskrankheiten.

a) Begründe, warum man eineiige und zweieiige Zwillinge zum Vergleich heranzieht.
b) Vergleiche die beiden Krankheiten in Bezug auf ihre Anteile von Erbe und Umwelt miteinander!
c) Erkläre die Unterschiede!
d) Bei einer Untersuchungsreihe kam es nur bei EZ vor, dass beide Geschwister an der Tuberkulose starben. Erkläre!
e) Die Tuberkulose wurde oft als Arme-Leute-Krankheit bezeichnet. Erkläre, wie es zu diesem Begriff gekommen sein könnte!

A 3. Spargel und Uringeruch

Bei vielen Menschen tritt nach dem Essen von Spargel ein auffälliger Uringeruch auf. Sie scheiden einen bestimmten Stoff aus, der bei anderen Menschen nach dem Genuss von Spargel nicht auftritt. Die Ursache für die Ausscheidung des betreffenden Stoffes ist ein rezessives Gen.

a) Zähle aus, wie viel Mitschüler der Klasse dieses Merkmal zeigen und wie viel nicht!
Ermittle das Zahlenverhältnis!
b) Kläre für deine Familie, wer den Stoff ausscheidet und wer nicht! (Berücksichtige Großeltern, Eltern und Geschwister, vielleicht auch Onkel und Tanten!)
c) Zeichne einen Familienstammbaum, in den du auch die Erbbilder der einzelnen Personen einträgst!

A 4. Verwandtenehen

In einem Buch über die Vererbungslehre beim Menschen lesen wir: „Im Allgemeinen ist es unwahrscheinlich, dass zwei seltene rezessive Gene zusammentreffen.“ (1)
„Durch eine Heirat zwischen Vetter und Base wird die Wahrscheinlichkeit eines Zusammentreffens von zwei gleichen seltenen Allelen wesentlich erhöht.“(2)

a) Erkläre die Aussagen!
b) Fertige für (1) und (2) je ein Erbschema!

Übung: Erbgesetze beim Menschen

A 5. Rezessives Gen auf dem X-Chromosom

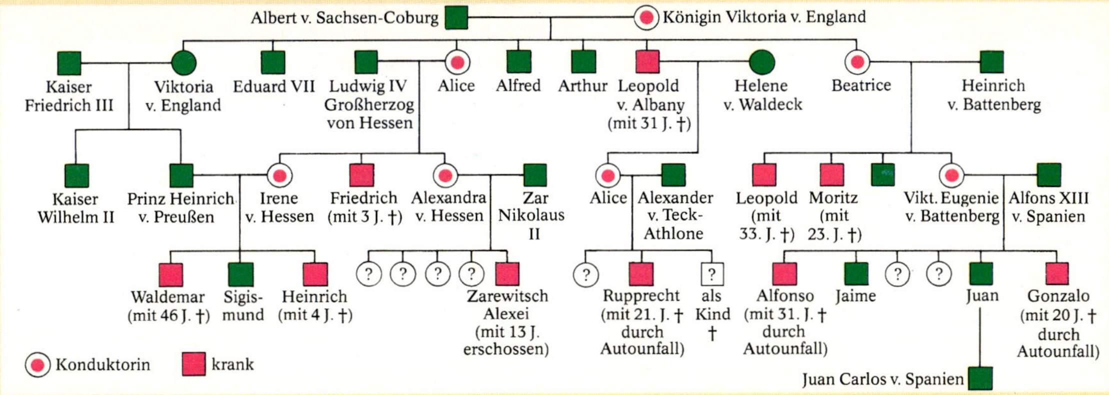

Bluterkrankheit im europäischen Adel

Die Abbildung 2 zeigt einen Familien-Stammbaum für die Bluterkrankheit. Einen Ausschnitt dieses Stammbaums hast du schon im Kapitel Vererbungslehre beim Menschen kennen gelernt. Die Krankheit wird durch ein rezessives Gen auf dem X-Chromosom bedingt.

a) Erkläre, warum viele Männer des Stammbaumes in jungen Jahren gestorben sind!

b) Zeichne den Stammbaum bis zur F_2 in dein Heft und trage die Genotypen ein!

A 6. Dominantes Gen auf dem X-Chromosom

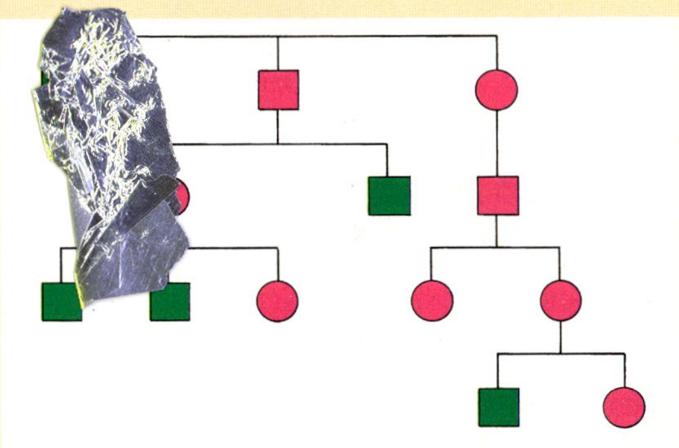

Familienstammbaum für einen erblichen Zahnschmelzdefekt

Im abgebildeten Stammbaum liegt das Gen für die Ausbildung des Zahnschmelzdefekts auf dem X-Chromosom. Während aber die Bluterkrankheit rezessiv vererbt wird, liegt hier ein dominanter Erbgang vor.

Betrachte das Erbschema! Vergleiche es mit dem für die Bluterkrankheit! Erkläre die Unterschiede!

A 7. Umweltunabhängige Merkmale

Die Blutgruppe erben wir von unseren Eltern. Die Umwelt hat auf sie keinerlei Einfluss. Die vier Kinder der Familie Müller haben alle verschiedene Blutgruppen.

a) Zeichne einen Stammbaum, der auch die Blutgruppen der Eltern enthält und in den du die Erbbilder aller Familienangehörigen einträgst!

b) Welche Blutgruppen könnten die Großeltern gehabt haben?

A 8. Blutgruppen-Stammbaum

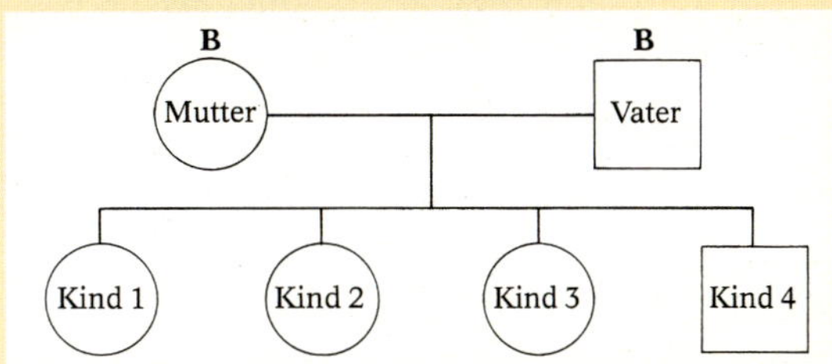

a) Kläre, welche Genotypen für die Eltern in Frage kommen!

b) Notiere die möglichen Blutgruppen der Kinder und die entsprechenden Genotypen!

Die Weltbevölkerung und ihre Ernährungslage

Weltbevölkerung		Voraussagen	
Jahr	Anzahl in Mrd.	Jahr	Anzahl in Mrd.
1900:	1,65	1998:	6,0
1960:	3,01	2025:	8,5
1987:	5,00	2050:	10,0
1990:	5,29	2150:	11,6
1992:	5,84		

Nach dem UN-Weltbevölkerungsbericht 1992 wird die Menschheit im nächsten Jahrzehnt pro Jahr im Durchschnitt um 97 Millionen Menschen zunehmen. Diese Zunahme betrifft vor allem Afrika, Asien und Lateinamerika.
Nach **FAO**-Angaben (Food and Agriculture Organisation of the United Nations) reichten 1991 die Nahrungsmittelbestände auf der Erde (Ernte und Vorräte) zwar aus, um theoretisch alle Menschen ausreichend zu ernähren, trotzdem hungerten 1991 500 Millionen Menschen.
Wie ließe sich der Hunger dieser Menschen bei ständig wachsender Weltbevölkerung stillen?
Erfolg versprechende Maßnahmen in den Entwicklungsländern sind:
- Ertragssteigerungen durch Erhöhung der Bodenfruchtbarkeit mittels Mineraldünger, Verbesserung der Anbaumethoden und Einsatz moderner Maschinen;
- Senkung der durch Schädlinge und Witterungseinflüsse bedingten Verluste;
- gerechtere Verteilung der Nahrungsmittel;
- Verbesserung der Transportmittel;
- staatliche Förderung der Landwirtschaft.

3. Tier- und Pflanzenzüchtung

3.1. Zuchtziele

Einen wichtigen Beitrag zur Bekämpfung des Hungers in der Welt leisten **Pflanzen-** und **Tierzüchtung.** Sie stellen wertvolles Saatgut und leistungsfähiges Vieh bereit. Züchtung ist angewandte Vererbungslehre. Ziele und Erfolge der Tierzüchtung lassen sich gut am Beispiel des Rindes erkennen. Die Abbildung 1 zeigt eine viele tausend Jahre alte Höhlenmalerei des Auerochsen. Er ist gewissermaßen der Urvater unserer Hausrinder, die von ihm abstammen. Er war von Europa und Nordafrika bis Südasien verbreitet, bevor er im 17. Jahrhundert ausstarb. Die künstlerische Darstellung an einer Höhlenwand lässt nicht alle Unterschiede zum Hausrind (Abbildung 2) erkennen. Der Auerochse war wesentlich größer und kräftiger. Immerhin war er um etwa 30 cm höher als das etwa 1,50 m hohe Hausrind.

Man nennt die Züchtung eines Haustieres aus einem Wildtier **Domestikation.** Sie erfolgte beim Rind vor etwa 9000 Jahren in Griechenland und brachte dem Menschen viele Vorteile. Er nutzte das Rind als Fleisch-, Leder- und Milchlieferanten, aber auch als Arbeitstier. Heute gibt es viele verschiedene Rinderrassen. Dabei hat der Mensch ein wesentliches Zuchtziel erreicht, die Milchmenge zu steigern. Den jährlich ca. 600 l Milch des Wildrindes stehen mehr als 4000 Liter des Hausrindes gegenüber.
Auch in unserer Zeit erreichen die Rinderzüchter noch weitere wichtige Zuchtziele. So ist es in Australien in den siebziger Jahren nach 25-jähriger intensiver Zuchtarbeit gelungen, ein neues, „tropentaugliches" Rind zu züchten, das **Australien Milking Zebu** (AMZ). Dazu wurden Zebus mit Jersey-Rindern gekreuzt und die Kreuzungsnachkommen ausgelesen. Das AMZ ist ein Rind mit guter Milchleistung, das mit dem im heißen Klima gefürchteten Zeckenproblem gut fertig wird.

Neben den Höchsterträgen verfolgt der Mensch weitere Zuchtziele. So versucht er nützliche Eigenschaften von Wildpflanzen zu erhalten und ungünstige abzuschwächen. Die Geschmacksqualität von Früchten soll verbessert werden. Die gezüchteten Sorten sollen gegenüber Schädlingen und Krankheiten beständig sein. Hierfür gibt es ein gutes Beispiel: In bestimmten Gebieten Lateinamerikas und Afrikas, wo Bohnen ein wichtiges Nahrungsmittel sind, entstehen durch zwei Bohnenkäferarten Verluste von bis zu 35%. Die Käfer bohren Löcher in die Samen und legen ihre Eier hinein. Die Larven leben von den Samen. Wissenschaftler in Kolumbien untersuchten nun ca. 8000 kultivierte Bohnensorten auf ihre Beständigkeit gegenüber diesen Schädlingen. 1981 entdeckten sie einige mexikanische Bohnensorten, die gegen diese Samenkäfer beständig sind. Die Kreuzung dieser angebauten Sorten mit Wildformen erbrachte Bohnensorten, die immerhin gegen eine der beiden Bohnenkäferarten beständig sind.

1 **Auerochse** (Höhlenmalerei)

2 **Hausrind**

Zweifelhafte Zuchtziele

Lexikontext: „**Tierzüchtung:** Maßnahmen zur Verbesserung und Erhaltung der genetisch fixierten Eigenschaften von Nutztieren".
Haarlosigkeit bei Katze und Hund, Federlosigkeit bei Hühnern und übermäßige Gesichtsfaltenbildung bei Hunden, verbunden mit ernsten Sehbehinderungen, sind ebenfalls Zuchtergebnisse des Menschen! Dem Modehund Basset hat man folgende Eigenschaften „angezüchtet": kurze Beine, einen langen, schweren Körper und tief hängende untere Augenlider. Die Tiere haben oft Bandscheibenschäden und leiden häufig unter Augenentzündungen. Ein Zuchtergebnis sind die Kampfhunde mit besonders aggressivem Verhalten. Bei der Schweinezucht ist es Züchtern gelungen, eine größere Wachstumsrate, bessere Futterausnutzung und ein verbessertes Fleisch-Fett-Verhältnis zu erzielen. Dabei nimmt man in Kauf, dass diese Schweine erheblich stressanfälliger geworden sind und oft schon beim Transport sterben. Man spricht in diesem Zusammenhang oft von Defekt- und Qualzüchtungen.

1. Warum setzt der Mensch solche Zuchtziele? Begründe und nimm dazu Stellung!

3 **Chinesischer Nackthund**

4 **Basset**

Art	Eigenschaften der Ausgangsform	Eigenschaften der Kulturform	Ursache
Banane	samenhaltige Früchte	samenlose Früchte	dreifacher Chromosomensatz
Tomate	Früchte klein	Früchte groß	Wirkung verschiedener Gene
Lupine	Hülsen platzend	Hülse platzfest	Genmutation
Zuckerrübe	Zuckergehalt wenige Prozent	Zuckergehalt ca. 25%	Mutation, Heterosis
Gerste	Spindel brüchig	Spindel fest	Genmutation
Roggen	lange Halme	kurze Halme, standfest	Genmutation
Rind	Milch: 600 l/Kuh im Jahr	4180 l/Kuh im Jahr	Genkombination, verbesserte Haltung
Huhn	10 Eier/Huhn im Jahr	242 Eier/Huhn im Jahr	Mutation, Heterosis

1 Erfolge der Tier- und Pflanzenzüchtung

1. Ertragssteigerungen sind selten ausschließlich Züchtungserfolge. Nenne weitere Maßnahmen, die zur Ertragssteigerung beitragen!

3.2. Züchtungsmethoden und -erfolge

Die **Auslesezüchtung** ist die älteste Methode. Aus den vielen Pflanzen eines Feldes werden die größten und kräftigsten ausgewählt. Aus ihren Samen gewinnt man dann die nächste Generation. Sind die Eigenschaften, nach denen ausgelesen wurde, erblich, so hat man mit dieser Methode Erfolg. Die Lupine z.B. wurde zunächst als *Gründünger* verwendet. Wegen ihrer Bitterstoffe konnte sie nicht verfüttert werden. Nach mühevollem Suchen fand man schließlich unter eineinhalb Millionen Pflanzen einige bitterstofffreie Pflanzen. Seit 1935 baut man nun die Süßlupine an, die als Futterpflanze verwendet wird.

Bei der **Kombinationszüchtung** kreuzt man verschiedene Rassen, um wertvolle Gene in den Nachkommen zu vereinen. Das Zusammenwirken der so kombinierten Gene kann neue Eigenschaften bewirken. Gemäß dem 3. MENDELschen Gesetz von der Neukombination der Gene kann man in der F_2-Generation mit der Auslese erwünschter neuer Merkmalstypen beginnen. So hat man z.B. die Eigenschaften dreier verschiedener Weizensorten, nämlich standfeste Halme, Kältebeständigkeit und hoher Kornertrag, im Pansarweizen vereinen können. Die wohlschmeckende Apfelsorte *Jonagold* wurde in den fünfziger Jahren in den USA aus den Sorten *Golden Delicious* und *Jonathan* durch Kombinationszüchtung gewonnen. Als besondere Form der Kombinationszüchtung wendet man bei Tieren *Inzucht* an. Man kreuzt nahe verwandte Tiere, z.B. Geschwister. Da enge Verwandte in vielen Genen übereinstimmen, erreicht man so schneller die Reinerbigkeit von Anlagen. Allerdings besteht dabei die Gefahr, dass krankheitsbestimmende rezessive Gene ebenfalls homozygot werden.

Die Kreuzung zweier Nutzpflanzenrassen ergibt in der 1. Tochtergeneration oft besonders kräftige, ertragreiche Bastarde. Offenbar hängt das damit zusammen, dass im F_1-Bastard viele Anlagen heterozygot (mischerbig) vorliegen. Man spricht deshalb von *Heterosiswirkung,* ohne aber bisher genau zu wissen, wie es zu der beschriebenen Wirkung kommt. Bei der **Heterosiszüchtung,** die in der Tierzüchtung auch **Gebrauchskreuzung** heißt, versucht man zunächst reinrassige Sorten zu gewinnen, die man anschließend kreuzt. Die F_1-Bastarde sind dann die *Nutzpflanzen.* Man muss sie in jeder Generation wieder aus den reinen Rassen gewinnen. Diese müssen als Zuchtpflanzen ständig weiter gezüchtet werden. Heterosiszüchtung wendet man heute bei Tomaten, Zuckerrüben, Gurken, Blumenkohl und Mais an. Viele Zierpflanzen und Forstbäume gewinnt man so. Auch Hühner und Schweine werden so erzeugt.

Eine junge Methode ist die **Mutationszüchtung.** Dabei werden Pollenkörner oder Samen Röntgenstrahlen ausgesetzt. Eine weitere Möglichkeit: Vorgekeimte Samen werden mit Colchicin oder anderen Stoffen behandelt, die Mutationen auslösen. So wird

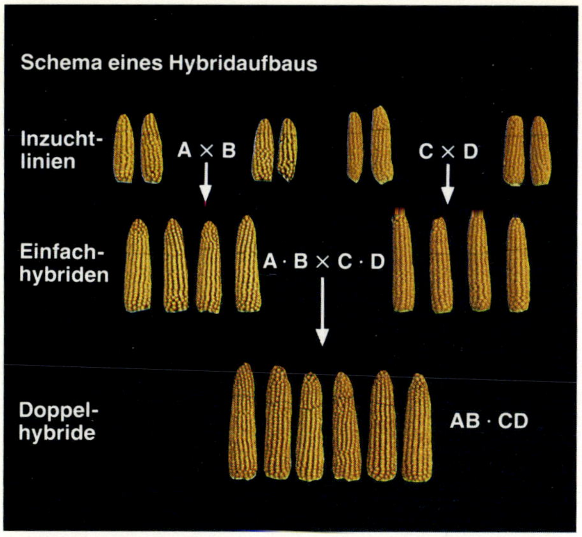

2 Heterosiszüchtung

die natürliche *Mutationsrate* erhöht. Es können dann Gen- oder Chromosomenmutationen auftreten, es kann aber auch der ganze Chromosomensatz vervielfacht werden. Die so behandelten Samen werden ausgesät. Aus den entstehenden Pflanzen werden später geeignete Mutanten ausgelesen. Mit der Mutationszüchtung gewann man z.B. eine frühreife Reissorte mit höherem Eiweißgehalt, als ihn die Ausgangssorte hatte. Auch tetraploide Himbeeren und Birnen (mit vierfachem Chromosomensatz) wurden so erzeugt. Sie bringen erheblich höhere Erträge als die Ausgangsformen.

Die Nutzung der durch Züchtung erhaltenen Pflanzen und Tiere ist auch mit Gefahren verbunden. Die genetische Vielfalt der Wildpflanzen und der vorhandenen Kulturpflanzen wird dabei meist durch wenige, leistungsfähige Zuchtsorten ersetzt. Beim Auftreten von Pflanzenkrankheiten, gegen die alle Individuen gleichermaßen anfällig sind, können ganze Kulturen vernichtet werden.
So führte ein bis dahin völlig unbedeutender Erreger einer Maiskrankheit 1970 in allen Maisanbaugebieten der USA zu einer Epidemie, die schwere Ertragseinbußen zur Folge hatte.

2. Erkläre das Vorgehen bei der Heterosiszüchtung!

3. Erkläre, welche Gefahren die genetische Einheitlichkeit von Zuchtsorten mit sich bringt!

Schneller zur gewünschten Genkombination

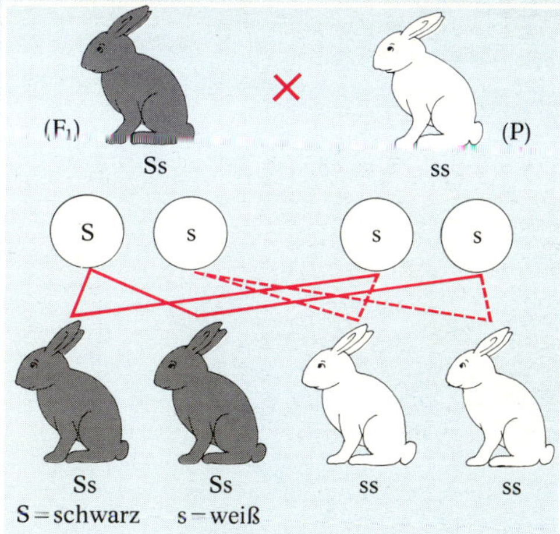

3 Rückkreuzung beim Kaninchen

Will der Züchter wertvolle Gene zweier Kaninchenrassen kombinieren, so kreuzt er die beiden Rassen miteinander. Die Individuen der 1. Tochtergeneration sind untereinander gleich. In der 2. Tochtergeneration kann dann mit der gewünschten Auslese begonnen werden. Das ist bei wenigen Erbanlagen unproblematisch.
Man erhält nämlich bei 2 Genpaaren $3^2 = 9$ Genotypen und bei 4 Genpaaren $3^4 = 81$ Genotypen. Bei einer höheren Zahl von Genpaaren wird die Auslese schwierig.
Der Züchter bedient sich deshalb der **Rückkreuzung**. Ein F_1-Bastard wird dazu mit einem reinrassigen Elternteil **rückgekreuzt**, wie es die Abbildung oben zeigt. Rückkreuzung ergibt im einfachen Beispiel mit einem Genpaar 2 Genotypen gegenüber 3 Genotypen beim Kreuzen der F_1-Bastarde untereinander. Bei 10 Genpaaren ergäbe die Rückkreuzung $2^{10} = 1024$ Genotypen, die Kreuzung der F_1-Bastarde untereinander ergäbe hingegen $3^{10} = 59\,049$ Genotypen.
Beim Vergleich dieser beiden Zahlen wird deutlich, wie viel leichter die Auslese im Fall der Rückkreuzung ist.

4. Berechne, wie viel Genotypen bei Rückkreuzung der F_1-Bastarde untereinander entstehen würden, wenn 3 Genpaare beteiligt sind! Überprüfe dein Ergebnis mit einem Erbschema (ABC x abc)!

Abstammungslehre

1 Insekt in Bernstein eingeschlossen

1. Argumente zur Abstammungslehre

1.1. Spuren von Lebewesen vergangener Zeiten

Das in Bernstein eingeschlossene Insekt auf dem Foto ist vollständig erhalten. Vor vielen Millionen Jahren war es an einem Harztropfen eines Nadelbaums hängen geblieben und wurde so allmählich von Harz umgeben. Das Harz verwandelte sich zu Bernstein. In seiner durchsichtigen, schützenden Hülle widerstand das Insekt allen Umwelteinflüssen. Solche **Einschlüsse** meist kleinerer Tiere, wie *Fliegen, Käfer, Ameisen, Asseln, Tausendfüßer* oder *Spinnentiere,* sind so zahlreich, dass sie uns Aufschluss über die Tierwelt vergangener Zeiten geben (Bernsteinfauna).
In Salzlagern oder im Eis können aber auch größere Tiere als Einschlüsse erhalten sein. So fand man in den letzten Jahrzehnten im Dauerfrostboden Sibiriens mehrere mit allen Weichteilen erhaltene *Mammute.* Nicht immer ist das ganze Lebewesen erhalten. Von vielen ausgestorbenen Pflanzen und Tieren sind nur Teile übrig geblieben. Sowohl die vollständigen Lebewesen als auch Teile von ihnen, die man im Gestein oder in anderen Stoffen findet, nennt man **Fossilien.** Sie treten häufig in **Sedimentgesteinen** auf. Diese sind aus Ablagerungen auf dem Grund von Meeren und Seen entstanden. Sedimentgesteine sind z.B. Sandstein, Schiefer oder Kalkschichten.
Welche Teile von Lebewesen finden wir als Fossilien und wie konnten sie sich über viele Millionen Jahre erhalten, ohne zersetzt zu werden?

Neben Hartteilen wie *Knochen, Zähne, Schuppen* und *Hörner* von Wirbeltieren können auch *Schalen* und *Gehäuse* niederer Tiere erhalten bleiben.
Manchmal wurden Pflanzen oder Tiere so in Schlamm eingeschlossen, dass sie von Bakterien nicht zersetzt werden konnten. Verfestigte sich der Schlamm später, so konnten **Abdrücke** von Lebewesen entstehen. Man fand zum Beispiel Abdrücke von *Quallen* und die 50 Zentimeter großen *Trittsiegel* von *Sauriern.* Füllte sich das Körperinnere oder der Innenraum von Gehäusen oder Schalen mit Materialien, die später versteinerten, so entstanden **Steinkerne.** Die Steinkerne von *Muscheln* geben z.B. den inneren Abdruck der Schale oft mit allen Einzelheiten wieder. Die *Goldschnecken* sind zum Beispiel Steinkerne von Tintenfischen.
Fossilien zeigen uns, dass in der Vergangenheit andere Lebewesen auf der Erde gelebt haben als heute. Nicht alle waren von Anfang an da. Die Reste der verschiedenen Pflanzen- und Tiergruppen treten nacheinander in der Abfolge der Gesteine auf. Fische lebten lange vor den Lurchen und Reptilien. Ältere Gesteinsschichten enthalten Fossilien einfacher gebauter Lebewesen, in jüngeren Schichten findet man Reste höher entwickelter Lebewesen. Aus diesen Veränderungen im Laufe der Erdgeschichte folgert man, dass sich die heutigen Lebewesen aus früheren entwickelt haben. Wir nennen diese Entwicklung von Pflanzen, Tieren und Menschen **Evolution.**

1 Mammut
(aus Dauerfrostboden)

2 Goldschnecke
(Ammonit-Steinkern)

3 Abdrücke von Pflanzen

1.2. Die Altersbestimmung von Fossilien

Wann mag das Tier gelebt haben? Diese Frage stellten sich Wissenschaftler, als sie im Jahre 1977 ein junges Mammut im Dauerfrostboden Sibiriens nahe der Stadt Susuman fanden. Der Körper und der Mageninhalt des Tieres waren gut erhalten.
Um den Ablauf der Evolution zu klären, muss man das Alter der Fossilien bestimmen. Weiß man, wie alt die Pflanzenabdrücke oder der Ammoniten-Steinkern der Abbildungen 2 und 3 sind, kann man daraus folgern, wann die Pflanze und das Tier jeweils gelebt haben. Welche Methoden gibt es für die Bestimmung des Alters von Fossilien? Man kann z.B. aus der Dicke von Gesteinsschichten auf ihre Entstehungsdauer schließen. Man schätzt, dass eine Muschelkalkschicht von einem Meter Dicke in 20 000 Jahren entsteht. Damit lässt sich dann auch das Alter der darin eingeschlossenen Fossilien ermitteln. Ältere Fossilien liegen unten, jüngere weiter oben. Das gilt natürlich nur dann, wenn die Schichten nicht durch Erdbeben oder andere Vorgänge umgelagert wurden.
Eine sehr genaue Methode nutzt den Zerfall radioaktiven Kohlenstoffs. Man spricht deshalb auch von der **Radiocarbonmethode:** In unsere Atomsphäre entsteht unter dem Einfluss der Strahlung, die aus dem Weltraum kommt, laufend in geringen Mengen radioaktiver Kohlenstoff. Das von den Pflanzen für die Fotosynthese aufgenommene Kohlenstoffdioxid enthält in einem bestimmten Prozentsatz diesen radioaktiven Kohlenstoff. Durch die Aufnahme pflanzlicher Nahrung bekommen auch die Tiere radioaktiven Kohlenstoff in ihren Körper. Deshalb enthalten alle Lebewesen den gleichen Prozentsatz radioaktiven Kohlenstoffs wie die Atmosphäre.
Radioaktive Kohlenstoffatome zerfallen in Atome anderer Elemente. Dabei senden sie Elektronen aus. Die Messung dieser Elektronenstrahlung ergab: In jedem Gramm kohlenstoffhaltiger Substanz eines Lebewesens zerfallen pro Minute durchschnittlich 15,3 radioaktive Kohlenstoffatome. Stirbt ein Lebewesen, so nimmt es keinen Kohlenstoff, also auch keinen radioaktiven Kohlenstoff mehr auf. Der radioaktive Kohlenstoff in seinem Körper zerfällt aber weiter. Die „radioaktive Uhr" beginnt gewissermaßen zu ticken. Die Halbwertszeit radioaktiven Kohlenstoffs beträgt 5740 Jahre. Die Halbwertszeit ist die Zeit, die verstreicht, bis nur noch die Hälfte der Ausgangsmenge vorhanden ist. Zerfallen nun bei einem Fossil nur noch 7,65 Atome pro Gramm und Minute, das ist die Hälfte von 15,3 Atomen, so sind seit seinem Tod 5740 Jahre vergangen. Mit der Radiokarbonmethode hat man das Alter des Mammuts von Susuman auf 44 000 Jahre bestimmt.

1. Notiere, welche Fossiliengruppen die Biologiesammlung deiner Schule enthält!
Welche dir bekannten lebenden Pflanzen und Tiere ähneln diesen Fossilien?

4 Der Urvogel, Archaeopteryx

5 Schnabeltier

Manche Fossilien geben ganz besondere Hinweise auf die Entwicklung der Wirbeltiere. So fand man 1861 in einem Kalksteinbruch im bayerischen Solnhofen die Versteinerung eines rabengroßen Tiers, das die Forscher in größtes Erstaunen versetzte. Das Fossil hat nämlich einen Vogelschädel mit großen Augenhöhlen. Flügel und Federn weisen es genauso als Vogel aus wie die Beine und die Füße mit jeweils einer nach hinten gerichteten Zehe. Im Schultergürtel hat das Tier Rabenschnabelbeine als Stütze der Flugmuskulatur.
Aber da gibt es auch andere Merkmale, die gar nicht zum Vogel passen. Die lange Schwanzwirbelsäule erinnert an eine Echse. In den Kiefern sitzen kegelförmige Reptilienzähne. Die Wirbel sind nicht verwachsen, die Rippen haben keine Versteifungsfortsätze.
Handelt es sich bei dem Fund um einen Vogel oder um ein Reptil?

Die Forscher gaben ihm den Namen **Urvogel** oder **Archaeopteryx.** Diese Bezeichnung beantwortet jedoch nicht die Frage. Es handelt sich nämlich um ein Tier, das Merkmale von zwei Wirbeltierklassen trägt, den Vögeln und den Reptilien. Der Urvogel ist eine **Übergangsform** oder ein **Brückentier.** Er lässt uns erkennen, dass sich die Vögel aus den Reptilien entwickelt haben.
Solche Übergangsformen zweier Tiergruppen gibt es auch noch heute. Das Schnabeltier ist ein Beispiel dafür.

Das etwa 75 cm lange Tier lebt in Flüssen, Teichen und Seen Australiens. Es legt in der Uferregion weit verzweigte Erdbauten an. Seine Gestalt erinnert an die eines Fischotters. Es hat ein dichtes, biberähnliches Fell und einen breiten, abgeplatteten Schwanz. Die Füße sind mit Schwimmhäuten ausgestattet, zugleich hat es Grabkrallen. Mit dem entenähnlichen, lederartigen Schnabel gründelt es im Schlamm, um Nahrung zu suchen. Das Schnabeltier ernährt sich von Krebsen, Schnecken und anderem Kleingetier.
Das Weibchen legt pergamentschalige Eier und brütet sie in einer Höhle aus. Nach etwa 10 Tagen schlüpfen die Jungen. Das Muttertier betreibt Brutpflege und ernährt seine Jungen mit einer milchartigen Flüssigkeit, die aus Drüsen an Brust und Bauch abgesondert wird. Die zunächst winzigen Jungen verlassen erst nach Monaten den Bau, wenn sie etwa 30 cm groß sind. Das Tier hat also eine Zwischenstellung zwischen Reptil und Säugetier.

2. Fertige eine Tabelle an, in der du Reptilien- und Vogelmerkmale des Archaeopteryx einander gegenüberstellst!

3. Stelle Reptilien- und Säugetiermerkmale des Schnabeltiers tabellarisch einander gegenüber!

Latimeria chalumnae – Brückentier und lebendes Fossil zugleich

6 Fossiler Quastenflosser

Im Jahre 1938 wurde an der südafrikanischen Küste vor der Mündung des Flusses Chalumna ein den Fachleuten bis dahin völlig unbekannter Fisch gefangen. Er wurde nach seiner Entdeckerin M. Courtenay-Latimer *Latimeria* genannt. Das Tier erregte Aufsehen, als man es beim Vergleich mit Fossilien als *Quastenflosser* identifizierte. Bis dahin hatte man nämlich die Quastenflosser für eine seit dem Ende der Kreidezeit ausgestorbene Tiergruppe gehalten. Natürlich galt und gilt den Zoologen ein solcher Fund als Sensation und es liegt nahe, dass man bei Latimeria von einem *lebenden Fossil* spricht. Nach dem zweiten Weltkrieg wurden viele Versuche unternommen weitere Exemplare des Tieres zu fangen, was mehrmals glückte. 1952 fing man vor den Komoren-Inseln nordwestlich von Madagaskar ein zweites Exemplar. Inzwischen weiß man, dass Latimeria dort beheimatet ist. Die Eingeborenen kennen das Tier unter dem Namen Kombessa. Es erreicht eine Länge von 170 cm und wird ca. 80 kg schwer. Wegen seiner Lebensweise am Boden, in großen Tiefen, blieb es wohl lange unentdeckt. Die Tiere haben verdickte „Gehflossen", von denen man lange glaubte, sie könnten der Fortbewegung auf dem Meeresboden dienen. Die ausgestorbenen verwandten Quastenflosser werden als Übergangsformen zwischen den Fischen und den landbewohnenden Wirbeltieren angesehen.

7 Latimeria chalumnae

Der Stammbaum des Pferdes

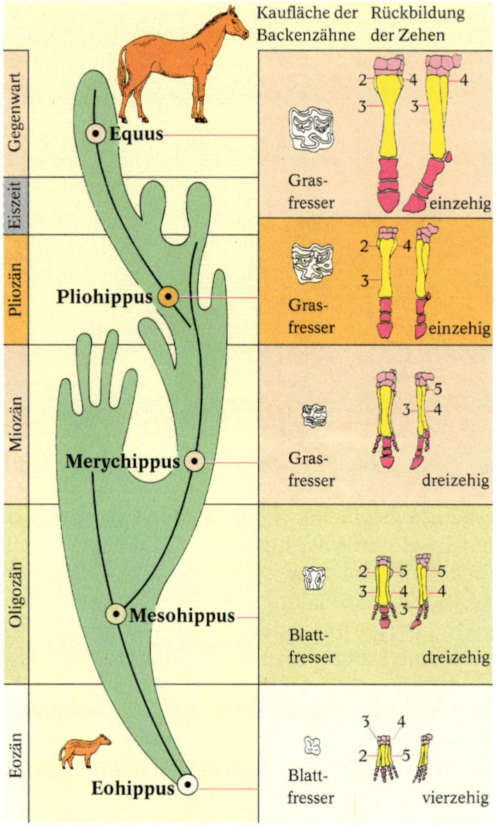

Nur selten geben Stammbäume eine so vollständige Entwicklungsreihe wieder, wie sie hier beim Pferd vorliegt. Seine Entwicklung erfolgte während des Tertiärs in Nordamerika. Der Urahn unseres Pferdes lebte vor 50 Millionen Jahren als fuchsgroßes, Laub fressendes Waldtier. Es hatte vier Zehen an den Vorderfüßen und drei an den Hinterfüßen. Aus diesem *Eohippus* entwickelte sich schrittweise unser heutiges Pferd. Es ist wesentlich größer und hat an jedem Fuß nur eine große Zehe. Der schnelle Einhufer kann in der deckungsarmen Steppe besser vor Feinden flüchten. Die Kauflächen der Backenzähne des waldbewohnenden Laubfressers waren klein und spitz. Das zum Steppenbewohner gewordene Pferd kann mit seinen stark verbreiterten Kauflächen das harte Steppengras zerkleinern.

1. Fertige eine Tabelle mit den Unterschieden zwischen Eohippus, Merychippus und unserem heutigen Pferd (Equus)!

1.3. Pflanzen und Tiere vergangener Epochen

Die Altersbestimmung von Fossilien ermöglichte deren Zuordnung zu bestimmten Epochen der Erdgeschichte. So gewann man ein angenähertes Bild von der Entwicklung der Lebewesen. Wie sieht dieses Bild aus?

Man schätzt das Alter der Erde auf 5 bis 6 Milliarden Jahre. Irgendwann in der **Erdurzeit** muss das Leben entstanden sein. Die ersten wohl erhaltenen Fossilien stammen aus dem **Kambrium**, das vor etwa 600 Millionen Jahren begann. In dieser Epoche gab es nur im Meer Lebewesen. Neben den *Algen* waren schon alle Stämme der *wirbellosen Tiere* vorhanden. Charakteristisch für diese Epoche waren die *Trilobiten* oder Dreilappenkrebse. Im **Ordovicium** gab es die ersten *Wirbeltiere*, die *Fische*. Im **Silur** lebten die ersten *Landpflanzen*. Im **Devon** gab es eine Vielfalt von Fischen. *Baumfarne* traten auf. Der *Urlurch* entstand.

Vor 380 Millionen Jahren begann das **Karbon** mit seinen Wäldern aus *Schachtelhalmen* und *Siegelbäumen*. Da aus ihnen unsere Kohlenlager entstanden sind, spricht man von *Steinkohlenwäldern*. *Lurche* und erste *Kriechtiere* lebten auf dem Land. Große, geflügelte Insekten mit bis zu 75 cm Spannweite beherrschten die Luft. In der **Trias** gab es *Saurier* und die ersten *Säugetiere*. Der **Jura** war die Blütezeit der *Saurier*. Sie lebten im Wasser, auf dem Land und als *Flugsaurier* in der Luft. Auch der *Urvogel* entstand in dieser Epoche. Unter den Pflanzen traten erstmals *Nadelbäume* auf.

In der **Kreidezeit** entwickelten sich die ersten *Laubbäume* und *Gräser*. Die *Vögel* kamen als neue Wirbeltiergruppe hinzu. Die *Saurier* starben aus. In der Folgezeit wurden die Lebewesen den heutigen immer ähnlicher. Im Quartär erschien der Mensch.

Stammbäume. Um die Entwicklung der Lebewesen übersichtlich darzustellen, ordnet man sie in Stammbäumen. Darin sind die Lebewesen nach dem Alter der Gesteinsschichten, in denen man ihre Fossilien gefunden hat, geordnet. Am Grunde des Stammes finden sich die einfachen Lebewesen älterer Epochen. Weiter höher werden die komplizierteren Lebewesen jüngerer Epochen angeordnet. In den Spitzen der Zweige stehen die heutigen Lebewesen. Man schätzt, dass alle bisherigen Fossilienfunde nur etwa 1 % der Arten ausmachen, die bisher auf der Erde gelebt haben. Stammbäume sind also nur Hilfsmittel für eine große Übersicht. Wie viel Hauptäste, Nebenäste und Feinverzweigungen fehlen, wissen wir nicht.

2. Nenne zu jedem Lebewesen der Abbildung 1 einen heute noch lebenden Verwandten!

Mio. Jahre	Zeitalter	Epoche	Lebensformen	
ca. 2	Erdneuzeit	Quartär	Auftreten des Menschen, Mammut, Riesenhirsch Pflanzen und Tiere der Eiszeit	Riesenhirsch, Mammut
70		Tertiär	Pflanzen und Tiere nähern sich den heutigen Formen Blütenpflanzen	Titanotherium, Hipparion
135	Erdmittelalter	Kreide	Vögel, Ende der Saurier Laubhölzer und Gräser	Laubbaum, Brontosaurus
190		Jura	Hauptzeit der Saurier Nadelhölzer	Stegosaurus, Archaeopteryx
220		Trias	Saurier, erste Säuger Riesenformen von Schachtelhalmen und Farnen	Plateosaurus, Seelilie
280	Erdaltertum	Perm	Entfaltung der Wirbeltiere erste Nadelhölzer	Stegocephalus (Amphibien), Nadelbaum
380		Karbon	erste Reptilien und Amphibien erste Wälder (Bärlappe, Schachtelhalme)	Insekt, Siegelbaum
410		Devon	größte Mannigfaltigkeit der Fische, erste Insekten erste Baumfarne	Panzerfische
435		Silur	Panzerfische erste Landpflanzen	Kopffüßler, Panzerfisch
500		Ordovicium	erste Fische Meeres- und Süßwasseralgen	Rundmäuler (Fisch) primitive Schnecke, Muschel
600		Kambrium	Leben nur im Meer, Wirbellose Meeres- und Süßwasseralgen	Trilobit, Qualle
5–6 Mrd.	Erdurzeit	Praekambrium	Entstehung des Lebens; einfache Lebensformen, z.B. Korallen, Bakterien, Algen	

1 **Epochen der Erdgeschichte und ihre Lebensformen**

1 Stammbaum der Wirbeltiere

1.4. Der Stammbaum der Wirbeltiere

Wir haben bereits den Stammbaum der Pferde kennen gelernt. Fossilien zeigen uns, wie in früheren Erdzeitaltern unterschiedliche Formen von Pferdevorfahren gelebt haben. Aufgrund von Eigenschaften des Körperbaus kann man sie in eine Entwicklungslinie stellen.

Ein wesentliches Merkmal im Körperbau der Pferde ist die Wirbelsäule. Auch andere Tiere haben eine Wirbelsäule. Man nennt sie deshalb *Wirbeltiere*. Gemeinsame Merkmale weisen auf Verwandtschaft hin. Verwandt sein bedeutet, dass die betrachteten Lebewesen gemeinsame Vorfahren haben. Wenn alle Wirbeltiere miteinander verwandt sind, kann man auch einen Stammbaum aufstellen, der angibt, welche Formen früher und welche später entstanden sind.

Auf der vorigen Seite zeigt uns eine Tabelle, welche Fossilien in den Ablagerungen der einzelnen Erdzeitalter gefunden werden. Wir sehen, dass die ersten Wirbeltiere **Fische** sind. Etwas später tauchen die ersten **Lurche** auf. Wir können annehmen, dass sie aus fischartigen Wirbeltieren entstanden sind. Wir dürfen aber nicht sagen, dass eine der heute lebenden Fischformen ein Vorfahr der Lurche ist, denn die heute lebenden Fische haben genauso wie wir eine lange Entwicklung hinter sich und haben sich auf diesem Wege wahrscheinlich ebenfalls verändert.

Wir können aber sagen, dass die heute lebenden Fische und die Lurche einen gemeinsamen, fischartigen Vorfahren gehabt haben. Darauf weist auch die Tatsache hin, dass die Lurche in ihrer Metamorphose das Kaulquappenstadium durchlaufen, in dem sie durch Kiemen ähnlich denen der Fische atmen.

Lurche leben während der Metamorphose im Wasser, als erwachsene Tiere leben sie an Land. Die ersten Fossilien rein landlebender Wirbeltiere sind Überreste von Kriechtieren, den **Reptilien.** Möglicherweise haben sie mit den Lurchen einen gemeinsamen Vorfahren. Dass sie nicht direkt aus den Lurchen hervorgegangen sind, kann man daraus schließen, dass sie, wie die Fische, Schuppen haben. Die Reptilien erlebten im Erdzeitalter der Trias und des Jura eine unerhörte Blüte. Wir nennen die Reptilien dieser Zeit *Saurier*.

Säugetiere und **Vögel** treten in der Erdgeschichte kurz nacheinander auf. Ihr Erscheinen und ihre darauf folgende schnelle Entwicklung fällt zusammen mit dem Aussterben der Saurier. Es gibt Hinweise darauf, dass sowohl die Säugetiere als auch die Vögel Saurier als Vorfahren gehabt haben. Saurier leben heute nicht mehr. Bei den Vögeln kennt man ein Fossil, den Urvogel Archaeopteryx, der sowohl Vogeleigenschaften als auch Reptilienmerkmale zeigt.

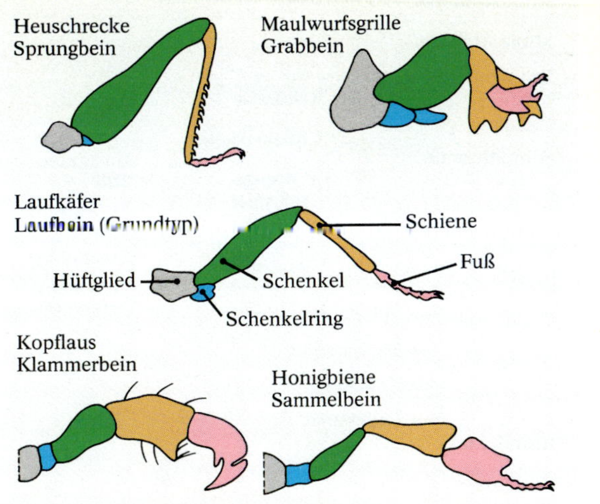

1 Homologie von Insektenbeinen

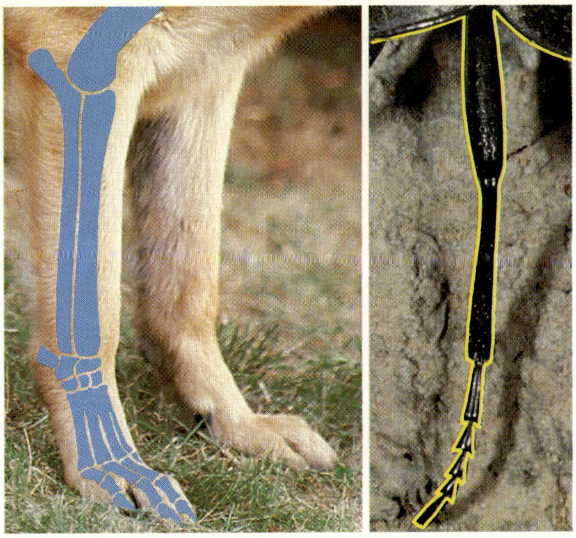

2 Analogie bei Gliedmaßen

1.5. Die Verwandtschaft der Beine

Insektenbeine sind unterschiedlich gestaltet, denn sie haben unterschiedliche Aufgaben. So hält sich die Kopflaus mit einem hakenartigen Endglied fest. Die Maulwurfgrille benutzt die breiten, flächigen Glieder ihrer Vorderbeine zum Graben.

Es gibt aber nicht nur Unterschiede, sondern auch deutliche Übereinstimmungen. Insektenbeine sind gegliedert: Jedes Bein besteht aus Hüftglied, Schenkelring, Schenkel, Schiene und Fuß. Die Insektenbeine stimmen in ihrem Grundbauplan überein. Laufkäfer, Heuschrecke, Kopflaus, Maulwurfsgrille und Honigbiene gehören zwar verschiedenen Verwandtschaftsgruppen an, aber sie sind alle Insekten. Sie haben gleichartige Erbanlagen für die Ausbildung ihrer Beine. Solche Organe, die aufgrund gleichartiger Erbinformationen im Grundbauplan übereinstimmen, nennt man **homologe Organe.** Sie weisen auf die stammesgeschichtliche Verwandtschaft dieser Lebewesen hin. Die Beine von Käfer und Hund haben die gleiche Aufgabe. Während der Hund aber ein Innenskelett aus Knochen hat, hat der Käfer ein Außenskelett aus Chitin. Die Baupläne beider Beine sind verschieden. Sie sind nicht homolog. Solche nichthomologen Organe mit gleicher Aufgabe heißen *analog*. **Analoge Organe** können ähnliches Aussehen haben, sie geben aber keinen Hinweis auf Stammesverwandtschaft, sondern sagen etwas über die Angepasstheit an gleiche Umweltbedingungen aus.

Verräterische Reste

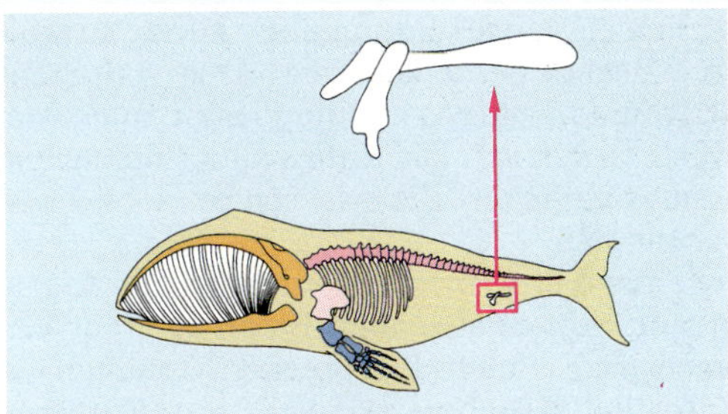

3 Rudimente beim Bartenwal

Bartenwale haben im hinteren Teil des Körpers Reste der Oberschenkelknochen und des Beckens. Die Vorfahren der Wale lebten auf dem Land und hatten ein voll ausgebildetes Becken sowie Hinterbeine.

Organe, die im Laufe der Stammesgeschichte ihre Aufgabe verloren haben und nur noch als Reste ausgebildet sind, heißen **rudimentäre Organe**. Auch sie geben Hinweise auf die Stammesverwandtschaft, sind also ebenfalls Argumente der Abstammungslehre.

1. Erkläre, inwiefern die verkürzten Armknochen der Walflosse ihrer Aufgabe entsprechen!

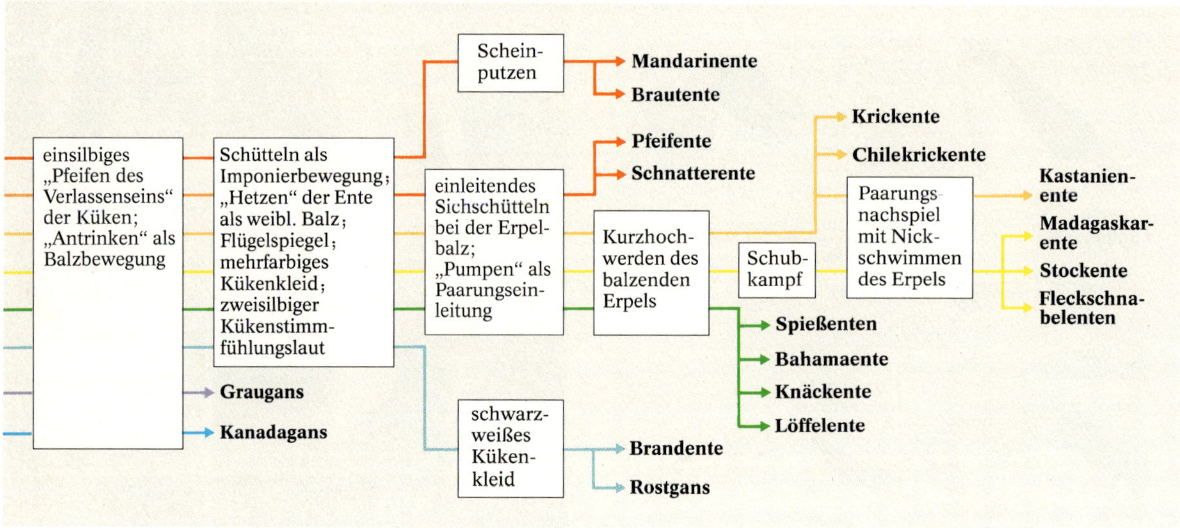

1 **Stammbaum der Entenvögel nach Verhaltensmerkmalen**

1.6. Auch das Verhalten verrät die Verwandtschaft

Fühlt sich ein junges Entenküken allein, so stößt es einen einsilbigen Pfeiflaut aus. Der Verhaltensforscher Konrad LORENZ nannte diese Laute *„Pfeifen des Verlassenseins“*. Die Küken aller Entenarten zeigen dieses Verhalten. Sie erlernen es nicht. Es ist ihnen angeboren.

So, wie die Körpermerkmale durch Erbanlagen bedingt sind, gibt es also auch Erbanlagen für Verhaltensmerkmale. Solch angeborenes Verhalten nennt man **Instinktverhalten.** Anhand von Körpermerkmalen, wie z.B. den Gliedmaßenskeletten, kann man Stammesverwandtschaft ermitteln. Gelingt das vielleicht auch mit Verhaltensweisen?

Konrad LORENZ hat das Verhalten der verschiedenen Entenarten sorgfältig beobachtet und notiert. Er stellte fest: Es gibt Verhaltensweisen, wie „Pfeifen des Verlassenseins“, die alle Entenvögel zeigen. In der Abbildung 1 erkennt man, dass auch die Küken von Graugans und Kanadagans, die zu den Entenvögeln gehören, diesen einsilbigen Pfeiflaut ausstoßen. Im zweiten Kasten der Abbildung 1 ist das Verhalten *„Hetzen“ der Ente als weibliche Balz* aufgeführt. Graugans und Kanadagans zeigen es nicht, dagegen aber alle anderen Entenvögel. LORENZ beschreibt dieses Verhalten so: „Die verbreitetste weibliche Werbehandlung ist das so genannte Hetzen ... Die Ente wendet sich dem Gatten – oder dem umworbenen Zukünftigen – zu, schwimmt hinter ihm her und droht gleichzeitig über die Schulter weg nach einem anderen artgleichen Männchen hin.“ Andere Verhaltensweisen treten nur bei einer kleineren Gruppe von Arten auf. So findet man das so genannte *Scheinputzen* nur bei Braut- und Mandarinente, was darauf hinweist, dass beide sehr eng miteinander verwandt sind. Je mehr übereinstimmende Verhaltensweisen zwei Entenarten zeigen, desto näher sind sie miteinander verwandt. Für die Entenvögel konnte man aufgrund ihrer Verhaltensweisen einen Stammbaum aufstellen. Vergleicht man ihn mit dem Entenstammbaum, den man aufgrund von Körpermerkmalen aufstellt, sieht man, dass beide erstaunlich gut übereinstimmen.

Damit kann das angeborene Verhalten der Tiere, also ihr Instinktverhalten, ebenso Hinweise für die Stammesverwandtschaft geben, wie das bei Körpermerkmalen möglich ist. Nicht nur Organe können aufgrund gleicher Erbinformation homolog sein, es gibt auch homologe Verhaltensweisen.

1. Notiere mit Hilfe der Abbildung 1 die gemeinsamen Eigenschaften von Mandarinente und Krickente!

2. Nenne eine gemeinsame Eigenschaft von Stockente und Brandente!

3. Nenne zwei enger verwandte und zwei entfernt verwandte Entenvögel!

1 Die „Urerde“ ohne Leben

2. Evolutionstheorien

2.1. Hypothese zur Entstehung des Lebens

Bis in das vorige Jahrhundert meinte man, dass Lebewesen (Organismen) eine besondere Gabe hätten spezielle Stoffe herzustellen, die „organischen“ Stoffe. Dies galt bis 1828, als es Friedrich WÖHLER gelang, einen organischen Stoff, den Harnstoff, künstlich herzustellen. Von da an wurden immer häufiger organische Substanzen im Labor gewonnen. Die Synthesen waren aber sehr schwierig. Man konnte sich nicht vorstellen, dass solche Stoffe in der Natur „von allein“ entstehen könnten. Das aber wäre die Voraussetzung für die Entstehung von Lebewesen.

Im Jahre 1953 führte der amerikanische Chemiker Stanley MILLER ein Experiment durch, das als revolutionär angesehen wurde. Er simulierte in einer Apparatur die Bedingungen, die auf der „Urerde“ geherrscht haben mussten. Unter diesen einfachen Bedingungen entstanden, sozusagen „von selbst“, organische Stoffe.
So meint man heute, dass das Urmeer eine Lösung spontan entstandener organischer Stoffe war. Im Laufe sehr langer Zeiträume könnten aus diesen Stoffen erste einfache, blasenartige Gebilde entstanden sein, Vorläufer von Zellen, aus denen dann bakterienartige Urlebewesen hervorgingen. Sie stehen wahrscheinlich am Anfang der langen Entwicklung, die schließlich zum Menschen führte.

Der MILLER-Versuch

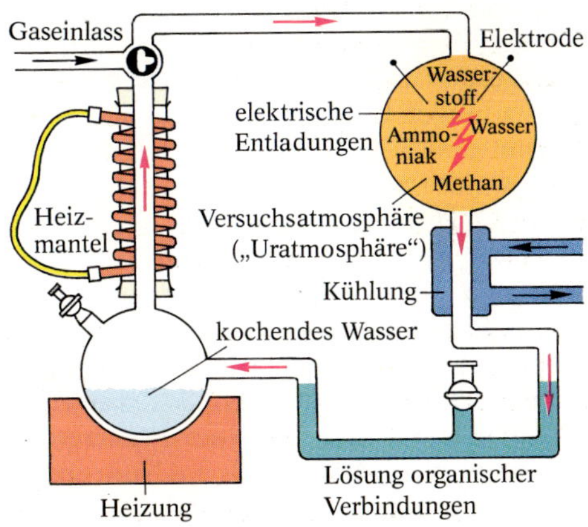

MILLER schloss in der oben abgebildeten Apparatur Wasserstoff, Ammoniak, Methan und andere Gase ein. So stellt man sich die Uratmosphäre vor. In einem Glaskolben wurde Wasser erhitzt, sodass „Wolken“ entstanden, eine elektrische Funkenstrecke ahmte Gewitter nach. Während der Wasserdampf gekühlt wurde und sich das Wasser unten ansammelte, konnte man darin organische Stoffe wie zum Beispiel Aminosäuren nachweisen.

1 Entstehung des Giraffenhalses, wie sie sich LAMARCK vorstellte

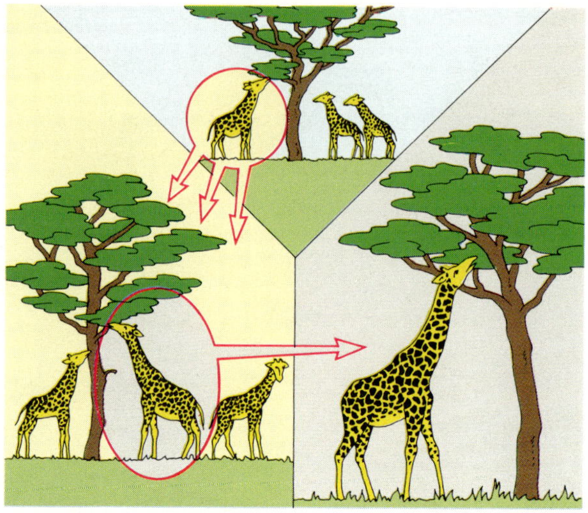

2 Entstehung des Giraffenhalses, wie sie sich DARWIN vorstellte

2. Evolutionstheorien

2.2. LAMARCK und DARWIN gaben unterschiedliche Erklärungen

In früheren Zeiten glaubte man, dass alle Lebewesen einmal in der Form, wie sie heute leben, von Gott geschaffen wurden. Veränderungen, wie etwa die Entstehung des langen Giraffenhalses aus einer kürzeren Form, konnte man sich nicht vorstellen. Diese Betrachtungsweise ist die Theorie von der **Konstanz der Arten.**

Der französische Zoologe Jean Baptiste LAMARCK formulierte am Anfang des 19. Jahrhunderts eine Theorie, die die Bildung neuer Formen von Tieren erklären sollte. Danach würde die Entstehung der Giraffe folgendermaßen abgelaufen sein: Ihre Vorfahren hatten kurze Hälse. Sie ähnelten Pflanzenfressern wie etwa Eseln oder Pferden. Als die Nahrung einmal knapp wurde, konnten sie sich nur noch von den Blättern hoher Bäume ernähren. Um an diese Blätter zu gelangen, streckten die Tiere Hals und Beine. Dadurch wurden die Gliedmaßen länger. LAMARCK hatte beobachtet, dass stark beanspruchte Organe auch eine besonders starke Ausbildung erfahren. Er folgerte, dass durch Gebrauch oder Nichtgebrauch von Organen Eigenschaften verstärkt oder verkümmert ausgebildet würden. Die so erworbenen Eigenschaften sollten vererbt werden. LAMARCK nahm an, dass die Tiere zunächst ein „inneres Bedürfnis" zum Besitz eines langen Halses hatten. Wenn ein Vorfahr der Giraffe zum Beispiel hungerte, weil kein Gras mehr vorhanden war, so streckte er den Hals nach hoch hängenden Blättern. Das Strecken und das „Bedürfnis" an die Nahrung zu kommen, bewirkten die Verlängerung des Halses.

Etwa gleichzeitig entwickelte in England Charles DARWIN eine Theorie, die von folgenden Voraussetzungen ausging: Lebewesen bringen mehr Nachkommen hervor, als überleben können. Außerdem sind sie nicht immer völlig gleich, sondern sie weisen kaum wahrnehmbare Merkmalsunterschiede auf. Für die Giraffe würde das bedeuten: Unter ihren Vorfahren gab es einige, deren Hals zufällig etwas länger war. Diese Tiere hatten den Vorteil, auch von höheren Ästen Blätter fressen zu können. Sie hatten deshalb eine bessere Überlebenschance. Sie vererbten das Merkmal „längerer Hals" an ihre Nachkommen, unter denen wieder zufällig einige mit noch höherem Körperwuchs auftraten. So setzte sich das Merkmal „hoher Wuchs" durch, während die kurzwüchsigen Tiere wegen ihrer geringeren Chance, sich und ihre Nachkommen zu ernähren, ausstarben. Wenn also unter den Lebewesen einer Art Unterschiede auftreten, so können sie für ihren Träger von Vorteil oder von Nachteil in der Auseinandersetzung mit der Umwelt sein. Pflanzen oder Tiere mit nachteiligen Eigenschaften haben eine geringere Chance sich zu vermehren. Die besser ausgestatteten siegen im „Kampf ums Dasein" und vererben ihre Eigenschaften an ihre Nachkommen. Diese Theorie wurde fortentwickelt und ist heute weitgehend anerkannt.

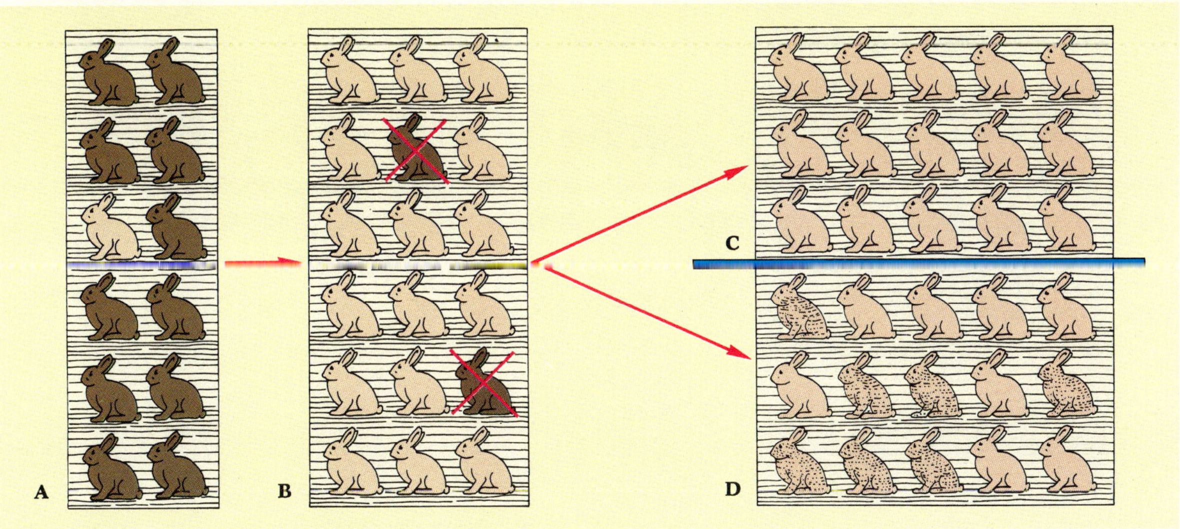

1 Wirkungen von Mutation, Selektion und Isolation

2.3. Das Zusammenspiel der Evolutionsfaktoren

DARWIN hatte beobachtet, dass unter den Lebewesen einer Art immer sehr geringe Merkmalsunterschiede auftreten. Heute wissen wir, dass diese Ungleichheiten auf zufälligen Veränderungen des Erbguts beruhen, die man **Mutationen** nennt. Auch die Bedeutung der Auslese oder Selektion, die DARWIN gefunden hatte, ist heute allgemein anerkannt. Mutation und Selektion sind also zwei wichtige Faktoren des Evolutionsgeschehens. Wir nennen solche Einflüsse, die die Evolution lenken, **Evolutionsfaktoren.**

Abbildung 1A zeigt ein Beispiel für das Zusammenwirken von Mutation und Selektion: Wir stellen uns eine Wüste vor, deren Boden hell gefärbt und durch Gesteinsformen unregelmäßig strukturiert ist. Hier wandern dunkel gefärbte Kaninchen ein. Da sie auf dem hellen Boden gut zu sehen sind, fallen sie leicht Beutegreifern zum Opfer. Dies ist der Einfluss der Selektion. Einige Tiere aber haben zufällig ein helleres Fell. Sie überleben in der neuen Umgebung aufgrund dieser Mutation. Nach einiger Zeit gibt es hier nur noch hell gefärbte Kaninchen (Abb. 1B). Auf die nicht angepassten Tiere wird also durch die Selektion eine Art „Druck" ausgeübt. Man nennt ihn den **Selektionsdruck.** Er hat die Ausbreitung der besser getarnten, der Bodenfarbe angepassten Form gefördert. Die Tiere verbreiten sich über das Gebiet.

Eines Tages wird nun ein Kanal gebaut, der den Lebensraum der Tiere in zwei Teile zerschneidet. Der Strich in der Abbildung soll die Teilung symbolisieren. Die Tiere auf der einen Seite des Kanals können sich nicht mehr mit denen der anderen Seite paaren. Nach einiger Zeit tritt in dem einen „Kaninchenvolk" eine Mutation auf, die das Fell bei gleicher Farbe leicht streifig erscheinen lässt. Die Tiere sind dadurch noch besser getarnt. Deshalb setzt sich diese Färbung durch, aber eben nur auf der einen Seite des Kanals. Die Tiere auf der anderen Seite sind isoliert und bleiben, wie sie sind. Die neu entstandene Erbanlage kann sich hier wegen der **Isolation** nicht verbreiten. Wir stellen fest: Aufgrund der Evolutionsfaktoren Mutation, Selektion und Isolation gibt es nun drei verschiedene Kaninchenrassen in unserem Modell: die dunkle Ausgangsform, die ja auch noch in ihrem ursprünglichen Wohngebiet lebt, die hell gefärbte und die helle, streifig gefärbte Form.

Aus der Genetik wissen wir, dass Gene nach dem dritten MENDELschen Gesetz frei kombiniert werden können. Wenn also zwei günstige Mutationen durch das Vererbungsgeschehen in einem Lebewesen vereinigt werden, zum Beispiel die oben beschriebenen Felleigenschaften und die Fähigkeit schnell zu laufen, so hat das Tier einen weiteren Selektionsvorteil. Die genetische **Rekombination** ist also ebenfalls ein wichtiger Evolutionsfaktor.

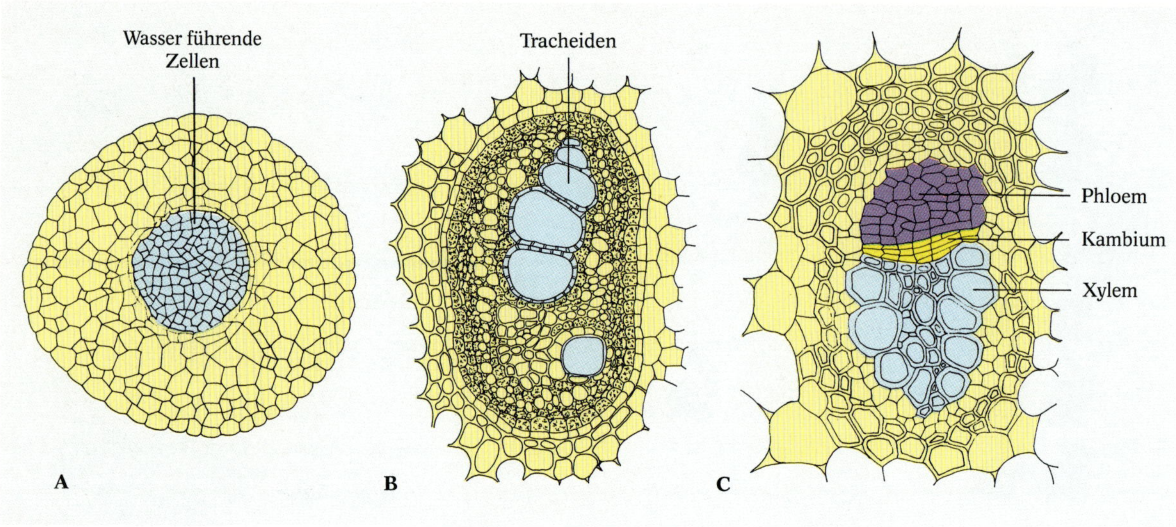

1 Höherentwicklung der Leitungsbahnen bei Pflanzen. A Moos; B Farn; C Blütenpflanze

2.4. In der Evolution findet eine Höherentwicklung statt

In der Abbildung sehen wir Querschnitte von Stängeln verschiedener Pflanzen. Der Querschnitt durch den Moosstängel ist vollständig. Die Abbildungen von Farn und Blütenpflanze zeigen jeweils einen besonderen Ausschnitt, ein *Leitbündel.* Leitbündel sind Organe der Pflanze, die dem Transport von Wasser und gelösten Stoffen dienen. Die Wasser führenden Zellen sind blau hervorgehoben. Vergleichen wir den Bau der verschiedenen Leitungsbahnen: Der Moosstängel enthält im Inneren eine walzenförmige Säule von Zellen, die besonders wasserreich sind. In dieser Säule wird das Wasser durch Diffusion von Zelle zu Zelle weitergegeben. Die Zellen unterscheiden sich im Bau nicht wesentlich von den Zellen der übrigen Pflanze.
Im Querschnitt des Farns sehen wir besonders große Zellen, die auch extra dicke Zellwände haben. Sie sind sehr lang und laufen nach oben und unten spitz zu. Wir nennen sie *Tracheiden.* An einer Zelle in der Abbildung erkennt man die treppenförmigen Wandverstärkungen, die verhindern, dass die großen Zellen zusammenfallen. Die Tracheiden enthalten kein Plasma, sie sind tote Röhren, die das Wasser transportieren.
Im Leitbündel der Blütenpflanze treffen wir ebenfalls diese röhrenförmigen Wasserleitungen an. Sie haben stark verdickte, verholzte Zellwände. Im Unterschied zu den Tracheiden der Farne bilden sie durchgehende Röhren, die den ganzen Stängel durchziehen. Man nennt sie *Tracheen.* Auch sie sind tot, sie enthalten kein Plasma.

Die Betrachtung zeigt, dass von den Moosen über die Farne zu den Blütenpflanzen die Leistungsfähigkeit der Wasserleitungsbahnen verbessert wird. Es findet eine Höherentwicklung statt. Wir können außerdem sehen, dass sich auch die Umgebung der Wasserleitungen weiterentwickelt: Das Leitbündel der Farne ist schon wesentlich stärker differenziert als der Leitungsbereich des Moosstängels. Im Leitbündel der Blütenpflanze finden wir sogar noch zusätzliche Gewebe: das Phloem, das der Leitung von Zuckerlösung von oben nach unten dient, und das Kambium, das für das Dickenwachstum des Stängels sorgt.

Ähnliche Entwicklungsreihen finden wir auch bei den Tieren: Regenwürmer und Insekten haben denselben Grundbauplan: Der Regenwurm ist segmental gegliedert. Er hat ein Bauchmark als zentrales Nervensystem. Auch Insekten haben diese Eigenschaften. Bei ihnen kommen aber noch differenzierte Sinnesorgane wie Augen und Fühler, innere Organe wie Magen und Herz und eine Gliederung in Kopf, Brust und Hinterleib hinzu.
So können wir feststellen, dass in der Evolution eine Höherentwicklung im Sinne größerer Komplexität und höherer Leistungsfähigkeit erfolgt.

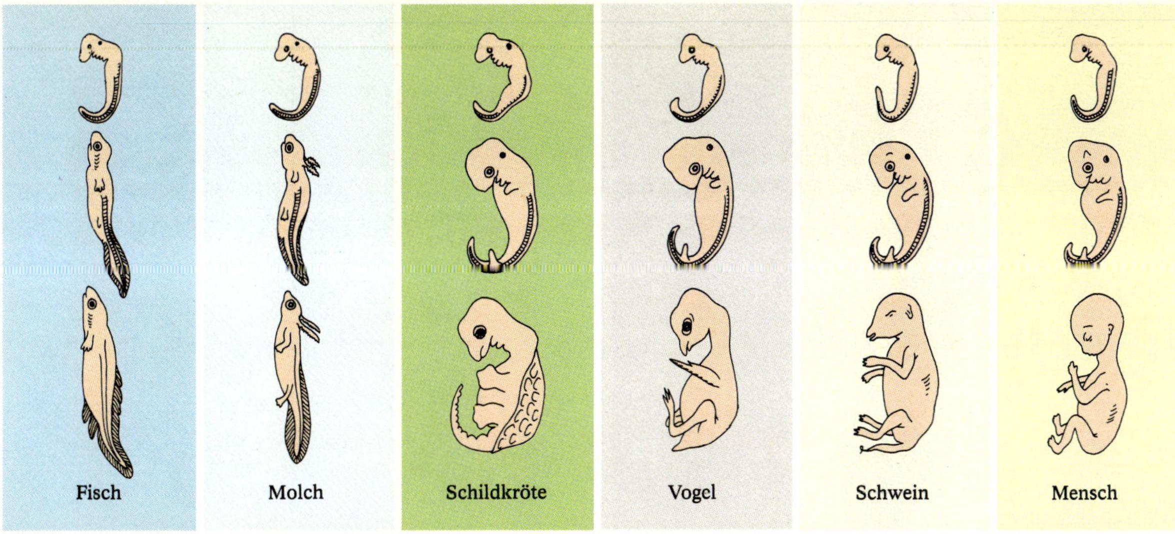

1 Embryonalstadien verschiedener Wirbeltiere

3. Die Entwicklung zum Menschen

3.1. Durchläuft der Mensch ein „Fischstadium"?

In einem frühen Entwicklungsabschnitt gleichen die Embryonen von Fischen, Amphibien, Reptilien, Vögeln und Säugern einander zum Verwechseln. Man kann nicht entscheiden, ob ein Fisch oder ein Vogel aus dem jungen Embryo werden wird. Erst recht spät nähert sich das entstehende Tier seiner endgültigen Form an. Für diesen Vergleich haben wir nur die äußere Gestalt herangezogen. Aber auch, wenn man den inneren Aufbau des Körpers betrachtet, fallen bemerkenswerte Besonderheiten auf. So entwickelt sich der Blutkreislauf des Menschen anfangs genauso wie bei einem Fisch: In der Halsgegend bilden sich vier Adern, die ebenso aussehen wie die Kiemenadern der Fische. Später versorgen diese Blutgefäße aber andere Organe.
Im siebten Schwangerschaftsmonat ist der sich entwickelnde Mensch von einem dichten Haarkleid umhüllt. Es verliert sich bis zur Geburt wieder, aber manchmal kommt es vor, dass Menschen mit diesem Haarkleid geboren werden, und in seltenen Fällen behalten sie es auch lebenslang. Zuweilen wird auch ein Mensch mit einer schwanzförmigen Verlängerung der Wirbelsäule geboren.
Die Vergleiche der Embryonen und die erwähnten geschwänzten Menschen sind Indizien dafür, dass der Mensch im Laufe seiner Entwicklung Stadien durchlaufen hat, die anderen heute lebenden Wirbeltierformen gleichen. Man hat diese Hinweise in der **Biogenetischen Grundregel** zusammengefasst: *Ein Tier durchläuft in seiner Keimesentwicklung wesentliche Stadien der Stammesentwicklung.*

Das bedeutet aber keinesfalls, dass der Mensch irgendwann während seiner Entwicklung ein Fisch oder ein Reptil ist! Es heißt nur, dass in der Entwicklung eines Lebewesens Anlagen von Merkmalen stammesgeschichtlicher Vorfahren vorübergehend auftreten. Der Mensch ist in seiner Keimesentwicklung aber von Anfang an aufgrund seiner Erbanlagen ein *Mensch*. Niemals könnte aus dem menschlichen Embryo etwas anderes als ein Mensch werden!

In der Keimesentwicklung werden auch Organe angelegt, die im Endstadium der Entwicklung keine wirkliche Funktion mehr haben. Unser Wurmfortsatz zum Beispiel stammt aus einer Zeit, in der unsere Vorfahren für die Verdauung vorwiegend pflanzlicher Nahrung noch einen viel größeren Blinddarm brauchten. Mit der Umstellung auf gemischte Kost erwies sich ein Blinddarm nicht mehr als zweckmäßig und er wurde nicht mehr voll ausgebildet. Den zurückgebildeten Rest nennt man Wurmfortsatz. Solche verkümmerten Organe nennt man **Rudimente.** Wird ein Organ, das es normalerweise nicht mehr gibt, sozusagen als „Rückfall" doch ausgebildet, wie es bei dem selten vorkommenden Schwanz bei Menschen der Fall ist, so ist das ein **Atavismus.**

1 Freilandbeobachtungen vom Schimpansen

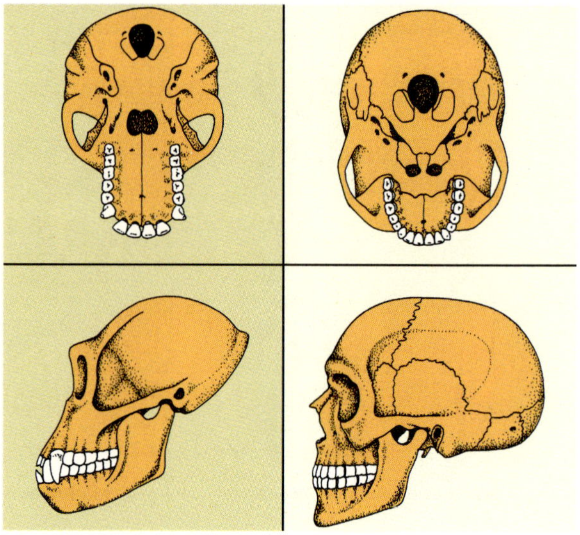

2 Schädelformen von Schimpanse und Mensch

3.2. Der Schimpanse – ein „naher" Verwandter

Es ist kein Wunder, dass sich in den zoologischen Gärten die Menschen vor den Gehegen der Affen drängen, um sich über die Verhaltensweisen der Tiere zu amüsieren. Mehr als bei anderen Tieren scheinen wir die Bewegungen, die Affen ausführen, und die Gesichter, die sie schneiden, zu verstehen, denn sie ähneln unserem Äußeren doch auffällig. Trotzdem empfinden wir das Affenverhalten als „komisch". Die Tiere benehmen sich zuweilen so, dass bei manchen Menschen eine Abscheu entsteht bei dem Gedanken, dass wir vielleicht gar von den Affen abstammen könnten. Wir wollen Affen und Menschen näher betrachten und miteinander vergleichen und dabei herauszufinden versuchen, ob eine Verwandtschaft besteht.

Das Verhalten von Affen ist in den letzten Jahrzehnten nicht nur in zoologischen Gärten, sondern auch im Freiland gründlich studiert worden. Forscher und insbesondere Forscherinnen lebten mit wild lebenden Affen über längere Zeit, zum Teil jahrzehntelang, in engem Kontakt zusammen, um sie so unter möglichst natürlichen Bedingungen beobachten zu können. Die Abbildung 1 zeigt die Forscherin Jane GOODALL, die einen großen Teil ihres Lebens unter Schimpansen in Afrika zubrachte.

Die Forschungsergebnisse zeigen, dass Affen ähnlich wie Menschen in Gruppen zusammenleben. Sie bilden Rangordnungen aus, verteidigen ihr Wohngebiet gemeinsam und handeln oft so, dass wir von einsichtigem Verhalten sprechen können. Bei einigen Schimpansen konnte man beobachten, dass sie nicht nur Steine und Äste als Werkzeuge benutzten, sondern dass sie auch selbständig Werkzeuge herstellten. Schimpansen zeigen Zuneigung oder Abneigung mit Gesten und Lauten, die sehr „menschlich" wirken. Eine Sprache, die der menschlichen Sprache ähnlich ist, beherrschen sie dagegen nicht. Sie können Sachverhalte nicht in Wörtern ausdrücken. Man hat versucht, ein Affenkind zusammen mit einem Menschenbaby aufzuziehen, und beide dabei völlig gleich behandelt. Zuerst entwickelte sich das Affenkind körperlich schneller als das menschliche Baby. Nach etwa 9 Monaten jedoch überholte das Menschenkind den Affen deutlich in der geistigen Entwicklung. Vor allem lernte das Menschenkind das Sprechen. Die Laute, die das Affenkind erzeugte, blieben dagegen in kindlichem Lallen stecken. Es war nicht möglich, dem Affen durch Erziehung die menschliche Sprache wie einem Menschenkind beizubringen. Der Mensch muss also über Einrichtungen verfügen, die es ihm ermöglichen, etwas so Kompliziertes wie die Sprache zu lernen. Beim Affen fehlen offenbar diese Möglichkeiten. Wir wissen heute, dass es im Gehirn des Menschen eine besondere Steuerzentrale, das Sprachzentrum, gibt, mit dessen Hilfe wir Wörter formulieren. Affen haben dieses Sprachzentrum nicht.

Die geistigen Fähigkeiten des Menschen und des

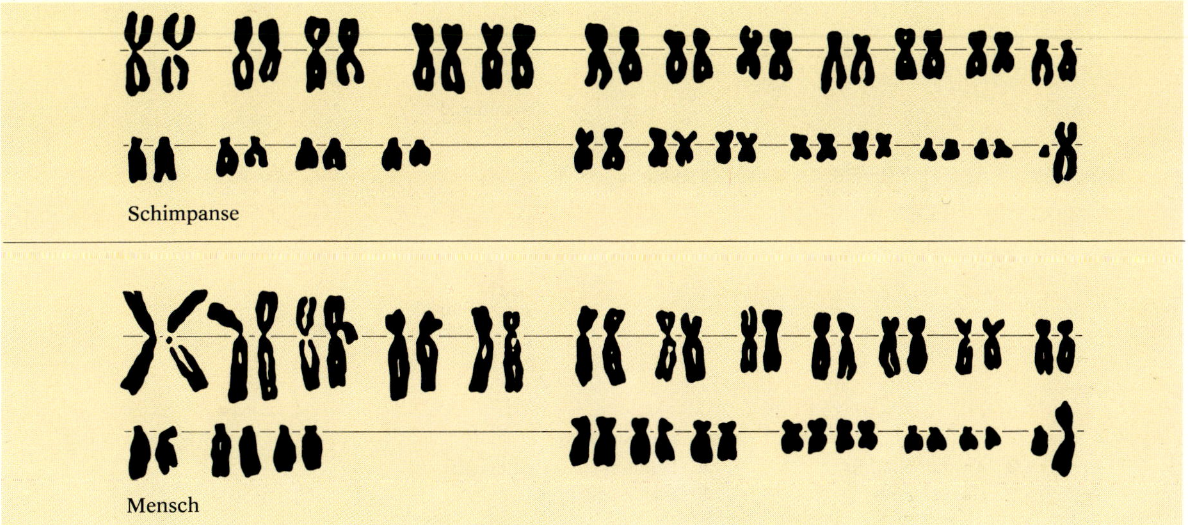

3 Chromosomensätze von Schimpanse und Mensch

Schimpansen haben ihren Sitz im Gehirn. Wir wollen deshalb die Schädel von Schimpansen und Menschen miteinander vergleichen. In Abbildung 2 sind in der unteren Hälfte die Schädelansichten dargestellt. Es fällt auf, dass am Affenschädel die beiden Kiefer deutlich hervortreten, während der Gesichtsschädel des Menschen eine fast senkrechte Linie bildet. Die Schädelkapsel des Affen ist auch, im Verhältnis zum Gesamtschädel, kleiner als die des Menschen. Man sieht deutlich die großen Ansatzflächen der Kaumuskulatur am Affenschädel. Dagegen wirken die Kinnbacken des menschlichen Unterkiefers fast zierlich. Mit der Kaufähigkeit stehen auch die spitzen Eckzähne des Affen in Zusammenhang. Sie greifen, wie man in der oberen Abbildung sieht, in Zahnlücken des gegenüberliegenden Kiefers ein und ermöglichen so, dass tierische Nahrung wirkungsvoll zerrissen werden kann. Das menschliche Gebiss dagegen ist ein Allesfressergebiss ohne besonders stark ausgebildete Eckzähne.

Wir erkennen also, dass der menschliche Schädel wesentlich mehr Raum für das Gehirn enthält. Er ist zierlicher gebaut und seine Kiefer sind nicht mehr so gut geeignet harte und große Gegenstände zu zermalmen.

So sehen wir zwar sehr viele Ähnlichkeiten zwischen Schimpansen und Menschen, aber auch die Unterschiede sind beträchtlich. Unsere Frage nach der Abstammung des Menschen vom Affen ist damit aber noch nicht geklärt. Vielleicht bekommen wir Aufschluss darüber, wenn wir in die Zellen hineinsehen. Abbildung 3 zeigt die Chromosomensätze von Schimpansen und Menschen. Die Übereinstimmung ist auffällig. Zwar haben Schimpansen ein Chromosomenpaar mehr, aber die Formen der anderen Chromosomen stimmen doch deutlich überein. Vergleiche mit den Chromosomensätzen anderer Menschenaffen zeigen nicht so starke Ähnlichkeiten.

Man untersuchte auch, ob Ähnlichkeiten bezüglich der im Blut gelösten Eiweißstoffe bestehen. Dabei ergab sich, dass 85 % der Eiweißstoffe von Schimpanse und Mensch identisch sind. Der Vergleich mit dem Gorilla ergibt, dass hier nur 64 % der Eiweißstoffe übereinstimmen. Beim Orang-Utan sind es nur 42 %. Das zeigt, dass in den Körpern von Schimpansen und Menschen sehr ähnliche chemische Vorgänge ablaufen.

So können wir nach unseren Untersuchungen feststellen: Mensch und Schimpanse zeigen deutliche Unterschiede, aber die Übereinstimmungen und Ähnlichkeiten sind so groß, dass man eine Verwandtschaft annehmen muss. Diese Verwandtschaft ist enger als die zu anderen Menschenaffen. Besonders die Chromosomenvergleiche und die Vergleiche der Eiweißstrukturen deuten darauf hin. Man kann aber durch diese Vergleiche nicht entscheiden, ob der Mensch vom Schimpansen abstammt oder nicht. Wir müssen deshalb weitere Informationen heranziehen, um diese Frage zu klären.

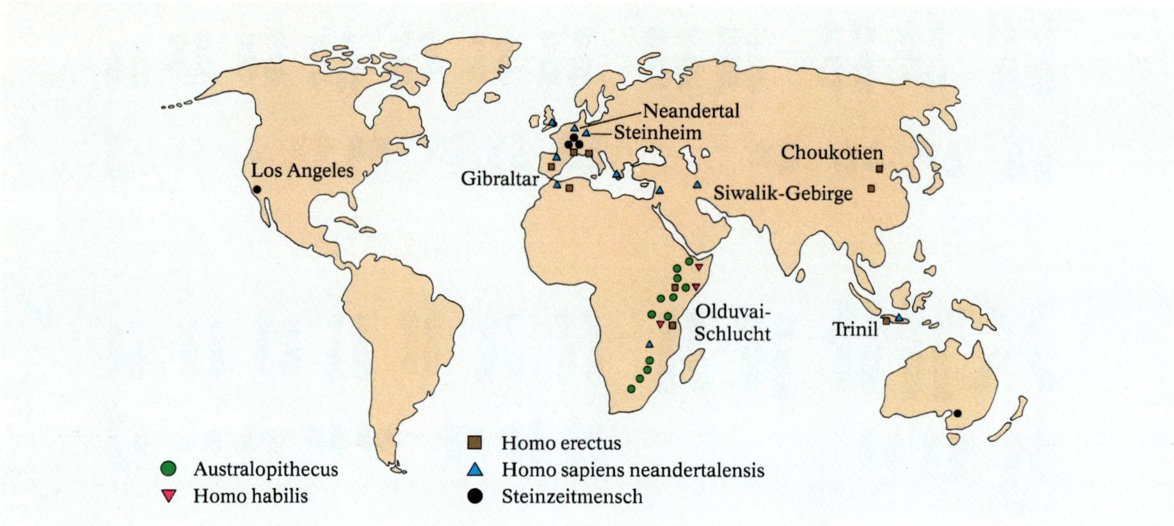

1 Weltkarte der wichtigsten Fundorte menschlicher Fossilien

3.3. Unsere Vorfahren haben Spuren hinterlassen

Im Jahre 1856 wurden in der Nähe von Düsseldorf Reste eines Schädeldachs gefunden. Nach dem Fundort erhielt das Fossil den Namen **Neandertaler.** Es dauerte lange, bis es als Rest eines urzeitlichen Menschen anerkannt wurde. Heute ist die Abstammung des Menschen durch viele Funde belegt, sodass es nur noch über deren Einordnung, nicht aber die Tatsache der Abstammung unter den Wissenschaftlern verschiedene Ansichten gibt. Aus den Funden lässt sich ein Stammbaum konstruieren. Den Anfang bildet ein Tier, das dem heutigen Spitzhörnchen nahe verwandt ist. Von ihm lassen sich die verschiedenen heutigen Affen ableiten. Der Vorfahr der Menschenaffen ist wahrscheinlich ein Fossil mit dem Namen **Dryopithecus.** In unserem Stammbaum ist seine Nachbildung vor der Abzweigung des Astes der Menschenaffen zu sehen. Funde von Lebewesen, die wohl direkt an der Schwelle vom Tier zum Menschen standen, stammen aus Ostafrika, aus der *Olduvai-Schlucht.* Hier lagen neben Skelettresten Werkzeuge. Daneben fand man Spuren von Feuerstellen. Die Knochenfunde zeigen teilweise noch Merkmale, die die Herkunft von tierischen Vorfahren erkennen lassen. Schnauzenbildung und Überaugenwülste sind häufig, ein Fossil zeigt sogar einen kleinen Knochenkamm, der über den Schädel läuft. Aus den Funden und aus der Reihenfolge, wie sie im Gestein abgelagert sind, haben Wissenschaftler einen Stammbaum konstruiert: Aus affenartigen Vorfahren – Nachkommen des Dryopithecus – haben sich wahrscheinlich drei Arten von Vormenschen gebildet, die Arten **Australopithecus africanus, A. boisei** und **A. afarensis.** Australopithecus heißt so viel wie „Südaffe" und weist darauf hin, dass die Forscher dieses Wesen noch nicht als vollgültigen Menschen ansehen. Die beiden Arten A. africanus und A. boisei starben aus. Aus der dritten Form, A. afarensis, entstand wahrscheinlich **Homo habilis,** der vielleicht schon ein richtiger Mensch gewesen ist. Deswegen heißt er „Homo", das ist die lateinische Bezeichnung für „Mensch". Aus ihm entwickelte sich **Homo erectus.** Der Homo habilis lebte ausnahmslos im östlichen Afrika. Homo erectus wanderte aus Afrika aus und wurde der Vorfahr des **Neandertalers** und des heutigen Menschen. Der Neandertaler war der jüngste Verwandte des heutigen Menschen. Seine Reste findet man in Schichten bis zu einem Alter von etwa 30 000 Jahren. Man weiß nicht, ob der Neandertaler ausgestorben ist oder ob er sich mit dem direkten Vorfahren des heutigen Menschen vermischte. Aus den Nachkommen des Homo erectus entwickelten sich die heutigen Rassen des Menschen. Da sie sich durch Wanderungen weit voneinander entfernten, bildeten sich durch Isolation die unterschiedlichen Merkmale aus. Paläontologen klärten also die Frage nach unserer Abstammung: Wir stammen nicht vom Schimpansen ab, sondern wir haben mit ihm einen gemeinsamen Vorfahren.

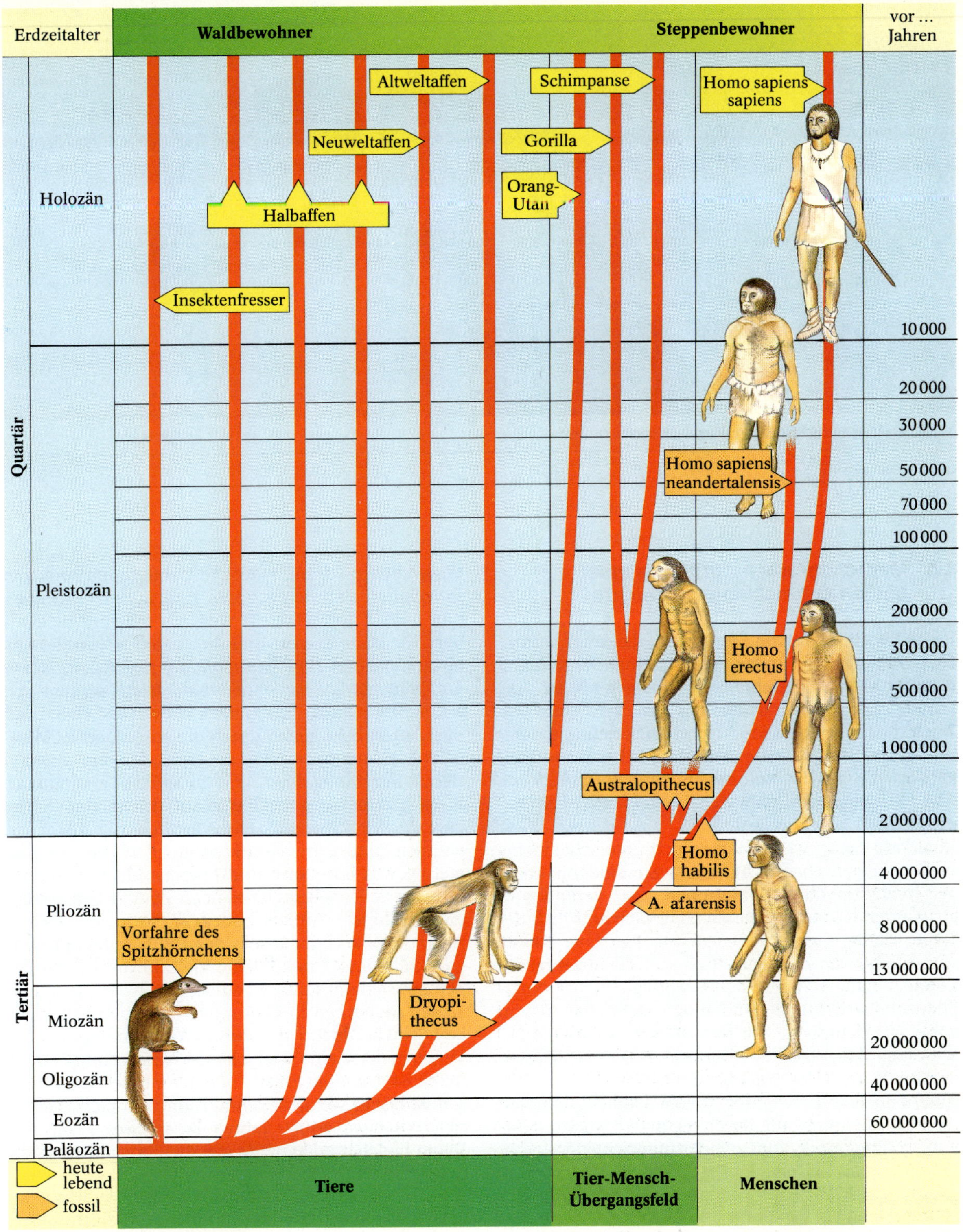

2 Stammbaum des Menschen

1 Menschen verschiedener Rassenzugehörigkeit

3.4. Menschenrassen – Ergebnis einer langen Entwicklungsgeschichte

Eine Gemeinschaft von Lebewesen, die unter natürlichen Bedingungen unbegrenzt miteinander vermehrungsfähig sind, bezeichnen die Biologen als **Art.** Alle Hunde oder alle Pferde gehören jeweils zu einer Art. Auch die heute lebenden Menschen bilden unter diesem Gesichtspunkt eine Art. Sie wird wissenschaftlich als die Art *Homo sapiens sapiens* bezeichnet. Alle Menschen sind unbegrenzt miteinander vermehrungsfähig.

Innerhalb einer Art können jedoch unterschiedliche, erbliche Eigenschaften auftreten. Sie sind im Laufe der Evolution durch **Mutationen,** also Veränderungen an den Genen, entstanden. Die Gemeinschaft der Träger dieser Eigenschaften nennt man eine **Rasse.** Angehörige verschiedener Tier- und Pflanzenrassen können miteinander gekreuzt werden. In der Nutzpflanzen- und Nutztierzüchtung macht man davon ausgiebig Gebrauch. Die MENDELschen Gesetze beschreiben dabei die Verteilung der einzelnen Rassenmerkmale unter den Nachkommen.

Innerhalb der Art Mensch treten deutlich sichtbare erbliche Merkmale auf, durch die man bestimmte Bevölkerungsgruppen voneinander unterscheiden kann. Es sind zum Beispiel Unterschiede in der Körpergröße, in den Körperproportionen, der Kopfform, der Hautfarbe sowie der Form der Augen, der Nase, der Lippen und der Haare. Man teilt die Menschheit im Wesentlichen in drei rassische Großgruppen ein: die *Europiden,* zu ihnen gehören zum Beispiel Europäer und Araber. Ihre Haut ist weiß bis schwach pigmentiert, ihr Haar ist glatt und die Augen zeigen die uns bekannte Form. Die *Mongoliden,* die Asien, Nord- und Südamerika bewohnen, sind leicht pigmentiert, sie haben glattes, fast immer schwarzes Haar und ihre Augen bekommen durch die so genannte „Mongolenfalte" am oberen Lid die typische Form. Bei den Babys der Mongoliden tritt außerdem ein dunkler Fleck oberhalb des Steißbeins auf, der noch im Säuglingsalter verschwindet. Die *Negriden,* die Afrika bewohnen, sind extrem stark pigmentiert. Ihr Haar ist meist kraus und Nase und Lippen zeigen eine typische Form. Daneben gibt es noch Zwergwuchsrassen, die das Innere Afrikas besiedeln, sowie die Rassen Australiens und der Inseln des Pazifiks. Die Rassengroßkreise lassen sich in eine Vielzahl von Untergruppen aufgliedern. Es ist jedoch sehr schwer, einen einzelnen Menschen in eine solche Gruppe mit Sicherheit einzuordnen, da durch Wanderzüge in der Vergangenheit eine weitgehende Vermischung eingetreten ist. Über die Entstehung der menschlichen Rassen ist bisher wenig bekannt. Man vermutet, dass sie sich vor etwa 40000 Jahren im südwestasiatischen Raum bildeten und von da aus die übrigen Kontinente besiedelten.

Ausschlaggebend für die *Rassenentstehung* war möglicherweise die Isolierung bestimmter Gebiete durch Gebirge und Meere, Eismassen und Wüsten. Die

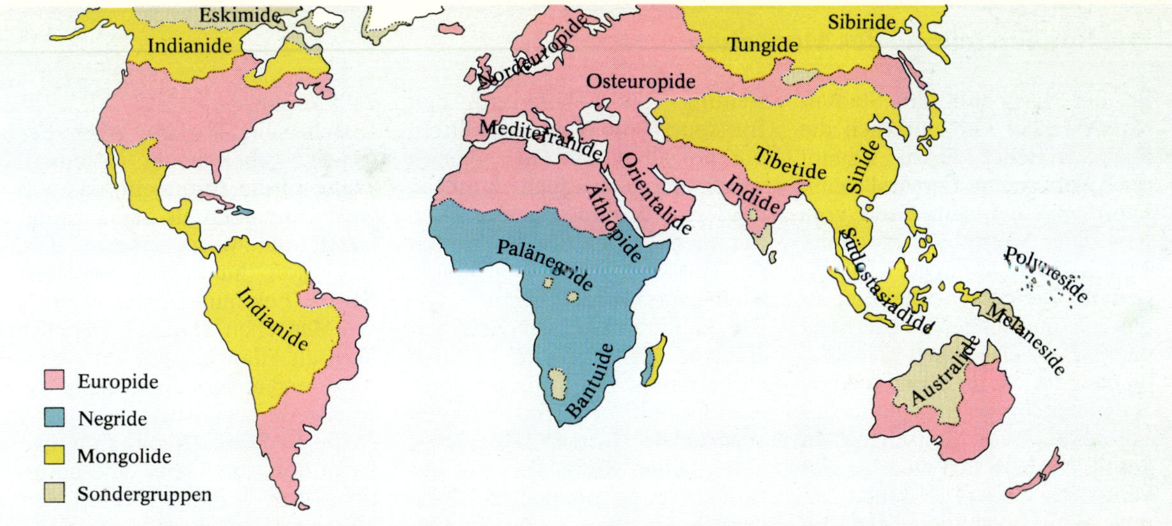

2 Verbreitung von Menschenrassen

Gene, die zufällig mutierten und dabei positiv wirkende Eigenschaften hervorriefen, konnten sich nur in dem Gebiet verbreiten, in dem die Menschen zueinander Zugang hatten. In andere isolierte Gebiete konnten die Gene nicht überspringen. Dabei bildeten sich die besonderen Eigenschaften der Bewohner in Anpassung an die geografischen Gegebenheiten.
So überrascht es zum Beispiel nicht, dass die Völker Afrikas, Südindiens und Australiens eine dunkle Hautfarbe haben. Sie leben seit Hunderten von Generationen in tropischen Gebieten mit starker Sonneneinstrahlung. In ihrer Haut ist das dunkle Pigment *Melanin* enthalten. Es bildet einen natürlichen Schutz gegen starkes Sonnenlicht mit schädlicher Ultraviolett-Strahlung (UV-Strahlung).
Helle Haut dagegen kennzeichnet die Völker, die in gemäßigten Breiten mit weniger intensiver Sonneneinstrahlung leben. Die weiße Hautfarbe ist vermutlich erst spät in der Entwicklungsgeschichte des Menschen entstanden, als die wandernden Völker in nördlichere Zonen vorstießen. Sie verloren die intensive Färbung der Haut, behielten aber die Fähigkeit, bei starker Strahlung trotzdem noch etwas Melanin bilden zu können.
In tropischen Gebieten bietet also die dunkle Hautfarbe einen Vorteil in der Auseinandersetzung mit der Umwelt. In gemäßigten Breiten ist eine helle Haut vorteilhaft. Diese Bevorzugung bestimmter Eigenschaften durch die Umweltbedingungen nennt man **Selektion.** Durch die Selektion sind die Lebewesen an eine bestimmte Umwelt angepasst. So sind die Hautfarben der Menschenrassen an ihre natürliche Umwelt angepasst. Auch das Kraushaar der Negriden zum Beispiel wird als Schutz vor starker Sonnenstrahlung gedeutet.
In vielen Gegenden der Erde, besonders dort, wo verschiedene Rassen eng benachbart wohnen, kommt es häufig dazu, dass die eine Rasse die andere als minderwertig betrachtet. Die **Rassenkonflikte,** von denen wir hören und lesen, sind Zeugnisse für diese Anschauungen. Demgegenüber muss festgestellt werden, dass sich Unterschiede bezüglich der Gefühle oder der intellektuellen Fähigkeiten der einzelnen Rassen biologisch und entwicklungsgeschichtlich nicht begründen lassen. Die Kultur- und Erziehungsorganisation der Vereinten Nationen, UNESCO, hat im Jahre 1962 eine Gruppe von Wissenschaftlern beauftragt dieser Frage nachzugehen. Das Ergebnis lautete eindeutig, dass eine Wertung in der Unterscheidung der Rassen nicht möglich sei. Die Einschätzungen, die den Konflikten zugrunde liegen, beruhen auf Vorurteilen.

1. Stelle Beispiele zusammen, in welchen Ländern es gegenwärtig Rassenkonflikte gibt!

2. In welchen Ländern leben unterschiedliche Rassen friedlich neben- und miteinander?

3. Nenne Beispiele für Rassenkonflikte in Deutschland und in der deutschen Geschichte!

Die Sonderstellung des Menschen

Bei der Aufstellung des Stammbaums erhebt sich natürlich die Frage: Welches Fossil stammt noch von einem Tier und wann kann man bei dem Fund vom Rest eines Menschen sprechen? Man hat sich darauf geeinigt, die gezielte Werkzeugherstellung als typisch menschliches Merkmal anzusehen. Das bringt aber Probleme mit sich, da man die Werkzeugherstellung in einfacher Form ja auch von Menschenaffen kennt. Deshalb sagt man: Es gibt keine feste Grenze zwischen Tier und Mensch, sondern die Entwicklung zum Menschen durchlief ein so genanntes **Tier-Mensch-Übergangsfeld.** Dryopithecus war noch ein reines Tier. Die Australopithecus-Arten dagegen haben Werkzeuge hergestellt, wenn auch sehr primitive. Sie stehen mitten im Tier-Mensch-Übergangsfeld. Homo habilis dagegen ist schon ein richtiger Mensch. In der Nähe seiner Knochen fand man Reste von Feuerstellen. Zur Unterhaltung des Feuers aber sind beträchtliche geistige Leistungen erforderlich, die nur der Mensch erbringen kann. Alle Tiere haben Angst vor dem Feuer. Der Mensch kann es beherrschen.

So können wir die Entwicklung des Menschen etwa folgendermaßen rekonstruieren: Die Verwandten des Dryopithecus lebten noch in Wäldern und hangelten von Ast zu Ast. Seine Nachfahren wurden in die Savanne abgedrängt und richteten sich auf, was ihnen eine bessere Rundumsicht erlaubte. Dadurch wurden die Hände frei zum Gebrauch für schwierigere Handlungen als das Gehen, zu dem sie bisher verwandt wurden. Werkzeuge gestatteten eine bessere Ausnutzung der Umwelt. Auch die Herstellung von Gefäßen für den Transport von Nahrungsmitteln und vor allem von Flüssigkeiten wurde möglich. Jetzt konnten größere Wanderungen unternommen werden. Der Gebrauch des Feuers erlaubte es in rauere Klimazonen vorzudringen.

Der Hauptunterschied zwischen Tier und Mensch besteht jedoch darin, dass wir mit unserer Sprache komplizierte Sachverhalte ausdrücken können. Allerdings haben auch Tiere Formen der Verständigung, die man als Sprachen bezeichnen kann. Das Gehirn des Menschen aber enthält das motorische Sprachzentrum, das Tiere nicht haben. Dieser Gehirnteil befähigt uns artikulierte Sprache zu formulieren. Das aber führt wiederum dazu, dass Menschen Mitteilungen über Erfahrungen an andere weitergeben können. Wir bezeichnen die Summe von Informationen, die von Generation zu Generation weitergegeben werden, als **Kulturgut.**

Weil der Mensch **Kultur** hat, ist es ihm möglich geworden alle Lebensbereiche der Erde zu besiedeln. Es ist sogar gelungen die Erde zu verlassen und das Weltall zu bereisen.

Durch sein Wirken greift der Mensch aber heute in einem Maße in die Natur ein, das teilweise nur noch als katastrophal bezeichnet werden kann. Die Evolution hat einen weiteren Faktor bekommen, das Wirken des Menschen. Dadurch, dass der Mensch Pflanzen und Tiere ausrottet und andere durch seine Lebensweise begünstigt, beeinflusst er die Evolution nachhaltig. Die Evolution, die bisher eine natürliche war, wird nun durch den Menschen bestimmt. Seit es den Menschen auf der Erde gibt, sprechen wir daher bei der Betrachtung von Entwicklung von **kultureller Evolution.** In der biologischen Evolution werden Informationen in Form von DNA gespeichert. In der kulturellen Evolution werden Informationen über das Kulturgut auf unterschiedlichen Medien gespeichert. Die kulturelle Evolution läuft wesentlich schneller ab als die biologische. Dadurch aber gerät der Mensch in ein schweres Dilemma: Sein Körper ist an die Verhältnisse angepasst, wie sie in der Savanne während der Steinzeit und davor herrschten. Wir leben heute in einer zivilisierten, vom Menschen geschaffenen Welt, die ganz andere Anforderungen stellt als die Wildnis. Der Mensch wird damit nicht fertig und es entstehen typische Zivilisationskrankheiten. Auch sein Verhalten ist nicht an die heute herrschenden Verhältnisse angepasst. So sind viele der gesellschaftlichen Schwierigkeiten, mit denen wir heute leben, auf das mangelnde Gleichgewicht zwischen unserer „steinzeitlichen“ Anpassung und den „zivilisierten“ Verhältnissen, unter denen wir leben, zurückzuführen.

Übung: Evolution

A1. Der Ausdruck „Kampf ums Dasein" im weiten Sinne gebraucht

Ich will vorausschicken, dasz ich diesen Ausdruck in einem weiten und metaphorischen Sinne gebrauche, unter dem sowohl die Abhängigkeit der Wesen voneinander, als auch, was wichtiger ist, nicht allein das Leben des Individuums, sondern auch Erfolg in Bezug auf das Hinterlassen von Nachkommenschaft einbegriffen wird. Man kann mit Recht sagen, dasz zwei hundeartige Raubthiere in Zeiten des Mangels um Nahrung und Leben mit einander kämpfen. Aber man kann auch sagen, eine Pflanze kämpfe am Rande der Wüste um ihr Dasein gegen die Trocknis, obwohl es angemessener wäre zu sagen, sie hänge von der Feuchtigkeit ab. Von einer Pflanze, die alljährlich tausend Samen erzeugt, unter welchen im Durchschnitt nur einer zur Entwicklung kommt, kann man noch richtiger sagen, sie kämpfe ums Dasein mit anderen Pflanzen derselben oder anderer Arten, welche bereits den Boden bekleiden. Die Mistel ist abhängig vom Apfelbaum und wenigen anderen Baumarten; doch kann man nur in einem weit hergeholten Sinne sagen, sie kämpfe mit diesen Bäumen; denn wenn zu viele dieser Schmarotzer auf demselben Baume wachsen, so wird er verkümmern und sterben. Wachsen aber mehrere Sämlinge derselben dicht auf einem Aste beisammen, so kann man in zutreffender Weise sagen, sie kämpfen mit einander. Da die Samen der Mistel von Vögeln ausgestreut werden, so hängt ihr Dasein mit von dem der Vögel ab und man kann metaphorisch sagen, sie kämpfen mit anderen beerentragenden Pflanzen, damit sie die Vögel veranlassen, eher ihre Früchte zu verzehren und ihre Samen auszustreuen, als die der anderen. In diesen mancherlei Bedeutungen, welche in einander übergehen, gebrauche ich der Bequemlichkeit halber den allgemeinen Ausdruck „Kampf ums Dasein".

Aus DARWINs Werk „Über die Entstehung der Arten durch natürliche Zuchtwahl!"

Aufgaben: a) Erkläre, was DARWIN mit „Kampf ums Dasein" meint! (metaphorisch = bildlich, übertragen gemeint)
b) Im Titel des Buches, aus dem der Text stammt, kommt der Begriff „natürliche Zuchtwahl" vor. Erkläre anhand des Textes, was DARWIN mit natürlicher Zuchtwahl meint!

A2. Stammesgeschichtliche Verwandtschaft

Züchter teilen uns mit, dass es völlig aussichtslos ist Kühe mit Pferden zu kreuzen. Wir wissen auch, dass es keine Kreuzungen von Pferden und Zebras gibt. Pferderassen dagegen kann man miteinander kreuzen. Eselrassen sind ebenfalls miteinander fruchtbar. Eine Kreuzung von Pferden mit Eseln bringt zwar Nachkommen, die Maultiere bzw. Maulesel, diese sind auch kräftig und lebenstüchtig, aber sie sind unfruchtbar. Sie können keine Nachkommen hervorbringen.

Aufgaben: a) Wie eng ist die Verwandtschaft zwischen Pferden und Kühen, Pferden und Zebras, Pferden und Eseln und Pferderassen untereinander? Begründe deine Entscheidung!
b) Was hat dieser Verwandtschaftsvergleich mit dem Problem der Evolution zu tun?
c) Was kannst du aus dem Vergleich für die Evolution von Kühen, Pferden, Eseln und Zebras sagen?

Register

Fette Seitenzahlen weisen auf ausführliche Behandlung im Text oder auf Abbildungen hin; f. = die folgende Seite; ff. = die folgenden Seiten.

A

B

C

M

N

O

P

Q

R

S

T

U

V

W

X

Y

Z

Bildquellenverzeichnis

Titel: Silvestris; 9/2 A, 9/2 B, 9/Ex: Jaenicke; 10/1 A, 10/1 B: Lieder; 10/1 C: Jaenicke; 11/2: Lieder; 12/1 A–C, 14/1 A–F, 14/2 A–B, 15/re.un, 16/1 A–B: Jaenicke; 18/1 A–B: Kage; 20/V2, 22/A8ob., 22/A8un.: Jaenicke; 23/A8: Lieder; 23/V11: Jaenicke; 24/1 A: Kage; 25/3: Dr.Scharf; 26/1 A: Jung; 28/1 A: Lichtbildarchiv Keil; 30/1 A, 32/1 A: Jung; 33/3 A: Lichtbildarchiv Keil; 33/Ex: Kage; 34/1 A: Lichtbildarchiv Keil; 35/4 A: Kage; 36/1 A: Ziesler/Angermayer; 37/2 A: Quedens; 37/2 B: Prof.Weber; 38–39/V1: Jaenicke; 44/1 A: Pfletschinger/Angermayer; 45/2: dpa; 46/1 A–B: Greiner + Meyer; 46/1 C, 47/2 A–B: Pfletschinger/Angermayer; 47/2 C: Bruckner/Silvestris; 48/1 A: Cramm; 48/1 B: Pfletschinger/Angermayer; 51/5: Silvestris; 52/7: Pfletschinger/Angermayer; 53/10: Moffet/Minden Pictures; 54/11–13: Pfletschinger/Angermayer; 55/1 A: Greiner + Meyer; 55/1 B–C: Pfletschinger/Angermayer; 56/1 A, 57/2: Angermayer; 58/1 A: Jaenicke; 58/1 B–C: Pfletschinger/Angermayer; 59/2 A: Greiner + Meyer; 59/2 B: Pfletschinger/Angermayer; 59/3: Camera Press/dpa; 60/1 A: Brandl/Silvestris; 61/2: Cramm; 62/1 A: Reinhard/Angermayer; 63/3: Schrempp/Mauritius; 65/1: Pfletschinger/Angermayer; 65/3: ZEFA; 65/5: Angermayer; 70/1: Frühsorge; 76/1: Stelter; 78/1: Jaenicke; 78/2: Agence France/dpa; 84/1: Reinbacher; 85/4 A–B: Jaenicke; 85/Mitte: Stelter; 87/3: Lieder; 100/1: Nilsson/Boehringer; 101/Ex.un: Bildarchiv für Medizin; 102/2: Lieder; 112/1: Tegen; 112/2: Reinbacher; 116/1 ob., 116/1 u.: Lieder; 121/1: Mühlberger/Bavaria; 122/1: Jaenicke; 123/1: Ausloos/Mauritius; 123/2: Wothe/Silvestris; 124/3: Mönch/Angermayer; 125/4: Pfletschinger/Angermayer; 125/5 A–B: Jaenicke; 128/4: Stelter; 130/1: Jaenicke; 132/1: Soppa; 133/1: Kalkstein; 135/A4: Stelter; 137/V11: Deutsche Bundespost; 139/2 A–B: Kage; 140/1: Jaenicke; 141/Ex: Amerikanische Botschaft; 148/1: Jaenicke/Roß; 148/3: Lieder; 150/1: Kage; 151/1: Stelter; 152/1: Reinbacher; 162/1: Silvestris; 167/Ex: Hoechst; 168/1: Schroedel-Archiv; 168/2: Tegen; 168/3: V-Dia; 171/Ex: Wothe/Silvestris; 174/1: Focus; 177/3: Stelter/Bundeszentrale für gesundheitliche Aufklärung; 178/1: Jaenicke; 180/1: Zefa; 182/1: Stelter; 184/1: Kolmikow/Mauritius; 186/Ex.ob.: action-press; 186/Ex.mi.: de Cuveland; 186/Ex.u.: de Cuveland; 187/1: Reinbacher; 188/2: Kolmikow/Mauritius; 191/2: Kerscher/Silvestris; 191/3: Jaenicke; 192/1: Evers-Deters; 192/2: Frauke Tönnies; 197/1: Jaenicke; 198/4: Stelter; 199/1 A: Kage; 201/2 li, 201/2 mi., 201/2 re.: Lieder; 205/2: Reinbacher; 206/1: Leiber/Gruner+Jahr; 206/2: Boehme; 207/1: Stelter; 208/3: Stelter; 210/1, 211/2 A+C, 211/3 A+C, 211/4 A+C, 212/5 A, 213/6 A: Jaenicke; 214/1 A: Jung; 214/1 B, 214/1 C, 215/2 A: Jaenicke; 215/2 B: Greiner + Meyer; 215/2 C: Dr. Alf; 216/1, 216/2, 216/3, 217/4 A: Jaenicke; 217/4 B: Reinhard; 217/4 C–D, 217/4 F–I: Jaenicke; 218/1: Greiner + Meyer; 218/2: Jaenicke; 219/3 A: Mauritius; 219/3 B: Greiner + Meyer; 220/1 A, 220/1 B: Hoff; 220/1 C: Diedrich; 221/2 A: Layer/Silvestris; 221/2 B: Tönnies; 221/2 C: Bühler/Silvestris; 221/3 A, 221/3 B: Tönnies; 221/3 C, 222/4 A: Hoff; 222/4 B: Bühler/Silvestris; 222/4 C: Hoff; 226/1 A: Mauritius; 227/2: Jaenicke; 228/5.Ex: Tönnies; 229/1 A, 229/1 B, 229/1 C: Greiner + Meyer; 230/2: Stelter; 231/3: Stadler/Silvestris; 233/V2: Hoff; 234/A7: v. Maydell/Silvestris; 234/A7: Bühler/Silvestris; 235/A9A: Schwarz/Mauritius; 236/1 A, 236/1 B, 236/1 C, 238/1 A, 238/1 B: Jaenicke; 241/2 A, 242/A1.ob., 242/A1mi., 242/A1u., 242/A3A, 242/A3B, 243/A4: Jaenicke; 243/A5.A, 243/A6: Greiner + Meyer; 243/A5B: Silvestris; 244/1, 245/1, 246/1, 246/2, 249/2, 249/4 A–B, 250/1, 250/2 A–B, 252/1, 252/2, 252/3, 253/V2 A–B, 253/V4, 254/V5, 255/A9A–B, 255/A9C–D, 255/A9E–F, 256/A11A–B, 256/A12, 258/1, 259/2: Jaenicke; 259/3: Tönnies; 259/4: Jaenicke; 261/3 A, 261/3 B: Greiner + Meyer; 266/1: Diedrich; 267/2: Berg/Silvestris; 267/3: Cramm; 270/1: Diedrich; 270/2: Greiner + Meyer; 270/3: Angermayer; 270/4: Diedrich; 271/5 A: Wothe/Silvestris; 271/5 B: Skibbe/Silvestris; 272/1 A: Skibbe/Silvestris; 272/1 B: Jung; 273/2 A: Wolfstetter; 273/2 B: Gross/Silvestris; 273/Ex: Greiner + Meyer; 274/1ob: Angermayer; 274/1 u: Greiner + Meyer; 275/2: Skibbe/Silvestris; 275/3: Greulich/Bavaria; 276/1: Reinhard/Bavaria; 276/2: Sauer/Bavaria; 276/3: Cramm; 276/4: Reinhard/Angermayer; 276/5: Diedrich; 276/6: Reinhard/Angermayer; 276/7: Cramm; 276/8: Cramm; 276/9, 276/10, 276/11: Pfletschinger/Angermayer; 276/12: Skiba/Bavaria; 277/1: Maier/Silvestris; 277/2: Reinhard/Angermayer; 277/3: Diedrich; 277/4: Schneider/Bavaria; 277/5: Spönlein/Silvestris; 277/6: Happenhofer/Silvestris; 277/7: Dr. Bellmann/Silvestris; 277/8: Höfels/Silvestris; 277/9: Pfletschinger/Angermayer; 277/10: Partsch/Silvestris; 277/11: Rubin/Silvestris; 277/12: Layer/Silvestris; 278/1 A: Cramm; 278/1 B: Spönlein/Silvestris; 278/1 C: Reinhard/Angermayer; 279/Ex.li.: Silvestris; 286/1: Angermayer; 286/2: Singer/Mauritius; 292/1: Pfletschinger/Angermayer; 293/3 A: Wolfstetter; 293/3 B: Dr. Bellmann/Silvestris; 293/3 C: Cramm; 293/4 A–B: Jaenicke; 295/2: Müller/Silvestris; 295/3: Ziesler/Angermayer; 296/4: Greiner + Meyer; 296/5: Pfletschinger/Angermayer; 296/6: Danegger; 304/1: Erich/Silvestris; 305/3: Pelka/Silvestris; 305/4: Aerophot-Demuss; 306/1: Reinhard/Bavaria; 306/2: Sauer/Bavaria; 306/3: Cramm; 306/4: Reinhard/Angermayer; 306/5: Diedrich; 306/6: Reinhard/Angermayer; 306/7: Cramm; 306/8: Cramm; 306/9, 306/10, 306/11: Pfletschinger/Angermayer; 306/12: Skiba/Bavaria; 307/1: Maier/Silvestris; 307/2: Reinhard/Angermayer; 307/3: Diedrich; 307/4: Schneiders/Bavaria; 307/5: Spönlein/Silvestris; 307/6: Happenhofer/Silvestris; 307/7: Dr. Bellmann/Silvestris; 307/8: Höfels/Silvestris; 307/9: Pfletschinger/Angermayer; 307/10: Partsch/Silvestris; 307/11: Rubin/Silvestris; 307/12: Layer/Silvestris; 307/13: Diedrich; 307/14: Cramm; 307/15: Maier/Silvestris; 307/16: Jäkel/Silvestris; 309/1 A: Heine/Silvestris; 309/1 B: Jeske/Silvestris; 310/2: Greiner + Meyer; 312/1: Albinger/Mauritius; 313/3, 313/4: Jaenicke; 314/1: Mollenhauer/Mauritius; 314/2: Irsch/Silvestris; 314/3: Riedmiller/Silvestris; 315/2: Kempkens/Mauritius; 316/1: Thonig/Maurtius; 316/2: Kalt/Zefa; 317/3 A: fm/Mauritius; 318/1: dpa; 320/1 A: Wahl/Silvestris; 320/1 B: Gross/Silvestris; 321/3: Franz; 322/A1: Böttcher; 324/1: Reinhard; 325/1: Greiner + Meyer; 325/2: Angermayer; 326/1: Rogge; 326/2: Rogge; 327/1: Angermayer; 327/2: Kacher; 329/2: Stelter; 329/3: Stelter; 330/1: Dr. Lethmate; 330/2: v. Lawick; 332/1: Fayn/Petit Format; 333/2: Jaenicke; 333/Ex: Philipps; 334/1: Damm/Zefa; 334/2: Rogge; 335/3: dpa; 336/1: Stelter; 336/2: Krebs; 337/3: Leistungskurs Kunst des Gymnasiums Johanneum Lüneburg; 338/A2: Schutz; 340/1: Ferl; 346/1 A–B: Lieder; 350/1 ob.: Wolters; 350/1 u.: Wolters; 351/3 A: Reinhard/Angermayer; 354/3 li: Oechslein/Mauritius; 354/3 re: Stelter; 356/1 A: Prof. Dr. Fonatsch; 362/1: Prof. Dr. Fonatsch; 365/3 A: Kage; 365/3 B: Bessis, Paris; 369/1: Rihse/Bavaria; 369/2: Lindenburger/Silvestris; 369/3: Vogeler/Okapia; 369/4: Wegler/Zefa; 371/2: Pollmer; 372/1: Staatliches Museum für Naturkunde, Stuttgart; 373/1: Dr. Malz; 373/2: Sauer/Zefa; 373/3: Geitz/Bio-Info; 374/4: Haupt/Senckenberg; 374/5: AIS/dpa; 375/6: Plodowski/Senckenberg; 375/7: Schauer/MPI; 379/2.li+re: Greiner + Meyer; 386/1: H.v. Lawick, In the shadow of man, Collins, London; 390/1: Mauritius, Zefa, Bavaria, Mauritius, Zefa, dpa; 393/A2ob.li: Greiner + Meyer; 393/A2o.re: Prenzel/Silvestris; 393/A2u.l: Reinhard/Bavaria; 393/A2u.r: Geopress/Bavaria